生物化学实验原理和方法

（第二版）

萧能赓　余瑞元　袁明秀　陈丽蓉

陈雅蕙　陈来同　胡晓倩　周先碗　合编

（排名不分先后）

北京大学出版社

PEKING UNIVERSITY PRESS

图书在版编目(CIP)数据

生物化学实验原理和方法/陈雅蕙等编. —2版. —北京：北京大学出版社，2005.8

（北京高等教育精品教材）

（高等院校生命科学实验系列教材）

ISBN 978-7-301-07854-9

Ⅰ.生… Ⅱ.陈… Ⅲ.生物化学—实验—高等学校—教材 Ⅳ.Q5-33

中国版本图书馆 CIP 数据核字（2005）第 092687 号

书　　　名	生物化学实验原理和方法（第二版）
著作责任者	陈雅蕙　等编
责 任 编 辑	郑月娥
封 面 设 计	常燕生
标 准 书 号	ISBN 978-7-301-07854-9/Q・0098
出 版 发 行	北京大学出版社
地　　　址	北京市海淀区成府路 205 号　100871
网　　　址	http://www.pup.cn　新浪微博：@北京大学出版社
电 子 邮 箱	编辑部 lk2@pup.cn　总编室 zpup@pup.cn
电　　　话	邮购部 010-62752015　发行部 010-62750672　编辑部 010-62767347
印 刷 者	北京虎彩文化传播有限公司
经 销 者	新华书店
	787 毫米×1092 毫米　16 开本　32 印张　800 千字
	2005 年 8 月第 2 版　2023 年 9 月第 10 次印刷
定　　　价	68.00 元

内 容 简 介

  全书分上、下篇和附录。上篇为生物化学实验原理,共十四章,对生物大分子的分离纯化、含量测定和纯度分析作了较全面扼要的介绍,并着重论述各种层析技术、离心技术、膜分离技术、电泳技术等常用生化实验方法的基本原理。下篇为生物化学实验,共选编了 45 个实验,包括糖类、脂类、维生素、蛋白质、酶、核酸等生化物质的分离制备与分析鉴定方法,如纸层析、薄层层析、离子交换层析、凝胶层析、疏水层析、亲和层析、金属螯合层析、各种电泳和免疫技术,以及紫外-可见吸收光谱测定法等。其中既保留了一些对加强学生基本实验方法和技能训练行之有效的传统实验,也引进了一些较新的生化实验技术。大多数实验可以在 6～12 学时内完成,有些实验可以组合成一个综合实验,也可以各自独立作为一个实验,便于安排教学。每个实验后附有思考题和参考资料。附录包括各种常用数据表,供读者查阅。

  本书可供综合性大学、师范、医药和农林院校生物化学及相关专业的本科生作为实验课教材,也可供相关教师和科研人员参考。

编 者 的 话
（第二版）

《生物化学实验原理和方法》一书自 1994 年出版以来，历经九次印刷，一直受到北京大学生命科学学院及其他高等院校师生和广大读者的欢迎，在生物化学实验课教学和普及生物化学实验技术中发挥了良好作用。为此我们感到极大的欣慰和鼓舞。读者的厚爱也成为这次再版的动力。

近 20 年生命科学出现了惊人的进展，它不仅吸引学术界的极大关注，而且很大程度上影响了人们的日常生活。生命科学逐渐成为带头学科已成为不争之事实。作为生命科学基础的生物化学在广度和深度上都发生了巨大的变化，生物化学实验技术也相应有了新的发展。随着生命科学进入后基因组时代，即蛋白质组学研究，生物化学实验技术再次显示了它的重要作用。因此，生物化学的理论和实验技术作为分子生物学、生物技术等生物学各分支学科的基础课程，不但不能轻视，而且有必要加强。正是基于这种认识，许多综合性大学，医、农、师范院校都纷纷增设生物化学实验课程。加强生化实验课的教学，有一本能适应学科发展的教材是十分重要的。时过十载，面对学科不断发展的形势，总结我们教学的经验和体会，很有必要对本书第一版内容进行删改、补充，使它成为一本更好的生化实验课教材，以满足学生和相关人员的学习、参考之用。

再版的编写原则仍然是着眼于加强基础，侧重于加强学生生物化学基本实验方法和技能训练。为了使学生不但会做实验，而且对相关实验技术原理有基本了解，以便在今后的科研实践中能融会贯通、举一反三、灵活运用，本书的前半部分重点介绍主要生化实验技术的原理，并在第一版基础上进行了修改和补充。本着少而精的原则，把握基础性、代表性和实用性，对第一版的实验内容进行了精选，删去了部分目前相对应用较少的内容，补充和引进了一些较新的实验方法和技术，为大学生进入更高层次的学习或参加科研工作打下基础。

本书编写格局与第一版基本相同，分上、下篇和附录。上篇为生物化学实验技术原理，共十四章。除对第一版内容进行修改外，增加了生物大分子活性物质含量和纯度的分析方法、疏水层析、离心技术、膜分离技术四章，使其涵盖的生化实验技术更为全面。下篇生化实验由原来的 61 个减少为 45 个，其中新编实验 15 个，如多糖的制备和分析、疏水层析、蛋白质印迹等，其余的都是在总结教学和科研实践经验的基础上，经过修改补充或改写。新增的实验内容都是编者在科研工作中应用过的实验方法，经过反复实践，比较成熟。附录也补充了一些有用的实验数据表，供读者查阅。

本书上篇各章和下篇的实验内容均由编者分工负责修改补充或重新编写。福建师范大学生物工程学院高居易教授编写实验 2，3。全书由陈雅蕙统编和定稿。本书的再版，也是对已故李建武教授的最好纪念。

本书的再版得到了北京市教委精品教材出版项目资助。北京大学生命科学学院原生物化学与分子生物学系主任朱圣庚教授对本书再版给予了很大关心和支持。多年参与实验课教学的青年教师刘健、文津和实验技术人员邓爱平、聂力嘉都为本书的出版做出了贡献。北京大学

1

出版社责任编辑郑月娥在编辑加工中做了大量细致的工作。编者在此一并表示衷心感谢。

我们深知编写一本让读者认可的教材绝非易事,因此在撰稿过程中本着科学严谨的精神努力工作,力图做得更好,但由于生化实验技术涉及知识面很广,编者的学识和实验室经验的局限,书中难免有疏漏、欠妥甚至错误之处,恳请读者批评指正。

编 者

2004 年 8 月 20 日

编 者 的 话
（第一版）

生命科学在 20 世纪有了惊人的发展,生物化学是其中最活跃的分支学科之一。今天,生物化学已是发展生命科学各分支学科和生物工程技术的重要基础,工业、农业、医药、卫生和环境科学的某些研究也以生物化学理论为依据,以其实验技术为手段。生物化学也成为高等院校许多相关学科学生的必修课程,因此,为这些学生提供一本新的、适用的生物化学实验教材是十分必要的。

北京大学原生物学系生物化学教研室分别于 1958,1964 和 1978 年先后三次系统总结各个历史阶段的教学经验,编写出版过三本《生物化学实验指导》。这几个版本的《生物化学实验指导》在北京大学生物学系及使用它们的高等院校的教学中发挥了良好的作用。鉴于近 10 余年间,生物化学发展迅速,新的实验方法和技术不断出现,为了引进新的内容,跟上学科的发展,编者本着继承与创新相结合的精神,吸取了以上几版教材的精华,并在我们近几年使用的实验教材基础上,经过总结经验,重新整理编写成这本新的实验教材。

本书以综合性大学、师范、医药和农林院校有关专业的本科生为对象,也可供其他生物化学实验技术工作者参考。它是一本高等学校生物化学实验教材,也是一本小型生物化学实验技术工具书。全书内容分生物化学实验原理、生物化学实验和附录三部分。生物化学实验原理部分对一些重要的常用生物化学实验技术的有关理论进行了较系统、全面的论述。生物化学实验部分共选编了 61 个实验,包括生物化学分离、制备、分析和鉴定技术(如滴定、比色、纸层析、薄层层析、离子交换层析、凝胶层析、亲和层析、各种电泳和免疫技术)以及瓦氏检压法等。在选材方面,除保留一些对加强学生基本技能训练行之有效的传统实验外,也注意引进新近发展起来的生物化学实验技术,为大学生进入更高层次的生物化学乃至分子生物学实验打下基础。这些实验方法在科学研究和生产实践方面也有较大应用价值。本书约有三分之二篇幅的实验都是历年来北京大学原生物学系各专业的本科生和中国协和医科大学医预班学生做过的,其余新增的实验也是编者近年来在科学研究工作中经常应用的技术。书中的附录以及每个章节、每个实验后所附的参考文献,可供读者查阅。

本书经过集体讨论、分工负责进行编写。李建武教授生前主持了本书的编写、出版工作,并为此付出了很大的心血和精力。本书的出版是集体劳动的成果。

北京大学生命科学学院生物化学及分子生物学系王镜岩教授审阅了全稿,并提出了很好的修改意见。沈同、张庭芳、朱圣庚和胡美浩教授对本书的内容提供过宝贵意见。青年教师陈劲秋和姚瑾预做并编写了个别新增实验;实验技术人员邓爱平、孙相超和孙冬梅以及近年来参加实验教学工作的文津和刘健也为本书的出版付出了劳动。本书的责任编辑朱新邨在编辑加工中做了大量细致的工作,李丽霞和张虹为本书绘制了大部分图表。编者在此对他们一并表示衷心感谢。

诚挚地欢迎使用本书的教师、实验技术人员、学生及其他读者提出批评和指正。

编 者
1994 年 5 月

生物化学实验室规则

1. 每个同学都应该自觉遵守课堂纪律,维持课堂秩序,不迟到,不早退,不大声谈笑。

2. 实验前必须认真预习,熟悉本次实验的目的、原理、操作步骤,懂得每一操作步骤的意义和了解所用仪器的使用方法,否则不能开始实验。

3. 实验过程中要听从教师的指导,严肃认真地按操作规程进行实验,并把实验结果和数据及时、如实地记录在实验记录本上,文字要简练、准确。完成实验后经教员检查同意,方可离开实验室。

4. 实验台面应随时保持整洁,仪器、药品摆放整齐。公用试剂用毕,应立即盖严放回原处。勿使试剂、药品洒在实验台面和地上。实验完毕,玻璃器皿须洗净放好,将实验台面抹拭干净,才能离开实验室。

5. 使用仪器、药品、试剂和各种物品必须注意节约。洗涤和使用仪器时,应小心仔细,防止损坏仪器。使用贵重精密仪器时,应严格遵守操作规程,发现故障须立即报告教员,不得擅自动手检修。

6. 实验室内严禁吸烟!煤气灯应随用随关,严格做到:人在火在,人走火灭。乙醇、丙酮、乙醚等易燃品不能直接加热,并要远离火源操作和放置。实验完毕,应立即关好煤气开关和水龙头,拉下电闸。离开实验室以前应认真、负责地进行检查,严防发生安全事故。

7. 一般废液体可倒入水槽内,同时放水冲走。强酸、强碱、有机溶剂和有毒液体必须倒入专用废液缸内。废纸、火柴头及其他固体废物和带渣滓的废物倒入废品缸内,不能倒入水槽或到处乱扔。

8. 仪器损坏时,应如实向教员报告,并填写损坏仪器登记表,然后补领。

9. 实验室内一切物品,未经本室负责教员批准,严禁携出室外,借物必须办理登记手续。

10. 每次实验课由班长负责安排值日生。值日生的职责是负责当天实验室的卫生、安全和一切服务性的工作。

目　　录

上篇　生物化学实验原理

第一章　生物大分子的分离纯化 ································ (1)
　第一节　概述 ··· (1)
　第二节　生物原料的选择和预处理 ·························· (3)
　第三节　生物组织与细胞的破碎 ···························· (5)
　第四节　生物大分子的提取 ································· (5)
　第五节　生物大分子的分离纯化 ···························· (8)
　第六节　生物大分子活性物质的浓缩 ························ (10)
　第七节　生物大分子的结晶 ································· (12)
　第八节　生物大分子活性物质的干燥 ························ (13)
第二章　生物大分子活性物质含量和纯度的分析方法 ············ (16)
　第一节　蛋白质含量的测定 ································· (16)
　第二节　粘多糖的定量及生物活性测定 ······················ (17)
　第三节　核酸含量的测定 ··································· (19)
　第四节　生物大分子纯度的鉴定 ···························· (20)
第三章　层析技术 ··· (23)
　第一节　层析技术分类 ····································· (23)
　第二节　液相层析法的基本原理 ···························· (25)
　第三节　柱层析系统基本操作方法 ·························· (33)
第四章　吸附层析法 ··· (39)
　第一节　基本原理 ··· (39)
　第二节　影响吸附的因素 ··································· (40)
　第三节　吸附柱层析法 ····································· (41)
第五章　纸层析法 ··· (45)
　第一节　纸层析基本原理 ··································· (45)
　第二节　影响 R_f 的主要因素 ··························· (45)
　第三节　纸层析实验技术 ··································· (47)
第六章　薄层层析法 ··· (53)
　第一节　薄层层析原理 ····································· (53)
　第二节　薄层层析的特点 ··································· (55)
　第三节　吸附剂的性质与选择 ······························ (56)

第四节　薄层层析实验技术 ·· (56)

第五节　薄层层析的定性分析 ·· (62)

第六节　薄层层析的定量分析 ·· (63)

第七节　薄层层析法的近代发展 ·· (64)

第七章　离子交换层析法 ·· (66)

第一节　基本原理 ·· (66)

第二节　离子交换层析介质 ·· (67)

第三节　离子交换树脂 ·· (68)

第四节　离子交换纤维素 ·· (74)

第五节　葡聚糖凝胶离子交换剂及琼脂糖凝胶离子交换剂 ·················· (77)

第六节　离子交换层析实验技术 ·· (80)

第七节　离子交换层析法的应用 ·· (84)

第八章　凝胶层析法 ·· (85)

第一节　引言 ·· (85)

第二节　基本原理 ·· (85)

第三节　凝胶的条件和类型 ·· (88)

第四节　凝胶层析实验技术 ·· (92)

第五节　影响凝胶层析的主要因素 ·· (94)

第九章　亲和层析法 ·· (96)

第一节　基本原理 ·· (96)

第二节　配基和载体的选择 ·· (96)

第三节　亲和吸附剂的制备方法 ·· (98)

第四节　亲和层析实验技术 ·· (102)

第五节　亲和层析应用举例 ·· (104)

第六节　金属螯合亲和层析 ·· (106)

第十章　疏水层析法 ·· (111)

第一节　疏水层析原理 ·· (111)

第二节　疏水层析的分离机理 ·· (112)

第三节　影响疏水层析分离的因素 ·· (113)

第十一章　电泳技术 ·· (115)

第一节　电泳基本原理 ·· (115)

第二节　电泳的分类 ·· (119)

第三节　醋酸纤维素薄膜电泳 ·· (120)

第四节　琼脂糖凝胶电泳 ·· (121)

第五节　聚丙烯酰胺凝胶电泳 ·· (127)

第六节　染色方法 ·· (148)

第七节　聚丙烯酰胺凝胶电泳过程中异常现象产生的原因及解决办法 ······ (155)

第八节　毛细管电泳 ·· (157)

第十二章　离心技术‥‥‥‥‥‥‥‥‥‥‥‥‥‥‥‥‥‥‥‥‥‥‥‥‥‥‥‥‥‥（165）
　第一节　离心的基本理论‥‥‥‥‥‥‥‥‥‥‥‥‥‥‥‥‥‥‥‥‥‥‥‥‥‥（165）
　第二节　离心的基本方法‥‥‥‥‥‥‥‥‥‥‥‥‥‥‥‥‥‥‥‥‥‥‥‥‥‥（167）
　第三节　离心机的安全操作与保养‥‥‥‥‥‥‥‥‥‥‥‥‥‥‥‥‥‥‥‥‥‥（170）
第十三章　膜分离技术‥‥‥‥‥‥‥‥‥‥‥‥‥‥‥‥‥‥‥‥‥‥‥‥‥‥‥‥‥‥（172）
　第一节　过滤技术‥‥‥‥‥‥‥‥‥‥‥‥‥‥‥‥‥‥‥‥‥‥‥‥‥‥‥‥‥‥（172）
　第二节　半透膜分离技术‥‥‥‥‥‥‥‥‥‥‥‥‥‥‥‥‥‥‥‥‥‥‥‥‥‥（173）
　第三节　超滤技术‥‥‥‥‥‥‥‥‥‥‥‥‥‥‥‥‥‥‥‥‥‥‥‥‥‥‥‥‥‥（175）
第十四章　紫外-可见吸收光谱分析‥‥‥‥‥‥‥‥‥‥‥‥‥‥‥‥‥‥‥‥‥‥‥（178）
　第一节　光谱分析的基本概念‥‥‥‥‥‥‥‥‥‥‥‥‥‥‥‥‥‥‥‥‥‥‥‥（178）
　第二节　化合物中的发色基团及助色基团‥‥‥‥‥‥‥‥‥‥‥‥‥‥‥‥‥‥‥（181）
　第三节　紫外-可见分光光度计‥‥‥‥‥‥‥‥‥‥‥‥‥‥‥‥‥‥‥‥‥‥‥（183）
　第四节　紫外-可见吸收光谱分析方法‥‥‥‥‥‥‥‥‥‥‥‥‥‥‥‥‥‥‥‥（188）
　第五节　紫外-可见吸收光谱分析的影响因素‥‥‥‥‥‥‥‥‥‥‥‥‥‥‥‥‥（192）

下篇　生物化学实验

实验 1　香菇多糖的制备‥‥‥‥‥‥‥‥‥‥‥‥‥‥‥‥‥‥‥‥‥‥‥‥‥‥‥‥（194）
实验 2　魔芋多糖的提取、魔芋葡甘聚糖含量的测定及还原糖成分分析‥‥‥‥‥（197）
实验 3　甲壳素和壳聚糖的制备及壳聚糖乙酰度的测定‥‥‥‥‥‥‥‥‥‥‥‥（202）
实验 4　脂肪碘值的测定‥‥‥‥‥‥‥‥‥‥‥‥‥‥‥‥‥‥‥‥‥‥‥‥‥‥‥‥（206）
实验 5　血清总胆固醇含量的测定（磷硫铁法）‥‥‥‥‥‥‥‥‥‥‥‥‥‥‥‥‥（209）
实验 6　卵磷脂的制备‥‥‥‥‥‥‥‥‥‥‥‥‥‥‥‥‥‥‥‥‥‥‥‥‥‥‥‥‥（212）
实验 7　维生素 C 的定量测定（2,6-二氯酚靛酚滴定法）‥‥‥‥‥‥‥‥‥‥‥（215）
实验 8　氨基酸定量测定——茚三酮显色法‥‥‥‥‥‥‥‥‥‥‥‥‥‥‥‥‥‥（219）
实验 9　氨基酸的分离与鉴定——滤纸层析法‥‥‥‥‥‥‥‥‥‥‥‥‥‥‥‥‥（222）
实验 10　蛋白质定量测定（1）——微量凯氏定氮法‥‥‥‥‥‥‥‥‥‥‥‥‥‥（227）
实验 11　蛋白质定量测定（2）——双缩脲法‥‥‥‥‥‥‥‥‥‥‥‥‥‥‥‥‥（232）
实验 12　蛋白质定量测定（3）——Folin-酚法（Lowry 法）‥‥‥‥‥‥‥‥‥‥（236）
实验 13　蛋白质定量测定（4）——考马斯亮蓝染色法‥‥‥‥‥‥‥‥‥‥‥‥‥（240）
实验 14　蛋白质定量测定（5）——BCA 法‥‥‥‥‥‥‥‥‥‥‥‥‥‥‥‥‥‥（243）
实验 15　蛋白质定量测定（6）——紫外（UV）吸收法‥‥‥‥‥‥‥‥‥‥‥‥‥（246）
实验 16　蛋白质相对分子质量测定（1）——凝胶过滤层析法‥‥‥‥‥‥‥‥‥（250）
实验 17　蛋白质相对分子质量测定（2）——SDS-聚丙烯酰胺凝胶电泳法‥‥‥（262）
实验 18　聚丙烯酰胺等电聚焦电泳测定蛋白质等电点‥‥‥‥‥‥‥‥‥‥‥‥‥（271）
实验 19　蛋白质及多肽 N-末端氨基酸残基测定——DNS-Cl 法‥‥‥‥‥‥‥‥（278）
实验 20　蛋白质印迹法‥‥‥‥‥‥‥‥‥‥‥‥‥‥‥‥‥‥‥‥‥‥‥‥‥‥‥‥（286）
实验 21　血红蛋白脱辅基和重组‥‥‥‥‥‥‥‥‥‥‥‥‥‥‥‥‥‥‥‥‥‥‥（293）

实验 22　细胞色素 c 的制备和测定 ……………………………………………………(297)

实验 23　凝胶层析法分离纯化含锌金属硫蛋白 ………………………………………(310)

实验 24　固定化金属离子亲和层析 ……………………………………………………(313)

实验 25　疏水层析分离金属结合蛋白 …………………………………………………(316)

实验 26　脂蛋白的分离——琼脂糖、聚丙烯酰胺凝胶电泳法 ………………………(319)

实验 27　聚丙烯酰胺凝胶电泳分离乳酸脱氢酶同工酶(活性染色鉴定法) …………(323)

实验 28　谷胱甘肽转硫酶的制备及动力学研究 ………………………………………(332)

实验 29　溶菌酶的制备及活性测定 ……………………………………………………(340)

实验 30　超氧化物歧化酶的分离纯化 …………………………………………………(345)

实验 31　超氧化物歧化酶活性染色鉴定法 ……………………………………………(351)

实验 32　酯酶的分离、纯化与活性测定 ………………………………………………(354)

实验 33　亲和层析及离子交换层析法分离纯化乳酸脱氢酶及其同工酶 ……………(359)

实验 34　核酸定量测定(1)——定磷法 ………………………………………………(368)

实验 35　核酸定量测定(2)——紫外(UV)吸收法 ……………………………………(373)

实验 36　猪脾脏 DNA 制备与二苯胺测定法 …………………………………………(376)

实验 37　酵母 RNA 提取与地衣酚测定法 ……………………………………………(380)

实验 38　质粒 DNA 的微量制备(碱裂解法、煮沸裂解法) …………………………(384)

实验 39　质粒 DNA 限制性内切酶酶切及琼脂糖凝胶电泳 …………………………(390)

实验 40　大肠杆菌感受态细胞的制备及转化 …………………………………………(397)

实验 41　聚合酶链式反应(PCR) ………………………………………………………(402)

实验 42　核酸原位杂交 …………………………………………………………………(407)

实验 43　免疫球蛋白的分离纯化 ………………………………………………………(413)

实验 44　免疫学检测法 …………………………………………………………………(420)

实验 45　酶联免疫吸附测定法 …………………………………………………………(434)

附　　录 …………………………………………………………………………………(444)

附录Ⅰ　实验室安全及防护知识 ………………………………………………………(444)

一、实验室安全知识 ……………………………………………………………………(444)

二、实验室灭火法 ………………………………………………………………………(445)

三、实验室急救 …………………………………………………………………………(446)

附录Ⅱ　试剂及试剂配制与保存 ………………………………………………………(447)

一、一般化学试剂的分级 ………………………………………………………………(447)

二、试剂配制的一般注意事项 …………………………………………………………(447)

三、易变质及需要特殊方法保存的试剂 ………………………………………………(448)

四、标准溶液的配制和标定 ……………………………………………………………(448)

五、缓冲溶液 ……………………………………………………………………………(449)

六、指示剂 ………………………………………………………………………………(457)

七、干燥剂 ………………………………………………………………………………(458)

附录Ⅲ　一些常用单位 ……………………………………………………………… (459)

　一、长度单位 …………………………………………………………………………… (459)

　二、体积单位 …………………………………………………………………………… (459)

　三、质量单位 …………………………………………………………………………… (459)

　四、物质的量与物质的量浓度单位 …………………………………………………… (460)

附录Ⅳ　单位与浓度的表示及溶液浓度的调整 ………………………………… (460)

　一、单位表示 …………………………………………………………………………… (460)

　二、溶液浓度的表示及其配制 ………………………………………………………… (461)

　三、溶液浓度的调整 …………………………………………………………………… (462)

附录Ⅴ　实验误差与提高实验准确度的方法 …………………………………… (463)

　一、实验误差 …………………………………………………………………………… (463)

　二、误差来源 …………………………………………………………………………… (465)

　三、提高实验准确度的方法 …………………………………………………………… (466)

　四、准确度、精确度和误差的关系 …………………………………………………… (467)

附录Ⅵ　实验记录与实验报告 …………………………………………………… (467)

　一、实验记录 …………………………………………………………………………… (467)

　二、实验报告 …………………………………………………………………………… (468)

　三、表格和图解 ………………………………………………………………………… (469)

附录Ⅶ　常用数据表 ……………………………………………………………… (470)

　一、元素的相对原子质量表 …………………………………………………………… (470)

　二、常用市售酸碱的浓度 ……………………………………………………………… (472)

　三、一些常用化合物的溶解度(20℃) ………………………………………………… (472)

　四、一些常用做缓冲剂的化合物的酸解离常数 ……………………………………… (473)

　五、某些有机溶剂的主要物理常数 …………………………………………………… (474)

　六、氨基酸的一些物理常数 …………………………………………………………… (474)

　七、常见氨基酸在不同溶剂系统中的 R_f …………………………………………… (476)

　八、嘌呤、嘧啶碱基、核苷和核苷酸的相对分子质量 ……………………………… (477)

　九、某些蛋白质的物理性质 …………………………………………………………… (477)

　十、一些常见蛋白质相对分子质量参考值 …………………………………………… (478)

　十一、常用蛋白质相对分子质量标准参照物 ………………………………………… (479)

　十二、常见蛋白质等电点参考值 ……………………………………………………… (479)

　十三、硫酸铵饱和度的常用表 ………………………………………………………… (481)

　十四、离心机转数(r/min)与相对离心力(RCF)的换算 …………………………… (482)

　十五、常用化学物质相对分子质量表 ………………………………………………… (483)

附录Ⅷ　层析法常用数据表及层析介质性质 …………………………………… (485)

　一、常用离子交换纤维素 ……………………………………………………………… (485)

　二、常用国产离子交换树脂的某些物理化学性质表 ………………………………… (486)

　三、各类常用离子交换树脂型号对照表 ……………………………………………… (488)

　四、离子交换层析介质的技术数据 …………………………………………………… (489)

五、凝胶过滤层析介质的技术数据 …………………………………………（490）

六、聚丙烯酰胺凝胶的技术数据 …………………………………………（492）

七、琼脂糖凝胶的技术数据 ………………………………………………（492）

八、疏水层析介质的技术数据 ……………………………………………（493）

九、部分亲和层析介质的技术数据 ………………………………………（494）

十、各种凝胶所允许的最大操作压 ………………………………………（495）

附录IX　常用限制性内切酶酶切位点 ……………………………………（496）

上篇　生物化学实验原理

第一章　生物大分子的分离纯化

第一节　概　述

生物大分子主要包括多肽、蛋白质、酶、辅酶、激素、维生素、多糖、脂类、核酸及其降解产物等。以上这些生化物质具有不同的生理功能,其中有些是生物活性物质如蛋白质、酶、核酸等,它们与人们的生活密切相关。目前这些生物活性物质已成为生命科学研究的主要对象。特别是随着人类基因组序列"完成图"的完成(2003 年 4 月 15 日公布),生命科学研究将进入后基因组时代(研究的焦点将从基因的序列转移到功能方面),我国在"十五"期间将人类基因组的后续研究与开发工作列为十二个国家重大科技专项之一,国家已投入 6 亿元,主要开展重大疾病、重要生理功能相关功能基因等多项研究。为此,鉴定大量未知蛋白质(酶)的结构及关于其功能研究也必将进入一个空前活跃的时期,因此分离纯化和测试分析蛋白质技术显得十分重要。

与核酸相比,蛋白质的结构更具有奇妙独特的复杂性和艺术性。它是由 20 多个不同性质(或极性)的氨基酸交互排列而成,不仅潜在的数量多达 20^{100} 种(这就是蛋白质构成如此巨大的、丰富多彩的生命世界的原因),而且相互间差异大。因此,相对而言,蛋白质的分离、纯化和鉴定有较大的难度和特殊性。而核酸的结构,虽然也有异乎寻常的多样性,但是,它是由结构相似、理化性质比较接近的 4 个碱基交互排列,且有一定规律可循。因此,核酸的分离、制备和鉴定比较容易。

另外,蛋白质和核酸类物质通常是与自然界存在的诸多不同化合物结合在一起,或者是蛋白质和核酸自身相互组合在一起出现的,加之它们离体后稳定性较差(如酶)、含量偏低,这都给分离纯化带来了一定的困难。

此外生物活性物质都有复杂的空间结构,而维系这种特定的三维结构主要靠氢键、盐键、二硫键、疏水作用力和范德华引力等。这些生物活性物质对外界条件非常敏感,过酸、过碱、高温、剧烈的振荡等都可能导致活性丧失,这是生物大分子物质不同于其他物质的一个突出特点。因此,在整个分离、纯化流程中,要选择十分温和的条件,尽量在低温条件下操作。同时还要防止体系中的重金属离子及细胞自身酶系的作用。为了得到高纯度的生物产品,必须要认真了解生物活性物质的一些特性与特点。

一、生物大分子活性物质的存在方式

1. 生物大分子活性物质的存在方式与其生物功能

生物活性物质的存在方式与其生物功能关系十分密切。一般情况下,可以根据生物活性物质的生物功能推断其存在部位和分布方式。生物活性物质分为"胞内"与"胞外"两种存在部位。"胞外"物质是由细胞产生,再释放出来的,因此两者实质上没有严格界限。如尿中的尿激酶是由肾细胞产生,血中的 γ-球蛋白来自 β-淋巴细胞。多数微生物酶如淀粉酶、蛋白质水解酶、糖化酶常大量存在于胞外培养液中。而合成酶类、代谢酶类、遗传物质和代谢中间产物则存在于细胞内,如 DNA 聚合酶、细胞色素 c 等。真核细胞的 DNA 大部分存在细胞核内,只有少量存在于线粒体和微粒体中,而 RNA 主要存在于胞质中,电子传递系统物质(包括黄素蛋白、细胞色素类)以及糖类、脂肪酸的氧化分解和氧化磷酸化有关的酶系大部分存在于线粒体中。消化酶虽然可分泌到胞外,但难于从消化道进行收集,只能由相应的腺体提取分离,而且这些酶在细胞内刚合成时常常是以无活性的酶原形式存在,提取时需要预先激活。细胞内的生物活性物质有些游离在胞浆中,有些结合于质膜或器膜上,或存在于细胞器内。对于胞内物质的提取要先破碎细胞,对于膜上物质则要选择适当的溶剂使其从膜上溶解下来。

2. 生物大分子分子间的作用力

生物体系中的分子结构及分子间相互联系的作用力十分复杂。作为一个生物大分子,其基本骨架中各原子与基团间都是共价结合,整个分子的一级结构比较稳定,但分子间的连接主要是通过一些非共价键如氢键、盐键、金属键、范德华引力、碱基堆积力所维系,其键能较弱,而且键的性质差别较大,它们与生物分子的生物功能关系十分密切,因此要采取不同方法使之解离,而不损伤其分子基本结构。但须注意的是许多生物大分子的空间高级结构也是由非共价键结合的,因此分离时应十分小心,确保空间结构不受破坏。故常常在十分温和的条件下操作,以避免因强烈外界因素的作用而丧失其生物活性。这就是生化技术与一般有机化学制备技术的重大不同之处。

二、生物大分子活性物质的存在特点

1. 生物材料组成的复杂性

生物材料中的化学组成十分复杂。不同生物含有不同种类的活性物质。同种生物在细胞与细胞之间,组织与组织之间,由于细胞的类型、年龄、分化程度的不同,都会改变活性物质的组成。尤其是色素类物质和某些生理活性成分的种类与组成在不同生物间的差别更大。如植物含叶绿素、胡萝卜素、花色素类;动物与微生物含细胞色素、原卟啉;藻类含藻胆色素;脊椎动物含脊椎动物激素:ACTH、MSH、GH、后叶激素、胰岛素、肾上腺素、甲状腺素、甾体激素;无脊椎动物含蜕皮激素(变态激素)、促幼激素和外激素(信息素)——蚕的性外激素与蚂蚁的报警激素;植物含吲哚乙酸、脱落酸、玉米素、乙烯、赤霉素等植物激素。

2. 生物大分子活性物质存在的特点

生物活性物质在生物体材料中含量较低,杂质含量很高,而且生理活性愈高的成分,含量往往愈低。如胰岛素在胰脏中的含量约为万分之二,脱氧核糖核酸酶含量为十万分之四,胆汁中的胆红素含量为万分之五到八,由几吨竹笋方可得到几毫克竹笋素。所以直接从生物材料纯化含量极低的生理活性物质没有太大的实用价值,这正是现代生物技术的重点开发领域。

生物材料中的生化组成数量大,种类多。目的物与杂质的理化性质如溶解度、相对分子质量、等电点等都十分接近,所以分离、纯化比较困难。尤其是在纯化过程中生物材料中有效成分的生理活性处于不断变化中,它们可能被材料中自身的代谢酶所破坏,或为微生物活动所分解,还可能在制备过程中受到酸、碱、盐、重金属离子、机械搅拌、温度,甚至空气和光线的作用而改变其生理活性。因此在整个制备过程中都要把防止目的物的失活放在首位。

生物大分子的分离纯化就是把生物体内的生化基本物质,既保持原来的结构和功能,又能在含有多种物质的液相或固相中,较高纯度地分离出来。这是一项严格、细致、复杂的工艺过程,涉及物理、化学、生物学等方面的知识和操作技术。

由于各种生化物质的结构和理化性质的不同,分离方法也不一样,就是同一类生化物质产品,其原料不同,使用的方法差别也很大,不可能有一个统一的标准方法。

如果研制新品种,在实验前要充分查阅有关文献资料,对分离纯化的生物大分子的理化性质、生物活性等都要事先了解,再着手实验工作。对于一个未知结构及性质的试样,进行创造性的分离提纯时,要经过各种方法的比较和摸索,才能找到一些工作规律和获得预期的效果。在分离提纯前,常需建立相应的分析鉴定方法,正确指导分离提纯的顺利进行。

一般从天然生物材料制备生化物质的过程大体可分为以下几个阶段:① 原料的选择和预处理;② 生物组织与细胞的破碎;③ 从生物材料中提取有效的活性物质;④ 有效成分的分离纯化;⑤ 后处理及制剂。

不是每个生化物质的分离制备都完整地具备以上五个阶段,也不是每个阶段都截然分开。选择性提取包含着分离纯化;沉淀分离包含着浓缩;从发酵液中分离胞外酶,则不用破碎细胞,离心过滤去菌体后,就可以直接进行分离纯化。选择分离纯化的方法及各种方法的先后次序也因材料而异。选择性溶解和沉淀是经常交替使用的方法,整个制备过程中各种柱层析常放在纯化的后阶段,结晶则只有产品达到一定纯度后进行,才能收到良好的效果。不论是哪个阶段,使用哪种操作技术,都必须注意在操作中保持生物大分子的完整性,防止变性和降解的发生。

第二节　生物原料的选择和预处理

一、生物材料的选取

选择生物材料时需考虑其来源,价格,目的物的含量,杂质的种类、数量和性质等。

1. 有效成分的含量

(1) 生物品种:根据目的物的分布,选择富含有效成分的生物品种是选材的关键。如从胰脏中提取胰岛素时,单从含量看,牛胰脏中胰岛素的含量比猪胰脏的高,但从我国实际看,我国猪的饲养头数远比牛多,因此,制备胰岛素一般不选用牛胰脏而选用猪胰脏作材料。

(2) 合适的组织器官:例如提取 DNA,从含量看,细胞核中最多,线粒体次之,但由于在从动物脏器(经洗涤、破细胞)提取细胞核过程中,常常会受到酶水解和机械损伤等作用,致使得到的细胞核 DNA 相对分子质量($2 \times 10^8 \sim 5 \times 10^8$)仅为其完整 DNA 的 1%,而线粒体DNA,由于相对分子质量较小(12^7),提取步骤也较少,所以有人在提取 DNA 时选用线粒体作材料。

（3）生物的生长期：生物的生长期对生理活性物质的含量影响很大。如凝乳酶只能以哺乳期小牛、仔羊的第四胃为材料，成年牛、羊胃不适用。提取胸腺素应选用幼年动物胸腺为原料。提取绒毛膜促性腺激素（HCG）要收集孕期为 $1\sim4$ 个月孕妇的尿。另外动物的营养状况、产地、季节对活性物质的含量也有影响。

2. 杂质情况

难于分离的杂质会增加工艺的复杂性，严重影响收率、质量和经济效益，选材时，应避免与目的物性质相似的杂质对纯化过程的干扰。如胰脏含有磷酸单酯酶和磷酸二酯酶，两者难于分开，故不选用胰脏为原料制备磷酸单酯酶，而改用前列腺为原料，因为它不含磷酸二酯酶，使操作较为简化。

3. 来源

应选用来源丰富的材料，尽量不与其他产品争原料，最好能一物多用，综合利用。如用胰脏可同时制备弹性蛋白酶、激肽释放酶、胰岛素和胰酶等，用人胎盘制备 γ-球蛋白、胎盘脂多糖及胎盘水解物，用人尿制备尿激酶、HCG 等，用猪心制备细胞色素 c 和辅酶 Q_{10}。

二、生物材料的采集与保存

生理活性物质易失活与降解，采集时必须保持材料的新鲜，防止腐败、变质与微生物污染。如胰脏采摘后要立即速冻，防止胰岛素活力下降。胆汁不可在空气中久置，以防止胆红素氧化。酶原提取要及时，防止酶原激活转变为酶。因此生物材料的采摘必须快速，及时冷冻，低温保存。选取材料要求完整，尽量不带入无用组织，同时要注意符合卫生要求，不可污染微生物及其他有害物质。

保存生物材料的主要方法有速冻、冻干、有机溶剂脱水、制成"丙酮粉"，或浸存于丙酮与甘油中等。

三、生物材料的预处理

采集到的原材料在纯化之前通常必须进行预处理。动物脏器及组织先要剔除结缔组织、脂肪组织等各种非活性部分，植物种子先要去壳除脂，微生物要进行菌体和发酵液的分离等操作。总之，暂不使用的材料都要进行预处理，并迅速冷冻保存，防止在存放过程中变质。

1. 动物脏器的处理

将新采集的动物材料置 $-20℃$ 冰柜冷冻保存，这样可抑制酶和微生物的作用，降低化学反应速度。有些材料经冷冻，细胞内形成微小冰晶，破坏细胞结构，使细胞膜容易破坏，有利于细胞内物质的提取，另外经冷冻的材料，还有利于机械破碎。在某些情况下，材料也可预先用有机溶剂除去水分（动物脏器和组织一般含 60% 的水分），可降低水分至 10% 以下，延长保存时间。使用有机溶剂时，注意不要破坏有效成分，常用有机溶剂为丙酮和乙醇等。经丙酮处理的原料（如猪脑垂体），能脱水脱脂，制成丙酮干粉，不仅减少酶的变性失活，同时因蛋白质与脂结合的部分化学键打开，促使某些酶很容易释放到溶液中去，有利于有效成分的分离提取。某些材料收集时必须在特定的 pH、温度及环境下保存，方可保持有效成分不被降解，保持其生物活性。有的材料必须事先经过处理，如从猪脑垂体前叶提取促滤泡素（FSH）和促黄体生成激素（LH），脑垂体必须采集后投入丙酮中浸泡，达到破坏酶和脱水脱脂的目的，有利于材料的贮存和下一步工序的进行。

2. 植物组织的材料

从室内栽培或野外采集的植物材料,如果是叶片(如菠菜、芹菜的叶片),用水洗净即可使用,或在 10 h 内置 −4～−30℃ 冰箱贮藏备用;如果是植物种子,则需泡涨或粉碎后才可使用。如材料含油脂较多时,也要进行脱脂处理。

3. 微生物的材料

把选用的微生物接种于适宜的培养液培养一段时间后,用离心法收集到的上清液,即可用于制备胞外酶和某些辅基等有效成分。而收集到的菌体,经破细胞处理后则可从中提取其他有效成分。前者可置低温下短时间贮存,后者可制成冻干粉,在 4℃ 保存数月不会变质。

第三节　生物组织与细胞的破碎

组织与细胞的破碎方法有物理法、化学法与生物法。

一、物理法

(1) 磨切法:生产上常用的有绞肉机、胶体磨、球磨机、万能磨粉机。实验室常用的有匀浆器、乳钵、高速组织捣碎机。用乳钵时,常加入石英粉、氧化铝等助磨剂。

(2) 压力法:有压榨法、高压法、减压法和渗透压法。高压法是用几百千克气压或水压反复冲击物料,例如高压匀质机,达到 $20.59～34.32\,MPa(210～350\,N/cm^2)$ 的压力时,可使 90% 以上细胞被压碎,多用于微生物细胞的破碎;减压法是对菌体缓缓加压,使气体溶入细胞,然后迅速减压使细胞破裂。渗透压法是使细胞在浓盐中平衡,再投入水中膨胀破裂。

(3) 振荡法:用超声波振荡破碎细菌细胞,频率为 $10～200\,kHz$,该法产热较多,要注意冷却。

(4) 冻融法:将材料先在 −15℃ 以下冻结,再使其溶化,反复操作使细胞与菌体破碎。

二、化学法

用稀酸、稀碱、浓酸、有机溶剂或表面活性剂(如胆酸盐、氯化十二烷基吡啶)处理细胞,可破坏细胞结构,释放出内容物。

三、生物法

(1) 组织自溶法:利用组织中自身酶的作用改变、破坏细胞结构,释放出目的物称为组织自溶。自溶过程酶原被激活为酶,既便于提取又提高了效率,但不适用于易受酶降解的目的物的提取。

(2) 酶解法:用外来酶处理生物材料,如用溶菌酶处理某些细菌。用做专一性分解细胞壁的酶还有细菌蛋白酶、纤维素酶、蜗牛酶、酯酶、壳糖酶等。

(3) 噬菌体法:用噬菌体感染细菌、裂解细胞,释放出内容物。此法较少应用。

第四节　生物大分子的提取

利用一种溶剂对不同物质溶解度的差异,从混合物中分离出一种或几种组分的过程称为提取(extraction),提取又称萃取或抽提,其含义基本相同。提取是在分离纯化的前期,将经过预处理或破碎了的细胞或组织置于一定条件下和溶剂中,使被提取的生物大分子以溶解状态充分地释放出来,并尽可能保持原来的天然状态,不丢失生物活性的过程。用冷溶剂从固体物质提取的过程可称为浸渍(maceration)。用热溶剂则可称为浸提(digestion),也称浸煮。提取通常贯穿在分离纯化过程中,包括生化物质与细胞固体成分或其他相结合物质由固相转移到液相中,或从细胞内的生理状态转入外界特定的溶液中。提取可分为两类:一类是对固体的提取,也称液-固提取,被处理的原料为固体;另一类是对液体的提取,也称液-液提取(习惯上多称为萃取),被处理的原料为液体。

一、物质的性质与提取

1. 物质的性质与提取方法的选择

要取得好的提取效果,最重要的是要针对生物材料和目的物的性质,选择合适的溶剂系统与提取条件。生物材料及目的物与提取有关的一些性状,包括溶解性质、相对分子质量、等电点、存在方式、稳定性、比重、粒度、粘度、目的物含量、主要杂质种类及溶解性质、有关酶类的特征等。其中最主要的是目的物与主要杂质在溶解度方面的差异以及它们的稳定性。在提取过程中尽量增加目的物的溶解度,尽可能降低杂质的溶解度,同时充分重视生物材料及目的物在提取过程中的活性变化。对酶类的提取要防止辅酶的丢失和其他失活因素的干扰。对蛋白质类要防止其高级结构的破坏,即变性作用,应避免高热,强烈搅拌,产生大量泡沫,强酸、强碱及重金属离子的作用。多肽类及核酸类需注意避免酶的降解作用。提取过程中,应在低温下进行,并添加某些酶抑制剂。对脂类生化制品应特别注意防止氧化作用,减少与空气的接触,如添加抗氧化剂、通氮气及避光等。

2. 活性物质的保护措施

在提取过程中,保持目的物的生物活性十分重要,对于一些生物大分子,如蛋白质、酶及核酸常采用下列保护措施:

(1) 采用缓冲系统:防止提取过程中某些酸碱基团的解离,导致溶液 pH 的大幅度变化,使某些活性物质变性失活或因 pH 变化影响提取效果。常用的缓冲系统有磷酸盐缓冲液、柠檬酸盐缓冲液、Tris 缓冲液、醋酸缓冲液、碳酸盐缓冲液、硼酸盐缓冲液和巴比妥缓冲液等,所使用的缓冲液浓度均较低,以利于增加溶质的溶解性能。

(2) 添加保护剂:防止某些活性物质的活性基团及酶的活性中心受破坏,如巯基是许多活性蛋白质和酶的催化活性基团,极易被氧化,故提取时常添加某些还原剂如半胱氨酸、α-巯基乙醇、二巯基赤藓糖醇、还原型谷胱甘肽等。其他措施如提取某些酶时,常加入适量底物以保护活性中心;对易受重金属离子抑制的活性物质,可在提取时添加某些金属螯合剂,以保护活性物质的稳定性。

(3) 抑制水解酶的作用:抑制水解酶对目的物的作用,是提取操作中最重要的保护性措施之一。可根据不同水解酶的性质采用不同方法,对需要金属离子激活的水解酶(如 DNase),常加入 EDTA 或柠檬酸缓冲液,以减少或除去金属离子,使酶活力受到抑制;对热不稳定的水解酶,可用选择性热变性提取法,使酶失活。根据酶的溶解性质的不同,可用 pH 不同的缓冲体系提取以减少酶的释放,或根据酶的最适 pH,选用酶发挥活力最低的 pH 进行提取。最有效的办法是在提取时添加酶抑制剂,以抑制水解酶的活力。如提取 RNA 时添加核糖核酸酶抑制剂,常用的有十二烷基硫酸钠(SDS)、脱氧胆酸钠、萘-1,5-二磺酸钠、三异丙基萘磺酸钠、

4-氨基水杨酸钠,以及皂土、肝素、二乙基焦碳酸盐(DEP)、蛋白酶 K 等。又如在提取活性蛋白和酶类时,加入各种蛋白酶抑制剂,如甲基磺酰氟化物(PMSF)、二异丙基氟磷酸(DFP)、碘乙酸等。

(4) 其他保护措施:为了保持某些生物大分子的活性,也要注意避免紫外线、强烈搅拌、过酸、过碱或高温、高频振荡等。有些活性物质还应防止氧化,如固氮酶铁-钼蛋白提取分离时要求在无氧条件下进行;有些活性蛋白对冷、热变化也十分敏感,如免疫球蛋白就不宜在低温冻结。所以提取时要根据目的物的不同性质,分别具体对待。

二、物质的性质与溶解度

提取包括目的物与细胞中其他生物大分子的分离,即由固相转移入液相或从细胞内的生理状况转入外界特定溶液中。影响提取收率的重要因素主要取决于提取物质在提取溶剂中的溶解度大小、由固相扩散到液相的难易、溶剂 pH 及提取时间。一个物质在某一溶剂中,其溶解度大小与该物质的分子结构及使用溶剂的理化性质有关。极性物质易溶于极性溶剂,非极性物质易溶于非极性有机溶剂中。碱性生物大分子物质易溶于酸性溶剂,酸性生物大分子物质易溶于碱性溶剂。温度升高时,一般溶解度相应增大。对于蛋白质、酶、活性肽等远离其等电点处的 pH,溶解度增加。

为了尽量多地从材料获得目的物一般采用多次提取,溶剂用量为生物材料的 2~5 倍。少数情况也有用 10~20 倍量溶剂作一次性提取,目的是节省提取时间,降低有害酶的作用。

当提取物由固相转入液相或从细胞内转到细胞外时,提取率还与物质的扩散作用有关。为了提高提取速度,常采取一些措施,如增加材料的破碎程度、进行搅拌、延长提取时间、提高提取温度(但对一些不耐热的物质,温度不宜过高)等。

三、影响提取的因素

1. 温度

多数物质的溶解度随提取温度的升高而增加。另外较高的温度可以降低提取物的粘度,有利于分子扩散和机械搅拌,所以对一些植物成分,及某些较耐热的生化成分,如多糖类,可以用浸煮法提取,加热温度一般为 50~90℃。但对大多数不耐热的生物活性物质,浸煮法不宜采用,一般在 0~10℃进行提取。对一些热稳定性较好的成分,如胰弹性蛋白酶可在 20~25℃提取。有些生化物质在提取时,需要酶解激活,如胃蛋白酶的提取,温度可以控制在 30~40℃。应用有机溶剂提取生化成分时,一般在较低的温度下进行提取,一方面是为了减少溶剂挥发损失和造成的不安全,另一方面也是为了减少活力损失。

2. 酸碱度

多数生化物质在中性条件下较稳定,所以提取用的溶剂系统原则上应避免过酸或过碱,pH 一般应控制在 4~9 范围内。为了增加目的物的溶解度,往往要避免在目的物的等电点附近进行提取。

有些生化物质在酸性环境中较稳定,且稀酸又有破坏细胞的作用,所以有些酶如胰蛋白酶、弹性蛋白酶及胰岛素等都在偏酸性介质中进行提取。多糖类物质因在碱性环境中更稳定,故多用碱性溶剂系统提取。

巧妙地选择溶剂系统的 pH 不但直接影响目的物与杂质的溶解度,还可以抑制有害酶类的水解破坏作用,防止降解,提高收率。对于小分子脂溶性物质而言,调节适当的溶剂 pH 还可使其转入有机相中,便于与水溶性杂质分离。

3. 盐浓度

盐离子的存在能减弱生物分子间离子键及氢键的作用力。稀盐溶液对蛋白质等生物大分子有助溶作用。一些不溶于纯水的球蛋白在稀盐中能增加溶解度,这是由于盐离子作用于生物大分子表面,增加了表面电荷,使之极性增加,水合作用增强,促使形成稳定的双电层,此现象称"盐溶"作用。多种盐溶液的盐溶能力既与其浓度有关,也与其离子强度有关,一般高价酸盐的盐溶作用比单价酸盐的盐溶作用强。常用的稀盐提取液有:氯化钠溶液(0.1～0.15 mol/L)、磷酸盐缓冲液(0.02～0.05 mol/L)、焦磷酸钠缓冲液(0.02～0.05 mol/L)、乙酸盐缓冲液(0.10～0.15 mol/L)、柠檬酸缓冲液(0.02～0.05 mol/L)。其中焦磷酸盐的缓冲范围较大,对氢键和离子键有较强的解离作用,还能结合二价离子,对某些生化物质有保护作用。柠檬酸缓冲液常在酸性条件下使用,作用近似于焦磷酸盐。

4. 提取时间

一般地说,生物大分子提取时间愈长,溶解度愈大,而同时杂质溶解度也增大。

综上所述,提取的最佳条件的选择,必须综合分析各种影响因素,合理地搭配各种提取条件。

第五节 生物大分子的分离纯化

生物大分子的分离纯化技术包括:生物大分子的分离分析和生物大分子的制备。前者主要对生物体内各组分加以分离后进行定性、定量鉴定,它不一定要把某组分从混合物中分离提取出来。而后者则主要是为了获得生物体内某一单纯组分。

为了保护目的物的生理活性及结构上的完整性,生物产品制备中的分离方法多采用温和的"多阶式"方法进行,即常说的"逐级分离"方法。为了纯化一种生化物质常常要联合几个,甚至十几个步骤,并不断变换各种不同类型的分离方法,才能达到目的。因此操作的时间长,手续繁琐,给制备工作带来众多影响。亲和层析法具有从复杂生物组成中专一地"钓出"特异生化成分的特点,目前已在生物大分子,如酶、蛋白、抗体和核酸等的纯化中得到广泛应用。

一、分离纯化原理

生物大分子的分离制备技术大都根据混合物中的不同组分分配率的差别,把它们分配于可用机械方法分离的两个或几个物相中(如有机溶剂抽提、盐析、结晶等)。或者将混合物置于某一物相(大多数是液相)中,外加一定作用力,使多组分分配于不同区域,从而达到分离目的(如电泳、超离心、超滤等)。除了一些小分子如氨基酸、脂肪酸、某些维生素及固醇类外,几乎所有生物大分子都不能融化,也不能蒸发,只限于分配在固相或液相中,并在两相中相互交替进行分离纯化。在实际操作中,我们往往依据以下原理对生物大分子进行分离纯化:

(1)根据分子形状和大小不同进行分离,如差速离心与超离心、膜分离(透析、电渗析)与超滤法、凝胶过滤法。

(2)根据分子电离性质(带电性)的差异进行分离,如离子交换法、电泳法、等电聚焦法。

(3)根据分子极性大小及溶解度不同进行分离,如溶剂提取法、逆流分配法、分配层析法、盐析法、等电点沉淀法及有机溶剂分级沉淀法。

（4）根据物质吸附性质的不同进行分离,如选择性吸附与吸附层析法。

（5）根据配体特异性进行分离,如亲和层析法。

精制一个具体生物产品,常常需要根据它的各种理化性质和生物学特性,采用以上各种分离方法进行有机组合,才能达到预期目的。

二、分离纯化初期使用方法的选择与使用的程序

提取是分离纯化目的物的第一步,所选用的溶剂应对目的物具有最大溶解度,并尽量减少杂质进入提取液中,为此可调整溶剂的 pH、离子强度、溶剂成分配比和温度范围等。

分离纯化是生物大分子制备的核心操作。由于生物大分子物质种类成千上万,因此分离纯化的实验方案也千变万化,没有一种分离纯化方法可适用于所有物质的分离纯化。一种物质也不可能只采用一种分离纯化方法。所以合理的分离纯化方法是根据目的物的理化性质与生物学性质,依具体实验条件而定。

1. 分离纯化初期使用方法的选择

分离纯化的初期,由于提取液中的成分复杂、目的物浓度较稀、与目的物物理化学性质相似的杂质多,所以不宜选择分辨能力较高的纯化方法。因为在杂质大量存在的情况下,任何一种高分辨力的分离方法都难于奏效,被分离的目的物难于集中在一个区域。因为此时,大批理化性质相近的分子在相同分离条件下,彼此在电场中或力场中竞争占据同一位置。这样,被目的物占据的机会就很少,或者分散在一个很长区域中而无法集中于一点,所以早期分离纯化采用萃取、沉淀、吸附等一些分辨力低的方法较为有利,这些方法负荷能力大,分离量多兼有分离提纯和浓缩作用,为进一步分离纯化创造良好的基础。

总的来说,早期分离方法的选择原则是从低分辨能力到高分辨能力,而且负荷量较大者为合适,但随着许多新技术的建立,一个特异性方法的分辨力愈高,便意味着提纯步骤愈简化、收率愈高、生化物质的变性危险愈少,因此亲和层析法、纤维素离子交换层析法、连续流动电泳、连续流动等电聚焦等在一定条件下,也用于从粗提取液中分离制备少量目的物。

2. 各种分离纯化方法的使用程序

生物大分子物质的分离都是在液相中进行,故分离方法主要根据物质的分配系数、相对分子质量大小、离子电荷性质和数量及外加环境条件的差别等因素为基础。而每一种方法又都在特定条件下发挥作用,因此,在相同或相似条件下连续使用同一种分离方法就不太适宜。例如纯化某一两性物质时,前一步已利用该物质的阴离子性质,使用了阴离子交换层析法,下一步提纯时再应用其阳离子性质作层析或电泳分离便会取得较好分离效果。各种分离方法的交叉使用对于除去大量理化性质相近的杂质也较为有效。如有些杂质在各种条件下所带电荷性质可能与目的物相似,但其分子形状和大小与目的物相差较大,而另一些杂质的分子形状与大小可能与目的物相似,但在某条件下与目的物的电荷性质不同,在这种情况下,先用分子筛层析、沉淀离心或膜过滤法除去相对分子质量相差较大的杂质,然后在一定 pH 和离子强度范围下,使目的物变成有利的离子状态,便能有效地进行离子交换层析分离。当然,这两种步骤的先后顺序反过来应用也会得到同样效果。

在安排纯化方法顺序时,还要考虑到有利于减少步骤、提高效率,如在盐析后采取吸附法,必然会因离子过多而影响吸附效果;如增加透析除盐,则使操作大大复杂化;如倒过来进行,先吸附,后盐析就比较合理。

对于一未知物通过各种方法的交叉应用,有助于进一步了解目的物的性质。不论是已知物或未知物,当条件改变时,连续使用一种分离方法是允许的,如分级盐析和分级有机溶剂沉淀等。分离纯化中期,由于各种原因,如含盐太多、样品量过大等,一个方法一次分离效果不理想,可以连续使用两次,这种情况常见于凝胶过滤与 DEAE-C 层析。在分离纯化后期,杂质已除去大部分,目的物已十分集中,重复应用先前几步所应用的方法,对进一步肯定所制备的物质在分离过程中其理化性质有无变化和验证所得的制备物是否属于矫作物又有着新的意义。

3. 分离后期的保护性措施

在分离操作的后期必须注意避免产品的损失,主要损失途径是器皿的吸附、操作过程样品液体的残留、空气的氧化和某些事先无法了解的因素。为了取得足够量的样品,常常需要加大原材料的用量,并在后期纯化工序中注意保持样品溶液有较高的浓度,以防制备物在稀溶液中的变性。有时常加入一些电解质以保护生化物质的活性,减少样品溶液在器皿中的残留量。

第六节　生物大分子活性物质的浓缩

浓缩(concentration)是从低浓度的溶液除去水或溶剂变为高浓度的溶液。生化产品制备工艺中往往在提取后和结晶前进行浓缩。加热和减压蒸发是最常用的方法,一些分离提纯方法也能起浓缩作用。例如,离子交换法与吸附法使稀溶液通过离子交换柱或吸附柱,溶质被吸附以后,再用少量洗脱液洗脱、分部收集,能够使所需物质的浓度提高几倍以至几十倍。超滤法利用半透膜能够截留大分子的性质,很适于浓缩生物大分子。此外,加沉淀剂、溶剂萃取、亲和层析等方法也能达到浓缩目的。下面重点介绍几种浓缩方法。

一、盐析法

用添加中性盐的方法来使某些蛋白质(或酶)从稀溶液中沉淀出来,从而达到样品浓缩的目的。最常用的中性盐是硫酸铵,其次是硫酸钠、氯化钠、硫酸镁、硫酸钾等。

二、有机溶剂沉淀法

在生物大分子的水溶液中,逐渐加入乙醇、丙酮等有机溶剂,可以使生物大分子物质的溶解度明显降低,从溶液中沉淀出来,这也是浓缩生物样品的常用方法。其优点是溶剂易于回收,样品不必透析除盐,在低温操作下,对多种生物大分子较为稳定,但对某些蛋白质或酶易使它们变性失活,应小心操作。

三、葡萄糖凝胶浓缩法

向 1 L 左右的稀样品溶液中,加入固体的干葡聚糖凝胶(Sephadex)G-25,缓慢搅拌30 min,葡聚糖凝胶吸水膨胀,进行吸滤,生物大分子全部留在溶液中,如此重复数次,可在短时间使溶液浓缩到 100 mL,每次葡聚糖凝胶的加入量为溶液量的 1/5 为宜,用过的葡聚糖凝胶经去离子水洗净后,可用乙醇脱水,干燥后重复使用。

四、聚乙二醇浓缩法

将待浓缩液放入透析袋内,袋外覆盖聚乙二醇,袋内的水分很快被袋外的聚乙二醇所吸收,在极短时间内,可以浓缩几十倍至上百倍。被溶剂饱和的聚乙二醇经加热除去溶剂后可再次使用。

五、超滤浓缩法

简称超滤法,是使用一种特制的薄膜对溶液中各种溶质分子进行选择性过滤的方法。当溶液在一定压力下(外源空气压或真空泵压)通过时,中小分子透过,大分子被截留于原来溶液中。此法最适用于生物大分子,尤其是蛋白质和酶的浓缩或脱盐,并具有不存在相变、不添加任何化学物质、成本低、操作方便、条件温和、能较好地保持生物大分子生物活性、回收率高等优点。

通过超滤法,蛋白质和酶的稀溶液一般可浓缩到 $10\%\sim50\%$ 浓度,回收率高达 90%。应用超滤法的关键是滤膜的选择,不同类型和规格的膜,相对分子质量截留值等参数均不同,必须根据实验需要来选择,才能获得理想效果。

超滤装置有膜板式和中空纤维柱式。膜板式超滤装置,截留面积有限。中空纤维超滤是在一支空心柱内装着许多的中空纤维毛细管,两端相通,管的内径一般在 $0.2\,mm$ 左右,每一根纤维毛细管像一个微型透析袋,极大地增加了渗透的表面积,提高了超滤的速度。中空纤维超滤是以液压为动力,通过蠕动泵或液压泵将待超滤液注入每一根中空纤维管内,小分子和溶剂被挤出管外,剩余样液再被压入中空纤维管,经过这样的不断循环,大分子逐步被浓缩,同时可以达到去掉小分子和盐分的目的。

六、常压蒸发法

蒸发是溶液表面的水或溶剂分子获得的动能超过溶液内分子间的吸引力以后,脱离液面进入空间的过程。可以借助蒸发从溶液中除去水或溶剂使溶液浓缩。

在常压下加热使溶剂蒸发,最后溶液被浓缩称常压蒸发。该方法操作简单,但仅适于浓缩耐热物质及回收溶剂。

装液容器与接收器之间要安装冷凝管使溶剂的蒸气冷凝。装液容器需用圆底蒸馏瓶,装液量不宜超过蒸馏瓶的 $1/2$ 容积,以免沸腾时溶液雾滴被蒸气带走或溶液冲出蒸馏瓶。加热前需加少量玻璃珠或碎磁片,使溶液不致过热而暴沸。暴沸易使液体冲出,或使蒸馏瓶压力陡增而致破裂。操作时,先接通冷却水,避免直接加热,要选用适当的热浴。热浴温度较溶剂沸点高 $20\sim30\,℃$ 为宜,温度过高使蒸发速度太快,蒸馏瓶内的蒸气压超过大气压以后易将瓶塞冲开,逸出大量蒸气,甚至使蒸馏瓶炸裂。

普通减压的加温蒸发器常用圆底烧瓶,先将液体加入容器,接通冷却水,再打开真空泵。开始时减压要缓慢,加热至一定温度后,溶剂即大量蒸发。如气泡过多,应立即打开阀门,降低真空度。

七、真空减压浓缩与薄膜浓缩法

真空减压浓缩在生物产品生产中使用较为普遍,具有生产规模较大、蒸发温度较低、蒸发速率较快等优点。此法适于浓缩遇热易变性的物质,特别是蛋白质、酶、核酸等生物大分子。当盛液的容器与真空泵相连而减压时,溶液表面的蒸发速率将随真空度的增高而增大,从而达到加速液体蒸发浓缩的目的。近年来,从蒸发速度方面改善蒸发器的发展较快,如薄膜蒸发器便是其中一例。

薄膜浓缩法的加速蒸发原理是增加汽化表面积,使液体形成薄膜而蒸发,成膜的液体具有极大的表面积。热的传导快而均匀,没有液体静压的影响,能较好地防止样品的过热现象,样品总的受热时间也有所压缩,而且能连续进行操作。

第七节　生物大分子的结晶

结晶是溶质呈晶态从溶液中析出的过程。由于初析出的结晶多少总会带一些杂质,因此需要反复结晶才能得到较纯的产品。从比较不纯的结晶再通过结晶作用精制得到较纯的结晶,这一过程叫做重结晶(或称再结晶、复结晶)。结晶是分离纯化蛋白质、酶等生化产品的一种有效手段。变性蛋白质不能结晶,所以凡结晶状态的蛋白质都能保持天然状态。晶体内部有规律的结构,决定了晶体的形成必须是相同的离子或分子,才可能按一定距离周期性地定向排列而成,所以能形成晶体的物质是比较纯的。在生化制备中,许多小分子物质如各种有机酸、单糖、核苷酸、氨基酸、维生素、辅酶等,由于其结构比较简单,分离至一定纯度后,绝大部分都可以定向聚合形成分子型或离子型的晶体。但有的生化产品,如核酸,由于分子高度不对称,呈麻花形螺旋结构,虽已达到很高的纯度,也只能得到絮状或雪花状的固体。

为了得到更好的晶体,应掌握以下条件:

一、纯度

纯度是指所需要的组分在样品总量中所占的比例(一般为质量分数)。杂质占比例越低,则所制备物质的纯度越高。各种物质在溶液中均需达到一定的纯度才能析出结晶,这样就可使结晶和母液分开,以达到进一步分离纯化的目的。生化产品也不例外,一般说来纯度愈高愈易结晶。就蛋白质和酶而言,结晶所需纯度不低于50%,总的趋势是愈纯,愈易结晶。结晶的制品并不表示达到了绝对的纯化,只能说达到了相当纯的程度。但有时纯度虽不高,若加入有机溶剂和制成盐时,也能得到结晶。

二、浓度

结晶液一定要有合适的浓度,溶液中的溶质分子或离子间便有足够的相碰机会,并按一定速率作定向排列聚合才能形成晶体。但浓度太高达到饱和状态时,溶质分子在溶液中聚集析出的速度太快,超过这些分子形成晶体的速率,相应溶液粘度增大,共沉物增加,反而不利于结晶析出,只获得一些无定形固体微粒,或生成纯度较差的粉末状结晶。结晶液浓度太低,样品溶液处于不饱和状态,结晶形成的速率远低于晶体溶解的速率,也得不到结晶。因此只有在稍过饱和状态下,即形成结晶速率稍大于结晶溶解速率的情况下才能获得晶体。结晶的大小、均匀度和结晶的饱和度有很大关系。

三、pH

pH 的变化,可以改变溶质分子的带电性质,是影响溶质分子溶解度的一个重要因素。在一般情况下,结晶液所选用的 pH 与沉淀大致相同。蛋白质、酶等生物大分子结晶的 pH 多选在该分子的等电点附近。如溶菌酶的等电点为 11.0~11.2,5％溶菌酶溶液,pH 9.5~10,在 4℃放置过夜便析出结晶。如果结晶时间较长并希望得到较大的结晶时,pH 可选择离等电点远一些,但必须保证这些分子的生物活性不受到损害。细胞色素 c 的等电点为 9.8~10.1,其含量为 1％,pH 6.0 左右生成的结晶最佳。细胞色素 c(氧化型)对 pH 范围要求很窄,超过 pH 6.6 或不到 5.0,即使增大细胞色素 c 的质量分数,也得不到结晶。当然对不同蛋白质及生化产品所要求的 pH 范围宽窄不一,要视具体情况而定。

四、温度

冷却的速度及冷却的温度直接影响结晶效果,冷却太快引起溶液突然过饱和,易形成大量结晶微粒,甚至形成无定形沉淀。冷却的温度太低,溶液粘度增加,也会干扰分子定向排列,不利于结晶的形成。生物大分子整个分离纯化过程,包括结晶在内,通常要求在低温或不太高的温度下进行。低温时不仅溶解度低,不易变性,而且可避免细菌繁殖。在中性盐溶液中结晶时,温度可在 0℃至室温的范围内选择。

五、时间

结晶的形成和生长需要一定时间,不同的化合物,结晶时间长短不同。蛋白质、酶等生物大分子结晶时,由于分子内有许多功能团和活性部位,其结晶的形成过程也复杂得多。简单的无机或有机分子形成晶核时需要几十甚至几百个离子或分子组成。但蛋白质分子形成晶核时,只需很少几个分子即可,不过这几个分子整齐排列成晶核时比几十个、几百个分子或离子所费时间多得多,所以蛋白质、酶、核酸等生物大分子形成结晶常需要较长时间,经常需要放置。

六、晶种

不易结晶的生化物质常需加晶种。有时用玻璃棒摩擦容器壁也能促进晶体析出。需要晶种形成结晶的制品,大多数收率不高。

第八节　生物大分子活性物质的干燥

干燥(drying)是将潮湿的固体、膏状物、浓缩液及液体中的水或溶剂除尽的过程。生化产品含水,容易引起分解变性、影响质量。通过干燥可以提高产品的稳定性,使它符合规定的标准,便于分析、研究、应用和保存。

一、影响干燥的因素

(1) 蒸发面积:蒸发面积大,有利于干燥,干燥效率与蒸发面积成正比。如果物料厚度增加,蒸发面积减小,难于干燥,由此会引起温度升高使部分物料结块、发霉变质。

（2）干燥速度：干燥速度应适当控制。干燥时，首先是表面蒸发，然后内部的水分子扩散至表面，继续蒸发。如果干燥速率过快，表面水分很快蒸发，就使得表面形成的固体微粒互相紧密粘结，甚至成壳，妨碍内部水分扩散至表面。

（3）温度：升温能使蒸发速率加快，蒸发量加大，有利于干燥。对不耐热的生化物质，干燥温度不宜过高，冷冻干燥最适宜。

（4）湿度：物料所处空间的相对湿度越低，越有利于干燥。相对湿度如果达到饱和，则蒸发停止，无法进行干燥。

（5）压力：蒸发速率与压力成反比，减压能有效地加快蒸发速率。减压蒸发是生化制品干燥的最好方法之一。

二、常用的干燥方法

1. 常压吸收干燥

常压干燥是在密闭空间内用干燥剂吸收水或溶剂。此法的关键是选用合适的干燥剂。按照脱水方式，干燥剂可分为三类：

（1）能与水可逆地结合为水合物，例如无水氯化钙、无水硫酸钠、无水硫酸钙、固体氢氧化钾（或钠）等。

（2）能与水作用生成新的化合物，例如五氧化二磷、氧化钙等。

（3）能吸收微量的水和溶剂，例如分子筛，常用的是沸石分子筛。如果样品水分过多，应先用其他干燥剂吸水，再用分子筛进行干燥。

2. 减压真空干燥

真空干燥即减压干燥。装置包括真空干燥器、冷凝管及真空泵。干燥器顶部经活塞接通冷凝管。冷凝管的另一端顺序连接吸滤瓶、干燥塔和真空泵。蒸气在冷凝管中凝聚后滴入吸滤瓶中。干燥器内放有干燥剂可以干燥和保存样品。样品量少可用真空干燥器，样品量大可用真空干燥箱。但被干燥物的量应适当，以免液体起泡溢出容器，造成损失和污染真空干燥箱。

3. 喷雾干燥

喷雾干燥是将料液（含水50％以上的溶液、悬浮液、浆状液等）喷成雾滴分散于热气流中，使水分迅速蒸发而成为粉粒干燥制品。

喷雾干燥的效果取决于雾滴大小。雾滴直径为 $10\,\mu m$ 左右时，液体形成的液滴总面积可达 $600\,m^2/L$。表面积大，蒸发极快，干燥时间短（数秒至数十秒）。水分蒸发带走热量还能使液滴与周围的气温迅速降低。在常压下能干燥热敏物料，因此广泛用于制备粗酶制剂、抗菌素、活性干酵母、奶粉等。

4. 冷冻干燥

将待干燥的制品冷冻成固态，然后将冻结的制品经真空升华逐渐脱水而留下干物的过程称为冷冻干燥（lyophilization）。冷冻干燥的过程由冷冻干燥机来完成，冷冻干燥的制品是在低温高真空中制成的，由于微小冰晶体的升华呈现多孔结构，并保持原先冻结的体积，加水易溶，并能恢复原有的新鲜状态，生物活性不变。由于冷冻干燥有上述优点，所以广泛应用于科研和生产。冷冻干燥适合于对热敏感、易吸湿、易氧化、易变性的制品（蛋白质、酶、核酸、抗菌素、激素等）。冷冻干燥的程序包括冻结、升华和再干燥。

参 考 资 料

[1]　苏拔贤主编. 生物化学制备技术. 北京：科学出版社，1986，222～233，239～267

[2]　汪家政，范明主编. 蛋白质技术手册. 北京：科学出版社，2000，20～29，60～74

[3]　陈来同. 生物化学产品制备技术(1). 北京：科学技术文献出版社，2003，1～115

[4]　陈来同. 生物化学产品制备技术(2). 北京：科学技术文献出版社，2004，1～4

[5]　陈来同. 生化工艺学. 北京：科学出版社，2004，8～20

[6]　Belter P A, Cussler E L, et al. Bioseparations, Downstream Processing for Biotechnology. New York：John Wiley and Sons, Inc,1988，13～95

[7]　Bonnerjea J S, et al. Protein Purification. Biotechnology, 1986,4：954～958

[8]　Cooper T G. The Tools of Biochemistry. New York：John Wiley and Sons, Inc, 1977,368～385

[9]　Inghan K C. Protein Precipitation with Polyethylene Glycol. Meth Enzymol, 1984, 104：351～355

[10]　Everse J, Stolzenbach F E. Lyophilization. Meth Enzymol, 1971, 22：33～39

（陈来同）

第二章　生物大分子活性物质含量和纯度的分析方法

在生物大分子分离提纯的过程中,经常需要测定某一大分子的含量和某一大分子的提纯程度(即跟踪分析)。这些分析工作还包括鉴定最后制品的纯度。

第一节　蛋白质含量的测定

蛋白质分离纯化过程中,蛋白质浓度的测定是不可须臾或缺的手段。溶液中蛋白质的浓度可根据它们的物理化学性质,采用物理方法如折射率、比重、紫外线吸收或化学方法[如凯氏定氮、双缩脲反应、福林(Folin)-酚反应]来测定;也可用染色法如氨基黑、考马斯亮蓝染色测定;此外还可用荧光激发、氯胺T、放射性同位素计数等灵敏度较高的方法。上述方法中,紫外吸收法、双缩脲法、福林-酚试剂法、考马斯亮蓝染色法等最为常用,它们操作简单,不需要昂贵的设备。以下主要介绍这几种方法。

一、紫外吸收法

(1) 280 nm 光吸收法:由于蛋白质中酪氨酸、苯丙氨酸和色氨酸残基的苯环具有共轭双键,因此蛋白质具有吸收紫外线的性质,吸收高峰在 280 nm,在此波长范围内蛋白质溶液的光吸收与其含量成正比。根据吸光值或蛋白质摩尔消光系数 $E_{1\,cm}^{1\,mol/L}$ 的文献值,可直接计算出样品溶液中蛋白质的浓度。

(2) 280 nm 和 260 nm 的吸收差法:若样品中含有嘌呤、嘧啶等吸收紫外线的核酸类物质,在用 $A_{280\,nm}$ 来测定蛋白质浓度时,会有较大的干扰。由于核酸在 260 nm 的光吸收比 280 nm 更强,因此可利用 280 nm 及 260 nm 的吸光值之差来计算蛋白质的浓度。常用下列经验式估算:

$$蛋白质浓度(mg/mL) = 1.45\,A_{280\,nm} - 0.74\,A_{260\,nm}$$

假设 1 mg/mL 蛋白质溶液的 $A_{280\,nm}$ 为 1.0。

(3) 215 nm 和 225 nm 的吸收差法:蛋白质的肽键在 200~250 nm 有强的紫外线吸收。其光吸收强弱在一定范围内与浓度成正比,且波长越短,光吸收越强。若选取 215 nm 可减少干扰及光散射,用 215 nm 和 225 nm 吸光值之差与单一波长测定相比,可减少非蛋白质成分引起的误差。因此,对稀溶液中蛋白质浓度的测定可用 215 nm 和 225 nm 光吸收差法。

常用下列经验公式计算:

$$蛋白质浓度(mg/mL) = 0.144(A_{215\,nm} - A_{225\,nm})$$

测定范围为 20~100 $\mu g/mL$ 蛋白质。

二、双缩脲法

(1) 常量双缩脲法:蛋白质含有多个肽键,因此有双缩脲反应。在碱性溶液中蛋白质与铜离子形成紫红色化合物,其颜色深浅与蛋白质浓度成正比,而与蛋白质的相对分子质量及氨基酸组成无关。本法测定范围为 1~10 mg/mL 蛋白质,测定波长为 540 nm。

(2) 微量双缩脲法:该法显色原理与常量双缩脲法相同。由于铜与蛋白质复合物的最大吸收峰在 260～280 nm,但在此区域干扰因素及空白的吸收都很大,而在 310～330 nm 测定时干扰因素少一些,比 540 nm 灵敏 10 倍以上。因此可选用 310 nm 进行比色测定,测定范围为 0.1～1.0 mg/mL 蛋白质;或用 330 nm 测定,测定范围为 0.2～2.0 mg/mL 蛋白质。

三、福林-酚试剂法(Lowry 法)

本方法是双缩脲法的发展,首先在碱性溶液中形成铜与蛋白质复合物,然后该复合物中酪氨酸和色氨酸残基还原磷钼酸-磷钨酸试剂(福林试剂),产生深蓝色化合物。

本法可用 750 nm 比色测定,范围为 0.03～0.3 mg/mL 蛋白质;或用 500 nm 比色测定,范围为 0.05～0.5 mg/mL 蛋白质。

四、BCA 法

在碱性溶液中,蛋白质将二价铜(Cu^{2+})还原成一价铜(Cu^+),后者与测定试剂中 BCA[Bicinchoninic acid,双辛丹宁(金鸡宁)]生成一个在 562 nm 处具有最大光吸收的紫色复合物。复合物的光吸收强度与蛋白质浓度成正比。此法测定范围为 10～1200 μg/mL 蛋白质。

五、考马斯亮蓝 G-250 染色法

考马斯亮蓝 G-250 在酸性溶液中为棕红色,当它与蛋白质通过疏水作用结合后,变为蓝色,可在 595 nm 比色测定。本法反应快,操作简便,消耗样品量少,但不同蛋白质之间的差异较大,且标准曲线线性较差。测定范围为 0.01～1.0 mg/mL 蛋白质。

测定蛋白质混合物中某一特定蛋白质的含量通常要用具有高度特异性的生物学方法。具有酶或激素性质的蛋白质可以利用它们的酶活性或激素活性来测定含量。利用抗体-抗原反应,也可测定某一特定蛋白质的含量。这些生物学方法的测定与总蛋白质含量测定配合,可以用来研究蛋白质分离纯化过程中某一特定蛋白质的提纯程度。蛋白质纯度常用某一特定成分与总蛋白之比来表示,如每毫克蛋白质含多少活性单位(对酶蛋白来说,这一比值称为比活性;对激素类来说称为生物活性),科研中要一直进行到这个比值不再增加为止,即达到结构纯。

虽然蛋白质含量测定的方法很多,但至今没有一个十分完善和令人满意的。各方法均有它的可用性,又有它的局限性。因此,要根据我们的条件及实验的要求进行选择。如柱层析要求随时、快速检测蛋白质分离情况,因此要求及时、连续、不丢失,但不一定十分准确,所以多采用紫外分光光度法。双缩脲法线性关系好,但灵敏度差,测量范围窄,因此应用受到限制。而Lowry 法弥补了双缩脲法的缺点,因而被广泛采用,但它的干扰因素多,从而出现了考马斯亮蓝 G-250 染色法。BCA 法有它的特点,干扰因素少,试剂稳定。

总之,在科研、临床、医药卫生等工作中,均需要测定蛋白质含量,了解每种方法的原理及缺点,有助于帮助我们去选择一个合适的测定方法。

第二节 粘多糖的定量及生物活性测定

一般测定多糖常用的方法有:菲林试剂法、蒽酮法、旋光法等。此外,粘多糖还有以下检测方法。

一、理化分析

粘多糖的理化测定指标是由其化学组成所决定的,已知粘多糖的组成单位有己糖醛酸和氨基己糖等,基团有乙酰基和硫酸基(O-硫酸基和 N-硫酸基)。

1. 氨基己糖的测定（Elson-Morgan 法）

氨基己糖在碱性条件下加热,可与乙酰丙酮缩合成吡咯衍生物,该衍生物与 Ehrlich 氏试剂(对-二甲氨基苯甲醛的酸醇试剂)呈红色反应,可作定量分析。1951 年 Schlose 对反应后的色原质进行分离,至少可得到四种。氨基葡萄糖生成的色原质最大吸收峰为 512 nm,而氨基半乳糖则为 535 nm,这提示不同的氨基己糖有可能进行分别测定。

2. 己糖醛酸的测定（咔唑法）

1947 年 Dische 提出用咔唑法测定己糖醛酸。在浓硫酸中,己糖醛酸生成的反应物可与咔唑溶液呈红色,1962 年 Bitter 和 Muir 对该法进行改进,提高了显色的速度和稳定性,灵敏度可提高一倍,但葡萄糖醛酸和艾杜糖醛酸两者的光吸收系数有较大差异。1979 年 Kosakai 又对 Bitter-Muir 法进行了改进,减少试剂中水的含量,使葡萄糖醛酸和艾杜糖醛酸的吸光值接近,适于含艾杜糖醛酸较多的酸性粘多糖中己糖醛酸的测定。

3. 总硫酸基测定（联苯胺法）

将粘多糖进行酸水解,使硫酸基游离,加入过量的联苯胺,生成联苯胺硫酸盐沉淀,沉淀溶解后加入亚硝酸盐,使联苯胺重氮化,重氮盐与碱性百里酚生成红色化合物,依此可进行定量分析。

二、生物测定

粘多糖具有多方面的生物效应。主要的生物测定法有以下几种:

1. 抗凝血活性

粘多糖大多具有不同程度的抗凝血活性,以肝素的抗凝性最强。我国药典规定肝素抗凝效价采用兔血法测定,美国药典采用羊血浆法,英国和日本药典采用硫酸钠牛全血法。基本原理是肝素对凝血过程的多个环节都有抑制作用,最终使纤维蛋白原不能转变为纤维蛋白而产生抗凝血作用。以羊血浆法为例,取柠檬酸羊血浆,加入标准品和供试品,重钙化后一定时间观察标准品和供试品肝素管的凝固程度,比较测定供试样品的效价。

2. 凝血酶原时间

凝血的第二阶段在凝血活素 V、VII、X 及 Ca^{2+} 等因素作用下,使凝血酶原转变成凝血酶。此测定是在血浆中加入组织凝血活素,用生理盐水或去凝血酶原血浆稀释正常血浆,作出凝血酶原时间曲线,用以对比被检血浆的活度。当在两组血浆中加入标准品和供试品肝素后,肝素和一些凝血因子结合,可使凝血酶原时间延长,按标准品和供试品凝血酶原时间延长的程度确定待测品的效价。

3. 降脂活性

给动物灌肠喂猪油或腹腔注射,以增加动物血中脂肪和胆固醇含量,粘多糖能促使脂蛋白脂酶释放,从而降低血中脂肪和胆固醇的增长。利用这个方法可测定粘多糖类物质的降脂效应。

降脂活性测定中脂肪和胆固醇的测定可用酶法进行。试剂中含有多种酶类,可使血浆中的脂肪或胆固醇氧化产生过氧化氢,与显色剂反应呈红色。粘多糖类有降脂作用,可使吸光值明显下降。酶法测定具有操作简便、显色稳定、重现性好等优点。

4. 脂血澄清作用

将粘多糖于静脉或胃内给药,澄清作用由血浆的脂肪酶活性显示。将注射了粘多糖的血浆与脂肪乳剂混合,血浆内的脂蛋白脂酶可作用于底物,使吸光值改变。不同测定时间,酶活性表现不同。

5. 其他

(1)核糖核酸酶抑制试验:肝素可抑制核糖核酸酶对核糖核酸的分解作用。在不同浓度肝素溶液中加入核糖核酸钠和核糖核酸酶,测定消光系数,核糖核酸酶的抑制作用与肝素浓度成线性关系。

(2)血小板聚集试验:粘多糖具有抗凝血作用,这与抑制血小板聚集也有一定关系。用于研究粘多糖抑制血小板的方法有转盘法、滤过压力法、比浊法和比率法。

还有,一些研究者曾用 Winder 大鼠足跖肿胀法、Meier 大鼠棉球肉芽增生法和巨噬细胞吞噬法等对肝素和类肝素进行抗炎试验。

粘多糖不但有抗凝血和降血脂作用,还有抗炎、抗过敏、抑制血小板聚集和抑制癌细胞转移等多种生物效应,所以用一种简单的试验方法确定粘多糖的标准是不妥当的,应根据药理效应、理化性质及临床需要来确定不同组分的特异的生物测定方法和理化指标。

第三节　核酸含量的测定

DNA 和 RNA 经酸水解后,嘌呤易脱下形成无嘌呤的醛基化合物,或水解得到核糖和脱氧核糖,这些物质与某些酚类、苯胺类化合物结合生成有色物质,可用来作定性分析或根据颜色的深浅定量测定核酸总量。常用的方法有:定磷法测定 RNA 或 DNA、二苯胺法测定DNA、地衣酚法(改良法)测定 RNA、紫外吸收法等。

一、孚尔根染色法

孚尔根染色法是一种对 DNA 的专一染色法,基本原理是 DNA 的部分水解产物能使已被亚硫酸钠褪色的无色品红碱(Schiff 试剂)重新恢复颜色。用显微分光光度法可定量测定颜色强度。

品红碱-亚硫酸试剂 ⥶ 品红碱＋亚硫酸钠

无色(浅黄)　　　　　　紫红色

二、核糖核酸含量的测定

核糖核酸利用苔黑酚(地衣酚,3,5-二羟甲苯)法测定。将含有核糖的 RNA 与浓盐酸及3,5-二羟甲苯一起于沸水浴中加热 20～40 min 左右,产生绿色化合物。这是由于 RNA 脱嘌呤后的核糖与酸作用生成糠醛,再与 3,5-二羟甲苯作用而显蓝绿色。

三、脱氧核糖核酸含量的测定

脱氧核糖核酸用二苯胺法测定。DNA 在酸性条件下与二苯胺试剂一起水浴加热 5 min,

生成蓝色产物。酸性溶液中脱氧核糖生成 ω-羟基-γ-酮基戊醛,再与二苯胺作用呈现蓝色反应。

由于上述三方法测得的糖量只是与嘌呤连接的糖,因此用测得的糖量直接换算出核酸含量时,误差可能较大。因为不同来源的 RNA 或 DNA 所含嘌呤、嘧啶的比例不同,因此作标准曲线时,应当选用与待测样品相同来源的或嘌呤、嘧啶比例相近的,经纯化的核酸作标准曲线,再通过标准曲线,查出待测样品的核酸含量。

定糖法虽准确性差,灵敏度低,干扰物多,但方法快速简便,不需要特殊的仪器,所以也是定性鉴别和定量测定核酸、核苷酸的常用方法。

四、核酸含磷量测定法

纯的 RNA 及其核苷酸一般含磷量为 9%,DNA 及其核苷酸含磷量为 9.2%,即每 100 g 核酸中含有 9~9.2 g 磷,也就是核酸量为磷量的 11 倍左右,故核酸测定时,每测得 1 g 磷相当于有 11 g 的核酸。此方法准确性强,灵敏度高,最低可测到 5 μg/mL 的核酸,可作为紫外吸收法和定糖法的基准方法。

由于核酸中磷的含量是通过测定无机磷的方法完成的,因此测定时先要用浓硫酸将核酸、核苷酸消化,使有机磷氧化成无机磷,然后与钼酸铵定磷试剂作用,使其产生蓝色的钼蓝。在一定范围内,钼蓝颜色深浅与磷含量成正比关系,根据样品产生的蓝色深浅,在 660 nm 比色测得吸光值,从磷的标准曲线可得到样品中磷的含量,从而求出核酸的含量。

核酸样品中有时含有无机磷杂质,因此用定磷法来测定核酸含量时,应分别测定样品总磷量(样品经消化后测得的总磷量)和无机磷(样品不经消化直接测得的磷量)的含量,将总磷量减去无机磷量即为核酸的含磷量。

由于 DNA 和 RNA 中都含有磷,当样品中 RNA 和 DNA 含量都较高时,用定磷法来测定 DNA 或 RNA 时,必须先把两者分开。

第四节　生物大分子纯度的鉴定

一个制品是否纯,常以"均一性"表示。均一性是指所获得的制品只具有一种完全相同的成分,均一性的评价常需经过数种方法的验证才能肯定。有时某一种测定方法认为该物质是均一的,但另一种测定方法却可把它分成两个甚至更多的组分,这就说明前一种鉴定方法所得的结果是片面的。如果某物质所具有的物理、化学等方面的性质经过几种高灵敏度方法的鉴定都是均一的,那么大致可以认为它是均一的。当然,随着更好的鉴定方法的出现,还可能发现它不是均一的。绝对的标准只有把制品的全部结构搞清楚,并经过人工合成证明具有相同生物活性时,才能肯定该制品是绝对纯净的。

生物大分子活性物质的纯度是化学和物理学的概念,它和生物大分子活性物质所具有的生物活性有着更复杂的关系,生物大分子活性物质的聚合状态、辅基的存在和变性作用等极大地影响其生物活性,而这些因素的影响有些往往是用一般纯度检查的方法检查不出来的,这是值得引起注意的。常用生物大分子活性物质纯度检查的方法有:

一、高效液相层析（HPLC）法

这是生物大分子活性物质纯度检查常用的有效方法。美国药典已规定把 HPLC 用于胰岛素纯度的检测项目中。

二、电泳法

凝胶电泳呈现单一区带，是纯度的一个重要指标，说明样品的荷质比（电荷/质量）是均一的。如果在不同的 pH 下进行凝胶电泳都是一条区带，则结果更加可靠。SDS-聚丙烯酰胺凝胶电泳法也适用于含有相同亚基的蛋白质的纯度检查。

等电聚焦法是基于生物大分子活性物质等电点的不同来进行分辨的。虽然具有相同等电点的生物大分子活性物质会有重叠现象，但此法对确定制品中被污染蛋白质的等电点性质是有意义的。

三、免疫化学法

主要有免疫扩散、各种免疫电泳、放射免疫分析、酶标免疫分析等。此法适用于能产生特异性抗体的生物大分子活性物质，无论是检查所需要的或者是被污染的生物大分子活性物质都适用。制品中被污染蛋白质的检查可确定其均一性，对微量有效成分的检查亦具有重要意义。

四、生物测定法

利用动物体或动物的离体器官、细胞进行生物效价的测定，这种方法接近动物临床所产生的生物学效应，因此实际意义也更大。

五、分光光度法

（1）紫外分光光度法：纯蛋白质的 $A_{280\,nm}/A_{260\,nm}$ 为 1.75，此法可检查有无核酸存在。纯 RNA 的 $A_{260\,nm}/A_{280\,nm}$ 为 2.0 以上，DNA 的 $A_{260\,nm}/A_{280\,nm}$ 为 1.9 左右，此法可检查有无蛋白质存在。不同的蛋白质在紫外区的吸收峰有微小的差别，但由于其特异性差，只能作为定性或定量测定的参考。

（2）红外分光光度法：由于生物大分子结构有一定的能级而区别于其他非生物大分子物质，故红外光谱为人们提供了“分子指纹”。

参 考 资 料

[1]　王风山等.生化药物研究.北京：人民卫生出版社,1977,73～75

[2]　陈毓荃.生物化学实验方法与技术.北京：科学出版社,2002,33～44

[3]　陈来同.生物化学产品制备技术(2).北京：科学技术文献出版社,2004,121～140

[4]　汪家政,范明主编.蛋白质技术手册.北京：科学出版社,2000,38～59

[5]　Whitaker J R, Granum P E. An Absolute Method for Protein Determination Based on Difference in Ab-

sorbance at 235 and 280 nm. Anal Biochem，1980,109：156～159

[6]　Wetlaufer D B. Ultraviolet Spectra of Protein and Amino Acids. Adv Prot Chem，1962，17：303～309

[7]　Akins R E，Tuan R S. Measurement of Protein in 20 Seconds Using a Microwave BCA Assay. Biotechniques，1992,12(4)：496～499

（陈来同）

第三章 层 析 技 术

层析技术(chromatography)又称色谱法,俄国植物学家 Michael Tswett 于 1903 年首先创建,当时他用装填有碳酸钙吸附剂的柱子来分离植物叶子色素,各种色素以不同的速率通过柱子时彼此分开,形成易于区分的色素带,并由此得名。后来不仅用于分离有色物质而且在多数情况下用来分离无色物质。层析法由于分离效率高、操作简单等优点而被广泛应用。1941年 Martin 和 Synge 发现了液-液(分配)层析[liquid-liquid(partition) chromatography, LLC]。该法用覆盖于吸附剂表面的并与流动相不混淆的固定液来代替以前仅有的固体吸附剂,使组分按照其溶解度在两相之间分配。在使用柱层析的早期年代,可靠地鉴定小量的被分离物质是困难的,所以研究发展了纸层析法(paper chromatography, PC)。在这种"平面"的技术中,分离主要是通过滤纸上的分配来实现的。然后由于充分考虑了平面层析法的优点而发展了薄层层析法(thin-layer chromatography, TLC),在这种方法中,分离系在涂布于玻璃板或某些坚硬材料上的薄层吸附剂上进行。气相色谱法是 Martin 和 James 于 1952 年首先描述的,它特别适用于气体混合物或挥发性液体和固体,其特点是分辨率高、分析迅速和检测灵敏等。近年来,因为新型液相层析仪和新型柱填料的发展以及对层析理论的更深入了解,又重新引起对密闭柱液相层析法的兴趣。高效液相层析(high-performance liquid chromatography, HPLC)迅速成为与气相层析一样被广泛使用的方法,对于迅速分离非挥发性的或热不稳定的试样来说,高效液相层析常常是更可取的。

第一节 层析技术分类

一、按固定相和流动相所处的状态分类

(1)液相层析:以液体为流动相(mobile phase)的层析方法,称为液相层析(liquid chromatography, LC)。

根据固定相(stationary phase)的状态,有固体吸附剂作为固定相和以附着在固体表面的一层薄薄液体作为固定相,因此液相层析又可分为液-固层析(liquid-solid chromatography, LSC)和液-液层析(liquid-liquid chromatography, LLC)。

(2)气相层析:以气体为流动相的层析方法,称为气相层析(gas chromatography, GC)。

同理,根据固定相的状态,气相层析也可以分为气-固层析(gas-solid chromatography, GSC)和气-液层析(gas-liquid chromatography, GLC)。

二、按层析分离原理分类

种类较多,常用的有以下几种:

(1)吸附层析(absorption chromatography):这是利用吸附层析介质表面的活性基团或活性分子对流动相中不同组分吸附性能的差异进行分离的方法。

(2)分配层析(partition chromatography):是利用待分离的不同组分在流动相和固定相

23

之间分配系数的差异而进行分离的方法。

（3）离子交换层析（ion exchange chromatography）：利用化学键键合在固定相（离子交换剂）表面的具有交换能力的离子基团与流动相待分离组分的离子可逆结合能力的差异进行分离的方法。

（4）排阻层析（exclusion chromatography）：又称凝胶层析（gel chromatography）。利用凝胶层析介质（固定相）内一定大小的网孔，对相对分子质量不同的组分的阻滞程度不同而进行分离的层析方法，其中以水溶液为流动相的称为凝胶过滤层析（gel filtration chromatography）。

（5）亲和层析（affinity chromatography）：利用固定相载体表面偶联的具有特殊亲和能力的配基对流动相中的溶质分子发生可逆的特异性结合作用而进行分离的一种方法。

（6）金属螯合层析（metal chelating chromatography）：利用固相载体表面偶联的亚胺基乙二酸配基与二价金属离子发生螯合作用，制成金属螯合介质，再利用其表面的二价金属离子与流动相中含有的半脱氨酸、组氨酸、咪唑及其类似物发生螯合作用而进行分离的方法。

（7）疏水层析（hydrophobic chromatography）：利用固相载体表面偶联的疏水配基（如苯基）与流动相中的某些疏水分子之间的弱疏水相互作用而进行分离的方法。

（8）反相层析（reverse phase chromatography）：固相载体表面偶联疏水性较强的配基（如 C_{18} 烷基），利用疏水作用分离流动相中极性不同物质的方法。

三、按实验技术分类

（1）柱层析法（column chromatography）：将固定相填充在柱内（玻璃柱、钢柱等），使样品沿着一个方向移动而进行分离的层析方法。

（2）平面层析法（planar chromatography）：固定相呈平面状的层析法，包括纸层析法和薄层层析法。

平面层析法与柱层析法的原理是完全相同的。只是平面层析法是开放型层析而柱层析法是封闭型层析。

纸层析法是以滤纸为载体的层析法，分离原理属于分配层析的范畴。

薄层层析法是把固定相均匀铺在玻璃板、铝箔或塑料板上形成薄层，在此薄层上进行层析。分离原理随固定相不同而异，基本上与柱层析法相同，也可分为吸附薄层法、分配薄层法、离子交换薄层法以及排阻薄层法。

四、根据操作方式分类

层析分离法可以分为迎头法（frontal analysis）、顶替法（displacement analysis）和洗脱分析法（elution analysis）。

（1）迎头法：系将混合物溶液连续通过固定相，只有吸附力最弱的组分以纯粹状态最先自柱中流出，其他各组分都不能达到分离。

（2）顶替法：系利用一种吸附力比各被吸附组分都强的物质来洗脱，这种物质称为顶替剂。此法处理量较大，且各组分分层清楚，但层与层相连，故不易将各组分分离完全。

（3）洗脱分析法：系先将混合物尽量浓缩，使体积减小，引入层析柱上部，然后用纯粹的溶剂洗脱，洗脱溶剂可以是原来溶解混合物的溶剂，也可选用另外的溶剂。此法能使各组分分层且分离完全,层与层间隔着一层溶剂。此法应用最广,而迎头法和顶替法则很少应用,以下仅限于讨论洗脱分析法。

第二节　液相层析法的基本原理

将欲分离的混合物加入层析柱的上部[图 3-1(a)],使其流入柱内,然后加入洗脱剂(流动相)冲洗[图 3-1(b)]。如各组分和固定相不发生作用,则各组分都以流动相的速度向下移动,因而得不到分离。实际上各组分和固定相间常存在一定的亲和力,故各组分的移动速度小于流动相的速度,如亲和力不等,则各组分的移动速度也不一样,因而能得到分离。图 3-1 中各组分对固定相的亲和力的次序为白球分子○>黑球分子●>三角形分子△。当继续加入洗脱剂时,如层析系统选择适当,且柱有足够长度,则三种组分逐渐分层[图 3-1(c)~(g)],三角形分子跑在最前面,最先从柱中流出[图 3-1(h)]。这种移动速度的差别是层析法的基础。加入洗脱剂而使各组分分层的操作称为展开(development),而展开后各组分的分布情况称为层析图(chromatogram)。显然,我们可选择各种各样的物质作为固定相和流动相,采用不同分离原理和操作方式进行混合物分离,故层析法有广阔的适用范围。

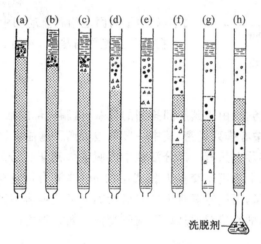

图 3-1　层析法示意图

在吸附薄层层析过程中,展开剂(溶剂)是不断供给的,所以在原点上溶质与展开剂之间的平衡就不断地遭到破坏,即吸附在原点上的物质不断地被解吸。其次,解吸出来的物质溶解于展开剂中并随之向前移动,遇到新的吸附剂表面,物质和展开剂又会部分地被吸附而建立暂时的平衡,但立即又受到不断地移动上来的展开剂的破坏,因而又有一部分物质解吸并随展开剂向前移动,如此吸附-解吸-吸附的交替过程构成了吸附层析法的分离基础。吸附力较弱的组分,首先被展开剂解吸下来,推向前去,故有较高的比移值(R_f);吸附力强的组分,被保留下来,解吸较慢,被推移不远,所以 R_f 较低。

溶质在层析柱(纸或板)中的移动可以用阻滞因数(retardation factor,在纸色谱中称为比移值 R_f)或洗脱体积(elution volume)V_e 来表征。两者都表示溶质分子在流动相方向的移动速度或在流动相中的停留时间。在一定的层析系统中,各种物质有不同的阻滞因数或洗脱体积。改变固定相、流动相和操作条件,可使阻滞程度从完全阻滞到自由定向移动的很大范围内变化。假如溶质-固定相-移动相所组成的层析系统能很快达到平衡,则阻滞因数或洗脱体积与分配系数(partition or distribution coefficient)有关。

一、分配系数

在吸附层析法中,溶质分配的平衡关系应符合 Langmuir(兰米尔)吸附等温式:

$$M = \frac{aC}{1+bC}$$

式中,M,C 表示溶质在固定相和流动相中的浓度;a,b 为常数,与温度及所用的计量单位有关。

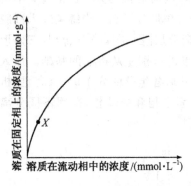

图 3-2　吸附等温线

当浓度很低时,即 C 很小时(在 X 点以下),上式成为 $M = aC$,平衡关系为一直线(图3-2)。

在分配层析法中,在一定温度下,溶质在两相之间的平衡关系服从于分配定律。当处于低浓度时,分配系数(K)为一常数,故平衡关系也为一直线:

$$K = \frac{C_1}{C_2}$$

式中,C_1,C_2 为固定相和流动相中的溶质浓度。

在离子交换层析法中,平衡关系可用下式表示:

$$\frac{m_1^{\frac{1}{z_1}}}{m_2^{\frac{1}{z_2}}} = K \frac{C_1^{\frac{1}{z_1}}}{C_2^{\frac{1}{z_2}}}$$

若对交换大离子的场合,由于其空间排列的关系,树脂内部的活性中心并不是全都能吸附大离子。树脂上的活性中心排列过密,其中一部分被大离子遮住,以使后来的大离子就不能达到这些活性中心,因此实际上只有一部分活性中心吸附大离子。若只考虑能吸附大离子这一部分活性中心,即不要把上述离子交换方程式中的 m_2 理解为每克树脂所实际吸附的无机离子(如钠离子)的毫摩尔量,而把它理解为树脂对大离子的交换容量减去树脂吸附大离子的毫摩尔量,则大离子在树脂的交换就服从以下离子交换平衡方程式:

$$\frac{m_1^{\frac{1}{z_1}}}{(m-m_1)^{\frac{1}{z_2}}} = K \frac{C_1^{\frac{1}{z_1}}}{(C_0-C_1)^{\frac{1}{z_2}}}$$

式中,m 为树脂对有机大离子的交换容量(mmol/g 干树脂);m_1 为树脂上发生交换的离子的浓度(mmol/g 干树脂);C_0 为被吸附组分的原始浓度(mmol/mL);C_1 为溶液中离子的浓度(mmol/mL);Z_1,Z_2 为发生交换的离子之价数;K 为离子交换常数。

当处于低浓度时,即当 C_1 很小,m_1 因而也很小时,上式可成为 $m_1 = KC_1$,即平衡关系也为一直线。

在凝胶层析法中,分配系数表示凝胶颗粒内部水分中为溶质分子所能达到的部分,故用一定的凝胶分离一定的溶质时,分配系数也为一常数。

综上所述,不论层析分离的机理怎样,当溶质浓度较低时,它在固定相和流动相中的浓度都成线性的平衡关系,即两者之比可用分配系数 K_d 来表示。

$$K_d = \frac{M}{C}$$

式中，K_d 为一常数，和溶质的浓度无关；M，C 表示溶质在固定相和流动相中的浓度。

二、阻滞因数或 R_f

阻滞因数或 R_f 是在层析系统中溶质的移动速度和一理想标准物质（通常是和固定相没有亲和力的流动相，即 $K_d = 0$ 的物质）的移动速度之比，即

$$R_f = \frac{溶质的移动速度}{流动相在层析系统中的移动速度} = \frac{溶质的移动距离}{在同一时间内溶剂前沿的移动距离}$$

令 A_s 为固定相的平均截面积，A_m 为流动相的平均截面积（$A_s + A_m = A_1$，即系统或柱的总截面积）。如体积为 V 的流动相流过色层分离系统，流速很慢，可以认为溶质在两相间的分配达到平衡。则

$$溶质移动距离 = \frac{V}{能进行分配的有效截面积} = \frac{V}{A_m + K_d A_s}$$

$$流动相移动距离 = \frac{V}{A_m}$$

联立以上三式可得

$$R_f = \frac{A_m}{A_m + K_d A_s}$$

因此当 A_m，A_s 一定时（它们决定于装柱时的紧密程度），一定的分配系统 K_d 有相应的 R_f。

三、洗脱体积 V_e

在柱层析分离中，溶质从柱中流出时所通过的流动相体积，称为洗脱体积，这一概念在凝胶层析分离法中用得较多。

令层析分离柱的长度为 L，设在 t 时间内流过的流动相体积为 V，则流动相的体积速度为 $\frac{V}{t}$，溶质移动速度为 $\frac{V}{t(A_m + K_d A_s)}$，溶质流出层析柱所需时间为 $\frac{L(A_m + K_d A_s)}{V/t}$，于是此时流过的流动相体积 $V_e = L(A_m + K_d A_s)$。

如令 $LA_m = V_m$（层析柱中流动相体积），$LA_s = V_s$（层析柱中固定相体积），则有

$$V_e = V_m + K_d V_s$$

由上式可见，不同溶质有不同的洗脱体积 V_e，后者决定于分配系数。

四、层析法的塔板理论

1. 理论塔板数量

塔板理论可以给出在不同瞬间，溶质在柱中的分布和各组分的分离程度与柱高之间的关系。和化工原理中的蒸馏操作一样，这里要引入"理论塔板高度"的概念。所谓理论塔板高度是指这样一段柱高，自这段柱中流出的液体（流动相）与其中固定相的平均浓度达到平衡。设想把柱等分成若干段，每一段高度等于一块理论板。假定分配系数是常数且没有纵向扩散，则不难推断，第 r 块塔板上溶质的质量分数为

$$f_r = \frac{n!}{r!(n-r)!} \cdot \left(\frac{1}{E+1}\right)^{n-r} \cdot \left(\frac{E}{E+1}\right)^r$$

式中，n 为层析柱的理论塔板数，$E = \dfrac{流动相中所含溶质的量}{固定相中所含溶质的量} = \dfrac{A_m}{K_d A_s}$。

当 n 很大时,上式变为

$$f_r = \frac{1}{\sqrt{2\pi nE/(E+1)^2}} e^{-\frac{[r-nE/(E+1)]^2}{2nE/(E+1)^2}}$$

用图来表示,即成一钟罩形曲线(正态分布曲线)。当 $r = \dfrac{nE}{E+1}$ 时,f_r 最大,即最大浓度塔板 $r_{max} = \dfrac{nE}{E+1}$,而最大浓度塔板上溶质的量为

$$f_{max} = \frac{E+1}{2\pi nE}$$

由上式可见,当 n 越大,即加入的溶剂越多,展开时间越长,也即色带越往下流动,其高峰浓度逐渐减小,色带逐渐扩大(图 3-3)。由此可求出 R_f:

$$R_f = \frac{溶质最大浓度区所移动距离}{溶剂前沿所移动距离} = \frac{r_{max}}{n} = \frac{E}{E+1} = \frac{A_m}{A_m + K_d A_s}$$

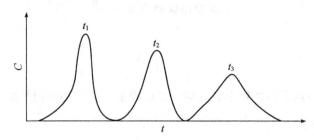

图 3-3　色带的变化过程

C 为溶质的浓度;t 为时间,$t_1 < t_2 < t_3$

根据塔板理论,被分离组分在每一个塔板里的两相之间达到一次平衡,就进行了一次分配,相当于经过一个塔板高度,因此理论塔板数量是衡量物质在柱内的分配次数。分配次数越多,物质的分离效果越好。分配系数小的组分每次达到平衡的时间短,从层析柱中先流出;分配系数大的组分每次达到平衡的时间长,从层析柱中后流出,这样分配系数不同的组分就能彼此分开。

若一根柱长为 L,在层析柱内每达到一次平衡需要的一段柱长为塔板高度(H),则可计算出理论塔板数量(n):

$$n = L/H$$

显然,一个层析柱的塔板数越多,分离次数越多,柱效越高。由此可以推出相同长度的层析柱,塔板高度(H)越小,塔板数越多,组分在柱内分配的次数越多,柱效也就越高,因此塔板高度在层析分离中起着重要的作用。理论塔板高度

$$H = L/n$$

层析的理论塔板数量 n 的计算公式[①]可以表示为

$$n = 2\ln 2(V_R / \frac{1}{2} W_{1/2})^2$$
$$= 8\ln 2(V_R / W_{1/2})^2$$

或

---

① 公式推导请参阅参考资料[8]。

$$n = 5.54(t_R/W_{1/2})^2$$
$$= 16(t_R/W)^2$$

式中，V_R 为保留体积，t_R 为保留时间，W 为峰底宽，$W_{1/2}$ 为半峰宽。

2. 有效理论塔板数量

由于理论塔板数的经验计算公式中，使用了层析的保留体积和保留时间，而保留体积和保留时间把死体积（V_0）和死时间（t_0）包括在内，且 V_0 或 t_0 都不参与层析的分配，所以尽管有时候从理论上计算出来的塔板数 n 值很大，但实际上柱效很低，理论计算值与实际测试值相差很大，尤其是对分配系数小的组分更突出。造成这种差异的真正原因是将一段无效分离的柱长计算在分离的柱长之内，因此为了更真实地反映层析柱的实际分离情况，提出了有效理论塔板数量 n_{eff}，以此来表示层析柱的真实的分离效能。

有效理论塔板数量：$\qquad n_{eff} = L/H_{eff} = 5.54(t_R/W_{1/2})^2 = 16(t_R/W)^2$

有效理论塔板高度：$\qquad H_{eff} = L/n_{eff}$

在进行层析分离时，应当尽量缩短层析柱加样端和出口端到检测器之间的距离，即尽量缩短无效分离距离，因为这部分区域没有填充分离介质，组分经过时并不能产生分离效能，是无效分离区，即为死体积或死时间。

有效理论塔板数可以作为判断层析柱的分离效能，层析柱的有效理论塔板数量 n_{eff} 越大，表明组分在层析柱内达到分配平衡的次数越多，对组分的分离越有效，柱效则越高。

五、层析图谱

1. 层析图谱和层析峰

在层析分离分析过程中，当混合物样液注入层析柱后，由于各组分与固定相的作用力不同，在随流动相移动过程中，逐渐在柱内得到分离并随流动相依次流出层析柱。当层析柱出口连接上紫外检测仪，经检测仪将各组分的浓度（吸光值）信号转变成电信号，然后用记录仪或工作站软件将组分的信号记录下来，即获得组分相应的信号大小随时间的变化曲线，称为层析洗脱曲线（流出曲线），也称层析图谱（chromatogram）。层析图谱中曲线突起的部分称为层析峰（chromatographic peak）。由于各组分相应信号大小或强度与物质的浓度成正比，因此层析的洗脱曲线实际上是物质的量（或浓度）-时间（或流动相流出体积）曲线。

理想的层析洗脱曲线应为正态分布曲线，正常的层析峰应为对称峰。不正常峰有两种：拖尾峰和前延峰。前沿陡峭、后沿拖尾的不对称峰称为拖尾峰（tailing peak）；前沿平缓、后沿陡峭的不对称峰称为前延峰（leading peak）。

2. 层析峰的区域与名称

层析峰各部分的划分及其代表的物理意义如图 3-4 所示。

（1）基线：在实验操作条件下，只有纯流动相经过检测器时记录下的信号-时间曲线称为基线（base line），如图 3-4 中的 OO' 线。稳定的基线应为一条直线，若是斜线或基线上下波动则分别称为基线漂移或噪声。保护基线平稳是进行层析分析的最基本条件。

（2）峰高（h）：自层析峰的顶点到基线的垂直距离，称为峰高。

（3）峰底宽（W）：自层析峰的两拐点处作切线与基线相交于两点，这两点的直线距离称为峰底宽（peak width）。它与标准偏差 σ 的关系是 $W = 4\sigma$。

（4）半峰宽（$W_{1/2}$）：峰高的垂直距离 1/2 高度处对应的峰宽度，称为半峰宽（peak width

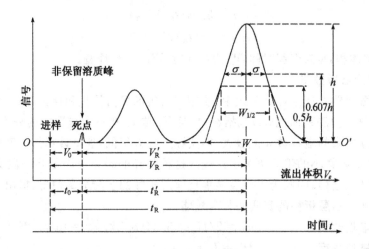

图 3-4 洗脱曲线与层析峰各部分的划分

at half height)。它与标准偏差 σ 的关系是 $W_{1/2} = 2.354\sigma$。

(5) 标准偏差(σ)：在峰高的垂直距离 0.607 倍处峰的宽度的一半，称为标准偏差(standard deviation)，它表示组分流出柱子的先后离散程度。

(6) 死时间(t_0)：流动相中的溶质进入层析柱后，不被固定相所吸附，与固定相不发生任何作用，流过层析柱所需要的时间称为死时间(dead time)。它属于非滞留时间，与固定相填料的空隙体积成正比。

(7) 死体积(V_0)：流动相中的溶质进入层析柱后，不被固定相所吸附，与固定相不发生任何作用，流过层析柱所收集的体积称为死体积(dead volume)。它是层析柱间导管的容积、层析柱中固定相颗粒间隙、柱出口导管及检测器内腔容积的总和。

(8) 保留时间(t_R)：从进样开始到出现某个组分的层析峰最高点时，所需要的时间称为保留时间(retention time)。

(9) 保留体积(V_R)：从进样开始到出现某个组分的层析峰最高点时，所收集流动相的体积称为保留体积(retention volume)。

$$V_R = t_R F$$

式中，F 为流速(mL/min)。

(10) 校正保留时间(t'_R)：经层析得到的某一组分的保留时间，扣除死时间后的保留值，称为校正保留时间。它反映了组分在层析柱内的实际保留时间。

$$t'_R = t_R - t_0$$

(11) 校正保留体积(V'_R)：经层析得到的某一组分的保留体积，扣除死体积后的保留值，称为校正保留体积。它反映了组分在层析柱内的实际保留体积。

$$V'_R = V_R - V_0$$

(12) 相对保留值(K_{BA})：若 A，B 两组分经层析柱分离后，得到两个层析峰。后流出的组分 B 的校正保留值与先流出组分 A 的校正保留值之比，称为相对保留值。

$$K_{BA} = t'_{R_B}/t'_{R_A} = V'_{R_B}/V'_{R_A}$$

相对保留值用来讨论固定相对组分的分离能力，K_{BA} 值愈大表示固定相对组分的选择性愈高，则两组分分离得愈开。K_{BA} 值等于 1 时，两组分重叠。

由于相对保留值只与柱温和固定相性质有关,而与柱的内径、长度、填充技术及流动相的流速无关,因此,它是在层析技术中,被广泛用于定性的重要参数。

六、分离度

层析分离技术的目的是要将混合样品中各组分彼此分开,要想达到完全分离的目的,首先是希望两层析峰之间必须有足够远的距离,这是由组分在层析柱中的固定相和流动相的分配系数所决定的,与层析过程中的热力学性质有关。其次是希望每一个层析峰的峰宽尽可能窄。如果两峰虽有一定距离,而每个峰底很宽,就必然会造成两峰之间彼此重叠,达不到完全分离的目的。层析峰的宽窄程度,是由组分在层析过程中的传质速度和扩散行为所决定的,与层析过程中的动力学性质有关。

选择性是衡量两个层析峰之间距离的指标。层析过程中两峰相距越大,选择性越强。选择性主要决定于溶质在固定相上的热力学性质。常用相对保留值表示两峰在给定层析柱上的选择性。然而仅用柱效或选择性来衡量层析柱对两个相邻组分的分离效能是不够的,它们并不能完全真实反映组分在不同层析条件下的分离状况,所以引入一个综合性指标即分离度(resolution),也称为分辨率,用 R_S 表示。它是用来判断相邻两组分在层析柱内的分开程度,作为衡量层析柱分离总效能的综合指标。

分离度被定义为相邻两组分的层析峰保留值之差与峰底宽总和一半的比值。计算公式如下:

$$R_S = \frac{t_{R_2} - t_{R_1}}{\frac{1}{2}(W_1 + W_2)} = \frac{2(t_{R_2} - t_{R_1})}{W_1 + W_2}$$

另一种由层析图计算 R_S 的方法(图 3-5)为

$$R_S = \frac{V_{R_2} - V_{R_1}}{\frac{1}{2}(W_1 + W_2)} = \frac{2Y}{W_1 + W_2}$$

式中, t_{R_1} , V_{R_1} 为组分Ⅰ从进样点至对应的洗脱峰尖之间所需要的时间(保留时间)和流出的流动相总体积(保留体积); t_{R_2} , V_{R_2} 为组分Ⅱ从进样点至对应的洗脱峰尖之间所需要的时间(保留时间)和流出的流动相总体积(保留体积); W_1 为组分Ⅰ对应的洗脱峰宽度; W_2 为组分Ⅱ对应的洗脱峰宽度。

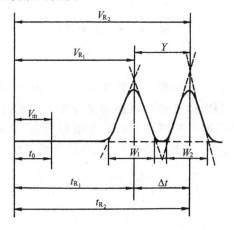

图 3-5 由层析图计算分辨率的方法

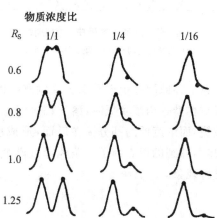

图 3-6 两种物质浓度比在不同情况下的分辨率

31

由以上两式可见，R_S 值越大，表示两个峰分得越开，分离效果越好。如果两个峰的形状属于正态分布，一般情况下 R_S 有以下几种情况：

当 $R_S<1$ 时，两峰总有一部分重叠；$R_S<0.8$ 时，两个峰则未达到分离要求。

当 $R_S=1$ 时，两峰基本分开，可达到 98％ 的分离，但仍有 2％ 的重叠，两个峰达到分离要求。

当 $R_S=1.5$ 时，两峰完全能分开，可达到 99.7％ 的分离，两个峰达到完全分离目的。所以，通常用 $R_S=1.5$ 作为相邻两个层析峰达到完全分离的重要指标。

图 3-6 表示两种物质浓度比不同时的分辨率，由图可见，在两种物质浓度相差较大时，尤其要求有较高的分辨率。

七、色带的变形和"拖尾"

在实际操作时，常常不能得到理想的正态分布层析峰或色带，色带的变形会使分层不清楚，故应该选择合适的条件避免变形。

引起变形的原因有两种：

第一种原因是固定相在层析柱中填充得不均匀。沿柱的高度填充得不均匀，并不会引起不良的后果，但如果沿柱的截面填充得不均匀，就会引起色带变形，见图 3-7(b)。因为在固定相颗粒松的地方，溶剂的流速较大，因而溶剂所带有的溶质的流速也较大，这样就会在柱中形成斜歪、不规则的色带，从而使流出曲线中各组分分离不清楚。显然，柱的截面积愈大，愈易发生变形，因而常采用细长的柱。

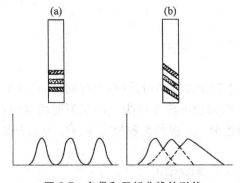

图 3-7　色带和层析曲线的形状

(a) 填充均匀的柱；(b) 填充不均匀的柱

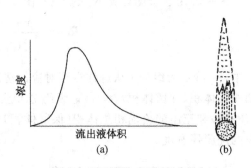

图 3-8　层析的"拖尾"

第二种原因是由于平衡关系偏离线性所引起的。一般平衡关系常如图 3-7(a) 所示，即曲线成对称型。当浓度低时，溶质相对容易分配于固定相，这使得浓度高的部分集中在前面，前沿尖锐，而浓度低的部分拖在后面，形成层析峰的"拖尾"，见图 3-8(a)。在纸层析中，也可能"拖尾"，即圆的斑点拖了一条色泽逐渐变淡的长"尾巴"，见图 3-8(b)。选择适宜的系统可避免此种现象。

第三节　柱层析系统基本操作方法

一、装柱

1. 装柱方法

为了得到成功的分离,装柱是最关键的一步。通常是将一种在适当溶剂中充分溶胀后的介质如吸附剂、树脂或凝胶的糊状物经真空抽气,除去气泡,慢慢连续不断地倒入关闭了出水口的已装入 1/3 柱高缓冲溶液的柱中,让其沉降至高度约 3 cm,然后打开柱的出水口,控制适当的流速和一定的操作压,让缓冲液慢慢流出。随着缓冲液的流出,在柱上面连续不断地添加糊状物,使其在形成的胶粒床面上连续均匀地沉降,直至介质完全沉降至适当的柱床体积为止。整个过程一般需要多次实践才能达到重复的结果。为了防止柱表面由于溶剂或样品的加入而引起的搅动,在柱的表面通常加上一个保护装置,例如圆的滤纸片、尼龙纱或人造丝网。某些商品柱具有一个承接管和柱塞,有保护柱胶面和提供一个入水口(通常是毛细管)把溶剂引到柱表面的双重作用。应强调的是,一旦柱制备完毕后,柱的任何一部分绝对不能"流干",也就是说,在柱的表面始终要保持着一层溶剂(一般为 1~3 cm 高)。

以上是重力沉降法装柱,还有加压装柱,即在柱顶上连接一个耐压的厚壁梨形瓶,其中贮放介质悬浮液。梨形瓶的上口连接加压装置(氮气或压缩空气及调压装置),利用一定压力将层析介质均匀装入柱内沉积。

还有一种比较可靠的装柱方法:在电动搅拌下或用蠕动泵连续将处理好的层析介质装入柱中沉积,用这种方法装柱一般都较理想。

若采用大型离子交换成套设备时,离子交换剂进入柱内都采用减压或加压等机械化操作,进入后又利用气压的变化来抖松交换剂使之分布均匀,因此不容易产生"节"和气泡等不正常现象。

2. 层析柱的形状

柱形必须根据层析介质和分离目的而定。经验表明,待分离物质的性质相近时,柱愈细长,分离效果愈好,但流速较慢。为了防止细目介质因外压而排列紧密,从而造成阻塞现象,在样品组分并不复杂的情况下,采用"矮胖柱"也是可以的。此外,在离子交换层析中,通常应根据样品的量和杂质情况,通过交换剂总交换量指标,先粗略计算应用多少交换剂后,再根据样品中组分情况和层析条件决定所用柱的直径和高度。

二、平衡

层析柱正式使用前,必须平衡至所需的 pH 和离子强度,一般用起始缓冲溶液在恒定压力下走柱,其洗脱体积相当于 3~5 倍柱床体积,使层析介质充分平衡,柱床稳定。装好的柱必须均匀,无纹路,不含气泡,柱顶沉积表面十分平坦。

检查凝胶柱是否均匀,可用蓝色葡聚糖-2000,在恒压下走柱,如色带均匀下降,说明柱是均匀的,可以使用,否则应重新装柱。

三、上样量和上样体积

上样量的多少和上样体积大小是影响分离效果的关键因素,上样量越少和上样体积越小,则分离效果越好。它主要取决于层析目的(分析性柱层析或制备性柱层析),也与样品中种类多少、相对浓度及亲和力有关。对于分析性凝胶柱层析,加样量一般不超过床体积的0.5%～1%,制备性柱层析加样量不超过1%～3%。如果要求高分辨率时,如分析性柱层析和精制要求高纯度产品时,则样品的体积应尽可能小。相对分子质量较小的物质亲和力低,加样量要少,体积要小。离子交换剂的上样量远远大于凝胶。在任何情况下,最大上样量必须在具体实验条件下通过反复试验来决定,例如,纤维素一般可按介质∶蛋白质＝10∶1的比例来计算上样量,进行初步试验。交换剂对核酸的吸附容量可能由于空间障碍的关系,仅为蛋白质的1/100,所以1g干纤维素只能加样1mg左右。

1. 样品的准备

样品在上柱前必须经预处理,由于分离和制备的目的不同,预处理的方法也往往不同。一般使其与起始缓冲液有相同pH、低的离子强度和尽可能小的体积。

预处理可酌情用超滤法、透析法和凝胶过滤法等进行浓缩和脱盐,样品中的不溶物在上样前用离心法或过滤法除去。

2. 加样方法

可用几种方法将样品加到已制备好的柱顶。一种简单的方法是移去柱床表面以上的溶液,然后小心地用移液管加样,先使移液管尖端接触离柱床表面约1cm高处的内壁,随加随沿柱内壁转动一周,然后迅速移至中央,使样品尽可能快地覆盖住全胶面,打开下口,以便使样品均匀地渗入柱内,当样品液下降至与胶面相切(胶面必须覆盖一层薄薄的溶液)时,关闭下口。按同样方法,用几份少量的起始缓冲溶液洗涤柱内壁和胶表面,要使每一份溶液下降至与胶面相切时,再加下一份。这样可使样品全部进入层析柱内,以免造成拖尾,降低分辨率。加样前,如果胶面不平整,可用玻棒将胶表层轻轻搅动,待其自然沉降至平整后,方可加样,加样过程注意不要破坏胶面的平整。加样后,小心地将溶剂加至2～3cm高。然后把柱和一个含有更多溶剂的适当的贮液瓶相连,使柱中溶剂的高度保持2～3cm。

另一种方法不需要让柱流干至床表面,而是加入1%浓度的蔗糖来增加样品的密度,当这种溶液铺在柱床上部的溶剂上时,它会自动地沉到柱的胶表面,因而很快地通过柱。当然这种方法是假设蔗糖的存在不影响分离和以后样品的分析。

第三种方法是用一个毛细管和一个注射器或蠕动泵把样品直接传送到柱表面(如一些商品柱附有专门加样装置)。

欲得到对称而清晰的洗脱峰,保护柱上端胶面平整、柱内无气泡和胶床不干裂是十分重要的。为此,除加样时注意不破坏胶面平整外,在整个层析过程中,应在胶面上端保留合适体积的洗脱液(约2～3cm高);还要避免洗脱液滴入柱内时,破坏胶面的平整或可能造成胶床干裂。

四、洗脱

洗脱液的pH及离子强度等是影响分离效果、产品质量和数量的重要因素,故不同层析种类对不同物质应选用不同的洗脱液。

离子交换层析法根据洗脱液配比不同,洗脱形式有三种:① 改变洗脱液pH。根据目的物的等电点和介质的性质选择合适的pH,并通过改变pH,使大分子的电荷减少,从被吸附状态变为解吸状态。② 用一种比吸着物质更活泼的离子,即增加洗脱液的离子强度,使离子竞争力加大,将大分子从介质上替换下来。③ 实践中,往往分离纯化复杂的混合物,被吸附的物质常常不是我们所要求的单一物质,故应将前两种方法结合起来应用,即同时改变洗脱液的 pH 和离子强度。

离子交换层析法的洗脱方法主要有:一步洗脱法、分步洗脱法和梯度洗脱法。

1. 一步洗脱法

是常用的一种简单的洗脱方法,它指用一种浓度的洗脱液进行洗脱。对于离子交换柱吸附的组分比较单一或吸附量占主要部分,且对其基本性质比较了解的层析洗脱,一步洗脱法是非常便捷的。

2. 分步洗脱法

分段改变洗脱液中的 pH 或盐浓度,使吸附在柱上的各组分洗脱下来。当欲分离纯化的混合物组成简单,或相对分子质量及性质差别较大,或需要快速分离时,分步洗脱是比较适用的,但这种方法有以下缺点:

(1) 洗脱能力较强,分辨率较差,亲和力或相对分子质量相近的不同组分不易分开,可能几种组分将出现在同一个洗脱峰中,不能分开。

(2) 拖尾现象。因为大分子和介质表面的电荷分布不均匀性或分子构象的不规则性,所以同一个组分的不同分子所遇到的微环境有差异,吸附的紧密程度也就不同。在同一个恒定的洗脱条件下,吸附较紧密的分子落在后面,形成拖尾现象。

3. 梯度洗脱法

连续改变洗脱液中的 pH 或盐浓度,使吸附柱上的各组分被洗脱下来。通常采用一种低浓度的盐溶液为起始溶液,另一种高浓度的盐溶液作为最终溶液。两者之间通过一根玻璃管接通,使高盐溶液向低盐溶液处流,起始溶液直接流入柱内,这样就使柱内的盐浓度梯度上升,克服了直线洗脱中的拖尾现象。同时,混合物中的各个组分逐个地进入解吸状态,因此,它的分辨率大大超过分步洗脱法。在生化实验及生化物质制备中常用梯度洗脱法,它优于分步洗脱法。

洗脱的梯度在柱层析中是个首要的因素,可以按实验要求设计各种方法,产生出多种类型的理想梯度来。

常用的梯度混合器由两个容器构成(见图3-9)。两个容器安放在同一个水平面上,第一个容器(混合瓶)盛有起始缓冲液,第二个容器(贮液瓶)盛有等量的、含较高离子强度或不同 pH 的上限缓冲液。两者用管子相连,以保护其中溶液的流体静力平衡。第一个容器通过管道与柱相连,当缓冲溶液从第一个容器流入柱中时,第二个容器的缓冲液自动地来补足,结果使洗脱液的 pH、离子强度呈线性地增加。

用同样形状和大小的容器得到离子强度线性增加的洗脱液,改变梯度容器的相对大小和形状可产生凹形梯度和凸形梯度(图3-10)。

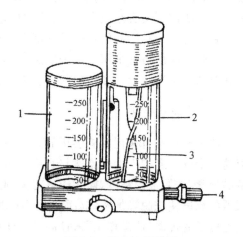

图 3-9　梯度洗脱装置
1.贮液瓶;2.混合瓶;3.电动搅拌;
4.出口(接层析柱上端)

35

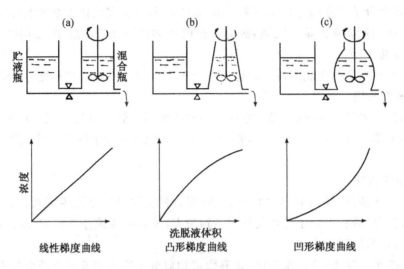

图 3-10 梯度洗脱装置与洗脱曲线的类型

不管用什么样的梯度洗脱,它的效力都应通过对其 pH 或电导率的测定来检验,所以形成的梯度应满足以下要求:

(1) 洗脱液的总体积要足够大,洗脱时间足够长,使分离的各个峰不致丢失。

(2) 梯度上限要足够高,即离子强度要足够强。若目的物是酸性大分子,则选择碱性 pH;若目的物是碱性大分子,则选择酸性 pH,以保护目的物的稳定性和生物活性。

(3) 梯度的斜度要足够平缓,以使各峰分开,但又足够陡峭,以免峰形过宽或拖尾。

(4) 梯度升降速度要适当,要恰好使移动区带接近柱末端时达到解吸状态,这样可利用全柱长进行无数次的解吸和再吸附,达到分离目的。

(5) 最大分辨率的梯度洗脱应在那些对吸附和洗脱有相近亲和力的大分子出现的区域比较平坦,而在毗邻大分子的亲和力差异较大的那个区域则是陡峭的。通常要经反复试验,特别是用优选法或正交实验摸索一个合适的梯度洗脱液配方,来调节梯度才能达到理想的结果。

目前自动化程度高的层析系统都可以通过计算机软件设计出各种编程梯度曲线。

凝胶过滤层析常采用一步洗脱法,其他类型的层析法都可参考离子交换法的洗脱,采用以上介绍的不同洗脱形式和不同的洗脱方法。

五、流速及控制

洗脱液流速也往往影响层析的分辨率,故在整个分离过程中,洗脱液通过柱时保持稳定的流速是十分重要的。由于流速与所用介质的结构、粗细及数量有关,也与层析柱大小、介质填装的松紧、洗脱液的粘度、操作压等有关,必须根据具体条件反复试验以确定一个合适的流速。太低的流速使洗脱峰加宽,继而降低了分辨率;过高时,有时会使流速先快后慢甚至发生阻塞。流速可以通过调节"操作压"来控制,"操作压"相当于在柱上部的贮液瓶中溶剂的液面和柱出水口位置的液面之差。可以用装有恒压管的恒压瓶使操作压保持恒定。获得稳定流速的另一个方法是利用蠕动泵把洗脱液泵入或泵出柱,并保持稳定流速。

应该指出的是,交联度不同的葡聚糖凝胶能够承受的最大操作压是不相同的,请参阅有关技术数据表(附录Ⅷ之十)。此外,当离子交联葡聚糖凝胶层析采用普通的盐浓度梯度洗脱时,柱床体积变化较大,可缩小为它原始体积的 2/3 或更小,导致后期流速明显减慢,这是此类交换剂应用中值得注意的一个问题。

六、分部收集

洗脱液必须分成小部分收集,每一部分相当于 2‰～5‰ 的床体积。这些部分一般被收集在试管中,使得在柱上已经分离的化合物仍然处于分离的状态。每管收集的体积愈小,愈容易得到纯的组分。一种特殊的化合物可能分布在好几个部分中,但是,如果分离得好,这个数目就相对地小一些,它们通过一些几乎不含有任何化合物的中间部分与含有别的化合物的部分分开。当然,已经证明含有相同化合物的部分可以合并,作进一步研究用。

已有各种商品的自动部分收集器(fraction collector)。它们设计成当一个管中收集了一定量的洗脱液后,另一个新的收集管自动地接替它的位置。每一部分中洗脱液的实际量可以用几种方法来确定,例如,用一种虹吸式的或类似的系统使一个预先确定的体积转移到每一个管中,或者用电子控制的方法使预定的滴数滴入每一管。后一种方法有个小缺点,如果洗脱液的成分改变(例如在梯度洗脱时),那么它的表面张力也可能发生改变,因而改变了滴的大小,使得实际收集的体积发生了变化。还有一种方法是在一个固定的时间内,让洗脱液进入每个管子。在这种情况下,如果柱的流速改变,每一部分的体积也会发生改变。为此已设计、生产出多种形式的自动部分收集器。

七、检测和合并收集

洗脱液按一定的体积分别收集于试管后,为了测定收集的各部分中各种成分的分布,必须用一些能特异地检测被分离化合物的方法来进行分析,一般可用直接或间接方法,主要取决于溶质的性质和层析目的。直接法有分光光度法、光折射法、荧光法和放射免疫法等。对于许多化合物可能无可选择地需要用手工方法来分析所有的部分。如果某一化合物具有特征性的物理特性,对可见光或紫外线有吸收,如蛋白质在 280 nm,核酸在 260 nm 处有最大光吸收,在这种情况下,洗脱液从柱的出口流出,通过细管被引向一个置于适当波长光束中的石英玻璃的流通池内,光吸收的变化通过一个光电管来检测,并在图表记录仪上被描绘出来,这样,即可连续地记录各部分的号码和每一部分中分离成分的量。这种仪器的商品名称为核酸-蛋白质检测仪。

洗脱液的合并方法对目的物质量和产量有较大的影响。欲得高纯度的化合物,一般根据洗脱峰的位置收集合并较窄的部分;欲得产量较多的目的物,则合并较宽部分,如图 3-11 中的 V_1 和 V_2。

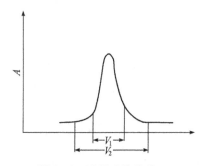

图 3-11 洗脱峰的体积

八、洗脱峰的纯度鉴定

由于层析系统的分辨率有限,所以一个对称的洗脱峰并不一定代表一个纯净的组分。对在一个特定的柱层析分离条件下显示出的每个峰要用几个纯度标准(一般 2～3 个高分辨率方法)来检验,才能确定它的均一性。例如,可采用 SDS-聚丙烯酰胺凝胶电泳法、聚丙烯酰胺等电聚焦电泳法、高效液相层析法和测定 N 末端氨基酸残基方法等。如果洗脱峰峰形不对称，或出现"肩"(shoulder)，则表示混有杂质。

九、脱盐和浓缩

洗脱峰在纯度鉴定的基础上，将同一组分合并。若欲得到某一产品，有必要经过减压薄膜浓缩法、超滤法去盐、脱水，或透析法除盐，再用冷冻干燥或有机溶剂沉淀等方法处理，得到干粉或沉淀。科研、生产中要得到高纯度组分，往往要经过几次柱层析，每次柱层析后，某一峰的洗脱液可依次用透析法除盐、超滤或减压薄膜浓缩法将样品浓缩到一定体积后，再上第二次柱。上第三次柱前也可采用类似的方法处理样品。

参 考 资 料

[1] 顾觉奋等.分离纯化工艺原理.北京：中国医药科技出版社,1994,159～215

[2] 商业部脏器生化制药情报中心站编.动物生化制药学.北京：人民卫生出版社,1981,322～328

[3] 高潮等译.现代液相色谱法导论.北京：化学工业出版社,1979,16～76,716～719

[4] 史坚编.现代柱色谱分析.上海：上海科学技术文献出版社,1986,1～6,11～68

[5] 陈来同.生物化学产品制备技术(2).北京：科学技术文献出版社,2004,5～20

[6] 俞俊棠,唐孝宣主编.生物工艺学(上册).上海：华东理工大学出版社,1991,389～400

[7] 林卓坤主编.色谱法(一).北京：科学出版社,1982,1～14

[8] 北京大学化学系.仪器分析教程.北京：北京大学出版社,1997,292～304

[9] Simpson C F. Techniques in Liquid Chromatography. Wiley Heyden Ltd,1982，1～29

[10] Scwell P A, Clarke B. Chromatographic Separations. New York：John Wiley & Sons, Inc,1981,1～22,74～103

（陈来同　袁明秀）

第四章 吸附层析法

吸附层析技术(adsorption chromatographic techniques)是近代生物化学最常用的方法之一。它是利用混合物中各组分的物理性质的差别(如溶解度、吸附能力、分子形状和大小及分子极性等),使各组分随流动相通过由吸附剂组成的固定相时,由于吸附剂对不同物质的不同吸附力而使混合物分离的方法。根据操作方法不同,吸附层析又分为柱层析和薄层吸附层析两种。

吸附层析是应用最早的层析方法,由于吸附剂来源丰富、价格低廉、易再生、装置简单、灵活,又具有一定的分辨率等优点,至今仍广泛应用于各种天然化合物和生物发酵产品等初级产品的分离制备,如尿激酶、绒毛膜促性腺激素等粗品的制备。

第一节 基 本 原 理

某些固体物质(如氧化铝、活性炭等)具有吸附的性能,可将一些物质从溶液中吸附到它的表面上。吸附剂从溶液中吸附物质的同时,也有部分已被吸附的物质从吸附剂上脱离下来。在一定条件下,这种吸附与脱吸附之间可建立动态平衡。达到平衡时,在吸附剂表面上被吸附的物质数量的多少,是该吸附剂对该物质吸附能力强弱的反映。这种吸附能力是由离子键、氢键、范德华力等决定的。在不同的情况下,占主要地位的作用力可能不同,也可能由几种作用力同时起作用。如使用氧化铝为吸附剂时,离子交换作用占主要地位。吸附剂的吸附能力的强弱除决定于吸附剂及被吸附物质的本身性质外,还和周围溶液的组成有密切关系。当改变吸附剂周围溶剂的成分时,吸附剂的吸附能力即可发生变化。在这种情况下,往往可使被吸附物质从吸附剂上解吸下来,这种解吸过程称为洗脱或展层。被解吸下来的物质向前移动时,遇到前面新的吸附剂会被重新吸附,然后又被后来的洗脱液再次解吸下来,继续向前移动。经过这样反复地吸附-解吸-再吸附-再解吸的过程,物质可沿洗脱液的前进方向移动,其移动速率取决于当时条件下吸附剂对该物质的吸附能力。若吸附剂对该物质的吸附能力强,其向前移动的速率慢;反之,若吸附能力弱,其移动速率就快。由于吸附剂对样品中各组分的吸附能力不同,所以在洗脱过程中各组分便会由于移动速率不同而逐渐分离开来。

在生化物质的分离纯化中,采用吸附工艺主要有两方面的作用:一是吸附杂质,使杂质富集于吸附剂界面;另一种是吸附所需物质,使要提取的物质富集。当吸附剂对杂质的吸附能力较强,而对所提取的物质基本无影响时,可用吸附剂除去杂质。如果提取液中所需的物质能被吸附剂大量吸附,再结合洗脱,即可达到分离纯化的目的。

吸附剂的使用有两种方法,即静态的与动态的方法。静态的方法是向装有提取液的容器中加入适量吸附剂,通过搅拌或振荡达到吸附平衡即可。此法设备简单,操作易掌握,但吸附分离效率较差。用此法吸附所需物质,如能吸附 80% 左右,就算比较完全了。动态的方法是将吸附剂装入柱中进行吸附,即柱层析。在装吸附剂的层析柱中,加入含待分离物质的提取液,待此提取液全部流入柱中之后,接着使洗脱剂流入,进行洗脱。在此过程中,柱内连续不断地发生吸附-解吸-再吸附-再解吸的作用。由于吸附剂对不同物质的吸附能力和洗脱剂对这些物质的解吸能力不同,各种物质在柱中移动的距离也不相同。吸附较弱的,比较容易洗脱的,移动距离大些;吸附较强的,较难洗脱的,移动的距离较小。继续加洗脱剂可使提取液中各种物质依次全部由柱中洗出,分别收集即可达到分离的目的。

第二节 影响吸附的因素

一、吸附剂的特性

吸附现象发生在界面,因此吸附剂表面积愈大,吸附量愈多。吸附剂的这一特性,常用"比表面积"表示。比表面积指每克吸附剂所具有的表面积,例如活性炭的比表面积一般为 $300\sim500\ m^3/g$,有的甚至达到 $1000\ m^3/g$。

增加吸附剂表面积的方法有:将吸附剂磨碎成小的颗粒;通过处理使颗粒表面凹凸多变;使吸附剂成为凝胶状态;将吸附剂制成具有大量微孔的颗粒。所谓吸附剂的活化,就是通过处理使其表面具有一定的吸附特性并增加其表面积。吸附剂的特性由于制备方法不同,可有很大差别。以活性炭为例,在 500℃活化所得的糖用活性炭易吸附酸而不吸附碱,但在 800℃活化所得的糖用活性炭却易吸附碱而不吸附酸。凝胶状态的吸附剂如磷酸钙凝胶等,其吸附能力与陈化程度(即制得后的放置时间)有关,因为凝胶表面会随时间而改变。

二、吸附物质的性质

一般说来,极性吸附剂易吸附极性物质,非极性吸附剂易吸附非极性物质。例如,活性炭是非极性的,它在水溶液中是吸附一些有机物质的良好吸附剂。硅胶是极性的,它在有机溶剂中吸附极性物质较为适宜。

一定的吸附剂在某一溶剂中对不同溶质的吸附能力是不同的。例如,活性炭在水溶液中对同系列的有机物的吸附量,随吸附物相对分子质量增大而加大。吸附脂肪酸时吸附量随碳链增长而加大、对多肽的吸附能力大于氨基酸、对多糖的吸附能力大于单糖等事实都能说明这一点。当硅胶在非极性溶剂中吸附脂肪酸时,吸附量则随碳链的增长而降低。

在实际生产中,脱色和除热源一般采用活性炭,去过敏物质常用白陶土。在制备酶类等生化产品时,对所采用的吸附剂选择性较强,要选择多种吸附剂进行试验方可确定。

三、吸附条件

1. 温度

吸附过程一般是放热的,所以只要达到了吸附平衡,升高温度会使吸附量降低。但在低温时,有些吸附过程往往短时间达不到平衡,而升高温度会使吸附速度加快,所以会出现温度高时吸附量增加的情况。

对蛋白质或酶类的分子进行吸附时,情况有所不同。有人认为,被吸附的高分子是处在伸展状态的,因此这类吸附是一个吸热过程。在这种情况下,温度升高会增加吸附量。对高分子物质的吸附,情况很复杂,目前对其规律知道得还不多,主要靠实践找出适当的条件。

生化物质吸附温度的选择,还要考虑它的热稳定性。对酶来讲,如果是热不稳定的,一般在 0℃左右进行吸附;如果比较稳定,则可在室温下操作。

2. pH

溶液的 pH 往往会影响吸附剂或吸附物的解离情况,进而影响吸附量。对蛋白质或酶类等两性物质,一般在等电点附近吸附量最大。

3. 吸附物的浓度

在吸附达到平衡时,吸附物的浓度称为平衡浓度。一般的规律是:吸附物的平衡浓度愈大,吸附量也愈大。当吸附物原始浓度大时,用定量的吸附剂进行吸附,则平衡后吸附物的浓度也会大些。所以一般笼统地讲:"吸附物浓度大时,吸附量也大"是正确的。用活性炭脱色和去热原时,为了避免对有效成分的吸附,往往将提取液适当稀释后进行。在用吸附法对蛋白质或酶进行分离时,常要求其浓度在 1‰ 以下,以增强吸附剂对吸附物的选择性。

应该注意的是,上面所说的吸附量,是指单位质量吸附剂所吸附物质的量。从分离提纯的角度考虑,还要注意被吸附物质的总量。也就是说,还应考虑吸附剂用量。吸附剂用量大时,吸附物的平衡浓度变小,每克吸附剂所吸附物质的量也变少,但吸附物质的总量会多些。当然,吸附剂用量如过多,会导致成本增高、吸附选择性差或有效成分的损失。所以吸附剂的量,应综合各种因素,由试验确定。

4. 盐的浓度

盐类对吸附作用的影响比较复杂,有些情况下盐能阻止吸附,所以,在低浓度盐溶液中吸附的蛋白质或酶常用高浓度盐溶液进行洗脱。但在某些情况下,盐能促进吸附,甚至有的吸附一定要在盐的存在下,才能对某种吸附物进行吸附。例如硅胶对某种蛋白质吸附时,硫酸铵的存在可使吸附量增加许多倍。

正是因为盐对不同物质的吸附有不同的影响,盐的浓度对于控制选择性吸附很重要,需要经过试验来确定合适的盐浓度。

第三节　吸附柱层析法

进行吸附层析实验操作时,可以将吸附剂装在玻璃柱内进行,即吸附柱层析法。也可以将吸附剂铺在玻璃板或塑料薄片上进行,即吸附薄层层析法(参阅本书上篇第六章)。下面主要介绍吸附柱层析法。

一、层析柱

柱层析(column chromatography)是利用玻璃柱装填固定相的一类层析方法。柱层析所用的玻璃柱,是一根适当尺寸的细长玻璃管,一般层析柱径高比为 1∶10～1∶40,可根据实际需要选择。下端封闭只留下一个细的出口管。在柱的底部要铺垫细孔尼龙网、玻璃棉、垂熔滤板或其他适当细孔滤器,使装入柱内的固定相不致流失。

二、吸附剂

吸附剂的性质与选择是吸附层析法的关键。如果选择得当,分离常可顺利进行,否则就不易分离。作为吸附层所用的吸附剂种类很多,一般分为无机和有机两大类,以无机吸附剂最常用。

(1)无机类:中性、酸性或碱性氧化铝,活性炭,硅胶,天然硅铝物质如硅藻土、酸性白土

（皂土）等，最常用的是人工合成的硅铝酸盐，又称人造沸石、硅藻土、羟基磷灰石、硅酸镁等。

（2）有机类：淀粉、纤维素、聚酰胺凝胶、大网格聚合物等。

在上述吸附剂中，一般常用亲水性吸附剂。氧化铝、硅胶和硅藻土等是亲水性的，含水量越低，其活性越高，吸附能力也越强，所以在使用前可酌情除水活化。这类吸附剂对样品中亲水性强的组分具有较强的吸附作用和分离能力，可反复使用 20 次。硅藻土在国内外普遍用于尿激酶粗品的制备。

由于某些吸附剂的吸附能力较弱，现已逐渐为凝胶性的吸附剂所代替，如氢氧化铝凝胶已被用于绒毛膜促性腺激素的制备。最常用的有纤维素、聚酰胺凝胶、活性炭、氧化铝、硅胶、人造沸石等。

在使用前通常要将吸附剂过筛，取颗粒大小比较均匀的部分，颗粒直径一般为 0.01～0.02 nm（100～200 目），过细会影响流体流速，过粗又会影响分离效果。如吸附剂含有杂质，可用有机溶剂如甲醇、乙酸乙酯等浸泡处理而除去，甚至可用沸水处理洗去酸、碱，得到中性物质。最后活化，即通过加热（100～450℃）除去水分，此时吸附剂活力最高。

三、溶剂与洗脱剂

吸附层析的溶剂与洗脱剂两者无根本区别。通常把溶解样品的液体介质叫做溶剂，把洗脱吸附柱的溶液叫做洗脱剂。两者常是同一物质，不过用途不同而已。溶剂和洗脱剂应符合以下条件：

（1）纯度合格，因为杂质常会影响洗脱及吸附能力。

（2）与样品或吸附剂不发生化学变化。

（3）能溶解样品中的各成分。

（4）溶剂被吸附剂吸附得愈少愈好。

（5）粘度小，易流动，不致使洗脱太慢。

（6）容易与目的物成分分开。

溶剂与洗脱剂的选择，可根据样品组分的溶解度、吸附剂的性质、溶剂极性等方面来考虑，但目前还没有可用的理论原则指导，尚需通过实践来作最后决定。一般地说，溶解样品的溶剂应选择极性较小的，以便被分离的成分可以被吸附。然后逐渐增大溶剂的极性，这种极性的增大是一个十分缓慢的过程，称为"梯度洗脱"，使吸附在层析柱上的各个成分逐个被洗脱。溶剂的洗脱能力，有时可以用溶剂的介电常数 ε 来表示。介电常数高，洗脱能力就大（见表 4-1）。

表 4-1　常用溶剂的介电常数

溶　　剂	ε	
己烷	1.88	洗
苯	2.29	脱
乙醚	4.47	能
氯仿	5.20	力
乙酸乙酯	6.11	依
丙酮	21.5	次
乙醇	26.0	增
甲醇	31.2	强
水	81.0	↓

以上的洗脱顺序仅适用于极性吸附剂，如硅胶、氧化铝等。

常用的洗脱剂按其极性的增大顺序可排列如下：石油醚＜环己烷＜四氯化碳＜三氯己烷＜甲苯＜苯＜二氯甲烷＜乙醚＜氯仿＜乙酸乙酯＜丙酮＜正丙醇＜乙醇＜甲醇＜水＜吡啶＜乙酸等。

采用氧化铝或硅胶为吸附剂时，所用的洗脱剂应先从极性低的开始，以后逐渐增加极性。如样品极性低，能配成石油醚溶液，则洗脱剂先用石油醚，待石油醚不再有成分洗下时，再加大洗脱剂的极性，而且极性应逐渐加大，继石油醚后可用石油醚与苯的混合溶剂，苯的比例由低向高递增。如依次为1％，2％，5％，10％，20％，50％，直至纯苯。在苯以后可用苯与乙醚或氯仿的混合溶剂，其中乙醚和氯仿的比例亦是由低开始，极性逐渐增加到纯氯仿或乙醚。然后再用乙酸乙酯或氯仿（或乙醚）的混合溶剂洗脱。如果样品由于溶解度的关系，以氯仿配成溶液，洗脱剂则以氯仿开始，逐渐在氯仿中加入乙酸乙酯或醇，而不能用极性低的溶剂洗脱。这是一般的常规，结合具体样品，往往可以简化或改进。

采用活性炭为吸附剂时，按下列次序选择溶剂可使洗脱能力递增：水＜乙醇＜甲醇＜乙酸乙酯＜丙酮＜氯仿。最常用的是水和由稀至浓的乙醇水溶液的梯度洗脱，或用含3.5％氨水的乙醇溶液，也有用5％～10％苯酚水溶液等洗脱。

采用聚酰胺凝胶层析，可按下列次序选择洗脱剂，洗脱能力依次递增的次序为：水＜甲醇（或乙醇）＜丙酮＜稀氨水＜二甲基甲酰胺（DMF）。

大网格吸附剂由于是分子吸附，而且对有机物质的吸附能力一般低于活性炭，所以解吸比较容易。从大网格吸附剂上的解吸有下列几种方法：

（1）常用的是以低级醇、酮或水溶液解吸。所选用的溶剂应符合两种要求：一种要求是溶剂应能使大网格聚合物吸附剂溶胀，这样可减弱溶质与吸附剂之间的吸附力；另一种要求是所选用的溶剂应容易溶解吸附物，因为解吸时不仅必须克服吸附力，而且当溶剂分子扩散到吸附中心后，应能使溶质很快溶解。

溶剂对聚合物的溶胀能力可用溶解度参数 δ（solubility parameter）或内聚能密度（cohesive energy density，CED）来表征，它们的定义如下：

$$CED = \delta^2 = \frac{E}{V}$$

式中，E 为摩尔内能（cal/mol，1 cal＝4.18 J），V 为摩尔体积（mL/mol）。

热力学分析表明，当溶剂的溶解度参数和聚合物的溶解度参数接近时，溶剂愈易溶解聚合物。

（2）对弱酸性物质可用碱来解吸。如 XAD-4 吸附酚后，可用 NaOH 溶液解吸，此时酚转变为酚钠，亲水性较强，因而吸附较差。NaOH 最适浓度为 0.2％～0.4％，注意超过此浓度时由于盐析作用对解吸反而不利。

（3）对弱碱性物质可用酸来解吸。

（4）如吸附系在高浓度盐类溶液中进行，则常常仅用水洗就能解吸下来。

（5）对于易挥发溶质可用热水或蒸汽解吸。

大网格吸附剂在生化产品生产和研究上的应用日益增多，对于在水中溶解度不大，而较易溶于有机溶剂中的生化产品，都可考虑用大网格吸附剂。

四、吸附柱层析实验技术

吸附柱层析实验操作与一般柱层析法相同,即包括装柱、加样、洗脱、分析与测定几个主要步骤。请参阅上篇第三章第三节。

参 考 资 料

［1］ 顾觉奋等.分离纯化工艺原理.北京:中国医药科技出版社,1994,159～215

［2］ 陈来同等.生物化学产品制备技术(1).北京:科学技术文献出版社,2003,43～52

［3］ 陈来同.41种生物化学产品生产技术.北京:金盾出版社,1994,299～306

［4］ 苏拔贤主编.生物化学制备技术.北京:科学出版社,1986,81～88

［5］ Simpson C F. Techniques in Liquid Chromatography. Wiley Heyden Ltd,1982,185～198

［6］ Boyer R. Modern Experimental Biochemistry. Addison-Wesley Publishing Company,1986,75～80

(陈来同)

第五章 纸层析法

纸上层析法（paper chromatography）与近年来发展起来的亲和层析、等电聚焦、等速电泳、聚丙烯酰胺凝胶电泳等方法比较，相对来说是一种"古老"的方法。但由于操作简便，不需要特殊仪器设备，消耗样品量少，所以这个方法仍有一定的应用价值。在生物化学、药物学、医学检验及医药工业等学科，仍有用纸层析法作为分析的手段。在对物质结构的研究、生化物质的分析分离、药物分析、药理检验等方面的应用都曾取得比较满意的结果。对分离小分子物质如氨基酸、核苷酸、有机酸、糖、维生素、抗菌素等更为适宜。

第一节 纸层析基本原理

纸层析是最简单的液-液相分配层析，它在原理、影响因素以及对某些混合物的分离上，与TLC相似。滤纸是纸层析的支持物。当支持物被水饱和时，大部分水分子被滤纸的纤维素牢牢吸附，因此，纸及其饱和水为层析的固定相，与固定相不相混溶的有机溶剂为层析的流动相。如果有多种物质存在于固定相和流动相之间，将随着流动相的移动进行连续的、动态的不断分配。由于各种物质分配系数的差异，移动速度就不一样，分配系数大的组分在纸上迁移的速度慢，分配系数小的组分迁移的速度快，最后不同的组分可以彼此分开。

物质分离后在图谱上的位置可用比移值（R_f）来表示。对某些特定化合物，在特定的展层系统，一定的温度条件下，R_f是一个常数。R_f与分配系数 α 有以下关系：

$$\alpha = \frac{V_m}{V_s}\left(\frac{1}{R_f} - 1\right)$$

其中，V_m 和 V_s 分别表示流动相和固定相体积，R_f决定于被分离物质在两相间的分配系数和两相间的体积比。由于两相体积比在同一实验条件下是一个常数，所以 R_f 的主要决定因素是分配系数。不同物质的分配系数不同，R_f 也不同。此外，溶质和溶剂的性质、滤纸的性质、展层的温度等都对 R_f 有影响。

第二节 影响 R_f 的主要因素

一、样品本身的性质与结构

物质的极性大小决定了物质在水和有机相之间的分配情况，例如酸性、碱性氨基酸的极性大于中性氨基酸，所以前者在水相（固定相）中分配较多，因此 R_f 低于后者。

物质的极性又取决于它所具有的极性基团的性质和数量。常见的极性基团有 —COOH、—NH₂、—OH、$\diagdown$C=O 等。一般说来，物质分子中极性基团增加，物质的极性就随之增加，则分配系数变大，R_f 变小。如二羧基氨基酸、碱性氨基酸含有的极性基团多于中性脂肪族氨基酸，所以前两类氨基酸的 R_f 一般要比后一类氨基酸小。

在同系物中,疏水性的亚甲基(—CH₂—)增加,物质的极性会降低。例如,极性大小

$$ \begin{array}{ccc} \begin{array}{c} COOH \\ | \\ COOH \end{array} & > & \begin{array}{c} COOH \\ | \\ CH_2 \\ | \\ COOH \end{array} & > & \begin{array}{c} COOH \\ | \\ CH_2 \\ | \\ CH_2 \\ | \\ COOH \end{array} \\ 草酸 & & 丙二酸 & & 琥珀酸 \end{array} $$

草酸的极性最大,琥珀酸的极性最小,而 R_f 的大小正好相反,草酸最小,琥珀酸最大。

分子中所含极性基团不改变,增加非极性成分愈多,则整个分子的极性降低就愈大,R_f 也就愈大。如中性脂肪族氨基酸中,α-氨基异丁酸、缬氨酸和异亮氨酸三者结构基本相似,但异亮氨酸所含 —CH₂— 多于前两者,所以 R_f 也比前两者大。

极性基团的位置不同也会引起 R_f 的变化,例如正丁醇-甲酸-水系统层析时,α-丙氨酸的 R_f 大于 β-丙氨酸,α-氨基丁酸的 R_f 大于 γ-氨基丁酸。

但碳链结构上的变化对 R_f 的影响极微,例如 α-氨基丁酸和 α-氨基异丁酸、缬氨酸和正缬氨酸这类同分异构物,因为 R_f 大致相同,所以纸层析方法不易将它们分离开。

由 A,B 两种氨基酸组成的二肽,不管其顺序为 AB 或 BA,理论推导说明在任何溶剂中,$R_f(AB)$ 和 $R_f(BA)$ 应是相等的,但在实际测定中,由于其他各种因素如吸附等的影响,可能会产生一些差异,这也是有些同分异构物能够被纸层析分离的原因所在。

氨基酸的化学结构与 R_f 之间的关系可以从图5-1中看出。

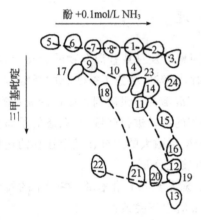

图 5-1　氨基酸纸层析轨迹图

鸟氨酸、精氨酸、赖氨酸(1,2,3)在同一轨迹上。门冬氨酸、谷氨酸、α-氨基己二酸、α-氨基庚二酸(5,6,7,8)在同一轨迹上。甘氨酸、丙氨酸、α-氨基丁酸、正亮氨酸(9,10,11,12)在同一轨迹上。α-氨基异丁酸、缬氨酸、异亮氨酸(14,15,16)在同一轨迹上。苏氨酸、丝氨酸、酪氨酸(17,18,21)在同一轨迹上。苯丙氨酸、色氨酸、酪氨酸、二羟基丙氨酸(19,20,21,22)在同一轨迹上

二、溶剂的性质

溶剂系统的组成和性质的改变直接影响分配系数,自然也影响 R_f。溶剂系统极性增加,物质的 R_f 变大。溶剂系统的极性主要取决于有机溶剂分子本身的极性及溶剂系统所含的其他极性物质的量,特别是含水量。

同一种有机溶剂由于含水量增加,使某些溶质相应地容易进入有机相,因此 R_f 也相应增大。所以在用与水部分混溶的有机溶剂进行层析分离时,为了增大溶质的 R_f,可以在此溶剂中加入某种与水完全混溶的有机溶剂或有机酸、碱,使其与水的混溶度增加,从而达到提高 R_f 的目的。

溶质与溶剂的相互作用对 R_f 也有影响,这种影响是由这种相互作用与分配系数的关系决定的。溶质和溶剂之间如能形成氢键,则对 R_f 有相当大的影响。酚和三甲基吡啶组成的双向层析溶剂就是明显的例子。酚是质子供体,三甲基吡啶是质子受体,而水(H_3O^+,OH^-)既可以是质子供体,又是质子受体。所以,当溶质中增加可接受质子的 —NH₂ 时,在酚与水两相间

的分配影响不大,因为酚和水都能给出质子,两者对极性基团—NH$_2$的引力相似,因此 R_f 变动不大。但对三甲基吡啶和水两相间的分配的影响则大,因为三甲基吡啶不能给出质子,对氨基(—NH$_2$)没有吸引力,而水对氨基的吸引力就显得大了,因而将含氨基的溶质拉向水相,使得 R_f 的变化显著。如果溶质中增加羧基(—COOH),因为羧基中的 —OH 基团是可以给出质子的,所以水和三甲基吡啶对羧基的吸引力相似,在该两相中的影响不大。但在酚和水的两相中,由于羧基的增加,水对羧基的吸引力就大,使溶质转移到水相,则 R_f 变小。

三、pH

pH 对 R_f 的影响主要是由 pH 与分配系数的关系决定。因为弱酸与弱碱的解离度与 pH 有关,由于溶剂的 pH 改变,溶质的解离度随之改变,解离度越大,极性愈强。极性强的物质在两相溶剂中分配时,偏向极性的一相,因此,由于 pH 的改变对酸性和碱性氨基酸的 R_f 的影响较大,对中性氨基酸的 R_f 的影响较小。

四、展层温度

如前所述,有机相中含水量改变,溶质的 R_f 也相应改变。水在有机相中的溶解度是随着温度的变化而改变的,所以展层温度的改变,也就使溶质的 R_f 改变。但在有些溶剂体系中,它的组成不随温度变化而变化,或与水完全互溶,R_f 不随温度变化而变化。对温度敏感的溶剂体系,在层析分离时,必须严格控制温度。一般层析展层在恒温室中进行,室温可在 20～40℃,但温度改变不宜超过 $\pm0.5℃$。

五、滤纸的性质

滤纸厚薄不均,含水量不一致,溶剂沿着纤维方向流动就会紊乱。溶剂扩展不一致,溶剂前沿也不整齐,层析分离点畸形,从而影响 R_f 的测定。另一方面,纸的含水量不均匀,也不能得到理想的分离效果。

纸纤维常含有金属离子如 Ca^{2+}、Fe^{2+}、Mg^{2+}、Cu^{2+} 等杂质,也会影响层析分离。如金属离子含量很高时,能与分离物质(如氨基酸等)形成络合物,常使层析点出现阴影,并影响该物质在两相溶剂中的分配,从而改变 R_f。

对于含杂质的滤纸要进行净化处理,但经处理后的滤纸会变脆,R_f 亦会出现差别,因此最好选用无需净化处理的滤纸。

除上述因素外,样品中含有盐分、点样过多、溶剂配制的时间长短、展层方向和方法的不同、平衡条件的不同等等,都能影响 R_f,在做平行实验时,必须予以注意。

第三节　纸层析实验技术

一、滤纸的选择

层析用的滤纸必须质地均匀、厚薄一致,具有一定的机械强度和一定的纯净度,含 Ca^{2+}、Fe^{2+}、Mg^{2+}、Cu^{2+} 等金属离子和其他显色物质愈少愈好。此外,还应考虑到样品用量和拟完成的层析分离时间。如果样品量大,必须采用厚滤纸;如需在短时间内取得结果,又是易于分离的样品,就可用快速滤纸。

适用于纸层析的滤纸种类较多,它们的理化性质各有差异。常用的国外生产的滤纸有 Whatman No. 1～No. 4 等。Whatman No. 3 是一种厚滤纸,适于样品量较多的分离。国产新华 1 号滤纸与 Whatman No. 1 滤纸性质相近,也常被选用。新华 3 号也是厚滤纸。

二、溶剂的选择

能否选择一种合适的溶剂系统进行展层是层析成败的关键。根据纸层析的基本原理和实践经验,选择溶剂系统时应考虑以下几条原则:

(1)通常选用与水部分混溶的有机溶剂或能与水相混溶的其他溶剂为展层剂。

(2)展层剂常选用二元溶剂系统,也可用多元混合溶剂系统,但必须考虑其组成不随温度或时间而变化,应极为稳定。

(3)组成多元溶剂系统的各组分之间,以及各组分和待分离物之间不起化学反应。

(4)挥发性太大的溶液不宜作溶剂。

(5)被分离物质各组分的 R_f 在所选用的溶剂中应在 $0.05～0.90$ 之间。各分离组分不应集中在滤纸的某一区域而应分布全面,彼此间的 R_f 之差不应小于 0.05。

(6)溶剂的规格应用色谱纯或分析纯,必要时经重蒸馏处理。

在实际工作中,不可能全部达到理想条件,只能根据具体条件综合考虑。

三、样品的预处理

试样中一些杂质的存在会严重影响分离效果,因此在层析前,要对样品进行适当的处理。在糖类和氨基酸的纸层析中,常见的干扰因素是样品中含有高浓度的金属离子,如 Cu^{2+}、Fe^{2+}、Mg^{2+}、Al^{3+} 等。例如在 $10\,\mu g$ 样品中,含有上述阳离子 $10^{-6}\,mol$ 时,茚三酮对丙氨酸就不显色。所以样品中含有金属离子时,在层析前必须作脱盐处理。脱盐方法可用透析法、凝胶过滤法和离子交换法等。

四、点样

常用毛细管或微量注射器吸取一定量样品溶液点在滤纸上,样品点的位置距纸一端 $2～3\,cm$,样品点彼此间的距离为 $2～2.5\,cm$。加样量的多少由分离的样品、展层方式和检出的方法来决定,对于单向上行和下行层析来说,点样体积在 $2～20\,\mu L$ 之间,样品量在 $10～30\,\mu g$ 之间,即可得到好的层析图。

样品一般点成圆形,也可点成条状。斑点成圆形时,其直径最大不要超过 $0.5\,cm$,斑点在层析的过程中还要不断扩大,斑点直径的增大就意味着斑点重叠的可能性增大,所以点样时要尽量避免样品斑点过大。为防止这一点,一般是将样品分多次点到纸上,每点一次,用吹风机冷风吹干后,再点第二次;同时样品应根据预分离的情况,配制成合适浓度的样品溶液,不宜使用过稀的样品液,避免点样次数太多。

为了防止操作时对滤纸的污染,要尽量避免用手直接触摸滤纸,最好带上手套或指套进行点样和层析操作。

五、饱和与展层

点样后的滤纸悬挂或站立在层析箱(缸)中,如使用有机溶剂与水不完全混溶的展层剂时,则将水相盛于小烧杯内进行饱和；如使用有机溶剂能与水完全混溶的，则直接用展层剂进行饱和。使层析箱中的大气和滤纸为水相蒸汽所饱和，直至达到平衡，饱和时间一般为4～5 h。

根据展层剂在纸上扩展的方向，展层方式大致有：上行法、下行法和环形法（辐射法）。上行、下行法又可有单向和双向形式（见图5-2）。

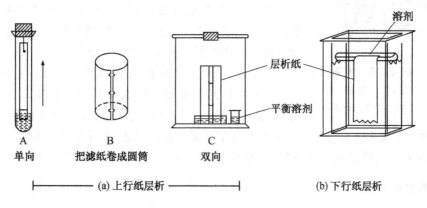

图 5-2　纸层析装置

无论上行或下行，层析容器必须密闭不漏气，常用底面平整的圆形或长方形玻璃容器作上行层析分离。

上行法是一种让展层溶剂自下向上渗透的展层方法。由于操作简便，在纸层析中使用最为广泛。

下行法是一种让溶剂由纸的上端向下渗透的展层方法。下行法必须要有个溶剂槽盛放溶剂，滤纸下端宜剪成锯齿状，使溶剂顺利流下不致积留液体。加入溶剂时必须小心，以免溶剂前沿不齐。

进行双向展层时，第一向展层后，纸上的溶剂必须去除干净。滤纸干燥后，沿溶剂前沿裁去溶剂没有扩展到的部分，转 90°后再用第二向溶剂展层（图5-3）。

展层时间根据温度和纸的大小、性质而定。一般是待溶剂流至距纸的另一端 1 cm 时为止。

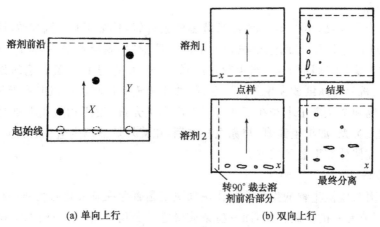

图 5-3　纸层析点样、展层

X,Y 分别为原点至斑点中心和溶剂前沿的距离；x 为点样起始线

环形法是一种在圆形滤纸上进行层析的方法(图 5-4)。环形法的层析容器可用适当大小

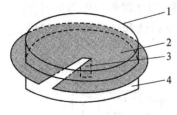

图 5-4　环形法纸层析装置图
1. 盖；2. 滤纸；3. 与溶剂接触的
滤纸条；4. 盛放溶剂的培养皿

的培养皿代替,圆形滤纸比培养皿直径稍大,使它能搁在其上。从边缘至圆心剪下一条宽 2～3 mm 的纸条,裁成适当长度,使其能浸入盛在下层的培养皿中的溶剂内。一般将样品点在滤纸中心,也可将样品点在合适半径的同心圆上,溶剂沿着浸在溶剂内的纸条上升,通过圆心向四周扩展。显色后,同一种物质在同一个同心圆上形成一个有色的环。

滤纸经饱和后,便可将展层剂加入溶剂槽中进行展层,展层方式根据样品组分的性质和实验要求而决定。上行法比较简单,但速度慢。下行法渗透速度快,展开的距离可以很长,这有利于分离 R_f 相差较小的组分。环形法可用不同显色剂显色,便于物质的鉴定。

展层时要防止滤纸与滤纸、滤纸与容器壁贴在一起以及滤纸的歪斜和弯曲。

六、图谱的显示

展层以后,从层析箱中取出滤纸并记下溶剂前沿,放在鼓风烘箱中干燥或用热风吹干。然后选择适当方法,将无色的物质显示出来,显示图谱的方法有:

1. 化学方法

常用喷洒方法,即用喷雾器将适当的化学试剂(显色剂)均匀喷雾在纸上,使显色剂与层析组分接触起反应,形成有色的或有荧光的衍生物,例如氨基酸用茚三酮溶液,还原糖用硝酸银溶液等。有时需将纸保温以使反应完全。在某些情况下,需要在纸上依次喷洒两种或三种试剂以便显示出全部层析组分。

显色剂的种类很多,不同的化合物有不同的显色剂,即使同一种化合物也有不同的显色剂。作为显色剂应尽量满足下列条件:① 不与滤纸起反应;② 挥发性大,易于去除;③ 含水量少,以免造成样品各组分的斑点扩散、移动或变形。

滤纸显色干燥后,用铅笔将有色斑点的轮廓描下来,避免斑点因时间的延长而逐渐变浅或褪色,特别是含量少的组分,其斑点显色较浅,更应立即划下边框以免遗漏。

2. 物理方法

许多有机物质吸收 240～260 nm 波长范围的紫外线,例如 PTH-氨基酸、DNP-氨基酸、嘌呤、嘧啶等核酸组成物质,当用这个波长范围的光照射时,就会吸收一部分光产生一暗斑点。也有的化合物在紫外线照射下,会产生荧光,例如 DNS-氨基酸具有黄绿色的强荧光。在这些情况下,可将层析后的滤纸放在紫外灯下照射,并用铅笔标记吸收斑点或荧光斑点。

有些有机物和金属离子本身在紫外灯下不产生荧光,但喷洒相应化学试剂反应后所产生的衍生物则能发荧光,如维生素 B_1 与赤血盐作用,在紫外灯下产生蓝色的荧光,对这些物质可经喷洒后再放在紫外灯下显示图谱。

3. 微生物法

这是基于对某些微生物的生长抑制作用来决定是否存在有关化合物的一种检出方法。例如,某些抗菌素有专一的抑制作用,而一些杂质或它的分解产物,或一些无生物活性的物质则对微生物的生长没有抑制作用。这种方法的步骤是:将展层后的滤纸烘干,平贴在接种有某种试验菌(如枯草杆菌)的琼脂平板的表面,37℃保温 15～20 h 后,在有抗菌素扩散进琼脂平

板的部位,即明显可见无微生物生长的抑菌圈。根据抑菌圈的直径大小与抗菌素浓度的关系可半定量检出抗菌素含量。

4. 同位素和放射自显影方法

层析分离后,纸上的色谱点可用放射性试剂处理,使其形成一种具有放射性的衍生物,然后再用放射自显影方法将它们定位。用放射性同位素标记的化合物也可以用放射自显影的方法显示其层析图谱。

放射自显影的方法是:取一张大小相当的感光胶片,在暗室内与滤纸重合在一起,并用一平板均匀压好,即开始曝光,曝光时间长短视滤纸上放射性同位素的强度而定,数小时到数日,然后将胶片经显影、定影、冲洗即可得到同位素标记物质的色谱图。

七、R_f 的测定

为了能精确、重复地测得 R_f,实验中必须注意以下几点:① 应使用同种规格的滤纸,并经过相同方法处理;② 用同一种方法处理样品,加样量应一致;③ 使用新鲜配制的相同溶剂,试剂应选用分析纯或经相同方法纯化;④ 展层前充分平衡,平衡和层析用相同温度,温差不宜超过±0.5℃;⑤ 展层时间一致。

测定 R_f 最简便的方法是直接用直尺分别量出原点到溶剂前沿和到斑点中心的距离,然后计算出 R_f[图 5-5(a)]。也可用乳胶橡皮管制成小尺,标上 10 cm 刻度。使用时,将小尺的 0 点与原点起始线对齐,拉长橡皮管使刻度 10 与溶剂前沿对齐,斑点中心所对应的刻度就是该组分的 R_f。

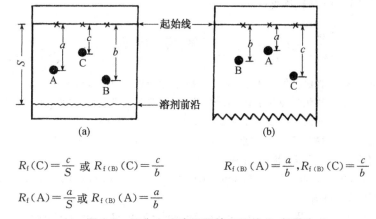

$$R_f(C) = \frac{c}{S} \text{ 或 } R_{f(B)}(C) = \frac{c}{b}$$

$$R_{f(B)}(A) = \frac{a}{b}, R_{f(B)}(C) = \frac{c}{b}$$

$$R_f(A) = \frac{a}{S} \text{ 或 } R_{f(B)}(A) = \frac{a}{b}$$

图 5-5 组分 A,C 在不同情况下的 R_f 测量法

a,c 分别是分离物质 A,C 的移动距离;b 为参照物质 B 的移动距离;S 为溶剂前沿的移动距离;$R_{f(B)}(A)$ 为用参照物 B 时组分 A 的 R_f;$R_{f(B)}(C)$ 为用参照物 B 时组分 C 的 R_f

相同条件下,各种物质的 R_f 分别是一个常数。所以在相同条件下,与标准物质的 R_f 比较,即可定性地判别该分离组分是何种物质。

如果溶剂流出滤纸,溶剂前沿无法测量时,可以一标准物的位置作参照,按下式计算分离组分的 R_f[图 5-5(b)]:

$$R_f = \frac{\text{分离组分的移动距离}}{\text{参照物的移动距离}}$$

八、定量方法

1. 洗脱比色法

纸层析的定量测定方法很多,最简便、最常用的方法就是洗脱比色法。其方法如下:层析滤纸经显色后,按照同样大小的面积将各显色斑点剪下,用一适当的定量溶剂将颜色洗脱下来,如氨基酸可用 0.1% $CuSO_4 \cdot 5H_2O$ 和 75% 乙醇混合溶液($2:38$)。同时,在同一张滤纸上无显色斑点处剪下同样大小的纸片,加入同样的洗脱剂洗脱,作为空白。选择某一特定的波长,在分光光度计上测出洗脱液的光吸收,再从标准曲线上查出该物质含量。此法也称洗脱法。

洗脱法方便,但误差较大,因为有些化合物的有色衍生物在纸上吸附较牢或溶解度又较小,因而不易提取,造成较大误差。

2. 斑点面积法

Fisher(费希尔)等发现滤纸上样品斑点的面积在相当宽的范围内与样品浓度的对数成正比关系。使用此法时先要作标准曲线,方法如下:例如在 $5\ \mu L$ 加样体积中,分别含有 1.25,2.50,5.00,$10.0\ mmol$ 的标准样品,点样进行层析分离,显出色谱后,用铅笔仔细地描下斑点面积,用求积仪求出各个斑点的面积大小,对浓度的对数作图,可得一直线。然后用相同条件对样品进行纸层析和处理,根据分离斑点的面积大小从标准曲线上查出含量。为了精确起见,应进行多次重复实验后才能作出标准曲线。

除以上方法外,也可利用光吸收扫描仪直接进行测定,作出距离-光吸收曲线,利用求积仪求出曲线面积再算出其含量。

参 考 资 料

[1] 潘家秀等编著. 蛋白质化学研究技术. 北京:科学出版社,1962,35~63
[2] 张承圭等编. 生物化学仪器分析及技术. 北京:高等教育出版社,1990,115~140
[3] 林卓坤主编. 色谱法(一). 北京:科学出版社,1982,87~133
[4] 王敬尊译. 纸色谱及其应用. 北京:科学出版社,1978,1~8,13~29,43~61,92~103
[5] 倪坤仪主编. 仪器分析. 南京:东南大学出版社,2003,209~211
[6] Block A J. A Manual of Paper Chromatography and Paper Electrophoresis, Part I. New York:Academic Press Inc Publishers,1955,3~74
[7] Smith I, Seakins J W T. Chromatographic and Electrophoretic Techniques,4th ed. London:William Heinemann Medical Books LTD, 1976,1:1~40

（陈雅蕙）

第六章　薄层层析法

薄层层析(thin-layer chromatography,TLC)是一种将固定相在固体上铺成薄层进行层析的方法。1938 年俄国科学家在研究植物提取物的分析时首先提出了这一方法的基本原理,当时及随后多年并没有引起人们注意。一直到 1956 年德国学者 Stahl(斯塔尔)在研究植物细胞的分析工作中,比较完整地发展了这一方法,才日益引起人们的重视和研究,目前它已是层析法中的一个重要分支。

TLC 是一种简单快速、微量的层析方法。薄层层析技术特别适用于分离很少量的物质,常应用于分析工作以及层析过程的追踪。TLC 应用范围主要在生物化学、医药卫生、化学工业、农业生产、食品和毒理等领域,对天然化合物的分离和鉴定也已广泛应用。TLC 有以下优点:操作方便;设备简单;分辨率比纸层析高 10 倍,甚至 100 倍;样品用量少,有时 0.01 μg 也能检测。随着扫描仪、求积仪和质谱仪等仪器的配套使用,支持介质粒度的改进,致使薄层层析法日益完善。

第一节　薄层层析原理

一、原理

薄层层析法是在玻璃板上涂布一薄层支持介质,待分离样品点在薄层板一端,然后让展层剂从其上流过,从而使各组分得到分离的层析方法。常用的支持介质有硅胶、氧化铝、纤维素、硅藻土、离子交换树脂、交联葡聚糖凝胶等。使用的支持介质种类不同,其分离原理也不尽相同,有分配层析、吸附层析、离子交换层析、凝胶层析等多种。例如以吸附剂为支持介质的吸附薄层层析、以离子交换剂为介质的离子交换薄层层析和以凝胶为介质的凝胶薄层层析等。实践证明,各种薄层层析均与其对应的柱层析原理相同,但薄层层析在分析中有更多的优越性,它同柱层析一样,可选择不同的支持介质和不同搭配的展层剂进行各种薄层层析。

吸附薄层层析中,因样品组分极性有差异,故不同组分与吸附剂和展层剂的亲和力就有差别,从而导致各组分在薄板上的移动距离不同。组分与吸附剂亲和力强的留在接近原点的位置;反之,组分与吸附剂亲和力弱的留在离原点较远的位置,即亲和力愈弱,移动愈远,于是样品中各组分就得到分离。

按照相似相溶规律,极性组分易溶于极性溶剂中,非极性组分则易溶于非极性溶剂中。因此在同一薄板上,不同极性化合物的组分在同一溶剂中的溶解度不同,溶解度愈大,移动的速度愈快;否则反之。展层的过程即样品各组分得到分离的过程,也是一个吸附-解吸-再吸附-再解吸的连续过程。

二、几种常用支持介质

1. 硅胶

硅胶是一种广泛使用的极性吸附介质,其优点是化学性质稳定,吸附量大。它是由硅酸盐为原料制成的,其基本结构单位是 $SiO_2 \cdot xH_2O$。硅胶的吸附性能是因其表面含硅醇基,硅醇基的羟基与极性化合物或不饱和化合物形成氢键所致。

硅胶是一种略显酸性的物质,通常用于酸性和中性物质的分离。硅胶的吸附活性决定于其含水量。薄层层析使用的粉末状硅胶,应在使用前置于 $150\sim200℃$ 的高温下加热烘烤活化后再使用。当含水量小于 1% 时,吸附活性最高;当含水量大于 20% 时,吸附活性最低。一般选用含水量在 $10\%\sim20\%$ 的硅胶。

硅胶的吸附性能还决定于本身的密度(g/cm^3)、比表面积(m^2/g)和孔径(nm)。

2. 纤维素

纤维素分子由很多纤维二糖以 β-1,4-糖苷键聚合而成。它具有大量的羟基亲水基团,亲水性很强。一般用于分离纯化亲水性化合物,如氨基酸、核苷酸衍生物和糖等。展层条件、显色反应基本上与纸层析一致。

(1) 天然纤维状纤维素(native fibrous cellulose):通常用木材或废棉经化学处理而成,纤维较短,颗粒长($50\,\mu m$),此类纤维素分离效果不佳。

(2) 微晶纤维素(microcrystalline cellulose):由排列得比较规则的微小结晶区域(一般占分子组成 85% 以上)和分子排列杂乱的无定形区域(占分子组分 15% 以下)组成,颗粒长 $20\sim40\,\mu m$。与天然纤维素相比,展层的斑点更集中,R_f 较小,分离效果较好,是目前应用较广的一种。

(3) 离子交换纤维素(ion exchange cellulose):它是纤维素的各种衍生物,即分子中一部分羟基的氢原子被阳离子或阴离子交换基取代而制成。其中以羧甲基(CM,阳离子型)和二乙基氨基乙基(DEAE,阴离子型)应用最广泛。它们主要用于分离鉴定生物大分子化合物,如氨基酸、蛋白质、酶、多肽等。

3. 凝胶

瑞典 Pharmacia 生产葡聚糖凝胶(polydextran gel)的商品名叫 Sephadex,它是用葡聚糖(又叫右旋糖酐,dextran)与交联剂环氧氯丙烷交联(聚合)而成的一种凝胶(gel),是脱水葡萄糖(anhydroglucose)的多聚体。加入交联剂的作用是使葡聚糖单体之间互相在上下左右聚合成为立体网状结构物质。网眼的疏密或大小,均通过调节交联剂和葡聚糖的比例以及反应条件来控制。加入交联剂较少,则交联度较小,即网眼较大,凝胶在水中的吸水膨胀性也较大;反之,加入交联剂较多,则网眼较小。

在葡聚糖凝胶分子中,也可像纤维素那样引进离子交换功能基,如二乙基氨基乙基和羧甲基等,使它既有分子筛作用,又有离子交换作用(请参阅本书上篇第七章)。

葡聚糖薄层层析法主要用于蛋白质、肽、低相对分子质量的 DNP-氨基酸、多糖和核苷酸的分析鉴定。

4. 聚酰胺

聚酰胺薄层层析是 1966 年以后迅速发展起来的一种新的层析法,特别适用于氨基酸衍生物如 DNS-氨基酸、DNP-氨基酸的分析。它具有分辨率高、灵敏度好、操作方便、速度快等优点。在蛋白质结构化学分析中,它与 Edman-DNS 法结合,形成一种顺序分析的超微量方法。

聚酰胺是一类化学纤维素原料,国外名称"尼龙",我国名称"锦纶",如由己二酸与己二胺聚合而成的叫锦纶 66,此外还有锦纶 1010 等。因在这类物质分子中,都含有大量的酰胺基团,故统称聚酰胺。把聚酰胺膜固定于载玻片上,质地均匀紧密,色谱性能更优越,应用更广泛。目前已用于氨基酸及其衍生物、核酸碱基、核苷、核苷酸、纤维素 B 等的分析。

聚酰胺具有特异的层析分辨能力,对极性物质的吸附作用是由于与被分离物质之间形成氢键,如酚类(包括黄酮类、鞣质等)和酸类(如氨基酸、核苷酸等)是以其羟基与酰胺键的羰基形成氢键,硝基化合物和醌类化合物是与酰胺键的氨基形成氢键,如图 6-1 所示。由于分离物质形成氢键能力的强弱不同,所以与聚酰胺的吸附力大小也不同,故用它来分离上述各类化合物特别有利。

聚酰胺薄膜是用锦纶在涤纶片基上涂一层薄膜制成,也可涂在玻片上,但前者使用保存更方便。聚酰胺薄膜已有商品出售,薄膜大小规格可根据需要选用。

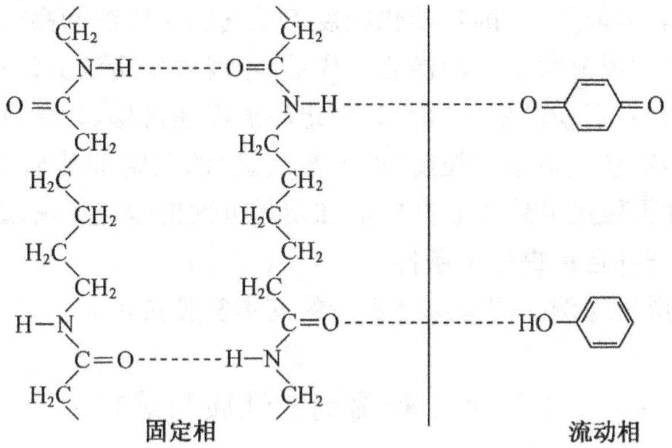

图 6-1　聚酰胺薄层层析

第二节　薄层层析的特点

薄层层析法与经典的吸附柱层析法、纸层析,及目前广泛使用的离子交换层析法、凝胶层析法和高效液相层析法比较起来,具有下列特点:

(1)设备简单,操作方便。只需一块玻璃板和一个层析缸,即可以进行复杂混合物的定性与定量分析。既可用于有机物分析也可用于无机物分析。它的分析原理与经典吸附柱层析法相同,但是在敞开的薄层上操作,在检查混合物的成分是否分开以及在显色时都比较方便,只要把薄层放在荧光灯下或将显色剂直接喷上即可观察。

(2)快速,展开时间短。薄层层析法的实验操作(如点样、展开及显色等)与纸层析相同,但是它比纸层析快速。一般纸层析需要几小时至几十小时,薄层层析一般只需十几分钟至几十分钟。

(3)由于广泛采用无机物作吸附剂,薄层层析可以采用腐蚀性的显色剂,如浓硫酸、浓盐酸和浓磷酸等。对于特别难以检出的化合物,可以喷以浓硫酸,然后小心加热,使有机物碳化,显出棕色斑点。而同样情况下,纸层析则无法检出。

(4)薄层层析可以广泛地选用各种固定相,比纸层析有显著的灵活性。它又可以广泛地选用各种流动相,这比气相层析有利。

(5)纸层析由于纤维的性质引起斑点的扩散作用较严重,降低了单位面积中样品的浓度,从而降低了检出的灵敏度。薄层层析的扩散作用较少,斑点比较密集,检出灵敏度较高。

（6）薄层层析既适于分析少量样品（一般几到几十微克,甚至可少到 10^{-11} g）,但是也适用于大型制备层析。例如,把薄层的宽度加大到 $30\sim40$ cm,样品溶液点成一条线,把薄层的厚度加厚到 $2\sim3$ mm,分离的量可大到几毫克至几百毫克。

（7）技术的多样化。一方面有多种展开方式,例如,双向展开、多次展开、分步展开、连续展开、浓度梯度展开等;另一方面,可应用不同的物理化学原理,例如,吸附、分配、离子交换、凝胶过滤等。对于复杂的混合物不能用单一的薄层层析法解决时,可采用两种方法相配合来进行。

（8）与气相层析比较起来,薄层层析法更适于分析热不稳定、难于挥发的样品。但是它不适于分析挥发性样品。目前 TLC 的自动化程度不及气相层析法和高效液相层析法,并且分离效果也不及后两者,因此成分太复杂的混合物样品,用薄层层析法分离或分析还是有困难的。

近年来薄层层析又有了新的发展,例如,固定液的浸渍薄层、化学键合固定相薄层、多孔有机高分子小球薄层等,特别是极细小粒度（微米数量级）的吸附剂薄层板,为提高速度（十几秒钟可分离几个组分）和灵敏度开辟了新方向。在定量方面的双光束薄层扫描仪已有商品出售,为薄层色谱法自动化精确定量提供了条件。

本章以吸附薄层层析为例介绍薄层层析法的基本实验技术。

第三节　吸附剂的性质与选择

用于吸附柱层析中的吸附剂都可用于薄层层析法中,其中最常用的吸附剂是硅胶和氧化铝。硅胶略带酸性,适用于酸性和中性物质的分离;碱性物质难与硅胶作用,不易展开或发生拖尾的斑点,影响分离。反之氧化铝略带碱性,适用于碱性和中性物质的分离而不适于分离酸性物质。不过,我们也可以在铺层时用稀碱液制备硅胶薄层,用稀酸液制备氧化铝薄层以改变它们原来的酸碱性。

应该根据化合物的极性大小来选择吸附活性合适的吸附剂。为了避免试样在吸附剂上被吸附得太牢而展不开,不好分离,对极性小的试样可选择吸附活性较高的吸附剂,对极性大的试样选择活性较低的吸附剂。硅胶和氧化铝可由活化的方式或者掺入不同比例的硅藻土来调节其吸附活性。

要注意,碱性氧化铝用做吸附剂时,有时能对被吸附的物质产生不良反应,例如,引起醛、酮的缩合,酯和内酯的水解,醇羟基的脱水,乙酰糖的脱乙酰基,维生素 A 和 K 的破坏等。因此有时需要把碱性氧化铝先转变成中性或酸性氧化铝后应用。

硅胶对于样品的副反应较少,但也发现萜类中的烃、甘油酯在硅胶薄层上发生异构化,邻羟基黄酮类被氧化,以及甾醇在含卤素的溶剂存在下在硅胶板上异构化等副反应。

除了硅胶和氧化铝以外还可用纤维素粉、聚酰胺粉等作吸附剂。

第四节　薄层层析实验技术

一般薄层层析操作包括薄板的制备、点样、展层、显迹、R_f 的测定、结果分析（定性和定量）等步骤。

一、薄板的制备

薄层板通常是用玻璃板作基板,上面涂铺吸附剂薄层制成,有 5×20,2×10,10×20 或 10×10,10 cm×20 cm 等规格。有时可用小的玻板,如观看显微镜用的 2.5 cm×7.5 cm 的玻璃载片制成薄层板。玻璃板事先要洗涤干净,最好用洗液洗过。目前国内已有预制成的硅胶薄层板和烧结薄层板出售,后者在使用后,洗去斑点,烘干处理,可再继续使用。薄板制备采用硬板和软板制备法两种方式。

1. 硬板制备法

硬板制备法又称湿法铺层法,是把吸附剂、粘合剂(有时不加)和水或其他溶液(或溶剂)先调成糊状后再铺层。铺板时可用手缓缓转动玻板,或轻敲玻板使表面平坦光滑,也可用刮刀推移法制备。但欲制 20 cm×20 cm 的大薄层板时最好用涂铺器。商品涂铺器如图 6-2 所示,能调节薄层厚度,便于一次制备好几块玻板。薄层铺好后,先在室温晾干,然后置烘箱活化,活化条件可根据需要选择,如 120℃加热 2 h,80℃加热 3 h 等。湿法制成的薄层的优点是比较牢固,展开后便于保存。用颗粒很细的吸附剂制成的薄层的厚度比干法制成的薄些,一般是 0.25 mm,又因为薄层颗粒之间空隙较小,毛细管作用小,展开后斑点较集中、较小,所以分离效果较好。

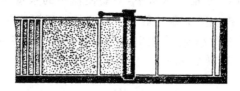

图 6-2　涂铺器

常用的粘合剂有煅石膏、羧甲基纤维素钠(CMC)和淀粉,通常煅石膏的用量为吸附剂的 10%~20%,CMC 为 0.5%~1%,淀粉为 5%。用煅石膏为粘合剂时,可与吸附剂混合,加一定量的水后不必加热,调成均匀的糊状物铺层。用 CMC 时,把 0.5~1 g CMC 溶于 100 mL 水中,再加适量的吸附剂调成稠度适中的均匀糊状物铺层。用淀粉时,把吸附剂和淀粉加水调匀后在 85℃水浴或直接用火加热数分钟,使淀粉变得有粘性后再铺层。

煅石膏($CaSO_4 \cdot 1/2H_2O$)是把市售的生石膏($CaSO_4 \cdot 2H_2O$)在 120~140℃烤 2 h,烤好后过 150~220 目筛。淀粉用可溶性淀粉、米淀粉等。

加石膏为粘合剂制成的薄层能耐受腐蚀性显色剂的作用,但仍不够牢固,易剥落,不能用铅笔在上面做记号。用 CMC 或淀粉为粘合剂,则薄层较牢固,可用铅笔写字,但在显色时不宜用腐蚀性很强的显色剂,并且淀粉和 CMC 中的成分有时对于鉴定某些有机物有干扰。

用湿法铺层时,纤维素中不必加粘合剂,制成的薄层就相当牢固。硅藻土和氧化铝加或不加粘合剂都可铺层,但不加粘合剂的薄层板在展开时应采取水平式展开。硅胶要加粘合剂。在一般情况下,加入粘合剂的量不太多时,对吸附剂的吸附性能和分离效果没有影响。

各种吸附剂薄层的湿法制备见表 6-1。

表 6-1　湿法铺层方法

薄层的类别	吸附剂：水的用量*	活　化**
氧化铝 G***	1∶2	250℃ 4 h,活度Ⅱ级 150℃ 4 h,活度Ⅲ～Ⅳ级
氧化铝-淀粉	1∶2	105℃ 0.5 h
硅胶 G	1∶2 或 1∶3	110℃ 0.5 h
硅胶-CMC	1∶2(用 0.7％ CMC 溶液)	110℃ 0.5 h
硅胶-淀粉	1∶2	105℃ 0.5 h
硅藻土	1∶2	110℃ 0.5 h
硅藻土 G	1∶2	110℃ 0.5 h
纤维素	1∶5	105℃ 0.5 h
聚酰胺	溶于 85％甲酸＋70％乙醇	80℃ 15 min

　　* 是大概的比例,随吸附剂不同而异;** 分离某些易吸附的化合物时,不可活化;*** G 表示吸附剂中已混有煅石膏(gypsum)。

　　聚酰胺用干法铺层较困难,因聚酰胺粉跟着玻棒滑动。可按下法制板:取聚酰胺粉 1 g 溶于 85％甲酸 6 mL 中,再加乙醇(70％)3 mL,调匀,用量筒量取一定量液体。用徒手倾倒法铺层。倒在板上的溶液如太多,可倾去一些,否则薄层太厚,干后会裂开。薄层铺好后,水平地放在一个盛水的盘子的水面上(不能浸入水中,但要使盘中的水蒸气能熏湿薄层,所以有时盘中要盛温水),盘子用大玻璃板或其他盖子盖上。制好的薄层原来是透明的,放在盘中约 1 h 后,变成不透明的乳白色。放置数小时后,取出薄层用自来水漂洗 2 遍,再用去离子水漂洗 1 次,以洗去甲酸,晾干,再在 80℃烘 15 min。

2. 软板制备法

　　软板制备法又称干法铺层法。氧化铝、硅胶可用干法铺层。干法铺层比较简单,但是制成的薄层板展开后不能保存,喷显色剂时容易吹散,并且吸附剂的颗粒间空隙大,展开时毛细管作用较大,所以展开速度较快,斑点一般较为扩散。

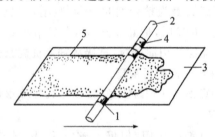

图 6-3　软板的制备

1. 调整薄层厚度的塑料环;2. 均匀直径的玻璃棒;
3. 玻璃板;4. 防止玻棒滑动的环;5. 薄层吸附剂

　　干法铺层法是两手握着两端带有套圈的玻棒(直径约 0.5 cm),把吸附剂均匀地铺在玻板上(图 6-3)。套圈可以用胶布、塑料薄膜、塑料管或橡皮管等,其厚度为薄层的厚度,薄层的厚度可据需要选择,一般用于鉴定或分析的厚度为 0.25～0.3 mm,用于小量制备时的厚度约 1～3 mm。两端环的内侧边的距离比玻板的宽度小 1 cm,这样两边各空出 0.5 cm,以避免端效应,即避免玻板边缘引起不正常的色带移动。

　　用此法铺层时两手用力要均匀,否则薄层厚度不一致。吸附剂的颗粒以 150～200 目较好,如颗粒太细,则玻棒推动时颗粒随玻棒一起移动,无法铺成均匀的薄层。

二、样品的预处理

　　用于薄层层析的样品溶液的质量要求非常高,样品中必须不含盐,若含有盐分则会引起严重的拖尾现象,甚至有时得不到正确的分离效果。样品溶液还应具有一定的浓度,一般应为 $1\sim5\,mg/mL$。若样品液太稀,点样次数太多,将影响分离效果,故必须进行浓缩处理。

一般各种来源的样品必须经过预处理、提取、粗制、精制、去盐、浓缩等过程。方法请参阅本书上篇第一章。

三、点样

薄层层析法中根据不同要求,点样的方式、方法也不同。

作定性分析时,点样量不需要准确,可采用玻璃毛细管点样。作定量分析时,因取样量需要准确,一般采用微量注射器或医用吸血管(端磨尖)。作制备层析时,将较大量试样溶液在大块($20\,cm\times20\,cm$)薄层板的起始线上连续点成一条直的横线。

样品溶于氯仿、丙酮、甲醇等挥发性有机溶剂中。用毛细玻管或医用吸血管或微量注射器将样品滴加到薄层上。点的直径一般不大于 $2\sim3\,mm$,点与点之间的距离一般为 $1.5\sim2\,cm$。样品点在距薄层一端 $1.5\,cm$ 的起始线上,展层剂浸没薄层的一端约 $0.5\,cm$。

点样原点的大小对最后斑点面积的影响较大,故必须严格控制,对于定量分析(按斑点面积定量)时尤其如此,对于较稀的样品溶液在原点需进行多次滴加时,更须注意。最好采用以下方法:将样品溶液点在 $2\sim3\,mm$ 直径的小圆形滤纸上,点样时是将滤纸固定于插在软木塞的小针上,同时在薄层起始线上也制成相同直径的小圆穴(圆穴及滤纸片均可用适当大小的木塞打孔器印出),圆穴中必要时可放入少许淀粉糊,将已点样并除去溶剂后的圆形滤纸片小心放在薄层圆穴中粘住,然后展开。用这种方法,样品溶液体积大至 $1\sim2\,mL$ 也能方便地点完,并能保证原点形状的一致。

在制备薄层层析法中,可将样品点成长条。如加样量更大,则可将吸附剂吸去一条,将样品溶液与吸附剂搅匀,干燥后再把它仔细地填充在原来的沟槽内,再行展开。

四、展开

1. 展层剂的选择

样品组分、支持介质、展层剂三个因素中,样品组分是不可变因素,支持介质和展层剂是可变因素,因此,选择合适的展层剂就是薄层层析的又一关键步骤。因样品组分的类型和性质相当复杂,层析的分离机理各不相同,故影响展层剂选择的因素很多。这里仅介绍选择的一般原则,在很多情况下要通过反复实验以寻找合适的展层剂。

(1) 展层剂应具备的条件:① 溶剂应能使待测组分很好地溶解。② 使待测组分与杂质分开,而待测各组分之间也能达到较好分离。③ 展层后组分斑点圆而集中,无拖尾现象。④ 使待测组分的 R_f 最好在 $0.4\sim0.5$。如样品中待测组分较多,则 R_f 最好在 $0.30\sim0.76$。如 R_f 太大,则组分斑点易扩散,降低了检测灵敏度;如 R_f 太小,则组分在薄板上不易展开,局部浓度太大,浓度与测出的峰面积之间不成直线关系。⑤ 展层剂应临用时新配,否则因放置时间太长而改变了它原来的层析性质。展层剂只能用一次,第二次再用时,会因组成的改变而影响分离效果。⑥ 与组分不能发生化学反应或聚合作用。⑦ 具有适中的沸点和小的粘度。溶剂的沸点一般应高于室温 $20\,℃$ 以上。粘度大的溶剂如正丁醇等,展层时间较长,且不易从薄层上除去,影响以后的分析;粘度低,有利于分离效率的提高。

(2) 展层剂的选择:根据组分的结构、性质与溶剂的结构、性质的差异,有计划、有目的地选择展层剂。展层剂的选择原则主要以溶剂的极性大小为依据,在同一支持介质上,凡溶剂的极性愈大,则对同一化合物的洗脱能力也愈大,即在薄板上把它推进得愈远,故 R_f 也愈大。因此,如果某一溶剂展层时,R_f 太小,可换用另一种极性较大的溶剂或在原溶剂中加入一定极性较大的溶剂展层。如甲醇-己烷二元展层剂中,甲醇是极性较大的成分,当用同系物乙醇或丙醇来替换时,展层剂的分离效果不会有较大改变,因为它们结构相似。但若用二氯甲烷替换甲醇,分离效果则有较大改变。在某些情况下,加入第三种溶剂,可增大极性溶剂与非极性溶剂的相互溶解。例如,常用的展层剂正丁醇-冰乙酸-水,冰乙酸的加入增加了正丁醇的溶解度,同时也改变了展层剂的酸碱度。

若样品组分具有酸碱性,还可对展层剂的 pH 作适当的调整。样品组分具有碱性,则展层剂可加适量乙二胺或浓氨水等调整溶剂 pH 为碱性,以增加展层剂的分辨率,使组分在薄板上展层后,斑点圆而集中,避免拖尾。样品组分具有酸性时,常在展层剂中加乙酸或甲酸等,可得到圆而集中的斑点。

溶剂极性大小的次序为:水＞正丙醇＞丙酮＞乙酸甲酯＞乙酸乙酯＞乙醚＞氯仿＞二氯甲烷＞苯＞三氯乙烯＞四氯化碳＞二硫化碳＞石油醚。

2. 展开方式

(1) 上行展开和下行展开:最常用的展开法是上行法,就是使展层剂从下往上爬行展开。将滴加样品后的薄层,置于盛有适当展层剂的标本缸或大量筒、方形玻缸中,使展层剂浸入薄层的高度约为 0.6 cm[图 6-4(a)]。下行法是使展层剂由上向下流动。下行法由于展层剂受重力的作用而移动较快,所以展开速度比上行法快些。具体操作是将展层剂放在上位槽中,借滤纸的毛细管作用转移到薄层上,从而达到分离的效果[图 6-4(b)]。

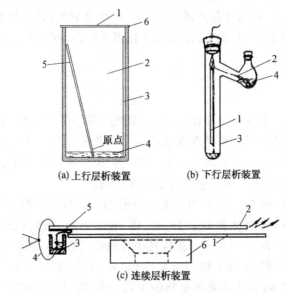

(a) 上行层析装置　　　(b) 下行层析装置

(c) 连续层析装置

图 6-4　几种展层方式

(a) 1. 层析缸盖;2. 层析缸;3. 滤纸;4. 溶剂;5. TLC 板;6. 玻璃磨边并涂以凡士林。(b) 1. 薄板;
2. 滤纸;3. 层析缸;4. 展层剂。(c) 1. 薄板;2. 盖板;3. 溶剂槽;4. 夹子;5. 滤纸桥;6. 支架

层析缸空间最好先用展层剂蒸气饱和。为了加速饱和,可在缸内悬挂浸有展层剂的滤纸。最近也有人研究认为在不饱和缸中展开,槽中展开剂蒸气的浓度由下到上呈梯度增加,吸附剂

自空间吸附蒸气的量也相似增加,从而使薄层不同部位上吸附的展层剂具有梯度变化,改善了分离效果。

　　(2) 单次展开和多次展开:用展层剂对薄层展开一次,称为单次展开。若展开分离效果不好时,可把薄层板自层析缸中取出,吹去展层剂,重新放入盛有另一种展层剂的缸中进行第二次展开。有时使薄层的顶端与外界相通,这样,当展开剂走到薄层的顶端尽头处,就连续不断地向外界挥发去,而使展开可连续进行,以利于 R_f 很小的组分得以分离[图 6-4(c)]。连续下行展开比较方便,是用滤纸条把展层剂引到薄层的顶端使其向下流动,当流到薄层的下端尽头后,再滴到层析缸的底部而贮积起来。

　　(3) 单相展开和双相展开:上面谈到的都是单相展开,也可根据纸层析法双相展开的原理,用方形薄层板进行双相展开,即在第一向展开后,小心晾干或吹干薄层后,旋转 90°,再进行第二相展开。

　　常用的展开容器为生物标本缸,如图 6-5(a)所示,这是在采取垂直上行展开方式时用的。如用上行水平展开方式时则采用玻璃制长条盒附磨口盖的层析槽,如图 6-5(b)所示。

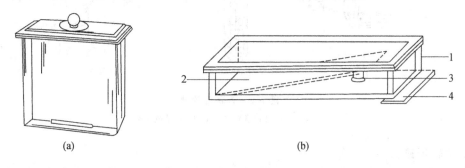

图 6-5　层析缸(a)与层析槽(b)
1. 层析槽;2. 薄层板;3. 垫架;4. 垫板

五、显迹

显迹之前最好将展层剂挥发除尽,显迹方法有下列几种:

1. 物理显色法

　　有些化合物本身发荧光,则展开后一待溶剂挥发完毕即可在紫外灯下观察荧光斑点,用铅笔在薄层上描出记号;有的化合物需在留有少许溶剂的情况下方能显出荧光;有的化合物本来荧光不强,但在碘蒸气中熏一下再观察其荧光,灵敏度有所提高;有的化合物需要与一试剂作用以后才显荧光。如果样品的斑点本身在紫外线下不显荧光,则可采用荧光薄层法检出,即在吸附剂中加入荧光物质或在制好的薄层上喷荧光物质,如 0.5% 硫酸奎宁溶液等。这样在紫外线下,薄层本身显荧光,而样品的斑点却不显荧光。

2. 化学显色法

　　(1) 蒸气显色:利用一些物质的蒸气与样品作用显色,例如,固体碘、浓氨水、液体溴等易挥发物质放在密闭容器(标本缸、玻璃筒)内,然后将除去挥发性展层剂的薄层放入其中显色,显色时间与灵敏度随化合物不同而异。多数有机物遇碘蒸气能显黄-黄棕色斑点,显色作用或是碘溶解于待检的化合物,或与化合物发生加成作用,但多数是化合物对碘的吸附作用,因此显色后在空气中放置,碘挥发逸去,斑点即褪色。多数情况下碘是一种非破坏性的显色剂,可将化合物刮下作进一步处理,特别有利于制备性层析。

(2)喷雾显色:将显色剂配成一定浓度的溶液,用喷雾的方法均匀喷洒在薄层上。常用喷雾器如图 6-6(a),(b)所示。喷雾时可连一橡皮管或塑料管后用嘴吹或用压缩空气喷。喷雾器与薄层应保持适当的距离。对于未加粘合剂的薄层,应趁展开剂未干前喷雾显色,以免吸附剂吹散。

目前已有盛在塑料瓶中充有压缩惰性气体的显色剂溶液出售,按住瓶口针形阀,即有雾状试剂喷出,十分方便,如图 6-6(c)所示。

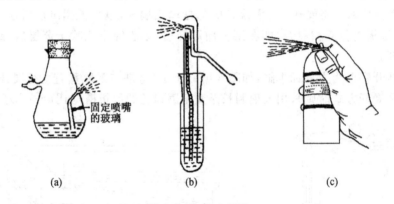

固定喷嘴的玻璃

(a)　　　　(b)　　　　(c)

图 6-6　各种喷雾器

(a),(b)常用的喷雾器；(c)喷雾显色试剂

3. 生物显迹法

抗生素等生物活性物质就可以用生物显迹法进行。取一张滤纸,用适当的缓冲液润湿,覆盖在板层上,上面用另一块玻板压住。10~15 min 后取出滤纸,然后立即覆盖在接有试验菌种的琼脂平板上,在适当温度下,经一定时间培养后,即可显出抑菌圈。

第五节　薄层层析的定性分析

薄层层析的定性分析与纸层析类似,对组分简单的样品的定性,可根据在同一薄板上样品组分的 R_f 和标准品的 R_f 对照,就可初步确定样品组分的成分。对于复杂样品的定性,手续繁多,常常需要数种方法才能确定。

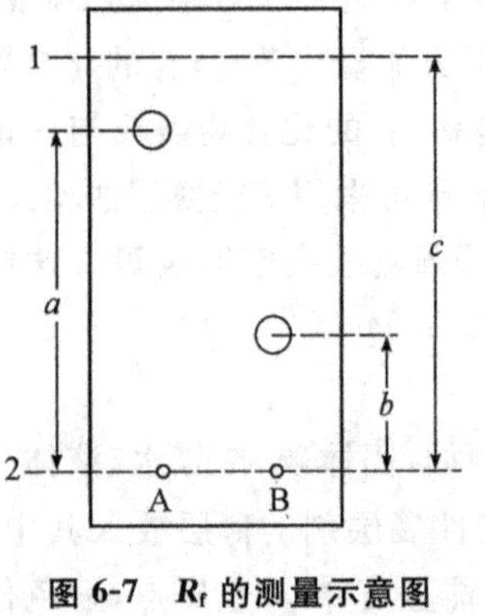

图 6-7　R_f 的测量示意图

1.溶剂前沿；2.起始线

一、R_f

R_f 表示样品组分在薄板上的位置,也表示组分在流动相和固定相中运动的状况,其数值大小可用下式计算:

$$R_f = \frac{原点至斑点中心的距离}{原点至展开剂前沿的距离}$$

如图 6-7 中,A 物质的 $R_f = \dfrac{a}{c}$,B 物质的 $R_f = \dfrac{b}{c}$。

二、影响 R_f 的因素

（1）溶剂和组分的性质。组分若在固定相中溶解度较大，在流动相中溶解度小，则 R_f 小；反之，R_f 大。

（2）支持介质的性质和质量。不同批号和厂家的产品，其性质和质量不尽相同。

（3）支持介质的活度。

（4）薄层的厚度。

（5）层析槽的形状、大小及饱和度。

（6）展层方式。

（7）杂质的存在和量的多少。

（8）展层的距离。

（9）样品量。

（10）温度。

可见影响 R_f 的因素很多，故 R_f 不像一个化合物的熔点、沸点那样确定，因此，不能仅根据 R_f 来鉴定样品的未知组分。一般采用在同一薄板上，用已知标准品作对照，如果样品组分与对照品的 R_f 一致，那么还需要再用几个薄层层析法进一步确证。如一个是吸附薄层层析，另一种用聚酰胺薄层层析等。

实践中，也可以把样品与对照品混合点样，然后进行薄层层析。如果在几个不同类型的薄层层析中两者都不发生分离，则可证明这两个化合物是相同的。

第六节　薄层层析的定量分析

薄层层析后，样品组分的定量法有洗脱测定法和原位法。薄层扫描法是原位法中目前应用最广和最灵敏的一种方法。

一、洗脱测定法

将样品组分的显色斑点和与它位置相当的另一空白斑点（同样大小）从薄板上连同吸附剂一起刮下，置于离心管中，用适量溶剂把组分从吸附剂上洗脱出来，离心除去吸附剂，上清液可用分光光度法、同位素标记法等进行定量测定。

二、薄层扫描法

为了直接在薄层上进行斑点所代表成分的含量定量分析，用一定波长（可见光与紫外线）、一定强度的光束照射薄层上斑点，用光度计测量透射或反射光强度的变化，从而测定化合物含量。测量的方式有两种：透射法与反射法。薄层层析扫描仪结构示意图见图 6-8。

操作时，在被分析物质的最大吸收波长处进行扫描，薄层板以一定速度顺着从起始线到展开剂前沿的方向移动。当斑点经过狭缝时即开始记录其光吸收。扫描出如图 6-9 所示的吸收峰曲线，每个峰代表一个斑点组分，由峰高或峰面积即可测知该组分含量。

透射法的灵敏度大于反射法。透射法测量结果对于薄层厚度的均匀性比较敏感，薄层厚度不均匀会使空白值不稳定、仪器基线漂移比较大，造成测量误差。双光束薄层扫描仪同时

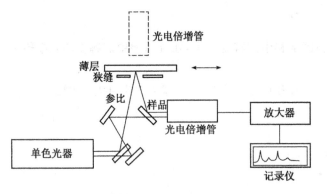

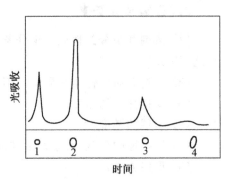

图 6-8　薄层层析扫描仪结构示意图　　　　图 6-9　薄层层析扫描仪的吸收曲线

用两个波长和强度相等的光束扫描薄层,其中一个光束扫描斑点,另一个扫描邻近的空白薄层作为空白值,记录的是两个测量的差值。双光束薄层扫描仪由于测定中减去了薄层本身的空白吸收,所以在一定程度上消除了薄层不均匀的影响,使测定准确度得到改进。用反射法测量,薄层厚度不均匀的影响较小,而薄层表面的光洁度均匀性却影响较大。

三、注意事项

由于薄层层析与纸层析法有不同的特点,因此在分析定量时需注意以下几点:

(1) 薄层层析还可使用强腐蚀性显色剂,如硫酸、硝酸、铬酸或其他混合溶液。这些显色剂几乎可以使所有的有机化合物碳化,如果支持剂是无机吸附剂,薄层板经此类显色剂喷雾后,被分离的有机物斑点即显示黑色。此类显色剂不适用于定量测定或制备用的薄层上。

(2) 如果样品斑点本身在紫外线下不显荧光,可采用荧光薄层检测法,即在吸附剂中加入荧光物质,或在制备好的薄层上喷雾荧光物质,制成荧光薄层,这样在紫外线下薄层本身显示荧光,而样品斑点不显荧光。吸附剂中加入的荧光物质常用的有 1.5% 硅酸锌镉粉,或在薄层上喷雾 0.04% 荧光素钠、0.5% 硫酸奎宁的醇溶液、1% 磺基水杨酸的丙酮溶液。

(3) 由于薄层边缘含水量不一致、薄层的厚度不均、溶剂展开距离的增大,均会影响 R_f,因此在鉴定样品的某一成分时应用已知标准样品作对照。

第七节　薄层层析法的近代发展

薄层层析法由于其本身所具有的许多优点,几十年来,在混合物的分离、定性及定量分析中的应用相当普遍,并逐渐取代了纸层析分离技术。为了克服薄层层析法存在的某些不足,获得更有效的分离效果,近年来在薄层制备、展开方式、分析鉴定手段以及相配套的仪器设备等方面进行了许多革新,其中最根本的是支持介质的改进。以一种直径更小的支持介质颗粒替代常规的支持介质所制备的薄层,比常规的薄层具有所需样品少、展开速度快、距离短、分辨率高等优点,而且此种新型的薄层具有较好的光学特性,更有利于对分离斑点进行光吸收扫描。为了区别于常规的薄层层析分析法,通常将此种新方法称为高效薄层层析法(high performance thin-layer chromatography, HPTLC),也称现代薄层层析法(modern TLC)。

在进行 HPTLC 时,为了保证恒定的吸附剂活性和薄层板的相对湿度,预制板可用固定相

浸渍剂加以处理,经处理后的薄层板一般不再受外界湿度的影响。固定相浸渍剂分两类:

(1) 对亲水性固定相,多数用甲酰胺、二甲基甲酰胺、二甲基亚砜、乙二醇和不同相对分子质量的聚乙二醇或不同种类的盐溶液浸渍。

(2) 对亲脂性固定相,一般作反相层析用,多数用液体石蜡、十一烷、十四烷、矿物油、硅酮油或乙基油酸盐等浸渍。也有利用与浸渍剂形成络合物或加成物得以分离的,如经三硝基苯或苦味酸浸渍后,可利用络合反应分离多环化合物;用 $NaHSO_3$ 浸渍,可与含有羰基的化合物生成加成物而得以分离。

参 考 资 料

[1] 中山大学生物系生化微生物学教研室编.生化技术导论.北京:人民教育出版社,1978,147~154

[2] 林卓坤主编.色谱法(一). 北京:科学出版社,1982,134~158

[3] 周同惠等编著.纸色谱和薄层色谱(分析化学丛书,第三卷第五册).北京:科学出版社,1989,1~9, 13~135

[4] 陈来同编著.生物化学产品制备技术(2). 北京:科学技术文献出版社,2004,5~20

[5] Boyer R F. Modern Experimental Biochemistry. Addison-Wesley Publishing Company,1986,63~67

[6] Fried B, Sherma J. Thin-layer Chromatography, Chromatographic Science Series. Marcel Dekker Inc, 1982,17:7~171

(陈来同　袁明秀)

第七章 离子交换层析法

离子交换层析(ion exchange chromatography,IEC)技术问世于 20 世纪 40 年代末。它是随着高分子化学的发展,采用不溶性高分子化合物作为离子交换剂(如离子交换树脂等)的一种分离方法,它对分离纯化各种具有生物活性的生物大分子有良好的效果。此法具有收率高、质量好、周期短、成本低、设备简单、适宜工业化生产等一系列优点。目前,已在生物化学和分子生物学研究、制药等领域中广泛应用。

第一节 基 本 原 理

离子交换层析是分析性和制备性分离纯化混合物的液-固相层析技术。它是利用固定相偶联的离子交换基团和流动相解离的离子化合物之间发生可逆的离子交换反应而进行分离的方法。离子交换层析介质是在一种高分子的不溶性固体(载体)上引入具有活性的离子交换基团,即阳离子交换基团或阴离子交换基团,这些基团与溶液中相同电荷的基团进行交换反应。在一定的 pH 环境中,不同物质的解离度不同,分子或离子带电性的强弱不一样,与离子交换基团的交换能力也不同。因此,物质通过离子交换层析可以得到相应的分离。

一、离子交换剂的交换作用

当含有 A,B 两种或两种以上的离子通过离子交换层析柱时,原来被引入吸附在离子交换介质上的离子与溶液中高浓度的 A,B 离子发生交换作用,脱离交换介质,进入流动相,并随之流出来。由于 A,B 两种离子在同一溶液中的解离度不同,它们所带的净电荷有差异,因此两者与交换介质离子的交换结合能力强弱都不相同,洗脱时两者被洗脱的难易和迁移速度也不同,使得 A,B 两种离子的层析洗脱峰最终完全分离。

以上的离子交换过程由五个不同步骤组成:

(1) 离子扩散到交换剂的表面。在均匀的溶液中这个过程是非常快的。

(2) 离子通过交换剂扩散到交换位置。这由交换剂的交联度和溶液的浓度所决定。这个过程被认为是控制整个离子交换反应的关键。

(3) 在交换位置上进行离子交换。这被认为是瞬间发生的,并且是一个平衡过程。被交换的分子所带的电荷越多,它与交换剂的结合也就越紧密,被其他离子的取代也就越困难。

(4) 被交换的离子通过交换剂扩散到表面。

(5) 用洗脱液洗脱,被交换的离子扩散到外部溶液中。

离子交换反应是可逆的,一般都遵循化学平衡的规律。吸附过程是由于一定量的混合物通过层析柱时,混合物的离子不断被交换,其浓度逐渐减少,因而可全部或大部分被交换而吸附在介质上。洗脱过程是由于连续添加新的交换溶液,交换平衡不断地朝正反应方向移动,直至完全,因而可以把离子交换剂上的离子全部或大部分洗脱下来。

二、离子交换柱层析的离子排斥和阻滞作用

离子交换介质的离子排斥(ion exclusion)和阻滞(retardation)作用是指离子排斥电离物质或电离程度不同的物质,将带有不同电荷的离子或离子化合物分离。如用阳离子交换树脂来加以说明,让一种含有 A^+ 的缓冲液通过这种树脂(该离子交换树脂预处理后仍处于完全离子化的溶液中),将一种含有不同阳离子(B^+)的溶液加到柱上,那么有一部分 A^+ 将被 B^+ 所取代,直至达到平衡:

$$树脂—O^- \cdots A^+ + B^+ \rightleftharpoons 树脂—O^- \cdots B^+ + A^+$$

平衡时,相对组成取决于几个因素,如树脂—$O^- \cdots A^+$ 的浓度、B^+ 的浓度以及离子交换树脂对 A^+ 和 B^+ 的相对亲和力。随着含 B^+ 的溶液从柱上流下来,反复地发生着这种平衡过程,B^+ 几乎完全被结合到交换树脂上。当正确地选择 pH、离子强度、缓冲液流速、温度等条件,B^+ 可以以一个很窄的区带被结合到树脂上。

为了从柱上洗脱阳离子 B^+,必须使用不同的缓冲液通过柱。这可以是一种 pH 较低的缓冲液,即逐渐增加有效的 H^+ 浓度以取代 B^+ 离子,或者可以用一种 pH 相同的,但是增加了离子强度的缓冲液。另一种情况,缓冲液可以有相同的 pH 和离子强度,但要含有一种对离子交换树脂的亲和力比 B^+ 离子更强的阳离子,以取代吸附在柱上的 B^+ 离子。

如果被纯化的物质是一种像氨基酸那样的兼性分子,其分子上的净电荷取决于氨基酸的等电点和溶液的 pH,那么在溶液低 pH 时,氨基酸分子带正电荷,它将结合到强酸性的阳离子交换树脂上。当通过柱的缓冲液的 pH 逐渐增加,氨基酸将逐渐失去正电荷,结合力减弱,最后被洗脱下来。由于不同的氨基酸等电点不同,这些氨基酸将依次被洗脱。首先被洗脱的是酸性氨基酸,如天门冬氨酸和谷氨酸(约在 pH 3~4 时),随后是中性氨基酸,如甘氨酸和丙氨酸。碱性氨基酸如精氨酸和赖氨酸在 pH 很高的缓冲液中仍然带正电荷,因此这些氨基酸将在大约 pH 10~11 的缓冲液中才最后出现。不同类型的离子交换剂洗脱能力的变化如下表:

离子交换剂	盐浓度	pH 改变	被洗脱物质
阳离子交换剂	增加	升高	增加
阴离子交换剂	增加	降低	增加

同理,分离具有兼性离子的生物大分子,要对溶液的 pH、生物大分子的等电点和离子交换层析介质三种条件综合进行考虑。

第二节　离子交换层析介质

离子交换介质主要由惰性载体和离子交换基团两部分组成。载体是由高分子化合物聚合而成的球形颗粒或多糖类化合物交联而成的颗粒。离子交换基团一般都是由容易解离的酸性或碱性基团组成。

一、载体

1. 基本性质

离子交换介质的载体(或称母体)应当具有良好的亲水性、水不溶性、较好的化学稳定性和较多的易被活化剂活化的基团。良好的亲水性使介质容易与溶液中的离子接触,发生交换作

用。化学稳定性使介质不易与溶液中的溶质发生化学反应,有利于离子交换基团与溶液中的离子发生可逆性的离子交换作用。离子交换介质都必须具备疏松、多孔的网状结构,允许离子自由出入,并发生交换作用。

2. 载体分类

离子交换介质的载体种类很多,但归纳起来主要有两类。一类是化学原料合成的载体,如聚苯乙烯树脂等;另一类是天然原料制成的载体,如纤维素粉、琼脂糖凝胶、葡聚糖凝胶等。目前常用的载体有聚苯乙烯树脂(polyphenylethylene)系列、纤维素粉(cellulose)系列、葡聚糖凝胶(sephadex)系列、琼脂糖凝胶(sepharose)系列等。

二、离子交换基团

离子交换基团主要是酸性离子交换基团,亦称为阳离子交换基团;碱性离子交换基团,亦称为阴离子交换基团。离子交换基团在溶液中吸附相反的离子,该离子能与被分离物质发生可逆的交换作用。

离子交换基团可根据其酸、碱性质分为以下几类:

阳离子交换基团: 强酸型 如磺酸基

中强酸型 如磷酸基

弱酸型 如羧酸基

阴离子交换基团: 强碱型 如季胺基

弱碱型 如伯胺基

常用离子交换基团见表 7-1。

表 7-1 常用离子交换基团

类 型		化学名	缩 写	结 构
阳离子	强酸性	磺酸基	S	$-SO_3^-$
		甲基磺酸基	SM	$-CH_2SO_3^-$
		乙基磺酸基	SE	$-CH_2-CH_2SO_3^-$
		丙基磺酸基	SP	$-CH_2-CH_2-CH_2SO_3^-$
	中等酸性	磷酸基	P	$-PO_4^{2-}$
	弱酸性	羧基	C	$-COO^-$
		羧甲基	CM	$-CH_2-COO^-$
阴离子	强碱性	三乙基氨基乙基	TEAE	$-CH_2-CH_2-N^+(CH_2CH_3)_3$
		二乙基-(α-羟丙基)-氨基乙基	QAE	$-CH_2-CH_2-N^+(CH_2CH_3)_2-CH_2CH(OH)CH_3$
	中等碱性	氨基乙基	AE	$-CH_2-CH_2N^+H_3$
	弱碱性	二乙基氨基乙基	DEAE	$-CH_2-CH_2N^+H(CH_2CH_3)_2$

第三节 离子交换树脂

最常见的离子交换剂是具有酸性或碱性基团的人工合成聚苯乙烯-二乙烯苯(polystyrene

divinylbenzene)等不溶性高分子化合物。聚苯乙烯-二乙烯苯是由苯乙烯(单体)和二乙烯苯(交联剂)进行聚合和交联反应生成的具有三维网状结构的高聚物,其紧密程度是由交联剂二乙烯苯的相对数量决定的。网状结构愈紧密,孔隙愈小,固体树脂内部接近水合离子愈差。由于内部难于相互接近,固体树脂膨胀和收缩也少。在它进行离子交换时,这常是一个优点。另一方面,它的单位质量只可交换较少的离子,这却是一个缺点。因此,对交换数目常取折中方案,这取决于它的目的。交联剂用量的多少称为交联度,常以符号"×"表示,它表明二乙烯苯的百分率数值。例如 Dow 化学公司所生产树脂 Dowex 50×8 指示含 8%二乙烯苯。

目前,根据离子交换树脂性能主要分为阳离子、阴离子交换树脂。

一、聚苯乙烯离子交换树脂结构

这是最重要的一类离子交换树脂,由苯乙烯和二乙烯苯的共聚物作为骨架,再引入所需要的酸性基或碱性基。例如聚苯乙烯磺酸型阳离子交换树脂是由苯乙烯(母体)与二乙烯苯(交联剂)共聚后再磺化引入磺酸基而成。其中苯乙烯是主要成分,形成网的直链,其上带有可解离的磺酸基,而二乙烯苯把直链交联起来形成网状结构(图 7-1)。磺酸根连在树脂上,氢离子与磺酸根的负电荷互相平衡,颗粒内部类似一个苯磺酸的浓溶液,只是负性根不能自由移动,只有氢离子才能与外来的阳离子相互交换。

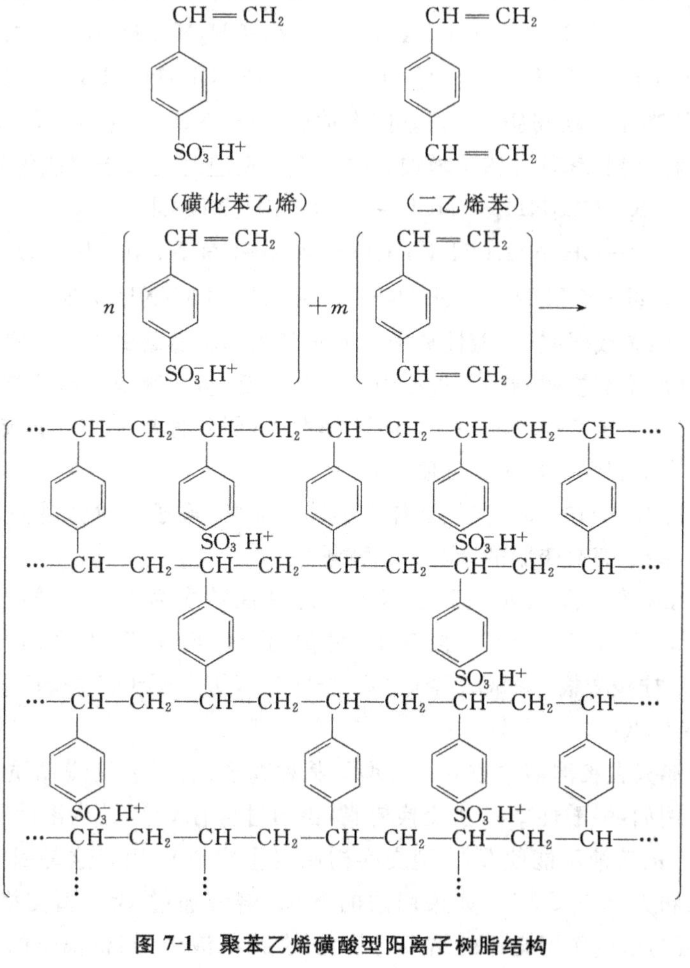

图 7-1　聚苯乙烯磺酸型阳离子树脂结构

改变二乙烯苯的量可得到交联度不同的树脂,控制加入不同悬浮液稳定剂的量和介质的温度、粘度及机械搅拌速度可得到不同大小规格的树脂(直径为 $1\mu m \sim 2\,mm$)。

二、离子交换树脂的交换反应

(1) 强酸性阳离子交换树脂:功能基团为磺酸,它在所有 pH 范围内都能解离,进行下列反应时类似于硫酸。

$$R\!-\!SO_3H + NaOH \rightleftharpoons R\!-\!SO_3Na + H_2O$$
$$R\!-\!SO_3H + NaCl \rightleftharpoons R\!-\!SO_3Na + HCl$$
$$2R\!-\!SO_3Na + CaCl_2 \rightleftharpoons (R\!-\!SO_3)_2Ca + 2NaCl$$

(2) 弱酸性阳离子交换树脂:功能基团一般为羧酸,通常其有效 pH 应用范围为 5~14。溶液碱性越强越有利于交换,进行下列反应时类似于乙酸。

$$R\!-\!COOH + NaOH \rightleftharpoons R\!-\!COONa + H_2O$$
$$2R\!-\!COONa + CaCl_2 \rightleftharpoons (RCOO)_2Ca + 2NaCl$$

(3) 强碱性阴离子交换树脂:功能基团为季铵基。极易电离,在所有 pH 范围内都能起交换反应,进行下列反应时类似于氢氧化钠。

$$R\!-\!CH_2N(CH_3)_3OH + HCl \rightleftharpoons R\!-\!CH_2N(CH_3)_3Cl + H_2O$$
$$R\!-\!CH_2N(CH_3)_3OH + NaCl \rightleftharpoons R\!-\!CH_2N(CH_3)_3Cl + NaOH$$
$$2R\!-\!CH_2N(CH_3)_3Cl + H_2SO_4 \rightleftharpoons [R\!-\!CH_2N(CH_3)_3]_2SO_4 + 2HCl$$

(4) 弱碱性阴离子交换树脂:功能基团有伯胺基($-NH_2$)、仲胺基($-NHCH_3$)和叔胺基 $[-N(CH_3)_2]$ 三种类型,其碱性依次增加。进行下列反应时类似于氢氧化铵。

$$R\!-\!CH_2NH_2 + HCl \rightleftharpoons R\!-\!CH_2NH_3Cl$$
或
$$R\!-\!CH_2NH_3OH + HCl \rightleftharpoons R\!-\!CH_2NH_3Cl + H_2O$$
$$2R\!-\!CH_2NH_3Cl + H_2SO_4 \rightleftharpoons (R\!-\!CH_2NH_3)_2SO_4 + 2HCl$$

无论是强酸、强碱或弱酸、弱碱性离子交换树脂都起着显著的中和反应和可逆的复分解反应。强酸、强碱性离子交换树脂容易进行中性盐分解反应,弱酸或弱碱性离子交换树脂则不易进行。相反,弱酸性离子交换树脂对 H^+ 的选择性强,弱碱性离子交换树脂对 OH^- 的选择性强。这一性质给再生和洗脱带来了方便。

离子交换树脂对不同的离子交换选择性不同。通常,离子的价数越高,原子序数越大,水合离子半径越小,离子交换树脂的亲和力也就越大。

例如:强酸性阳离子交换树脂对阳离子的选择性顺序为 $Fe^{3+} > Al^{3+} > Ca^{2+} > Mg^{2+} > K^+ > NH_4^+ > Na^+ > H^+ > Li^+$;强碱性阴离子交换树脂对阴离子的选择顺序为 $C_3H_5O(COO^-)_3$(柠檬酸根)$> SO_4^{2-} > C_2O_4^{2-} > I^- > NO_3^- > CrO_4^{2-} > Br^- > Cl^- > HCOO^- > OH^- > F^- > CH_3COO^-$。

以上反应规律只在稀溶液中成立。若增加某种离子的浓度,则遵循质量作用定律向着产物的方向进行。例如,强酸性 Na^+ 型交换树脂,当通过含有 Ca^{2+} 的稀溶液时很容易变成 Ca^{2+}型。反之,含 Na^+ 的溶液不能使 Ca^{2+} 型交换树脂再生成 Na^+ 型。这是因为在稀溶液中 Na^+和交换树脂间亲和力小于 Ca^{2+}。如果用浓的 NaCl 溶液通过 Ca^{2+} 型交换树脂,Ca^{2+} 可以被 Na^+ 代替,这是因为质量作用定律的结果。总之,在稀溶液中,高价离子的交换能力比低价的高些。

三、离子交换树脂的基本性能

1. 溶胀性

离子交换树脂母体本身并不具有亲水性质,只有引入亲水的功能基团后才具有吸水性。树脂吸收水后,聚合物的链逐渐伸展,当这种溶胀力与聚合物链的弹力达到极限而相互平衡时,树脂的溶胀状态和水分就被稳定地保持着,同时树脂的网孔也因吸水而张开,有利于离子的扩散。高交联度树脂的链较短,因而弹力较差,难以溶胀,致使网孔较小,含水量也较低;低交联度树脂结构疏松,易于溶胀,因此网孔较大,含水量较高。一般 500 g 阳离子树脂溶胀后为 1100~1200 mL,500 g 阴离子树脂溶胀后为 1200~1300 mL,溶胀树脂抽干后含水量仍可达50％左右。使用溶胀树脂常按湿重计算用量。

2. 密度

树脂的密度有两种表示方法:

$$湿真密度 = \frac{树脂质量}{树脂真实体积}$$

$$湿视密度 = \frac{树脂质量}{树脂测出体积}$$

树脂的真实体积是树脂排开水的容积。树脂测出体积是树脂与水混合后沉于量具底部的目视容积。一般阴离子树脂密度小,阳树离子脂密度大,利用这个性质,当阴阳两种树脂相混合时,将树脂浸于饱和氯化钠中即可分开。

3. 离子交换树脂的交换容量

离子交换树脂的交换容量是表示树脂交换能力大小的指标。通常指单位质量或单位体积树脂所含有可交换一价离子基团的量,用 mmol/g(干树脂)、mmol/mL(湿树脂)表示。总交换容量是指树脂的交换基团中所有交换离子全部被交换的交换容量。一般商品树脂所标示的交换容量为总交换容量。如强酸性阳离子树脂的交换容量一般为 5 mmol/g(干树脂),强碱性阴离子树脂为 3~3.5 mmol/g(干树脂)。在实际使用时树脂所具有的交换容量称为实际交换容量,实际交换容量常低于总交换容量。交换容量的大小决定于树脂的交联度和所含有的可交换基团的数量。可交换基团数量愈多,交换容量愈高。但高交联度的树脂,孔径小,不适合生物大分子进入树脂内部,因此即使有较高的总交换容量,但对生物大分子的实际交换容量却不高,因此分离相对分子质量较大的生化物质时常应用低交联度多孔型或大孔型树脂。

4. 离子交换树脂的稳定性

树脂的选择尽可能选用耐热、耐酸、耐碱、耐磨、不易破碎的离子交换树脂。通常,聚苯乙烯型比其他型的交换树脂稳定性好。阳离子交换树脂比其他型的离子交换树脂稳定性好。商品树脂均以较稳定形式出售,强酸树脂为钠型,强碱树脂为氯型,弱酸、弱碱树脂分别为 H^+ 型和 OH^- 型。交联度大的比交联度小的稳定性好。弱碱性阴离子树脂的稳定性与强碱性阴离子树脂基本相同。

四、离子交换树脂的类型

目前使用的离子交换树脂都是人工合成的,种类繁多,主要根据其所含的交换基团的不同而分类。如带酸性基团的有：磺酸基（—SO_3H）、羧基（—COOH）；带碱性基团的有：季胺[—$N^+(CH_3)_3X^-$]、叔胺[—$N(CH_3)_2$]、仲胺（—$NHCH_3$）、伯胺（—NH_2）。根据交换基团的不同，可分成以下几类：

1. 强酸性阳离子交换树脂

苯乙烯型强酸树脂是最常用的强酸性阳离子交换树脂，以苯乙烯和二乙烯苯的共聚物为骨架，再引入磺酸基而成。

国产树脂中强酸 732（上海树脂厂）、强酸性#1（南开大学化工厂）均属此类型。它们性质很稳定，如长时间浸在 5% NaOH、0.1% $KMnO_4 \cdot H_2O$ 水溶液或 0.1 mol/L HNO_3 中也不会改变性能。不溶于水和一般有机溶剂。耐热性也比其他树脂好，可以在 100℃左右处理。

2. 强碱性阴离子交换树脂

树脂的母体和苯乙烯型强酸树脂相同，但在母体上连接季胺。

国产树脂中，强碱性#201（南开大学化工厂）、强碱 717（上海树脂厂）等均属于此类。这类树脂在酸、碱和有机溶剂中较稳定，浸在高锰酸钾溶液中也不会变性，但在浓硝酸中不稳定。游离碱型（OH^- 型）耐热性较差，超过 40～45℃就不稳定。盐型（Cl^- 型）耐热性好，在 60～80℃左右交换量也不会变化。因此一般商品都是 Cl^- 型。

3. 弱酸性阳离子交换树脂

弱酸性阳离子交换树脂的功能基团一般为—COOH，母体有芳香族和脂肪族两种。芳香族类型的用二羟基苯酸和甲醛聚合较多。脂肪族类型中用甲基丙烯酸和二乙烯苯聚合的较多。

国产树脂中弱酸 724（上海树脂厂）、弱酸#101（南开大学化工厂）都属于弱酸性阳离子交换树脂。

4. 弱碱性阴离子交换树脂

弱碱性阴离子交换树脂含有 —NH_2、=NH、≡N 等功能基团。

国产树脂中弱酸性#330（上海树脂厂#701）、弱碱 311×2（上海树脂厂#704）、弱碱性#301 和#330（南开大学化工厂）都属于这种树脂。

五、离子交换树脂的命名

根据 1958 年化工部拟定的离子交换树脂命名法草案，各类树脂命名编号如下：

强酸类　　1～100 号（如强酸 1×7）
弱酸类　　101～200 号（如弱酸 101×4，弱酸 122）
强碱类　　201～300 号（如强碱 201×7）
弱碱类　　301～400 号（如强碱 301×4，弱碱 330）
中强酸类　401～500 号（磷酸树脂）

命名法还规定各种树脂除注明类别（如强酸、弱碱等）和编号外，还需标明载体的交联度。交联度是合成载体骨架时交联剂用量的质量分数。在书写交联度时将百分号除去，写在树脂编号后并用乘号"×"隔开。如强酸 1×7，其交联度为 7%。

但在国内的树脂商品中命名并不规范。同种树脂可出现不同的编号，但数字往往在 600 以上。如：弱酸 101×4 树脂也被称为"724"树脂，强酸 1×7 树脂也被称为"732"树脂，强碱 201×7 树脂也被称为"717"树脂。

比较详细的商标名称常这样书写：×××型××性×离子交换树脂(编号×交联度)。此外还标明交换容量、密度、粒度、含水量等。

国外离子交换树脂命名因出产国、生产公司而异。多冠以公司名，接着是编号。在编号前注明大孔树脂(MR)、均孔树脂(IR)等缩写字母。在树脂使用之前最好查阅产品说明书，以求了解其结构(如骨架、活性基团、平衡离子)及性能和使用方面更多的细节。

六、离子交换树脂的处理、转型、再生和保存

1. 新树脂的处理

新购的离子交联树脂常残存有机溶剂、低分子聚合物及有机杂质，使用前必须通过漂洗、酸碱处理除去，否则将会影响树脂的使用效果和寿命。一般程序如下：

(1) 将树脂放在大烧杯内，先用清水浸泡并用浮选法除去细小颗粒，漂洗干净，滤干。

(2) 用 80%～90% 工业乙醇浸泡 24 h，洗去树脂内的醇溶性有机物，然后抽干。

(3) 用 40～50℃ 的热水浸泡 2 h，洗涤数次，洗去树脂内的水溶性杂质和乙醇，然后抽干。

(4) 用 4 倍树脂量的 2 mol/L HCl 溶液浸泡 2 h，洗去酸溶性杂质，水洗至中性，抽干。

(5) 用 4 倍量 2 mol/L NaOH 溶液浸泡 2 h，洗去碱溶性杂质，水洗至中性，抽干，备用。

2. 转型

根据需要用适当的试剂使树脂成为所需要的类型称转型，即使树脂带上使用时所希望含有的离子。如希望阳离子树脂为 H^+ 型、Na^+ 型或 NH_4^+ 型，则可分别用盐酸、氢氧化钠或氢氧化铵处理；要使阴离子树脂为 Cl^- 型、OH^- 型，则可用盐酸或氢氧化钠分别处理。强酸、强碱树脂除可用酸、碱进行再生、转型外，还可使用氯化钠处理，但弱酸、弱碱树脂只能用酸或碱处理。酸性树脂由 H^+ 型转为 Na^+ 型时，由于离解度增加而增大了亲水性，加大了水合作用，故柱床体积也会增大。转型处理后用去离子水洗至接近中性，临用前还需用指定的缓冲液平衡，使其达到分离样品所需的 pH 和离子强度。

3. 再生

用过的树脂使其恢复原状的处理称为再生。一般用 0.5～1 mol/L 酸、碱反复处理，即阳离子树脂处理顺序是酸、碱、酸，阴离子树脂是碱、酸、碱。也可用 1 mol/L NaCl 溶液再生。但再生不是每次都必须用酸、碱反复处理，有时只要"转型"处理即可达到目的。如使用时间较长，交换能力有所下降时最好用酸碱处理。

遇到树脂长霉，可用 1% 甲醛浸泡 1 h 后，再漂洗干净，然后进行再生处理。

树脂长期使用后会被杂质污染而影响交换容量，严重时可使交换容量完全丧失，此时称树脂为"毒化"。树脂"毒化"后应及时清洗"复活"。一般用 40～50℃ 强酸、强碱浸泡处理，也可用 10% 氯化钠与 10% 氢氧化钠混合液处理。如遇脂类污染"毒化"，可用热乙醇处理。

再生可以在柱外或柱内进行，分别称为静态法和动态法。前者是将树脂放在一容器内，加进一定浓度的适量酸或碱溶液浸泡一定时间后，水洗至近中性。动态法是在柱中进行再生，其操作程序同静态法，效果较静态法好。

4. 保存

用过的树脂必须经过再生后方能保存。再生时，用酸碱洗后，必须用水充分洗涤干净，使成中性盐型保存。阴离子交换树脂 Cl^- 型较 OH^- 稳定，故用盐酸处理后，水洗至中性，在湿润状态低温密封保存。阳离子交换树脂 Na^+ 型较稳定，故用 NaOH 处理后，水洗至中性，在湿润

状态低温密封保存。防止干燥、长菌。但不宜冷冻保存,因深冷会破坏树脂内部结构。短期存放,阴离子树脂可在 1 mol/L 盐酸中,阳离子树脂在 1 mol/L NaOH 中保存。长期存放可加入适量防腐剂封存。

七、其他类型离子交换树脂

1. 大孔型离子交换树脂(macroporous resins,MR)

又称大网格(macroreticular)离子交换树脂。制造该类树脂时先在聚合物原料中加进一些不参加反应的填充剂(致孔剂)。聚合物成形后再将其除去,这样就在树脂颗粒内部形成了相当大的孔隙。常用的致孔剂系高级醇类有机物,成形后用有机溶媒溶出。

大孔型离子交换树脂的特征是:

(1) 载体骨架交联度高,有较好的化学和物理稳定性及机械强度。

(2) 孔径大,且为不受环境条件影响的永久性孔隙,甚至可以在非水溶胀下使用。所以它的动力学性能好,抗污染能力强,交换速度快,尤其是对大分子物质的交换十分有利。

(3) 表面积大,表面吸附强,对大分子物质的交换容量大。

(4) 孔隙率大,密度小,对小离子的体积交换量比凝胶型树脂小。

2. 均孔型离子交换树脂(isoporous resins, IR)

这是一种交联度分布均匀的凝胶型阴离子交换树脂,代号为 P 或 IR。均孔型离子交换树脂的重量交换容量(μmol/mg 干胶)和容积交换容量(μmol/mL 胶)都较高。抗污染、交换及再生性能较好。机械强度及膨胀度等物理性能也较好。

另外,为了提高大孔型阴离子交换树脂的重量交换容量和容积交换容量,还研制了一类大孔-均孔型树脂。这种树脂的结构特点是具有大孔结构的比表面积,但其骨架实体部分的交联度却较均匀,因此其骨架内部的交换速度也较快,即具有大孔树脂与匀孔树脂的共同优点,如 Amberlite IRA-900、Amberlite IRA-910 等大概属于这类树脂。

3. 液体离子交换树脂

液体离子交换树脂是一种有机胺(R_3N)和酸(HA)的复合体,溶于一有机稀释剂中,当有机相与含有阴离子样品(P^-)的水溶液相接触时,样品的离子就被抽提进入有机相中与胺复合体进行阴离子交换,其交换反应如下:

$$R_3NHA + P^- \xrightleftharpoons{\text{有机相}} R_3NHP^- + A^-$$

$$\overline{\qquad\quad P^- \qquad\quad 水相 \qquad\qquad\qquad A^- \qquad\quad}$$

离子交换树脂种类繁多,这里不再逐一介绍。有关更多其他类型树脂请参阅相关书籍。

第四节　离子交换纤维素

生物大分子的离子交换要求固定相载体具有亲水性和较大的交换空间,还要求固定相对其生物活性有稳定作用(至少没有变性作用),并便于洗脱。这些都是使用人工高聚物作载体时难以满足的。只有采用生物来源稳定的高聚物——多糖作载体时才能满足分离生物分子的全部要求。根据载体多糖种类的不同,多糖基离子交换剂可以分为离子交换纤维素、葡聚糖离子交换剂和琼脂糖离子交换剂。

一、离子交换纤维素的结构与特点

离子交换纤维素是以天然纤维素分子为母体,借酯化、醚化或氧化等化学反应,引入具有酸碱离子基团而仍具有纤维素结构的半合成离子交换剂。离子交换纤维素总体分为阳离子交换纤维素与阴离子交换纤维素。应用最广的阳离子交换纤维素是交联羧甲基纤维素(CM-C),阴离子交换纤维素是二乙氨基乙基纤维素(DEAE-C)和交联醇氨纤维素(ECTEOLA-C)。

离子交换纤维素与离子交换树脂相比,具有自己的一些特点:

(1)有极大的表面积和多孔结构。由于纤维素的特殊构型,其有效交换基团间的空间地位较大,故易于吸附蛋白质等高分子物质。开放性的支持骨架,使大分子能自由地进入和快速地扩散,同时对大分子的吸附容量较大,洗脱方便而不易导致大分子的变性且回收率高。与离子交换树脂相比它的交换容量较低(一般为 $0.2\sim0.9\,mmol/g$),但对于分离蛋白质类的高分子物质已很适用。

(2)有良好的化学、物理稳定性,使洗脱剂的选择范围很广,如用 DEAE-C 吸附胰岛素可以用 $0.3\,mol/L$ 盐酸洗脱,也可以用 pH10.0 的碱液洗脱。

(3)离子交换纤维素吸附生物高分子时的结合键比较松,吸附与解吸条件都较缓和,适于易变性的蛋白质、酶、激素等生化物质的纯化。

(4)分离能力很强,能将一组复杂的混合物逐一分开,如用 DEAE-C 能分离垂体前叶各种激素。

(5)能分离纯化毫克量至克量的纯品,适用于生化物质的大量制备。

业已证明,含有各种离子交换基团的纤维素对蛋白质和核酸纯化是极为有用的。这些大分子因为它们不能渗入到交联的结构中,因此不容易在一般的树脂上被分离。离子交换纤维素纯化高相对分子质量化合物的能力是由于它具有松散的亲水性网状结构,有较大的表面积,大分子可以自由通过。同时纤维素的洗脱条件温和,回收率高。

二、离子交换纤维素的类型

目前常用的离子交换纤维素见附录Ⅷ之一。其中以二乙基氨基乙基纤维素,即 DEAE-纤维素,和羧甲基纤维素,即 CM-纤维素最为普通。前者系阴离子交换剂,以 2-氯-N,N-二乙基乙基胺处理强碱性纤维素合成。后者系阳离子交换剂,它来自碱膨胀纤维素与氯乙酸反应。

三、离子交换纤维素的选择

1. 类别的选择

首先必须考虑被分离的大分子保持其生物活性和可溶性的 pH 范围,然后根据其等电点和在上述 pH 范围内的带电情况,在此基础上选择合适的纤维素类别。

(1)已知等电点的物质,在高于其等电点的 pH 条件下,因带有负电荷而应采用阴离子交换纤维素;在低于其等电点的 pH 下,则用阳离子交换纤维素。

(2)未知等电点的物质,在一定 pH 条件下进行电泳,向正极泳动较快的物质,在同样条件下可被阴离子交换纤维素吸附;向负极泳动的物质可被阳离子交换纤维素吸附。

(3) 用两种常用的交换剂试验,通常在低盐浓度(0.005 mol/L)下,用 DEAE-纤维素(pH 8.6,Tris-HCl 或 Tris-磷酸缓冲液)或用 CM-纤维素(pH5.0～5.5,乙酸钠缓冲液)进行试验。大多数蛋白质可被两者中之一或两者均吸附。一经看到吸附之后,可改变 pH 条件使被分离物仍能有效地吸附,而杂蛋白尽可能少地被吸附,同时所要分离的物质在被吸附的蛋白质中是吸附得最不牢的,便于下一步洗脱(当然,这样会降低柱床对该蛋白的吸附容量)。如果蛋白质可被两种吸附剂所吸附,则两种均可用于分离,这样与其他杂蛋白质分离的机会也就更多了。如果均不被吸附,可再降低盐浓度至几乎近于零。有些蛋白质可能被吸附太牢而不易洗脱下来,可改换 pH 以降低蛋白质的电荷。有时仍不能达到目的,则可改换交换容量较小的吸附剂如 0.4 mmol/g 的 DEAE-纤维素,或有较弱解离基的吸附剂如 ECTEOLA-纤维素。应用最广的是 DEAE-纤维素,首先用它来试验,可能成功的机会较多,对碱性蛋白质则应首先用 CM-纤维素试验。

2. 颗粒大小的选择

通常采用 100～325 目的颗粒,最常用的为 100～230 目。

纤维素颗粒大小的选择对吸附容量的影响不显著,主要影响分辨率和流速。粗颗粒装柱不够紧密,间隙大,容易引起区带扩散,同时在相同的吸附容量下粗颗粒所占有的柱床体积大,从而使形成的峰加宽,所以其分辨率低。但颗粒粗的流速大。细颗粒能形成十分致密的吸附床,分辨率高,缺点是流速小。要求高流速时,例如为保证酶的活性,要在较短的时间内完成层析分离时,或洗脱时区带宽一些也没有多大妨碍时,可用粗粒子。如欲得到高分辨率,应采用与所要求的流速不相矛盾的最细微的颗粒。另外,粗的颗粒难以满意地填装直径 1 cm 以下的小柱,这样的小柱应用 230～325 目或更细的颗粒来填装。

3. 缓冲液的选择

(1) 缓冲溶液 pH 的选择,决定于被分离物质的等电点、稳定性和溶解度,也要根据交换纤维素解离基团的 pK。用阴离子交换纤维素时要选用低于 pK 的缓冲液,用阳离子交换纤维素时要选用高于 pK 的缓冲液。若分离目的物属酸性物质,用阴离子交换剂时,缓冲液要用高于该物质等电点的 pH;目的物属于碱性物质,用阳离子交换剂时,则缓冲液选用低于该物质等电点的 pH(见图 7-2)。

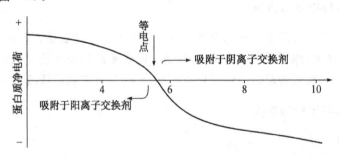

图 7-2 蛋白质的净电荷与 pH 的关系以及适于阳离子及阴离子交换剂的 pH 范围

(2) 因为纤维素的交换容量小,为降低盐离子的竞争,起始缓冲液的浓度应尽可能地低(0.001～0.01 mol/L)。当确认该物质能被吸附后,可提高离子强度,以保持较高的缓冲能力。

(3) 缓冲液离子应不影响被分离物质或干扰其活力的测定,例如用紫外吸收法测样品,应无紫外吸收物质,如吡啶、巴比妥均不适用。

(4) 缓冲液离子应不影响被测物质的溶解度或与一些必要的保护剂(Ca^{2+}、Mg^{2+})等发生沉淀。

(5) 洗脱液的梯度可以单纯增加缓冲液的离子浓度,这样便于控制 pH,特别是当采用 pH 梯度时,由于远离其 pK 以致缓冲能力降低时,加大浓度可以提高缓冲力。当缓冲剂离子的溶解度有限或价格昂贵或有毒副作用时,可以加入非缓冲剂,如 NaCl、KCl 等,以提高洗脱能力。

(6) 层析时间较长或温度较高时,容易染菌,可加入少量甲苯(5 滴/L)作为防腐剂,如测紫外吸收,可放置数小时待甲苯挥发后再测。使用阳离子交换剂时,可用 0.02% 叠氮钠或 0.005% 乙基汞硫代水杨酸,在弱酸性溶液中有效;在使用阴离子交换剂时,还可以用苯基汞盐(如 0.001% ⬡ · HgCl),在弱碱性溶液中即有效。

四、实验操作技术

离子交换纤维素的常规操作与其他离子交换剂相同,在此仅介绍值得特别注意的地方:

(1) 为了除去杂质和使纤维素溶胀,在使用前应相继用碱和酸洗涤,洗涤和抽滤一般在耐酸漏斗中进行。将干纤维素粉末轻撒在 0.5 mol/L NaOH 溶液中(每克约需 15 mL 碱液)自然沉下,这样可防止夹杂气泡。浸泡一些时间后,抽滤,如碱液变黄可重复洗至无黄色为止,再用水充分洗净 NaOH(用 pH 试纸试验),然后用 0.5 mol/L HCl 洗,水洗至中性,再用 NaOH 洗,水洗至中性。

CM-纤维素和微球型纤维素在碱洗时可用 0.5 mol/L NaCl-0.5 mol/L NaOH 溶液浸洗便于抽滤。如抽滤有困难,可先用 10 倍水稀释,使其沉降,倾去上清液,这样可以同时结合浮选,除去过细的粒子,每次放置一定时间后倾去上清液,至上清液不含细粒为止。DEAE-纤维素可先用 0.5 mol/L HCl 处理,再用 0.5 mol/L NaOH(或加 0.5 mol/L NaCl)处理,无论是酸或碱,至少浸泡 30 min,但也不宜过长。为方便起见,各类离子纤维素可采用浓度均为 0.5 mol/L NaOH(加 NaCl)→HCl→NaOH(加 NaCl)反复洗涤。

(2) 离子交换纤维素使用前必须平衡至所需的 pH 和离子强度。可直接用起始缓冲液充分洗涤,以达到所要求的 pH 和盐浓度,以免在层析中发生 pH 变化,但这样要消耗大量的缓冲液,时间也长。最好先将交换剂放到起始缓冲液中,在搅拌下用 pH 计测定,如 pH 改变,则根据需要直接用起始缓冲液的酸成分或碱成分溶液来调节它们的 pH,最后用起始缓冲液洗,使之平衡。是否达到充分平衡,可以通过对比流出液与起始缓冲液的 pH 和电导率来确定。当达到充分平衡时,两者的 pH 和电导率都应该是相同的。

第五节　葡聚糖凝胶离子交换剂及琼脂糖凝胶离子交换剂

一、葡聚糖凝胶离子交换剂结构与命名

20 世纪 70 年代以来,以葡聚糖凝胶(Pharmacia 公司,商品名为 Sephadex gel)作为离子交换剂母体,再引入不同的活性基团,制成了各种类型的葡聚糖凝胶离子交换剂。由于交联葡聚糖具有一定孔隙的三维结构,所以兼有分子筛的作用。

这类离子交换剂命名是将交换活性基团写在前面,然后写骨架 Sephadex,最后写原骨架的编号。为区分阳离子交换剂与阴离子交换剂,在编号前添一个字母 C 或 A 分别代表阳离子或阴离子。该类交换剂的编号与其母体(载体)凝胶相同。如载体 Sephadex G-25 构成的离子交换剂有 CM-Sephadex C-25、DEAE-Sephadex A-25 及 QAE-Sephadex A-25 等。

二、葡聚糖凝胶离子交换剂的性质

葡聚糖凝胶离子交换剂具有离子交换和分子筛的双重作用,对生物分子有很高的分辨率,此外,它与纤维素一样具有亲水性,为生物活性物质提供了一个十分温和的环境,对生物大分子的变性作用小。

与离子交换纤维素不同的地方是:由于它能引入大量活性基团而骨架不被破坏,所以电荷密度、交换容量较大,容量可以比离子交换纤维素大 3～4 倍。其外形呈球状,装柱后,流动相在柱内流动的阻力较小,流速理想。

但是,它的膨胀度受环境 pH 及离子强度的影响较大,当洗脱介质的 pH 或离子强度变化时,会引起凝胶体积的较大变化,由此而影响流速,这是它的一个缺点。

三、葡聚糖凝胶离子交换剂的处理与再生

新购进的阳离子交换剂(如 CM-Sephadex C-25)为 Na^+ 型,阴离子凝胶交换剂(如 DEAE-Sephadex A-25)为 Cl^- 型,使用前要按一般离子交换剂的使用方法进行转型处理。

(1) 1 g 阴离子交换剂约用 100 mL 0.5 mol/L NaOH 溶液浸泡 20 min 后减压过滤,充分洗涤,再用等量 0.5 mol/L HCl 处理,洗至中性备用。

(2) 1 g 阳离子交换剂约用 100 mL 0.5 mol/L HCl 浸泡 20 min 后过滤,充分洗涤,再用等量 0.5 mol/L NaOH 溶液处理 20 min,洗至中性备用。

(3) 将以上处理好的葡聚糖凝胶离子交换剂,用 20～30 倍量与层析时所用的同种缓冲液浸泡(但浓度要高,如 0.1～0.5 mol/L),再用同种酸或碱调节至所需要的 pH,放置 1 h 后,待 pH 不变即可减压过滤。

(4) 再次用缓冲液充分浸泡、洗涤,除去气泡后即可装柱。

值得注意的是凝胶类离子交换剂因其分子中有许多糖苷键,在强酸、强碱下易发生水解,尤其是在强酸溶液中糖苷键容易断裂,所以要避免强酸强碱。

四、琼脂糖凝胶离子交换剂

以琼脂糖凝胶(Pharmaica 公司,商品名为 Sepharose gel)作为离子交换剂母体,再引入不同的活性基团,制成了各种类型的琼脂糖凝胶离子交换剂。其特点是具有较好的亲水性、机械强度较高的大孔结构、刚性好、体积随 pH 和离子强度的变化较小、能耐受一定的操作压、流速快、分辨率高、非特异性吸附少等。

Sepharose CL 是琼脂糖珠体与交联剂 2,3-二溴丙醇反应后具有共价交联键的产物。交联结构大大提高了珠体的热稳定性和物理化学稳定性,中性条件下可经 120℃ 消毒。改变琼脂糖的浓度和交联剂用量可以改变 Sepharose 骨架的性质,最常用的是 Sepharose CL-6B,其中阿拉伯数字表示交联的骨架中琼脂糖含量为 6%。以其为母体引入两种功能基制得弱阴性

离子交换剂 DEAE-Sepharose CL-6B 和弱阳性离子交换剂 CM-Sepharose CL-6B。这类离子交换剂有较好的分辨力,交换量很高,其床体积不因溶液的 pH 或离子强度的变化而变化,非特异性吸附少。

五、葡聚糖离子交换剂和琼脂糖离子交换剂类型

市售的葡聚糖离子交换剂是由葡聚糖凝胶 G-25 及 G-50 两种规格的母体制成的。常用的葡聚糖离子交换剂和琼脂糖离子交换剂各六种(表 7-2)。以上介质以 DEAE-Sephadex A-25、A-50,CM-Sephadex C-25、C-50 及 DEAE-Sepharose 4-B、6-B 是国内外使用最广泛的三种。

表 7-2　常用的葡聚糖和琼脂糖离子交换剂类型

名　称	类　型	功能性基团	对抗离子
DEAE-Sephadex A-25　A-50	弱碱性阴离子交换剂	DEAE(二乙基氨基乙基)	Cl^-
DEAE-Sepharose 4-B　6-B	弱碱性阴离子交换剂	DEAE(二乙基氨基乙基)	Cl^-
CM-Sephadex C-25　C-50	弱酸性阳离子交换剂	羧甲基	Na^+
CM-Sepharose 4-B　6-B	弱酸性阳离子交换剂	羧甲基	Na^+
QAE-Sepharose A-25　A-50	弱碱性阴离子交换剂	二乙基(α-羟丙基)氨基乙基	Cl^-
SP-Sephadex C-25　C-50	强酸性阳离子交换剂	磺丙基	Na^+

Sephadex 离子交换剂不溶于所有溶剂,在水、盐、有机溶剂、弱碱和弱酸中稳定。使用时,pH 不能低于 2。在中性 pH,Sephadex 离子交换剂可于 120℃高压灭菌 20 min。

此外,瑞典 Pharmacia 公司推出的系列琼脂糖离子交换剂新产品有 Sepharose Fast Flow(Sepharose FF)和 Sepharose High Performance(Sepharose HP)等数种。

Sepharose FF 是从 Sepharose CL 凝胶发展起来、具有更多交联键的新一代凝胶,其优点是化学、物理性能稳定,流速快,适合一般实验室及大规模生产应用。它包括 DEAE Sepharose FF(弱阴性离子交换剂)、CM Sepharose FF(弱阳性离子交换剂)、Q Sepharose(强阴性离子交换剂)和 SP Sepharose FF(强阳性离子交换剂),前三种工作酸碱度范围为 pH 2～14,后一种为 pH 4～14。

Sepharose HP 离子交换剂具有高载量和高分辨率,在琼脂糖凝胶中,颗粒最细,分辨率最高,化学稳定性和 pH 稳定性好,其流速和载量均适用于实验室或大规模制备。它包括 Q Sepharose HP 强阴性离子交换剂和 SP Sepharose HP 强阳性离子交换剂两种类型。

美国 Bio-Rad 公司生产的 Bio-Gel A 系交联琼脂糖离子交换剂有 DEAE Bio-Gel A 和 CM Bio-Gel A 两种弱阴性和弱阳性离子交换剂。它们的层析特点是具有极高的回收率、缓冲体系的 pH 或离子强度改变时体积的膨缩变化极小、pH 和化学稳定性好。

第六节　离子交换层析实验技术

一、离子交换剂的选择

选择哪一种离子交换剂,首先必须考虑能否保持被分离的大分子物质的生物活性和可溶性的 pH,然后确定在该 pH 下目的物带何种电荷及其电性的强弱、分子的大小与数量。同时也要考虑环境中共存的其他组分,这些共存组分带何种电荷、数量多少、与目的物差异大小等。在此基础上,再考虑选择哪种类型的离子交换树脂,以及对交换树脂性能(如粒度、交联度、稳定性、交换容量等)的要求;在交换时是用静态交换法,还是动态交换法;交换和洗脱的条件(如加样量、流速、洗脱剂配方等)是什么。

1. 类别选择

(1) 对阴、阳离子交换剂的选择:根据被分离物质所带的电荷来决定选用哪种交换剂,被分离物质带正电荷,应采用阳离子交换剂。例如:某些碱性多肽和碱性蛋白质(多粘菌素和细胞色素 c、尿激酶等),在酸性溶液中较稳定,亲和力较强,故一般采用阳离子交换剂来分离;如酸性粘多糖、核苷酸、肝素、绒毛膜促性腺激素等物质,在碱性溶液中较稳定,则应用阴离子交换剂。如果某些被分离物质为两性离子,则一般应考虑在它稳定的 pH 范围带有何种电荷来选择交换剂。如胰岛素为两性离子,等电点为 pH 5.3,因此在 pH<5.3("酸性")溶液中应采用阳离子交换剂;反之,在 pH>5.3("碱性")溶液应采用阴离子交换剂。

(2) 对强、中、弱性的选择:用离子交换剂来分离不同的物质,其原理一般认为是交换剂上的可解离基团与带有相同电荷的被分离物质发生交换,被分离物质与交换剂之结合是静电性的及可逆的,但在不少情况下,吸附作用及两者之间的空间关系等因素也起相当的作用。所以,对树脂的选择不能完全从电荷的角度出发,还应十分重视大量实际工作中总结出来的经验。

一般说来,强性交换剂应用的 pH 范围广,弱性交换剂应用的 pH 范围窄。

强性交换剂比弱性交换剂的选择性小,如简单的和复杂的无机及有机阳离子都可能与强酸性离子交换剂交换,而所有的阴离子又都可能与强碱性阴离子交换剂交换。所以制备去离子水时,必使须用强酸性的阳离子和强碱性的阴离子交换剂处理。反之,弱性的交换剂选择性较高,如用羧酸性交换剂可分离强碱与弱碱,也可用来把碱性氨基酸与其他氨基酸分开,有机碱如链霉素与多粘菌素也可用它来纯化。

强酸性阳离子交换树脂虽然可与许多种类的阳离子交换,但对正电荷的胶体和高分子阳离子都不易吸附或吸附很少,故一般都用弱酸性树脂来分离碱性蛋白质和碱性酶类。

(3) 对交换剂上离子型的选择:首先是根据要求,如要将肝素钠(一种酸性粘多糖的钠盐)转换成肝素钙,则需将所用的阳离子交换树脂转换成 Ca^{2+} 型,然后与肝素钠进行交换;又如制备去离子水时,应使用 H^+ 型及 OH^- 型,而使用弱酸与弱碱性交换剂分离物质时,不能使用 H^+ 型和 OH^- 型,因为这两种交换剂分别对这两种离子具有特别大的亲和力,故不易被其他物质所代替。在某些情况下,不同离子型交换剂对物质的分离程度有明显的影响,如用阴离子交换树脂分离氨基酸时,Cl^- 型易吸附酸性氨基酸,而 OH^- 型则把中性和碱性氨基酸全都吸附上了;又如细胞色素 c 用弱酸性阳离子树脂来吸附时,通常将树脂转变成 NH_4^+ 型效果较好。

（4）对交换剂上不溶性母体的选择：树脂的母体是疏水性的碳链，而纤维素与葡聚糖凝胶则是亲水性的，它们与被分离物之间具有不同的作用性质（包括吸附、分子筛、离子作用力与非离子作用力等），而这部分作用力对物质的分离程度也有相当的影响。一般认为在分离生物大分子时，后两者比树脂更为优越，由于它们的亲水性，对生物大分子的吸附及洗脱条件都比较温和，而不破坏被分离物质。如 ECTEOLA-纤维素在制备时加入"表氯醇"（即 3-氯-1,2-环氧丙烷 H_2C———$CHCH_2Cl$），使之部分交联，对核酸类物质的分离十分有效。
$$O$$

2. 交联度

介质的生产绝大部分已商品化，交联度选择余地不大。对相对分子质量较大的物质，选择较低交联度的交换介质。分离纯化性质相似的小分子物质，则选择较高交联度介质为好。

3. 粒度和形状

介质的粒度是指离子交换介质颗粒直径的大小。常用的离子介质的粒度大小可以分为以下四类：

粒　度	颗粒直径/μm	适用范围
粗	100～500	较大规模制备
中粗	50～150	小型制备兼分析
中细	20～80	分析
细	5～30	微量分析,高效液相层析

粒度小的介质因表面积大，效率高。但另一方面，由于颗粒小，阻力大，流速慢，所以粒度大小应根据具体需要选择。一般层析分离选择中粗型号。

球形介质比无定形的效果好。

二、缓冲液的选择

离子交换层析的缓冲液由弱酸和强碱、强酸和弱碱、弱酸和弱碱组成，并具有一定缓冲容量。不同化学组成的缓冲液其缓冲能力各有差异。

1. 缓冲液选择的原则

（1）有利于样品的稳定：对于分离蛋白质、酶等生物活性物质应避免使用强洗脱液，如盐酸胍、尿素、三氯乙酸、有机溶剂等，以及可能影响样品的化学性质和生物活性的缓冲液。

（2）有利于样品的吸附和洗脱：选择的缓冲液既要有利于样品与介质发生离子交换作用，又要有利于样品从离子交换介质上洗脱下来。如果选择的缓冲液交换量很低，或很容易洗脱；样品极易被吸附，或非常难以洗脱都是不可取的。

（3）有利于样品的后处理：经离子交换层析分离得到的组分，往往纯度不是很高，还需采用其他方法进一步纯化，因此离子交换层析所用的缓冲液尽量与下一次纯化所用缓冲系统一致。离子交换层析后的样品往往还需要经脱盐，浓缩干燥，如采用乙酸、乙酸铵等缓冲液则有利于从分离样液中除去缓冲离子。

此外在应用于制药和食品生产时，还应注意不能使用毒性较大的缓冲液，如乙腈、巴比妥等，也要避免使用容易产生热源的化学物质。

2. 缓冲溶液的配制

缓冲溶液配制时应考虑缓冲液的浓度、缓冲容量、pH、离子强度和保护剂的添加等。

(1) 缓冲容量及浓度：缓冲容量与缓冲液的浓度有密切关系。缓冲液浓度愈高缓冲能力愈强，但高浓度的缓冲液对正相离子交换层析的吸附能力具有抑制作用。一般情况下，在缓冲容量能满足的前提下，缓冲液的浓度应尽量降低。

(2) pH：缓冲溶液的 pH 影响样品的解离，决定其带电状态。因此缓冲溶液的 pH 最好尽量远离样品的等电点，以有利于样品的解离，形成离子化合物。要求缓冲液的 pH 最少要低于或高于被分离组分等电点 1 个 pH 单位，使组分的净电荷量既可保证将其结合在离子交换剂上，又不需在洗脱时使用离子强度很大或采用与原溶液 pH 相差悬殊的洗脱液等苛刻的条件。

(3) 离子强度：在保证样品稳定的前提下，尽可能采用较低的离子强度，有利于样品与介质交换基团的交换反应。

(4) 保护剂：对某些在溶液中不稳定的样品，需要加入一定的稳定剂，如盐类、糖类、抗氧化剂等，以保护样品的性质或生物活性。

三、离子交换方式和柱型选择

1. 离子交换方式

离子交换层析有静态交换法和动态交换法两种方式。

(1) 静态法：指在层析柱外进行离子交换反应。将处理、转型好的交换剂和样品溶液放入一容器内，浸泡放置一定时间，其间不断加以搅拌，待交换反应尽量完全后离心，弃去溶液，吸附样品的交换剂再与适当洗脱剂浸泡，洗脱出被吸附组分，再离心移去交换剂。

(2) 动态法：指在层析柱内进行离子交换反应。方法同一般柱层析法。动态法吸附和洗脱效果都比静态法高，实验室、工业生产多采用。

2. 柱型

离子交换柱的长短对蛋白质的分离影响不是很明显，因此离子交换柱一般都选用短粗型，如直径与高度的比值为 1：15 或 1：30 都可以。如需分离的多种物质的性质相近，适当增加柱长，控制流速不过快，能获得更好的分离效果。柱子过长容易造成分子筛效应，使保留时间延长，引起洗脱峰的扩散，出现重叠现象。使用短柱的优点是洗脱体积小，组分集中，浓度比较高，容易提高检测灵敏度。

3. 交换剂用量

交换剂的用量决定于交换剂的交换容量、样品量和杂质情况。一般是根据交换剂的总交换量和杂质的吸附量进行粗略的计算。例如 717 树脂总交换量为 3.5 mmol/g 干树脂，待分离的物质是肌苷($M_r=268$)，如估计肌苷在溶液中的含量是 3 g/L，共 20 L，则肌苷总量为 60 g，即 $60/268=0.22$ mol。考虑溶液中杂质的吸附，为留有充分余地，实际交换量按总交换量理论值的 7% 左右计算，即为 $3.5×7\%=0.25$ mol/kg 干树脂，所以 0.22 mol 的肌苷估计需用 $0.22/0.25=0.88$ kg 干树脂。显然这是十分粗略的估算，最好的方法是通过实验获得。

4. 样品液

(1) 上样量：一般根据交换剂的总交换容量来确定，通常上样量不超过总交换容量的 10%～20%。具体计算方法如下：

$$W = V \times E$$

式中，W 为上样量(mg 或 mmol)，V 为柱床容积(mL)，E 为交换介质的交换容量(mg/mL，mmol/mL 或 mmol/g 干树脂)。

(2) 样液浓度：样品液浓度不宜过高。高浓度的样液粘度大，层析时传质速度慢，不利于离子交换反应，造成部分溶质来不及交换便流出柱外，交换效率降低。高浓度的样液，需用缓冲液适当稀释后上柱。

离子交换层析的上样量与交换剂的交换容量有直接关系，而上样量决定于样液浓度和体积，因此上样液体积并不严格受限制。上样液可以是较大体积的稀溶液，毋须浓缩，这是离子交换层析应用时的一个优点。

(3) 离子强度：样液的离子强度过高会影响介质对溶质的吸附，另一方面一定离子强度有利于抑制杂质的吸附，因此样液应有适当的离子强度，但不宜过高。对某些样品具有与介质结合能力较强的离子，可以使用离子强度较高的缓冲液上样；对于某些样品具有与介质结合能力较弱的离子，则使用离子强度较低的缓冲液上样。

(4) 上样流速：主要取决于样品的浓度、粘度、解离度及分子的大小。对浓度较低、粘度较小、解离度低、相对分子质量小的样液，宜高速度上样；对浓度较高、粘度较大、解离度高、相对分子质量大的样液，宜低速度上样。上述几种因素中，浓度影响最大，所以一般来说，低浓度的样液流速可快一些，缩短上样时间，提高效率；高浓度的样液流速宜慢一些，有利于提高离子交换的收率。

5. 洗脱

(1) 洗脱液：对分离不同的物质所用的洗脱液也不同，原则是利用一种更活泼的离子把交换上的物质再交换出来。实验室常用的洗脱剂为酸、碱或盐溶液等。改变整个系统的酸碱度和离子强度，可以使结合在离子交换柱上组分的交换性能发生改变。当洗脱液中的离子强度大于结合在离子交换柱上的组分，或柱内的酸碱度发生改变直至越过其等电点时，该组分就会逐步被洗脱下来。

(2) 洗脱方式：离子交换层析的洗脱方式主要有以下三种。① 一步洗脱法。它是指仅用一种浓度的洗脱剂进行洗脱。这种洗脱方式适用于被离子交换柱吸附的组分比较单一或被分离的组分非常明确、对其基本性质比较了解、吸附量占主要部分的洗脱。② 分步洗脱。它是指在洗脱时采用几种不同浓度或不同种类的洗脱剂进行多次洗脱。这种洗脱方式适用于离子交换柱中吸附着少数几种组分，并且离子交换介质对这些组分的吸附能力有较大差异时的洗脱。③ 梯度洗脱。它是指在洗脱时采用浓度连续变化的洗脱液进行洗脱。这种洗脱方式适用于离子交换柱中吸附着数量较多、分离度差别较小、用一步或分步洗脱方式难以分离的组分的洗脱。

梯度洗脱方式有线性梯度、凸形梯度、凹形梯度、程序梯度四种方式(见本书上篇第三章第三节)。目前自动化程度高的层析装置均采用计算机控制的程序梯度，实验者可方便地根据实验需要设计各种梯度的洗脱方式。

对于洗脱剂配制，梯度洗脱的形式主要有离子强度梯度洗脱、pH 梯度洗脱、离子强度与 pH 混合梯度洗脱。

第七节　离子交换层析法的应用

一、除去离子

如制备去离子水，又如有些药品的制备过程，尤其精制过程中，为了不增加某些产品的灰分或离子，可用树脂中和过多的酸碱而不引入另外的离子。

二、改变成分

如用磺化媒制备软化水，又如用钾型阳离子交换剂将青霉素钠盐变成青霉素钾盐等。

三、浓缩与提取

（1）低浓度生物活性物质的浓缩，主要有抗菌素、生物碱、维生素和酶等，往往几千升发酵液中，抗菌素只需几十斤树脂即可将其交换上。

（2）微量金属之回收，尤其是稀有的贵重金属，工厂的含金属废液也可用于回收。

四、分离、纯化

电荷相反的物质、离子与非电解质、酸碱性强弱不同的物质，均可用离子交换法分离纯化，尤其是离子交换柱层析法。

一般被分离物质，若是小分子物质则采用离子交换树脂；若是大分子物质如蛋白质、酶、核酸等，则多选用离子交换纤维素、离子交换交联葡聚糖、离子交换琼脂糖凝胶，如 DEAE-Sephadex A-50、A-25，DEAE-Sepharose 6B、4B，CM-Sephadex C-50、C-25 等。

参 考 资 料

［1］ 顾觉奋等.八十年代大孔网状吸附剂在抗生素分离和纯化中的应用新进展（上、下）.离子交换与吸附，1992,8(1):77～80,(5):458～471

［2］ 陈来同等.生物化学产品制备技术(1)．北京：科学技术文献出版社,2003, 73～88

［3］ 俞俊棠，唐孝宣主编.生物工艺学.上海：华东理工大学出版社,1991,335～344,359～366

［4］ 汪家政，范明主编.蛋白质技术手册.北京：科学出版社,2000,189～210

［5］ 林卓坤主编.色谱法（一）.北京：科学出版社,1982,25～29,44～45

［6］ Pharmacia LKB Biotechnology. Ion Exchange Chromatography：Principles and Methods. Sweden：Uppsala,1991

［7］ Harold F W. Ion Exchange Chromatography. Dowden：Hutchinson & Ross Inc, 1976, 28～36,37～50

（陈来同　陈雅蕙）

第八章　凝胶层析法

第一节　引　言

凝胶层析(gel chromatography)也称为排阻层析(exclusion chromatography)、凝胶过滤(gel filtration)和分子筛层析(molecular sieve chromatography)。它是 20 世纪 60 年代发展起来的、利用凝胶把物质按分子大小不同进行分离的一种方法。

凝胶层析是一种液相层析,用于凝胶层析的凝胶有交联葡聚糖(商品名为 Sephadex)、琼脂糖凝胶(商品名为 Sepharose)和聚丙烯酰胺凝胶(商品名为 Bio-Gel P)等。这类凝胶以水为溶剂,用于分离生物大分子。另一类凝胶有交联聚苯乙烯、氧化锌交联的氯丁橡胶等。这类凝胶以有机溶剂为溶剂,用于分离分析有机多聚物。

由于这种方法设备简单、操作方便,对高分子物质有很好的分离效果,目前它已被生物化学、分子生物学和医药学等有关领域广泛采用,成为分离提纯蛋白质、酶和核酸等生物大分子物质不可缺少的技术,并用于测定生物大分子和有机高分子的相对分子质量。这种方法用于蛋白质脱盐也有独到之处,往往一步层析就可达到预期目的。

目前,凝胶层析这一技术虽然已广泛地应用于科学研究,也已较大规模地用于工业生产,然而,不管在方法学方面,还是在理论方面,例如,在生物大分子分离中如何实现快速、高效以及凝胶层析的机制探讨等方面都仍需要进一步研究。也就是说,凝胶层析作为一种分离高分子多聚物的技术,它在生物化学方面的应用潜力还没有被完全开拓,其应用前景是非常广阔的。

第二节　基 本 原 理

凝胶是由胶体溶液凝结而成的固体物质。不论是天然凝胶还是人工合成的凝胶,它们的内部都具有很细微的多孔网状结构。凝胶层析的机理是分子筛效应,如同过筛那样,它可以把物质按分子大小不同进行分离,但这种"过筛"与普通过筛不一样。凝胶颗粒在合适溶剂中浸泡,充分吸液膨胀,然后装入层析柱内,加入欲分离的混合物后,再以同一溶剂洗脱。在洗脱过程中,大分子不能进入凝胶内部而沿凝胶颗粒间的空隙最先流出柱外,而小分子可以进入凝胶颗粒内部的多孔网状结构,流速缓慢,以致最后流出柱外,从而使样品中分子大小不同的物质得到分离。

关于凝胶层析的原理有许多假设和理论,目前为人们所普遍接受的是分子筛效应。根据分子筛效应的理论,可将凝胶层析分离的简单过程用图 8-1 来解释。

为了更好地说明凝胶层析的原理,将凝胶装柱后,柱床容积称为"总容积",以 V_t(total volume)表示。实际上 V_t 是由 V_o,V_i 与 V_g 三部分组成,即

$$V_t = V_o + V_i + V_g$$

式中,V_o 称为"孔隙容积"或"外容积"(outer volume),又称"外水容积",即存在于柱床内凝胶

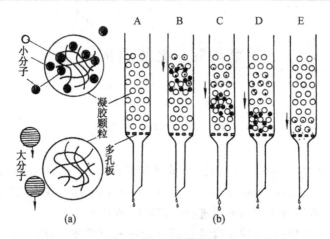

图 8-1　凝胶层析的原理

（a）小分子由于扩散作用进入凝胶颗粒内部而被滞留,大分子被排阻在凝胶颗
粒外面,在颗粒之间迅速通过。（b）A,蛋白质混合物上柱;B,洗脱开始,小分
子扩散进入凝胶颗粒内,大分子则被排阻于颗粒之外;C,小分子被滞留,大分
子向下移动,大小分子开始分开;D,大小分子完全分开;E,大分子行程较短,
已洗脱出层析柱,小分子尚在行进中

颗粒外面空隙之间的水相容积,相应于一般层析法中柱内流动相的容积。V_i 为内容积（inner
volume）,又称"内水容积",即凝胶颗粒内部所含水相的容积,相应于一般层析法中的固定相
的容积,它可从干凝胶颗粒质量和吸水后的质量求得。V_g 为
凝胶本身的容积,因此 $V_t - V_o = V_i + V_g$,它们之间的关系可
用图 8-2 表示。

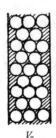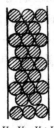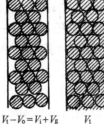

V_o 　　$V_t - V_o = V_i + V_g$ 　　V_i

**图 8-2　凝胶柱床中 V_t,V_o 等的
关系示意图**

洗脱体积（V_e,elution volume）与 V_o 及 V_i 之间的关系可
用下式表示:

$$V_e = V_o + K_d V_i$$

式中,V_e 为洗脱体积,为自加入样品时算起,到组分最大浓度
（峰）出现时所流出的体积;K_d 为样品组成在两相间的分配系
数,也可以说 K_d 是相对分子质量不同的溶质在凝胶内部和外
部的分配系数,只与被分离物质分子的大小和凝胶颗粒孔隙

的大小分布有关,而与柱的长短粗细无关,也就是说它对每一物质为常数,与柱的物理条件无
关。K_d 可通过实验求得,上式可改写成

$$K_d = \frac{(V_e - V_o)}{V_i}$$

式中,V_e 为实际测得的洗脱体积,V_o 可用不被凝胶滞留的大分子物质的溶液（最好有颜色以
便于观察,如血红蛋白、印度黑墨水、相对分子质量约 200 万的蓝色葡聚糖-2000 等）通过实验
测量求出,V_i 可由 $g \cdot W_R$ 求得（g 为干凝胶重,单位为 g;W_R 为凝胶的"吸水量",以 mL/g 表
示）。因此,对一层析柱凝胶床来说,只要通过实验得知某一物质的洗脱体积 V_e,就可算出它
的 K_d 值。以上关系可用图 8-3 表示。图 8-3 中,V_o 表示外容积;V_i 表示内容积;V_e(Ⅱ),
V_e(Ⅲ)分别代表组分Ⅱ和Ⅲ的洗脱体积。

K_d 可以有下列几种情况:

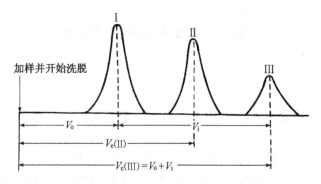

图 8-3　凝胶层析柱洗脱的三部分示意图

（1）当 $K_d=0$ 时，则 $V_e=V_o$，即对于根本不能进入凝胶内部的大分子物质（全排阻），洗脱体积等于空隙容积（图 8-3 组分 I）。

（2）当 $K_d=1$ 时，$V_e=V_o+V_i$，即小分子可完全渗入凝胶内部时，洗脱体积应为空隙容积与内容积之和（图 8-3 组分 III）。

可以看出，对某一凝胶介质，两种全排出的分子即 K_d 都等于零，虽然分子大小有差别，但不能有分离效果。同样，两种分子如都能进入内部空隙，即 K_d 都等于 1，它们即使分子大小有不同，也没有分离效果。因此不同型号的凝胶介质，有它一定的使用范围。

（3）当 $0<K_d<1$ 时，$V_e=V_o+K_dV_i$。表示内容积只有一部分可被组分利用，扩散渗入，V_e 即在 V_o 与 V_o+V_i 之间变化（图 8-3 组分 II）。

（4）有时 $K_d>1$，表示凝胶对组分有吸附作用，此时 $V_e>V_o+V_i$，例如一些芳香族化合物的洗脱体积远超出理论计算的最大值，这些化合物的 $K_d>1$，如苯丙氨酸、酪氨酸和色氨酸在 Sephadex G-25 中的 K_d 值分别为 1.2,1.4 和 2.2。

在实际工作中，对小分子物质也得不到 $K_d=1$ 的数值，特别是交联度大的凝胶，差别更大，如用 G-10 型得 K_d 为 0.75 左右，用 G-25 型得 0.8 左右。这是由于一部分水相与凝胶结合较牢固，成为凝胶本身的一部分，因而不起作用及小分子不能扩散入内所致。此时 V_i 即不能以 $g \cdot W_R$ 计算，为此也常有直接用小分子物质 D_2O、NaCl 等通过凝胶柱，而由实验计算出 V_i 值的。另一个解决的办法是不使用 V_i 与 K_d，用 K_{av}（有效分配系数）代替 K_d，其定义如下：

已知 $K_d=\dfrac{V_e-V_o}{V_i}$，将 V_t-V_o 代替 V_i，则

$$K_{av}=\frac{V_e-V_o}{V_t-V_o}$$

即
$$V_e=V_o+K_{av}(V_t-V_o)$$

实际上，将原来以水作为固定相（V_i）改为水与凝胶颗粒（V_t-V_o）作为固定相，而洗脱剂（V_e-V_o）作为流动相。K_{av} 与 K_d 对交联度小的凝胶差别较小，而对交联度大的凝胶差别大。

在一般情况下，凝胶对组分没有吸附作用时，当流动相流过 V_t 体积后，所有的组分都应该被洗出，这一点为凝胶层析法的特点，与一般层析方法不同。

第三节　凝胶的条件和类型

一、凝胶的条件

天然的和人工合成的凝胶种类很多,但是能用于凝胶层析的种类则很少。用于层析的凝胶必须具备下列条件:

(1)凝胶必须是化学惰性的:凝胶颗粒本身和待分离物质之间不能起化学反应,否则会引起待分离物质化学性质的改变。在生物化学中,要特别注意蛋白质和核酸可能在凝胶上引起的变性作用。

(2)凝胶的化学性质必须是稳定的:层析用的凝胶应能长期反复使用而保持化学的稳定性,应能供在较大的 pH 和温度范围内使用。

(3)凝胶上没有或只有极少量的离子交换基团:凝胶上离子交换基团的存在将会吸附带电荷的物质,产生离子交换效应,即使在低离子浓度下,也会导致洗脱曲线拖尾,待分离物质的回收率降低。

(4)凝胶必须具有足够的机械强度:具有一定机械强度的层析凝胶在液流作用下才会不变形,否则将会造成凝胶颗粒可逆或不可逆的压缩,增加柱床对液流的阻力,使流速逐渐降低。增加凝胶的机械强度,使得层析可以在较高操作压下进行,缩短层析分离的时间。

二、凝胶的类型

目前,凝胶层析中常用凝胶包括四个主要类型,即葡聚糖凝胶(dextran gel,商品名为 Sephadex)、聚丙烯酰胺凝胶(polyacrylamide gel,商品名为 Bio-Gel P)、琼脂糖凝胶(agarose gel,商品名为 Sepharose)和由琼脂糖及葡聚糖组成的复合凝胶(商品名为 Superdex)。

1. 葡聚糖凝胶

葡聚糖凝胶是由许多右旋葡萄糖单位通过 1,6-糖苷键连接成链状结构。再与 1,2-环氧氯丙烷(H_2C——$CHCH_2Cl$)通过交联反应将链状结构连接起来,形成具有多孔网状结构的高分子化合物。其网孔大小可通过调节交联剂和葡萄糖的比例以及反应条件来控制,交联度越大,网孔越小;交联度越小,网孔越大。其部分结构如图 8-4 所示。葡聚糖不溶于所有溶剂(除非它被降解)。然而由于含有大量羟基,使这种凝胶具有很强的亲水性,它能迅速在水和电解质溶液中溶胀。

通常合成的葡聚糖凝胶在酸性环境中,其糖苷键易水解,而在碱性环境中却十分稳定。Sephadex G-25 在 0.25 mol/L NaOH 溶液中,60℃处理两个月仍不改变其层析性质,所以常用碱除去凝胶上的污染物。用 0.5 mol/L NaOH(内含 0.5 mol/L NaCl)可有效地除去可能残留在凝胶上的变性蛋白质和其他污染物。葡聚糖凝胶在氧化剂存在下,易使羟基氧化成羧基而增加离子电荷,这会影响它的层析特性,应予以避免。葡聚糖凝胶在湿态时加热到110℃仍然是稳定的,而在干态时可耐受 120℃左右的高温。

在实际工作中,需根据要求选用特定颗粒大小的 Sephadex。一般情况下,超细颗粒用于要求分辨率十分高的柱层析中;细颗粒用于制备目的,只要控制合适流速,就能取得较好的分

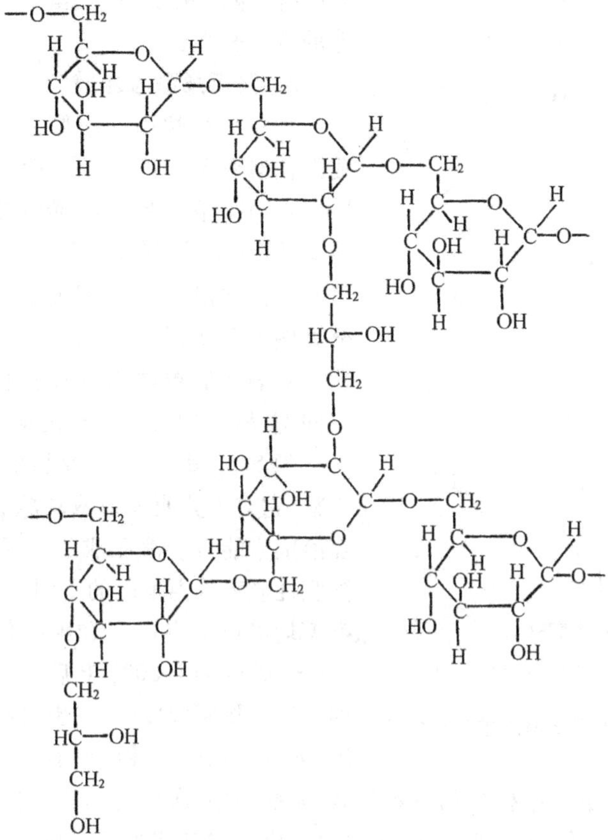

图 8-4 葡聚糖部分结构

离效果;中等和粗颗粒则用于低操作压下高流速的制备柱层析。

不同型号的葡聚糖凝胶用英文字母 G 表示,如 G-25、G-75、G-100、G-200 等。在 G 后面的阿拉伯数字为凝胶吸水量再乘以 10。不同类型葡聚糖凝胶有关技术数据请参阅附录Ⅷ之五、十。

目前还有一种新型的交联葡聚糖凝胶,称聚丙烯酰胺葡聚糖凝胶。它是由次甲基双丙烯酰胺交联丙烯基葡聚糖制备成的一种部分大网孔型凝胶,商品名称 Sephacryl。它有较高的硬度,能承受比普通凝胶更大的静水压力。分离速度快,分辨率高,化学稳定性较传统凝胶高。主要应用于水溶液,也可在各种有机溶液中使用,而且柱床体积几乎没有改变。凝胶在 pH 3~10 内稳定,能耐受 0.2 mol/L NaOH 长时间处理和中性 pH 下高压蒸煮。当溶液的 pH<5.5 和 pH>8.0 时,它对蛋白质都有一定吸附能力,因此适宜在 pH 5.5~8.0 范围内使用。

国外生产的型号有 Sephacryl S-100 HR、S-200 HR、S-300 HR、S-400 HR、S-500 HR,分别适合于分离相对分子质量范围不同的球蛋白。

另一种葡聚糖衍生凝胶称为嗜脂性葡聚糖凝胶 Sephadex LH。它是羟丙酰基取代羟基后的交联葡聚糖凝胶。以 G-25 为母体的衍生物为 LH 20,以 G-50 为母体则为 LH 60。经改性后 LH 系凝胶不仅能在水中溶胀,而且能在多数有机溶剂中溶胀,因而具有更广泛的用途。不仅适用于水溶液,还适用于极性有机溶剂及水-有机溶剂的混合液中。除用于蛋白质、多肽

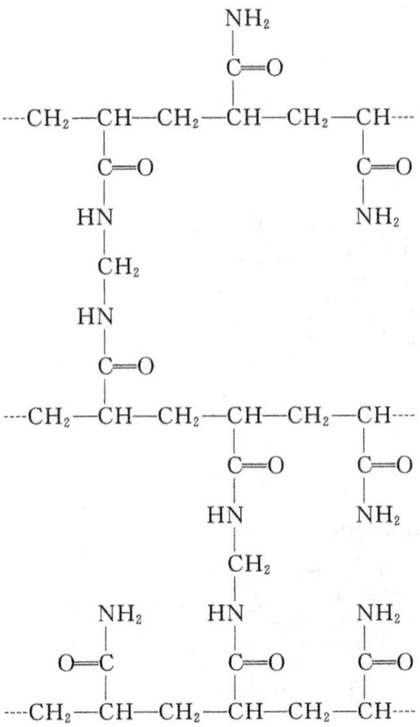

图 8-5　Bio-Gel P 的聚丙烯酰胺的部分结构

分离外，也能用于脂类、甾类、脂肪酸、激素、维生素等的分级分离。

2. 聚丙烯酰胺凝胶

聚丙烯酰胺凝胶是一种微网孔凝胶，它和葡聚糖凝胶不同，完全是一种合成凝胶，其商品名为 Bio-Gel P。它由单体丙烯酰胺合成线性多聚物，再与 $H_2C\!=\!CHCONH\!-\!CH_2NHCO\!-\!CH\!=\!CH_2$（次甲基双丙烯酰胺）共聚交联而成，其分子结构的一部分如图 8-5 所示。它的其他技术数据见附录Ⅷ之六。只要控制单体用量和交联剂的比例，就能制得不同型号、不同特征的聚丙烯酰胺凝胶。

像 Sephadex 一样，商品聚丙烯酰胺为颗粒状的干粉，它有十分明显形成块状并粘附在一起的倾向，在溶剂中能自动溶胀成胶。根据聚丙烯酰胺凝胶的溶胀性质和分离范围的不同，可分成十种类型。各种类型均以英文字母 P 和阿拉伯数字表示，从 Bio-Gel P-2 至 Bio-Gel P-300。P 后面的阿拉伯数字乘以 1000 即相当于排阻限度（按球蛋白或肽计算）。目前，美国 Bio-Rad 公司生产并出售多种规格的 Bio-Gel P。

聚丙烯酰胺凝胶分子结构中的主键靠碳-碳键连接，所以它的化学性质十分不活泼。它的弱点是酰胺键在极端 pH 下可被水解，水解后形成的羧基多少具有离子交换性质。通常在 pH 2～10 范围内，聚丙烯酰胺凝胶是稳定的。大多数的缓冲液均可使用，另外 SDS、盐酸胍、尿素及 20% 的乙醇溶液（V/V）亦可安全使用。

合成聚丙烯酰胺凝胶所用单体是有毒的，在处理时必须小心。

3. 琼脂糖凝胶

琼脂糖凝胶是由琼脂中分离出来的天然凝胶。它的商品名因生产厂家不同而异。瑞典的商品名称为 Sepharose，有三种型号，即 Sepharose 2B、4B 和 6B。阿拉伯数字表示凝胶中干胶的百分含量。美国的为 Bio-Gel A，有六种型号，即 Bio-Gel A-0.5M、1.5M、5M、15M、50M 和 150M，阿拉伯数字乘以 10^6 表示排阻限度。英国的称为 Sagavac，又分为 Sagavac 2F、4F、6F、8F、10F 和 2C、4C、6C、8C、10C。前面的阿拉伯数字表示凝胶中干胶的百分数，F 代表粉末状，C 代表颗粒状。丹麦的称为 Gelarose，有五种类型，即 2%、4%、6%、8% 和 10%。百分数表示干胶量。琼脂糖凝胶各种规格商品见附录Ⅷ之七。

琼脂糖凝胶是一种大孔凝胶，它的工作范围远大于前面所述的两种。琼脂糖凝胶工作范围下限几乎相当于葡聚糖凝胶和聚丙烯酰胺凝胶的上限。它主要用于分离相对分子质量为 400 000 以上的物质，例如核酸和病毒等。

琼脂糖凝胶是大分子的多聚糖，它由 D-半乳糖和 3,6-脱水-L-半乳糖交替结合而成。它们的交联主要依靠糖链之间的次级键如氢键来稳定网状结构。网状结构的疏密依靠改变琼脂糖浓度的方法来控制。它在缓冲液离子强度 $\geqslant 0.05\,mol/L$ 时，对蛋白质几乎没有非专一性吸附。因此，它是凝胶层析的一种良好的惰性支持物。琼脂糖的结构如图 8-6 所示。

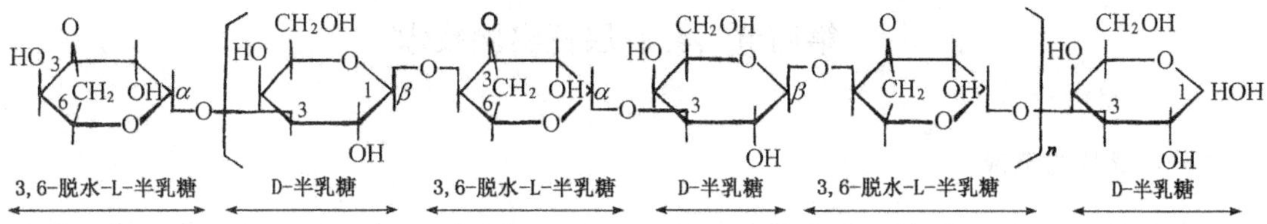

图 8-6　琼脂糖结构

琼脂糖凝胶做成珠状后不能再脱水干燥,否则不能再溶胀恢复原有形状,因此商品大都以含水状态供应,并应在湿态保存。一般悬浮在 10^{-3} mol/L EDTA 和 0.02% 叠氮化钠溶液中。

由于琼脂糖凝胶属于大孔凝胶,所以它虽有一定的机械强度,但颗粒比较软,在层析时会出现压紧和阻塞层析柱,造成流速过慢的现象。琼脂糖含量在 4% 以上的凝胶,阻塞现象较轻微。

上述琼脂糖凝胶,链与链之间没有共价交联,因此,温度高于 50℃ 时便融化,只能在较低温度下使用。为了克服上述缺点,出现了链与链之间有共价交联的琼脂糖凝胶,商品名称为 Sepharose CL。它是在碱性条件下,由无共价交联的琼脂糖与 2,3-二溴丙醇反应而生成。按 2%,4% 和 6% 的浓度分别制成 Sepharose CL 2B、4B 和 6B。这种交联琼脂糖凝胶既不失去一般琼脂糖凝胶的性质,又能提高它对热的稳定性和化学稳定性,并能用于浓尿素、胍、有机溶剂及非离子型去污剂等溶液,耐受 110～120℃ 高压反复灭菌处理,机械强度也大为增加。这种凝胶对蛋白质的吸附能力很低。

4. 琼脂糖与葡聚糖组成的复合凝胶

它是将葡聚糖以共价键结合到高交联的多孔琼脂糖珠体上制成的复合凝胶,商品名为 Superdex。这种复合凝胶的优点是,颗粒状的琼脂糖有较多的交联键,增强了凝胶的机械强度。而葡聚糖凝胶又能介入琼脂糖的巨大孔道,增加了凝胶的选择性。换句话说,它既具有琼脂糖凝胶的特性,又具有葡聚糖凝胶的特性,是 Pharmacia 公司推出的新一代凝胶产品,适合于作大规模生产凝胶层析的填料。

5. 琼脂糖-聚丙烯酰胺混合凝胶

它是由琼脂糖、聚丙烯酰胺按不同比例制成的凝胶。聚丙烯酰胺作为其三维空间骨架,琼脂糖填充在骨架中间。相对琼脂糖凝胶,聚丙烯酰胺骨架的机械强度较高,因此这类凝胶刚性好,孔径大,很适合于生物大分子的分离。最常用的琼脂糖-聚丙烯酰胺混合凝胶是 Ultrol Gel AcA 系列,有 AcA22、AcA34、AcA44、AcA54 等类型。AcA 后面的阿拉伯数字分别表示聚丙烯酰胺和琼脂糖的百分含量,数字越小表示两者的浓度越低,其交联度越小,凝胶孔径越大,适宜分离相对分子质量的范围越大,反之亦然。

6. 交联聚苯乙烯凝胶

它是由苯乙烯和二乙烯苯聚合而成的有机凝胶,商品名为 Bio-Beads。其适用于疏水性物质及非水溶液。对强酸及强碱稳定,在中性范围可耐热至 200℃ 以上稳定不变。

7. 聚乙烯醇型凝胶

它是以交联聚乙烯醇为骨架的凝胶过滤介质,商品名为 Toyopearl。物理化学性质稳定,不受强酸和强碱的影响,可在 120℃ 高压灭菌。它具有高流速和优良的分辨率,而且使用寿命长。

第四节　凝胶层析实验技术

一、凝胶的选择

葡聚糖、聚丙烯酰胺和琼脂糖凝胶都是具有三维空间结构的高分子聚合物。混合物的分离程度主要取决于凝胶颗粒内部微孔的孔径和混合物相对分子质量(分子大小)的分布范围。

与凝胶孔径大小有直接关系的是凝胶的交联度,凝胶的交联度越高,孔径越小。如果实验目的是将样品的大分子物质和小分子物质分开,一般选用具有较高交联度的凝胶。但是,在实际工作中,分离纯化的样品会千变万化,并无一定准则。如果遇到样品内组分很多的时候,选择既有全排出,又有全进孔的凝胶是较理想的。有时候并不知道样品的相对分子质量范围,只能试用某种交联度的凝胶。如洗脱结果,样品洗脱峰集中在 K_d 小的地方,应改用交联度小的凝胶;集中在 K_d 大的地方,可在进一步试验中改用交联度大的凝胶。

对于相对分子质量较小的生物高分子,一般采用交联葡聚糖或聚丙烯酰胺凝胶,以前者应用更为普遍。对于大分子物质,大多采用琼脂糖。对于处在中间范围的分子,则几种凝胶都可采用,但因琼脂糖凝胶比其他两种机械强度好,一般倾向于采用琼脂糖凝胶。

凝胶颗粒的粗细与分离效果有直接关系,颗粒细的分离效果好,但流速慢,费时间;而粗颗粒则因流速过快会使区带扩散,洗脱峰变平拉宽,因此,要根据工作需要,选择适当粗细颗粒的凝胶。

二、凝胶的预处理

商品凝胶中,很多颗粒是不均匀的,为了满足需要,通常使用气流浮选法或水力浮选法除去影响流速的过细颗粒。后者是一种自然沉降法,方便实用,即将颗粒粗细不均的凝胶悬浮于大体积的水中,让其自然沉降,在一定时间之后,用倾泻法除去悬浮的过细颗粒,如此反复进行几次,即可达到预期目的。

商品凝胶一般是干燥的颗粒,使用前需直接在欲使用的洗脱液中浸泡溶胀。溶胀必须充分,否则会影响层析的均一性,甚至有引起凝胶柱破裂的危险。

为了缩短时间,目前多用"热法"溶胀。即在沸水浴中,将悬浮于洗脱液中的凝胶浆逐渐升温至近沸。这样可大大加速溶胀平衡,通常 $1\sim2\,h$ 即可完成。"热法"溶胀还可以消毒,杀灭凝胶中污染的细菌,同时也排除了凝胶内的气泡。如果所用洗脱剂对热不稳定,可先将凝胶悬浮在去离子水中加热溶胀,冷却后再用洗脱剂反复洗涤,最后除去气泡备用。应该指出,不同类型的各种凝胶溶胀所需最少时间是不相同的,请参考有关的技术数据。

在凝胶溶胀和处理过程中,不能进行剧烈的搅拌,严禁使用电磁搅拌器,因为这样会使凝胶颗粒破裂而产生碎片,以致影响层析的流速。

三、装柱

装柱是凝胶层析中一个关键的操作步骤。装柱的方法不止一种,这里介绍的是实验室常用的一种简便方法。向柱中先加入约 1/3 高度的洗脱液,在搅拌下,将烧杯中的凝胶悬浮液均匀、连续地倾入柱中,待底面上沉积起 $1\sim2\,cm$ 的凝胶柱床后,打开柱的出口,随着下面的流出,上面不断加凝胶悬浮液,这样凝胶颗粒便连续缓慢沉降,待沉积面到离柱的顶端约 3～5 cm 处停止装柱。这种装柱方法比较简单,一般都可获得满意的结果。

四、平衡

新柱装成以后,继续用洗脱缓冲液平衡,一般 3～5 倍柱床体积的缓冲液在恒定的压力下流过柱就可以了,如果采用交联葡聚糖凝胶,需再用一有色的蛋白质如细胞色素 c 过柱一次,看色带是否均匀下降,如果均匀下降,说明柱是正常的,可以使用。检查柱是否均匀,采用蓝色葡聚糖-2000 或红色葡聚糖更为方便。

如果新装成的柱凝胶不均匀或出现气泡,需将凝胶倒出重新装填。凝胶层析一次装柱之后可以反复使用,但在使用过程中,凝胶颗粒会逐渐压紧。因此,使用一段时间后,流速会逐渐减慢,延长层析时间,在这种情况下,也需要将凝胶倒出重新装填。

五、样品上柱及洗脱

样品上柱也是凝胶层析的一项重要操作。上柱前仔细检查柱床表面是否平整,如果发现凹凸不平的情况,可用细玻璃棒轻轻搅动表面,使凝胶重新自然沉降至表面平整。将柱床表面存留较多的洗脱液用吸管吸去,留下高于柱床表面 2 cm 的体积,将柱的出口打开,使洗脱液流至与凝胶面相切时关闭出口,以层析允许最小体积的样品,用滴管慢慢加入柱内,打开出口,使样品渗入凝胶内。当样品将近完全渗入凝胶时,像加样那样,用滴管仔细加入约 4 cm 柱高洗脱液,然后接上恒压洗脱瓶(盛洗脱液)开始洗脱。

样品为非水溶性质的洗脱,都采用有机溶剂(如苯和丙酮等);水溶性物质的洗脱,一般采用水或具有不同离子强度和 pH 的缓冲液。pH 的影响与被分离物质的酸碱性质有关,碱性物质用酸性洗脱液,易于洗脱;酸性物质用碱性洗脱液,易于洗脱。交联葡聚糖凝胶因有很弱的酸性,可能与蛋白质的碱性基团相互吸引,吸附少量的蛋白质。尤其对碱性蛋白质,这种作用更为突出。提高洗脱液的离子强度可以抵消这种作用。一般洗脱液的离子强度不低于 0.02 mol/L 时,就可以减轻吸附的影响。G 值小的凝胶比 G 值大的吸附问题显得突出,需加以注意。在洗脱液中,使用挥发性的电解质有好处,例如甲酸铵、吡啶的甲酸盐和乙酸盐。这些挥发性的电解质可以用冷冻干燥除去。

洗脱液应与浸泡凝胶时的溶液一致,否则由于更换溶剂,凝胶体积会发生变化而影响分离效果。洗脱液多采用部分收集器收集。

六、凝胶柱的保养和凝胶的保存

交联葡聚糖和琼脂糖都是多糖类物质,适宜于微生物的生长,微生物分泌的酶能水解多糖的糖苷键。因此染菌后的凝胶会改变层析特性,影响效果。为了抑制微生物的生长,可将柱真空保存或低温保存。若采取后一种方法,温度不能过低,介质的离子强度可高一些,这样能避免冻结。

凝胶的保存可采用以下两种方法:

(1) 经常使用的凝胶以湿态保存为宜,只要加入适当的抑菌剂可放置数月而不至于影响层析效果。湿态保存常用的抑菌剂有 0.02％叠氮钠、0.002％双氯苯双胍己烷(即洗必太,hibitane)、0.01％～0.02％三氯丁醇、0.005％～0.01％乙基汞代巯基水杨酸钠、0.001％～

0.01%苯基代盐(phenylmercuric salts)和 0.1 mol/L 氢氧化钠等。

（2）较长时期不使用的凝胶可采用干燥保存法。这种方法是将使用过的凝胶进行彻底水力浮选，除去碎颗粒，以大量的水洗涤，除去杂质，然后依次用 70%，90% 和 95% 乙醇逐步脱水，使凝胶皱缩，最后用乙醚洗涤干燥或在 60～80℃下烘干。

第五节　影响凝胶层析的主要因素

一、柱长的影响

层析柱是凝胶层析中的主要部件，柱的长短、粗细对层析效果都会产生直接的影响。在实际工作中，常常通过系统实验来选择规格合适的层析柱。为了满足高分辨率的需要，通常采用 L/D（长度/直径）比值高的柱子。但必须指出，增高柱长虽然能提高分辨率，但会影响流速和增加样品的稀释度。同样高度的层析柱，由于管壁效应的影响，直径大些的分辨率高。在分析工作中，由于样品量少的限制可采用直径较小的柱子。在制备工作中，可采用较大直径的柱子以增加容量，这不会明显影响分辨率。

L/D 比值的选择与凝胶的性质也有关系。交联度小的凝胶柱不宜细而长，不然从装柱开始，在操作上会有一系列困难。

二、加样量和样品体积的影响

加样量和样品的上柱体积对凝胶层析的分离效果有影响，一般来说，加样量越小，或加样体积越小（样品浓度高时），凝胶层析的分辨率高。具体实验中往往需要根据层析目的，确定样品的上柱体积。分析工作一般所用样品体积为柱床体积的 1%～4%。制备分离时，一般样品体积可达柱床体积的 25%～30%，这样，样品的稀释程度小，柱床体积的利用率高。

在凝胶层析中，样品的上柱体积，习惯上根据相邻两种物质洗脱体积之差来确定。相邻两种物质洗脱体积的差值称为分离体积(V_{sep})：

$$V_{sep} = V_{e_1} - V_{e_2}$$

式中，V_{e_1} 和 V_{e_2} 分别代表两种相邻不同物质的洗脱体积。当样品体积等于或大于分离体积时，两个相邻的组分不能完全分离。只有当样品体积适当小于分离体积时，两个相邻组分才能得到有效分离。所以样品体积必须小于分离体积才能得到较好的层析效果，见图 8-7。

为了提高分离效果，在一定范围内，加样体积越小越好，但是样品的粘度也影响层析分辨率，因此，浓度低的样品应适当浓缩后上样，但如果浓度过高，会造成粘度太大，也不能获得理想的分离效果。

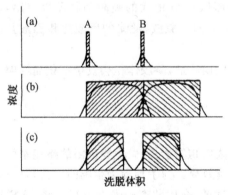

图 8-7　样品体积对分离效果的影响

(a) 加样体积很小，A,B 两个组分完全分开；

(b) 加样体积等于分离体积，两个组分分离不完全；

(c) 加样体积小于分离体积，两个组分才能分开

三、操作压的影响

在凝胶层析中,流速是影响分离效果的重要因素之一,所以洗脱时应维持流速的恒定。流速与洗脱液加在柱上的压力有密切关系,就是说,恒定的操作压是恒流的先决条件。向密封贮存洗脱液的瓶子中插入一根空心玻璃管,从玻璃管下端到洗脱液出口这一段高度即液位差,维持液位差的恒定,即可达到恒压目的。机械强度高的凝胶,如 G-50 以下的葡聚糖凝胶,对操作压不甚敏感,因此流速和操作压基本上成正比关系。机械强度低的凝胶,如 G-75 以上的葡聚糖凝胶,情况就不一样了,层析柱床受操作压的影响极为明显。增加压力虽能短暂地提高流速,但随时间的延长,因凝胶被压紧而使流速降低,严重时会使层析柱床堵塞。

用机械泵控制操作压比较稳定,但层析时间较长时,必须控制在凝胶所能承受的最大压力范围之内,否则,将会因层析柱床被压得过紧而严重影响流速。

参 考 资 料

[1] 张龙翔等. 生物化学实验方法和技术,第二版.北京:高等教育出版社,1997,116～124

[2] 张承圭等. 生物化学仪器分析及技术.北京:高等教育出版社,1990,191～214

[3] 刘国诠主编. 生物工程下游技术.北京:化学工业出版社,1993,165～179

[4] Pharmacia LKB 报道. 1990/91.9

[5] Cooper T G. Gel Permeation Chromatography, The Tools of Biochemistry. New York:John Wiley & Sons, Inc, 1977, 169～189

[6] Hung V S, Low P, Swiozewska E. Assay for Rab Geranylgeranyltransferase Using Size Exclusion Chromatography. Anal Biochem,2001, 289(1):36～42

[7] Work T S, BuRdon R H. Laboratory Techniques in Biochemistry and Molecular Biology, 2nd ed. Elsevier/North-Holl and Biomedical Press, 1980,1～62

（余瑞元）

第九章 亲和层析法

第一节 基本原理

亲和层析(affinity chromatography),又称为功能层析(function chromatography)、选择层析(selective chromatography)或生物专一吸附(biospecific adsorption)。它是在一种特制的具有专一吸附能力的吸附剂上进行的层析。

生物大分子具有与其相应的专一分子可逆结合的特性,如酶的活生中心或别构中心能通过某些次级键与专一的底物、抑制剂、辅助因子和效应剂相结合,并且结合后可在不丧失生物活性的情况下用物理或化学的方法解离。其他如抗体与抗原、激素与其受体、核糖核酸与其互补的脱氧核糖核酸等体系,也都具有类似的特性。这种生物大分子和配基之间形成专一的可解离的络合物的能力称为亲和力。亲和层析的方法就是根据这种具有亲和力的生物分子间可逆地结合和解离的原理建立和发展起来的。用化学方法把一种酶的底物或抑制剂接到固体支持物上(例如琼脂糖 Sepharose 4B)制成专一吸附剂,并用这种吸附剂装一根层析柱,将含有这种酶的样品溶液通过该层析柱,理想的情况下该酶便被吸附在层析柱上,而其他的蛋白质则不被吸附,全部通过层析柱流出。然后,再用适当的缓冲液将欲分离的酶从层析柱上洗脱下来。通过这样简单的层析操作便可得到欲分离酶的纯品。 为了简单说明亲和层析的原理,将这种方法的基本过程归纳如图 9-1 所示。

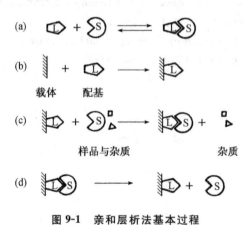

图 9-1 亲和层析法基本过程

(a) 一对可逆结合的生物分子;(b) 载体与配基偶联;
(c) 亲和吸附层析;(d) 洗脱样品

第二节 配基和载体的选择

由图 9-1 可知,要进行亲和层析,首先要有一个合适的配基。这个配基在一定的条件下,能与待分离的生物大分子进行专一结合,在适当条件下又可重新解离。其次要有一个合适的载体,这个载体和相应配基的偶联不致影响配基与相应生物大分子专一结合的特性。

一、配基的选择

将一对能可逆结合和解离生物分子的一方与水不溶性载体相偶联制成亲和吸附剂,这样一对生物分子中,被偶联上的一方就叫做配基(ligand)。配基可以是较小的分子,如辅酶、辅基和别构酶的效应剂,也可以是大分子,如酶的抑制剂和抗体等。在亲和层析中,生物大分子的配基必须具备下列条件:

(1) 在一定条件下,能和欲分离的生物大分子进行专一性结合,而且亲和力越大越好。如果配基是酶的底物或抑制剂,则其和酶所形成复合物的解离常数 K_A 或抑制常数 K_i 越小越好。

(2) 配基和生物大分子结合后,在一定条件下又能解离,而且不能破坏生物大分子的生物活性。

(3) 配基上必须含有适当的化学基团,以便用化学方法将其偶联到载体上,偶联后不致影响配基和欲分离生物大分子的专一结合。

在亲和层析中,配基选择是否合适是实验成败的关键。一般来说,根据欲分离的生物大分子在溶液中与一些物质作用亲和力的大小和专一性的情况进行选择。但是,在相当多的情况下,要得到一种理想的亲和配基,仍需做大量的实验进行筛选。在实际工作中,究竟选择哪一种物质作配基,要根据分离对象和实验的具体情况而定。纯化酶选择酶的竞争性抑制剂、底物、辅酶和效应剂作配基。纯化酶的抑制剂选择相应的酶作配基。纯化能结合维生素的蛋白质,选择与其专一结合的维生素作配基。纯化激素受体蛋白,选择相应的激素作配基。如果欲分离纯化的肽或其他小分子化合物对某一生物大分子化合物具有专一结合的特性和较高的亲和力,则可选择该生物大分子作配基。纯化核酸可以根据核酸与蛋白质的相互作用、脱氧核糖核酸分子中不同互补链之间、DNA 和 RNA 之间杂合作用的关系选择合适的配基。例如用异亮氨酸转移核糖核酸酶作配基,纯化异亮氨酸转移核糖核酸;用转移核糖核酸的抗体作配基,纯化相应的转移核糖核酸。

二、载体的选择

进行亲和层析不仅要有一个合适的配基,而且还要有一个合适的载体(carrier)。亲和层析的载体多为凝胶。几乎所有的天然大分子化合物和合成的高分子化合物,在适当的液体中都可能形成凝胶。用于亲和层析的理想载体应该具有下列特性:

(1) 不溶于水而高度亲水,在这样的载体上的配基易与水溶液中的亲和物接近。

(2) 必须是化学惰性的,同时要没有物理吸附和离子交换等非专一性吸附,或者这样的吸附很微弱,不致影响亲和层析。

(3) 必须有足够数量的化学基团,这些化学基团经用化学方法活化之后,能在较温和的条件下与大量的配基偶联。

(4) 有较好的物理和化学稳定性,在配基固定化和进行亲和层析时所采用的各种 pH、离子强度、温度、变性剂和去污剂的条件下,物理化学结构不致破坏。

(5) 具有稀松的多孔网状结构,能使大分子自由通过,从而增加配基的有效浓度。

(6) 具有良好的机械性能,最好是均一的珠状颗粒。这样的载体制成的亲和柱具有较好的流速,适合于层析要求。

　　亲和层析中使用的载体种类较多,其中较为理想、使用最广泛的是珠状琼脂糖。下面分别介绍各种载体:

　　(1) 琼脂糖凝胶和交联琼脂糖凝胶。

　　(2) 聚丙烯酰胺凝胶。

　　(3) 葡聚糖凝胶。

　　以上三种凝胶的特性、化学结构和商品名等内容均已在上篇第八章中作了介绍,这里不再重复。

　　(4) 聚丙烯酰胺-琼脂糖凝胶(ACA)。这种凝胶是聚丙烯酰胺和琼脂糖的共聚物,它具有聚丙烯酰胺凝胶和琼脂糖凝胶的优点。凝胶上的酰胺基和羟基均可活化与配基偶联。这种凝胶颗粒大小均匀,机械强度好,分辨率高,允许有较大的操作压,层析时有较高的流速。瑞典LKB公司生产这种凝胶,商品名称为 Ultrogel。

　　(5) 纤维素。纤维素是由葡萄糖残基组成的链状化合物,链与链之间由氢键连接,但各部分之间氢键的密度不一样。用纤维素作载体制备的亲和免疫吸附剂是非常有效的,因而得到较广泛的应用。但利用它在一般亲和层析中纯化其他生物高分子,则处于研究摸索阶段。

　　纤维素虽有价廉及来源充足的优点,但由于它的非专一吸附作用较强,利用它作载体制备的吸附剂进行亲和层析时,纯化倍数不高,因而应用不够广泛。

　　(6) 多孔玻璃。多孔玻璃是一种硼硅酸钠玻璃经高温和酸碱处理制备的控制孔径的玻璃,用 CPG 表示,商品名为 Bio-Glass。

　　CPG 具有许多理想载体的特性,它质地硬,机械强度好,孔径比较均匀,具有较好的分辨率和实验的重复性。此外,CPG 不怕微生物侵蚀,能用高压灭菌的方法消毒,对制备无菌、无病毒、无热源的生物制剂有应用价值。但是,多孔玻璃的表面带有的羟基,在水溶液中带负电荷,对蛋白质具有非专一吸附,因而它的应用也受到了限制。

第三节　亲和吸附剂的制备方法

　　一般情况下,亲和吸附剂的制备分两步进行: ① 载体的活化; ② 配基与活化载体进行偶联反应形成共价键,从而使配基接到载体上。由于载体性质的不同,活化及偶联的方法也有差异,以下分别介绍。

一、多糖类载体亲和吸附剂的制备方法

1. 溴化氰活化及偶联法

　　琼脂糖(商品名为 Sepharose)经溴化氰活化,然后与配基偶联的反应过程如图 9-2。由图可见,溴化氰活化琼脂糖主要形成三种产物:氨基甲酸盐、亚氨碳酸盐和氰酸酯。后两种产物具有化学活性。氰酸酯在 pH 4 以下稳定,亚氨碳酸盐则在碱性条件下最稳定。根据对新活化的琼脂糖分析表明,总偶联量的 80% 由氰酸酯形成,20% 由亚氨碳酸盐形成。

　　具体操作是,琼脂糖凝胶依次用 0.1 mol/L 氯化钠及水充分洗涤,悬浮在等体积的水中,放在烧杯中搅拌,加少许冰块,使保持冷却。称取溴化氰加入凝胶溶液中;若每毫升凝胶用 50 mg 的溴化氰,则用 2 mol/L NaOH 调 pH;若每毫升凝胶用 300 mg 的溴化氰,则用 8 mol/L NaOH。pH 调节到大约 11,须维持温度于 30℃,10~12 min 之后溴化氰已全部溶解,碱液的

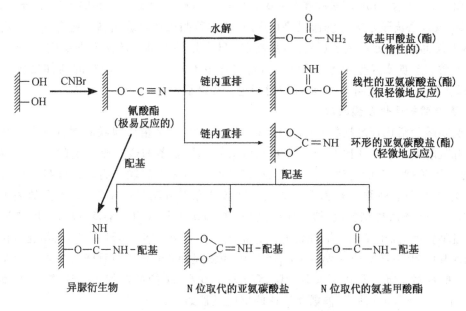

图 9-2　琼脂糖载体的活化及其与配基偶联的机制
粗线表示主要反应途径

用量也降低了,此时将凝胶倒入冷的砂芯漏斗中过滤,用 5～10 倍体积冰冷的去离子水洗涤(此步骤需尽量快,最好在 2～3 min 内完成),再以下一步偶联时所用的缓冲液洗涤,立即将凝胶放入含有偶联化合物(配基)的缓冲液中,在 4℃ 下缓慢搅拌反应 12 h。

　　在偶联反应之后,为了确保凝胶上的活化基团除尽,可在凝胶的水溶液中加入相当量的乙醇胺或 1-氨基-丙二醇再搅拌 10 h 左右。然后用水、2 mol/L 氯化钾依次洗涤,以除去未反应的氨基化合物,再用水将氯化钾洗去。

　　溴化氰活化法现在又有了进一步改良,使用高浓度的缓冲液维持活化所需要的 pH。将凝胶悬浮在等体积的 2 mol/L 碳酸钠溶液中,冷却到 5℃,加入溴化氰,边加边快速搅拌(溴化氰预先按 2 g 溴化氰∶1 mL 乙腈的比例溶解后,才加入碳酸钠溶液中),反应 2 min,然后将凝胶倒入砂芯漏斗中过滤。其余处理同前。

　　琼脂糖凝胶偶联配基的多少与溴化氰的用量有关,一般每毫升凝胶用 50～300 mg,若每毫升凝胶用 250 mg 的溴化氰活化,偶联 1,6-二氨基己烷,可获得 12 μmol/mL 凝胶的偶联量。偶联配基的多少还与温度有关,温度过高则活化的琼脂糖容易失效。偶联与 pH 也有密切关系,溴化氰活化的多糖,是与非质子化的伯胺和仲胺反应,因此,反应 pH 应高于配基所带胺基的 pK_a,用芳香胺作配基时,偶联的最佳 pH 为 8～9。氨基酸为 9.5～10,脂肪族伯胺为 10。应避免偶联反应 pH 大于 10,否则会破坏配基的结构。

　　因为溴化氰有毒,上述操作应在通风橱内进行。

2. 双环氧活化及偶联法

　　除了溴化氰活化及偶联法外,双环氧活化及偶联也是制备亲和吸附剂另一种较常用的方法,虽然偶联的配基量不及溴化氢活化时多,但反应比较温和,而且不会在活化过程中产生新的电荷。操作方法:提取 1 g 琼脂糖凝胶(例如 Sepharose 6B),悬浮于 1 mL 1,4-丁二醇-2-缩水甘油醚中,加入含 2 mg 硼氢化钠(NaBH₄)的 0.6 mol/L NaOH 1 mL,旋转混合,25℃反应 8 h,用 500 mL 去离子水充分洗涤以停止反应,这样就制成环氧琼脂糖。将它加入含有配基的 2 mL 偶联缓冲液中,如配基是蛋白质,那就在 pH 8.5～10,25℃的条件下反应 15～48 h;如配基是氨基酸、胺、糖或其他更稳定的物质,则选择 pH 9～11,25～75℃的条件反应 4～15 h。pH 和温度越高,偶联量越多,增加反应时间也会提高偶联量。

3. 高碘酸盐活化及偶联法

用高碘酸盐活化葡聚糖凝胶(Sephadex),然后与鸡卵粘蛋白偶联而制备分离纯化胰蛋白酶的亲和吸附剂。该方法比 CNBr 活化 Sepharose 4B 制备的亲和吸附剂的方法具有操作安全、价格低廉等优点。活化载体在 4℃保存较长时间不失去偶联能力。这种吸附剂经反复使用十余次后,仍具有较强的亲和吸附能力。制备的操作方法是:取 2.5 g 干重的葡聚糖凝胶 Sephadex G-75 溶胀洗涤数次,缓慢搅拌,加入 0.05 mol/L NaIO₄ 溶液 50 mL,反应 30 min,去离子水洗涤数次,抽干备用。取纯化的鸡卵粘蛋白 87.5 mg 溶于 35 mL 水,将活化好的葡聚糖凝胶加入其中,用 5‰ K₂CO₃ 调 pH 7.5～9.0,缓慢搅拌 3 h,反应过程随时加入 5‰ K₂CO₃ 以保持 pH 的相对稳定。取 0.27 g KBH₄ 溶于 20 mL 水,缓慢搅拌加入上述体系中,反应 5 h,pH 维持在 6.5～7.5。活化、偶联和还原的反应过程如下:

$$\text{—OH} \quad \xrightarrow{\text{NaIO}_4} \quad \text{—CHO} \quad \xrightleftharpoons{\text{R-NH}_2} \quad \text{—CH}=\text{N—R} \quad \xrightarrow{\text{KBH}_4} \quad \text{—CH}_2\text{NH—R}$$

二、聚丙烯酰胺载体亲和吸附剂的制备方法

聚丙烯酰胺中酰胺键的活化,一般有图 9-3 所示的三种方式。图中,(a)是由酸或碱催化,产生一个羧基,然后在水溶性碳二亚胺的作用下,与具有氨基的化合物偶联;(b)生成酰肼的衍生物,再经过酰化、烷化或在亚硝酸作用下生成酰基叠氮的衍生物,从而与另一个化合物偶联;(c)是生成氨乙基的衍生物。

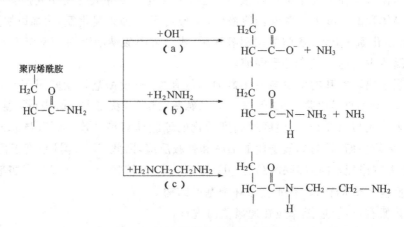

图 9-3　聚丙烯酰胺活化的三种方式

1. 羧基衍生物的制备

干的珠状聚丙烯酰胺凝胶在搅拌下,加到 0.5 mol/L 碳酸钠及 0.5 mol/L 碳酸氢钠的混

合液(pH 10.0 或 10.5),混合液的体积多于溶胀胶的体积,搅拌 30 min 后,凝胶迅速加热到 60℃,再维持一段时间,加热期间必须不断搅拌,随后在冰浴中冷却,用 0.2 mol/L 氯化钠溶液充分洗涤。

所得载体上活化基团的数目是由加热时间控制的,加热时间长,则活化的基团多。另外与溶液的酸碱度也有关系,一般应控制 pH 在 10.0～10.5 的范围。

2. 酰肼衍生物的制备

干的珠状聚丙烯酰胺凝胶在搅拌下加入到肼的水溶液中(1～6 mol/L),在一定温度下再继续缓慢搅拌一段时间,用大体积的 0.2 mol/L 氯化钠洗涤凝胶以停止反应。

所得载体上活化基团的数目由肼的浓度、反应温度和时间决定,肼的浓度高些,反应温度高些,时间长些,则载体上的活化基团也就多些。

3. 氨乙基衍生物的制备

干的珠状聚丙烯酰胺凝胶在搅拌下逐渐加入到预热至 90℃的无水乙二胺中,反应在通风橱内进行。1 g 的干胶用 20 mL 的乙二胺,反应完后用等体积的冰水冷却,凝胶用 0.2 mol/L 氯化钠、0.001 mol/L 盐酸充分洗涤。

三、多孔玻璃载体亲和吸附剂的制备方法

通常是以有机硅烷活化,有机硅烷的一头是有机功能团,另一端是硅烷氧基团,用得较多的是三烷氧硅烷,所得产物是一种带有有机功能团的无机载体。

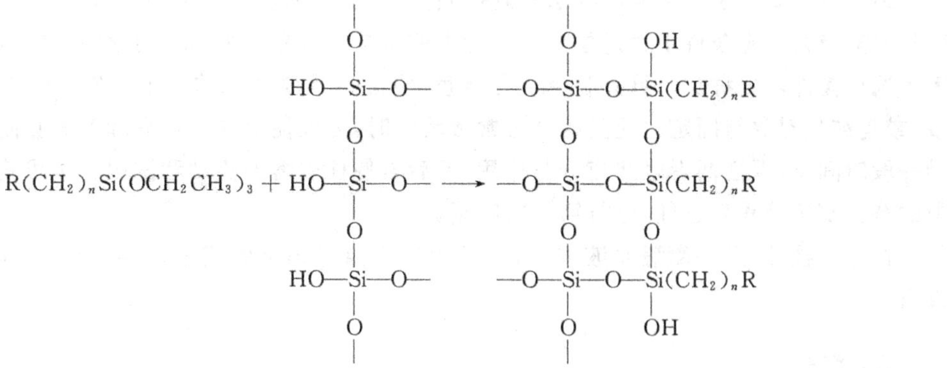

载体先在 5%硝酸溶液中煮沸 45 min,以后用水洗涤,在 115℃下烘干,1 g 干的清洁载体加入 75 mL 10%的 γ-氨丙基三乙氧硅烷,后者溶解在甲苯中,回流 12～24 h,用甲苯、丙酮洗,空气干燥,所得产物即含有烷氨基的功能团。

四、引入"手臂"提高吸附剂的亲和力

在亲和层析中,对于相对分子质量小的配基、亲和力低的蛋白质分子配基和互补蛋白质的相对分子质量特别大的体系,如果它们直接与载体偶联,由于载体往往可占去配基分子表面的部分位置,从而形成空间位阻,影响配基与被亲和物的紧密结合,最终导致亲和吸附无效。为了减少载体的立体障碍,增加配基的活动度,往往在配基与载体之间连接一个具有适当长度的"插入剂",这个"插入剂"通常称为"手臂",它是烃链化合物。

在配基和载体之间引入"手臂"有两种方法:

(1) 先将"手臂"的一端与配基连接,再将"手臂"的另一端与载体偶联。

（2）先在载体上接上"手臂"，再把配基接到"手臂"上。

在引入"手臂"的两种方法中，以后者最常用。"手臂"长度要合适，如果太长可能导致"手臂"弯曲，使载体与配基之间的距离缩短，影响亲和层析效果。"手臂"的作用由图 9-4 表示。

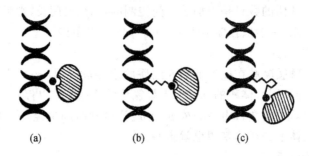

图 9-4　"手臂"作用示意图
（a）无"手臂"，无效吸附；（b）有长度合适的"手臂"；（c）手臂太长

第四节　亲和层析实验技术

一、吸附

纯化生物高分子大多采用柱法吸附，即将亲和吸附剂装在层析柱内，将含有生物高分子的待分离溶液在一定条件下通过层析柱。为了使所要分离的生物高分子能紧密结合在柱上，要慎重选择缓冲液的种类、pH 范围和离子强度，温度也是要考虑的一个因素。假如样品中杂质多，或是纯化对象与固定化配基的结合常数较大时，可以使上柱的样品和亲和吸附剂在柱内接触一段时间，以保证两者之间充分起作用，然后再使柱中溶液流动和洗脱。也可将含有纯化对象的待分离溶液重新过柱，进行第二次吸附。

样品上柱后，用平衡缓冲液洗涤，也可用较高离子强度的溶液洗涤以除去非专一吸附的杂质。

二、洗脱

洗脱亲和吸附剂上吸附的物质大多采用改变层析条件的方法，使固定化配基和生物高分子间的亲和力降低，以致解开生物高分子和亲和吸附剂之间的结合。假如那些纯化对象和亲和吸附剂的亲和力不强，当连续通过大体积的平衡缓冲液时，便可在紧随杂蛋白洗出峰后，得到纯化对象的组分。这是一种温和的处理办法。

通常采用改变 pH、离子强度或缓冲液的组成来达到洗脱纯化对象的目的。这些因素的变化会导致吸附的生物高分子构象的改变，减弱蛋白质对配基的亲和力。有时用 0.1 mol/L 乙酸或 0.1 mol/L 氢氧化铵洗脱，往往能使纯化对象集中在小体积的洗脱液中。

对那些吸附得较牢的大分子，必须用较强的酸或碱作为洗脱液，或是在洗脱液中添加尿素或盐酸胍。但是这些洗脱剂往往会造成不可逆变化，而使纯化对象丧失生物活性。另一种洗脱的方法则是利用配基通过重氮键或硫酯键连接在载体上的这一特点，当吸附生物大分子之后，可以用还原剂断裂重氮键或用羟胺断裂硫酯键，从而得到生物大分子和配基的络合物，然后将络合物解离,再分出欲纯化的生物大分子。

特异的配基作为洗脱剂也是亲和层析中常用的方法之一,用较高浓度的配基溶液可以将紧密吸附着的生物大分子洗脱,这种配基(如酶的抑制剂或底物)可以与亲和吸附剂上的配基相同,也可以是不同的。使用亲和力更强的配基作洗脱剂应该更为有效。

亲和层析的洗脱方式,原则上与离子交换层析的洗脱方式相似,主要有以下三种方式。

(1)一步洗脱:应用于高度特异性吸附剂的结合,经过一次洗脱将被吸附物质全部洗脱下来即可得到较纯的分离物,它主要受洗脱液的 pH、离子强度、温度和介电常数等因素的影响。

(2)分步洗脱:当亲和吸附剂上吸附有特异性不尽相同的多组分样品,用几种不同的洗脱条件分几步洗脱,先用解吸能力弱后用解吸能力强的洗脱液洗脱,可将亲和力大小不同的组分分开。

(3)梯度洗脱:利用洗脱液的浓度梯度变化,即解吸能力逐渐增强,对吸附性质相同、特异性程度不同的组分有效地洗脱。

三、亲和吸附剂的再生方法

不管吸附和洗脱的条件选择得如何恰当,亲和吸附剂的不可逆吸附仍然是一个严重的问题。从一个粗的抽提液中分离酶时,这个问题更为突出。经常发现,一根亲和层析柱使用几次以后,其亲和吸附效率明显下降。在使用几次之后,往往亲和吸附剂的某些物理性状也发生了明显的变化。例如,亲和吸附剂结块,颜色也与使用之前截然不同。这些现象说明在亲和吸附剂上有变性蛋白的积累,层析柱需要处理。通常每次层析之后,应该用 2 mol/L KCl-6 mol/L 尿素洗涤层析柱。有些情况下,在上述洗涤液中,加入适量的二氧六环或二甲基甲酰胺可能更有益。为了恢复亲和柱的吸附容量,通常把污染了的亲和吸附剂与非专一的蛋白酶一起保温过夜。这种方法几乎可以完全恢复柱的吸附容量。如果每次层析以后,层析柱都用 2 mol/L KCl-6 mol/L 尿素充分洗涤,每层析两次,再用蛋白酶处理一次,则层析柱的寿命大大地延长。

四、影响亲和层析的主要因素

1. 样品体积和流速的影响

如果样品中待分离的物质与配基的亲和力很大,对于一定量的样品来说,上柱样品的体积或浓度对层析效果不起关键性作用,待分离的物质在层析柱的顶部将形成一个紧密的区带。对于亲和力弱的物质,则要用体积小、浓度高的样品溶液上柱。

亲和层析有时也采用搅拌吸附的方式进行,即把一定量的亲和吸附剂加入到待分离组分的溶液中搅拌平衡一定时间,然后过滤或离心,最后用适当的洗脱液进行洗脱。这种方法特别适用于粘度较大的待分离组分溶液。在搅拌吸附操作中,样品浓度往往对亲和吸附有较大的影响。例如,用 N^6-(6-氨基己烷基)-AMP-琼脂糖搅拌吸附甘油激酶和乳酸脱氢酶时,结合到亲和吸附剂上的酶的百分比随着酶浓度而增加。

由于生物大分子和配基之间达到吸附平衡的速度很慢,上样时的流速要尽可能地慢。特别是在样品浓度很高时,流速快可能使少量欲吸附的生物大分子与杂蛋白一起流出层析柱。然而流速对于低浓度样品则影响很小,使用很低浓度的样品,即使用较高的流速上柱,样品仍然能被有效吸附。

上样的流速问题,说到底是一个平衡时间问题。流速慢,意味着生物大分子和配基在层析柱上保温平衡的时间长;流速快,则保温平衡时间短,这已为搅拌吸附实验所证明。例如,N^6-(6-氨基己烷基)-AMP-琼脂糖对乳酸脱氢酶的搅拌吸附说明,吸附的百分比随着保温的时间而增加。在开始的一段时间,吸附的百分比增加得很快,最后百分之百地被吸附。

2. 温度的影响

通常,亲和吸附剂对于相应的生物大分子的亲和力随着温度的升高而降低。例如,温度对乳酸脱氢酶和固定在载体上的 AMP 之间亲和力影响的情况是:将酶从亲和吸附剂上洗脱下来所需的 NADH 的浓度随着温度的升高而减小。而且温度升高的影响在 $0\sim10℃$ 的范围内尤为显著。这一情况应引起高度重视,因为 $0\sim10℃$ 是亲和层析经常使用的温度范围。由于温度对亲和层析有较大的影响,所以要想获得可重复的分离纯化结果,必须严格地控制实验时的温度。

根据温度对亲和吸附的影响,可以选择最佳的洗脱温度。例如,在有些情况下,待分离的生物大分子在 4℃ 下被紧密地吸附,如果把温度提高到 25℃ 或 25℃ 以上,则又可容易地从亲和吸附剂上洗脱下来。因此,我们可以在 4℃ 条件下进行亲和吸附,在 25℃ 或 25℃ 以上进行洗脱。

第五节　亲和层析应用举例

一、酶和抑制剂的纯化

亲和层析法分离纯化酶取得良好的效果。配基的选择是能否成功的关键,分离酶可用的配基是各种各样的,一般要选择那种既能达到分离目的,又最容易固定化的。如从霍乱弧菌中分离神经氨酸酶,已知 N-取代的草酸是这个酶的可逆性抑制剂,根据这个原理,合成了 N-对氨苯基-草酸作为配基。在琼脂糖上先连接甘氨酰-甘氨酰-酪氨酸的三肽,再通过偶氮键就能很方便地与配基连接。用这种吸附剂仅过柱一次就可将酶纯化 400 多倍。又如分离猪和牛的胰蛋白酶,已知鸡卵粘蛋白是胰蛋白酶的天然抑制剂,可以由它与活化的 Sepharose 4B 相连接,这样制成的亲和吸附剂有十分好的效果,用它纯化的胰蛋白酶相当于 5 次重结晶的纯度。

有些酶需要同一的辅酶或辅助因子,对于这些具有共同基团的酶,可以将它们的辅酶或辅因子固定化,制成亲和吸附剂进行分离。例如,含吡啶核苷酸的辅酶Ⅰ和辅酶Ⅱ是一系列脱氢酶的辅酶,将辅酶Ⅰ和辅酶Ⅱ固定化后,作亲和吸附剂,采用不同的洗脱条件便可分离多个酶。

用 p-氨甲基苯磺酰胺抑制剂连接在琼脂糖上制成的亲和吸附剂可同时吸附碳酸酐酶的同工酶 B 和 C,以一定浓度的过氯酸钠可将两者分别洗脱。

以上介绍的是以抑制剂作配基制成亲和吸附剂分离纯化酶,在实际工作中也可以反过来,以酶作配基制备亲和吸附剂分离纯化抑制剂。例如,用胰蛋白酶作配基连接到琼脂糖上制成的吸附剂,能有效地分离纯化大肠杆菌中的一种胰蛋白酶抑制剂"Ecotin"。

二、抗体和抗原的纯化

抗体是一类免疫球蛋白,它具有高度的特异性,即一种抗体只能与引起它产生的相应抗原相结合,抗体结合抗原的部位十分专一。利用固定化的抗原制成专一的免疫吸附剂纯化抗体取得良好的效果,制备这种吸附剂用得最成功的载体是琼脂糖凝胶。免疫吸附剂要求能专一地吸附与它互补的抗体分子,而且能在不影响抗体活性的情况下,将它释放出来。如果抗原是蛋白质,则应在固定化时注意维持它的三级结构,避免损害它的生物活性。一般在用溴化氰活化时,控制载体含较少活化基团,以及使偶联反应在较差的条件下进行,可达到上述目的。在实际工作中,也可利用固定化的抗体纯化抗原。由于抗原-抗体络合物的解离常数很低,因此抗原在固定化的抗体上被吸附后,要求尽快将它洗脱,否则会影响有活性的抗原的回收。抗原-抗体络合物的解离手段通常是使 pH 降低到 3 以下,洗脱液采用甘氨酸-盐酸缓冲液、盐酸、乙酸、20%甲酸或 1 mol/L 丙酸;另一手段则是用硫氰酸钠、碘化钠、氯化镁等扰乱离子,甚至用高浓度的蛋白变性剂如尿素或盐酸胍等。

三、结合蛋白的纯化

在高等动物的血液中,存在维生素和激素的结合蛋白,它们的含量极低,如每升人血浆中的维生素 B_{12} 的结合蛋白仅为 $20\sim80$ mg,用亲和吸附剂进行纯化是有效的方法。L-甲状腺素-琼脂糖吸附剂分离纯化甲状腺素结合蛋白时,可用稀的 KOH 作洗脱液。睾丸酮-Sepharose 4B 亲和吸附剂可从血浆中吸附睾丸酮结合蛋白,吸附的结合蛋白可用 pH 2.1 的 1 mol/L 盐酸胍溶液洗脱。

四、激素受体的纯化

激素受体通常是指细胞膜上与某一激素作用的特定组分,激素与受体的作用是具有特异性的。应用亲和层析技术分离纯化胰岛素受体、去甲肾上腺素受体及催乳素受体等都取得一定效果。用胰岛素作配基,通过五碳链的"臂"连接于琼脂糖,这样的吸附剂能专一地结合含有胰岛素受体的脂肪细胞膜的碎片,可用过量的胰岛素洗脱被吸附的膜碎片。用胰岛素-琼脂糖衍生物亲和吸附剂从肝脏细胞膜的去污剂抽提液中,吸附胰岛素受体蛋白,含尿素的酸性 pH 缓冲液可以比较有效地洗脱被吸附的受体蛋白。

五、分离纯化细胞

细胞表面有专门的受体或结合部位,表现出不同的抗原性,这是用亲和吸附方法分离纯化细胞的依据。分离纯化细胞的亲和吸附剂一般用琼脂糖凝胶、聚丙烯酰胺凝胶和多孔玻璃等作载体,而配基可用抗原、抗体、凝集素或激素。例如,可用大的珠状聚丙烯酰胺凝胶共价连接半抗原(可与抗体结合,但不能刺激抗体产生的小分子物质),作为亲和吸附剂吸附淋巴细胞群,然后用游离的半抗原洗脱。也有用尼龙纤维作为支持物,按照被分离细胞的特点,选择抗原、抗体或凝集素用化学方法连接在尼龙纤维上,然后将它与待分离物放在一起共同振荡,所需要的细胞吸附在尼龙纤维上,再从尼龙纤维上洗脱。

六、在核酸研究中的应用

由于在 DNA 互补链之间、DNA 链与互补 RNA 链之间及蛋白质与专一的核酸之间广泛地存在亲和力,所以亲和层析技术已应用到核酸的生化研究中。在这类应用中,往往以具有亲和力的一方作配基,连接于相应的载体上制成亲和吸附剂,分离纯化具有亲和力的另一方。

噬菌体 T_4 的 DNA 共价连接于纤维素后,可从大肠杆菌的 RNA 混合物中分离出专一于 T_4 的 RNA。单链 DNA-纤维素是用来分离基因专一的 mRNA 的有效亲和吸附剂。

此外,根据蛋白质和核酸之间相互作用的原理,已经将异亮氨酰-tRNA 合成酶共价结合于 Sepharose 4B,制得了用来纯化异亮氨酰-tRNA 的亲和吸附剂。近年来,在单链 DNA-琼脂糖柱上进行亲和层析,纯化了 DNA 聚合酶和 RNA 聚合酶,因为这些蛋白质能高度专一地结合 DNA。本书下篇实验 33 介绍了利用亲和层析法分离乳酸脱氢酶的方法。

第六节 金属螯合亲和层析

一、基本原理

以普通凝胶作载体,通过偶联配基——亚胺基乙二酸钠与二价金属离子螯合制成螯合吸附剂,用于分离纯化蛋白质,这样的方法称为金属螯合层析(metal chelating chromatography)。蛋白质对金属离子具有亲和力是这种方法的理论依据。已知蛋白质中的组氨酸咪唑基和半胱氨酸巯基在接近中性的水溶液中与锌或铜离子形成比较稳定的络合物,因此,连接上锌或铜离子的载体凝胶可以选择性地吸附含咪唑基和巯基的肽和蛋白质。过渡元素汞、钴和镍也可以与咪唑基和巯基形成类似的络合物。过渡金属元素在较低 pH 范围(pH 6~8)时,有利于选择性地吸附带咪唑基和巯基的肽和蛋白质;在碱性 pH 时,使吸附更有效,但选择性降低。金属螯合亲和层析行为在很大程度上,由被吸附的肽或蛋白质分子表面咪唑基和巯基的稠密程度所支配,吲哚基可能也很重要。金属离子对血浆蛋白的亲和力按下列顺序排列: $Cu^{2+} > Zn^{2+} > Ni^{2+} > Mn^{2+}$,以 Cu^{2+} 最有效。

金属螯合层析分离的基本原理分为三个阶段。

第一阶段:是螯合介质与二价金属离子作用制成金属螯合介质。

$$M—L + Me^{2+} \longrightarrow M—L \quad Me^{2+}$$

第二阶段:是在一定的条件下,金属螯合介质与待分离的蛋白质分子结合生成金属螯合复合物。

$$M—L \quad Me^{2+} + XP \xrightarrow[\text{低 pH}]{\text{高 pH}} M—L \quad Me^{2+} \cdots\cdots XP$$

金属螯合介质上偶联的配基——亚氨基二乙酸钠在偏碱条件下易与二价金属离子发生可逆性螯合吸附,二价金属离子又与流动相中含半胱氨酸、组氨酸、咪唑等物质发生可逆螯合吸附,可见金属离子在螯合介质与被分离分子之间起着桥梁作用,即金属离子的两端分别与螯合介质和被分离组分结合,并且两种结合方式均是可逆的。当应用于分离含巯基和咪唑基的生物分子,则要求凝胶介质对金属离子的亲和力高于欲分离物的亲和力。

第三阶段:是从金属螯合介质上将被吸附的分离组分解吸下来。

$$M—L \quad Me^{2+} \cdots\cdots XP \longrightarrow M—L \quad Me^{2+} + XP$$

上述式子中,M 为载体凝胶,L 为螯合配基,Me^{2+} 为金属离子,XP 为蛋白质或多肽分子,X 为蛋白质或多肽分子上与金属离子螯合的基团。

金属螯合层析并不局限于分离含咪唑基、巯基的生物分子,还可以利用金属螯合介质上偶联的配基(尚未与金属离子结合)分离样液中含有金属离子的金属结合蛋白。

金属螯合层析与普通亲和层析相似,它的特点是对分离对象具有一定的专一性,即选择性吸附某些含有暴露的组氨酸、半胱氨酸、咪唑基等生物大分子,所以它也可归属于亲和层析范围,故亦称金属螯合亲和层析。就其应用的广泛性而言比亲和层析广泛,比离子交换层析应用窄。而就其分离的专一性而言,比亲和层析差,但比离子交换层析好。

金属螯合层析目前主要用于分离富含组氨酸、半胱氨酸的蛋白质、肽类、酶类,如尿激酶、金属硫蛋白(MT)、超氧化物歧化酶(SOD)、干扰素或用于分离金属结合蛋白等。末端人工标有组氨酸六肽的基因工程表达重组蛋白,利用金属螯合层析获得快速、高效的分离。

二、金属螯合介质的制备

1. 螯合层析介质的活化与偶联反应原理

制备金属螯合层析介质多采用琼脂糖凝胶(Agarose,如 Sepharoe 4B 等)作为载体,1,4-双-2,3-环氧丙氧基丁烷(也有称 1,4-丁二醚)为活化剂,亚氨基二乙酸钠(iminodiacetic acid disodium salt, IDA)为配基,二价金属离子的盐溶液为螯合剂,在一定条件下经过活化、偶联配基、金属离子螯合等步骤制得。反应过程如下:

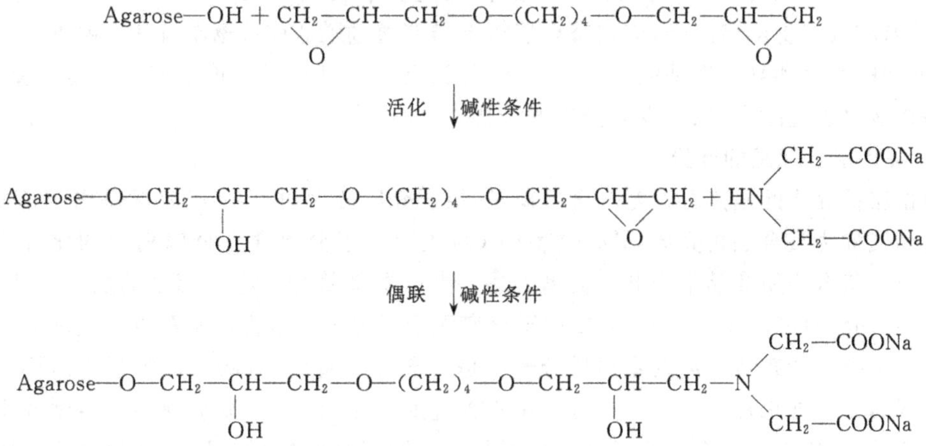

2. 螯合层析介质的制备

(1) 活化:取 10 g 琼脂糖凝胶层析介质,用 G-3 玻璃烧结漏斗和真空泵,先抽去保护液,再分别以 100 mL 1 mol/L 氯化钠溶液和去离子水洗去凝胶内的保护剂和 NaCl。将洗净的凝胶转移至 100 mL 锥形瓶内,加入 6.5 mL 2 mol/L 氢氧化钠溶液,15 mL 56％二氧六环,1.5 mL 活化剂 1,4-双-2,3-环氧丙氧基丁烷,置于恒温水浴摇床(160 r/min)中,45℃振荡活化 2 h,然后再用 G-3 漏斗抽去活化剂,分别用 100 mL 去离子水和 20 mL 0.1 mol/L pH 9.5 碳酸氢钠缓冲液抽洗。

(2) 偶联:称取亚氨基二乙酸钠 1 g,溶于 10 mL 0.1 mol/L pH 9.5 碳酸氢钠缓冲液中,并与活化的介质转移至 100 mL 锥形瓶内,混匀后置恒温水浴摇床,160 r/min 42℃振荡偶联 24 h。当偶联到 10~12 h 以后加入 100 mg 硼氢化钠。偶联结束后,同样用 G-3 漏斗抽去反应液,接着用 50 mL 1 mol/L NaCl 溶液抽洗,最后用去离子水洗净。此时制得的螯合层析介质简称为 IDA-Agarose。

3. 金属螯合层析介质的再生

经上述两步处理制备的螯合层析介质，其配基上尚无金属离子。因此须将二价金属离子螯合上去，此步也称为金属离子再生。该步骤一般在层析柱内进行。

取层析柱（1 cm×15 cm）一支，均匀装填 10 mL 螯合层析介质，先用 50 mL 1 mg/mL 的 EDTA溶液洗柱，再用 100 mL 去离子水洗去残留的 EDTA，用 100 mL 浓度为 1 mg/mL 二价金属离子的硫酸盐或氯化钠盐溶液（如硫酸铜、硫酸锌、氯化铜、氯化锌等）过柱，后用 100 mL 去离子水洗去剩余游离的金属离子，即制成金属螯合层析介质。目前已有制备好的铜锌螯合层析介质商品出售。

最近 Pharmacia 公司推出了新的金属螯合亲和层析介质 Chelating Sepharose Fast Flow，它应用于干扰素和血清蛋白的纯化效果显著。

三、螯合亲和层析实验技术

1. 样液的制备

在制备样液时应尽量考虑那些对螯合层析的螯合作用有影响的因素，主要是一些影响被分离组分吸附的溶质，如 EDTA、咪唑、二价金属离子等，因此要求样液中不含有这些溶质，以免影响有效组分的吸附率。尤其在样液的提取过程中已经加入的 EDTA、DTT、咪唑、组氨酸、半胱氨酸或二价金属离子，应在螯合层析上样前通过脱盐柱或透析除去。某些不含半胱氨酸、组氨酸的小肽和某些氨基酸的羧基如谷氨酸、天门冬氨酸对二价金属离子也有螯合作用，在制备样液时也应除去，以减少对分离的干扰。

2. 螯合层析配基的选择

根据层析介质配基是否含螯合金属离子，层析介质分为两类，一类是配基未螯合金属离子的层析介质称为螯合层析介质（IDA-Agarose），主要用于分离含有金属离子的化合物如金属结合蛋白。螯合介质商品常为此种类型。另一类是配基螯合上金属离子的层析介质，称为金属螯合层析介质（MC-Agarose），主要用于分离无金属离子而富含巯基和咪唑基的化合物。在使用前一定要搞清楚待分离的蛋白质分子中是否含有金属离子，从而确定是否需要在配基上螯合金属离子。如果待分离蛋白质分子中不含金属离子，而富含巯基、咪唑基，则选用金属螯合层析介质，否则选用螯合层析介质。前者需要在购置螯合层析介质商品后进行金属离子再生处理。

3. 缓冲液的配制

（1）缓冲液 pH 的选择：乙酸缓冲液、柠檬酸缓冲液和 Tris 缓冲液等都可用于金属螯合层析。缓冲液 pH 的选择应考虑金属螯合层析介质配基上所螯合的二价金属离子的性质。一般原则是：平衡缓冲液 pH 多选用偏碱性，因为一般情况下偏碱性（pH 7～9）条件下有利于二价金属离子与螯合层析介质和被分离物发生螯合作用，达到最佳的分离效果。但应注意的是，某些二价金属离子在 pH 7.5 以上的缓冲液中，可能产生金属离子自身的螯合，出现絮状沉淀，如 Cu^{2+}、Zn^{2+} 在 pH 8.0 以上的缓冲液中会产生絮状沉淀，从而影响二价金属离子与螯合介质的结合，此时宜选用中性缓冲液。

洗脱液 pH 一般选用偏酸性，因为二价金属离子在酸性条件（pH 3～5）下，不易与巯基、咪唑等基团发生螯合，即螯合作用最弱。偏酸性洗脱液能使二价金属离子与结合基团的结合力降低因而容易将已吸附在介质的基团洗脱下来。

（2）离子强度的选择：缓冲液离子强度影响样品与金属离子的螯合。一般对于极性较大或金属离子螯合能力较弱的化合物，选择低离子强度（$<0.2\,mol/L$）、中性 pH（6.5 左右）的缓冲液上样，有利于吸附能力弱的化合物螯合，收率较高但分离产物纯度会下降。对于非极性较大或与金属离子螯合能力较强的化合物，选择高离子强度（$0.2\sim0.7\,mol/L$）、偏碱性（pH 7.5~8.0）缓冲液上样，有利于吸附能力强的化合物螯合，同时又能抑制部分杂质的吸附，产物纯度会提高但收率会下降。因此应该权衡吸附量和纯度两方面，根据样品的具体情况选择合适的离子强度。

4. 洗脱剂与洗脱方式的选择

能作为螯合层析的洗脱剂很多，归纳起来大致可以分为三类，对应于这三类洗脱剂则有三种洗脱方式。

（1）螯合基团的竞争洗脱剂与竞争洗脱法：这类洗脱剂含如半胱氨酸、组氨酸、咪唑、DTT 等溶液，这些成分与被分离物质结合基团的性质相同或相似，洗脱过程中当其浓度较高时，就会与吸附在介质上的生物大分子竞争介质上的金属离子，而将它们从介质上顶替下来。该过程可表示为

$$M-L\ \ Me^{2+}+XP\longrightarrow M-L\ \ Me^{2+}\cdots\cdots XP\xrightarrow{\text{咪唑}}M-L\ \ Me^{2+}+XP$$

这种洗脱方式洗脱的化合物或蛋白质分子不含有金属离子。

（2）二价金属离子洗脱剂与洗脱法：这类洗脱剂含有 Cu^{2+}、Zn^{2+}、Ni^{2+} 等二价金属离子，这些金属离子能与螯合在介质上的金属离子竞争吸附在介质上的生物大分子。洗脱过程中，由于它们的浓度较高，与介质上的金属离子发生竞争，而将生物大分子从介质上洗脱下来。该过程可表示为

$$M-L\ \ Me^{2+}+XP\longrightarrow M-L\ \ Me^{2+}\cdots\cdots XP\xrightarrow{Me'^{2+}}M-L\ \ Me'^{2+}+Me^{2+}\cdots\cdots XP$$

这种方式洗脱的化合物或蛋白质分子中含有金属离子。

（3）EDTA 洗脱剂与洗脱法：这类含 EDTA 的洗脱剂属于强螯合剂，它与偶联在琼脂糖凝胶介质上的配基竞争二价金属离子，洗脱过程中，由于其浓度较高，即将金属离子连同被吸附的生物大分子一起洗脱下来。该过程可表示为

$$M-L\ \ Me^{2+}+XP\longrightarrow M-L\ \ Me^{2+}\cdots\cdots XP\xrightarrow{EDTA}M-L+Me^{2+}\cdots\cdots EDTA+XP$$

这种方式洗脱的化合物或蛋白质分子中一般不含有金属离子。

上述三种洗脱剂和洗脱方式均可用于螯合层析的洗脱，但是前两类多用于有效组分的常规洗脱。而第三类常用在金属层析介质再生之前，处理介质之用。

5. 螯合介质的再生与处理

螯合层析柱经过多次使用后，柱效不断下降，这是由于金属螯合层析介质上的金属离子是通过螯合作用与配基结合，这种离子间的结合力较弱，在层析过程金属离子容易脱落，造成柱效降低。因此螯合层析介质使用若干次后必须处理和再生。方法如下：

（1）用 EDTA 法（1 mg/mL EDTA 溶液）洗去螯合介质上的金属离子和杂质。

（2）去离子水洗去残留的 EDTA。

（3）再生，即用 1 mg/mL 二价金属离子盐溶液（如 $CuSO_4$、$ZnCl_2$、$NiCl_2$ 等）过柱，使螯合

介质重新结合上金属离子。

（4）去离子水洗净介质中游离的金属离子。

（5）上样缓冲液平衡后即可重新使用。

参 考 资 料

［1］ 陶宗晋. 色谱法（二）. 北京：科学出版社，1986，1～16

［2］ 刘建华，徐章雄. 用高碘酸盐活化葡聚糖凝胶制备亲和吸附剂的研究. 生物化学杂志，1990，6(3)：285～287

［3］ 周先碗，胡晓倩编. 生物化学仪器分析与实验技术. 北京：化学工业出版社，2003，116～123

［4］ Affinity Chromatography Principles and Methods. Sweden, Uppsalal：Pharmacia Fine Chemicals AB, 1979

［5］ Chung C H, Ives H E, Almeda S, et al. Purification from *Eschericahia coli* of a Periplasmic Protein that is a Potent Inhibitor of Pancreatic Proteases. J Biol chem, 1983, 258：11 032～11 036

［6］ Gadgil H, Jurado L A, Jarrett H W. DNA Affinity Chromatography of Transcription Factors. Anal Biochem, 2001, 290：147～178

［7］ Weselake J R, Chesney S L, Petkau A. Purification of Human Copper, Zinc Superoxide Dismutase by Copper Chelate Affinity Chromatography. Anal Biochem,1986, 155：193～197

［8］ Porath J. Immobilized Metal Ion Affinity Chromatography. Protein Expr Purif, 1992, 3：206～281

（余瑞元　陈雅蕙）

第十章　疏水层析法

疏水层析亦称疏水相互作用层析（hydrophobic interaction chromatography，HIC），是利用盐-水体系中样品组分的疏水基团和固定相的疏水配基之间的疏水力的不同而使样品组分得以分离的一种层析方法。

1972 年，Erel Z. 等人将不同链长的 α,ω-二胺同系物键合在琼脂糖上，以不同 pH 的含盐缓冲液作流动相成功纯化了糖原磷酸化酶，开始确立了疏水层析在分离纯化某些疏水蛋白质、肽类等生物大分子的重要作用。

蛋白质分离纯化目的是要求获得具有生物活性的组分，而生物活性的保持与蛋白质的空间结构的完整性密切相关。在分离纯化过程中一旦破坏了蛋白质的三级结构，都可能使其丧失生物活性。疏水层析的分离过程，可以根据蛋白质分子的疏水特性，采用温和实验条件，有效保护蛋白质的空间结构不受破坏，保持其原有的生物活性。因此疏水层析是纯化活性蛋白质的有效手段。

第一节　疏水层析原理

一、疏水基团与疏水作用

疏水层析利用待分离组分中的疏水基团与固定相的疏水配基发生亲和作用的差异，在用流动相洗脱时各组分在介质中的迁移率不同而达到分离目的。介质表面上的配基是一些具有疏水性能的基团，如—CH_2—、—CH_3、苯基等。生物大分子（如蛋白质等）结构中或多或少都含有一定数目的疏水基团，有些疏水基团被包埋在分子内部，有些则暴露在外面，每个分子暴露在表面的疏水基团的数量不同，表现出其疏水性的强弱也不一样。在分离过程中，溶液中的疏水分子经过疏水层析介质时，介质上的疏水配基即与它们发生亲和吸附作用，疏水分子被吸附在介质的配基上面，这种吸附力的强弱与疏水分子的疏水性大小相关，疏水性（极性小）大的组分吸附力强，疏水性小（极性大）的组分吸附力弱，通过改变洗脱液的盐-水比例，改变其极性，使吸附在固定相上的不同极性组分，根据其疏水性的差异先后被解吸下来，达到分离目的。

二、产生疏水作用的因素

1. 介质的疏水性

疏水层析介质的一个显著特征是其表面含有疏水性配基。配基是不同长度的烷烃或芳香族化合物。以烷烃类作为配基的介质，碳链链长一般在 8 碳以内，以芳香类作为配基一般是单苯基、联苯、苯的衍生物等。疏水配基交联琼脂糖凝胶珠是疏水层析中使用最广泛的介质，如正辛基（C_8）-琼脂糖和苯基-琼脂糖凝胶。

正辛基和苯基作为疏水配基具有较强的疏水性，它们对疏水性大的蛋白质具有较强的亲和吸附作用。载体表面所偶联的疏水配基不同（如 $C_1 \sim C_8$ 烷基或苯基等）对溶液中的疏水分子的亲和力也不一样，因此，应该根据被分离组分的极性强弱选择适当疏水性大小的层析介质,以获得理想的分离效果。

2. 蛋白质的疏水性

以蛋白质为例说明被分离样品组分的疏水特性。

蛋白质分子是一个外部有一亲水层包围,内部有疏水核并具有四级结构的复杂体系。尽管蛋白质表面亲水性很强,但也存在一些非极性的疏水基团或疏水区域,还有较多的裂隙疏水基团。蛋白质分子表面的疏水基团是含非极性侧链的氨基酸残基,如 Leu、Phe、Val、Trp、Ala 和 Pro 等疏水性基团。在不同的溶液中,裂隙的伸展和收缩程度不同,疏水基团暴露的多少就有差异。这些疏水基团的多少和暴露的程度决定了蛋白质疏水性质的强弱。疏水层析正是利用蛋白质之间疏水性的差异进行蛋白质组分的分离。

3. 溶液所产生的疏水特性

天然蛋白质分子在细胞内有独特的空间结构维持着天然活性和生物学功能,但是,当它置于体外的特定溶液中,蛋白质分子的空间构象会受到一定的影响,产生不同程度的伸展或收缩,这些变化的结果可能导致其分子内部疏水基团向外伸展暴露在表面,造成分子极性的减弱、非极性增强,疏水性总效应也发生改变。例如某些蛋白质在水溶液中溶解度很大,分子的极性较大;在高盐溶液中疏水性明显增大,溶解度降低,出现盐析现象;在低盐溶液中疏水性减小,溶解度增大。因此疏水层析可以通过改变盐溶液的离子强度,控制蛋白质分子的极性或非极性,使样品中极性相近的蛋白质组分形成具有一定差异的疏水分子,然后利用它们之间的疏水特性进行层析分离。

三、疏水层析与反相层析的区别

在用液相层析分离时,能满足疏水特性的有两种不同模式,一是反相层析(reversed phase chromatography,RPC),一是疏水层析。反相层析也是基于溶质、极性流动相和非极性固定相表面的疏水效应建立的一种层析模式。疏水介质和反相介质的配基都是不同长度的烷烃或芳香类化合物。疏水层析的原理与反相层析相同,区别在于疏水层析介质表面的疏水性没有反相层析强,配基密度比反相层析要低 10~100 倍。

用 RPC 分离生物大分子,流动相多采用酸性、低离子强度的水溶液,并加入一定比例的异丙酮、乙腈或甲醇等有机改性剂。但过强的疏水性和过多的有机溶剂会导致蛋白质的不可逆吸附及其三级结构的不可逆变性。

HIC 分离时,流动相一般为中性盐水溶液,pH 6~8,通常不需有机添加剂。HIC 对疏水性很强的蛋白质保留较强,而对亲水性蛋白质保留都十分弱。分离疏水性相差较大的蛋白质混合物,如细胞色素 c 和溶菌酶,用 HIC 会得到比 RPC 好得多的效果。HIC 最显著的优势在于它基本不破坏蛋白质的三级结构。通常在 HIC 分离纯化酶的过程中,失活最大不超过 10%左右;而用 RPC 分离,酶活性一般会损失 20%以上,甚至 50%。所以活性蛋白质用 HIC 分离纯化较为理想,这就使得 HIC 有更大的开发潜力。

第二节　疏水层析的分离机理

疏水层析中,关于样品分子和配基之间的相互作用及样品组分的洗脱机理有以下几种不同理论角度的解释。

一、疏溶剂理论

1976 年 Sinanoglu 等人研究了 HIC 的各参数之间的关系，提出了"疏溶剂理论"。按照此理论，蛋白质与配基的结合，是因为溶质分子有减少其与水接触的非极性表面的倾向，而增加了与疏水配基结合的概率。溶质与配基的结合是伴随着它们暴露在溶剂中的非极性表面面积的减少而进行的。

二、自由能分离理论

1979 年 Vanoss 等人认为生物体的界面自由能比水低，在水溶液中它们与低表面能的固定相配基产生范德华吸引力，这个引力随溶液盐析能力的改变而改变。在疏水层析过程，洗脱前在高盐浓度条件下，疏水分子与固定相配基以一定的方式结合在介质表面。洗脱时，流动相中盐浓度随着洗脱时间增加逐步降低，使得范德华吸引力逐步减小。当盐浓度下降到一定程度时，疏水分子与配基之间的范德华吸引力变为排斥力，疏水分子即被洗脱下来。

三、熵分离理论

1984 年 Regnier 认为在高盐浓度的流动相中，蛋白质疏水区的邻近分子是有序排列，蛋白质分子中的疏水部分容易与固定相疏水配基结合，减弱了水分子排列的有序程度，表面的水分子被排斥开，使体系熵增加。在洗脱过程中，逐渐降低流动相中的盐浓度，熵值减小，蛋白质与固定相配基的作用减弱，即洗脱强度增大，蛋白质就按疏水性从小到大的顺序被依次选择性洗脱。

第三节　影响疏水层析分离的因素

一、盐类和盐组成

不同类型的盐和不同的盐浓度，对疏水层析的吸附作用和洗脱能力均有一定的影响，这种影响可以从两个方面分析：一是盐的摩尔表面张力增量来定量说明，盐的摩尔表面张力增大，蛋白质在疏水层析柱内的保留值相应增大。这是因为盐的摩尔表面张力增大使蛋白质分子中的疏水基团与介质配基之间的吸附力增强，洗脱时延长了解吸附所用时间。二是各种盐离子和离子对(亦称反离子)具有破坏周围水分子有序排列的能力。

流动相中盐的组成对蛋白质在疏水层析介质上的保留值具有最为重大的影响。某些离子对蛋白质构象有稳定作用，如 SO_4^{2-} 可以提高蛋白质构象的稳定性，能使蛋白质的溶解度下降，对蛋白质有盐析效应，使蛋白质与固定相的疏水作用增强，这些盐或离子的洗脱能力就较弱。有些离子对蛋白质构象具有不稳定作用，如 Cl^-、Ca^{2+} 会使蛋白质构象稳定性降低，使蛋白质发生不同程度的变性，增加蛋白质的溶解度，具有盐溶效应。这样的盐或离子的洗脱能力就比较强。

盐析和盐溶作用的特性可以作为选择疏水层析上样和洗脱条件的依据。根据盐析效应和洗脱能力的强弱，将常用的离子和盐类排列如下：

负离子　PO_4^{3-}、SO_4^{2-}、CH_3COO^-、Cl^-、Br^-、NO_3^-、ClO_4^-、I^-、SCN^-

正离子　$(CH_3)_4N^+$、NH_4^+、Na^+、Li^+、Mg^{2+}、Ca^{2+}、Ba^{2+}

盐类　　Na_2SO_4、KH_2PO_4、Na_2HPO_4、$(NH_4)_2SO_4$、NH_4Ac、KAc、$NaAc$、$NaCl$

盐析作用增强 ←————————————————→ 洗脱作用增强

排在最左边的离子或盐,盐析作用最强,洗脱能力最弱;排在最右边的离子或盐,洗脱能力最强,盐析作用最弱。

选择合适的盐对保证蛋白质的分离以及分离后蛋白质的活性都很重要。$(NH_4)_2SO_4$、NH_4Ac、$NaCl$ 和磷酸盐是疏水层析分离常用的几种盐。

二、离子强度

离子强度的大小直接影响样品组分在固定相的保留值。一般增加离子强度来增加组分的保留值,降低离子强度来提高组分的解吸附能力。

HIC 实验中,改变离子强度进行洗脱的方式,一般宜采用梯度洗脱法,可提高分离的选择性。

三、溶液的酸碱度

溶液的 pH 主要考虑能维持生物大分子的生物活性较稳定的 pH 环境。大多数蛋白质在 pH 4～8 范围是稳定的。一般情况,溶液的 pH 接近蛋白质的等电点,其疏水性增加,有利于与固定相配基相互作用;远离其等电点,其疏水性减少,不利于与固定相配基结合,有利于蛋白质洗脱。通过改变溶液的 pH 也可以改变蛋白质的疏水性。但在 HIC 实验中通常采用改变溶液的离子强度来改变蛋白质的疏水性。

四、柱温

一般柱温升高,生物大分子的构象会发生变化,疏水作用增加,保留值增加,有利于提高层析柱的分离度,所以有时可以通过提高柱温来增加疏水基团与配基间的相互作用,分离性质相近的化合物,如对分离一些小分子是非常有效的。但是对于具有生物活性的物质或酶类,在高温条件下易变性失活,因此不宜在高温条件下进行分离。一般都在常温或低温下操作。

参 考 资 料

[1] 周先碗,胡晓倩编. 生物化学仪器分析与实验技术. 北京:化学工业出版社,2003,128～132

[2] 师治贤,王俊德编著. 生物大分子的液相色谱分离和制备,第二版. 北京:科学出版社,1996,202～228

[3] 王素云. 疏水相互作用层析法. 生物化学与生物物理进展,1982,4:71～74

[4] Roettger B F, et al. Mechanisms of Protein Retention in Hydrophobic Interaction Chromatography. Protein Purification,1990,80～92

[5] Yoshio K, et al. Operational Variable in High-performance Hydrophobic Interaction Chromatography of Protein on TSK Gel Phenyl-5pw. J Chromatogr,1984,298:407～408

[6] Hjerten S. Hydrophobic Interaction Chromatography of Proteins on Neutral Adsordents. Methods of Protein Seperation,1976,2:233～243

（陈雅蕙）

第十一章 电泳技术

带电颗粒在电场作用下向着与其电性相反的电极移动,称为电泳(electrophoresis,EP)。早在 1808 年就发现了电泳现象,但作为一种分离方法却是在 1937 年,瑞典科学家 Tiselius 设计了世界上第一台自由电泳仪,建立了"移界电泳法"(moving boundary EP),成功地将血清蛋白质分成清蛋白、α_1-、α_2-、β-和 γ-球蛋白五个主要成分,为人们了解血清奠定了基础。由于他贡献突出,1948 年荣获诺贝尔奖。

由于"移界电泳法"电泳时自由溶液受热后发生密度变化,产生对流,使区带扰乱,分辨率不高;加之 Tiselius 电泳仪价格昂贵,不利于推广。20 世纪 50 年代,许多科学家着手改进电泳仪,寻找合适的电泳支持介质,先后找到滤纸、醋酸纤维素薄膜、淀粉及琼脂糖作为支持物。60 年代,Davis 等科学家利用聚丙烯酰胺凝胶作为电泳支持物,在此基础上发展了 SDS-聚丙烯酰胺凝胶电泳、等电聚焦电泳、双向电泳和印迹转移电泳等技术。这些技术具有设备简单、操作方便、分辨率高等优点。分离后的物质可进行染色、紫外吸收、放射自显影、生物活性测定等,从而取得定量数据。目前,电泳技术已成为生物化学、免疫学、分子生物学以及与其密切相关的医学、农、林、牧、鱼、制药、某些工业分析中必不可少的手段。特别是 20 世纪 80 年代以来,生物工程作为技术革命的标志之一,许多研究的重要环节都要依赖各种类型的电泳分离技术解决。因此,电泳技术必然会在基础生物科学的研究中、在国民经济的发展中以及在医疗保健事业的发展中发挥巨大的作用。

第一节 电泳基本原理

一、电荷的来源与等电点概念

任何物质由于其本身的解离作用或表面上吸附其他带电质点,在电场中便会向一定的电极移动。作为带电颗粒可以是小的离子,也可是生物大分子,如蛋白质、核酸、病毒颗粒、细胞器等。因为蛋白质分子是由氨基酸组成的,而氨基酸带有可解离的氨基($-N^+H_3$)和羧基($-COO^-$),是典型的两性电解质,在一定的 pH 条件下就会解离而带电。带电的性质和多少取决于蛋白质分子的性质及溶液的 pH 和离子强度。在某一 pH 条件下,蛋白质分子所带的正电荷数恰好等于负电荷数,即净电荷等于零,此时蛋白质质点在电场中不移动,溶液的这一 pH,称为该蛋白质的等电点(isoelectric point,以 pI 表示)。

如果溶液的 pH 大于 pI,则蛋白质分子会解离出 H^+ 而带负电,此时蛋白质分子在电场中向正极移动。如果溶液的 pH 小于 pI,则蛋白质分子结合一部分 H^+ 而带正电,此时蛋白质分子在电场中向负极移动。其示意图如图 11-1 所示。

二、泳动度

不同的带电颗粒在同一电场的运动速度不同,其泳动速度用迁移率(或称泳动度,mobility)来表示。

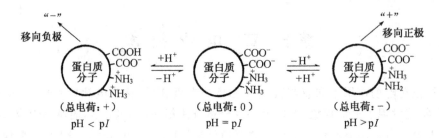

图 11-1　不同 pH 条件下蛋白质分子在电场中运动状态示意图

泳动度指带电颗粒在单位电场强度下的泳动速度，可用以下公式计算：

$$U = \frac{v}{E} = \frac{d/t}{V/l} = \frac{dl}{Vt}$$

式中，U（也可以用 m 表示）为泳动度（$cm^2/V \cdot s$）；v 为颗粒泳动速度（cm/s）；E 为电场强度（V/cm）；d 为颗粒泳动的距离（cm）；l 为滤纸有效长度，即滤纸与两极溶液交界面间的距离（cm）；V 为实际电压（V）；t 为通电时间（s 或 min）。电泳后通过测量 V, t, d, l，即可计算出被分离物质的泳动度。

带电颗粒在电场中的泳动速度与本身所带净电荷的数量、颗粒大小和形状有关。一般说来，所带的净电荷数量愈多，颗粒愈小，愈接近球形，则在电场中泳动速度愈快；反之则慢。已知一被分离的球形分子在电场中所受的力 F 为

$$F = EQ$$

式中，E 为电场强度，即每厘米支持物的电位降；Q 为被分离物所带净电荷。

根据 Stoke 定律，一球形分子在液体中泳动所受的阻力（摩擦力）F' 为

$$F' = 6\pi r \eta v$$

式中，η 为介质粘度，r 为分子半径，v 为分子移动速度。

当平衡时，$F = F'$，则

$$EQ = 6\pi r \eta v$$

$$v = \frac{EQ}{6\pi r \eta}$$

又 $U = \dfrac{v}{E}$，得

$$U = \frac{Q}{6\pi r \eta}$$

由上式可见泳动度与球形分子半径、介质粘度、颗粒所带电荷有关。以纸电泳为例，各种血浆蛋白的等电点及泳动度见表 11-1。

表 11-1　各种血浆蛋白的等电点及泳动度

蛋白质名称	等 电 点	泳动度/($cm^2 \cdot V^{-1} \cdot s^{-1}$)	相对分子质量
清蛋白	4.88	-5.9×10^{-5}	69 000
α_1-球蛋白	5.06	-5.1×10^{-5}	200 000
α_2-球蛋白	5.06	-4.1×10^{-5}	300 000
β-球蛋白	5.12	-2.8×10^{-5}	9 000~150 000
γ-球蛋白	6.85~7.50	-1.0×10^{-5}	156 000~300 000
纤维蛋白原	5.40	-2.1×10^{-5}	

　　由上可见,泳动度是一个物理常数,可以用来鉴定蛋白质及研究它们的某些物理化学性质。

三、影响电泳速度的外界因素

　　被分离物泳动速度除受其本身性质影响外,还与其他外界因素有关,它们之间的关系为

$$v = \frac{\xi E D}{C \eta}$$

由上式可看出,泳动速度(v)与电动势(ξ)、所加的电场强度(E)及介质的介电常数(D)成正比;与溶液的粘度(η)及常数(C)成反比,C的数值为$4\pi \sim 6\pi$,由颗粒大小而定。影响颗粒泳动速度的外界因素讨论如下:

1. 电场强度

　　电场强度是指每厘米的电位降,也称电位梯度或电势梯度。电场强度对泳动速度起着重要的作用。电场强度越高,则带电颗粒泳动越快。例如纸电泳时,若在滤纸两端相距 25 cm 处测得电位降为 250 V,则电场强度为 250/25＝10 V/cm。根据电场强度的不同,纸电泳可以分为:

　　(1) 常压(100～500 V)电泳:其电场强度为 2～10 V/cm。分离时间较长,从数小时到数天,适合于分离蛋白质等大分子物质。

　　(2) 高压(2000～10 000 V)电泳:其电场强度为 50～200 V/cm,电泳时间很短,有时只需几分钟。多用于分离氨基酸、多肽、核苷酸、糖类等小分子物质。

2. 溶液 pH

　　为使电泳时 pH 恒定,必须采用缓冲液作为电极液,溶液的 pH 决定带电颗粒的解离程度,亦即决定其所带电荷的多少。对蛋白质而言,溶液 pH 离等电点(pI)越远,则颗粒所带的净电荷越多,泳动速度也越快;反之,则越慢。因此分离某种蛋白质混合液时,应选择一个合适的 pH,使欲分离的各种蛋白质所带的电荷数量有较大的差异,更有利于彼此的分开。

3. 溶液的离子强度

　　离子强度影响颗粒的电动势(ξ),缓冲液离子强度越高,电动电势越小,则泳动速度越慢;反之,则越快。若离子强度过低,则缓冲能力差,往往会因溶液 pH 变化而影响泳动速度。一般最适合的离子强度在 0.02～0.2 之间。溶液离子强度(ionic strength)的计算公式为

$$I = \frac{1}{2} \sum_{i=1}^{s} c_i z_i^2$$

式中,I为离子强度,s表示有s种离子,c为离子的摩尔浓度(mol/L),z为离子价数,$\sum$为平均求和。价数越高,则离子强度越大。

　　例 11-1　求 0.015 mol/L Na_2SO_4 的离子强度。

　　解
$$Na_2SO_4 \rightleftharpoons 2Na^+ + SO_4^{2-}$$
$$I = \frac{1}{2}(0.015 \times 2 \times 1^2 + 0.015 \times 2^2)$$
$$= 0.045 (mol \cdot L^{-1})$$

　　例 11-2　pH 6.8 的 1/15 mol/L 磷酸盐缓冲液配制时,将 49.6 mL 1/15 mol/L Na_2HPO_4 溶液与 50 mL 1/15 mol/L NaH_2PO_4 溶液混合而成,求其离子强度近似值。

解

$$Na_2HPO_4 \Longrightarrow 2Na^+ + HPO_4^{2-}$$

$$NaH_2PO_4 \Longrightarrow Na^+ + H_2PO_4^-$$

$$\overline{Na_2HPO_4 + NaH_2PO_4 \Longrightarrow 3Na^+ + HPO_4^{2-} + H_2PO_4^-}$$

$$I = \frac{1}{2}(c_{Na^+} \times z_1^2 + c_{HPO_4^{2-}} \times z_2^2 + c_{H_2PO_4^-} \times z_3^2)$$

$$= \frac{1}{2}\left(\frac{1}{30} \times 3 \times 1^2 + \frac{1}{30} \times 2^2 + \frac{1}{30} \times 1^2\right)$$

$$\approx 0.13(mol \cdot L^{-1})$$

本例中,只按一次解离计算,Na_2HPO_4 溶液与 NaH_2PO_4 溶液混合的摩尔浓度均按等量稀释计算,故求出的数值为近似值。

根据离子强度(I)的计算公式,可以看出,一个单单价的电解质(如 NaCl、KCl)的离子强度就等于其浓度。

$$I = \frac{c(1)^2 + c(1)^2}{2} = c$$

一个单双价(或双单价)的电解质(如 Na_2SO_4、$CaCl_2$)的离子强度等于其浓度的 3 倍。

$$I = \frac{2 \times c(1)^2 + c(2)^2}{2} = \frac{6c}{2} = 3c$$

一个双双价的电解质(如 $ZnSO_4$、$CuSO_4$)的离子强度等于其浓度的 4 倍。

$$I = \frac{c(2)^2 + c(2)^2}{2} = \frac{8c}{2} = 4c$$

其余请参考表 11-2。

表 11-2 分子中离子的价数与溶液的离子强度的关系

分子中离子价数	溶液的离子强度/(mol·L⁻¹)	分子中离子价数	溶液的离子强度/(mol·L⁻¹)
1∶1	$1c$	3∶1	$6c$
2∶1	$3c$	2∶3	$15c$
2∶2	$4c$	3∶3	$9c$

有了这样一个规律,想要得到溶液的离子强度,不必进行繁琐的计算,只要知道溶液的摩尔浓度,查表即可知道溶液的离子强度。如例 11-2 中 Na_2HPO_4-NaH_2PO_4 缓冲液,也只需经过简单的计算,即可求出离子强度。Na_2HPO_4 的离子强度为 $3 \times (1/15) = 0.2\ mol \cdot L^{-1}$,$NaH_2PO_4$ 的离子强度为 $1 \times (1/15) = 0.06\ mol \cdot L^{-1}$。因溶液配制时是近似等体积混合,故其近似离子强度为 $0.13\ mol \cdot L^{-1}$。

4. 电渗现象

液体在电场中,对于一个固体支持物的相对移动,称为电渗现象(见图 11-2)。例如纸电泳,由于滤纸上吸附 OH^- 带负电荷,而与纸相接触的一薄层水溶液带正电荷,液体便向负极移动,并携带颗粒同时移动。所以电泳时,带电颗粒泳动的表观速度是颗粒本身的泳动速度与由于电渗携带颗粒的移动速度的矢量和。若带电颗粒原来向负极移动,则其表观速度将比泳动速度快;若原来向正极移动,则其表观速度将比泳动速度慢。为校正这一误差,可用中性物质糊精(dextrin)、蔗糖或葡聚糖(dextran)等与样品同时进行纸上电泳,然后将其移动距离自实验结果中扣除。

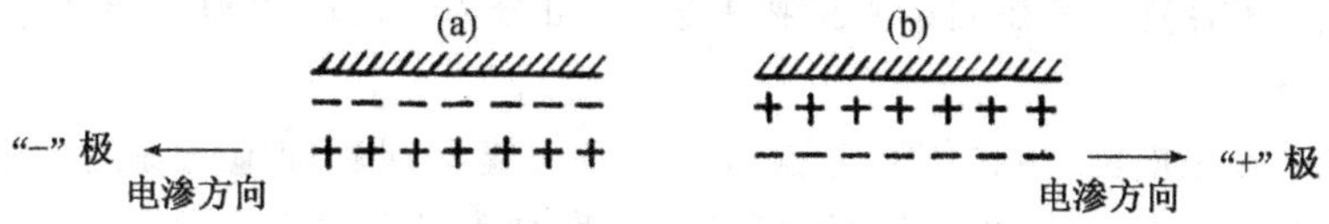

图 11-2 电渗示意图

(a)、(b)均为固相支持物,如滤纸等

5. 对支持物的选择

一般要求支持物均匀,吸附力小,否则电场强度不均匀,影响区带的分离,实验结果及扫描图谱均无法重复。如纸电泳时,滤纸厚薄不均匀或吸附力过大,则蛋白质或其他胶体颗粒在它们泳动过程中有一部分被滤纸吸附,造成分离区带蛋白含量相对量降低,因此,电泳前应事先处理滤纸,减低滤纸的吸附能力,可取得较好的分离效果。若选用 Whatwan No. 1 号滤纸或国产新华滤纸,一般不需要进行预处理。

6. 焦耳热对电泳的影响

电泳过程中由于通电产生焦耳热,其大小与电流强度的平方成正比。热对电泳有很大的影响。温度升高时,介质粘度下降,分子运动加剧,引起自由扩散变快,迁移率增加,分辨率下降。当电场强度或电极缓冲液以及样品中离子强度增高,电流强度会随着增大,焦耳热也随之增加,这不仅降低分辨率,影响泳动速度,严重时还会烧断滤纸、融化琼脂糖凝胶或烧焦聚丙烯酰胺凝胶支持物。为降低热效应对电泳的影响,可控制电压或电流,也可在电泳系统中安装冷却散热装置。

第二节 电泳的分类

一、按分离原理分类

可分为区带电泳、移界电泳、等速电泳和聚焦电泳四种。

(1) 区带电泳(zone EP,ZEP):电泳过程中,不同的离子成分在均一的缓冲液体系中分离成独立的区带,这是当前应用最广泛的电泳技术。

(2) 移界电泳(moving boundary EP,MBEP):是 Tiselius 最早建立的电泳,它是在 U 形管中进行的,由于分离效果较差,已为其他电泳技术所取代。

(3) 等速电泳(isotachophoresis,ITP):需专用电泳仪,当电泳达到平衡后,各组分的区带相随并形成清晰的界面,并以等速移动。

(4) 等电聚焦(isoelectric focusing,IEF):由于具有不同等电点的两性电解质载体在电场中自动形成 pH 梯度,使被分离物移动至各自等电点的 pH 处聚集成很窄的区带,且分辨率较高。从表面看与区带电泳相似,但原理不同。

后两种电泳中,带电颗粒在电场作用下电迁移一定时间后达到一个稳定状态,此后,电泳区带的宽度保持不变。也称稳态电泳(steady state EP)。

二、按有无固体支持物分类

根据电泳是在溶液还是在固体支持物中进行,可分为自由电泳和支持物电泳两大类。

1. 自由电泳

可分为:① 显微电泳(也称细胞电泳),是在显微镜下观察细胞或细菌的电泳行为;② 移界电泳;③ 柱电泳,是在层析柱中进行,可利用密度梯度的差别使分离的区带不再混合,如再配合 pH 梯度,则为等电聚焦柱电泳;④ 自由流动幕电泳;⑤ 等速电泳等。

2. 支持物电泳

其支持物是多种多样的,也是目前应用最多的一种方法。其电泳过程可以是连续的或不连续的(分批),可进行常压电泳(100～600 V)、高压电泳(600 V 以上)、免疫电泳、等电聚焦电泳及等速电泳。根据支持物的特点又可分为:

(1)无阻滞支持物,如滤纸、醋酸纤维素薄膜、纤维素粉、淀粉、玻璃粉、硅胶、矾土、聚酰胺粉末、凝胶颗粒等。

(2)高密度的凝胶,如淀粉凝胶、聚丙烯酰胺凝胶、琼脂或琼脂糖凝胶。

电泳槽的形式也是多种多样的,有垂直的、水平的、柱状的、板状的、毛细管的、湿小室及幕状的。毛细管电泳是 20 世纪 80 年代研制出的一种新型的区带电泳方法,具有分辨率好、灵敏度高、检测快捷等特点。

由上可见电泳种类很多,电泳的原理基本相同,但不同的支持物或凝胶又有各自的特点。现就一般生化实验室常用的醋酸纤维素薄膜电泳、琼脂(糖)凝胶电泳、免疫电泳、聚丙烯酰胺凝胶电泳、SDS-聚丙烯酰胺凝胶电泳、等电聚焦电泳等有关理论及其用途介绍如下。

第三节　醋酸纤维素薄膜电泳

醋酸纤维素薄膜电泳(cellulose acetate membrane electrophoresis)以醋酸纤维素薄膜为支持物。它是纤维素的醋酸酯,由纤维素的羟基经乙酰化而成。它溶于丙酮等有机溶液中,即可涂布成均一细密的微孔薄膜,厚度约以 0.1～0.15 mm 为宜。太厚吸水性差,分离效果不好;太薄则膜片缺少应有的机械强度则易碎。目前,国内有醋酸纤维素薄膜商品出售,不同厂家生产的薄膜主要在乙酰化、厚度、孔径、网状结构等方面有所不同,但分离效果基本一致,一般多采用浙江黄岩化工厂生产的醋酸纤维素薄膜。

醋酸纤维素薄膜与滤纸相比较,有以下优点:

(1)醋酸纤维素薄膜对蛋白质样品吸附极少,无"拖尾"现象,染色后背景能完全脱色,各种蛋白质染色带分离清晰,因而提高了定量测定的精确性。

(2)快速省时。由于醋酸纤维素薄膜亲水性较滤纸小,薄膜中所容纳的缓冲溶液也较少,电渗作用小,电泳时大部分电流是由样品传导的,所以分离速度快,电泳时间短,一般电泳45～60 min 即可,加上染色、脱色,整个电泳完成仅需 90 min 左右。

(3)灵敏度高,样品用量少。血清蛋白电泳仅需 2 μL 血清,甚至加样体积少至 0.1 μL,仅含 5 μg 蛋白样品也可得到清晰的分离区带。临床医学检验利用这一特点,检测在病理情况下微量异常蛋白的改变。

(4)应用面广。某些蛋白用纸电泳不易分离,如胎儿甲种球蛋白、溶菌酶、胰岛素、组蛋白等,但用醋酸纤维素薄膜电泳能较好地分离。

(5)醋酸纤维素薄膜电泳染色后,经冰醋酸、乙醇混合液或其他溶液浸泡后可制成透明的干板,有利于扫描定量及长期保存。

由于醋酸纤维素薄膜电泳操作简单、快速、价廉,目前已广泛用于分析检测血浆蛋白、脂蛋白、糖蛋白、胎儿甲种球蛋白、体液、脊髓液、脱氢酶、多肽、核酸及其他生物大分子,为心血管疾病、肝硬化及某些癌症鉴别诊断提供了可靠的依据,因而已成为医学和临床检验的常规技术。

第四节 琼脂糖凝胶电泳

以琼脂糖为支持物的电泳有琼脂糖电泳、印迹转移电泳、脉冲交变凝胶电泳及免疫电泳四种,它们有共同之处,又有各自的特点,分别叙述如下。

一、琼脂糖凝胶电泳原理

琼脂糖凝胶电泳(agarose gel electrophoresis)以琼脂糖为支持物。琼脂是从天然红色墨角藻(red-seaweed)中提取的一种胶状多聚糖(gel-forming polysaccharide)。它主要由琼脂糖(约占80%)及琼脂胶(agaropectin)组成。琼脂糖的分子结构大部分是由半乳糖(1,3 连接的 β-D 吡喃半乳糖)及其衍生物(1,4 连接的 3,6 脱水 α-D 吡喃半乳糖)交替而成的中性物质,不带电荷,其结构式如图 11-3 所示。而琼脂胶是一种含硫酸根和羧基的强酸性多糖,由于这些基团带有电荷,在电场作用下能产生较强的电渗现象,加之硫酸根可与某些蛋白质作用而影响电泳速度及分离效果。因此,目前多用琼脂糖为电泳支持物进行平板电泳,其优点如下:

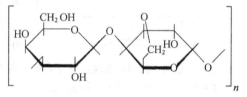

图 11-3 琼脂糖的结构式

(1)琼脂糖凝胶是具有大量微孔的基质,其孔径大小取决于它的浓度。0.075%琼脂糖凝胶孔径为 800 nm,0.16%的孔径为 500 nm,1%的孔径为 150 nm,这是常用的浓度,可以分析相对分子质量为百万的生物大分子。

(2)琼脂糖凝胶电泳操作简单,电泳速度快,样品不需事先处理就可进行电泳。

(3)琼脂糖凝胶结构均匀,含水量大(约占 98%～99%),近似自由电泳,样品扩散度较自由电泳小,对样品吸附极微,因此电泳图谱清晰,分辨率高,重复性好。

(4)琼脂糖凝胶透明,无紫外吸收,电泳过程和结果可直接用紫外监测及定量测定。

(5)电泳后区带易染色,样品易洗脱,便于定量测定。

(6)琼脂糖具有较低胶凝温度及低熔点,凝胶具有热可逆性,有利于样品回收,达到样品制备的目的。

(7)琼脂糖无毒,凝胶过程中不需催化剂、加速剂,不会发生自由基聚合。

(8)琼脂糖凝胶是高灵敏度放射自显影的理想材料。

目前,常用 1%琼脂糖作为电泳支持物,用于分离血清蛋白、血红蛋白、脂蛋白、糖蛋白、乳酸脱氢酶、碱性磷酸酶等同工酶的分离和鉴定,为临床某些疾病的鉴别诊断提供了可靠的依据。将琼脂糖电泳与免疫化学相结合,发展成免疫电泳技术,能鉴别其他方法不能鉴别的复杂体系,由于建立了超微量技术,0.1 μg 蛋白质就可检出。

琼脂糖凝胶电泳也常用于分离、鉴定核酸,如 DNA 鉴定、DNA 限制性内切酶图谱制作等,为 DNA 分子及其片段相对分子质量测定和 DNA 分子构象的分析提供了重要手段。由于这种方法具有操作方便、设备简单、需样品量少、分辨能力高的优点,已成为基因工程研究中常用实验方法之一。

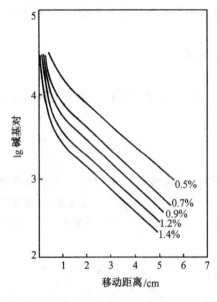

图 11-4　移动距离与碱基对的相应关系
缓冲液:0.5×TBE,0.5 μg/mL 溴乙锭;
电泳条件:1 V/cm,16 h

二、DNA 的琼脂糖凝胶电泳

琼脂糖凝胶电泳对核酸的分离作用主要依据它们的分子大小及分子构型,同时与凝胶的浓度也有密切关系。

1. 核酸分子大小与琼脂糖浓度的关系

(1) DNA 分子的大小:在同一浓度凝胶中,较小的 DNA 片段迁移比较大的片段快。DNA 片段迁移距离(迁移率)与其分子大小(碱基对,bp)的对数成反比,见图 11-4。因此通过已知大小的标准物移动的距离与未知片段的移动距离进行比较,便可测出未知片段的大小。但是当 DNA 分子大小超过 20 kb 时,普通琼脂糖凝胶就很难将它们分开。此时电泳的迁移率不再依赖于分子大小,因此,应用琼脂糖凝胶电泳分离 DNA 时,分子大小不宜超过此值。

(2) 琼脂糖的浓度:一定大小的 DNA 片段在不同浓度的琼脂糖凝胶中,电泳迁移率不相同(图 11-4)。不同浓度的琼脂糖凝胶适宜分离 DNA 片段大小范围详见表 11-3。因而要有效地分离大小不同的 DNA 片段,主要是选用适当的琼脂糖凝胶浓度。

表 11-3　琼脂糖凝胶浓度与分辨 DNA 大小范围的关系

琼脂糖凝胶浓度/%(m/V)	线状双链 DNA 片段的分离范围/kb
0.3	5~60
0.6	1~20
0.7	0.8~10
0.9	0.5~7
1.2	0.4~6
1.5	0.2~3
2.0	0.1~2

2. 核酸构型与琼脂糖凝胶电泳分离的关系

不同构型的 DNA 在琼脂糖凝胶中的电泳速度差别较大。根据 Aaij 和 Borst 的研究结果表明,在相对分子质量相当的情况下,不同构型的 DNA 的电泳移动速度次序如下:共价闭环 DNA(covalently closed circular DNA,简称 cccDNA)＞线状 DNA＞开环的双链环状 DNA。当琼脂糖浓度太高时,环状 DNA(一般为球形)不能进入胶中,相对迁移率为 0($R_m=0$),而同等大小的线状双链 DNA(刚性棒状)则可以长轴方向前进($R_m>0$),由此可见,这三种构型的相对迁移率主要取决于凝胶浓度,但同时,也受到电流强度、缓冲液离子强度等的影响。

3. 琼脂糖凝胶电泳基本方法

(1)凝胶电泳类型:用于分离核酸的琼脂糖凝胶电泳可分为垂直型及水平型(平板型)。水平型电泳时,胶板有支撑物,凝胶板完全浸泡在电极缓冲液下 1~2 mm,故又称为潜水式。因为它制胶和加样比较方便,电泳槽简单,易于制作,又可以根据需要制备不同规格的凝胶板,节约凝胶,因而受到人们的欢迎,是目前常用的类型。但从分离效果比较,垂直型略好于水平型。

(2)缓冲液系统:DNA 的电泳多用连续系统。迁移率受到电泳缓冲液的成分和离子强度的影响,当缺少离子时,电流传导很少,DNA 迁移非常慢;相反,高离子强度的缓冲液由于电流传导非常有效,导致大量热量产生,严重时会造成胶融化和 DNA 的变性。常用缓冲液有:

Tris-硼酸(TBE):0.09 mol/L Tris-硼酸,0.002 mol/L EDTA。

Tris-乙酸(TAE):0.04 mol/L Tris-乙酸,0.001 mol/L EDTA。

Tris-磷酸(TPE):0.09 mol/L Tris-磷酸,0.002 mol/L EDTA。

碱性缓冲液:50 mmol/L NaOH,1 mmol/L EDTA。

一般都配成 10 倍缓冲液(10×)作为贮存液,应用时稀释到所需的倍数。如 TBE 贮存液为 5×,工作液为 0.5×。其他缓冲液的工作液为 1×。

(3)琼脂糖凝胶的制备:多采用水平型,以稀释的工作电泳缓冲液配制所需的凝胶浓度。经熔化的琼脂糖凝胶倒入凝胶托盘上,冷却凝固。

(4)样品配制与加样:DNA 样品用适量 TBE 或其他电泳缓冲液溶解,缓冲溶解液内含有 0.25% 溴酚蓝或其他指示染料与 10%~15% 蔗糖或 5%~10% 甘油,以增加其密度,使样品集中。为避免蔗糖或甘油可能使电泳结果产生 U 形条带,可改用 2.5% Ficoll(聚蔗糖)代替蔗糖或甘油。每孔加样量约 5~10 μg。

(5)电泳:琼脂糖凝胶分离大分子 DNA 实验条件的研究结果表明,在低浓度、低电压下,分离效果较好。在低电压条件下,线状 DNA 分子的电泳迁移率与所用的电压成正比。但是,在电场强度增加时,相对分子质量高的 DNA 片段迁移率的增加是有差别的。因此随着电压的增高,电泳分辨率反而下降,相对分子质量与迁移率之间就可能偏离线性关系。为了获得电泳分离 DNA 片段的最大分辨率,电场强度不宜高于 5 V/cm。

电泳系统的温度对于 DNA 在琼脂糖凝胶中的电泳行为没有显著的影响。通常在室温下进行电泳,只有当凝胶浓度低于 0.5% 时,为增加凝胶硬度,可在 4℃ 低温下进行电泳。

(6)染色:常用荧光染料溴乙锭(EB)进行染色以观察琼脂糖凝胶内的 DNA 条带。详细内容参阅本章第六节"四、核酸的染色"。

琼脂糖凝胶电泳分离 DNA 具体实验操作见本书下篇实验 39。

三、琼脂糖和聚丙烯酰胺凝胶印迹转移电泳

1. 转移电泳原理

(1)琼脂糖印迹转移电泳(botting and electrophoretic transfer electrophoresis):是在琼脂糖电泳的基础上发展起来的一种新技术。1975 年,E. M. Southern 利用毛细管作用,首先创造了转移区带印迹技术,其装置示意图见图 11-5。

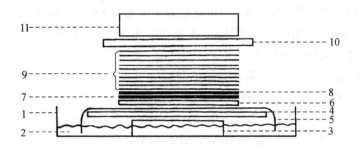

图 11-5 Southern 原位转移图解

1. 搪瓷盘；2. 转移缓冲液（20×SSC）；3. 支持物（150 mm×15 mm 平皿）；4,10. 玻璃板；5. 3 mm
滤纸（浸泡在缓冲液中）；6. 琼脂糖凝胶片；7. 硝酸纤维素薄膜；8. 3 mm 滤纸；9. 5～8 cm 吸水纸
（卫生纸）；11. 重物（500～1000 g）

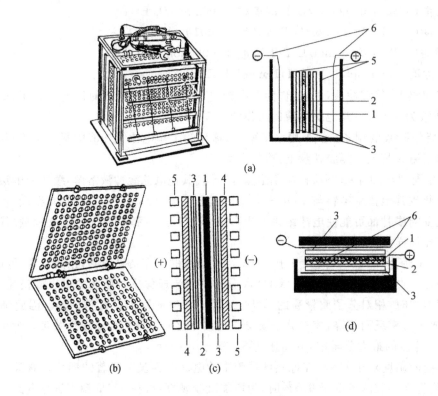

图 11-6 印迹转移电泳装置示意图

（a）垂直槽式电泳印迹装置；（b）有孔转移框架；（c）夹心式转移单元；（d）水平半干式电转移印迹装置

1. 凝胶；2. 硝酸纤维素等固定化膜；3. 滤纸；4. 海绵垫（3～4 mm）；5. 有孔转移框架；6. 电极

他在分析经限制性内切酶降解的 DNA 片段时，先进行琼脂糖凝胶电泳，然后将胶板放在上述装置中，在其上放一张硝酸纤维素薄膜及一叠干的吸水纸，借助毛细管作用使凝胶上的分离区带转移到硝酸纤维素薄膜上，最后用特定的放射性 RNA 作探针与固定在硝酸纤维素薄膜上特异区带进行 DNA-RNA 杂交，并用放射性自显影的方法检出所需的 DNA 片段，这就是 DNA 印迹法（Southern blotting 或 Southern 印迹法）。Alwine 等人将此法用于 RNA 检测，称为"北部"印迹法（Northern blotting）。1979 年，Towbin 等人在研究蛋白质分离区带转移时设计了另一种电转移印迹装置,见图 11-6(a)。

(2) 蛋白质印迹转移电泳:蛋白质样品经聚丙烯酰胺凝胶电泳分离后将带有蛋白质区带的凝胶片放在有孔转移框架[图 11-6(b)]中,组合成夹心式转移单元[图 11-6(c)],然后固定在电泳槽中,在低电压高电流的直流电场中,以电驱动的转移方式,将凝胶中的蛋白区带转移到硝酸纤维素薄膜或其他固相纸膜上。这种电转移的毛细管作用速度快,清晰度更高。后来 Burnette 称这种以电驱动转移蛋白质区带的方法称为"西部"印迹法(Western blotting)。1982 年,Reinhart 等人将电驱动转移等电聚焦电泳后的蛋白区带称为"东部"印迹法(Eastern blotting)。

目前,国内外有各种核酸、蛋白质印迹转移电泳装置出售。除上述垂直槽式电转移装置外,另一种水平半干式电转移印迹装置[图 11-6(d)]也被广泛使用,它比垂直槽式装置操作方便,使用电压和电流只是垂直式的 1/3,转移时间短(1.5~2 h),需用很少的转移缓冲液,可同时进行多块凝胶转移。

电印迹转移电泳方法将高分辨率的电泳技术与灵敏的、专一的免疫检测技术、放射自显影等方法结合起来,使它具有最大优点是高灵敏度和特异性,因而在免疫学、临床医学、生物化学、分子遗传学及分子生物学等领域中的应用越来越广泛。此技术已成为常规技术在实验室应用。

2. 影响印迹转移电泳的因素

(1) 凝胶:应根据需要选择灵敏度高的凝胶,如琼脂糖、聚丙烯酰胺凝胶等以提高分辨率。为保证被分离物(如酶、抗体或抗原等)的生物活性,在凝胶中不应含有 SDS、尿素等蛋白变性剂。凝胶与固相膜及湿滤纸间应贴紧无气泡,因气泡会产生高电阻抗点,而形成低效印迹区。

(2) 固相纸膜:目前固相纸膜种类很多,如硝酸纤维素膜、重氮化纸及阳离子尼龙膜等。这些纸膜都具有质地柔韧,经得起印迹和检测过程中各种物理化学处理,可进行连续分析和长期贮存,纸膜上均含有与生物大分子亲和结合的化学基团。但又有各自的特点,分别介绍如下:

● 硝酸纤维素薄膜(nitrocellulose sheet,NC 膜):目前市售的膜按其孔径大小可分为 0.45,0.2 及 0.1 μm 三种规格,后两种适合转移相对分子质量小于 20 000 的蛋白质。NC 膜是当前应用最多的膜,它具有下列优点:① 价格便宜,使用方便,寿命长,在 4℃ 条件下至少可用一年。② 吸附容量大,因此膜带负电荷,能以静电荷和疏水作用的方式吸附蛋白质。结合及滞留蛋白质的容量在 $80\sim250\ \mu g/cm^2$ 范围。③ 被吸附到膜上的蛋白质、酶等可用各种染色方法检测。

● 重氮化纸:这类纸在临用前需进行重氮化处理,主要有两种。① 重氮苯氧化甲基酯纤维素纸(diazobenyloxymethyl cellulose paper,DBM 纸),这是由氨基苯氧甲基纤维素纸(aminobenzyloxymethyl cellulose paper,ABM 纸)或硝基苯氧甲基纤维素纸(nitrobenzyloxymethyl paper,NBM 纸)在临用前,用亚硝酸进行重氮化处理而成的。NBM 纸保存寿命长,4℃下可贮存一年,而 ABM 纸在 4℃下只能存放 4 个月。② 重氮苯基硫醚纤维素纸(diazophenylthioether cellulose paper,DPT 纸),它是由氨基苯硫醚纤维素纸(aminophenythioether cellulose paper,APT 纸)在临用前,用酸性亚硝酸钠进行重氮化处理而成。APT 纸在 4℃下可贮存半年。以上两种纸的优点:重氮化纸与转移来的蛋白质是共价结合的,因此能经得起各种物理化学条件的处理,也可像录音带似的"抹去"探针,再用第二种探针作新的探测,可连续反复使用 4～5 次。缺点是重氮化基团不稳定,只能用于短时间的印迹电转移,加之重氮化纸较粗糙,与蛋白质结合容量较 NC 膜小。

● 阳离子尼龙膜:常用的有美国 NEN 公司的 Gen-Screen 型等。它与转移来的蛋白质以离子键结合,结合能力不因蛋白质而异,一般在 150～200 $\mu g/cm^2$ 之间。特别对低相对分子质量的蛋白质结合效果尤佳。此膜的缺点是不能用染色法进行蛋白质检测。

● 聚偏二氟乙烯膜(polyvinylidene difluoride membrane,PVDF 膜):用于蛋白质电印迹转移。机械强度高,不易脆裂。与蛋白质具有较强的疏水作用,吸附容量与尼龙膜大致相当,约 170 $\mu g/cm^2$ 蛋白质。蛋白质与 PVDF 膜结合的强度约为与 NC 膜结合强度的 6 倍,并且在随后检测过程中能够更有效地滞留。固定在 PVDF 膜上的蛋白质可用常规染色方法,如氨基黑、印度墨汁、丽春红 S 及考马斯亮蓝等进行染色。

(3)缓冲液:缓冲液的离子强度、pH 及其稳定性对印迹电转移效果起极其重要的作用。现讨论如下:

● 缓冲液离子强度要相应降低,因为蛋白质是靠电驱动而转移的。一般说来,电场强度大或电压高,驱动力大,蛋白质转移速度快且完全,因此适当增加电压或电场强度对电转移有利。但增加电压或电场强度则热效应增加,其热量与缓冲液的导电性及离子强度关系密切,离子强度大产生热量也越多,因而要使蛋白质分子能快速转移,可适当增加电压,相应减少离子强度,并配置冷却装置。

● 缓冲液 pH 应远离其 pI。此时蛋白质分子带净电荷多,有利于它快速转移到固相纸膜上。

● 缓冲液的稳定性。一般常用 Tris-缓冲体系,如 Tris-甘氨酸、Tris-乙酸、Tris-硼酸等,它们较稳定,并且可耐受较高的电场。而磷酸缓冲液较上述溶液稳定性差,电转移不久很快失去缓冲能力,引起离子强度及 pH 的剧烈改变,尤其对以阳离子尼龙膜或重氮化纸转移时,影响蛋白质结合容量及重复性。

四、交变脉冲凝胶电泳

一般琼脂糖凝胶电泳只能分离小于 20 kb 的 DNA。超过此范围的高相对分子质量的 DNA 很难分开,这是因为在琼脂糖凝胶中,DNA 分子呈无规卷曲构象,当其有效直径超过凝胶孔径时,在电场作用下,迫使 DNA 变形挤过筛孔,而沿着泳动方向伸直,因而相对分子质量大小对迁移率影响不大。如此时改变电场方向,则 DNA 分子必须改变其构象沿新的泳动方向伸直,而转向时间与其粘弹性滞留时间有关,并与 DNA 分子大小关系极为密切。1983 年,Schwartz 等人根据 DNA 分子粘弹性弛豫时间(外推为零的滞留时间)与 DNA 相对分子质量有关的特性,设计了脉冲电场梯度凝胶电泳(pulsed field gradient gel electrophoresis),交替采用两个垂直方向的不均匀电泳,使 DNA 分子在凝胶中不断改变方向,从而使 DNA 按相对分子质量大小分开。后来,Carle 等改进了电泳技术,并发现周期性的反转换电场(periodic inversion of the electric field)亦能使大分子 DNA 通过电泳分开。从交变脉冲电场凝胶电泳装置示意图 11-7 可进一步阐明其分离大分子 DNA 的原理。从图中可知此电泳系统是由一个水平式电泳槽和两组独立、彼此垂直的电极组成,一组电极负极为 N,正极为 S;另一组负极为 W,正极为 E。一块正方形琼脂糖凝胶板(10 cm×10 cm 或 20 cm×20 cm)呈 45°放中央。电场在 N-S 和 W-E 之间交替建立。电场交替改变的时间长短与欲分离的 DNA 分子有关。电泳时,DNA 分子处在连续间隔交替的电场中。首先向 S 极移动,然后改向 E 极。在每次电场方向改变时,DNA 分子就要有一定的时间松弛,改变形状和迁移方向。只有当 DNA 分子达到一定构型后,才能继续前进。

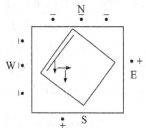

图 11-7　交变脉冲电场凝胶电泳示意图

黑点分别表示水平和垂直的电极,凝胶板以 45°放在电泳槽中央;箭头表示 DNA 从点样孔移动的方向

　　安排这种特殊形式的电极对提高电泳分辨率可起重要作用,两组可交替电场是以电泳槽的对角线为轴线对称安排的,DNA 分子的净移动方向是沿电泳槽的对角线前进的。两个电场之间的角度为 $100°\sim150°$,由于净电场随 DNA 向对角线方向移动而减弱,因而使远离点样原点迁移的 DNA 与近原点分离的 DNA 之间的偏差不会很大。此法为大分子 DNA 的分离提供了有利手段。

　　目前,国内外已有各种交变脉冲电场凝胶电泳装置出售,国内有江苏省兴化分析仪器厂生产的 DY-4A 型交变脉冲电泳装置,Pharmacia-LKB 公司生产的脉冲电泳系统(the pulsaphor TM system)能有效地分辨几百万个碱基配对的大分子核酸。

五、免疫电泳

　　免疫电泳是以琼脂(糖)为支持物,在免疫的基础上,将琼脂(糖)区带电泳与免疫扩散相结合产生特异性的沉淀线、弧或峰。此技术的特点是样品用量极少,免疫识别具有专一性,分辨率高。在琼脂(糖)免疫双扩散的基础上发展了多种免疫电泳,如微量免疫电泳、对流免疫电泳、单向定量免疫电泳(火箭电泳)、放射免疫电泳及双向定量免疫电泳等,上述各种电泳有其共性,但又有不同的操作方法及原理,详见下篇实验 44。

第五节　聚丙烯酰胺凝胶电泳

　　聚丙烯酰胺凝胶是由单体(monomer)丙烯酰胺(acrylamide,Acr)和交联剂(cross linker)又称为共聚体的 N,N-甲叉双丙烯酰胺(methylene-bisacrylamide,Bis)在加速剂和催化剂的作用下聚合交联成三维网状结构的凝胶,以此凝胶为支持物的电泳称为聚丙烯酰胺凝胶电泳(polyacrylamide gel electrophoresis,PAGE)。与其他凝胶相比,聚丙烯酰胺凝胶有下列优点:

　　(1)在一定浓度时,凝胶透明,有弹性,机械性能好。

　　(2)化学性能稳定,与被分离物不起化学反应。

　　(3)对 pH 和温度变化较稳定。

　　(4)几乎无电渗作用,只要 Acr 纯度高,操作条件一致,则样品分离重复性好。

　　(5)样品不易扩散,且用量少,其灵敏度可达 10^{-6} g。

　　(6)凝胶孔径可调节,根据被分离物的相对分子质量选择合适的浓度,通过改变单体及交联剂的浓度调节凝胶的孔径。

　　(7)分辨率高,尤其在不连续凝胶电泳中,集浓缩、分子筛和电荷效应为一体,因而较醋酸纤维素薄膜电泳、琼脂糖电泳等有更高的分辨率。

PAGE 应用范围广,可用于蛋白质、酶、核酸等生物分子的分离、定性、定量及少量的制备,还可测定相对分子质量、等电点等。

自 1964 年 Davis R. J. 和 Ornstem L. 等用聚丙烯酰胺圆盘电泳成功地分离人血清蛋白后,又相继发展了聚丙烯酰胺垂直板电泳、聚丙烯酰胺梯度凝胶电泳、十二烷基硫酸钠-聚丙烯酰胺凝胶电泳、等电聚焦电泳及双向电泳等技术,这些技术在凝胶聚合方面有共同之处,但又有各自的特点,分别叙述如下。

一、聚丙烯酰胺凝胶聚合原理及有关特性

1. 聚合反应

聚丙烯酰胺是由 Acr 和 Bis 在催化剂过硫酸铵[ammonium persulfate,AP,$(NH_4)_2S_2O_8$]或核黄素(ribofavin 即 vitamin B_2,$C_{17}H_{20}O_6N_4$)和加速剂 N,N,N′,N′-四甲基乙二胺(N,N,N′,N′-tetramethyl ethylenediamine,TEMED)的作用下,聚合而成的三维网孔结构。这些主要试剂的理化特性见表 11-4。

表 11-4　制备聚丙烯酰胺凝胶主要试剂的理化性质

特性＼试剂	丙烯酰胺（Acr）	甲叉双丙烯酰胺（Bis）	四甲基乙二胺（TEMED）	过硫酸铵（AP）	核黄素（Vit B_2）
用途	聚合单体	共聚单体交联剂	加速剂	化学聚合催化剂	光聚合催化剂
分子式	C_3H_5ON	$C_7H_{10}O_2N_2$	$C_6H_{16}N_2$	$(NH_4)_2S_2O_8$	$C_{17}H_{20}O_6N_4$
相对分子质量	71.08	154.16	116.20	228.21	376.37
外观形态	白色结晶粉末	白色结晶粉末	无色或淡黄色油状物	白色结晶粉末	黄色粉末
气味	—	—	氨味		
溶解度(30℃)/$(g \cdot mL^{-1})$	2.0(水) 1.1(甲醇) 0.4(丙酮) 0.4(氯仿)	0.31$(H_2O,20℃)$	与水和有机溶剂易混合	易溶于水	1.3×10^{-4}(水)
溶点或沸点/℃	84.5±0.3	185(聚合时)	120～122	—	280～290
密度(D)	1.122	—	0.777	—	—
折射率(n_d^{20})			1.4184±0.0005		
贮存引起的变化	慢慢地自然聚合	慢慢地自然聚合	慢慢变黄	—	—
毒性	中枢神经毒物	中枢神经毒物	—	—	—

丙烯酰胺的聚合主要是通过催化剂和加速剂而启动的,目前常用的有两种催化体系:

(1) AP-TEMED:这是化学聚合作用,TEMED 是一种脂肪族叔胺

$$H_3C \quad\quad\quad CH_3$$
$$N(CH_2)_2N$$
$$H_3C \quad\quad\quad CH_3$$

它的碱基可催化 AP 水溶液产生出游离氧原子,然后激活 Acr 单体,形成单体长链,在交联剂 Bis 作用下聚合成凝胶。其反应如下:

第一步，TEMED 催化 AP 生成硫酸自由基：

$$S_2O_8^{2-} \longrightarrow 2SO_4^- \cdot$$

（过硫酸）　（硫酸自由基）

第二步，硫酸自由基的氧原子激活 Acr 单体，活化的 Acr 彼此连接形成多聚长链：

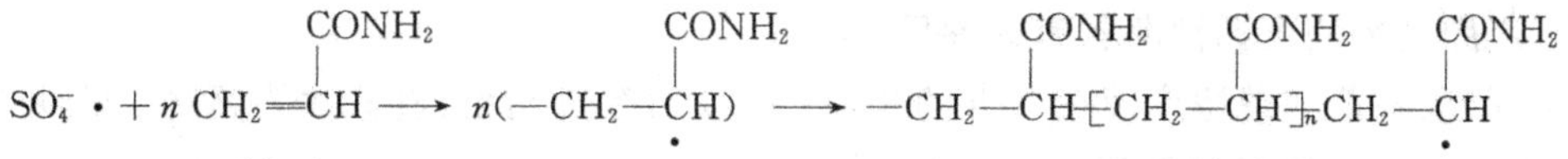

$$SO_4^- \cdot + n\,CH_2\!=\!CH \longrightarrow n(-CH_2-CH) \longrightarrow -CH_2-CH[-CH_2-CH]_n CH_2-CH$$

（Acr）　　　　　　　　　　　　　　　　　　　（Acr 单体长链）

第三步，Bis 将单体长链间连成网状结构：

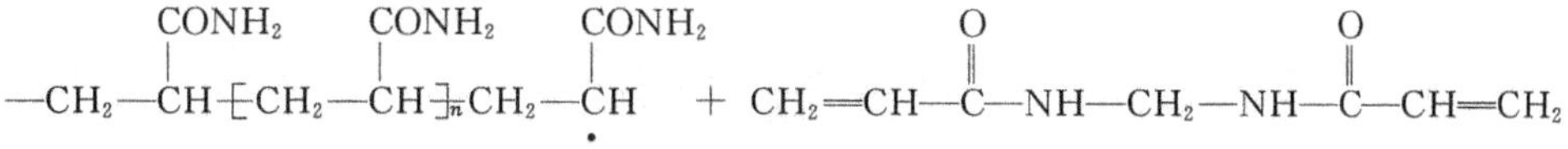

（Acr 单体长链）　　　　　　　　　　　（Bis）

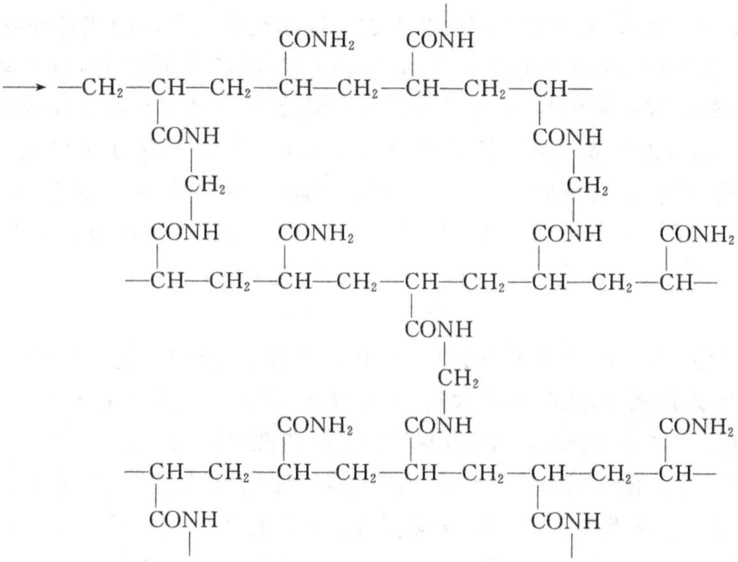

（三维网状凝胶）

　　从反应式中可看出此凝胶是三维网状的，由—C—C—C—C—结合，带不活泼酰胺基侧链的聚合物，没有或很少带有离子侧基，因而凝胶性能稳定，无电渗作用。在碱性条件下，凝胶易聚合，其聚合的速度与 AP 浓度平方根成正比，一般在室温，pH 8.8 时，7.5％丙烯酰胺溶液 30 min 完成聚合作用。在 pH 4.3 时聚合速度很低，约需 90 min 才能聚合。此外，应注意的是虽然增加 AP 和 TEMED 可加速凝胶聚合的速率，但过量的 AP 和 TEMED 会引起电泳时烧胶，电泳后蛋白区带畸变及酶丧失活性。为得到理想的电泳区带，应选择理想的 AP-TEMED 配方，使凝胶在 30～60 min 内完成。此外应选用高纯度的 Acr 及 Bis。因为杂质、某些金属离子、低温和氧分子能延长或阻止碳链的延长与聚合作用。凝胶溶液应先抽气，再加催化剂。聚合时在凝胶表面加一薄层水以隔绝空气。用此法聚合的凝胶孔径较小，常用于制备分离胶（小孔胶），而且各次制备的重复性好。

　　(2) 核黄素-TEMED：这是光聚合作用。TEMED 可加速凝胶的聚合，但不加也可聚合。光聚合作用通常需痕量氧原子存在才能发生，因为核黄素在 TEMED 及光照条件下，还原成无色核黄素，后者被氧再氧化形成自由基，从而引发聚合作用。但过量氧会阻止链长的增加，因此应避免过量氧的存在。用核黄素进行光聚合的优点是：核黄素用量少（1 mg/100 mL），不会引起酶的钝化或蛋白质生物活性的丧失；通过光照可以预定聚合时间，但光聚合的凝胶孔径较大，而且随时间延长而逐渐变小，不太稳定，所以用它制备浓缩胶（大孔胶）较合适。为使重复性好，每次光照时间、强度均应一致。

2. 凝胶孔径的可调性及其有关性质

（1）凝胶性能与总浓度及交联度的关系：凝胶的有效孔径、机械性能、弹性、透明度、粘度和聚合程度取决于凝胶总浓度和 Acr 与 Bis 之比。

$$T=\frac{a+b}{V}\times 100\%$$

$$C=\frac{b}{a+b}\times 100\%$$

式中，a 为 Acr 质量（g），b 为 Bis 质量（g），V 为缓冲液的最终体积（mL），T 为凝胶溶液中单体和交联剂的总质量浓度，C 为交联度即交联剂占单体和交联剂总量的质量分数。

a/b 与凝胶的机械性能密切相关。当 $a/b<10$ 时，凝胶脆而易碎，坚硬呈乳白色；$a/b>100$ 时，即使 5% 的凝胶也呈糊状，易于断裂。欲制备完全透明而又有弹性的凝胶，应控制 $a/b=30$ 左右。不同浓度的单体对凝胶性能影响很大，Davis B. J. 通过实验发现 Acr<2%，Bis<0.5%，凝胶就不能聚合。当增加 Acr 浓度时要适当降低 Bis 的浓度。通常，T 为 2%~5% 时，$a/b=20$ 左右；T 为 5%~10% 时，$a/b=40$ 左右；T 为 15%~20% 时，$a/b=125\sim 200$ 左右，为此 Richard E. C. 等（1965）提出一个选择 C 和 T 的经验公式：

$$C=6.5-0.3T$$

此公式适用于 T 为 5%~20% 范围内的 C 值，其值可有 ±1% 的变化。在研究大分子核酸时，常用 $T=2.4\%$ 的大孔凝胶，此时凝胶太软，不宜操作，可加入 0.5% 琼脂糖。在 $T=3\%$ 时，也可加入 20% 蔗糖以增加机械性能，此时，并不影响凝胶孔径的大小。

（2）凝胶浓度与孔径的关系：T 与 C 不仅与凝胶的机械性能有关，还与凝胶的孔径关系极为密切。一般讲，T 浓度小，孔径小，移动颗粒穿过网孔阻力就大；T 浓度小，孔径大，移动颗粒穿过网孔阻力就小。此外，凝胶聚合时的孔径不仅与 Acr 有关，还与 Bis 用量有关，见表11-5。

表 11-5　Bis 含量与不同凝胶浓度平均孔径的关系

总凝胶浓度/%	Bis 占总凝胶浓度的百分数/%			
	1	5	15	25
	平均孔径/nm			
6.5	2.4	1.9	2.8	—
8.0	2.3	1.6	2.4	3.6
10.0	1.9	1.4	2.0	3.0
12.0	1.7	0.9	—	—
15.0	1.4	0.7	—	—

从表11-5可见：当 Bis 占 Acr 总浓度 5% 时，不管总凝胶浓度有多大，凝胶平均孔径均最小。高于或低于 5% 时孔径相应变大。

（3）凝胶浓度与被分离物相对分子质量（分子大小）的关系：由于凝胶浓度不同，平均孔径不同，能通过可移动颗粒的相对分子质量（分子大小）也不同，其大致范围如表11-6和11-7所示。

表 11-6 PAG 浓度与蛋白质分离物相对分子质量之间的关系

PAG 浓度(T)/% C=2%～6%	分离物相对分子质量范围 /(×10³)	PAG 浓度(T)/% C=5%	分离物相对分子质量范围 /(×10³)
5	30～200	5	60～700
10	15～100	10	22～280
15	10～50	15	10～200
20	2～15	20	5～150

表 11-7 PAG 浓度与 DNA 分离物分子大小之间的关系

PAG 浓度(T)/% C=3.3%	分离 DNA 有效范围/bp 双链	分离 DNA 有效范围/bp 单链	PAG 浓度(T)/% C=3.3%	分离 DNA 有效范围/bp 双链
3.5	1000～2000	750～2000	12.0	40～200
5.0	80～500	200～1000	15.0	25～150
8.0	64～400	50～400	20.0	6～100

在操作时,可根据被分离物的相对分子质量(分子大小)选择所需凝胶的浓度范围。也可先选用 7.5% 凝胶(标准胶),因为生物体内大多数蛋白质在此范围内电泳均可取得较满意的结果。如分析未知样品时也可用 4%～10% 的梯度胶测试,根据分离情况选择适宜的浓度以取得理想的分离效果。

3. 试剂和温度对凝胶聚合的影响

(1) Acr 及 Bis 的纯度:应选用分析纯的 Acr 及 Bis,两者均为白色结晶物质,280 nm 无紫外吸收。如试剂不纯,含有杂质或丙烯酸时,则凝胶聚合不均一,或聚合时间延长甚至不聚合,因而需进一步纯化。

Acr 及 Bis 固体应避光贮存在棕色瓶中,因自然光、超声波及 γ 射线均可引起 Acr 自身聚合或形成亚胺桥而交联,造成试剂失效。值得注意的是,配制的 Acr 和 Bis 贮液的 pH 为 4.9～5.2,当 pH 的改变大于 0.4pH 单位则不能使用,因在偏酸或偏碱的环境中,它们可不断水解放出丙烯酸和 NH_3、NH_4^+ 而引起 pH 改变,从而影响凝胶聚合。因此,配制的 Acr 和 Bis 贮液应置棕色瓶中,4℃贮存,存放期一般不超过 1～2 个月为宜。

(2) AP、核黄素、TEMED 是凝胶聚合不可缺少的试剂,应选择 AR 试剂。AP 为白色粉末,核黄素为黄色粉末,应在干燥、避光的条件下保存,其水溶液应置棕色瓶中,4℃冰箱贮存,一般 AP 溶液仅能用一周。TEMED 为淡黄色油状液,原液应密闭贮于 4℃冰箱中。

(3) 配试剂应用重蒸水或高纯度的去离子水,以防其他杂质影响凝胶的聚合。

(4) 温度对凝胶聚合影响很大,在低温(5℃)凝胶聚合很慢,聚合后凝胶变脆且混浊,重复性不佳。在 25～30℃时凝胶聚合在 30～60 min 完成较理想,凝胶透明且富有弹性。值得指出的是,高浓度凝胶在聚合时会产热使气体溶解,导致聚合后的凝胶中有小气泡产生。因此配制高浓度凝胶时应适当降低温度,防止气泡产生而影响凝胶质量。

二、聚丙烯酰胺凝胶电泳

聚丙烯酰胺凝胶电泳根据其有无浓缩效应,分为连续系统与不连续系统两大类,前者电泳体系中缓冲液 pH 及凝胶浓度相同,带电颗粒在电场作用下主要靠电荷及分子筛效应;后者电泳体系中由于缓冲液离子成分、pH、凝胶浓度及电位梯度的不连续性,带电颗粒在电场中泳动不仅有电荷效应、分子筛效应、还具有浓缩效应,因而其分离条带清晰度及分辨率均较前者佳。目前常用的多为垂直的圆盘及板状两种。前者凝胶是在玻璃管中聚合,样品分离区带染色后呈圆盘状,因而称为圆盘电泳(disc electrophoresis),其装置见图 11-8;后者凝胶是在两块间隔几毫米的平行玻璃板中聚合,故称为垂直板状电泳(slab electrophoresis),其装置图见本书下篇实验 17。两者电泳原理完全相同。现以 Davis R. J. 等(1964)用高 pH 不连续圆盘 PAGE 分离血清蛋白为例,阐明各种效应的原理。不连续体系由电极缓冲液、样品胶、浓缩胶及分离胶所组成,它们在直立的玻璃管中(或两层玻璃板中)排列顺序依次为上层样品胶、中间浓缩胶、下层分离胶,如图 11-9 所示。

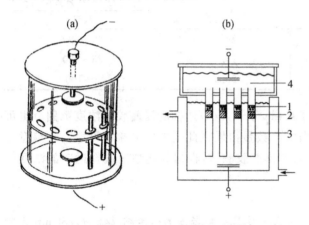

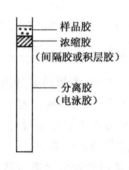

图 11-8　聚丙烯酰胺凝胶圆盘电泳示意图

(a) 为正面;(b) 为剖面

1. 样品胶 pH 6.7; 2. 浓缩胶 pH 6.7;

3. 分离胶 pH 8.9; 4. 电极缓冲液 pH 8.3

图 11-9　在玻璃管中装有三层不同的凝胶示意图

一般玻璃管内径为 0.7 cm,长为 10 cm

样品胶是核黄素催化聚合而成的大孔胶,$T=3\%$,$C=2\%$,其中含有一定量的样品及 pH 6.7 的 Tris-HCl 凝胶缓冲液,其作用是防止对流,促使样品浓缩以免被电极缓冲液稀释。目前,一般不用样品胶,直接在样品液中加入等体积 40% 蔗糖,同样具有防止对流及样品被稀释的作用。

实际上,浓缩胶是样品胶的延续,凝胶浓度及 pH 与样品胶完全相同,其作用是使样品进入分离胶前被浓缩成窄的扁盘,从而提高分离效果。

分离胶是由 AP 催化聚合而成的小孔胶,$T=7.0\%\sim7.5\%$,$C=2.5\%$,凝胶缓冲液为 pH 8.9 Tirs-HCl,大部分血清中各种蛋白质在此 pH 条件下,按各自所带负电荷量及相对分子质量泳动。此胶主要起分子筛作用。

上、下电泳槽是用聚苯乙烯或二甲基丙烯酸(商品名为 Lucite)制作的。将带有三层凝胶的玻璃管垂直放在电泳槽中,在两个电极槽中倒入足够量 pH 8.3 Tris-甘氨酸电极缓冲液,接通电源即可进行电泳。在此电泳体系中,有两种孔径的凝胶、两种缓冲体系、三种 pH,因而形成了凝胶孔径、pH、缓冲液离子成分的不连续性,这是样品浓缩的主要因素。PAGE 具有较高的分辨率,就是因为在电泳体系中集样品浓缩效应、分子筛效应及电荷效应为一体。下面就这三种物理效应的原理,分别加以说明。

1. 样品浓缩效应

（1）凝胶孔径的不连续性：在上述三层凝胶中，样品胶及浓缩胶 $T＝3\%$ 为大孔胶；分离胶 $T＝7\%$ 或 7.5% 为小孔胶。在电场作用下，蛋白质颗粒在大孔胶中泳动遇到的阻力小，移动速度快；当进入小孔胶时，蛋白质颗粒泳动受到的阻力大，移动速度减慢。因而在两层凝胶交界处，由于凝胶孔径的不连续性使样品迁移受阻而压缩成很窄的区带。

（2）缓冲体系离子成分及 pH 的不连续性：在三层凝胶中均有 Tris 及 HCl。Tris 的作用是维持溶液的电中性及 pH，是缓冲配对离子。HCl 在任何 pH 溶液中均易解离出氯根（Cl^-），它在电场中迁移率快，走在最前面，称为前导离子（leading ion）或快离子。在电极缓冲液中，除有 Tris 外，还有甘氨酸（glycine），其 $pK_1＝2.34$，$pK_2＝9.7$，$pI＝(pK_1＋pK_2)/2＝6.0$，它在 pH 8.3 的电极缓冲液中，易解离出甘氨酸根（$NH_2CH_2COO^-$），而在 pH 6.7 的凝胶缓冲体系中，甘氨酸解离度最小，仅有 $0.1\%\sim1.0\%$，因而在电场中迁移很慢，称为尾随离子（trailing ion）或慢离子。血清中，大多数蛋白质 pI 在 5.0 左右，在 pH 6.7 或 8.3 时均带负电荷，在电场中，都向正极移动，其有效迁移率（有效迁移率＝ma，m 为迁移率，a 为解离度）介于快离子与慢离子之间，于是蛋白质就在快、慢离子形成的界面处，被浓缩成为极窄的区带。它们的有效迁移率按下列顺序排列：$m_{Cl}\alpha_{Cl}＞m_P\alpha_P＞m_G\alpha_G$（Cl 代表氯根，P 代表蛋白质，G 代表甘氨酸根）。若为有色样品，则可在界面处看到有色的极窄区带。当进入 pH 8.9 的分离胶时，甘氨酸解离度增加，其有效迁移率超过蛋白质，因此 Cl^- 及 $NH_2CH_2COO^-$ 沿着离子界面继续前进。蛋白质分子由于相对分子质量大，被留在后面，然后再分成多个区带（图 11-10）。因此，浓缩胶与分离胶之间 pH 的不连续性，是为了控制慢离子的解离度，从而控制其有效迁移率。在样品胶和浓缩胶中，要求慢离子较所有被分离样品的有效迁移率低，以使样品夹在快、慢离子界面之间被浓缩。进入分离胶后，慢离子的有效迁移率比所有样品的有效迁移率高，使样品不再受离子界面的影响。

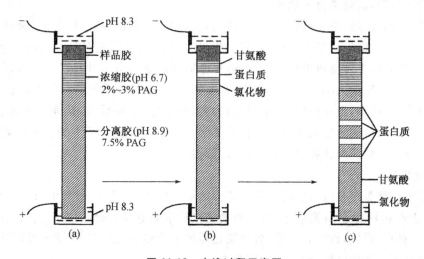

图 11-10　电泳过程示意图

（a）为电泳前三层凝胶排列顺序，三层胶中均有快离子，慢离子放在两个电极槽中，缓冲配对离子存在于整个体系中；（b）显示电泳开始后，蛋白质样品夹在快、慢离子之间被浓缩成极窄区带；（c）显示蛋白质样品分离成数个区带

（3）电位梯度的不连续性：电位梯度的高低与电泳速度的快慢有关，因为电泳速度(v)等于电位梯度(E)与迁移率(m)的乘积($v=mE$)。迁移率低的离子，在高电位梯度中，可以与具有高迁移率而处于低电位梯度的离子具有相似的速度（即$E_{高}\,m_{慢}\approx E_{低}\,m_{快}$)。在不连续系统中，电位梯度的差异是自动形成的。电泳开始后，由于快离子的迁移率最大，就会很快超过蛋白质，因此在快离子后面，形成一个离子浓度低的区域即低电导区。因为

$$E = \frac{I}{\eta}$$

式中，E为电位梯度，I为电流强度，η为电导率。E与η成反比，所以低电导区就有了较

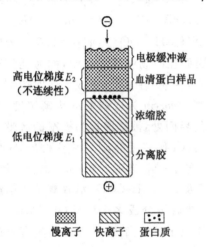

高电位梯度E_2
（不连续性）

低电位梯度E_1

电极缓冲液
血清蛋白样品
浓缩胶
分离胶

慢离子　快离子　蛋白质

图 11-11　不连续系统浓缩效应示意图

高的电位梯度。这种高电位梯度使蛋白质和慢离子在快离子后面加速移动。当快离子、慢离子和蛋白质的迁移率与电位梯度的乘积彼此相等时，则三种离子移动速度相同。在快离子和慢离子的移动速度相等的稳定状态建立之后，则在快离子和慢离子之间形成一个稳定而又不断向阳极移动的界面。也就是说，在高电位梯度和低电位梯度之间的地方，形成一个迅速移动的界面（图 11-11）。由于蛋白质的有效迁移率恰好介于快、慢离子之间，因此也就聚集在这个移动的界面附近，被浓缩形成一个狭小的中间层。

2. 分子筛效应

相对分子质量或分子大小和形状不同的蛋白质通过一定孔径分离胶时，受阻滞的程度不同而表现出不同的迁移率，这就是分子筛效应。

经上述浓缩效应后，快、慢离子及蛋白质均进入pH 8.9的同一孔径的分离胶中。此时，高电压消失，在均一的电压梯度下，由于甘氨酸解离度增加，加之其相对分子质量小，则有效泳动率增加，赶上并超过各种血清蛋白。因此，各种血清蛋白进入同一孔径的小孔胶时，则分子迁移速度与相对分子质量大小、形状和其迁移率密切相关，相对分子质量小且为球形的蛋白质分子所受阻力小，移动快，走在前面；反之，则阻力大，移动慢，走在后面，从而通过凝胶的分子筛作用将各种蛋白质分成各自的区带。这种分子筛效应不同于柱层析中的分子筛效应，后者是大分子先从凝胶颗粒间的缝隙流出，小分子后流出。

3. 电荷效应

虽然各种血清蛋白在浓缩胶与分离胶界面处被高度浓缩，堆积成层，形成一狭窄的高浓度蛋白区，但进入 pH 8.9 的分离胶中，各种血清蛋白所带净电荷不同，而有不同的迁移率。表面电荷多，则迁移快；反之，则慢。因此，各种蛋白质按电荷多少、相对分子质量及形状，以一定顺序排成一个个圆盘状的区带，因而称为圆盘电泳。

目前，PAGE 连续体系应用也很广，虽然电泳过程中无浓缩效应，但利用分子筛及电荷效应也可使样品得到较好的分离，加之在温和的 pH 条件下，不致使蛋白质、酶、核酸等活性物质变性失活，也显示了它的优越性，而常为科学工作者所采用。

聚丙烯酰胺垂直板状电泳是在圆盘电泳的基础上建立的，两者电泳原理完全相同，只是灌

胶的方式不同,凝胶不是灌在玻璃管中,而是灌在嵌入橡胶框凹槽中(或镶入一定厚度间隔条)高度不同的两块平行玻璃板的间隙内。且间隙距离可调节,一般有 0.7,1.0,1.5,3.0 mm 等规格,前两种多用于分析鉴定,后两种常用于制备。垂直板状电泳较圆盘电泳有更多的优越性:

(1)表面积大而薄,便于通冷却水以降低热效应,条带更清晰。

(2)在同一块胶板上,可同时进行 10 个以上样品的电泳,便于在同一条件下比较分析鉴定,还可用于印迹转移电泳及放射自显影。

(3)胶板制作方便,易剥离,样品用量少,分辨率高,不仅可用于分析,还可用于制备。

(4)胶板薄而透明,电泳染色后可制成干板,便于长期保存与扫描。

(5)可进行双向电泳。

血清蛋白在纸或醋酸纤维素薄膜电泳中,只能分离出 5～6 条区带,而上述两种形式的聚丙烯酰胺电泳却可分离出数十条区带,因此,目前 PAGE 已广泛用于科研、农、医及临床诊断的分析、制备,如蛋白质、酶、核酸、血清蛋白、脂蛋白的分离及病毒、细菌提取液的分离等。

三、SDS-聚丙烯酰胺凝胶电泳

以纸、醋酸纤维素薄膜、琼脂(糖)及均一聚丙烯酰胺凝胶为支持物的电泳,由于各种蛋白质所带的净电荷、相对分子质量大小和形状不同而有不同的迁移率。为消除净电荷对迁移率的影响,可采用聚丙烯酰胺浓度梯度电泳,利用它所形成孔径不同引起的分子筛效应,可将蛋白质分开。也可在整个电泳体系中加入十二烷基硫酸钠(sodium dodecyl sulfate,SDS),则电泳迁移率主要依赖于相对分子质量,而与所带的净电荷和形状无关,这种电泳方法称为 SDS-PAGE。它也可分为连续 SDS-PAGE 及不连续 SDS-PAGE 两种。

1967 年,Shapiro 首先进行了连续 SDS-PAGE,以磷酸钠为缓冲体系(pH 7.0),内含 0.1% SDS,在样品溶解液中,加入 1% SDS 及 1% 巯基乙醇,37℃保温 3 h 后,取少许样品放在 5% 聚丙烯酰胺凝胶中进行电泳,蛋白质的相对分子质量(M_r)与电泳迁移率的关系可用下列公式表示:

$$M_r = K(10^{-bm})$$
$$\lg M_r = \lg K - bm = K_1 - bm$$

式中,M_r 为蛋白质相对分子质量;K,K_1 为常数;b 为斜率;m 为迁移率。

1969 年,Weber 等人按照 Shapiro 的方法,对近 40 种蛋白质进行了研究。实验证实相对分子质量在 15 000～200 000 的范围内,电泳迁移率与相对分子质量的对数呈直线关系,如图 11-12。与其他方法相比,其误差范围一般在 ±10% 之内,进一步证实了这个方

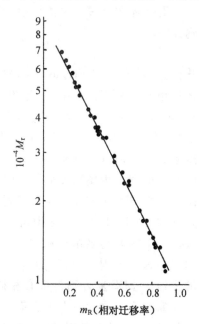

图 11-12　37 种蛋白质的 M_r 对数与电泳迁移率的关系图

M_r 为 11 000～70 000,10%凝胶,pH 7.0,
SDS-磷酸盐缓冲系统

法的可行性。此法不仅对球蛋白效果好，对某些有高螺旋构型的杆状分子如肌球蛋白（myosin）、副肌球蛋白（paramyosin）和原肌球蛋白（tropomyosin）等相对分子质量测定也得到较好的结果。

　　用 SDS-PAGE 测定蛋白质相对分子质量的原理：SDS 是阴离子去污剂，它在水溶液中，以单体和分子团（micelle）的混合形式存在，单体和分子团的浓度与 SDS 总浓度、离子强度及温度有关，为了使单体和蛋白质结合生成蛋白质-SDS 复合物，因而需要采取低离子强度，使单体浓度有所升高。在单体浓度为 0.5 mmol/L 以上时，蛋白质和 SDS 就能结合成复合物；当 SDS 单体浓度大于 1 mmol/L 时，它与大多数蛋白质平均结合比为 1.4 g SDS/1 g 蛋白质；在低于 0.5 mmol/L 浓度时，其结合比一般为 0.4 g SDS/1 g 蛋白质。由于 SDS 带有大量负电荷，当其与蛋白质结合时，所带的负电荷大大超过了天然蛋白质原有的负电荷，因而消除或掩盖了不同种类蛋白质间原有电荷的差异，均带有相同密度的负电荷，因而可利用相对分子质量差异将各种蛋白质分开。在蛋白质溶解液中，加入 SDS 和 β-巯基乙醇，β-巯基乙醇作为一种强还原剂可使蛋白质分子中的二硫键还原，使蛋白质分子被解聚分成单个亚单位。SDS 可使蛋白质的氢键、疏水键打开，因此它与蛋白质结合后，还引起蛋白质构象的改变。此复合物的流体力学和光学性质均表明，它们在水溶液中的形状近似雪茄形的长椭圆棒。不同蛋白质-SDS 复合物的短轴长度相同，约 1.8 nm，而长轴长度的改变则与蛋白质的相对分子质量成正比。

　　基于上述两种情况，蛋白质-SDS 复合物的凝胶电泳中的迁移率不再受蛋白质原有电荷和形状的影响，而只是与椭圆棒的长度，也就是蛋白质相对分子质量的函数有关。

　　蛋白质-SDS 复合物的特性，用不同浓度的 SDS-PAGE，其结果按 Ferguson 公式作图也得到证明。

$$\lg m = \lg m_0 - K_R T$$

此公式是 1964 年 Ferguson 提出来描述蛋白质在淀粉凝胶中电泳行为的，后来发现也同样适用于 PAGE。式中，m 是蛋白质的凝胶浓度为 T 时的迁移率；m_0 是当凝胶浓度外推到零时（$T=0$）的迁移率，它与蛋白质的净电荷（q）成正比，与蛋白质分子在溶液中的摩擦系数（f）成反比（$m_0 \propto q/f$，f 由溶液的粘滞性、蛋白质分子的大小和形状决定）；K_R 是阻滞系数（retardation coefficient），与蛋白质分子大小成正比。图 11-13 为几种蛋白质的 Ferguson 图。由图可知，在不同的凝胶浓度中，不同蛋白质分子有不同的 m，m_0 和 K_R 值。而在 SDS-PAGE 中，对不同的凝胶浓度，蛋白质-SDS 复合物的 Ferguson 图与 PAGE 则不同（图 11-14）。从图中可看出不同蛋白质的 SDS 复合物的 m_0 值都很接近，肌红蛋白（$M_r = 17\,200$）与磷酸化酶 A（$M_r = 94\,000$）相对分子质量相差 5 倍多，m_0 值只相差 10%，如忽略这个差别，则可认为各种蛋白质-SDS 复合物的 m_0 基本上是个定值。这表明不同的蛋白质-SDS 复合物都带有相同密度的负电荷，并具有相同的构象，因此它们的净电荷量与摩擦系数之比（q/f）都接近一个定值，而不受各种蛋白质原来的电荷、分子大小和形状的影响，因此在溶液中，自由迁移率就表现出一致性。但在一定浓度的凝胶中，由于分子筛效应，则电泳迁移率 m 就成为蛋白质相对分子质量的函数。目前，用 SDS-PAGE 研究过的蛋白质已有 100 余种，均证实此法测定蛋白质相对分子质量的可靠性。现在，市场有高相对分子质量及低相对分子质量标准蛋白试剂出售。测定未知蛋白质相对分子质量时，可选用相应的一组标准蛋白及适宜的凝胶浓度（见表 11-7），同时进行 SDS-

PAGE,然后根据已知相对分子质量蛋白质的电泳迁移率和相对分子质量的对数作出标准曲线,再根据未知蛋白质的电泳迁移率求得相对分子质量。用此法测定蛋白质相对分子质量具有仪器设备简单、操作方便、样品用量少、耗时少(仅需一天)、分辨率高、重复效果好等优点,因而得到非常广泛的应用与发展。它不仅用于蛋白质相对分子质量测定,还可用于蛋白混合组分的分离和亚组分的分析,当蛋白质经 SDS-PAGE 分离后,设法将各种蛋白质从凝胶上洗脱下来,除去 SDS,还可进行氨基酸顺序、酶解图谱及抗原性质等方面的研究。

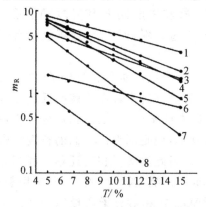

图 11-13　几种蛋白质分子的电泳迁移率对凝胶浓度关系图

5%交联度,pH 8.83,Tris-盐酸缓冲系统
1. β-乳球蛋白;2. 卵清蛋白;3. 卵类粘白;4. 胃蛋白酶;5. 牛血清清蛋白单体;
6. 肌红蛋白;7. 牛血清清蛋白二聚体;
8. 牛γ-球蛋白

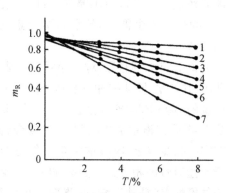

图 11-14　几种蛋白质-SDS 复合物的电泳迁移率对凝胶浓度关系图

2.5% 交联度,pH 7.4,Tris-乙酸钠-EDTA 缓冲系统
1. 肌红蛋白($M_r = 17\,200$);2. 胰凝乳蛋白酶原 A(25 000);3. 乳酸脱氢酶(36 000);4. 卵清蛋白(43 000);
5. 谷氨酸脱氢酶(56 000);6. 牛血清清蛋白单体(67 000);
7. 磷酸化酶 A(94 000)

表 11-7　PAA 凝胶浓度与相对分子质量范围的关系

蛋白质相对分子质量范围	凝胶浓度/%
>200 000	3.33
25 000~200 000	5
10 000~70 000	10
10 000~50 000	15

此表为 Weber 的实验方法,凝胶交联度均为 2.6%。

然而 SDS-PAGE 也有不足之处,尤其是电荷异常或构象异常的蛋白、带有较大辅基的蛋白(如糖蛋白)及一些结构蛋白等测出的相对分子质量不太可靠。如组蛋白 F_1,本身带有大量正电荷,虽然结合了正常量的 SDS,仍不能完全掩盖其原有正电荷,故用 SDS-PAGE 测得的 M_r 为 35 000,而用其他方法测定的 M_r 仅为 21 000。因此要确定某种蛋白质的相对分子质量时,最好用两种测定方法互相验证,则更可靠。尤其是对一些由亚基或两条以上肽链组成的蛋白质,由于 SDS 及巯基乙醇的作用,肽链间的二硫键被打开,解离成亚基或单个肽链,因此测定结果只是亚基或单条肽链的相对分子质量,而不是完整蛋白质分子的相对分子质量,故还需用其他方法测定其相对分子质量及分子中肽链的数目等参数,与 SDS-PAGE 结果相互验证。

尽管连续 SDS-PAGE 在测定蛋白质相对分子质量方面已取得令人满意的结果,然而其浓缩效应差。近年来,趋向于用不连续 SDS-PAGE,其分辨率较连续 SDS-PAGE 高出 1.5～2 倍。如腺病毒Ⅱ型蛋白质用连续 SDS-PAGE 分离出五种蛋白质条带,而用不连续 SDS-PAGE 则分离出十种蛋白质条带。这主要是因为不连续 SDS-PAGE 有较好的浓缩效应。其基本原理与 Davis 等人分析血清蛋白所用的不连续 PAGE 相同,只是在操作上有区别:① 不连续 SDS-PAGE 在凝胶、电极缓冲液中均加进了 SDS,蛋白质样品溶解液含有 1％SDS 和 1％巯基乙醇,样品液加样前经过 37℃保温 3 h 或 100℃加热 3 min;② 不连续 SDS-PAGE 分离胶浓度为 13％,而不是 7％,因为在此不连续系统中,凝胶浓度低于 10％时,M_r 低于 25 000 的蛋白质走得快,且常和溴酚蓝染料走在一起,甚至超过染料,而 13％分离胶则有较好的效果。

值得引起注意的是,对于相对分子质量低于 15 000 的小分子蛋白质和肽类分子,采用常规 Tris-甘氨酸-HCl 缓冲系统的 SDS-PAGE 往往达不到应有的分辨率。实验表明低相对分子质量的 SDS-PAGE 与普通 SDS-PAGE 在理论和实践上都有些不同,例如低相对分子质量多肽在 SDS 溶液中形成的肽-SDS 复合物的形状不是长椭圆形,而是圆形。它们的长度和直径在同一数量级上,SDS 的结合不能完全覆盖其本身的电荷,因此偏离了相对迁移率和相对分子质量对数的相互关系。20 世纪 80 年代末推出 Tris-tricine 系统,以 tricine[N-三(羟甲基)甲基甘氨酸]代替甘氨酸,即改变了尾随离子,能使 SDS-PAGE 在相对分子质量(1～100)×10^3 范围内得到较好的线性关系。

四、聚丙烯酰胺梯度凝胶电泳

1. 基本原理

用连续 SDS-PAGE 测定蛋白质相对分子质量,由于 SDS 及巯基乙醇的作用,天然蛋白质解离为亚基或肽链,因此测得的相对分子质量不是天然蛋白质的相对分子质量,要确定其真正的相对分子质量还需配合其他方法验证。为弥补这一缺陷,1968 年以来,Margolis 和 Slater 等人以聚丙烯酰胺(polyacrylamide,PAA)为支持物,制备成孔径梯度(pore gradient,PG)或称为梯度凝胶(gradient gels),进行 PAGE(简称 PG-PAGE)分离和鉴定各种蛋白质组分,并首次用来测定蛋白质相对分子质量。后来,Rodbord 等人比较了线性梯度和非线性梯度以及均一浓度凝胶电泳,实验证实梯度凝胶分辨率更好。

线性梯度凝胶制备不同于均一浓度凝胶制备,应预先配制低浓度胶(2％或 4％)贮液置贮液瓶中;高浓度胶(16％或 30％)贮液置混合瓶中(两者体积比为 1/1),在梯度混合器及蠕动泵的协助下,从下至上灌胶,如图 11-15 所示。凝胶聚合后,则形成从下到上、从浓至稀依次排列的线性梯度凝胶。在 pH 大于蛋白质 pI 的缓冲体系中电泳时,蛋白质样品从负极向正极移动,也就是说从上向下,向着凝胶浓度增加(孔径逐渐减小)的方向移动,随着电泳的继续进行,蛋白质颗粒的迁移由于孔径渐小,阻力愈来愈大。在开始时,蛋白质在凝胶中的迁移速度主要受两个因素影响:一是蛋白质本身的电荷密度,电荷密度愈高,迁移率愈快;二是蛋白质本身的大小,相对分子质量愈大,迁移速度愈慢。当蛋白质迁移

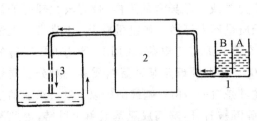

图 11-15 梯度凝胶电泳凝胶装置示意图
1. 混合器,A 为贮液瓶,B 为混合瓶;2. 蠕动泵;
3. 凝胶模。箭头表示液体流动的方向

到所受阻力最大时,则完全停止前进。此时,低电荷密度的蛋白质将"赶上"与它大小相似,但具有较高电荷密度的蛋白质。因此,在梯度凝胶电泳中,蛋白质的最终迁移位置仅取决于其本身分子大小,而与蛋白质本身的电荷密度无关。梯度电泳原理可用图 11-16 表示。图中方格代表凝胶孔径,自上而下孔径逐渐变小,形成梯度。图中圆球分别代表大、中、小三种不同相对分子质量的蛋白质。(a)代表电泳开始前分子的状况;(b)代表经过一定时间电泳后,所有大小不同的分子均进入梯度凝胶孔径中,大、中、小分子分别滞留在与分子大小相当的凝胶孔径中,不再前进,因而分离成三个区带。从上述过程中可看出,在梯度凝胶电泳中,凝胶的分子筛效应极为重要。Slater 等人用 13 种已知相对分子质量的蛋白进行梯度凝胶电泳,结果表明,有 12 种蛋白质的迁移率与其相对分子质量的对数成线性关系,进一步说明用 PG-PAGE 测定蛋白质相对分子质量的可靠性。欲测未知蛋白质相对分子质量,可粗略估计相对分子质量的范围,选择适宜浓度范围的梯度凝胶。若相对分子质量在 $50\,000\sim2\,000\,000$ 间,用 $4\%\sim30\%$ PG 凝胶;相对分子质量在 $100\,000\sim5\,000\,000$ 间,选用 $2\%\sim16\%$ PG 凝胶及一组相应相对分子质量标准蛋白。将标准相对分子质量蛋白质与未知样品同时电泳,染色后,根据标准蛋白质的相对迁移率与其相对分子质量的对数作图(标准曲线),即可从未知样品相对迁移率查出其相对分子质量,如图 11-17 和 11-18。

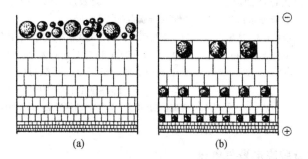

图 11-16　梯度凝胶电泳示意图

(a)电泳开始前;(b)电泳结束时

2. PG-PAGE 优点

PG-PAGE 与均一的其他类型 PAGE 比较,有下列优点:

(1)由于梯度凝胶孔径的不连续性,可使样品中各组分充分浓缩,即使样品很稀,在电泳过程中,分两到三次加样,也可由于相对分子质量大小不同,最终均滞留于其相应的凝胶孔径中而得到分离。

(2)可提供更清晰的蛋白质区带,用于蛋白质纯度的鉴定。

(3)可在一个凝胶板上,同时测定数个相对分子质量相差很大的蛋白质。例如用 $4\%\sim30\%$ PG-PAGE 可分辨相对分子质量为 $50\,000\sim2\,000\,000$ 之间的各种蛋白质。

(4)可直接测定天然状态蛋白质相对分子质量,而不被解离为亚基。因此,本法可作为 SDS-PAGE 测定蛋白质相对分子质量的补充。

尽管本法有上述优点,但主要适用于测定球状蛋白质相对分子质量,对纤维状蛋白相对分子质量的测定误差较大。另外,由于相对分子质量测定仅仅是在未知蛋白质和标准蛋白质达到了被限定的凝胶孔径时(即完全被阻止迁移时)才成立,电泳时要求足够高的电压(一般不低于 2000 V），否则将得不到预期的效果。因此，采用 PG-PAGE 测定蛋白质相对分子质量有一定的局限性，需用其他方法进一步验证。

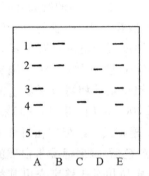

图 11-17 标准蛋白质和其他蛋白质在
4%～30% 梯度凝胶片上的电泳图谱
A，E 标准蛋白质（1～5）：五种标准蛋白质
为，1. 甲状腺球蛋白；2. 铁蛋白；3. 过氧
化氢酶；4. 乳酸脱氢酶；5. 牛血清清蛋白
B～D 为其他蛋白质

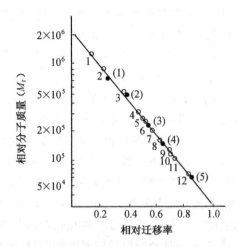

图 11-18　五种标准蛋白质和其他蛋白质在 4%～30% 梯度
凝胶片上测定的标准曲线
"●"标准蛋白质[（1）～（5）]
"○"其他蛋白质：1. 甲状腺球蛋白二聚体（M_r＝1338000）；2. 精氨酸脱羧酶（850000）；3. 脲酶（483000）；4. β-葡萄糖苷酸酶（280000）；5. 乙醛脱氢酶（245000）；6. 脲酶（半单位，240000）；7. 蔗糖酶（210000）；8. 血浆铜蓝蛋白（150000）；9. 碱性磷酸酶（140000）；10. 酪氨酸酶（128000）；11. 己糖激酶（102000）；12. 人血清清蛋白（68000）

五、聚丙烯酰胺凝胶等电聚焦电泳

1. 蛋白质等电聚焦电泳基本原理

蛋白质是两性电解质，当 pH＞pI 时带负电荷，在电场作用下向正极移动；当 pH＜pI 时带正电荷，在电场作用下向负极移动；当 pH＝pI 时净电荷为零，在电场作用下既不向正极也不向负极移动，此时的 pH 就是该蛋白质的等电点（pI）。各种蛋白质由不同种类的 L-α-氨基酸以不同的比例组成，因而有不同的 pI，这是其固有的物理化学常数。利用各种蛋白质 pI 不同，以聚丙烯酰胺凝胶为电泳支持物，并在其中加入两性电解质载体（carrier ampholyte），在电场作用下，蛋白质在 pH 梯度凝胶中泳动，当迁移至其 pI＝pH 处，则不再泳动，而浓缩成狭窄的区带，这种分离蛋白质的方法称为聚丙烯酰胺等电聚焦电泳（isoelectric focusing-PAGE，IEF-PAGE）。

2. 凝胶 pH 梯度的形成

一般形成 pH 梯度有两种方法：

（1）人工 pH 梯度：这是在电场存在下，用两个不同 pH 的缓冲液互相扩散平衡，在其混合区间即形成 pH 梯度，但这种 pH 梯度受缓冲液离子电迁移和扩散的影响，因而 pH 很不稳定，常见于制备柱电泳。

（2）"自然"pH 梯度：这是 20 世纪 60 年代初 Svensson（后来改姓 Rilbe）引入的概念，并利用数学推导为等电聚焦奠定了理论基础。"自然"pH 梯度是利用一系列两性电解质载体在电场作用下,按各自 pI 形成从正极到负极逐渐增加的平滑和连续的 pH 梯度。

两性电解质载体是含有一系列 pK 和 pI 各自相异却又相近的脂肪族多氨基多羧基的混合物。将其混入到电泳支持物中,开始电泳后,各组分在中性溶液介质中都发生解离。等电点最小的两性电解质组分(pI_1)带负电,向酸性电极溶液的正极方向泳动,当它泳动到正极端时,即与正极溶液电离出来的 H^+ 中和失去电荷,停止泳动。同理,等电点稍大的两性电解质组分(pI_2)也带负电荷向正极泳动,但它不能穿过 pI_1 区域,否则,pI_2 两性电解质带正电荷,反过来向负极泳动。因此它一定位于正极端 pI_1 两性电解质的后面。依此类推,经过适当时间的电泳后,pK 和 pI 各自相异又相近的两性电解质组分将按照等电点递增的次序,在支持物内从正极排向负极,彼此相互衔接,形成一个平滑稳定的由正极向负极逐渐上升的 pH 梯度。

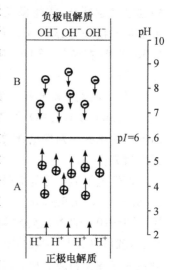

图 11-19 等电聚焦

在防止对流的情况下,只要有电流存在就可以保持稳定的 pH 梯度,因为此时由于扩散和电移动所引起的物质移动处于动态平衡。在此 pH 梯度中,各种蛋白质迁移到各自的 pI 处而得到分离,见图 11-19。例如,若被分离的蛋白质的 pI 为 6,则当其位于酸性 pH 梯度 A 位时,它将带正电荷,在电场作用下向负极移动;当其位于碱性 pH 梯度 B 位时,它将带负电荷,在电场作用下向正极移动。由此可见,该蛋白质在"自然"pH 梯度中,无论处于何种位置均会向其等电点移动,并最终停留在该处。

3. 两性电解质载体的性质

pH 梯度的形成是 IEF 的关键,Rilbe 设想,理想的两性电解质载体应具备下列条件:

(1)易溶于水,在 pI 处应有足够的缓冲能力,形成稳定的 pH 梯度,不致被蛋白质或其他两性电解质改变 pH 梯度。

(2)在 pI 处应有良好的电导及相同的电导系数,以保持均匀的电场。

(3)相对分子质量小,可通过透析或分子筛法除去,便于与生物大分子分开。

(4)化学性能稳定,与被分离物不起化学反应,也无变性作用,其化学组成不同于蛋白质。

4. 两性电解质载体的合成

1966 年 Vesterberg O. 根据 Rilbe 的设想,利用多烯多胺(如五乙烯六胺)与不饱和酸(如丙烯酸),在 80℃产生双键的加成反应,合成出一系列脂肪族多氨基多羧基的混合物,其反应式如下:

$$R_1—N^+H_2(CH_2)_2—N^+H_2—R_2 + CH_2=CH—COO^-$$

$$\Downarrow$$

$$R_1—N^+H_2—(CH_2)_2—N^+H—R_2$$

$$|$$

$$CH_2—CH_2—COO^-$$

反应式中的 R_1,R_2 可以是氢或带有氨基的脂肪基。加成反应首先发生在 α,β-不饱和酸的 β 碳原子上,调节胺和酸的比例,则可得到氨基与羧基不同比例的一系列脂肪族多氨基多羧基的同系物和异构物,它们在 pH 3~10 范围内具有不同又十分接近的 pK 和 pI。这是因为两性电解质载体的 pI 将在大多数羧基 pK(约 pH 3)和大多数碱性氨基 pK(约 pH 10)之间。多乙烯多胺链越长,则仲胺对伯胺比增加,加成的方式也就越多,形成的同系物和异构物也越多越复杂,才能保证它们有很多不同而又互相接近的 pK 和 pI,因而在电场作用下,可形成平滑而连续的 pH 梯度。Vesterberg 合成的两性电解质载体相对分子质量在 300～1000 之间,在波长 280 nm 吸光值极低,具有足够的缓冲能力以及良好的电导,可形成稳定的 pH 梯度。

目前,两性电解质载体商品由于生产厂家不同,合成方式各异而有不同的商品名称,如 Ampholine(LKB 公司)(图 11-20)、Servalyte(Serva 公司)、Pharmalyte(Pharmacia 公司)。国内生产的均称为两性电解质载体,生产厂家有上海东风生化试剂厂、北京军事医学科学院放射医学研究所等。

两性电解质载体为略带黄色的水溶液,浓度为 40% 或 20%,其 pH 范围分别为 2.5～5,4～6.5,5～8,6.5～9,8～10.5,3～10 等。因此,IEF-PAGE 分离蛋白质并测定 pI 时,可先选用 pI 3～10 的两性电解质载体及同一范围的标准 pI 蛋白,将其与未知样品同时电泳,固定染色后,就可以 pH 为纵轴,距负极迁移距离(cm)为横轴作出 pH 梯度标准曲线(图 11-21),根据染色后未知蛋白质迁移距离则可推知其 pI。为进一步精确测定未知物的 pI,还可选择较窄范围的两性电解质载体进行电泳,以提高分辨率,得到更准确的 pI。实验时,如无标准 pI 蛋白质作标定依据,则电泳后立即用 pH 微电极每隔 0.5 cm 直接测定凝胶板表面的 pH,制作 pH 梯度曲线,染色后根据迁移距离推知某种蛋白质的 pI。

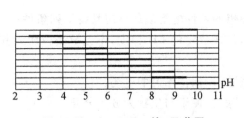

图 11-20　Ampholine 的 pH 范围

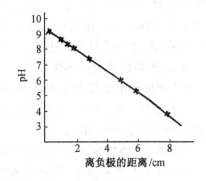

图 11-21　标准蛋白质迁移距离与 pH 关系图

5. 影响等电聚焦电泳的因素

(1)支持介质:当用 PAA 或琼脂糖作为稳定介质,有时最后测得 pH 梯度常与两性电解质载体标明的 pH 范围有差别,这可能与电内渗有关。因此 IEF 必须使用无电内渗的高纯度的稳定介质。在 IEF-PAGE 中,丙烯酰胺纯度极为重要,图 11-22 显示出商品 Acr 经重结晶及未重结晶对 pH 梯度的影响。由于介质不纯,常引起 pH 梯度向负极漂移,一般约 1/3 pH,因而影响分离效果及 pI 测定。Pharmacia 公司推出 Amberlite MB-6 或采用类似 H^+ 和 OH^- 混合树脂除去丙烯酸,其效果较重结晶法更佳。在 IEF-PAGE 中,凝胶只是一种抗对流支持介质,并无分子筛作用,因此凝胶浓度的选择只要形成的孔径有利于样品分子移动就行,一般用 5% 或 7% 均可。

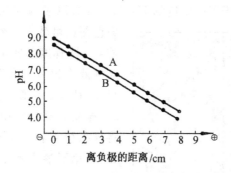

图 11-22 丙烯酰胺纯度对 pH 的影响(pH 3.5～9.5)
A：用重结晶的天津化学试剂一厂的 Acr 得到的曲线
B：用天津化学试剂一厂的 Acr 商品得到的曲线

(2) 两性电解质载体：两性电解质载体是 IEF-PAGE 中最关键的试剂,它直接影响 pH 梯度的形成及蛋白质的聚焦。因此,要选用优质两性电解质载体,在凝胶中,其终浓度一般为 1%～2%。国内生产的两性电解质载体色黄,导电性略差,但只要控制凝胶中终浓度不超过 2%,电泳时电压不要太高,仍可用于分析等电聚焦。为提高分辨率可适当延长电泳时间。

pH 梯度的线性依赖于两性电解质的性质,选择哪种 pH 梯度范围的两性电解质载体,则与被分离蛋白质的 pI 有关。

(3) 电极溶液：应选择在电极上不产生易挥发物的液体作为电极缓冲液,负、正电极溶液的作用是避免样品及两性电解质载体在负极还原或在正极氧化,其 pH 应比形成 pH 梯度的负极略高,比正极略低。值得指出的是,不同厂家合成两性电解质方法不同,应根据说明书选用有关电极溶液。表 11-8 为 Pharmacia 公司生产的 Pharmalyte pH 梯度范围与有关电极溶液。

表 11-8 梯度范围与有关电极溶液

pH 范围	3.5～9.5	2.5～4.5	4.0～6.5	5.0～8.0
正极	1 mol/L H_3PO_4	1 mol/L H_3PO_4	0.5 mol/L CH_3COOH	0.5 mol/L CH_3COOH
负极	1 mol/L NaOH	0.4 mol/L HEPES*	0.2 mol/L NaOH	0.5 mol/L NaOH

* HEPES 为 N-2-hydroxyethyl piperazine-N'-2-ethane sulfonic acid。

(4) 丙烯酰胺的聚合：在采用 AP 催化化学聚合时,为防止氧分子存在影响聚合,因此加 AP 前应将溶液抽气。此催化系统在碱性条件下容易聚合,在酸性条件下(pH<5)凝胶聚合比较困难,这可能是在酸性条件下,AP 不能充分产生出氧原子,使单体成为游离基,因而阻碍凝胶聚合,可在凝胶中加入 1% 的 $AgNO_3$ 促使凝胶聚合。凝胶聚合后,为防止酶的钝化,在加样前进行 15～30 min 预电泳,然后将样品放在其 pI 附近。

(5) TEMED：在 pH 3～10、中性及碱性 pH 条件下,加入 TEMED 可加速凝胶聚合,但在 pH<5 时则无加速作用。TEMED 本身为碱性物质,在 pH 4.5 以上能扩展 PAA 凝胶碱性端 pH 梯度,其扩增幅度与 TEMED 加入量有关。郭尧君等人实验表明：在 20 mL 凝胶溶液中,加入 50 μL TEMED,在距负极 0.3 mm 处可扩展 0.7 pH;加 100 μL TEMED 在负极处能扩展 1.3 pH,也就是说 pH 3.5～9.5 的两性电解质载体可扩展到 pH 3.5～11 梯度范围。因此加入 TEMED 对碱性蛋白质的分析极为有利,可用于分离细胞色素 c、溶菌酶、组蛋白等。

(6) 样品预处理及加样方法：实验证实盐离子可干扰 pH 梯度形成并使区带扭曲。例如,将 L-氨基酸氧化酶分别溶于不同浓度的 NaCl、Tris-HCl 及磷酸钠缓冲溶液中,从 IEF-PAGE 染色图谱可看出高浓度及低浓度 Tris-HCl 缓冲液对 pH 梯度形成影响较小,而 NaCl 及磷酸钠缓冲液干扰 pH 梯度形成并使区带扭曲,如图 11-23 所示。为防止上述影响,进行 IEF-PAGE 时,样品应透析或用 Sephadex G-25 脱盐,也可将样品溶解在水或低盐缓冲液中使其充分溶解,以免不溶小颗粒引起拖尾。但某些蛋白质在等电点附近或水溶液及低盐溶液中,溶解度较低,则可在样品中加入两性电解质,如加入 1% 甘氨酸或对 1% 甘氨酸透析,虽然甘氨酸是两性电解质,但不影响 pH 梯度的形成,可利用其在溶液中的偶极矩作用增加蛋白质的溶解

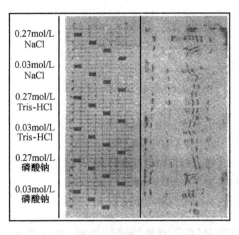

0.27mol/L NaCl	
0.03mol/L NaCl	
0.27mol/L Tris-HCl	
0.03mol/L Tris-HCl	
0.27mol/L 磷酸钠	
0.03mol/L 磷酸钠	

图 11-23　盐离子对等电聚焦的影响

性;也可将样品溶解在含有 2% 两性电解质载体中,因它含有反应的氨基,并能除去氰酸盐,此时样品最好加在经预聚焦的凝胶板的正极侧,因在 pH 5 以下,既没有氰酸盐也没有氨基甲酰化存在。此外,还可在样品及凝胶溶液中加入非离子去污剂如 Tween 80、Triton X-100、Nonide P 40 等或加入相同浓度的尿素(4 mol/L),为防止氰酸盐引起蛋白质的氨甲酰化,含有尿素的样品及凝胶板只能当天使用。

加样量则取决于样品中蛋白质的种类、数目以及检测方法的灵敏度。如用考马斯亮蓝 R-250 染色,加样量可为 50~150 μg;如用银染色,加样量可减少到 1 μg。一般样品浓度以 0.5~3 mg/mL 为宜,最适加样体积为 10~30 μL。如样品很浓,可直接在凝胶表面加 2~5 μL;如样品很稀,可加样 300 μL,用一小块泡沫塑料及高质量的滤纸或擦镜纸吸取样品放在凝胶表面。

由于 IEF-PAGE 是按蛋白质的 pI 分离,电泳后各种蛋白质被浓缩并停留在其 pI 处,因此样品可加在凝胶表面任何位置。如图 11-24 所示,既可将样品放在中间,也可放在整个凝胶板中,电泳后均可得到同样的结果。值得指出的是,对不稳定的样品可先将凝胶进行 15~30 min 预电泳,使 pH 梯度形成,然后将样品放在靠近 pI 的位置以缩短电泳的时间,但不要将

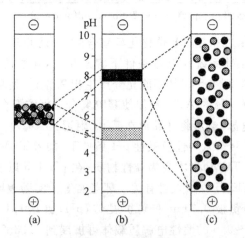

图 11-24　加样方式

(a)样品加在任何一个位置;(b)聚焦后结果相同;(c)样品加在整个胶中

样品正好加在 pI 处和紧靠正、负极的胶面上,以免引起蛋白质变性造成条带扭曲。一般加样电泳 0.5 h 后,取出加样滤纸以免引起拖尾现象。

(7) 功率、时间、温度等因素:功率是电流与电压的乘积。在 IEF 电泳中,随着样品的迁移越接近 pI 时,电流则越来越小。为使各组分能更好地分离,要保持一定的功率,就应不断增加电压,电压增高可缩短 pH 梯度形成和蛋白质分离所需的时间。但过高的电压会使凝胶板局部范围由于低传导性和高阻抗而过热、烧坏,为此,在电泳过程中,应通冷却水,水温以 4~10℃为宜,流量 5 ~ 10 L/min。避免使用过低的温度,以免冷凝水滴形成。超薄板 (0.5 mm)IEF 电泳分辨率高就是因为易冷却。

IEF-PAGE 时间与功率取决于多种因素,如聚丙烯酰胺的质量、AP 和 TEMED 用量、胶板厚薄、两性电解质载体的导电性和 pH 范围。窄 pH 范围电泳时间比宽 pH 范围的时间长,这是因为在窄 pH 范围蛋白质迁移接近 pI,带电荷少,故迁移慢。为了提高分辨率,就要增加电压,缩短电泳时间,防止生物活性丧失。对未知样品可进行不同电压、时间的电泳实验,此时可将有色蛋白(如血红素)作为标志,将其放在不同位置,当聚焦带迁移到同一位置时,说明已达到稳态。聚焦时间不够,不能达到预期的分离效果;聚焦时间过长,pH 梯度会发生改变。样品生物活性丧失,也会影响分离效果。合适的等电聚焦时间对提高分离效果是重要的。一般宽 pH 范围电泳时间以 1.5~2 h 为宜。

IEF-PAGE 操作简单,只要有一般电泳设备就可进行,电泳时间短,分辨率高,应用范围广,可用于分离蛋白质及测定 pI,也可用于临床鉴别诊断,农业、食品研究,动物分类等各种领域。随着其他技术的不断改进,等电聚焦电泳也不断充实完善,从柱电泳发展到垂直板,又进而发展到超薄型水平板等,还可与其他技术或 SDS-PAGE 结合,进一步提高灵敏度与分辨率。

六、聚丙烯酰胺凝胶双向电泳

双向 PAGE 电泳亦称二维电泳(two-dimensional electrophoresis,2DE)是由两种类型的 PAGE 组合而成。样品经第一向电泳分离后,再以垂直它的方向进行第二向电泳。如这两向电泳体系 pH 及凝胶浓度完全相同,则电泳后样品中不同组分的斑点基本上呈对角线分布,对提高分辨率作用不大。1975 年,O'Farrell P. H. 等人根据不同生物分子间等电点及相对分子质量不同的特点,建立了以第一向为 IEF-PAGE,第二向为 SDS-PAGE 的双向分离技术,简称为 IEF/SDS-PAGE;或者第一向为 IEF-PAGE,第二向为 PG-PAGE,简称为 IEF/PG-PAGE。经过双向电泳两次分离后,可以得到每个组分的等电点和相对分子质量的参数。分离后的电泳图谱不是条带,而是圆点。这是目前所有电泳技术中分辨率最高、信息量最多的一种方法。双向电泳也发展出多种的组合方式。

1. 双向电泳的类型

双向电泳根据两向不同电泳种类的搭配组合,有以下主要类型:

第一向		第二向
等电聚焦电泳	两性电解质载体 pH 梯度	SDS 电泳 梯度胶常规电泳
	固相 pH 梯度	免疫电泳 等速电泳
SDS 连续系统电泳		等电聚焦电泳
SDS 不连续系统电泳		不连续系统电泳

双向电泳方式可以采用垂直型和水平型。第一向等电聚焦电泳采用管状垂直型或固定 pH 梯度胶条水平型电泳,第二向 SDS-PAGE 采用垂直板状或水平板状类型。有人做过比较实验表明,垂直与水平方式的双向电泳在分辨率、点的大小和分布均没有明显区别,但是在操作上后者明显较简便。然而也有实验表明,水平电泳在以上方面都明显优于垂直电泳。

2. IEF/SDS-PAGE

这种双向电泳首先利用样品中不同组分 pI 差异,进行 IEF-PAGE 第一向分离,然后纵向切割再以垂直于第一向的方向进行第二向 SDS-PAGE,从而使不同相对分子质量的蛋白质进一步分离。这是两种不同的电泳体系,为保证第二向 SDS-PAGE 能顺利进行,在第一向 IEF 电泳系统中,必须加入高浓度尿素及非离子去污剂 NP-40。在样品溶解液中,除含有上述试剂外,还需加入一定量的二硫苏糖醇(dithiothreitol,DTT)。由于上述三种试剂本身不带电荷,因此不影响样品原有的电荷及 pI,其主要作用是破坏蛋白质分子内的二硫键,使蛋白质变性及肽链舒展,有利于蛋白质分子电泳后能在温和的条件下与 SDS 充分结合形成 SDS-蛋白质复合物。一般第一向 IEF-PAGE 是在凝胶柱或平板中进行,而第二向 SDS-PAGE 为垂直板型。如果凝胶柱直径大于第二向凝胶厚度,第一向电泳后凝胶柱需修切,以适应第二向凝胶板厚度,一般将圆柱纵切两半,一半用于染色及测定 pI,另一半用于第二向 SDS-PAGE。如第一向为平板状凝胶,则与电泳同方向纵切成窄条,再进行第二向电泳。由于这两向电泳体系组成成分及 pH 不同,因此第一向电泳后应将窄条状胶片放在第二向电泳缓冲液中振荡平衡约 30 min,其目的是驱除第一向凝胶体系中的尿素、NP-40 及两性电解质载体,使第二向缓冲体系中的 β-巯基乙醇及 SDS 进入凝胶,β-巯基乙醇可使蛋白质内的二硫键保持还原状态,更有利于 SDS 与蛋白质结合形成 SDS-蛋白质复合物。经平衡后的胶条进行下行电泳,则将其横放在已制好的 SDS 垂直凝胶板的上部,长、短玻璃板间的缝隙内,如图 11-25 所示。然后再用浓缩胶或用缓冲液配制的 1% 热琼脂糖加在玻板上方开口处,待聚合或凝固后,即将胶条封闭固定。加入电极缓冲液即可进行电泳。恒流 30 mA,4℃下电泳 4～5 h,当溴酚蓝将至凝胶板下方边缘时,停止电泳。因此,进行第二向 SDS-PAGE 时,样品的处理和加样方式与单向 SDS-PAGE 完全不同。

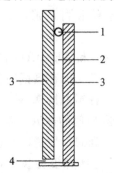

图 11-25　上端包埋有凝胶柱的凝胶板侧面示意图

1. 第一向电泳后的凝胶柱;
2. 第二向电泳的凝胶板;
3. 制备板状凝胶的两块玻璃板;
4. 琼脂糖凝胶盐桥

IEF/SDS-PAGE 染色,pI 及相对分子质量测定与 IEF-PAGE、SDS-PAGE 单向电泳完全相同。

IEF/SDS-PAGE 双向电泳系统具有极高的分辨率(图 11-26)。但是液相载体两性电解质形成的 pH 梯度不够稳定,受电场和时间的影响很大,重复性不够理想。负极漂移容易使部分碱性蛋白质丢失。1975 年 Gasparic 等人合成了固相 pH 介质,它是将丙烯酰胺的衍生物,通过化学方法以共价键的形式结合到聚丙烯酰胺凝胶上。由于 pH 梯度在凝胶聚合时就已经形成,所以 pH 梯度很稳定。采用固相 pH 梯度使双向电泳不但保持了很高分辨率,而且获得很好的重复性,同时避免了碱性蛋白质丢失,可以得到整个 pH 范围的双向电泳图谱。固相 pH 梯度干胶条已有商品出售(Pharmacia 公司)。

目前,已有 5000 余种蛋白质组分采用 IEF/SDS-PAGE 得到很好的分离,其高分辨率是各

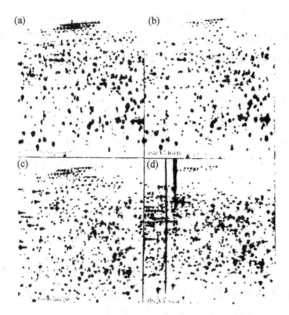

图 11-26　鼠肝蛋白的双向电泳图谱
第一向,固定 pH 梯度等电聚焦电泳(pH 4~9)
第二向,(a),(b)垂直电泳;(c),(d)水平电泳

种类型单向 PAGE 及其他双向 PAGE 所无法比拟的。因此,IEF/SDS-PAGE 双向电泳已成为当前分子生物学领域内常用的实验技术,可广泛用于生物大分子如蛋白质、核酸酶解片段以及核糖体蛋白质的分离和精细分析。

3. IEF/PG-PAGE

这种电泳第一向为 IEF-PAGE,第二向为 PG-PAGE。其分离原理与单向 IEF-PAGE 及 PG-PAGE 相同,主要是利用蛋白质 pI 差异及凝胶孔径逐渐变小的分子筛效应,以相互垂直的双向电泳来提高分辨率。在第一向电泳中,蛋白质电荷密度高则迁移快,反之则慢。在第二向电泳中,由于蛋白质相对分子质量大小不同,在孔径梯度凝胶中,相对分子质量愈大,迁移愈慢。当其迁移率受到凝胶孔径阻力大到停止前进时,低电荷密度蛋白质组分将赶上与其大小相似高电荷密度的蛋白质组分,因此,第二向蛋白质组分的迁移主要取决于分子大小与凝胶的分子筛效应。应特别指出的是,在 IEF-PAGE 第一向缓冲体系及样品溶解液中,不含尿素、非离子去污剂 NP-40、二硫苏糖醇等蛋白质变性剂,因此蛋白质样品保持了原有的天然构象及生物活性。由于第一向无蛋白变性剂,电泳后凝胶柱(条)不需经过第二向电泳缓冲液振荡平衡,只需纵向切割就可横放在已聚合的孔径梯度凝胶胶面上,经封闭固定,即可进行第二向 PG-PAGE,存在于第一向凝胶中的两性电解质载体在第二向电泳过程中很快消失,从而使凝胶条内的环境与第二向电极缓冲液保持一致。

4. 微型 IEF/PG-PAGE

在 IEF/PG-PAGE 的基础上,近来发展了一种微型 IEF/PG-PAGE 双向电泳,第一向 IEF-PAGE 是在内径为 1.3 mm,长度为 42 mm 的毛细管中制胶与电泳,第二向是在 50 mm× 38 mm 的微型胶板上进行电泳。其原理与 IEF/PG-PAGE 完全相同。微型 IEF/PG-PAGE 与 IEF/SDS-PAGE 相比,有以下三个特点:① 微量,快速。样品体积仅需 1~2 μL,相当于 50~

$150\,\mu g$ 蛋白质,电泳时间从一般的十几到几十小时缩短为 $3\,h$ 左右即可完成。② 样品损耗小,因省略了第一向电泳与第二向电泳之间凝胶条的平衡步骤,存在于凝胶条中的蛋白质组分不会损耗。③ 保持了蛋白质天然构象与活性,在这两向电泳体系中,不含蛋白变性剂,因而有利于蛋白质活性检测。

由于双向电泳(目前使用更多的是 IEF/SDS-PAGE)具有高分辨率,数百乃至上千的分离斑点很难用肉眼来比较和辨别。因此蛋白质染色后的图谱需要通过图像扫描、计算机数字化处理,以分辨每个斑点和确定每个蛋白质斑点的等电点和相对分子质量。双向电泳为蛋白质的进一步分析和鉴定,以及开发应用提供了大量重要信息,因此该技术已成为蛋白质组学研究的重要技术之一。

第六节 染 色 方 法

经醋酸纤维素薄膜、琼脂(糖)和聚丙烯酰胺凝胶电泳分离的各种生物分子需用染色法使其在支持物相应位置上显示出谱带,从而检测其纯度、含量及生物活性。蛋白质、糖蛋白、脂蛋白、核酸及酶等均有不同的染色方法,现分别介绍如下。

一、蛋白质染色

染色液种类繁多,各种染色液染色原理不同,灵敏度各异,使用时可根据需要加以选择。常用的染色液有:

1. 氨基黑 10B

氨基黑 10B(amino black 10B,又称为 amidoschwarz 10B)或萘黑 12B200(naphthalene black 12B200),分子式为 $C_{22}H_{13}O_{12}N_6S_3Na_3$,$M_r=715$,$\lambda_{max}=620\sim630\ nm$,是含有三个磺酸基团的酸性染料。其磺酸基与蛋白质的碱性基团反应形成复合盐,是常用的蛋白质染料之一,但对 SDS-蛋白质染色效果不好。另外,氨基黑 10B 染不同蛋白质时,着色度不等、色调不一(有蓝、黑、棕等)。染色不均一和深背景,导致蛋白质定量测定误差较大,需要对各种蛋白质作出本身的蛋白质-染料量(吸收值)标准曲线。染色灵敏度较低,目前这类染料已被灵敏度更高的考马斯亮蓝所代替。

氨基黑钠盐

2. 考马斯亮蓝 R-250

考马斯亮蓝 R-250(Coomassie brilliant blue R-250,简称 CBB R-250 或 PAGE blue 83)即三苯基甲烷衍生物,分子式为 $C_{45}H_{44}O_7N_3S_2Na$,$M_r=824$,$\lambda_{max}=560\sim590\ nm$。染色灵敏度比氨基黑高 5 倍。该染料是通过范德华力与蛋白质的碱性基团结合,呈现基本相同的蓝色,其线性范围为 $15\sim25\ \mu g$。当蛋白质浓度过高时其染色不符合 Beer 定律,作定量分析时应注意这一点。

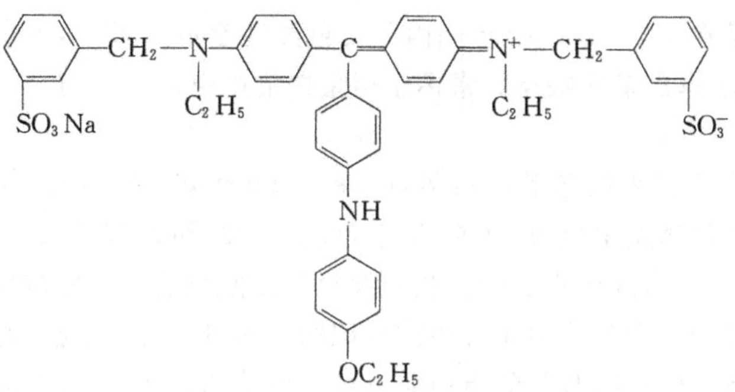

考马斯亮蓝 R-250

3. 考马斯亮蓝 G-250

考马斯亮蓝 G-250(CBB G-250 或 PAGE blue G-90,又名 xylene brilliant cyanin G)即二甲花青亮蓝,比 CBB R-250 多两个甲基。$M_r = 854$,$\lambda_{max} = 590 \sim 610\,nm$。染色灵敏度不如 R-250,但比氨基黑高 3 倍。其优点是在三氯乙酸中不溶而成胶体,能有选择地使蛋白质染色而几乎无本底色,所以常用于需要重复性好和稳定的染色,适于作定量分析。

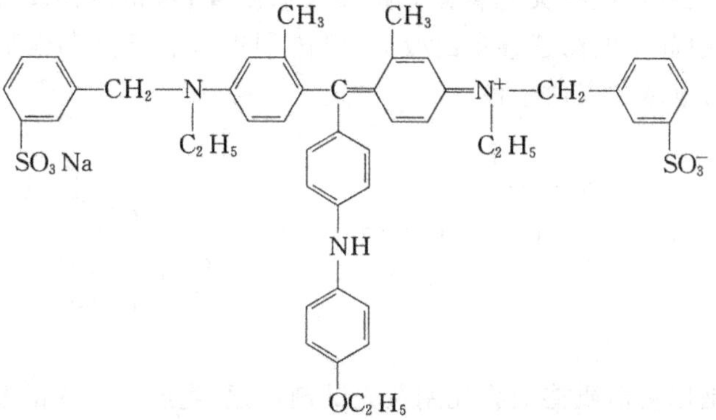

考马斯亮蓝 G-250

但是,这两种 CBB 染色法是有缺点的。由于 CBB 用乙酸脱色时很易从蛋白质上洗脱下来,且不同蛋白质洗脱程度不同,因而影响光吸收扫描定量的结果。对于浓的蛋白质带,如染色时间不够,由于带的两边着色较深而造成人为的双带。在用 CBB 染色时,均有酸与醇固定蛋白质,但一些碱性蛋白质(如核糖核酸酶与鱼精蛋白)及相对分子质量低的蛋白质、组蛋白、激素等不能用酸或醇固定,相反它们还会从凝胶中不同程度被洗脱下来,对于染色浅的蛋白质带甚至会丢失,影响定量测定结果,因而一些新的染色方法相继问世。

近来,Steck 等为解决某些蛋白质、小肽与激素不能用酸或醇固定,提出了一种新方法,即将电泳后的凝胶放在含 0.11% CBB R-250 的 25% 乙醇及 6% 甲醛溶液中浸泡 1 h,这样甲醛就将氨基酸的氨基与 PAG 上的氨基之间形成亚甲基桥,从而把肽与凝胶连接在一起。对于含 SDS 的凝胶,可在含 3.5% 甲醛的染色液中染色 3 h,脱色则需在 3.5% 甲醇及 25% 乙醇的溶液中过夜即可。

最近实验表明:考马斯亮蓝 R-250 染色后也可用 0.5 mol/L NaCl(NaCl 的浓度范围在 0.1~2 mol/L 内)水溶液在 25℃ 脱色,只需 2~3 h,速度比较快,不需用有机溶剂,蛋白质条带为蓝紫色,有利于提高定量测定的灵敏度。

4. 固绿

固绿(fast green, FG)又称快绿,分子式为 $C_{37}H_{31}O_{10}N_2S_3Na_2$,$M_r = 808$,$\lambda_{max} = 625\,nm$,酸

性染料。其线性关系在 $150\sim200~\mu g$ 范围内。染色灵敏度不如 CBB,近似于氨基黑,但却可克服 CBB 在脱色时易溶解出来的缺点。常用于组蛋白的染色。

5. 荧光染料

(1) 丹磺酰氯(2,5-二甲氨基萘磺酰氯,dansyl chloride,DNS-Cl):在碱性条件下与氨基酸、肽、蛋白质的末端氨基发生反应,使它们获得荧光性质,可在波长 320 nm 或 280 nm 的紫外灯下,观察染色后的各区带或斑点。蛋白质与肽经丹磺酰化后并不影响电泳迁移率,因此少量丹磺酰化的样品还可用于无色蛋白质分离的标记物。而且,丹磺酰化不阻止蛋白质的水解,分离后从凝胶上洗脱下来的丹磺酰化的蛋白质仍可进行肽的分析,不受蛋白酶干扰。在 SDS 存在下,也可用本法染色,将蛋白质溶解在含 10% SDS 的 0.1 mol/L Tris-HCl-乙酸盐缓冲液(pH 8.2)中,加入丙酮溶解的 10%丹磺酰氯溶液,并用石蜡密封试管,50℃水浴保温 15 min,再加入 β-巯基乙醇(mercaptoethanol,β-ME),使过量的丹磺酰氯溶解,这种混合物不经纯化就可电泳。

(2) 荧光胺(fluorescamine,又称 fluram):其作用与丹磺酰氯相似。由于自身及分解产物均不显示荧光,因此染色后没有荧光背景。检测灵敏度高,可检测出 1 ng 的蛋白质。但由于引进了负电荷,因而引起了电泳迁移率的改变,但在 SDS 存在下这种电荷效应可忽略。近来,荧光胺也已用于双向电泳的蛋白染色。

荧光胺

以上两种染色是把蛋白质待测物先用荧光试剂标记,生成发荧光的复合物,此复合物经电泳后置紫外灯下,可呈现荧光谱带,即蛋白质谱带,也称为荧光探针方法。下面的两种荧光染料则是将待测蛋白质先进行凝胶电泳,尔后再染色。

(3) 2-甲氧基-2,4-二苯基-3-呋喃酮[2-methoxy-2,4-diphenyl-3(2H)-furanone,MDPF]:其作用与荧光胺类似,也是与末端氨基产生反应而产生荧光。

(4) 1-苯胺基-8-萘磺酸(1-animo-naphthal-sulfonic acid,ANS):分子式为 $NH_4OC_{10}H_6SO_3H$,$M_r=241$。常用其镁盐,本身无色,但与蛋白质结合后,在紫外线下可见黄绿色荧光。

6. 银染色法

此法是 Switzer R. C. 和 Merril C. R. 首先提出的,它较 CBB R-250 灵敏 100 倍。但染色机制尚不清楚,可能与摄影过程中 Ag^+ 的还原相似。据文献报道其灵敏度高,牛血清为 $4\times10^{-5}~\mu g/mm^2$,即清蛋白为 $8\times10^{-5}~\mu g/mm^2$,CytC 为 $1.7\times10^{-4}~\mu g/mm^2$,因此也常用于凝胶电泳蛋白质染色,具体方法见本书下篇实验 17。

目前银染法可以分为两大类,化学显色(chemical development)和光显色(photo development)。

化学显色又为分:① 双胺银染法(diamine silver stains),利用氢氧化铵形成银-双胺复合物。将电泳后固定的凝胶浸泡于上述液体中,再用柠檬酸使其酸化而显色,目前常用的 Oakley 和 Wray 银染法就是利用此原理。② 非双胺化学显色银染法(nondiamine chemical development silver stains)，将电泳后固定的凝胶放在酸性的硝酸银中，当蛋白质与硝酸银作用后，在碱性 pH，用甲醛将离子化的银还原成金属银达到显色的目的，用柠檬酸或乙酸终止显色。如用碳酸钠处理凝胶则可增加染色的强度。

光显色是利用光能在酸性 pH 将银离子还原成金属银使蛋白质条带显色。电泳完毕，凝胶经固定后，只需使用单一的染色液即可显色，而不像化学染色过程中至少需要两种溶液。

大部分蛋白质银染显示黑色或棕色，但某些糖蛋白呈现黄、红或棕色，某些脂蛋白呈蓝色，因此可利用不同的显色辨别不同的蛋白质。目前银染法还在不断改进中，以提高灵敏度并减少染色时间。De Mereno 等建立了一种与考马斯亮蓝染色法相结合的银染色法，其灵敏度比银染法又提高 $2.2\sim8.6$ 倍。由于银染法可检测 10^{-15} g 微量蛋白，较其他染色灵敏度高，因此世界各大试剂公司均有银染试剂盒出售，为蛋白质染色提供了更方便的条件。

值得注意的是凝胶电泳后蛋白质需先固定才能银染，其目的是：① 将蛋白质固定在凝胶中，防止它们在凝胶中扩散。② 除去某些干扰染色的物质，如还原剂、缓冲液成分（甘氨酸）、去污剂等。常用的固定液有三氯乙酸、乙酸、甲醇、乙醇、戊二醛等。

7. 广谱染料（stains-all）染色法

用此法可同时将蛋白质、糖蛋白、脂肪，甚至核酸全部染色。

染色液是 0.0012% stains-all 溶解在含 5% 甲酰胺以及 25% 异丙醇的 0.1 mol/L Tris-HCl（pH 8.5）中，在暗处染色过夜，用水脱色。染色后糖蛋白呈蓝色，蛋白质呈红色，脂肪呈黄至橙色，DNA 呈蓝色，RNA 呈

广谱染料

蓝紫色。但其灵敏度较一般专一性染料低得多，而且在 SDS 存在下不能染色；电泳后需用 25% 异丙醇浸泡凝胶 $18\sim36$ h，以除去 SDS 才能进行染色。

二、糖蛋白染色

1. 过碘酸-Schiff 试剂（periodic-Shiff's reagent）

简称 PAS 染色法，它先用过碘酸氧化糖蛋白的糖基，然后用 Schiff 试剂染色。经改进的 PAS 法，其检测灵敏度最高可达 40 ng 糖蛋白。

将凝胶放在 2.5 g 过碘酸钠、86 mL 去离子水、10 mL 冰乙酸、2.5 mL 浓 HCl 和 1 g 三氯乙酸的混合液中，轻轻振荡过夜。接着用 10 mL 冰乙酸、1 g 三氯乙酸、90 mL 去离子水的混合液漂洗 8 h，其目的是使蛋白质固定。再用 Schiff 试剂染色 16 h，最后用 1 g KHSO₄、20 mL 浓 HCl、980 mL 去离子水的混合液漂洗 2 次，共 2 h。操作是在 4℃ 进行，可在 543 nm 处作微量光密度扫描，也可接着用氨基黑复染。

2. 阿尔辛蓝（alcian blue）染色

凝胶在 12.5% 三氯乙酸中固定 30 min，用去离子水漂洗。放入 1% 过碘酸溶液（用 3% 乙酸配制）中氧化 50 min，用去离子水反复洗涤数次以去除多余的过碘酸盐，再放入 0.5% 偏重亚硫酸钾中，还原剩余的过碘酸盐 30 min，接着用去离子水洗涤。最后浸泡在 0.5% 阿尔辛蓝（用 3% 乙酸配制）染 4 h。

三、脂蛋白染色

1. 油红 O(oil red)染色

将凝胶先置于平皿中,用5％乙酸固定20 min,用去离子水漂洗吹干后,再用油红O应用液染色18 h,在乙醇：水＝5：3混合液中浸洗5 min,最后用去离子水洗去底色。必要时可用氨基黑复染,以证明是脂蛋白区带。

2. 苏丹黑 B(sudan black B)

将2 g苏丹黑B加60 mL吡啶和40 mL醋酸酐,混合,放置过夜。再加3000 mL去离子水,乙酰苏丹黑即析出。抽滤后再溶于丙酮中,将丙酮蒸发,剩下粉状物即乙酰苏丹黑。将乙酰苏丹黑溶于无水乙醇中,使呈饱和溶液。用前过滤,按样品总体积1/10量加入乙酰苏丹黑饱和液将脂蛋白预染后进行电泳。此染色适用于琼脂糖电泳及PAGE脂蛋白的预染。

3. 亚硫酸品红染色法

此法常用于醋酸纤维素薄膜脂蛋白电泳染色,其反应如下:

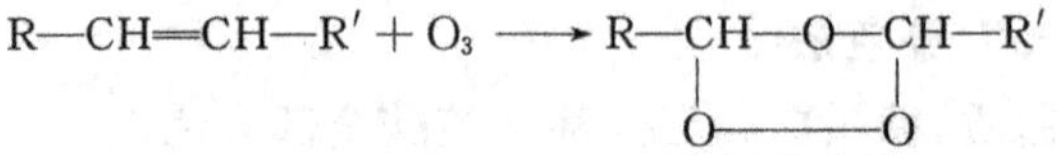

$$R{-}CH{=}CH{-}R' + O_3 \longrightarrow R{-}\underset{\underset{O}{|}}{CH}{-}\underset{\underset{O}{|}}{CH}{-}R'$$

臭氧化合物

$$R{-}\underset{\underset{O}{|}}{CH}{-}\underset{\underset{O}{|}}{CH}{-}R' + H_2O \longrightarrow R{-}CHO + R'{-}CHO + H_2O_2$$

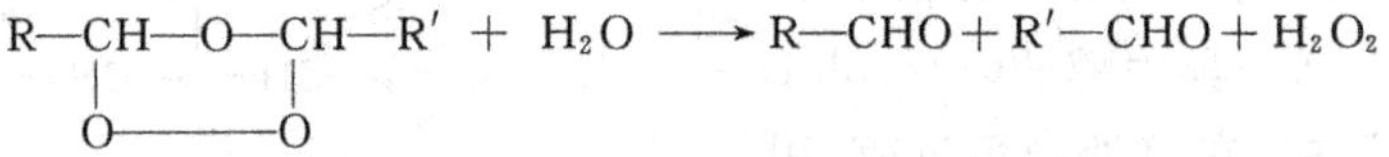

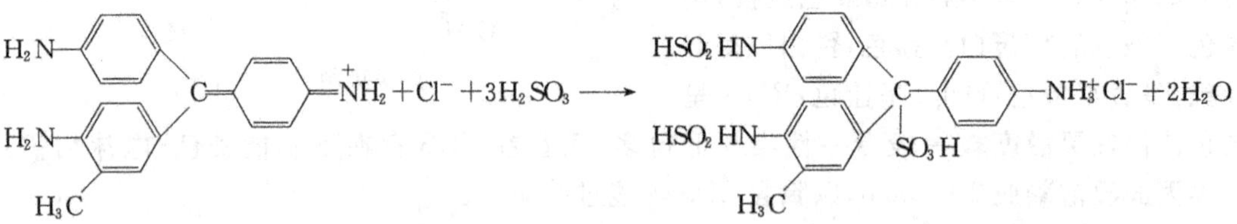

品红

Schiff 试剂(品红试剂)

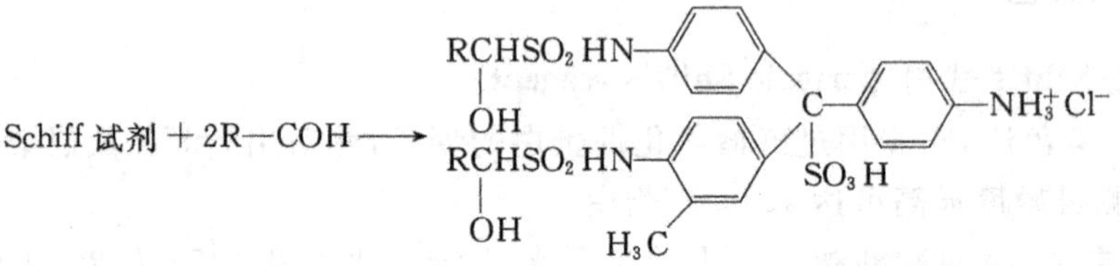

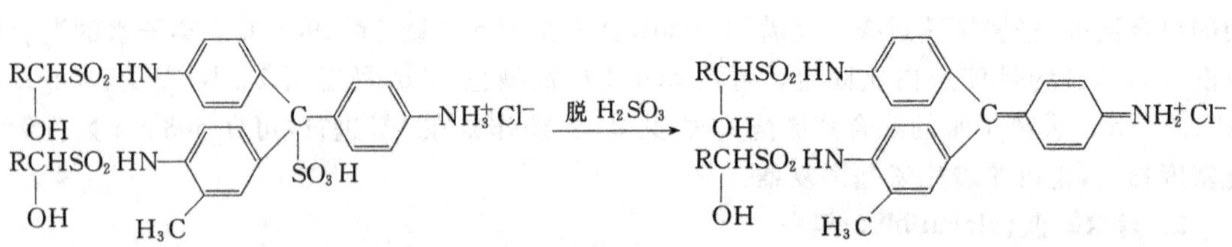

Schiff 试剂 + 2R—COH ⟶

亚胺醌(紫红色化合物)

在此过程中,血清脂蛋白中的不饱和脂肪酸经臭氧氧化后,双键打开,产生醛类物质,再用亚硫酸品红染色,则生成紫红色脂蛋白染色带。

四、核酸染色

核酸染色法一般可将凝胶先用三氯乙酸、甲酸-乙酸混合液、氯化高汞、乙酸、乙酸镧等固定,或者将有关染料与上述溶液配在一起,同时固定与染色。有的染色液可同时染 DNA 及 RNA,如 stains-all、溴乙锭荧光染料、棓花青-铬矾法等,也有 RNA、DNA 各自特殊的染色法。

1. RNA 染色法

(1) 焦宁 Y(pyronine Y):此染料对 RNA 染色效果好,灵敏度高。TMV-RNA 在2.5% PAG,直径为 0.5 cm 的凝胶柱中检出的灵敏度为 0.3~0.5 μg;若选择更合适的 PAG 浓度,检出灵敏度可提高到 0.01 μg;脱色后凝胶本底颜色浅而 RNA 色带稳定,抗光且不易褪色。此染料最适浓度为 0.5%。低于 0.5%则 RNA 色带较浅,高于 0.5%也并不能增加对 RNA 的染色效果。此外,焦宁 G(pyronine G)也可用于 RNA 染色。

(2) 甲苯胺蓝 O(toluidine blue O):其最适浓度为 0.7%,染色效果较焦宁 Y 稍差些,因凝胶本底脱色不完全,较浅的 RNA 色带不易检出。

(3) 次甲基蓝(methylene blue):染色效果不如焦宁 Y 和甲苯胺蓝 O,检出灵敏度较差,一般在 5 μg 以上;染色后 RNA 条带宽,且不稳定,时间长,易褪色。但次甲基蓝易得到,溶解性能好,所以较常用。

(4) 吖啶橙(acridine orange):染色效果不太理想,本底颜色深,不易脱掉;与焦宁 Y 相比,RNA 色带较浅,甚至有些带检不出。但却是常用的染料,因为它能区别单链或双链核酸(DNA,RNA),对双链核酸显绿色荧光(530 nm),对单链核酸显红色荧光(640 nm)。

(5) 荧光染料 3,8-二氨基-5-乙基-6 苯基菲啶嗅盐,简称溴乙锭(ethidium bromide,EB):可用于观察琼脂糖凝胶电泳中的 RNA、DNA 带。EB 能插入核酸分子中的碱基对之间,导致 EB 与核酸结合。超螺旋 DNA 与 EB 结合能力小于双链闭环 DNA,而双链闭环 DNA 与 EB 结合能力又小于线状 DNA。DNA 吸收 254 nm 处的紫外线并传递至 EB,或者结合的 EB 本身则在 302 nm 和 366 nm 有光吸收,两者均可在可见光谱红橙区,以 590 nm 波长发射出来。可利用紫外分析灯(253 nm)观察荧光。EB 染料具有下列优点:操作简便,快速;凝胶可用 0.5~1 μg/mL 的 EB 染色,染色时间取决于凝胶浓度,低于 1%琼脂糖的凝胶染 15 min 即可;多余的 EB 不干扰在紫外灯下检测荧光,一般不需脱色,而其他染料做不到这

溴乙锭(EB)

一点;可将染料直接加到核酸样品中,以便随时用紫外灯追踪检查;灵敏度高,对 10 ng RNA、DNA 均可呈橙红色荧光。如将已染色的凝胶浸泡在 1 mmol/L $MgSO_4$ 溶液中 1 h,可以降低未结合的 EB 引起的背景荧光,便于检测极少量(小于 10 ng)DNA。EB 染料是一种强烈的诱变剂,操作时应注意防护,务必戴上聚乙烯手套。观察时应戴上防护面罩或防护眼镜。

2. DNA 染色法

除了用 EB 染色外,还有以下几种方法。

(1) 甲基绿(methyl green):一般将 0.25%甲基绿溶于 0.2 mol/L pH 4.1 的乙酸缓冲液中,用氯仿抽提至无紫色,将含 DNA 的凝胶浸入,室温下染色 1 h 即可显色,此法适用于检测天然 DNA。

(2) 二苯胺(diphenylamine):DNA 中的 α-脱氧核糖在酸性环境中与二苯胺试剂染色 1 h,再在沸水浴中加热 10 min 即可显示蓝色区带。此法可区别 DNA 和 RNA。

(3) Feulgen 染色:用此法染色前,应将凝胶用 1 mol/L HCl 固定,然后用 Schiff 试剂在室温下染色,这是组织化学中鉴定 DNA 的方法。

此外还可用甲烯蓝、哌咯宁 B 等一些其他染料染色,或用 2‰焦宁 Y-1‰乙酸铀-15‰乙酸的混合溶液浸泡含 DNA 的凝胶,染色过夜。几种 RNA、DNA 的染色法见表 11-9。

表 11-9　核酸的染色法

染 色 法	染色对象	固定与染色方法	脱 色
Feulgen	DNA	1 mol/L 冷 HCl 中浸 30 min,1 mol/L 60℃ HCl 中浸 12 min,Schiff 试剂中染 1 h(室温)	
甲基绿	天然 DNA	0.25‰甲基绿溶于 0.2 mol/L 乙酸盐缓冲液(pH 4.1)中,用氯仿反复抽提至无紫色,染 1 h(室温)	
栖花青-铬矾 (gollocyanine-chromealum)	核酸 (磷酸根)	15‰乙酸-1‰乙酸铀中固定,0.3‰栖花青水液和等体积 5‰铬矾混合液(pH 1.6)中染色过夜	15‰乙酸
二苯胺 (diphenylamine)	区分 DNA 和 RNA	1‰二苯胺-10‰硫酸(10∶1,V/V)染 1 h,再沸水中 10 min	
焦宁 Y (pyronine Y)	RNA	0.5‰焦宁 Y 溶于乙酸-甲醇-水(1∶1∶8,V/V)和 1‰乙酸铀的混合液中染 16 h(室温)	乙酸-甲醇-水 0.5∶1∶8.5
次甲基蓝 (methylene blue)	RNA	1 mol/L 乙酸中固定 10~15 min,2‰次甲基蓝溶于 1 mol/L 乙酸中,染 2~4 h(室温)	1 mol/L 乙酸
吖啶橙 (acridine orange)	RNA	1‰吖啶橙溶于 15‰乙酸和 2‰乙酸铀混合液中染 4 h(室温)	7‰乙酸
甲苯胺蓝 O (toluidine blue O)	RNA	0.05‰甲苯胺蓝溶于 15‰乙酸中,染 1~2 h	7.5‰乙酸

五、同工酶染色

同工酶广泛存在自然界动、植物及微生物等组织细胞中。目前已发现一百多种同工酶。当前以同工酶作为分子标记物不仅对动、植物及微生物等各领域的理论研究具有重要作用,而且在临床医学检验的鉴别诊断,法医破案,亲子鉴定,农、林、牧业品质鉴定和分类等实践应用也有重大的意义。

各种同工酶经电泳分离后可用不同的染色法加以鉴定,常用的染色方法归纳有下列几类:

(1)底物显色法:利用酶促作用的底物本身无色,而反应后的产物显色,证实酶的存在。此法常用于水解酶的鉴定,如

$$磷酸酚酞 \xrightarrow{酸性磷酸酶} 磷酸盐 + 酚酞(碱性呈红色)$$

(2)化学反应染色法:用各种化学试剂使酶促反应的产物或未被分解的底物显色,凝胶背景无色,如

$$α\text{-}萘酚磷酸盐 \xrightarrow{酸性磷酸酶} 磷酸盐 + α\text{-}萘酚(红色重氮盐,颜色稳定,不溶)$$

(3)荧光染色法:无荧光的底物在酶促反应后产物显强烈荧光,或使有荧光的底物转变成无荧光的产物,从而证实酶的存在,如

$$四甲基伞形酮乙酸盐 \xrightarrow{红细胞酯酶} 乙酸盐 + 四甲基伞形酮(荧光)$$

如底物为四甲基伞形酮磷酸盐,则证实酸性磷酸酶的存在,此种显色多用于水解酶的鉴定。

(4)电子转移显色法:是目前同工酶染色最广泛应用的方法,多用于以 NAD^+、$NADP^+$

为辅酶的各种脱氢酶类的鉴定。起始时在 NAD^+ 或 $NADP^+$ 存在下,酶促底物反应后其产物不显色,只有在催化剂甲硫吩嗪(phenazine methosulfate,PMS)存在下将电子转移至染料氯化硝基四氮唑蓝(nitroblue tetrazolium chloride,NBT)或甲基噻唑四氮唑蓝[3-(4,5-dimethyl (thiazoly-2)-2,5-diphenyl) tetrazolium bromide,MTT]产生甲膳(formayan),此为不溶性蓝紫色物,可显示各类脱氢酶的存在,其反应模式如下:

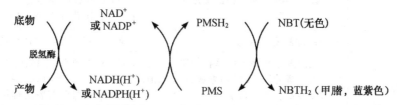

这种染色法可用于乳酸脱氢酶(LDH)、醇脱氢酶(ADH)、苹果酸脱氢酶(MDH)、谷氨酸脱氢酶(GDH)、葡萄糖-6-磷酸脱氢酶(G-6-PDH)及异柠檬酸脱氢酶(IDH)等的显色。

(5)酶偶联染色法:这种方法主要用于酶促反应的直接底物或产物均不显色,如加入另一种特异性酶(也称指示酶)则可使产物通过电子转移而显色。如葡萄糖-1-磷酸(G-1-℗)在葡萄糖变位酶(PGM)作用下生成无色的葡萄糖-6-磷酸(G-6-℗),此时加指示酶葡萄糖-6-磷酸脱氢酶(G-6-PDH),通过电子转移法即可显色。其反应模式如下:

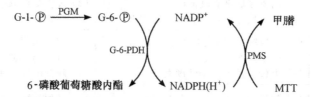

以 G-6-PDH 为指示酶,用于己糖激酶(HK)、葡萄糖磷酸异构酶(GPI)的显色,而用 LDH 为指示酶,则可用于谷丙转氨酶(GPT)、磷酸激酶(PK)、肌酸激酶(CK)等同工酶的显色。

第七节　聚丙烯酰胺凝胶电泳过程中异常现象产生的原因及解决办法

各种类型的聚丙烯酰胺电泳(如 PAGE、SDS-PAGE、IEF-PAGE、PG-PAGE、IEF/SDS-PAGE 等)的原理不同,实验中出现的问题也各不相同,但在凝胶聚合、样品处理、电泳、染色等过程中出现的异常现象有其共同的原因与解决办法,现归纳为表 11-10。

表 11-10　各种聚丙烯酰胺凝胶电泳异常现象与解决办法

异常现象	原　因	解决办法
凝胶不易聚合,胶软、粘	(1) Acr 或 Bis 不纯 (2) 水不纯,含有杂质 (3) 凝胶溶液中有溶解氧 (4) TEMED 或 AP 放置过久失效或浓度过低 (5) 环境温度太低 (6) Acr 与 Bis 交联度太低或试剂放置过久	(1) 重新结晶 (2) 应用重蒸水配制溶液 (3) 抽气除去溶解氧 (4) 更换新批号,新鲜配制试剂或适当增加浓度 (5) 适当恒温(25~30℃) (6) 适当调整两者比例或重新配制 Acr、Bis 溶液,并使其完全溶解

续表

异常现象	原　　因	解决办法
凝胶聚合太快	(1) TEMED 或 AP 用量大 (2) 环境温度太高	(1) 减少 TEMED 或 AP 用量 (2) 恒温(25～30℃)
样品混浊	(1) 样品在冰箱放置时间太长或长菌 (2) 样品溶解不佳或样品浓度过高	(1) 重新配制样品 (2) 调整样品缓冲液 pH,加入助溶剂或降底样品浓度,离心除去不溶物
加样时样品不下沉	样品缓冲液密度太低	增加样品缓冲液中蔗糖或甘油的浓度
电泳过程中无电压,无电流或电流很小	(1) 电源发生故障或电泳仪保险丝断了 (2) 电极缓冲液、凝胶与电极间有气泡,接触不良或无接触	(1) 检查电路,更换保险丝 (2) 检查三者间有无接触不良,重新安装。排除凝胶底端粘附的气泡
电泳时样品凹槽中前沿指示剂向相反方向移动	(1) 电源连接正、负极错误 (2) 电极缓冲液选择错误,如 pH＜pI,则样品朝反方向泳动	(1) 重新正确接电源正、负极 (2) 选择 pH＞pI 的缓冲液使样品由负极向正极泳动
电泳时指示剂前沿两边呈现向上弯的曲线(微笑)	电泳过程中凝胶板冷却不均匀,尤其是中部冷却不好,造成凝胶中分子迁移率不同	在电泳中增加冷却水的流动或在冰箱中操作
电泳过程中指示剂前沿两边呈现向下弯的曲线(皱眉)	(1) 电泳槽内的两层玻璃板与夹在中间的凝胶底部有气泡 (2) 靠近橡胶框处凝胶聚合不完全	(1) 暂停电泳,排除底部气泡 (2) 改善凝胶聚合条件使橡胶框处凝胶完全聚合
电泳时间较正常延长	(1) 电极缓冲液的 pH 与被分离物的 pI 差别太小 (2) 电极缓冲液离子强度太高	(1) 重新选择电极缓冲液 pH,使 pH 与 pI 差异增加 (2) 降低电极缓冲液的离子强度
电泳后染色无显色条带	(1) 加样量太少 (2) 加样时样品未下沉,随缓冲液上浮漂走 (3) 分离胶浓度太高或样品相对分子质量太大未能进入凝胶,仍留在加样处 (4) 电泳时间过长,电流过大或分离胶浓度太低,被分离物走出凝胶 (5) 样品被酶降解 (6) 电极缓冲液及样品溶解液 pH 选择不当 (7) RNA 样品中含有蛋白质,相对分子质量过大阻塞凝胶	(1) 增加加样量 (2) 增加样品溶解液中甘油或蔗糖浓度 (3) 适当降低凝胶浓度 (4) 选择合适的电压(电流)或减少电泳时间,增加胶浓度 (5) 纯化样品除去水解酶 (6) 重新选择缓冲液 pH。当缓冲液 pH＞pI,蛋白质向正极移动;pH＜pI,蛋白质向负极移动 (7) 进一步纯化 RNA 样品,除去蛋白质等杂质
染色后蛋白质区带宽或拖尾	(1) 样品溶解液离子强度高 (2) 电极缓冲液组成与 pH 均不当 (3) 加样量过多、过浓或从加样孔泄漏,影响邻近带 (4) 样品溶解不佳,或盐分太高 (5) 凝胶浓度太低	(1) 降低溶解液离子强度或去离子处理 (2) 换缓冲液,选择合适 pH (3) 减少加样量或降低样品浓度,防止样品槽破裂 (4) 加样前需先离心或脱盐处理 (5) 适当增加凝胶浓度

异常现象	原　　因	解决办法
分离区带呈条纹状或出现波纹	(1) 凝胶灌制不好,造成凝胶孔径不均或有气泡 (2) 样品溶解不完全或有沉淀物 (3) 加样量大或有盐分 (4) 加样梳齿不平或插入时有气泡,造成加样槽有缺陷,如底部不平整 (5) 电极接触不良,电流不均匀	(1) 正确配制胶液,充分混匀后灌胶。抽气除去胶液中溶解氧 (2) 充分溶解样品或离心除去不溶物 (3) 减少加样量;脱盐 (4) 选择底边平整的加样梳子,插加样梳时应小心防止气泡进入,待凝胶充分聚合才取下加样梳子 (5) 找出接触不良原因,加以纠正
染色后蛋白带偏斜	(1) 凝胶板未能垂直安置于电泳槽内,造成加样孔偏斜 (2) 水平电泳时缓冲液滤纸条、凝胶板或电极放置不正	(1) 凝胶板的位置应放正,不能偏斜 (2) 纠正缓冲液滤纸条、胶板或电板的位置
在样品泳道或凝胶板中出现不规则染色区	(1) 缓冲体系被污染 (2) 凝胶边缘出现污渍,对垂直板电泳可能是玻璃板或橡胶框不干净,对水平型电泳可能是操作时手指接触胶板	(1) 电泳时应新鲜配制缓冲液 (2) 彻底清洗玻璃板及橡胶框,操作时应防止手指接触凝胶

第八节　毛细管电泳

一、引言

毛细管电泳(capillary electrophoresis,CE)又称高效毛细管电泳(HPCE)。广义地说是指在极细的管内实现具有高效、快速、灵敏度高的一大类电泳分析技术。该技术最早应用于无机和有机小分子的分析鉴定,后来才用于生物大分子的分析鉴定。由于高效毛细管电泳技术除了具有传统的凝胶电泳的高分辨率外,还具有像高效液相层析一样的分析速度、高灵敏度、高分辨率和高重复性等诸多优点,因此在氨基酸、蛋白质、多糖、维生素、抗体、核苷酸和核酸的分离分析,蛋白质序列及 DNA 序列测定等方面具有巨大的发展潜力,受到了生物学家、生物化学家及相关领域科学工作者的高度重视。

1967 年 Hjerten 首先在高电场强度下,采用 3 mm 管径的毛细管进行自由溶液的区带电泳。由于高电场下电泳产生很高的焦耳热,导致分离的电泳条带严重扩散,分离效果并不理想。人们陆续改用管径更细的毛细管进行电泳,内径从 $200\sim500~\mu m$,$75~\mu m$ 缩小到 $15\sim25~\mu m$,目前已推出 $2\sim5~\mu m$ 的毛细管柱,并且将等电聚焦电泳、凝胶电泳引入毛细管电泳中,使得毛细管电泳在分析领域有了很大发展,并趋向成为一门成熟的生化分析技术。

毛细管电泳具有下列优点:

(1)热效应低。毛细管内径很小,电泳时使用电流很小,产生的焦耳热相对较少。由于其管径小,中心与外界的距离很短,面积与体积之比大,电泳产生的焦耳热很快被散发出去,有效地防止热效应引起的扩散增加而造成的对流和区带变宽,导致分离效率的下降。

(2) 分辨率高。每米管长的理论塔板数一般可达几万,高者可达几百万乃至千万。

(3) 速度快。最快可在 60 s 内完成。已有报道可在 250 s 内分离 10 种蛋白质。

(4) 样品用量少。进样量为 nL 量级,并不破坏生物样品。

(5) 检测灵敏度高。常用紫外检测器的检测限可达 $10^{-13} \sim 10^{-15}$ mol,激光诱导荧光检测器则达 $10^{-19} \sim 10^{-21}$ mol。

(6) 结构简单,自动化程度高,操作方便,成本低。只需少量(每天几毫升)流动相和价格低廉的毛细管。

二、毛细管电泳基本原理

毛细管电泳统指以高压电场为驱动力,以毛细管为分离通道,依据样品中各组分的分子质量、电荷、淌度等因素的差异而实现分离的一类液相分离技术。

电泳淌度也即分离组分的电泳迁移率(electric field mobility,μ_{ep}),它是离子化物质在溶液中具有的一种基本物理特征常数。具体指带电粒子在毛细管中,做定向运动的电泳速度与所在电场强度之比。单位用 $cm^2/(V \cdot s)$ 表示。

$$\mu_{ep} = \frac{v_{ep}}{E} = \frac{l_d/t_m}{V/l_t}$$

式中,v_{ep} 为电泳速度,E 为电场强度,l_d 为毛细管进样端至检测口长度,V 为电压,l_t 为毛细管两端的总长度,t_m 为电泳时间。

与普通电泳相同,毛细管电泳过程被分离物质的迁移率取决于其分子结构、形状和电荷数量等因素,同时还受到溶液 pH、离子强度(μ)、粘度等的影响。在具有支持介质的电泳中,带电粒子经过支持介质会产生摩擦力,从而阻止带电粒子的移动。不同分子结构和形状的带电粒子受到的阻滞程度不同,也影响其泳动速度。此外,毛细管电泳的迁移率还受到电渗流(electroometic flow,EOF)的影响。

大多数毛细管所用的毛细管柱是由石英材料制成的,其表面含有大量硅醇基(—Si—OH),在 pH<3 的溶液中硅醇基解离而带负电荷(—SiO⁻),硅醇基就会吸附溶液中的阳离子,聚集在液固界面处形成双电层。在高压电场的作用下,双电层中的水合阳离子引起管内流体整体地向负极方向移动,即产生了电渗流,如图 11-27 所示。

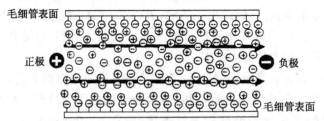

图 11-27 毛细管电渗流示意图

粗线箭头表示电渗流方向

在进行毛细管电泳过程中,电渗流对物质的有效分离起着重要作用。一般情况下电渗流是由正极向负极移动,其间分离组分的迁移速度(v)等于其电泳速度(v_{ep})和电介质溶液电渗流速度(v_{eo})的矢量和:

$$v = v_{ep} + v_{eo}$$

当分离组分带正电荷时,其电泳方向与电渗流方向一致,故其迁移速度为两者之和,最先到达毛细管的负极端;中性组分电泳速度为零,其移动速度相当于电渗流速度;而带负电荷组分的电泳方向则与电渗流方向相反,但因电渗流速度一般大于电泳速度,负离子将在中性组分之后到达毛细管的负极端。因此使得带不同电荷的各组分在毛细管内以不同速度迁移而得以分离。

由此可见,电渗流是毛细管电泳中推动流动相前进的驱动力,而在常规电泳中则应选用电渗低的介质,以减少电渗流对电泳速度的影响。只有在其影响较小或只测定电泳相对速度时,可忽略电渗流影响,此时 $v = v_{ep}$。

三、毛细管电泳类型

毛细管电泳的操作模式很多,通常以分离介质分类。可分为以下几种类型:

(1) 毛细管区带电泳(capillary zone electrophoresis,CZE)。

(2) 毛细管凝胶电泳(capillary gel electrophoresis,CGE)。

(3) 毛细管胶束电动色谱(micellar electrokinetic capillary chromatography,MECC)。

(4) 毛细管等电聚焦电泳(capillary isoelectric focusing,CIEF)。

(5) 毛细管等速电泳(capillary isotachophoresis,CITP)。

(6) 毛细管电色谱(capillary electro chromatography,CEC)。

(7) 亲和毛细管电泳(affinity capillary electrophoresis,ACE)。

四、毛细管电泳装置

毛细管电泳装置主要是由高压电泳仪、毛细管柱、进样器、电极槽、光学检测器及数据分析器等部件构成,见图 11-28。

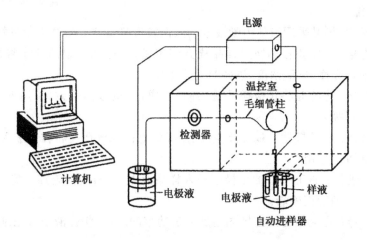

图 11-28　毛细管电泳仪基本结构示意图

1. 高压电泳仪

毛细管电泳需要施加高电场强度($>400\,V/cm$),在毛细管两端电压为 $20\sim30\,kV$,因此使用的电泳仪是一种超高压电器装置,应具有良好的绝缘性和稳定的输出功率。一般最高电压可达 $30\sim50\,kV$,最大电流为 $200\sim300\,mA$。

2. 毛细管柱

毛细管是毛细管电泳的核心部件之一。毛细管材料有聚丙烯空心纤维、聚四氟乙烯、玻璃及石英等。最常用的是由熔融石英制成的,通常在管外壁涂有一层高分子化合物(聚亚胺)保护层,增加其柔性,以免操作过程中被折断。石英毛细管性能稳定,电渗较大,但也有一定吸附。玻璃毛细管价格便宜,电渗大但吸附作用也大。依据管柱内径大小,有小号管(内径 $2 \sim 5 \mu m$)、中号管(内径 $25 \sim 75 \mu m$)和大号管(内径 $100 \sim 250 \mu m$)三种规格。一般管长 $50 \sim 100 cm$。常用毛细管均为圆形,也有采用矩形或扁方形。

用石英玻璃制成的毛细管,由于管壁表面含有硅醇基,具有一定吸附作用,使其在分离中性或碱性蛋白质或结合激光效应物(多半为阳离子化合物)的 DNA 时,分离谱带有拖尾现象,轻则影响分辨率,重则造成实验失败。利用物理化学手段对其进行改性,即在其内壁涂上一薄层亲水性非离子型聚合物(如聚丙烯酰胺、甲基纤维素等),能明显降低硅醇基团对样品的吸附作用,提高对生物大分子分离的效率。改性的毛细管在毛细管区带电泳、毛细管凝胶电泳和毛细管聚焦电泳中应用很普遍。

3. 检测器

毛细管电泳装置配有高灵敏度检测器,实现了自动化在线检测,避免了谱峰变宽。常用的检测器有紫外-可见检测器,仪器结构较简单,灵敏度可达 10^{-17} g,应用最广泛;激光诱发荧光检测器,灵敏度可达 10^{-19} g;质谱检测器和核磁共振检测器,灵敏度均可达 10^{-21} g。此外还有电化学检测器和激光检测器等。

4. 冷却系统

为了尽量降低毛细管电泳过程中产生的焦耳热对电泳分离的影响,毛细管电泳装配有空气制冷或液体制冷设备。在毛细管分析室内输入冷空气,或者向毛细管的夹层内输入制冷液体,使毛细管迅速冷却。

5. 进样系统

毛细管电泳中,样品采用流体力学或电动式两种进样方式。流体力学进样又可以采用:

(1)加压进样:先将正极槽换成样品槽并将其密闭,施加一定的液压将样品压进毛细管内。进样量与液压强度、样液浓度、进样时间成正比。

(2)虹吸进样:进样时将正极样品槽抬高,造成正、负极的落差,利用液体重力差将样品从毛细管的正极端吸入。

(3)真空进样:从负极槽一端抽真空,利用毛细管两端气压差将样品吸入毛细管内。

电动式进样可以采用:

(1)电迁移进样:将毛细管的正极端插入样品液内,短时间内施加一定电压,样品则通过电场力作用进入毛细管正极端。

(2)电击进样:在毛细管的正极端施加一定功率的电击,将样液送入毛细管内。

五、几种毛细管电泳分离模式的基本原理

毛细管电泳可以看做常规电泳在毛细管内进行,因此许多常规电泳原理适用于相应的毛细管电泳中,因此它有常规电泳的分离模式,如毛细管区带电泳、凝胶电泳和聚焦电泳。同时,它还发展到将一些层析原理与电泳原理结合形成的像毛细管电色谱和亲和毛细管电泳等类型。下面介绍几种主要分离模式的基本原理。

1. 毛细管区带电泳

亦称毛细管自由溶液电泳。在一根充满缓冲液的毛细管内,由于电渗的作用,被分离物中带正、负电荷及不带电荷的中性组分在电场作用下,利用它们之间迁移率的不同达到分离效果,因此它的分离机理是基于被分离组分的净电荷与质量之比和各组分表面电荷密度的差异。

2. 毛细管胶束电动色谱

亦称毛细管胶束电泳。将一些离子型表面活性剂如阴离子 SDS 或阳离子十二烷基三甲基季胺(DTAC)加入到缓冲液中,当它的浓度达到足以形成凝胶粒临界值时,表面活性剂的疏水端和亲水端分别朝凝胶粒的中心和表面排列,导致疏水基团发生聚集,形成一个具有疏水内核、外部带有电荷的亲水凝胶粒,称之为胶束(图 11-29)。胶束在电泳分离中起到假固定相的作用,因此在毛细管胶束电泳系统中实际存在两相。在电场作用下,被分离组分在流动相和起固定作用的胶束相中,根据其在两相之间分配系数的差异完成有效分离。

毛细管胶束电动色谱同时具有电泳和层析的分离机制。普通层析的固定相是不能移动的,而毛细管胶束电泳中作为固定相的胶束在电场作用下定向泳动,即阴离子胶束向阳极移动,阳离子胶束向阴极移动。

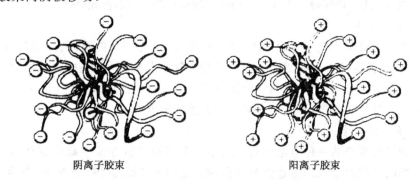

阴离子胶束　　　　　　　　　　阳离子胶束

图 11-29　表面活性剂形成胶束结构示意图

3. 毛细管凝胶电泳

毛细管凝胶电泳与常规凝胶电泳相同,是以凝胶为支持物进行分离的一种电泳模式。毛细管内充填入凝胶类多聚物,如无机凝胶(多孔硅胶等)和有机凝胶(葡聚糖、琼脂糖、聚丙烯酰胺凝胶等)作为筛分介质。其分离原理与常规凝胶电泳一样,除电荷效应外还具有筛分效应。利用凝胶具有不同大小网孔对蛋白质、核酸等生物大分子进行分离。不同分子大小的生物分子通过一定大小网孔时,相对分子质量小的比相对分子质量大的分子受到阻力小,电泳速度快,因而位于大分子前面,经过一定时间的电泳,生物分子就会按分子大小排列在毛细管内而得以分离,见图 11-30。

分离生物大分子使用的凝胶主要是有机凝胶,如 SDS-聚丙烯酰胺凝胶、甲基纤维素、羟基丙基纤维素等。筛分介质可以是聚合形成的凝胶如聚丙烯酰胺凝胶等,也可以是依靠水溶性高分子聚合物分子之间相互缠绕形成的网状结构完成筛分效应,称无胶筛分(non-gel sieving)法。

4. 毛细管等电聚焦电泳

与常规等电聚焦电泳相同,毛细管等电聚焦电泳是根据多肽、蛋白质等电点差异进行分离的一种高分辨电泳技术。毛细管内充填含有两性电解质载体的凝胶溶液,聚焦后在毛细管内形成一个连续变化的 pH 梯度,待分离组分各自按照自身所带电荷性质和多少在其中泳动,最后聚集到其等

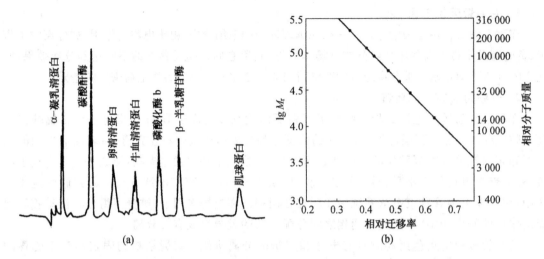

图 11-30 毛细管电泳分离标准蛋白图谱(a)及 lgM_r 对相对迁移率标准蛋白曲线(b)

电点的 pH 位置,形成一条区带。不同组分由于其等电点的不同而彼此分开。

5. 毛细管电色谱

它是将固定相微粒填充到毛细管内或涂布、交联、键合到其内壁,利用电渗流或外加压力作为驱动力,根据样品各组分在固定相和流动相之间的分配不同而进行分离的色谱过程。它增加了固定相的选择性,克服了毛细管电泳难以分离中性物质的缺点,因此不论中性还是带电物质都能获得满意分离效果,是一种很有发展前途的分离模式。

6. 亲和毛细管电泳

兼有亲和层析原理的一种电泳模式。将亲和配基加入缓冲液中或固定在固体支持物上,借助配基与样品之间的亲和作用达到分离目的。适用于抗原-抗体、酶-底物、激素-受体等具有亲和作用的样品分离检测。

7. 毛细管等速电泳

与其他电泳方法相同,毛细管等速电泳基于样品中各组分的有效迁移率($\overline{m}$ 或有效淌度)的差别进行分离,但与毛细管区带电泳不同的是,等速电泳采用的是不连续的电解质溶液。电泳分离时,首先向毛细管内引入迁移率比样品中任何待测组分的电泳迁移率都高的电解质(称前导电解质),然后进样,随后再引入迁移率比待测组分的电泳迁移率都低的电解质(称终末电解质),夹在前导和终末电解质之间的样品组分根据各自的有效迁移率的不同而分离。达到平衡时,各组分区带在电场强度的自调节作用下以相同的迁移率移动,因而得名为等速电泳。

六、毛细管等速电泳

毛细管等速电泳是根据被分离物的有效迁移率(以 $\overline{m}$ 表示,也称有效淌度)的差别加以分离。有效迁移率是指被分离物在操作电泳条件中的迁移率,它与解离度 α_i,其他平衡(络合、沉淀等)解离度 β_i,弛豫效应因子 γ_i,离子强度等其他因子 δ_i 及绝对迁移率 m_i 有关,计算公式为

$$\overline{m}=\sum_i \alpha_i \beta_i \gamma_i \delta_i m_i$$

除有效迁移率外,为达到毛细管等速电泳分离,还需要有两个特殊条件:

(1)特殊的电解质系统,即具有一定 pH 缓冲能力的前导电解质(leading electrolyte,LE)

和终末电解质(terminating electrolyte，TE)。其中与样品电荷相同的前导电解质离子称为前导离子(用 L 代表)，终末电解质离子称为终末离子(用 T 代表)，与样品电荷相反的离子称为对离子(用 P 代表)。要求前导离子有效迁移率大于所有样品的离子，而终末离子有效迁移率小于所有样品离子，也就是说要求 $\overline{m_L} > \overline{m_{样}} > \overline{m_T}$ 时才能将样品分离。常用 Cl^- 作为前导离子分离阴离子，用 K^+、Na^+ 等作为前导离子分离阳离子。而且 P 要具有 pH 控制能力。因此，LE 和 TE 构成的不连续介质电泳环境是毛细管等速电泳的首要条件。L 的浓度(c_L)决定样品区带的浓度($c_{样}$)。c_L 越大，$c_{样}$ 也越大，信号越高，分辨率则降低；反之则增加。由此可见 c_L 小较好，但太小则 pH 缓冲能力下降，不利于样品的分离。常选用的范围在 $0.001 \sim 0.01 \, mol/L$ 之间，而 c_T 与 c_L 相近即可。

等速电泳的 pH 由 P 控制，由于 P 与样品离子反向泳动，而 pH 控制要由 LE 完成，因此选择好 LE 的 pH 后，各区带的 pH 也就确定了。TE 的 pH 可根据样品的 m 及 pK 而定，一般可高于、等于或低于 LE 的 pH。实验时应选择最佳 pH，pH 太低则 H^+ 迁移电流太大，分离效果下降。而 pH 太高，则 OH^- 也会产生同样的干扰。实验时 pH 范围与 c_L 有关，一般 pH 3～10 时 $c_L = 0.01 \, mol/L$，pH 4～9 时 $c_L = 0.001 \, mol/L$。

(2) 背景电流应小到足以克服区带电泳效应。

电泳在恒流下进行，一般选用电流为 $20 \sim 150 \, \mu A$ 之间，电流越大分离时间则越短，但电流过大会出现气泡或过热干扰区带边界。为取得较好的分离效果应缩短电泳时间，在实验开始时用大电流，出峰前换成小电流。

在上述两种条件的限制下，毛细管等速电泳将有其特殊的分离过程，下面以负离子样品 B^- 和 A^- 为例说明其分离过程，设 $\overline{m_B} > \overline{m_A}$。

实验时将 LE 装在正电极槽及毛细管中，TE 装在负电极槽中，由进样装置加入 A，B 混合液，打开电源，施加电流，电泳开始样品各组分向检测器方向移动，如图 11-31(a)所示。开始时按界面电泳分离：L 首先越过初始区带界面，依次为 B^-、A^- 和 T，经一段时间 t_i 后，形成了新的界面体系，如图 11-31(b)所示。此时已有纯 A^- 区带及纯 B^- 区带。继续电泳混合区带缩小。当分离时间为 t_s 时，所有混合区带均消失，如图 11-31(c)所示，此时电泳进入稳态。各区带不会出现大的变化，只能按有效迁移率大小依次顺序排列，以前导区带的速度等速运动。由于 $\overline{m_L} > \overline{m_{样}} > \overline{m_T}$，$\overline{m_B} > \overline{m_A}$，因此 B^- 不能超过 L/B^- 界面，也不能后退越过 B^-/A^- 界面，此时 L 区带也不会与 B^- 区带脱离。如假设 L 与 B^- 突然脱离，则脱离区缺少负离子(实际上电中性原理是不允许的)，而 B^- 的有效迁移率较后续区带的离子大，所以 B^- 首先迅速充入或跟上，因而，L 以多大的速度脱离，B^- 就以多大的速度跟上，后面的各区带也按同理跟上。

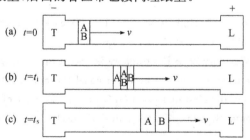

图 11-31 毛细管等速电泳分离过程示意图

A，B 为负离子(略去负号)；v 为迁移速度，箭头表示方向；对离子(P)未画出(存在任何部位)

正离子的分离过程也是同理,只是向负极方向迁移,达到等速电泳条件:

$$v_L = v_1 = v_2 = v_3 = \cdots = v_n = v_T$$

或

$$\overline{m_L}E_L = \overline{m_1}E_1 = \overline{m_2}E_2 = \overline{m_3}E_3 = \cdots = \overline{m_n}E_n = \overline{m_T}E_T$$

式中,下标 $n(n=1,2,3,\cdots)$ 代表各样品区带分离顺序,E 为电场强度。因为规定:$\overline{m_L} > \overline{m_1} > \overline{m_2} > \overline{m_3} > \cdots > \overline{m_n} > \overline{m_T}$,所以要达到平衡,则 $E_L < E_1 < E_2 < E_3 < \cdots < E_n < E_T$,由此可见某一区带离子进入前一区带,会因电场强度变小而减速退回,进入后一区带也被加速返回,从而导致各区带间界面分明。该现象称为自锐化效应,是等速电泳突出的优点。

目前,毛细管等速电泳技术已广泛应用于生命科学、药物、食品等各领域,如各种有机、无机离子,蛋白质及其片段,核酸,光学异构体等物质的分析。在离子分析方面,使用此技术可在几分钟甚至几十秒钟分离多种有机、无机离子。具有样品需要量少、分析速度快的优点。在药物分析方面,可直接分析各种药物,无需像高效液相色谱(HPLC)法那样衍生或使用专用柱,分离碱性药物时可避免 HPLC 法分离时出现的拖尾现象。在生命科学方面,用于分析蛋白质、多肽、核酸等,如分析多肽指纹图,可提供与 HPLC 法不同的选择性和分离度,为鉴别蛋白质性质提供了一种新的方法。

参 考 资 料

[1]　张龙翔,张庭芳,李令媛主编.生化实验方法和技术,第二版.北京:高等教育出版社,1997,85~115

[2]　何忠效,张树政.电泳,第二版.北京:科学出版社,1999,1~236

[3]　郭尧君.蛋白质电泳实验技术.北京:科学出版社,1999,1~331

[4]　何忠效,张树政,敦尧君.等电聚焦.北京:科学出版社,1985,25~30,81~94

[5]　徐际升.蛋白质聚丙烯酰胺电泳中一些染色法.生命的化学,1988,8(5):37~38

[6]　林炳承.毛细管电泳导论.北京:科学出版社,1996,1~161,180~196

[7]　Andrews A T. Electrophresis, Theory, Techniques and Biochemical and Clinical Applications. Clarendon Press Oxford, 1981, 182~205

[8]　Cooper T G. The Tools of Biochemistry. New York: John Wiley & Sons, Inc, 1977, 194~231

[9]　Pharmacia Fine Chemicals, Laboratory Separation Division. Polyacrylamide Gel Electrophoresis Larboratory Techniques. Sweden Rahmsi Lund, 1984, 8~56

[10]　Pharmacia Fine Chemicals, Isoelectric Focusing-principles & Methods. Sweden Ljungföretagen AB Örebro Sep, 1982, 5~64, 125~129

[11]　Righetti P G. Immobilized pH Gradients: Theory and Methodology. Amsterdam Elsevier, 1990, 132~139

[12]　Anderson N L, Anderson N G. High Resolution Two-dimensional Electrophoresis of Human Plasma Proteins. Proc Nat Acad Sci USA, 1977, 74: 5421~5425

[13]　Jorgenson J W, et al. Capillary Zone Electrophoresis. Science, 1983, 222: 266~272

[14]　Görg A, Boguth G, Obermaier C, et al. Two-dimensional Polyacrylamide Gel Electrophoresis with Immobilized pH Gradients in the First dimension (IPG-Dalt): The State of the Art and the Controversy of Vertical Versus Horizontal Systems. Electrophoresis, 1995, 16(1): 1079~1086

（萧能愍　　陈雅蕙）

第十二章　离 心 技 术

离心技术（centrifuge technique）是物质分离的一个重要手段，它是利用物质在离心力作用，按其沉降系数不同而进行分离的。早在 19 世纪末人们就发明了手摇离心机来分离蜂蜜和牛奶，20 世纪初又发明了超速离心机。由于超速离心的分离方法具有比较温和、分离的样品量大、应用范围广等特点，在生物学、医学、制药工业等方面已成为最常用的技术之一。随着科学技术的发展，许多新材料新技术的不断推出，使离心机制造业有了很大发展。尤其是软件操作系统的应用，使离心机的操作性能有了很大的改变，结构更趋于安全合理。虽然离心技术始于 19 世纪末，但是，离心机的基本结构变化并不大，是一类相对比较稳定的仪器设备。

第一节　离心的基本理论

一、沉降现象

任何物体受地球引力的作用都具有下沉作用，称之为沉降现象。如雪花从空中轻轻往下飘落，水中的泥沙会下沉等。物体下沉的速度 v 可以用公式表示为

$$v = g t$$

式中，g 为重力加速度，值为 $980\,\mathrm{cm/s^2}$；t 为时间，单位是 s。

物体在沉降过程中，其下沉的力在某个时刻总会与摩擦力和浮力达到平衡，使物体的受力为零，这时物体做匀速运动，称之为临界速度。

二、颗粒在重力场中的运动

物体在重力场中，靠近地球表面的所有支点，都会受到重力的作用。一个球形颗粒在重力场中的液体介质内，受到地球引力、溶液浮力和溶液粘滞力的作用，出现不同的运动。各种作用力的方向如下：

粘滞力 ↑　·　↑ 浮力
↓
重力

重力 F_g 可以用公式表示为

$$F_g = \frac{1}{6}\pi d^3 \rho_p\, g$$

式中，d 为颗粒直径大小；ρ_p 为颗粒密度；g 为重力加速度，值为 $980\,\mathrm{cm/s^2}$。颗粒在 F_g 的作用下，不管它原始形状如何，它将在重力场的方向加速，但是这种加速度只能持续一个极短的时间，大约是 $10^{-9}\mathrm{s}$，这是由于颗粒在做加速运动的同时，受到的摩擦阻力也愈来愈大，阻止它在介质中的运动。根据 Stokes 定律，对于球形颗粒在介质中沉降所受到的粘滞力 F_f 表示为

$$F_f = -3\pi\eta dv$$

式中，η 为介质的粘度，d 为颗粒直径，v 为颗粒的沉降速度。负号表示粘滞力的方向与颗粒的加速度方向相反。

除此之外,由于颗粒是在液体的介质中,还会受到液体浮力的作用。浮力 F_b 可以表示为

$$F_b = -\frac{1}{6}\pi d^3 \rho_m \, g$$

式中,d 为颗粒直径,ρ_m 为介质密度,g 为重力加速度。负号表示浮力的方向与颗粒的加速度方向相反。

当作用在颗粒上的总力为零时,颗粒将会做匀速运动,也就是达到临界速度,作用力的关系式为

$$F_g - F_b = F_f$$

联立以上四式,可以得出方程

$$\frac{1}{6}\pi d^3 \rho_p \, g - \frac{1}{6}\pi d^3 \rho_m \, g = 3\pi \eta d \, v$$

由此可以推出颗粒在介质中的沉降速度 v:

$$v = d^2(\rho_p - \rho_m)g/18\eta$$

此方程称为 Stokes 方程,由此可以判断颗粒与沉降速度之间的关系。

三、颗粒在离心场中的受力

颗粒在离心场中受到五种作用力,即离心力、与离心力方向相反的向心力、重力、与重力方向相反的浮力、介质摩擦力(粘滞力):

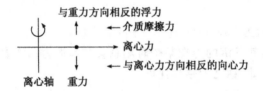

1. 离心力的产生

地球表面重力加速度几乎是一个常数。依靠重力的作用使细微颗粒在液体介质中沉降是不够的。从理论上讲,只要颗粒的密度大于液体就会发生沉降,但是,对于分离生物材料的样品,如细胞、细胞器、细菌、病毒、蛋白质和核酸等生物大分子来说,由于颗粒非常细,依靠自然沉降是不能达到完全分离的,只能通过离心力的作用才能使它们沉降下来。物体在围绕旋转轴以角速度旋转时,就产生了离心场,物体在离心场中受到离心力的作用。所以离心场受力是角速度和旋转半径 r 的函数,离心场的受力即离心力用 G(加速度)来表示:

$$G = \omega^2 r$$

式中,ω 为角速度(弧度/s);r 为旋转力臂半径(cm)。

由于离心机的驱动系统一般都使用电机为动力,而电机的速度常常是以每分钟的转数(r/min)来表示的,又由于 $\omega = 2\pi N$,则

$$G = \omega^2 r = 4\pi^2 N^2 r$$

式中,N 为每分钟的转数(r/min)。

2. 相对离心力(RCF)

将离心力公式代入相关的常数,于是

$$G = \omega^2 r = 4\pi^2 r(N/60)^2 = 4\pi^2 r N^2/3600$$

以上公式可以看出产生离心力的加速度的单位是 cm/s^2,与重力加速度的单位一致。所以,离

心力可以用重力加速度的倍数 G/g 来表示,通常称之为相对离心力,用 RCF 表示。即

$$RCF = G/g$$

通过计算可以得出

$$RCF = \frac{G}{g} = \frac{4\pi^2 r N^2 / 3600}{980} = \frac{4\pi^2 r N^2}{980 \times 3600} = \frac{39.44 r N^2}{3.5 \times 10^6}$$

$$= 1.12 \times 10^{-5} r N^2 = 11.2 r (N/1000)^2$$

所以

$$N = 1000 \sqrt{\frac{RCF}{11.2r}}$$

利用此公式,可进行相对离心力和转数 $N(r/min)$ 的计算。一般情况低速离心转速单位以 r/min 表示,高速离心则以重力加速度 g 表示。在计算颗粒的相对离心力时,应注意离心管与中心轴之间的距离,即离心半径 $r(cm)$ 的长度。离心管所处的位置不同,沉降颗粒所承受的离心力也不同。因此,超速离心常用重力加速度的倍数(g 或 $\times g$)代替转速(r/min),这样可以真正反映颗粒在离心管中所受到的离心力。离心力的数据通常是指相对离心力的平均值,也就是指离心管中点的离心力。离心机的转速、相对离心力和半径三者之间的换算关系见附录Ⅶ之十四。

第二节 离心的基本方法

离心分离是制备生物样品广泛应用的重要手段。如分离活体生物(细胞、微生物、病毒)、细胞器(细胞核、细胞膜、线粒体)、生物大分子(核酸、蛋白质、酶、多聚物)、小分子聚合物等。对于生物样品的离心分离方法,主要是根据样品的不同来源和不同性质采取不同的离心方法。可以将来源于培养液的细胞和细胞培养液分离,或组织提取液中的细胞和提取组分分离,也可以将 DNA、RNA、蛋白质、多糖等生物大分子进行分离。因此,不同的离心目的,选用不同的离心方法。离心方式多样,目前使用得比较多的有沉淀离心、差速离心、速率区带离心、等密度区带离心、淘洗离心和连续流离心等。下面简单介绍几种常用离心方法。

一、沉淀离心

沉淀离心(pelleting centrifugation)技术是目前应用最广的一种离心方法。一般是指介质密度约 1 g/mL,选用一种离心速度,使悬浮溶液中的悬浮颗粒在离心力的作用下完全沉淀下来,这种离心方式称为沉降离心。根据颗粒大小来确定沉降所需要的离心力。主要适宜于细菌等微生物、细胞和细胞器等生物材料(密度在 1.08~1.12 g/mL 左右),及病毒和染色体 DNA 等(密度在 1.18~1.31 g/mL 左右)的离心分离。沉降速度与离心力和颗粒大小有关,如图 12-1 所示。

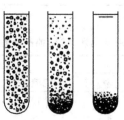

图 12-1 沉淀离心示意图

二、差速离心

差速离心(differential centrifugation)是建立在颗粒的大小、密度和形状有明显的不同,沉降系数存在着较大差异的基础上进行分离的方法,如图 12-2 所示。

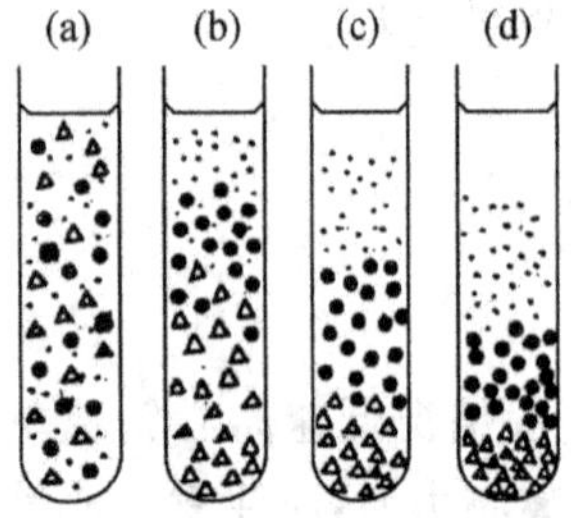

图 12-2　差速离心示意图

凡是利用颗粒在离心场中的沉降系数差异进行逐级分离的离心方法,都称为差速离心。如:100 mL 悬浮液中有三种物质 A,B,C,它们的沉降系数分别为:A＝100 S,B＝10 S,C＝1 S。采用差速离心的方法大致分三步:

第一步,选用 A 物质沉降系数为 100 S 的离心条件,即选择一个适合于 A 物质沉降的离心速度,经过一段时间离心后,刚好使 A 物质完全沉降到离心管底。此时在沉淀物中从理论上分析应当含有 100％的 A、10％的 B、1％的 C。而在上清液中不含有 A,含有 90％B 和 99％C。如果得到的沉淀物悬浮在 100 mL 的溶液中,仍按 A 的离心条件再次离心,第二次离心所得到的结果,在沉淀物中仍含有 100％的 A、1％的 B、0.01％的 C。如果得到的沉淀物再悬浮在等同的体积中,仍按 A 的离心条件进行第三次离心,所得到的结果,在沉淀物中仍含有 100％的 A、0.1％的 B、0.0001％的 C。而在上清液中只含有 0.9％B 和 0.0099％C。第二步,用同样的方法将第一次的上清液,选用 B 物质沉降系数为 10 S 的离心条件,按上述程序离心,即可得到 B 物质。第三步,用同样的方法将第二步第一次的清液,选用 C 物质沉降系数为 1 S 的离心条件,即可得到 C 物质。第一、二步离心的结果见表 12-1 和 12-2。差速离心比较适用于差异比较明显的细胞或细胞器的分级分离,经过多次离心可以获得满意的效果。但每次得到的沉淀物中都含有极少量的小于该 S 值的沉淀物质。这是因为小 S 值的物质是均匀地分布在溶液中,在大 S 物质沉淀的过程中位于离心管底部的小 S 物质被埋在大 S 物质下面。所以每次得到的沉淀物都不是纯品,但其纯度随着离心的次数增加而提高,收率随着离心的次数增加而降低。另一方面,差速离心操作比较麻烦,其收率和纯度不可能做到两者兼得。所以差速离心一般用于粗级分离,而不用于精细分离。

表 12-1　选用 A 物质(100 S)的条件差速离心的结果

组　分	沉降系数/S	第一次		第二次		第三次	
		沉淀/％	上清/％	沉淀/％	上清/％	沉淀/％	上清/％
A	100	100	0	100	0	100	0
B	10	10	90	1	9	0.1	0.9
C	1	1	99	0.01	0.99	0.0001	0.0099

表 12-2　选用 B 物质(10 S)的条件差速离心的结果

组　分	沉降系数/S	第一次		第二次		第三次	
		沉淀/％	上清/％	沉淀/％	上清/％	沉淀/％	上清/％
B	10	100	0	100	0	100	0
C	1	10	90	1	9	0.1	0.9

三、密度梯度离心

凡是使用密度梯度介质离心的方法均称为密度梯度离心（density gradient centrifugation），或称为区带离心（zone centrifugation）。自从瑞典化学家 Svedberg 建立了超速离心技术以后，密度梯度溶液被引入到离心方法中，发展出密度梯度离心模式并逐步得到广泛推广。

密度梯度离心比差速分级离心的分辨率高。一般差速分级离心只能分离沉降系数差别在 10 倍以上的颗粒，在 10 倍以下的颗粒就难以分开了。密度梯度离心可以分离沉降系数相差 10％～20％ S 的颗粒，或者颗粒的密度差小于 0.01 g/mL 的组分。可以同时使混合样品中沉降系数相差在 10％～20％ S 的几个组分分开，得到的产品纯度较高。

由于密度梯度本身具有很好的抗对流、抗扰动作用，因此可以减轻在操作过程中的一些机械扰动及在离心过程中的一些干扰因素，如温度变化的影响等，以提高分离的效果。其次，还可以起到稳定样品和样品层的作用。颗粒在密度梯度中具有一定的区带宽度，区带前沿受到的离心力大，因此，颗粒倾向于区带前沿扩宽，但是由于前沿的颗粒同时又遇到了具有更大粘度和密度梯度液的阻力，倾向于前沿方向扩宽的颗粒的扩宽速度又会变慢。在离心力和密度梯度的反作用力趋向平衡的时间，区带维持一个稳定状态。这种稳定状态的维持主要取决于密度梯度的形状和密度梯度物质的性质。在密度梯度离心中，由于梯度的存在，沉淀的样品会被压实，对离心样品的结构和形状起到了保护作用。

密度梯度离心主要有两种类型，一种是根据颗粒的不同沉降速度而分层的，称之为速率区带离心；另一种是根据颗粒不同密度而分层的，称之为等密度区带离心。

1. 速率区带离心

速率区带离心（rate zonal centrifugation）是根据大小不同、形状不同的颗粒在梯度液中沉降速度不同建立起来的分离方法。离心前预先在离心管内装入密度梯度介质（如蔗糖、$CsCl_2$），被分离物质的样品溶液位于梯度液的上面，在离心力的作用下样品中的各组分以不同的沉降速度沉降，当颗粒的沉降速度与某密度区域的浮力相等时，颗粒就停留在该密度区域内，使各组分达到分离的目的。此法特别适宜于样品性质相近，而颗粒的直径和形状不同的组分分离，如图 12-3 所示。

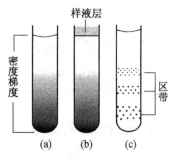

图 12-3　速率区带离心示意图
（a）装满密度梯度介质的离心管；（b）样液加在密度梯度介质的顶部；（c）离心结束后样品位于不同密度介质的部位

欲获得满意的密度梯度离心效果，在密度梯度离心时必须注意两点：第一，在制备梯度液时，必须考虑颗粒的质量密度必须大于任何位置的介质密度；第二，必须控制好离心时间，要在所需样品到达管底之前停止离心。

可分离与介质密度相当的细胞、细胞器、DNA 和蛋白质,分离效果只与被分离物质大小有关,与介质的密度无关。

2. 等密度区带离心

等密度区带离心(isopycnic zonal centrifugation)是根据颗粒密度的差异进行分离的。因

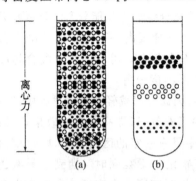

图 12-4 等密度区带离心时颗粒的分离

(a) 样品和梯度的均匀混合液;(b) 在离心力作用下,梯度重新分配,样品区带呈现在各自的等密度处

此选择相应的密度介质和使用合适的密度范围是非常重要的。在等密度介质中的密度范围正好包括所有待分离颗粒的密度。样品可以加在一制成的密度梯度介质的上面,也可以与密度介质混合在一起,待离心后形成自成型的梯度。颗粒在这两种梯度介质中,经过离心,最终将停留在与其浮力密度相等的区域中,形成一个区带。颗粒密度和介质密度达到平衡时,所形成的颗粒区带就停止运动,延长离心时间对离心效果无明显影响。此时与离心时间无关,等密度区带离心对颗粒的分离完全是由颗粒的密度所决定的。另外,等密度区带离心也可以使用不连续梯度,通常是样品

的浮力密度介于任两层梯度之间,或使其与某层的密度梯度相同。这样,在离心之后可以在两层之间或某层梯度液中分离样品。不连续梯度可以缩短离心时间,如图 12-4 所示。

四、连续流离心

连续流离心(continuous flow centrifugation)是在离心力的作用下,连续向连续流转头内加入样液,颗粒在离心力的作用下发生沉降,上清液受注入样液的压力不断溢出,最终获得所需颗粒。此法适用于溶液稀、体积大的样液离心,这样可以减少开机时间,提高效率。也适用于在发酵工业化规模生产的细胞和培养液的分离,及不同生长周期细胞的分离。连续流离心的基本原理如图 12-5 所示。

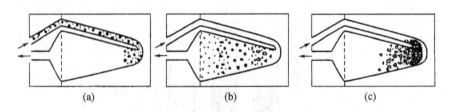

图 12-5 连续流离心的基本原理示意图

第三节 离心机的安全操作与保养

一、安全操作要点

(1) 不过速运转:每一种转头设计了所能承受最大的离心力或最大允许速度,如果超过

了其设计的最大速度的离心力,将会容易引起转头炸裂,带来不安全隐患。

（2）平衡运转：转头在出产时都经过精密的测量,空转头在离心机上非常对称。在平衡的一对离心管与离心轴对称的情况下离心,离心机是非常平稳的。若在非对称的情况下负载运行,就会使轴承产生离心偏差,引起离心机剧烈振动,严重时会使轴承断裂。离心前务必精确平衡一对离心管。

（3）准确组装转头：离心管平衡后对称放入转头内,转头与轴承固定于一体。防止转头在高速运转时与轴承发生松动,导致转头飞溅出来,所以应锁紧两者之间的螺扣。

（4）不使用带伤转头：使用前认真检查转头是否有划痕或被腐蚀,保证转头完好无损上机。

（5）不使用过期转头：不同的转头有不同的使用寿命,超过了使用寿命应当停止使用。一般情况铝转头使用寿命在 2500 h 左右或 1000 次以上,钛转头在 5000 h 左右或 10 000 次以上。

二、转头的保养

（1）转头要轻取轻放,防止剧烈撞击。

（2）每次用后擦净冷凝水和可能溢出的液体,防酸碱腐蚀和氧化物氧化。

（3）防机械疲劳。转头在离心时,随着离心速度的增加,转头的金属随之拉长变形,在停止离心后又恢复到原状,若长期使用转头以最大允许速度离心,就会造成机械疲劳。

参 考 资 料

[1]　周先碗,胡晓倩编.生物化学仪器分析与实验技术.北京：化学工业出版社,2003,286～308
[2]　陈毓荃主编.生物化学实验方法和技术.北京：科学出版社,2002,3～10
[3]　苏拔贤主编.生物化学制备技术.北京：科学出版社,1986,155～188
[4]　Birnie G D, Rickwood D. Centrifugal Separations in Molecular and Cell Biology. London：Butterworths Group Pub, 1978,1～30
[5]　Cooper T G. The Tools of Biochemistry. New York：John Wiley & Sons, Inc, 1977, 309～326

（周先碗）

第十三章 膜分离技术

第一节 过 滤 技 术

过滤技术是一种最简单、最常用的分离方法,是利用多孔物质为筛板阻截部分物质通过,主要用于悬浮液的分离。当悬浮液流过筛板时,根据筛板孔径的大小只允许液体和小于筛板孔径的颗粒物通过筛板,大于筛板孔径的颗粒物被阻截在筛板之上。因此,它属于固体微粒和液体进行分离的一种技术,是溶解物和不溶物的分离,是生化制备、制药工业、化学工业和实验室常用的一种重要的分离手段。

一、过滤的基本原理

过滤技术主要是截留不溶物,过滤的速度一般是以单位时间内、单位面积流出的液体体积来计算,过滤速度的快慢与筛板的孔径大小、滤饼厚度、滤液粘度、温度和压力等诸多因素有关。过滤速度(v)与相关因素可用公式简单表示为

$$v = n\pi d^4 \Delta p_0 / (12\alpha\eta l)$$

式中,n 为过滤面积上的滤饼毛细管孔道数,d 为毛细管孔道直径(m),Δp_0 为毛细管孔道两端的压强降(N/m^2),α 为毛细管孔道弯曲程度校正系数,η 为滤液的粘度($N \cdot s/m^2$),l 为滤饼厚度(m)。

上式只是从理论上解释了过滤速度与相关因素的关系。实际上滤饼孔道的情况很复杂,n,d,α 难于准确测定,用上式只能反映各因子的相互关系及各因子所起的作用,不能准确计算出试验的过滤速度。例如,过滤速度与操作压成正比,从理论上说提高操作压就会提高过滤速度。但是在提高操作压的同时又降低了滤饼毛道的孔径,当液体流过时受到的阻力更大,导致液体的流量减少,反而降低了流速,所以有时在强调某一种因素时不能忽略另一种因素的影响。提高过滤速度要根据情况确定,例如悬浮液太稠,可以稀释;粘度太大,可提高温度等。

二、过滤装置

过滤装置有很多种,有应用于工业生产的大型过滤设备,也有实验室使用的小型漏斗。用于过滤的滤材主要有滤纸、尼龙布、烧结玻璃、玻璃纤维等。过滤可以在常压或减压条件下进行。

(1)常压过滤利用重力差,液体通过滤材内毛细管空隙渗透。适用于悬浮液中的颗粒较小、弹性较大的物质的分离。过滤速度比较慢,要求的设备简单,是实验室常用的过滤方法。装置见图 13-1(a)。

(2)减压过滤是在筛板之下连接负压装置如真空泵,利用负压提高过滤速度,因此过滤效率相对比较高。适用于悬浮液中的颗粒较大、颗粒大小均匀、具有一定刚性的物质的分离。装置见图 13-1(b)。

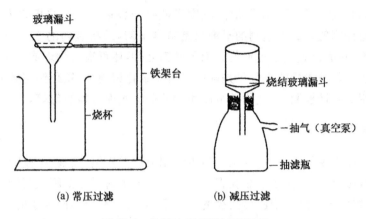

图 13-1　实验室常用的过滤装置

第二节　半透膜分离技术

膜分离技术是生物大分子分离技术中一个重要的组成部分,尤其是在生物大分子的规模化制备中有其独特作用。早在 1861 年 Thomas Graham 就利用简易的膜分离技术将大分子和无机盐进行初步分离,当时的膜材料主要是动物膜或动物胶。

膜分离技术来源于过滤技术,是借助半透膜相隔的不等渗的两相液体,利用具有不同截留相对分子质量的半透膜,通过渗透压或外加一定的工作压,使高渗溶液中的小分子穿过半透膜的膜孔进入低渗溶液一侧,生物大分子被截留在膜的高渗溶液一侧。凡是利用薄膜技术进行分离的方法,均称为膜分离技术。膜分离技术是大分子与小分子的分离,是一种微观分子之间的分离技术,在实验室研究和工业化生产中应用越来越广泛。

一、原理

在一个由半透膜制成的透析袋内,装有大分子和小分子的混合物,将其放入低渗的溶液或去离子水中,由于透析袋内的小分子的渗透压高于透析袋外的溶液,根据渗透压和分子自由扩散的原理,小分子可以自由通过半透膜向外扩散,大分子受到半透膜孔径的限制不能通过,被截留在袋内的溶液中。随着透析时间的延长,小分子往外扩散的速度不断减慢,同时有一部分小分子往内渗透,渗透分子穿过半透膜进出的速度趋于平衡。如果更换半透膜外的溶液,半透膜内外的平衡被打破,小分子又重新开始往外扩散直至第二次平衡。不断地更换半透膜外面的溶液,使半透膜外的溶液总是保持低渗状态,半透膜内的小分子不断地从半透膜内渗出,最终渗出小分子的极限趋于零,于是溶液中的小分子就可以基本分离出去。此法亦称透析法(dialysis)。

实际工作中不可能使渗出的小分子完全达到零,但可以达到极小值。从理论上说,透析一次达到一次平衡,半透膜内的小分子的数量就递减一次,递减的量可以计算出来。例如,盛有 100 mL 1.0 mol/L NaCl 溶液的透析袋在 1000 mL 的去离子水中透析,达到一次平衡后,袋内的 NaCl 溶液浓度就相当于稀释 10 倍,浓度由 1.0 mol/L 变为 0.1 mol/L。如果再用 1000 mL 的去离子水透析,达到二次平衡后,袋内的 NaCl 溶液浓度变为 0.01 mol/L。由此可以推算出每透析一次,达到一次平衡后,NaCl溶液浓度降低一个数量级。但透析袋内小分子的实际浓度总是高于理论计算值。每次达到的平衡只是基本平衡,透析袋内的小分子浓度总是略高于透析袋外的浓度,只能得到一个近似值。除了计算之外,还可通过物理或化学方法直接检测半透膜外的小分子。如被透析的小分子是硫酸铵可用氯化钡检测,氯化钠用硝酸银检测,氢离子或氢氧根离子用酸度计检测,肽类物质可以用紫外分光光度计检测等等。

二、半透膜的性质

半透膜除了动物膜外,还有由纤维素衍生物制成的羊皮纸、玻璃纸管状半透膜。半透膜在溶液中能迅速溶胀,形成能让小于膜孔直径的小分子自由通过的薄膜,它具有化学稳定性和抗拉能力。不同型号的半透膜,溶胀后孔径的大小不同,可以截留不同大小的生物大分子。例如截留量10 000的透析袋适宜相对分子质量几万以上大分子溶液的透析,而相对分子质量在几千到1万的多肽分子溶液应选用截留量3000左右的透析袋。

三、透析袋的处理、保存

透析袋在使用前一般用去离子水浸泡一段时间,然后用去离子水洗数次就可以。为防止透析袋尚存的重金属离子、硫化物等杂质对实验结果的影响,一般可用50％乙醇、10 mmol/L碳酸氢钠、1 mmol/L EDTA溶液依次浸泡洗涤,最后用去离子水冲洗。也可以用10 mmol/L碳酸氢钠-1 mmol/L EDTA溶液煮沸透析袋30 min,然后用去离子水充分洗涤。使用过的透析袋可在4℃贮存于50％乙醇溶液中,以防止微生物的污染。透析袋不宜晾干存放。

四、常用透析方法和装置

1. 自由扩散透析法

剪取一段长短合适的透析袋(经上述方法处理过),先将袋的一端用线绳或橡皮筋等扎紧,也可以购买专用封透析袋的夹子,将其夹紧封住。然后向透析袋内装满去离子水,捏紧未封口一端并加适当压力,检查透析袋是否有泄漏。检查过后即可装入待透析样品,同以上方法封好另一端,置于盛有足够量的透析外液(水或缓冲液)的容器(如大烧杯、量筒等)内透析。由于透析袋内液渗透压高,小分子自由扩散到透析袋外的低渗溶液,大分子被阻止在袋内,当袋内、外小分子趋于平衡时,更换透析外液,又产生新的渗透压差,小分子继续向外扩散,如此多次重复,就可以将大分子和小分子分离。自由扩散透析法装置见图13-2。

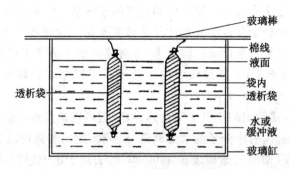

图13-2　自由扩散透析简单装置

2. 搅拌透析法

此法与自由扩散透析法相似,不同的是搅拌透析法需要在透析容器下面安装一个磁力搅拌器,透析容器内放有一根电磁棒,在电磁搅拌下,形成一个涡旋流,使自由扩散出来的小分子很快被分散到整个容器中。透析袋外周始终保持低渗状态,克服无搅拌形成的浓度梯度大、有自由扩散以及达到平衡时间长等不足,缩短透析时间,提高透析效率。搅拌透析法装置见图13-3。

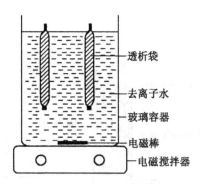

右侧标注(从上到下):
透析袋
去离子水
玻璃容器
电磁棒
电磁搅拌器

图 13-3 搅拌透析简单装置

值得提醒的是:装入样品后,在封透析袋时必须留有足够的空间,以便在透析过程中让溶剂进入袋内。浓的蛋白质溶液透析过夜,体积可能增加 50%,如果不留出足够空间,透析袋会因严重膨胀导致微孔孔径发生改变,甚至透析袋破裂。

第三节 超 滤 技 术

超滤(ultrafiltration)技术是综合了过滤和透析技术的优点而发展起来的一种高效分子分离技术,是生物大分子脱盐、浓缩、分级分离常用的方法,在生物制品、食品、制药工业生产中占有重要地位。

一、原理

超滤技术的原理与一般的透析技术一样,主要依赖于被分离物质相对分子质量的大小、形状和性质的区别。具有一定孔径的半透膜在一定的压力下,半透膜内的小分子能够通过膜孔渗透到膜外,大分子不能通过,使大小不同的分子达到分离的目的。超滤技术实际上是一种高压渗透分离方法,是通过在膜内施加正压或者在膜外施加负压使小分子排出膜外。超滤的方式主要有无搅拌式和搅拌式超滤、中空纤维超滤三种,前两种装置比较简单,只是在密闭容器中施加一定压力,使小分子和溶剂挤出膜外,下面主要介绍第三种方式。

1. 中空纤维超滤的工作原理

中空纤维超滤是在一支空心柱内装有许多的中空纤维毛细管,两端相通,管的内径一般在 $0.2\,mm$ 左右,有效面积可以达到 $1.0\,cm^2$,每一根纤维毛细管都像一个微型透析袋,极大地增大了渗透的表面积,提高了超滤的速度。中空纤维超滤以液压泵为动力,将需要超滤的样液注入每一根中空纤维毛细管内。当样液经压力泵以较高的流速送入每根毛细管时,样液从底部往上端流出,经过流量阀时,阀门只打开一部分(是全流速的 $1/4\sim 2/3$ 左右),流速减慢,中空纤维毛细管内产生很大的内压,一部分溶质小分子和溶剂分子被挤出毛细管外,一部分溶质小分子和溶剂携带着大分子通过流量阀,回流到贮液瓶,与剩余的样液混合,完成一次超滤。混合后的样液再次经液压泵送入中空纤维毛细管内超滤。每经过一次循环,分离出去一部分溶质小分子和溶剂分子,大分子则不断被浓缩。如果要将大分子和小分子分离得比较完全,可以将浓缩液稀释若干倍后再次超滤。中空纤维超滤装置的基本结构与工作原理如图 13-4 所示。

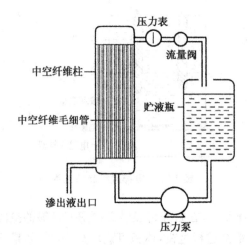

图 13-4　中空纤维超滤装置示意图

　　超滤开始时,由于溶质分子均匀地分布在溶液中,溶液浓度较稀,超滤的速度比较快,但是,随着小分子和溶剂不断排出,大分子的浓度越来越高,膜表面被截留分子不断堆积,超滤速度就会逐渐减慢,这种现象称为浓度极化现象。适当降低压力和稀释样液,有利于延迟此现象的出现及降低其影响。

2. 生物大分子的分级分离

　　可以采用不同截留相对分子质量的中空纤维超滤柱,进行分级分离。目前额定截留相对分子质量的中空纤维超滤柱截留值有 3000,5000,10 000,30 000,60 000 等。如果超滤物质相对分子质量为 5000,20 000,35 000,先用截留相对分子质量 30 000 的中空纤维柱超滤,滤出液再用截留相对分子质量 10 000 的中空纤维柱超滤,滤出液再用截留相对分子质量 3000 的中空纤维柱超滤。

二、中空纤维柱的选择及使用

　　(1) 中空纤维柱的选择:一般选择低于样品截留相对分子质量 20% 的膜进行超滤。例如超滤物质相对分子质量为 6000,最好选用截留量为 5000 以下的膜超滤,因为蛋白质分子一般都是柔性的,会有 20%～30% 的样品分子透过,也就是有 20%～30% 的样品损失。

　　(2) 流速:一般以在一定的压力下,每分钟通过单位面积的液体量来表示(采用液体为纯水),不同的膜有不同的要求。

　　(3) 中空纤维柱的保存:中空纤维柱一般可以连续使用 1～2 年。若暂时不用,可在 1% 甲醛或 5% 甘油中保存,防止细菌生长和干燥。

三、影响超滤的几个因素

（1）溶质的分子性质：主要包括相对分子质量大小、形状、带电性等。

（2）溶质浓度：浓度愈高，流速愈慢，不利于超滤。这种情况下，可以先稀释，再超滤。

（3）压力：一般情况，压力愈大，流速愈高，但浓度极化现象越严重，这是一对矛盾体。可适当控制液压和样品浓度。如果样液浓度高，压力适当低一些，以防止过早出现浓度极化现象。样液浓度低，压力适当高一些。

（4）温度：温度升高，可以降低溶液粘度，有利于超滤。但对于生物活性物质来说，一般都要求在低温（4℃）下超滤，因此，生物活性物质不能用升温来提高超滤速度。

参 考 资 料

[1]　周先碗,胡晓倩编.生物化学仪器分析与实验技术.北京：化学工业出版社,2003,309～315

[2]　俞俊棠,唐孝宣主编.生物工艺学(上册).上海：华东理工大学出版社,1991,282～304

[3]　苏拔贤主编.生物化学制备技术.北京：科学出版社,1986,189～220

[4]　Mcphie P. Dialysis. Methods in Enzymology,1971,22：23～33

[5]　Blatt W F. Membrane Separation Process（Ed Meares P）. New York：Amsterdam, Elsevier Scientific Publishing Co,1976,81

（周先碗）

第十四章　紫外-可见吸收光谱分析

第一节　光谱分析的基本概念

紫外-可见吸收光谱分析是研究物质在紫外-可见光波区（190～800 nm）的分子吸收光谱的分析方法。分子吸收光谱是指某些有机化合物和生物大分子在吸收了光能后产生价电子和分子轨道上电子在能级间的跃迁而形成的吸收光谱。利用吸收光谱这一特性可以对无机化合物、有机化合物及生物大分子进行定性和定量分析。

紫外-可见吸收光谱分析，是光谱分析中最早用于物质分析鉴定的物理分析方法之一。紫外-可见分光光度计（ultra-violet and visible spectrophotometry，UV-Vis）是最早出现的光谱仪器，现已成为生物化学和分子生物学分析研究不可缺少的分析手段。尽管在光谱仪器的发展过程中衍生出许多专门化的光谱仪器，如红外分光光度计、荧光分光光度计、原子吸收分光光度计等。但是，紫外-可见分光光度计仍然是最重要的、使用最广泛的光谱仪器。

一、分子吸收光谱产生的原理

分子是由原子组成的，原子中的电子总是围绕着原子核不停地运动。因此一个化合物分子的电子总是处在某一种运动状态，每一种状态都具有一定的运动能量，相对应于一定的能级。当分子中的电子受到光、热、电等的刺激时，分子中的总动能就会发生变化，电子从一个能级转到另一个能级，从低能级转到高能级，这种现象称为电子跃迁。当电子吸收了外来的辐射能以后，自身的能量比原来的能量高，低能级的电子就会跃迁到较高能级上，分子能级的状态由基态转变成激发态，在吸能的过程中产生了相应的吸收光谱。由于分子内部的运动所涉及的能级变化十分复杂，因此，分子的吸收光谱也表现得比较复杂。在分子内部除了电子相对于原子核运动外，还有核之间相对位移引起的振动和转动，这三种运动都是量子化的，并都相对应于一定的能级，即电子运动能级、振动能级和转动能级，并产生相应能级的光谱。分子的能量变化是三个能级能量变化的总和。在三个能级的能量中电子运动能量最大，一般在 $1\sim20\,\text{eV}$（电子伏特）；振动能级的能量一般在 $0.05\sim1\,\text{eV}$；转动能级的能量一般在 $0.005\sim0.05\,\text{eV}$。根据各个能级的能量大小，它们能级差的顺序依次为

$$\Delta E_{电子} > \Delta E_{振动} > \Delta E_{转动}$$

当分子中的电子运动能级和振动能级发生跃迁时，就会引起转动能级之间的跃迁。所得到的分子光谱由于其谱线彼此之间的波长间隔只有 $0.25\,\text{nm}$，几乎连在一起，形状呈现带状，所以分子光谱是带光谱。因此，分子光谱要比原子光谱复杂得多。

分子对不同波长的光能具有不同吸收能力，是有选择性地吸收那些能量相当于该分子的电子运动能量变化、振动能量变化及转动能量变化总和的辐射能。由于各种分子内部结构的不同，能级变化千差万别，能级之间的间隔也相对不同，这就决定了分子对不同波长的光能吸收强度的差异，这就是分子吸收光谱的定性、定量分析的依据。

例如，在有机化合物或生物大分子的紫外光谱分析中，当紫外线通过待测物质后，光的能

量就会全部或部分地被待测物质的分子所吸收。在吸收过程中,光能被转移至分子。分子吸收光能本身具有高度的专一性,只能是一定分子结构吸收一定波长的能量。因此利用分子吸收光谱的形状和位置可以确定被测物质的基本性质,利用分子对光吸收的强弱进行定量分析。蛋白质分子中的芳香族氨基酸在 280 nm 处、核酸分子中的碱基对在 260 nm 处、肽分子中的肽键在 200～220 nm 之间有最大吸收峰等,常用这些吸收特性对它们进行分析鉴定。

二、常用光谱分析术语

1. 光吸收

当一定波长的光通过某介质时,该介质有选择地吸收某一波长的光,使入射光的强度减弱,这种现象称为光吸收。一束连续光经棱镜色散后所得到的光谱中,就出现一处或几处暗的部分谱带,这种通过介质的光称出射光,透过介质产生的光谱就称为吸收光谱。紫外-可见分光光度测定法就是应用分子吸收光谱,它属于带状光谱。

2. 消光度

又称光密度(OD)或吸光值(A),表示溶液吸收光的强弱或吸收程度,也有用 E 表示。消光度愈高,溶液对光吸收的程度愈大。

3. 消光系数

消光系数(extinction coefficient)是溶液对光吸收的比例常数,指在一定的浓度和波长等条件下物质的吸光值,用 K 表示。K 值取决于溶质性质、入射光波长和温度。

消光系数的物理意义是吸光物质在单位浓度及单位厚度时的吸光值。

在一定条件下(单色光波长、溶剂、温度等),吸光值是物质的特征常数,不同物质对同一波长的单色光可有不同的消光系数。消光系数愈大,表明物质的吸光能力愈强,灵敏度愈高,所以消光系数是定性和定量分析的依据。

消光系数常用两种方式表示:

(1)摩尔消光系数(molar extinction coefficient):指在一定波长下,溶液浓度为 1 mol/L,光程厚度为 1 cm 时的消光系数,其单位是 L/(mol · cm),用 ε 表示。ε 是物质的一个特征常数,由物质的性质与光的波长而定。同一物质在不同的波长所测得的 ε 值不同,一般采用 ε 值最大的波长进行比色测定。

(2)百分消光系数:又称比消光系数(specific extinction coefficient),是指被测物质的浓度以百分比(m/V)表示时的消光系数,即当溶液浓度为 1%(1 g/100 mL),光程为 1 cm 时的消光系数,其单位是 100 mL/(g · cm),用 $E_{1\,cm}^{1\%}$ 表示。

$E_{1\,cm}^{1\%}$ 是生物大分子常用的消光系数,由于生物大分子的相对分子质量太大,一般不用摩尔浓度,而用百分比表示,所以测定时用 $E_{1\,cm}^{1\%}$,它是表示生物大分子的一个特征常数。

两种消光系数之间的关系是

$$\varepsilon = \frac{M}{10} E_{1\,cm}^{1\%}$$

式中,M 是吸光物质的摩尔质量。

4. 光互补色

溶液颜色与相应颜色的单色光为互补色,可生成白光,这种物理现象称为光互补,如图 14-1 所示。

图 14-1 单色光互补示意图

在实际工作中,溶液的颜色远不止上述几种,因此,要根据溶液的相对颜色选择比较合适的互补色。溶液的颜色与相应波长的关系见表 14-1。

表 14-1　波长范围、样品颜色和光互补色之间的关系

波长范围/nm	样品颜色(λ_R)	光互补色(λ_S)
400～435	青紫	绿色带黄
435～480	蓝	黄
480～490	蓝色带绿	橘红
490～500	绿色带蓝	红
500～560	绿	紫
560～580	绿色带黄	青紫
580～595	黄	蓝
595～630	橘红	蓝色带绿
630～700	红	绿色带蓝

二、朗伯-比耳定律

1. 朗伯-比耳定律

朗伯-比耳(Lambert-Beer)定律,也称为光吸收定律。在一定的条件下,一束单色光通过吸收介质的溶液后,引起该单束光的强度降低,吸收介质吸收部分光能。吸收介质的厚度和吸光物质的浓度与光降低的程度成正比。用公式可表示为

$$A = KCL$$

式中,A 为吸光值,K 为常数,C 为溶液浓度,L 为光程。

朗伯-比耳定律同时反映了溶液厚度 L 和浓度 C 对光吸收的关系,其数值随光的波长、溶液浓度和溶液的性质变化而变化。

2. 比耳定律数学表示式

当一束强度为 I_0 的单色光垂直射入厚度为 L 的比色池中,比色池中的吸光物质为浓度为 C 的溶液。经过比色池中透射光的强度降低为 I,根据比耳定律假设,在相邻一层 dx 中光强度降低的量同光强度 I_x 和这一层吸光物质的分子数目成正比。可以引出公式

$$- dI_x = KI_x C dx$$

式中,K 为比例系数,I_x 为某点的光强度,C 为吸收物的浓度(吸收物质分子的数目),dx 为介质的厚度。边界条件:当 $x=0$ 时,$I_x=I_0$(入射光);$x=L$ 时,$I_x=I$(透射光)。

将其两边积分得到

$$\ln(I/I_0) = - KCL$$
$$I = I_0 e^{-KCL} = I_0 10^{-K'CL}$$
$$K' = 0.434K$$

令 $T = I/I_0 = 10^{-K'CL}$,则

$$\lg(1/T) = \lg(I_0/I) = K'CL$$

式中,T 为透光度(transmittance),也称透光率。从式中可以看出,透光度 T 越大,表明溶液浓度 C 越低;反之,表明溶液浓度 C 越高。T 的大小反应了溶液浓度高低的程度,但透光度 T 的

大小与浓度 C 的大小不成线性关系。所以常用另一种形式即吸光值(absorbance)或光吸收率 A 来表示。

$$A = \lg(1/T) = \lg(I_0/I) = K'CL$$

或

$$A = K'CL$$

当单色光通过溶液时,假设该溶液完全无光吸收,则可以推出 $I=I_0$,$I_0/I=1$,

$$A = \lg(I_0/I) = \lg 1 = 0$$

即吸光值 A 为零。如果该溶液光吸收越大,则 I_0/I 值也越大,因此,吸光值 A 就越大。由于吸光值的大小与溶液浓度成正比,比例系数为 $K'L$,使测量值 A 与浓度 C 的关系比较直观。

式 $\lg(1/T)=K'CL$ 和 $A=K'CL$ 都是比耳定律,只是表达方式不同,在实际测量中常用 A。用分光光度计测量时,首先测量出 I_0 和 I,若进行 I/I_0 运算,则显示 T 值;若进行 $\lg(I_0/I)$ 运算,则显示 A。一般仪器都有 T 和 A 指示,可以自由选择。

第二节 化合物中的发色基团及助色基团

一、发色基团

发色基团(chromophoric group),亦称生色基团。它是指有机化合物或生物大分子中的某些基团,在紫外-可见光波区具有特殊的吸收峰,这些基团称为发色基团。在生色基团的结构中,含有非键轨道和 π 分子轨道的电子体系,能引起 n-π* 和 π-π* 的电子跃迁,如:酮基、醛基、羧基、硝基等基团中的双键,均具有生色效应。如果一个化合物的分子含有多个生色基团,但它们并不发生共轭作用,则该化合物的吸收光谱将包括这些个别生色基团原有的吸收带,这些吸收带的位置及强度互相影响不大。如果两个生色基团彼此相邻形成了共轭体系,那么原来的各自生色基团的吸收带就消失了,而产生新的吸收带,并且位置比原来的吸收带处在较长的波长处,吸收的强度也有较明显的增加。生色基团彼此相邻形成的共轭体系所产生的效应称为共轭效应。在共轭体系中,由每一个 π 轨道相互作用形成一组新的成键和反键轨道。当分子的共轭体系变得较长时,π-π* 跃迁的基态和激发态之间的能量差变小,因此,在较长的波长处产生光吸收。共轭双键的数目、位置,取代基的种类等均影响吸收光谱的波长和强度。常见的发色基团见表 14-2。

表 14-2 常见的发色基团

化合物	发色基团	吸收峰波长/nm	溶 剂
CH_3COCH_3	$C{=}O$ (酮基)	270.6	乙醇
CH_3CHO	$\overset{H}{-}C{=}O$ (醛基)	293.4	乙醇
CH_3COOH	$-COOH$ (羧基)	204.0	水
CH_3CONH_2	$-CONH_2$ (酰胺基)	208.0	水
CH_3NO_2	$-N{\overset{O}{\underset{O}{}}}$ (硝基)	300.7	乙醚

续表

化合物	发色基团	吸收峰波长/nm	溶　剂
C_4H_9NO	—N═O（亚硝基）	271.0	乙醚
$C_6H_{11}SOCH_3$	＼S→O（硫醚）	210.0	乙醚
$C_6H_5CSC_6H_5$	＼C═S（硫醇）	620.0	乙醚

二、助色基团

有机化合物的某些基团本身并不产生特殊吸收峰，但与发色基团同时存在于同一分子中时，能引起生色基团吸收峰发生位移和光吸收的强度增加，这些基团称为助色团（auxochromic group）。如：—OH、—NH₂、—SH 及一些卤元素等。这些基团的共同特点是在分子中都有孤对电子，它们能与生色基团中的 π 电子相互作用，发生 π-π* 电子跃迁，导致能量下降并引起吸收峰位移。常见的助色基团见表 14-3。

表 14-3　常见的助色基团

化合物	取代基	吸收峰波长/nm
苯		254.3
甲苯	甲基	262.0
氯代苯	氯	264.0
苯甲酸	羧基	267.0
苯酚	羟基	273.0
苯胺	胺基	284.5

如苯的主要吸收峰是 254.3 nm，但苯分子中的一个氢原子被甲基取代后生成甲苯，后者的主要吸收峰是 262.0 nm，吸收峰向长波长的方向发生位移，称为向红发生位移。如果吸收峰向短波长的方向发生位移，则称向紫发生位移。

三、红移及蓝移

某些化合物通过取代反应引入了含有未共享电子对的基团之后，如：—OH、—NH₂、—SH、—Cl、—OR、—SR 等，能使该化合物的最大吸收峰的波长 λ_{max} 向长波长的方向移动。这种现象称为向红效应（bathochromic effect），或称红移（red shift），这个化合物的基团称为向红基团。与红移效应相反，某些化合物的生色基团的碳原子一端引入了某些取代基以后，如酮基，能使该化合物的最大吸收峰的波长 λ_{max} 向短波长的方向移动。这种现象称为向紫效应（hypsochromic effect），或称蓝移（blue shift），这个化合物的基团称为向蓝基团。

结构的改变或其他原因不仅会出现上述现象，还可以使摩尔消光系数 ε 改变，凡能提高 ε 值的，称为增色效应（hyperchromic effect），降低 ε 值的，称为减色效应（hypochromic effect）。例如天然双链的核酸发生变性时，原子磷摩尔消光系数 ε(P) 值升高，复性后 ε(P) 值又降低，分别发生增色和减色效应。

第三节 紫外-可见分光光度计

一、紫外-可见分光光度计的基本构造

紫外-可见分光光度计主要由五个部分组成,如图 14-2 所示,即辐射光源、单色器、吸收池(样品池)、光电检测器、显示器。紫外-可见分光光度计常用的配件有:辐射光源的配置主要采用氘灯和卤素灯,氘灯主要用于紫外区,卤素灯用于可见光区;单色器,大多数仪器用棱镜和光栅;吸收池,一般都配有硅酸盐玻璃和石英玻璃比色皿,硅酸盐玻璃比色皿主要用于可见光波长的测定,石英玻璃比色皿用于紫外线波长的测定;光电检测器,通常用光电倍增管,有少数较为高档的分光光度计用二极管阵列;显示器,一般用液晶数字显示窗口和计算控制显示。

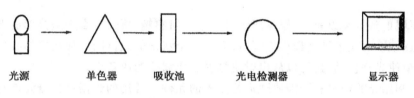

光源　　　单色器　　　吸收池　　　光电检测器　　　显示器

图 14-2　紫外-可见分光光度计的基本构造

1. 光源

紫外-可见分光光度计常用的光源有两种,即钨灯和氢灯(或氘灯)。在可见光区,近紫外区和近红外区常用钨灯,其发射连续波长范围在 $320 \sim 2500$ nm 之间。在紫外区用氢灯或氘灯。氢灯内充有低压氢,在两极间施以一定电压来激发氢分子发出紫外线,其发射连续辐射光谱波长在 $190 \sim 360$ nm 之间。氘灯(即重氢灯)发射连续辐射光谱波长范围在 $180 \sim 500$ nm 之间。一般情况下氘灯的辐射强度比氢灯大 $3 \sim 5$ 倍,使用寿命也比氢灯长,目前大多数紫外分光光度计都使用氘灯。

2. 单色器

系在辐射能的照射下,能够将连续复合光源分解成单一波长单色光的装置,通常置于比色池之前。用于分光光度计的单色器由色散元件、狭缝及准直镜等组成。

单色器光路见图 14-3。

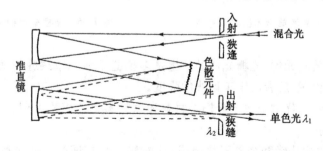

入射狭缝　混合光

准直镜　　色散元件

出射狭缝　单色光 λ_1

λ_2

图 14-3　单色器光路示意图($\lambda_2 > \lambda_1$)

（1）色散元件：常有棱镜和光栅。

棱镜是根据光的折射原理而进行的分光系统。光波通过棱镜时，不同波长的光折射率不同。波长愈短，传播速度愈慢，折射率则愈大。反之，波长愈长，传播速度愈快，折射率则愈小，因而能将不同波长的光分开。可见分光光度计或红外分光光度计使用光学玻璃棱镜，紫外分光光度计则使用石英或熔凝石英棱镜。棱镜单色器的基本结构和工作原理如图14-4所示。

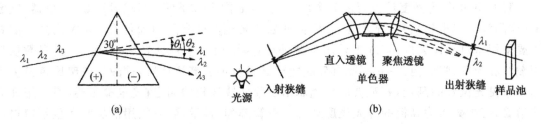

图 14-4　棱镜单色器的基本结构(a)和工作原理(b)示意图

在光源照射到棱镜以前，一般先要经过一个入射狭缝，再通过直入透镜形成平行光束投到棱镜上，透过棱镜的光再经过聚焦透镜，可得到一个清楚的光谱图。如在聚焦线处放一出射狭缝，转动棱镜使光谱移动，就可以从出射狭缝射出所需要的单色光。

光栅是利用光的衍射和干涉原理进行分光的元件。常用的光栅单色器元件有透射光栅和反射光栅，使用较多的是反射光栅。反射光栅又可分为平面和凹面反射光栅。反射光栅是在抛物线玻璃或镀铝金属表面刻制平行线而制成的（600～1200条/mm）。由于刻线处不透光，通过光的干涉和衍射使较长的光波偏折角度大，较短的光波偏折角度小，因而形成光谱，见图14-5所示。光栅单色器工作原理如图14-6所示。

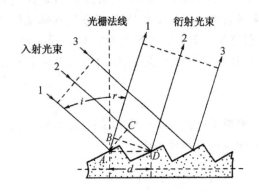

图 14-5　平面反射光栅单色器衍射示意图

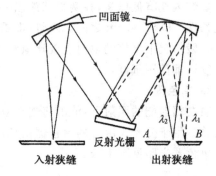

图 14-6　光栅单色器工作原理示意图

光栅是一种多狭缝元件，光栅光谱的产生是多狭缝干涉和单狭缝衍射的结果。前者决定于光谱谱线出现的位置，后者决定于谱线的强度。

光栅单色器的性能优劣取决于光栅的材料和该材料单位面积上刻有条纹的数目，刻的数目愈多，分辨率愈高。

（2）狭缝：是由两块锋利金属刀片组成，这两块刀片之间是严格平行的，或由一块弧形、一块直形的刀片组成。它的主要作用是将来自单色器的散射光切割成单色光，类似于照相机的光圈，用来控制采集光的面积。狭缝的宽度直接影响分光质量。狭缝愈小，采光面积愈小，光的单色性愈好；狭缝愈大，采光面积愈大，光的单色性愈差。但狭缝太窄，则光通量小，将降低灵敏度。所以狭缝宽度要适当。一般以减小狭缝宽度时，试样吸光值不再改变时的宽度合适。

狭缝有入射狭缝和出射狭缝之分。入射狭缝的作用是使光源发出的光成一束整齐的细光束，照在准直镜上；出射狭缝的作用是选择色散后的单色光。前者设在光源和单色器之间，后者设在单色器和比色池之间。

（3）准直镜：是以狭缝为焦点的聚光镜。使从入射狭缝发出的光变为平行光，又使色散后的平行光聚集于出射狭缝。

3. 吸收池

亦称比色池或样品池，是盛装空白和样品溶液的器皿。它由透明的材料制成，主要有硅酸盐玻璃、有机玻璃、石英玻璃或其他晶体材料等。不同的检测波长可选用不同材料制成的比色池。可见光区或近红外光波区应选用普通光学玻璃、有机玻璃、石英玻璃比色杯；紫外光波区检测应选用石英玻璃。

为保证吸光值测量的准确性，要求同一测量使用的比色池具有相同的透光特性和光程长度，两只比色池的透光率之差应小于 0.5%，否则应进行校正。使用时要保证透光面光洁，无磨损和玷污。

4. 检测器

检测器是一种光电换能器，主要功能是将接收的光信号转变成电信号，再通过放大器将信号输送到显示器。常用的有光电管和光电倍增管。

（1）光电管：是由密封在玻璃管或石英管内的两个金属电极组成。半圆柱形的阴极内侧涂有一层光敏物质，当光照射时光敏物质就发射出电子。如在两极间外加一电压，电子就流向阳极形成光电流。光电管产生的光电流很小，需经放大才能检测。光电流的大小与入射光强度及外加电压有关。

常用的光电管有蓝敏和红敏两种，蓝敏是在镍阴极表面镀锑和铯，适用波长范围为 $210\sim625\ nm$；红敏是在镍阴极表面镀银和氧化铯，适用波长范围为 $625\sim1000\ nm$。光电管的基本结构见图 14-7。

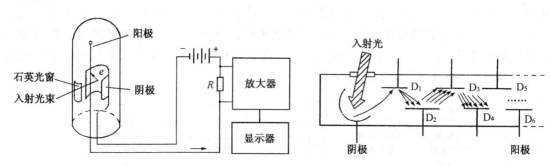

图 14-7 光电管检测器的基本结构示意图　　**图 14-8 光电倍增管工作原理示意图**

$D_1\sim D_6$ 均为一次电子发射电极

（2）光电倍增管：其原理与光电管相似，所不同的是在光电管的阴极和阳极之间增加了若干个（一般是 9 个）倍增电极。当光照射时，各电极都产生电压，阴极的电位最低，各倍增电极的电位依次增加，阳极的电位最高。光电倍增管的基本结构如 14-8 所示。

与光电管相似,光电倍增管的阴极表面涂有能发射电子的光敏材料(Sb-Sc 或 Ag-O-Sc),在光的照射下可发射电子。当阴极和阳极之间加有 1000V 的直流电压时,发射出的光电子被电场加速落在第一倍增电极上,能引起更多电子自表面射出,以此类推,经过 9 次重复后,阳极最后接收到的电子数是原阴极发出电子的 $10^5 \sim 10^8$ 倍,阳极所得的倍增电流可进一步加以放大和测量。由此可见,光电倍增管远比普通光电管优越。

近年来在光谱分析检测技术中出现重大改进,新采用的检测器如光电二极管矩阵检测器,是由很多二极管并联而成的,每一个二极管检测器只检测某一波长的信号。二极管的数目多少决定了仪器的分辨率,二极管数目愈多,分辨率愈高。

5. 显示器

显示器是将从光电检测器中获得的电信号通过放大器以成图像或数字,以某种方式显示出来。常用的显示器有指针式显示、LD 数字显示、VGA 屏幕显示和计算机显示。目前较精密的多功能分光光度计大多数采用配有相应软件的计算机显示。

二、紫外-可见分光光度计的分类

通常紫外-可见分光光度计的分类方式有两种。一种是按仪器的使用波长分类,另一种是按仪器的光学系统分类。但使用较多的分类方法是光学系统分类法。

(1) 按仪器使用的波长分类:真空紫外分光光度计(0.1~200 nm)、可见分光光度计(350~700 nm)、紫外-可见分光光度计(190~1100 nm)、紫外-可见-红外分光光度计(190~2500 nm)。

真空紫外分光光度计,由于制造技术尚未过关,目前还没有成熟的商品,其他几种仪器均有许多种不同型号的紫外-可见分光光度计。

(2) 按仪器使用的光学系统分类:单光束分光光度计、双光束分光光度计、双波长分光光度计、双波长-双光束分光光度计、动力学分光光度计。

三、紫外-可见分光光度计的特点

1. 单光束紫外-可见分光光度计

单光束紫外-可见分光光度计,是光路最简单的一种分光光度计,见图 14-9。这类仪器常用的波长范围在 190~800 nm,少数仪器使用的波长范围在 185~1100 nm。一般低波段用的光源是氘灯或氢灯,高波段用的光源是钨灯或碘钨灯。单色器一般配光栅或棱镜。检测器大多数用光电倍增管。由于单光束紫外-可见分光光度计的样品池和参比池共用一条光路,要通过轮换参比池和样品池的位置来进行测定。

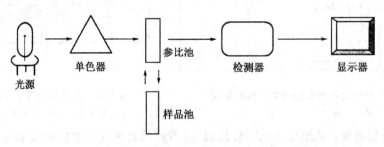

光源　　单色器　　参比池　　检测器　　显示器

样品池

图 14-9　单光束紫外-可见分光光度计示意图

2. 双光束紫外-可见分光光度计

双光束紫外-可见分光光度计的光路设计基本上与单光束相似,见图 14-10。它们的区别只是在出射狭缝的光路中增加了一个斩波器(一个旋转扇面镜),将一束光分成两束,一次测量即可得到样液的吸光值。由一束单色光分为两束单色光的方法有两种:一种是时间分隔,另一种是空间分隔。时间分隔式双光束是在单色器和样品室之间装置一个斩波器,使单色器射出的单色光转变成交替的两束光,并以一定的频率交替着前进。这两束光中的一束光通过参比池,另一束光通过样品池。然后由检测器交替接收参比信号和样品信号,经光电转换器转变成电信号并通过显示器显示出来。

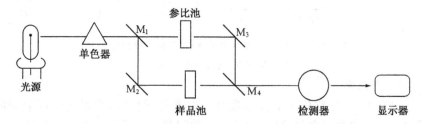

图 14-10　双光束紫外-可见分光光度计示意图
$M_1 \sim M_4$ 均为旋转反光镜

双光束分光光度计多采用固定狭缝,配置光电倍增管检测器,使光电管接收的电压随波长扫描而改变。这不仅使参比在不同的波长处有恒定的光电流信号,同时也有利于差示光度的分析测定。近年来大多数高档的双光束分光光度计采用双单色器,中间串联一个狭缝、两个色散元件。这种色散装置能有效地提高分光光度计的分辨率,使杂散光降低。

3. 双波长紫外-可见分光光度计

双波长紫外-可见分光光度计具有两个独立的单色器,可以任意选择各自不同的波长,经斩波器使两种波长的光交替通过溶液,再由光电倍增管检测器接收两波长的光信号,并把相应的光信号转变为电信号,通常接收一个峰的高峰信号和低谷信号,基本结构见图 14-11。

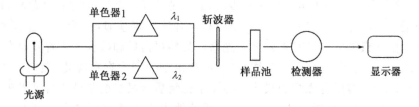

图 14-11　双波长紫外-可见分光光度计示意图

4. 双波长-双光束紫外-可见分光光度计

双波长-双光束紫外-可见分光光度计是将两个单色器产生的单色光,通过斩波器以一定频率交替通过样品池,然后由检测器交替接收峰顶和峰谷光信号,经过电转换器转变成电信号并通过显示器显示出来,这是利用峰顶和峰谷的吸光值之差进行测定。基本结构如图 14-12所示。

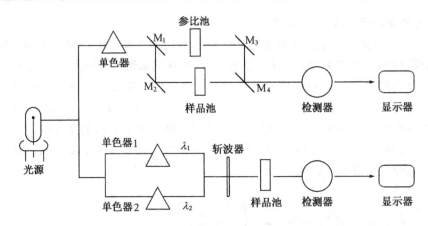

图 14-12　双波长-双光束紫外-可见分光光度计示意图

$M_1 \sim M_4$ 均为旋转反光镜

5. 动力学分光光度计

动力学分光光度计,亦称停留分光光度计。在光化学反应,辐射化学反应和酶催化反应中,都涉及快速反应(毫秒至微秒范围)及其动力学问题。分子吸收光能及电子相互传递、能量转换、酶的降解、生物合成等所引起的化学和生物化学反应都是瞬间完成的,用一般的单光束或双光束分光光度计来测定有一定的困难,采用动力学分光光度计则可以得到较好的解决。动力学分光光度计具有时间分辨的本领,能够快速对分子吸收光谱进行扫描,测定生物化学瞬间反应产物的吸收光谱和随时间的变化值。

第四节　紫外-可见吸收光谱分析方法

紫外-可见分光光度法以使用方便、迅速、样品用量少等优点而广泛应用于生物化学分析,成为实验室常规的实验手段。它在生化领域的应用主要是对生化物质的定性分析和定量测定。

20 种天然氨基酸中的大部分在紫外区没有吸收,只有芳香族氨基酸:色氨酸、酪氨酸、苯丙氨酸,它们除了在 $190 \sim 220$ nm 有一强吸收峰外,在 $250 \sim 300$ nm 均有吸收峰,而且它们的紫外吸收光谱也各不相同。多肽、蛋白质和酶都含有这些氨基酸,在紫外区也有光吸收,但不同种类的氨基酸含量使它们具有不同吸收光谱。某些蛋白质和酶由于含有其他有光吸收的辅基,在可见光区也有特征吸收。核苷、核苷酸、核酸由于分子内存在嘌呤、嘧啶共轭双键系统,使其在 $260 \sim 290$ nm 范围有强烈的吸收。各类生化物质所具有的紫外或可见光吸收的特性都是对它们进行定性、定量分析的依据。下面介绍紫外-可见分光光度法在这两方面的主要应用方法。

一、定性分析

用紫外-可见分光光度法对物质鉴定时,主要根据光谱上的一些特征吸收,包括最大吸收波长、消光系数、吸光值比等,特别是最大吸收波长($\lambda_{\max}$)和消光系数($\varepsilon_{\max}$ 和 $E_{1\,\text{cm}}^{1\%}$)是鉴定物质的常用参数。通常可用以下几种方法进行定性鉴别。

1. 比较光谱的一致性

两个化合物若相同,其吸收光谱应完全一致。在鉴别时,试样和对照品以相同溶剂配制成相同的浓度,分别测定其吸收光谱图,比较两者是否一致。目前许多分光光度计都具有全波长扫描功能,只要对试样和对照品进行某一波段扫描,即获得两者的吸收光谱图。

此方法简便、快速,但要求有标准对照品,或者有标准光谱图对照比较。同时要求仪器准确度、精密度高,而且测定条件要相同。为了进一步确证,需要变换另一种溶剂或改变溶剂的酸碱度,再分别测定试样和对照品的吸收光谱图,进行比较鉴别。此外测试样品应是纯品,避免杂质对吸收光谱的干扰。如果两个纯化合物的吸收光谱图有明显差别,则可以肯定两者不是同一物质。

2. 比较吸收光谱特征数据的一致性

常用于鉴别的光谱特征数据有最大吸收峰波长(λ_{max})和峰值消光系数(ε_{max}和$E_{1\,cm}^{1\%}$)。这是因为最大吸收峰的消光系数大,测定灵敏度高。不只有1个吸收峰的化合物,可同时比较几个峰值。例如,氧化型细胞色素 c 的最大吸收峰为 408 nm 和 530 nm;还原型细胞色素 c 的最大吸收峰为 415,520 和 550 nm。在 550 nm 处氧化型细胞色素 c 摩尔消光系数为 0.9×10^4 L/(mol·cm),还原型细胞色素 c 为 2.77×10^4 L/(mol·cm)。由此可容易地鉴别细胞色素 c 氧化型和还原型。

有些化合物由于分子内含有相同吸光基团,使得它们的摩尔消光系数常很接近,但可因两者相对分子质量不同,它们之间的百分消光系数(比消光系数)表现较大差别,通过同时比较它们的摩尔消光系数和比消光系数,进行更为准确的鉴定。

3. 比较吸光值比值的一致性

对于有多个吸收峰的物质,可以规定以几个吸收峰处的吸光值或消光系数的比值作为鉴别标准。例如准生素 B_{12} 有三个吸收峰:278,361 和 550 nm,《中国药典》(2000 版)规定用以下比值作为鉴别标准:

$$\frac{A_{361\,nm}}{A_{278\,nm}} = 1.70 \sim 1.88, \qquad \frac{A_{361\,nm}}{A_{550\,nm}} = 3.15 \sim 3.45$$

如果试样和对照品的吸收峰相同,且规定的峰处吸光值或消光系数的比值又在规定范围内,则可认为两者分子结构基本相同。

利用吸收光谱进行鉴定时,对仪器的准确度要求很高,必须经常校正。同时对样品要求也很高,必须是经过多次重结晶、几乎无杂质的高纯度样品,才能获得可靠结果。

二、纯度检测

纯化合物的吸收光谱特征与含杂质的不纯化合物,以及所含杂质的吸收光谱特征有差别时,可用分光光度法进行纯度判断。例如有的化合物在紫外-可见光区无明显的吸收峰,而所含杂质有较强的吸收峰,那么通过检测吸收峰可判断所含杂质的多寡。有的纯物质和不纯物质在某些波长吸光值的比值表现差异,通过比较吸光值的比值可以作为纯度判断标准,并可推算出杂质含量。蛋白质在 280 nm 的吸光值大于 260 nm,核酸在 260 nm 的吸光值大于 280 nm。如果蛋白质内混有核酸类物质,使得 280 nm 与 260 nm 吸光值之比下降;同理,核酸内混杂有较多蛋白时,260 nm 与 280 nm 吸光值之比下降。纯 RNA 的 260 nm 与 280 nm 吸光值之比在 2.0 以上,纯 DNA 的 260 nm 与 280 nm 吸光值之比在 1.9 左右,纯蛋白质的 280 nm 与 260 nm 吸光值之比为 1.8。260 nm 与 280 nm 和 280 nm 与 260 nm 吸光值之比通常分别用于鉴定核酸和蛋白质纯度。

三、定量分析

1. 比色分析法

生物大分子在光谱分析中的定量测定,大多数是采用在可见光波区进行比色分析。根据有色溶液与单色光的互补原理,一个有色物质的溶液可与相应波长的单色光形成互补色,在一定浓度范围内,溶液中溶质的含量与溶液颜色的深浅成正比,而溶液的颜色又与透过该溶液的单色光成反比,与溶液吸收该单色光的强弱成正比。因此可以通过测定溶液颜色的变化来确定该溶液中溶质的含量。这种分析方法称为比色分析法。

根据 Lambert-Beer 定律的测定原理,待测溶液在一定浓度范围内吸光值的大小与浓度成正比。因此,只要测出待测溶液的吸光值和标准溶液的吸光值,将待测液的吸光值与标准溶液进行比较,便可知道待测溶液的浓度,可以推算出溶液中溶质的含量。在可见光区的比色分析中,主要考虑溶液颜色与单色光的互补性,只有选择最佳的互补性,才能得到最好的测定值。

在生物大分子的定量分析中,大部分都采用比色法,而比色的溶液又分两大类。一类是有色溶液,这是根据蛋白质与某些化学试剂反应生成的一类有色溶液,该溶液与单色光具有互补作用,生成互补色,利用光的互补原理进行比色测定。另一类是无色溶液,是由于生物大分子中含有某些特殊的生色基团,如:蛋白质分子中含有芳香族氨基酸,在 280 nm 处有最大吸收峰;核酸分子中含有碱基,在 260 nm 处有最大吸收峰。利用它们的最大吸收峰 λ_{max} 特性进行比色测定。

有色溶液种类繁多,但概括起来主要有三类:第一类是本色溶液,这类溶液在分子中具有生色基团或显色离子,当把它们溶解在溶液中就会自动产生颜色,配成相应的浓度可进行直接比色,如血红蛋白、血蓝蛋白、铁蛋白等。第二类是显色溶液,这类溶液在分子中没有显色基团,而是要与某些化学试剂(显色剂)反应产生比较稳定的颜色,如双缩脲、福林-酚、茚三酮等试剂可与蛋白质分子中的某些基团反应产生比较稳定的颜色。这类物质先与显色剂显色后再进行比色。第三类是染色溶液,这类溶液在分子中没有显色基团,是通过与某些染料(染色剂)染色后再进行比色。染色剂有考马斯亮蓝 G-250、考马斯亮蓝 R-250、氨基黑 10B 等。

2. 比色分析的测定方法

(1) 消光系数法:消光系数是物质的特征常数,只要测定条件(溶液浓度与酸度、单色光纯度等)不引起比耳定律的偏离,即可根据所测得的吸光值和消光系数,计算出浓度。

$$C = \frac{A}{EL}$$

式中的消光系数可以是比消光系数($E_{1cm}^{1\%}$)或摩尔消光系数(ε)。例如已知某个蛋白质的消光系数,只要在 280 nm 处测出该蛋白吸光值就可计算出其浓度。将待测蛋白质溶液稀释成一定浓度,使该溶液在 280 nm 处的吸光值($A_{280\,nm}$)处于 0.1~1.0 范围内,根据 280 nm 的吸光值和该蛋白质消光系数按下列公式计算其浓度:

$$\text{蛋白质浓度}(\text{mg} \cdot \text{mL}^{-1}) = \frac{A_{280\,nm} \times N}{E_{1cm}^{1\%}} \times \frac{1000}{100}$$

式中,N 为稀释倍数。

例如,已知牛血清清蛋白的 $E_{1cm}^{1\%} = 6.6$,蛋白质溶液稀释 50 倍,测得 $A_{280\,nm}$ 是 0.27,由上式计算其浓度:

$$\text{蛋白质浓度} = \frac{0.27 \times 50}{6.6} \times \frac{1000}{100} = 20.5 \text{ (mg/mL)}$$

（2）标准曲线法：在吸光值与浓度成线性关系的浓度范围内配制一系列浓度由小到大的标准溶液，在相同条件下分别测定其吸光值，然后以吸光值（A）为纵坐标，标准液的浓度（C）为横坐标绘制 A-C 曲线，即为标准曲线或称工作曲线。制作标准曲线时，起码要选五种浓度递增的标准液，测出的数据至少要三点落在一直线上，这样标准曲线方可使用。

在标准溶液测定的相同条件下，测出样品的吸光值，从标准曲线上直接查出它的浓度，并计算出样品的含量。

在无法知道待测样品消光系数的情况下或分析大批样品时，采用标准曲线法比较方便。由于有标准溶液对照，准确度比较高。在固定仪器和实验条件前提下，标准曲线可供一段时间使用。因此标准曲线法是比色定量测定最常用的方法。

（3）回归分析法：将制作标准曲线的各种标准溶液浓度的数值，与其相应的吸光值，用数理统计中的回归分析法求出一个回归方程式。以后，只要测定条件不变，将测出的样品溶液的吸光值代入该回归方程，则可计算出样品溶液的浓度。

例如，五个标准溶液的浓度分别为：1, 2, 3, 4, 5 mg/100 mL。测得的吸光值分别为：0.40, 0.50, 0.60, 0.70, 0.80。测得样品溶液的吸光值为 0.635，用回归分析法计算样品溶液的浓度。

设：y_i 代表标准溶液的各浓度，x_i 代表测得的标准溶液的吸光值，x 代表测得的样品溶液的吸光值，y 代表样品溶液的浓度。所求回归方程式应为直线方程：

$$y = a + bx$$

	x_i	y_i	x_i^2	y_i^2	$x_i y_i$
	0.40	1	0.16	1	0.4
	0.50	2	0.25	4	1.0
	0.60	3	0.36	9	1.8
	0.70	4	0.49	16	2.8
	0.80	5	0.64	25	4.0
$\sum$	3.00	15	1.90	55	10.0

$$a = \frac{\sum x_i^2 \sum y_i - \sum x_i \sum x_i y_i}{n \sum x_i^2 - (\sum x_i)^2} = \frac{1.9 \times 15 - 3 \times 10}{5 \times 1.9 - 3^2} = -3$$

$$b = \frac{n \sum x_i y_i - \sum x_i \sum y_i}{n \sum x_i^2 - (\sum x_i)^2} = \frac{5 \times 10 - 3 \times 15}{5 \times 1.9 - 3^2} = 10$$

$$\therefore \quad y = -3 + 10x$$

将所测得的样品溶液吸光值 0.635 代入该式，计算样品溶液浓度：

$$y = -3 + 10 \times 0.635 = 3.35$$

所以，该样品溶液浓度应为 3.35 mg/100 mL。

（4）标准管法（即标准比较法）：在相同的条件下，配制合适浓度标准溶液和待测溶液，并测定它们的吸光值，由两者吸光值的比较，求出待测样品液的浓度。

$$待测样品溶液的浓度 = 标准液的浓度 \times \frac{待测样品的吸光值}{标准溶液的吸光值}$$

为了避免由于每次测定条件的变化可能带来的误差，常采用标准管法，它比每次作标准曲线方便且又保证了测定准确性。

（5）标准系数法：多次测定标准溶液的吸光值，计算出平均值后，按下式求出标准系数。

$$标准系数 = \frac{标准液浓度}{标准液平均吸光值}$$

用同样方法测出待测液的吸光值，代入下式即可。

$$待测液浓度 = 待测液吸光值 \times 标准系数$$

此法较标准曲线和标准管法更为简便，但是它与标准管法一样要求标准液和待测液的浓度要接近，每次测定条件也要相同，才能得到准确、可靠的结果。

第五节　紫外-可见吸收光谱分析的影响因素

要使紫外-可见吸收光谱分析方法有较高的灵敏度和准确度，应选择最佳测定条件，如良好性能的测量仪器、最好的显色反应条件和合适的参比溶液，此外还应注意以下影响因素。

（1）温度：在室温条件下，由于温度变化不大，对分子的吸光值影响不大，但是在低温时，邻近分子间的能量交换减少，使光吸收强度比室温升高 10% 左右，有些化合物可增加 50%。

（2）pH：氨基酸、蛋白质、核酸等许多化合物具有酸性或碱性可解离基团，在不同 pH 的溶液中有不同的解离形式，其吸光值会有所不同，其最大吸收峰和消光系数亦有所改变。例如嘌呤有 4 个双键，可有多种异构体，不同的互变异构体以及在不同 pH 环境中，其 λ_{max} 和 ε_{max} 均不同：

pH	λ_{max}/nm	ε_{max}
1	258	6310
7	261	7940
12	270	7940

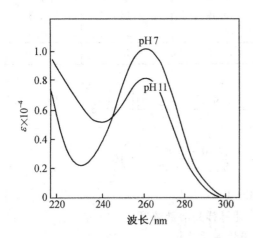

图 14-13　UTP 在 pH 11 和 pH 7 的吸收光谱

同一物质在不同 pH 时，吸收峰的波长（λ_{max}）和吸收强度（ε_{max}）都可以不同。

UTP 在 pH 11 和 pH 7 的吸收光谱图见图 14-13，由图可见 UTP pH 11 和 pH 7 的光吸收特征有较大差异。所以采用紫外-可见吸收光谱分析测定应注意选用溶液的合适 pH。

（3）溶液浓度：待测液的浓度过高或过低，可能使溶液中的某些分子发生变化，引起解离、聚合甚至沉淀等反应，而使物质在溶液中的存在形式发生变化，影响测定。也可能偏离比色测定的线性范围，引起测定误差。在高浓度时，不遵从比耳定律，浓度与吸光值不成直线关系，甚至吸收曲线的形状发生改变，这可能是由于高浓度形成二聚体等原因。

（4）仪器狭缝宽度：由分光光度计单色器分解出来的单色光是通过狭缝照射到样品池，如果

pH	λ_{max}/nm	ε_{max}	λ_{min}/nm	ε_{min}
7	262	10 000	230	2100
11	261	8100	239	5400

狭缝的质量不好或者开得太大,所截获得到的单色光波长的单一性差,杂波就会与测定波长进入待测样品,干扰测定。但狭缝也不宜太窄,以免因光通量少,降低测定灵敏度。

(5)背景的吸收:当待测样品中混有的一些杂质在待测样品所测定的波长有较大的光吸收时,造成背景吸收的干扰,使待测样品的吸光值增加或引起吸收光谱相重叠。因此待测样品纯度愈高,紫外-可见吸收光谱分析的准确性愈高。

雾样或混浊样液给予太高的吸光值,甚至肉眼几乎看不出的轻微浊度也能引起读数上的严重误差,特别是紫外区,因为透过样品混浊液的一些光被散射了,从而不能达到光电管。因此要求测试样液澄清无混浊,检测细菌培养液光吸收例外。

参 考 资 料

［1］ 周先碗,胡晓倩编.生物化学仪器分析与实验技术.北京:化学工业出版社,2003,3~22

［2］ 倪坤仪主编.仪器分析.南京:东南大学出版社,2003,25~43

［3］ 郭尧君编.分光光度技术及其在生物化学中的应用.北京:科学出版社,1987,1~53,55~94,223~278

［4］ Mellon M G. Analytical Absorption Spectroscopy. New York: John Wiley & Sons, Inc,1953,83

［5］ Williams B L, Wilson K. A Biologist's Guide to Principles and Techniques of Practical Biochemistry. London: Edward Arnold Ltd,1983,156~174

［6］ Holme D J, Peck H. Analytical Biochemistry. Longman Group Limited,1983,46~60

(周先碗　陈雅蕙)

下篇 生物化学实验

实验 1 香菇多糖的制备

目 的 要 求

(1) 了解香菇多糖的化学性质及用途。

(2) 学习制备香菇多糖的原理和方法。

原 理

香菇多糖(lentinan)是从香菇(*Lentinus edodes*)中提取的一种多糖。其化学结构是以 β-D-(1→3)葡萄糖残基为主链,侧链为 β-(1→6)葡萄糖残基的葡聚糖,其糖成分包括葡萄糖、甘露糖和木糖。胞外香菇多糖的相对分子质量在 100 万左右,具有刺激 T 细胞功能的作用;而胞内香菇多糖常与一些肽类相连,相对分子质量在 6~10 万之间,其功能与诱导干扰素的产生以及激活巨细胞的作用有关。

香菇多糖为白色粉末状固体,对光和热稳定,在水中最大溶解度为 3 mg/mL。易溶解于 0.5 mol/L 氢氧化钠,溶解度可达 50~100 mg/mL。不溶于甲醇、乙醇、丙酮等有机溶剂中。香菇多糖具有吸湿性,在相对湿度为 92.5% 的 25℃室温环境中放置 15 天,吸水量可达 40%。香菇多糖是极性大分子化合物,因此香菇多糖的提取大多采用不同温度的水和稀碱溶液,并尽量避免在过于酸性的条件下操作,因为强酸性能引起糖苷键的断裂。利用香菇多糖不溶于乙醇的性质,加入乙醇使其从溶液中沉淀析出。

香菇药用价值很高,能预防多种疾病,这与香菇所含的各种药效成分有着密切的关系,特别是它含有抗肿瘤活性多糖——香菇多糖,而引起人们的广泛重视。此外,香菇多糖还具有降低胆固醇、抑制转氨酶活性和血小板凝集、抗辐射等作用。

目前,香菇多糖主要从香菇子实体中提取,由于人工栽培香菇子实体,生长周期长达半年以上,而且价格也比较高。近年来,人们研究了香菇深层发酵工艺来获得香菇菌丝体和香菇菌多糖,生产周期缩短为一周,降低了价格,为香菇菌多糖规模化生产打下了良好基础。本实验介绍从香菇子实体中提取香菇多糖的方法。并选用苯酚-硫酸试剂测定其含糖量。

多糖在强酸(硫酸或盐酸)作用下降解并脱水而生成糖醛或其衍生物,苯酚与其起显色反应,呈现棕黄色。己糖在 490 nm(戊糖及糖醛酸在 480 nm)有最大吸收,吸光值与糖含量成线性关系,测定范围 10~100 μg。该法简单、快速、灵敏、颜色稳定。

试 剂 和 器 材

一、实验材料

新鲜香菇或干香菇。

二、试剂

(1) 80％苯酚：称取 80 g 苯酚（重蒸馏试剂），加 20 mL 水使之溶解，置冰箱中避光长期贮存。

(2) 6％苯酚：临用前以 80％苯酚稀释。

(3) 标准糖溶液：精确称取标准香菇多糖或分析纯恒重葡萄糖 10 mg，加水溶解后定容至 250 mL，配制成 40 μg/mL。

0.2 mol/L 氢氧化十六烷基三甲基胺水溶液，蛋白水解酶，乙醇，氯仿，正丁醇，乙醚，浓硫酸（AR，95.5％）。

三、器材

组织捣碎机，离心机，减压浓缩器，酸度计，电动搅拌器，水浴锅，可见分光光度计，容量瓶（100，250 mL）。

操 作 方 法

一、香菇多糖的提取

(1) 材料预处理：取适量鲜香菇，置组织捣碎机内捣碎。干香菇先用水浸湿。

(2) 提取：将捣碎的香菇置烧杯中，在搅拌下加入 6～7 倍体积的去离子水混匀，加热至 90℃，电动搅拌保温 60 min。降温至 40℃后转移到 40℃水浴保温，并加入适量蛋白水解酶液，检查 pH 应为 6.4，搅拌反应 60 min。然后迅速升温到 90～100℃，灭活 1 min，降温后纱布过滤，收集滤液。

(3) 浓缩：将上述滤液放入减压浓缩器中，减压浓缩至 1/5 体积为止。

(4) 乙醇沉淀：将浓缩液倒入烧杯中，在搅拌下加入 1 倍体积乙醇，静置过夜。次日，过滤收集沉淀。滤液再加 3 倍量乙醇，过滤收集沉淀。

(5) 二次沉淀：将上述全部沉淀用 70 倍量的水搅拌均匀后，猛烈搅拌下，滴加 0.2 mol/L 氢氧化十六烷基三甲基胺水溶液，逐步调 pH 至 12.8，大量沉淀产生，离心，收集沉淀。

(6) 除蛋白：沉淀用氯仿、正丁醇洗涤。

(7) 除杂质：沉淀依次用甲醇、乙醚洗涤，收集沉淀。

(8) 干燥：沉淀置真空干燥器干燥，即为香菇多糖。

二、香菇多糖含糖量测定

(1) 标准曲线制作：取 16 支试管分成 8 组，分别加入标准糖溶液 0.4，0.6，0.8，1.0，1.2，

1.4,1.6 及 1.8 mL,各以水补足至 2.0 mL,然后加入 6‰苯酚 1.0 mL,摇匀,加浓硫酸 5.0 mL,摇匀,室温放置 20 min,490 nm 比色测吸光值。以 2.0 mL 去离子水同上操作作为空白。以糖含量为横坐标,吸光值为纵坐标绘制标准曲线。

（2）样品测定:精确称取香菇多糖干品 5 mg,加少量热水溶解后定容至 100 mL。精密量取 1.0 mL(相当于约 50 μg 的多糖),按标准曲线制作的方法操作,测 490 nm 吸光值。从标准曲线计算多糖含量。根据配制样品的浓度计算出香菇多糖制品的纯度(质量分数)。

注 意 事 项

（1）制作标准曲线宜用相应的标准多糖,如用葡萄糖制作标准曲线应以校正系数 0.9 校正糖的微克数。

（2）多糖制品如有颜色,会使测定结果偏高。

思 考 题

1. 香菇多糖在临床上有何用途?
2. 有哪些方法可以测定多糖的含糖量?
3. 试设计一种实验方法,检测香菇多糖的单糖成分?

参 考 资 料

[1] 陈来同. 生物化学产品制备技术(2). 北京:科学文献出版社,2004,293～297
[2] 全爱顺,辛暨华,谢欣,司杨乐,宋建宁. 应用酚-硫酸法测定结核菌素纯蛋白衍化物的糖含量. 中国生物制品学杂志,2003,16(4):237～238
[3] Dubis M, et al. Colorimetric Method for Determination of Sugers and Related Substances. Anal Chem, 1956,28:350

实验 2　魔芋多糖的提取、魔芋葡甘聚糖含量的测定及还原糖成分分析

目　的　要　求

(1) 了解和掌握魔芋植物多糖的提取方法。

(2) 掌握 3,5-二硝基水杨酸比色法测定魔芋葡甘聚糖的含量。

(3) 学习薄层层析原理和硅胶 G 吸附层析实验技术。

原　　　理

魔芋(*Amorphophallus konjac*)又称蒟蒻、磨芋、鬼芋等,是一种天南星科多年生草本植物。魔芋的块茎中富含有葡萄糖和甘露糖结合的多聚糖,简称葡甘聚糖(konjac glucomannan,KGM)。它是葡萄糖和甘露糖按不同比例,以 β-(1→4)糖苷键和 β-(1→3)糖苷键形式连接起来的高分子多糖,相对分子质量(M_r)可达 10^6。

魔芋多糖易溶于水,不溶于甲醇、乙醇等有机溶剂。利用魔芋多糖改性后可作为亲和层析以及酶和生物细胞固定化的载体。魔芋多糖还具有多种独特的理化性质,如魔芋多糖的胶凝性,可作为凝胶性食品和保健食品的主要原料,它还可作为食品添加剂;又如利用魔芋多糖的成膜性,可制作水溶性食品膜、保鲜膜、微胶囊等。魔芋多糖还有保健功能,用它可制作降血脂、降血糖、减肥、通便等药物。此外在纺织、化工和石油开采方面还有独特的功能。

魔芋粉经多次 50％乙醇水溶液浸提处理后获得魔芋精粉,其主要成分为葡甘聚糖,其次还有淀粉、纤维素、蛋白质、还原糖等。为了避免这些杂质对葡甘聚糖含量测定的干扰,在魔芋多糖酸水解前应用乙醇反复浸提和多次水洗,以除去游离还原糖、淀粉等。

魔芋多糖经酸水解之后成为单糖:葡萄糖和甘露糖,这些单糖都具有还原性,因此可采用还原糖测定方法检测魔芋多糖含量。还原糖测定方法有费林法、蒽酮法和 3,5-二硝基水杨酸法(简称 DNS 法)等。本实验采用 3,5-二硝基水杨酸法。3,5-二硝基水杨酸与还原糖共热后被还原成棕红色的氨基化合物。

3,5-二硝基水杨酸　　　　　3-氨基-5-硝基水杨酸
（黄色）　　　　　　　　　（棕红色）

在一定范围内,还原糖的含量和反应液的颜色深浅度成正比例关系。利用比色法,选择波长 550 nm 进行比色就可以测知样品的含糖量。这是一种半微量的定糖法,操作简便、快捷,杂质干扰少。

硅胶 G 薄层层析是以硅胶 G 为吸附剂的一种吸附层析。它是利用吸附剂在各种溶剂中对不同化合物的吸附能力的强弱不同而进行分离。将硅胶 G 均匀地涂布在玻璃板上制成薄层板,将欲分离的糖溶液样品点在薄层板的一端,在密闭容器中利用适当的展开剂进行展层,借助于薄层板中的毛细孔的吸附作用,展开剂向上渗透。样品中的各糖组分由于分子大小和羟基数目多少以及带有的其他基团,如醛基、酮基和氨基的数目和性质的不同,在相同的层析系统中,它们的溶解度以及与吸附剂、展开剂的亲和力各有差异,因而随展开剂上移的速度不同。溶解度小、与吸附剂和展开剂亲和力强的物质上移速度慢,反之上移速度则快。如此经过不断的吸附-解吸-再吸附-再解吸的展层过程,各组分彼此分离。再经过显色处理,与标准物进行对照即可对各组分进行定性鉴别。将未显色对应的斑点从薄层上与硅胶 G 一起刮下,以适当溶剂将糖从硅胶 G 上洗脱下来,用糖的定量测定方法对各组分的含糖量作定量测定。薄层层析是一种快速、微量、操作简便、设备简单的分离技术,已广泛应用于糖类、脂类、氨基酸、肽、核苷酸等化合物的分离和鉴定。

试 剂 和 器 材

一、实验材料

魔芋粉。

二、试剂

(1) 菲林(Fehling)试剂:

试剂 A:将 34.5 g 硫酸铜($CuSO_4 \cdot 5H_2O$)溶于 500 mL 去离子水中。

试剂 B:将 125 g 氢氧化钠和 137 g 酒石酸钾钠溶于 500 mL 去离子水中,贮于带橡皮塞瓶中。临用时,将试剂 A 和 B 等量混合。

(2) 碘-碘化钾溶液:称 1 g 碘化钾溶于 100 mL 去离子水中,然后加入 0.5 g 碘,加热溶解即得红色清亮溶液。

(3) 3,5-二硝基水杨酸试剂(简称 DNS 试剂):

甲液:溶解 6.9 g 结晶的重蒸酚于 15.2 mL 10%的氢氧化钠溶液中,并用去离子水稀释到 69 mL,在此溶液中加入 6.8 g 亚硫酸氢钠。

乙液:称取 255 g 酒石酸钾钠,加入到 300 mL 10%氢氧化钠中,再加入 880 mL 1%的 3,5-二硝基水杨酸溶液。

将甲、乙两液相混合,贮于棕色试剂瓶中备用。室温下放置 7～10 天以后使用。

(4) 1%糖标准溶液:称葡萄糖和甘露糖各 100 mg,分别用 75%乙醇溶液定容至 10 mL,其浓度均为 10 mg/mL。

(5) 展开剂:正丁醇:乙酸乙酯:异丙醇:乙酸:水=7:20:12:7:6(或正丁醇:吡啶:水=6:4:3)。

(6) 显色剂:苯胺-二苯胺-磷酸试剂。取 1 g 二苯胺、1 mL 苯胺和 5 mL 85%磷酸溶于 50 mL 丙酮中(苯胺存放时间过久,颜色变成棕黄色,需重蒸后使用)。

3 mol/L 硫酸,6 mol/L 氢氧化钠,0.3 mol/L 磷酸氢二钠,乙醇(95%,无水),丙酮,硅胶 G

（层析用，150～200 目），葡萄糖（AR）。

三、器材

可见分光光度计，低温减压干燥机，高速电动匀浆器，电动离心机，恒温水浴锅，玻璃喷雾器，层析缸，玻璃板（7.5 cm×10 cm），大试管（25 mm×200 mm）。

操　作　方　法

一、魔芋葡甘聚糖的提取

称取魔芋粉 5 g，置于 150 mL 烧杯中，加入 50 mL 50％乙醇液浸提，于 50℃恒温水浴中保温 30 min，并不断搅拌，过滤弃去滤液，水洗三次。重复上述操作两遍。改用 50 mL 95％乙醇液浸提两遍，最后用丙酮、无水乙醇分别淋洗一次，蒸去残留的丙酮和乙醇后，即得到魔芋葡甘聚糖精粉。

二、魔芋葡甘聚糖含量的测定

1. 葡萄糖标准曲线的制定

标准葡萄糖溶液的配制：准确称取 100 mg 分析纯的无水葡萄糖（预先在 105℃干燥至恒重），溶于去离子水中，然后定容至 100 mL 容量瓶，配制成浓度为 1.0 mg/mL。

取 16 支大试管，分别按下表加入试剂（平行试验）：

试管编号 试剂处理	0	1	2	3	4	5	6	7
葡萄糖标准液/mL	—	0.2	0.4	0.6	0.8	1.0	1.2	1.4
相当于葡萄糖质量/mg	—	0.2	0.4	0.6	0.8	1.0	1.2	1.4
去离子水/mL	2.0	1.8	1.6	1.4	1.2	1.0	0.8	0.6
3,5-二硝基水杨酸试剂/mL	1.5	1.5	1.5	1.5	1.5	1.5	1.5	1.5

将各管混匀后，在沸水浴中加热 5 min，取出后迅速用冷水冷却至室温，再向每管加入 21.5 mL 去离子水，摇匀。于 550 nm 处测吸光值（A）。以吸光值为纵坐标，葡萄糖 mg 数为横坐标，绘制标准曲线。

2. 魔芋葡甘聚糖精粉中游离还原糖的检验

取魔芋葡甘聚糖精粉 1 g，加入适量的菲林试剂，加热，观察有无红色沉淀。若有红色沉淀出现，说明精粉中还存在游离还原糖。那么再用 95％乙醇液浸提葡甘聚糖精粉，直至与菲林试剂呈阴性反应为止，这时才能证明葡甘聚糖精粉中不再存在游离的还原糖。

3. 魔芋葡甘聚糖提取液的制备和纯度检验

准确称取上述无游离还原糖的魔芋葡甘聚糖精粉 0.100～0.150 g，置于 150 mL 烧杯中，加去离子水 60 mL，在 35℃水浴中溶胀 2 h，并不断搅拌。经充分溶胀后的魔芋多糖胶体溶液，用高速匀浆器匀浆 1 min，注入 100 mL 容量瓶中，并用去离子水分别冲洗匀浆器转头和烧杯 2 次，全部溶液移入容量瓶中，定容至刻度。4000 r/min 离心 20 min，其上清液即为魔芋葡甘聚糖提取液。

取少许葡甘聚糖提取液,用碘-碘化钾溶液检验,不变色,则表明提取液中无淀粉;同时,提取液清晰、无悬浮的不溶物,也表明葡甘聚糖提取液中不存在纤维素。

4. 魔芋葡甘聚糖的酸水解

准确吸取 1.0 mL 葡甘聚糖提取液 3 份,分别置于具塞试管中,再分别加入 6 mol/L 硫酸 0.5 mL,摇匀,加塞密封后置沸水浴中水解 1.5 h,取出冷却至室温,分别再准确加入 6 mol/L 氢氧化钠 0.5 mL 中和,充分摇匀、过滤。即得到魔芋葡甘聚糖水解液。

5. 魔芋葡甘聚糖含量的测定

取上述魔芋葡甘聚糖水解液 3 份(每份 2.0 mL),分装于 3 个大试管中,按标准曲线的测定步骤,分别测定其吸光值,取平均值在标准曲线查出水解液所对应的葡萄糖的 mg 数。按下式计算魔芋葡甘聚糖含量:

$$葡甘聚糖含量(\%) = \frac{\varepsilon T \times 100}{m} \times 100\%$$

式中,$\varepsilon = 0.9$,为甘露糖和葡萄糖在葡甘聚糖中的残基相对分子质量与葡甘聚糖水解后甘露糖和葡萄糖相对分子质量之比;T 为葡甘聚糖水解液所对应葡萄糖的质量(mg);m 为魔芋葡甘聚糖精粉样品质量(mg)。

三、魔芋葡甘聚糖水解液还原糖成分分析

1. 薄层层析板的制备

取 1 g 硅胶,加入 0.3 mol/L Na₂HPO₄ 溶液 2.5 mL,研磨均匀,用手工涂布方法(参见上篇第六章第四节)在 7.5 cm×10 cm 的玻板上涂匀,薄板厚度约 0.25 mm,晾干。110℃活化 1 h 后备用。

2. 葡甘聚糖水解液还原糖成分分析

取制备好的薄板一块,在距底边 1.5 cm 的直线上取 3 个点,各点相距 2 cm,用毛细管分别点上葡萄糖、甘露糖标准液和葡甘聚糖水解液(经过滤处理)2~5 μL,斑点直径不超过 2 mm,可分次点样,每次点样后用吹风机吹干。将薄板置于盛有展开剂的层析缸中,使薄板点样的一端浸入展开剂内 0.3~0.5 cm,采用倾斜上行法自下而上展层。当展开剂到达离薄板顶端约 1 cm 处时取出薄板,前沿作一记号,于 60℃下烘干 2 h 或空气中自然晾干,除尽溶剂后均匀喷上显色剂,85℃烘烤显色 30 min。

观察各斑点的颜色并分别测量标准葡萄糖、甘露糖以及水解液中各斑点的迁移距离(即斑点中心与点样原点的距离),计算迁移率,判断葡甘聚糖水解液中糖的成分。

$$R_f = \frac{展层后斑点中心与原点间的距离}{展层剂前沿与原点间的距离}$$

注 意 事 项

(1)水解液显色后若颜色很深,其吸光值超过标准曲线测定范围,则应将水解液适当稀释后再显色测定。

(2)薄板层析前应保证层析缸内有充分饱和的蒸气。否则由于展开剂的蒸发,会使其组分的比例发生改变而影响层析效果。由于溶剂的蒸发是从薄板中央向两边递减,导致溶剂前

沿呈弯曲状,使斑点在边缘的 R_f 高于中部的 R_f,预先用展开剂饱和层析装置可以消除这种边缘效应。

(3) 点样用的毛细管口应用小砂轮磨平,以免刺破薄层胶面。

思 考 题

1. 为什么对魔芋葡甘聚糖精粉必须用菲林试剂进行检验?其作用是什么?
2. 为什么需要在魔芋葡甘聚糖提取液中用碘-碘化钾溶液进行检验?其作用是什么?

参 考 资 料

[1] 袁晓华,杨中汉编著.植物生理生化实验.北京:高等教育出版社,1983,6～8
[2] 胡敏,李波,龙萌等.魔芋葡甘聚糖提取方法比较.食品科技,1999,1:31～33
[3] 王照利,吴万兴,李科友.魔芋精粉中甘露聚糖含量测定研究.食品科学,1998,19(3):56～58
[4] 张维杰主编.糖复合物生化研究技术,第二版.杭州:浙江大学出版社,1994,13～14,102～104
[5] Norko K, Satoshi O. Preparation of Water-soluble Methyl Konjac Glucomannan. Agric Biol Chem, 1978,42(3):669～670

实验 3　甲壳素和壳聚糖的制备及壳聚糖乙酰度的测定

目 的 要 求

(1) 了解和掌握动物多糖甲壳素和壳聚糖的制备方法。
(2) 掌握壳聚糖乙酰度的测定方法。

原　　理

甲壳素(chitin)又称壳多糖、几丁质、甲壳质等。它是自然界中除了蛋白质之外,数量最大的一种天然含氮有机高分子化合物。主要存在于昆虫、甲壳类(如虾、蟹等)动物的外骨骼中。甲壳素是由 N-乙酰-氨基葡萄糖以 β-(1→4)糖苷键形式结合而成的一类氨基多糖。它的分子结构与纤维素有些相似,基本单位是壳二糖(chitobiose),其结构式如下:

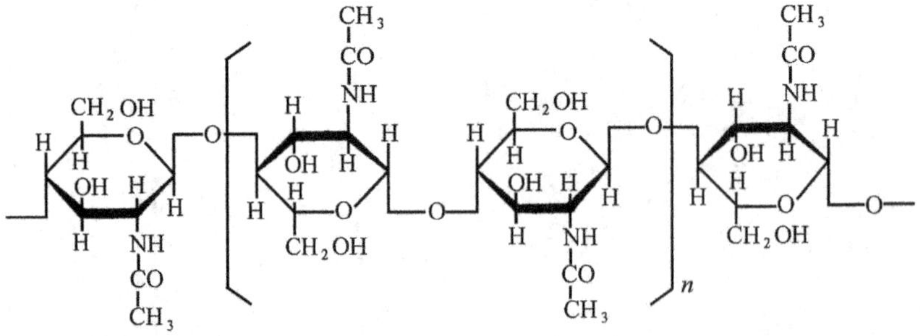

壳聚糖(chitosan)又称脱乙酰壳多糖、脱乙酰甲壳素等。它是由甲壳素在碱性条件下,脱去乙酰基后的水解物。壳聚糖能溶于低酸度水溶液中,所以也称可溶性甲壳素。而甲壳素无此溶解性,也称不溶性甲壳素。

壳聚糖因其具有水溶性,应用范围相对要比甲壳素广。壳聚糖是一种天然高分子聚合物,是自然界存在的惟一的碱性多糖,并且具有良好的生物相容性、特殊的物理化学性质和生理活性,因而在工业、农业、医药、轻工业等行业有广泛应用。壳聚糖可应用于水的净化和饮料澄清上,用做食品添加剂、除杂剂和脱酸剂。壳聚糖还可制成各种薄膜和生物膜,也可作为酶和细胞固定化载体、医药和农药载体、饲料添加剂、种子处理剂以及人工器官(如人造皮肤、人造肾膜、人造血管等)的材料。壳聚糖还具有抗肿瘤、降血脂和降胆固醇的功能,因此甲壳素/壳聚糖是一种有广阔应用前景的多糖。

甲壳素都是与大量的无机盐和壳蛋白紧密结合在一起的。因此,制备甲壳素主要有脱钙和脱蛋白两个过程。用稀盐酸浸泡虾、蟹壳,使壳中的碳酸钙等无机盐溶解,并释放出二氧化碳气体:

$$CaCO_3 + 2HCl \longrightarrow CaCl_2 + CO_2 \uparrow + H_2O$$

然后再用稀碱液浸泡,将壳中的蛋白质萃取出来,最后剩余部分就是甲壳素。

采用不同的方法可以获得不同脱乙酰度的壳聚糖。最简单、最常用的是采用碱性液处理的脱乙酰方法。即将已制备好的甲壳素用浓的氢氧化钠在较高温度下处理,就可得到脱乙酰壳多糖。

测定甲壳素脱乙酰基的程度,实际上可以通过测定壳聚糖中自由氨基的量来决定。壳聚糖中自由氨基含量高,那么脱乙酰程度就高,反之亦然。壳聚糖中脱乙酰度的大小直接影响它在稀酸中的溶解能力、粘度、离子交换能力和絮凝能力等,因此壳聚糖的脱乙酰度大小是产品质量的重要标准。脱乙酰度的测定方法很多,如酸碱滴定法、苦味酸法、水杨醛法等。

本实验采用苦味酸法测定壳聚糖的乙酰度。苦味酸通常用于不溶性高聚物的氨基含量的测定。在甲醇中苦味酸可以与游离氨基在碱性条件下发生定量反应。同样,苦味酸也可以与甲壳素和壳聚糖中游离氨基发生反应。由于甲壳素和壳聚糖均不溶于甲醇,而二异丙基乙胺能与结合到多糖上的苦味酸形成一种可溶于甲醇的盐,这种盐能从多糖上释放出来。该盐在 358 nm 的吸光值与其浓度($0\sim115\ \mu mol/L$ 范围)成线性关系。通过光吸收法测定这种盐的浓度,即可推算出甲壳素和壳聚糖上氨基的数量,进而计算出样品的乙酰度。此法的优点是:适用于从高乙酰度到不含乙酰度的宽范围,无需复杂设备。其样品量只需数毫克至数十毫克。

试　剂　和　器　材

一、实验材料

新鲜虾壳。

二、试剂

(1) 10 mol/L 苦味酸甲醇液:称取苦味酸(picric acid,又称三硝基苯酚)2290.0 g,定容于 1 L 甲醇液中。0.1 mol/L 和 0.1 mmol/L 苦味酸甲醇液由 10 mol/L 液稀释得到。

(2) 0.1 mol/L 二异丙基乙胺(DIPEA)甲醇液:称取 10.1 g 二异丙基乙胺定容于 1 L 的甲醇液中。

无水乙醇,甲醇,10%盐酸,45%氢氧化钠。

三、器材

低温减压干燥机,紫外分光光度计,层析柱(内径 0.5 cm×10 cm),抽滤瓶。

操　作　方　法

一、甲壳素的制备

将虾壳清洗干净、烘干、粉碎。用过量 10%盐酸浸泡 4~5 h,过滤、水洗。滤渣再用 10%盐酸溶液在 0℃浸泡 12~24 h,使壳中碳酸钙转化成氯化钙,过滤,除去滤液,水洗至中性。滤渣用过量 10% NaOH 溶液煮沸处理 1~2 h,过滤,滤渣用水洗至中性。反复 2~3 次,最后用无水乙醇洗涤 2 次,减压干燥,即可得到甲壳素。

二、壳聚糖的制备

将甲壳素粉碎,溶于 45% NaOH 溶液中,110℃加热 1 h,过滤,水洗至中性,重复上述操作 2 次,使其充分地脱去乙酰基,减压干燥,即得到白色固体壳聚糖。

三、壳聚糖的乙酰度测定

1. 标准曲线的绘制

配制五种不同浓度的二异丙基乙胺苦味酸的甲醇溶液。每份吸取 0.1 mol/L 的二异丙基乙胺甲醇溶液 1.0 mL,分别添加 0,1.0,2.0,3.0,4.0,5.0 mL 的 100 μmol/L 苦味酸甲醇液,再用甲醇液补充至 10.0 mL,DIPEA-苦味酸浓度分别为:10,20,30,40,50 μmol/L。混匀后在波长 358 nm 处测出相应的吸光值(A)。以吸光值为纵坐标,DIPEA-苦味酸的浓度(μmol/L)为横坐标作出标准曲线。

2. 壳聚糖乙酰度的测定

准备一支小玻璃层析柱(内径 0.5 cm×10 cm),并精确称重,然后将壳聚糖样品(5～30 mg)粉碎成细末后装填到小层析柱内,再精确称重。两次称量值之差即为样品质量(mg)。

用 0.1 mol/L 二异丙基乙胺的甲醇溶液缓慢流过小层析柱,共用 15 min,再用 10 mL 甲醇液淋洗,除去多糖样品上残留的盐。然后将 0.5～1.0 mL 的 0.1 mol/L 苦味酸的甲醇溶液慢慢地加入柱中,室温下苦味酸与样品中的氨基反应 6 h,形成苦味酸多糖复合物,接着用速度为 0.5 mL/min 的甲醇液 30 mL 淋洗,使没有结合到氨基上的苦味酸完全被淋洗出来。

再用 0.1 mol/L 二异丙基乙胺的甲醇液 0.5～1.0 mL 缓慢地加入柱内,保持 30 min,然后用约 8 mL 甲醇液淋洗柱子,收集洗脱液,并用甲醇液准确地补足到 10 mL。

测定收集的可溶性 DIPEA-苦味酸甲醇溶液在 358 nm 的吸光值(必要时作适当稀释),根据标准曲线得知其浓度。该甲醇盐溶液摩尔消光系数为 15 650 L/(mol·cm),也可以利用此值直接计算出其浓度。

3. 乙酰度的计算

根据下式计算出样品的乙酰度(degree of N-acetylation, d.a.):

$$乙酰度(d.a.) = \frac{m - 161n}{m + 42n}$$

式中,m 为样品质量(mg);n 为从样品上洗脱出来的苦味酸的物质的量(mmol);161 为 D-葡萄糖胺残基的摩尔质量(mg/mmol);42 为 N-乙酰-D-葡萄糖胺摩尔质量减去 D-葡萄糖胺摩尔质量的差值(mg/mmol)。

思 考 题

1. 甲壳素和壳聚糖在化学结构上有何异同点?
2. 为什么壳聚糖在实践上应用的范围要比甲壳素大得多?

参 考 资 料

[1]　蒋挺大编著.甲壳素.北京：中国环境科学出版社,1996,1～50

[2]　单虎,王宝维,张丽等.甲壳素及壳聚糖提取工艺的研究.食品科学,1997,18(10):14～15

[3]　卢凤琦,曹宗顺.制备条件对脱乙酰甲壳素性能的影响.化学世界,1993,34(3):138～140

[4]　张树政主编.糖生物学与糖生物工程.北京：清华大学出版社,2002,165～173

[5]　Neugebauer W A, Neugebauer E and Brzezinski R. Determination of the Degree of N-acetylation and Chitin-chitsan with Picric Acid. Carbohydr Res，1989，189:363～367

实验 4　脂肪碘值的测定

目 的 要 求

（1）掌握测定脂肪碘值的原理和操作方法。
（2）了解测定脂肪碘值的意义。

原　　理

脂肪中，不饱和脂肪酸碳链上有不饱和键，可与卤素（Cl_2、Br_2、I_2）进行加成反应。不饱和键数目越多，加成的卤素量也越多，通常以"碘值"表示。在一定条件下，每100 g脂肪所吸收碘的克数称为该脂肪的"碘值"。碘值越高，表明不饱和脂肪酸的含量越高，它是检定和鉴别油脂的一个重要常数。

由于碘与脂肪的加成反应很慢，而氯及溴与脂肪的加成反应虽快，但有取代和氧化等副反应。Wijs(1898)使用ICl，但测定值偏高；Hanus(1901)使用IBr，这种试剂稳定，测定结果接近理论值。本实验使用IBr进行碘值测定。溴化碘（IBr）的一部分与油脂不饱和脂肪酸起加成作用，剩余部分与碘化钾作用放出碘，放出的碘用硫代硫酸钠滴定。

加成反应：　$-CH=CH- + IBr \longrightarrow$ 　
$$-\overset{\overset{\displaystyle H}{|}}{\underset{\underset{\displaystyle I}{|}}{C}}-\overset{\overset{\displaystyle H}{|}}{\underset{\underset{\displaystyle Br}{|}}{C}}-$$

释放碘：　　　$IBr + KI \longrightarrow KBr + I_2$

滴定：　　　　$I_2 + 2Na_2S_2O_3 \longrightarrow 2NaI + Na_2S_4O_6$

实验时取样多少决定于油脂样品的碘值，请参考表4.1和4.2。

表 4.1　样品最适量和碘值的关系

碘　　值	样品数/g	作用时间/h	碘　　值	样品数/g	作用时间/h
30 以下	约 1.1	0.5	100～140	0.2～0.3	1.0
30～60	0.5～0.6	0.5	140～160	0.15～0.26	1.0
60～100	0.3～0.4	0.5	160～210	0.13～0.15	1.0

表 4.2　几种油脂的碘值

名　　称	碘　　值	名　　称	碘　　值
亚麻子油	175～210	花生油	85～100
鱼肝油	154～170	猪油	48～64
棉子油	104～110	牛油	25～41

试 剂 和 器 材

一、实验材料

花生油或猪油。

二、试剂

(1) Hanus 溴化碘溶液：取 12.2 g 碘，放入 1500 mL 锥形瓶内，徐徐加入 1000 mL 冰乙酸 (99.5%)，边加边摇，同时略温热，使碘溶解。冷却后，加溴约 3 mL。

注意：所用冰乙酸不应含有还原性物质。取 2 mL 冰乙酸，加少许重铬酸钾及硫酸，若呈绿色，则证明有还原性物质存在。

(2) 0.1 mol/L 标准硫代硫酸钠溶液：取结晶硫代硫酸钠 50 g，溶在经煮沸后冷却的去离子水(无 CO_2 存在)中。添加硼砂 7.6 g 或氢氧化钠 1.6 g(硫代硫酸钠溶液在 pH 9～10 时最稳定)。稀释到 2000 mL 后，用标准 0.1 mol/L 碘酸钾溶液按下法标定：准确量取 0.1 mol/L 碘酸钾溶液 20 mL、10% 碘化钾溶液 10 mL 和 1 mol/L 硫酸 20 mL，混合均匀。以 1% 淀粉溶液作指示剂，用硫代硫酸钠溶液进行标定。按下面所列反应式计算硫代硫酸钠溶液浓度后，用水稀释至 0.1 mol/L。

$$KIO_3 + 5KI + 3H_2SO_4 \longrightarrow 3K_2SO_4 + 3I_2 + 3H_2O$$
$$I_2 + 2Na_2S_2O_3 \longrightarrow 2NaI + Na_2S_4O_6$$

纯四氯化碳，1% 淀粉溶液(溶于饱和氯化钠溶液中)，10% 碘化钾溶液。

三、器材

碘瓶(或带玻璃塞的锥形瓶)，棕色、无色滴定管各 1 支，吸量管，量筒，天平。

操 作 方 法

准确地称取 0.3～0.4 g 花生油 2 份，置于两个干燥的碘瓶内，切勿使油粘在瓶颈或壁上。加入 10 mL 四氯化碳，轻轻摇动，使油全部溶解。用滴定管仔细地加入 25 mL 溴化碘溶液(Hanus 溶液)，勿使溶液接触瓶颈。塞好瓶塞，在玻璃塞与瓶口之间加数滴 10% 碘化钾溶液封闭缝隙，以免碘的挥发损失。在 20～30℃暗处放置 30 min，并不时轻轻摇动。油吸收的碘量不应超过溴化碘溶液所含之碘量的一半，若瓶内混合物的颜色很浅，表示花生油用量过多，改称较少量花生油，重做。

放置 30 min 后，立刻小心地打开玻璃塞，使塞旁碘化钾溶液流入瓶内，切勿丢失。用新配制的 10% 碘化钾 10 mL 和去离子水 50 mL 把玻璃塞和瓶颈上的液体冲洗入瓶内，混匀。用 0.1 mol/L 硫代硫酸钠溶液迅速滴定至浅黄色。加入 1% 淀粉溶液约 1 mL，继续滴定。将近终点时，用力振荡，使碘由四氯化碳全部进入水溶液内。再滴定至蓝色消失为止，即达滴定终点。

另作 2 份空白对照，除不加油样品外，其余操作同上。滴定后，将废液倒入废液缸内，以便回收四氯化碳。计算碘值。

碘值表示 100 g 脂肪所能吸收碘的克数,因此样品碘值的计算如下:

$$碘值 = \frac{(A - B) \times T \times 100}{m}$$

式中,A 为滴定空白用去的 $Na_2S_2O_3$ 溶液的平均体积(mL);B 为滴定碘化后样品用去的 $Na_2S_2O_3$ 溶液的平均体积(mL);m 为样品的质量(g);T 为 1 mL 0.1 mol/L 硫代硫酸钠溶液相当的碘的克数,$T = \frac{0.1 \times 126.9}{1000}$(g/mL)。

注 意 事 项

(1) 碘瓶必须洁净、干燥,否则油中含有水分,引起反应不完全。

(2) 加碘试剂后,如发现碘瓶中颜色变浅褐色时,表明试剂不够,必须再添加 10~15 mL 试剂。

(3) 如加入碘试剂后,液体变浊,这表明油脂在 CCl_4 中溶解不完全,可再加些 CCl_4。

(4) 将近滴定终点时,用力振荡是本滴定成败的关键之一,否则容易滴加过头或不足。如振荡不够,CCl_4 层会出现紫色或红色。此时应用力振荡,使碘进入水层。

(5) 淀粉溶液不宜加得过早。否则,滴定值偏高。

思 考 题

1. 测定碘值有何意义? 液体油和固体脂的碘值间有何区别?
2. 加入溴化碘溶液之后,为何要在暗处存放 30 min?
3. 滴定过程中,淀粉溶液为何不能过早加入?
4. 滴定完毕放置一些时间后,溶液应返回蓝色,否则表示滴定过量,为什么?

参 考 资 料

[1] 北京大学生物学系生物化学教研室编. 生物化学实验指导. 北京:人民教育出版社,1979,45~48

[2] 普卢默 D T 著,吴翠等译. 实用生物化学导论. 北京:科学出版社,1985,211~212

[3] Holman R T, Lundberg W O and Malkin T. Progresses in Chemistry of Fats and Other Lipids. London: New York Pergamon Press, 1958, V, 4~7

实验 5　血清总胆固醇含量的测定(磷硫铁法)

目 的 要 求

(1) 学习并掌握磷硫铁法测定血清中总胆固醇含量的原理及操作。

(2) 了解血清总胆固醇的正常值范围及临床意义。

原　　理

总胆固醇(包括游离胆固醇和胆固醇酯)测定有化学比色法和酶学方法两类。本实验采用前一种方法。

Lieberman 和 Burchard 首先设计并提出了总胆固醇化学比色测定法,它涉及乙酸酐和浓硫酸处理胆固醇及其酯,但其他固醇也有反应,此法特异性差,它受各种试剂的比例关系和含水量的影响很大。后人作了许多改进,主要表现在:提取胆固醇及其酯,去除蛋白质干扰,提高产生颜色的稳定性,使用含有 Fe^{3+} 和浓硫酸的试剂,提高灵敏度。这就是目前常用的磷硫铁法。

用无水乙醇处理血清,既能使胆固醇及其酯溶解于其中,又能将蛋白质变性沉淀。由于乙醇破坏胆固醇与蛋白质之间结合的化学键,使血清中的胆固醇全部被提取。在乙醇提取液中,加磷硫铁试剂,胆固醇及其酯与浓硫酸及三价铁作用产生紫红色磺酸化合物,呈色度与胆固醇及其酯含量成正比,可用比色法定量测定。

本法测定的正常人空腹时血清总胆固醇含量范围为 2.8~5.7 mmol/L。当患有甲状腺功能减退、动脉粥样硬化、严重糖尿病、肾病综合征、粘液性水肿和阻塞性黄疸等疾病时,血清总胆固醇含量增高,该值在临床诊断上具有重要的参考价值。

试 剂 和 器 材

一、实验材料

人血清。

二、试剂

(1) 2.5% 铁贮存液:称取 2.5 g 三氯化铁($FeCl_3 \cdot 6H_2O$)溶于 50 mL 浓磷酸(85%~87%)中,并定容至 100 mL,混匀,贮于棕色瓶内,塞紧瓶口,室温保存。

(2) 磷硫铁试剂(2 mg/mL):取 2.5% 铁贮液 8 mL 置烧杯内,再加入浓硫酸(AR)至 100 mL,混匀。此液于室温中可保存 6~8 周。

(3) 胆固醇标准贮存液(1 mg/mL)：精确称取干燥重结晶胆固醇 100 mg 溶于 80 mL 无水乙醇中(可稍加热助溶)。待冷却后移入容量瓶内,注意多次用无水乙醇冲洗容器,洗液合并至容量瓶内,以无水乙醇定容至 100 mL。置棕色瓶中,密闭瓶口贮 4℃冰箱内保存。要求用高质量胆固醇(白色干粉),如变色、有结块,则须重结晶。

(4) 胆固醇标准溶液(0.04 mg/mL)：先将少量标准贮液平衡至室温,取 4 mL 用无水乙醇稀释定容至 100 mL。贮存在棕色瓶中,密封瓶口,冰箱内保存。临用前平衡至室温并充分混匀后才能使用。

无水乙醇,浓硫酸(AR)。

三、器材

试管(带盖)及试管架,容量瓶(100 mL×2),吸量管(0.1,2.0,5.0,10.0 mL),离心机(4000 r/min),分光光度计。

操 作 方 法

(1) 吸取 0.1 mL 血清置干燥离心管中(必须烤干),先加无水乙醇 0.4 mL 摇匀后,再加无水乙醇 2.0 mL(无水乙醇分两次加入,目的是使蛋白质以分散微细的沉淀析出),加盖用力振摇 10 s,放置 10 min 后,以 3000 r/min 离心 5 min。取出上层清液,置另一洁净干燥的试管内备用。

(2) 取干燥试管 4 支,编号,分别按下表添加试剂：

	试 管			
	空白管	标准管	样品管 I	样品管 II
无水乙醇/mL	2.0	—	—	—
胆固醇标准液/mL	—	2.0	—	—
血清乙醇提取液/mL	—	—	2.0	2.0
磷硫铁试剂/mL	2.0	2.0	2.0	2.0

逐管沿管壁缓慢加入磷硫铁试剂,与乙醇分层后立即振摇 20 次,室温冷却 10 min,560 nm 下比色,以空白管调零测定各管吸光值。

(3) 结果与计算：

$$血清总胆固醇质量浓度(mg/100\ mL) = \frac{样品液\ A_{560nm}}{标准液\ A_{560nm}} \times 0.04 \times 2 \times \frac{100}{0.08}$$

$$= \frac{样品液\ A_{560nm}}{标准液\ A_{560nm}} \times 100$$

$$血清总胆固醇物质的量浓度(mmol/L) = 血清总胆固醇质量浓度 \times \frac{10}{386.66}$$

$$= 血清总胆固醇质量浓度 \times 0.0259$$

其中,386.66 为胆固醇的相对分子质量。

注 意 事 项

（1）实验操作中,涉及浓硫酸、磷酸时必须十分注意安全。防止操作者被烧伤,也要避免比色液溢出至比色槽内而损坏仪器。

（2）要逐管沿管壁缓慢加入磷硫铁试剂,如室温低于 15℃ 时,可先将提取上清液置 37℃ 恒温水浴预热片刻,再加入磷硫铁试剂,待分层后,轻轻旋转试管,均匀混合。管口加盖,室温放置。不可几管加完后再混合。

（3）胆固醇的显色反应受水分的影响很大,因此所用试管、比色杯均必须干燥。浓硫酸质量也很重要,放置过久因吸水会使呈色反应降低。

（4）低温下,胆固醇在乙醇中溶解度降低,因此用无水乙醇提取胆固醇应在 10℃ 以上室温下进行。

思 考 题

1. 本实验操作中特别需要注意的是什么? 为什么?
2. 血清总胆固醇测定的临床意义是什么?
3. 脂类难溶于水,将它们均匀分散在水中则形成乳浊液,为什么正常人血浆或血清中含有脂类虽多,却清澈透明?

参 考 资 料

[1]　上海市医学化验所.临床生化检验(上). 上海：上海科学技术出版社,1979,179~181
[2]　吴士良,王武康,王尉平主编. 生物化学与分子生物学实验教程.苏州：苏州大学出版社,2001,87~89
[3]　Alexander R R, Griffiths J M and Wilkinson M L. Basic Biochemical Method. New York：John Wiley & Sons,Inc,1985, 126~128
[4]　Holme D J and Peck H. Analytical Biochemistry. Longman Group Limited, 1983, 424~426
[5]　Strong F M and Koch G H. Biochemistry, Laboratory Manual. US, Iowa：WM C Brown Company Publishers, 1974, 85~88

实验 6　卵磷脂的制备

目 的 要 求

了解并掌握从鸡蛋黄中提取卵磷脂的原理和方法。

原　　理

卵磷脂(lecithin)最早是从蛋黄中提取得到的磷脂,故得名,事实上动物的心、脑、肾、肝、骨髓以及禽蛋的卵黄中卵磷脂的含量都很丰富。大豆来源的大豆磷脂则是卵磷脂、脑磷脂和心磷脂等的混合物。不同来源的卵磷脂由不同的脂肪酸烃链组成。大豆来源的含有约 65%～75% 的不饱和脂肪酸,动物来源的仅含约 40%。卵磷脂是磷脂酸的衍生物。磷脂酸中的磷酸基与羟基化合物——胆碱中的羟基连接成酯,又称磷脂酰胆碱。所含脂肪酸常见的有硬脂酸、软脂酸、油酸、亚油酸、亚麻酸和花生四烯酸等。从化学结构可看出卵磷脂属甘油磷脂。

$$R_1-\overset{\overset{O}{\|}}{C}-O-CH_2$$
$$R_2-\overset{\overset{O}{\|}}{C}-O-CH$$
$$H_2C-O-\overset{\overset{O}{\|}}{P}-OCH_2CH_2N^+(CH_3)_3$$
$$\overset{|}{O_-}$$

R_1,R_2 为饱和或不饱和脂肪酸;$HOCH_2CH_2N^+(CH_3)_3$ 为胆碱

鸡蛋黄中的脂类含量为 30%～33%,其中脂肪含量约为 20%,其余的则属磷脂类。磷脂是一种结合脂肪,其主要成分为卵磷脂和脑磷脂,也含有胆固醇和微量的神经磷脂和糖脂等。卵磷脂能溶解于乙醚、酒精、甲醇、三氯甲烷等脂肪溶剂中,但不能溶解于丙酮,也不溶解于水。它的亲水性很强,能在水中膨胀而生成乳状液和胶体溶液。卵磷脂也能与酸、碱和其他盐类如氯化镉等相结合。卵磷脂一般为淡黄色,但由于卵磷脂分子中含有不饱和脂肪酸,所以很容易氧化而逐渐由淡黄色变为棕褐色。卵磷脂在空气中易被氧化,同时它能与蛋白质及其他物质生成化合物,所以卵磷脂一般很难得到结晶状态而是无晶形物质。人和动物的肾、肝、小肠和其他器官内均有磷脂酶存在,因此推测卵磷脂首先水解而生成甘油、脂肪酸、磷酸及胆碱。其中胆碱能在肝脏中对脂肪起代谢作用,最重要的是它能参与合成乙酰胆碱而成为神经系统活动的重要物质。动物机体本身能合成磷脂类,此种合成主要在小肠壁和肝脏中进行。磷酸、甘油磷酸和胆碱能促进其合成速度。因此卵磷脂是生物体内重要的一类生化物质。

卵磷脂制品在医药上又称蛋黄素,临床上用于辅助治疗动脉粥样硬化、脂肪肝、神经衰弱及营养不良。一般食用可作为强身滋补剂。不同来源的制品疗效不同,大豆来源的豆磷脂更适合用于抗动脉粥样硬化。由于卵磷脂是维持胆汁中胆固醇溶解度的乳化剂,有可能成为胆

固醇结石的防治药物。卵磷脂又可作为生物试剂,用于培养细菌,尤以固氮菌效果好。卵磷脂溶于乙醇,不溶于丙酮,脑磷脂溶于乙醚而不溶于丙酮和乙醇,故蛋黄丙酮抽提液用于制备胆固醇,不溶物用乙醇抽提得卵磷脂,用乙醚抽提得脑磷脂,从而使蛋黄中三种成分得以分离。

卵磷脂的制备方法有乙醇冷浸法、乙醚冷浸法和氯化镉沉淀精制法三种。乙醇冷浸法操作简便安全,产率也高,按干蛋粉计算,可达8%～10%,乙醇回收率达70%～80%,制备周期较短,成本较低。乙醚冷浸法操作较复杂,也很不安全,周期长,成本较高,产率低,一般都不采用此法。氯化镉沉淀精制法,产品纯度高,但操作复杂,生产周期更长,成本高,一般也不适合大规模制备。

本实验采用乙醇冷浸法。利用乙醇-甲醇溶液将卵磷脂从蛋黄粉中抽提出来,浓缩抽提液后,用丙酮沉淀卵磷脂并洗净蛋黄油,经干燥制得卵磷脂。

试 剂 和 器 材

一、实验材料

鸡蛋。

二、试剂

乙醇(95%),丙酮,甲醇(98.5%)。

三、器材

蒸馏装置,真空干燥箱。

操 作 方 法

一、原料处理

将鸡蛋置低温冰箱或冰库(−10℃),使其内容物凝固,然后破壳,分离出蛋黄。蛋黄原料放入烘箱内,55℃下烘干6 h左右,捣碎研磨成蛋黄粉,贮存备用。

二、卵磷脂的提取

(1) 浸液的配方:干燥蛋黄粉1份、乙醇1份、甲醇1份。

(2) 浸泡提取:先配制好乙醇-甲醇溶液置烧杯内,徐徐加入干燥蛋黄粉,边加边搅拌,醇浸液的液面务必高出原料面约30 cm,继续搅拌4～5 h,置室温下继续浸泡24～48 h,甚至更长时间。由于卵磷脂及部分蛋黄油被浸提出来,醇浸液逐渐变为金黄色。

(3) 吸取浸泡液:浸泡一段时间后,醇浸液中的蛋黄粉徐徐沉降,待其全部沉淀后,采用倾泻法、虹吸法或勺取法将金黄色的醇浸液吸取出来。其余沉淀物装入细布袋,挤压过滤,收集滤出的醇浸液。合并全部醇浸液,加盖低温贮存,待蒸馏浓缩。

(4) 蒸馏浓缩:采用一般的蒸馏方法蒸馏回收乙醇,浓缩抽提液。甲醇的沸点为66.78℃,乙醇的沸点78.4℃,当水浴加热到78～80℃时,醇液变为蒸气由分馏柱进入冷凝管,再变成液体而被回收。继续蒸馏至蒸馏瓶中残液呈浑厚油状物,当冷凝管中已不再滴出回收醇液时,即可停止蒸馏。

(5)沉淀和清洗:将蒸馏瓶中残余的油状液倾入烧杯里,加入2倍油状液体积的丙酮,并用玻棒调和。静置,待其分层后,将上层混浊的丙酮洗液倾出,再加入等量的丙酮,静置,待其产生沉淀后再倾去丙酮洗液,如此重复洗净2~3次,使蛋黄油脱净。然后将淡黄色沉淀收集起来,放在绢丝布袋里,轻缓地用戴橡皮手套的双手挤压,使残余的丙酮沥净。此时袋中沉淀物便是软蜡状的卵磷脂。

(6)干燥:将绢丝布袋中的软蜡状卵磷脂用刮刀刮下,平铺在瓷盘上,厚度不宜超过1.5 cm。在避光下迅速放入底层已预置氯化钙的真空干燥箱内,维持25~30℃,真空干燥24~48 h,即获得干燥的卵磷脂制品。

注 意 事 项

(1)浸泡提取时,必须加盖以防止醇浸液蒸发。

(2)蒸馏开始时加热的温度不能过高,否则醇浸液过度沸腾,往往使醇浸液冲出蒸馏瓶,由分馏柱进入冷凝管,制品便会损失,回收的醇也不纯了。当蒸馏出的醇液达醇容积的2/3时,可将温度升至80~85℃,继续蒸馏至蒸馏瓶中残液呈浑厚油状物,而冷凝管中已不再滴出回收醇液时,即可停止蒸馏。

(3)丙酮处理的目的是脱净卵磷脂中的油脂和水,为此使用的丙酮含水量越低越好,否则沉淀物较湿,脱水困难。

(4)烘干所需时间长短,须视制品的干湿程度而定,但一般不超过48 h便能达到干燥目的。

思 考 题

1. 卵磷脂、脑磷脂、神经鞘磷脂与胆固醇在有机溶剂中的溶解度差别很大,根据这个性质设计一个将卵磷脂、脑磷脂与胆固醇分别提纯的方法。

2. 卵磷脂作为一种功能性食品,具有什么功效?

参 考 资 料

[1] 张金成.磷脂的营养保健功能及发展前景的探讨和研究.中国油脂,2000,25(3):61~64

[2] 虞江新,张根旺.大豆磷脂的提取与精制.郑州粮食学院学报,1999,3:9~10

[3] Kwam L. Fractionation of Water-soluble and Insoluble Components from Egg Yolk with Minimum Use of Organic Solvents. J of Food science,1991, 56(6):1437~1451

[4] Marian S. Optimal Conditions for Fractionation of Rapeseed Lecithin with Alcohols. Journal of the American Oil Chemists Society,1993, 70(4):405

[5] Van W, et al. Lecithin Production and Properties. Journal of the American Oil Chemists Society, 1976, 53:425~427

实验 7　维生素 C 的定量测定(2,6-二氯酚靛酚滴定法)

目 的 要 求

(1) 学习并掌握定量测定维生素 C 的原理和方法。

(2) 了解蔬菜、水果中维生素 C 含量情况。

原 理

维生素 C 是人类营养中最重要的维生素之一,缺少它时会产生坏血病,因此又称之为抗坏血酸(ascorbic acid)。它对物质代谢的调节具有重要的作用。近年来,发现它还可预防和治疗感冒,增强机体对肿瘤的抵抗力,并具有对化学致癌物的阻断作用。

维生素 C 是具有 L 系糖构型的不饱和多羟基化合物,属于水溶性维生素。它分布很广,植物的绿色部分及许多水果(如猕猴桃、橘子、苹果、草莓、山楂等)、蔬菜(黄瓜、洋白菜、西红柿、青椒、芹菜等)中的含量更为丰富。

人、猴和豚鼠在肝脏中缺少古洛糖酸内酯氧化酶,因此不能在体内合成维生素 C,必须从食物中摄取,否则出现坏血病。

维生素 C 具有很强的还原性。其分子中 C_2 和 C_3 位上具有两个活泼的烯醇式羟基,极易脱氢氧化成去氢维生素 C。因此它可分为还原型和氧化型。金属铜和酶(抗坏血酸氧化酶)可以催化维生素 C 氧化为氧化型。根据它具有的还原性质可测定其含量。

还原型抗坏血酸能还原染料 2,6-二氯酚靛酚(dichlorophenolindo phenol,DCPIP),本身则氧化为氧化型。在酸性溶液中,氧化型 2,6-二氯酚靛酚呈红色,还原后变为无色。因此,当用此染料滴定含有维生素 C 的酸性溶液时,维生素 C 尚未全部被氧化前,则滴下的染料立即

还原型抗坏血酸　　氧化型 2,6-二氯酚靛酚　　　　　氧化型脱氢抗坏血酸　　还原型 2,6-二氯酚靛酚
　　　　　　　　　　　(红色)　　　　　　　　　　　　　　　　　　　　　(无色)

被还原成无色。一旦溶液中的维生素 C 已全部被氧化时,则滴下的染料立即使溶液变成粉红色。所以,当溶液从无色转变成微红色时即表示溶液中的维生素 C 刚刚全部被氧化,此时即为滴定终点。如无其他杂质干扰,样品提取液所还原的标准染料量与样品中所含的还原型维生素 C 量成正比。

本法用于测定还原型维生素 C,总维生素 C 的量常用 2,4-二硝基苯肼法和荧光分光光度法测定。

试 剂 和 器 材

一、实验材料

新鲜蔬菜或水果,如苹果、洋白菜等。

二、试剂

(1) 2% 草酸溶液:草酸 2 g 溶于 100 mL 去离子水中。

(2) 1% 草酸溶液:草酸 1 g 溶于 100 mL 去离子水中。

(3) 0.1 mg/mL 标准维生素 C 溶液:准确称取 10 mg 纯维生素 C(应为洁白色,如变为黄色则不能用)溶于 1% 草酸溶液中,并稀释至 100 mL,贮于棕色瓶中,冷藏。最好临用前配制。

(4) 0.1% 2,6-二氯酚靛酚溶液:250 mg 2,6-二氯酚靛酚溶于 150 mL 含有 52 mg NaHCO$_3$ 的热水中,冷却后加水稀释至 250 mL,滤去不溶物,贮于棕色瓶中冷藏(4 ℃),约可保存一周。每次临用时,以标准维生素 C 溶液标定。

三、器材

锥形瓶(100 mL),组织捣碎机,吸量管(10 mL),漏斗,滤纸,微量滴定管(5 mL),容量瓶(100,250 mL)。

操 作 方 法

一、维生素 C 的提取

水洗干净整株新鲜蔬菜或整个新鲜水果,用纱布或吸水纸吸干表面水分。然后称取 50～100 g,加入等体积 2% 草酸,置组织捣碎机中打成浆状,滤纸过滤,滤液备用。滤饼可用少量 2% 草酸洗几次,合并滤液,记录滤液总体积。

二、2,6-二氯酚靛酚溶液的标定

准确吸取标准维生素 C 溶液 1.0 mL(含 0.1 mg 维生素 C)置 100 mL 锥形瓶中,加 9.0 mL 1% 草酸,用微量滴定管以 0.1% 2,6-二氯酚靛酚滴定至淡红色,并保持 15 s 不褪色,即达终点。由所用染料的体积计算出 1 mL 染料能氧化维生素 C 的量(mg)。取 10 mL 1% 草酸作空白对照,按以上方法滴定。

三、样品滴定

准确吸取滤液两份,每份 10.0 mL,分别放入 2 个 100 mL 锥形瓶内,滴定方法同前。另取 10 mL 1%草酸作空白对照滴定。

四、结果处理

取两份样品和空白所消耗染料的平均值,按下式计算 100 g 样品中还原型维生素 C 的含量:

$$维生素 C 含量(mg/100 g 样品) = \frac{(V_1 - V_2) \times V \times T \times 100}{V_3 \times m}$$

式中,V_1 为滴定样品所耗用的染料的平均体积(mL),V_2 为滴定空白对照所耗用的染料的平均体积(mL),V 为样品提取液的总体积(mL),V_3 为滴定时所取的样品提取液体积(mL),T 为 1 mL 染料能氧化维生素 C 的量(mg,由操作二计算出),m 为待测样品的质量(g)。

附注:维生素 C 标定法

为了准确知道标准维生素 C 含量,需经标定,方法如下:

(1) 将标准维生素 C 溶液稀释为 0.02 mg/mL。

(2) 量取上述标准维生素 C 溶液 5 mL 于锥形瓶中,加入 6%碘化钾溶液 0.5 mL,1%淀粉液 3 滴,再以 0.001 mol/L 碘酸钾标准液滴定,终点为蓝色。

$$维生素 C 浓度(mg/mL) = \frac{V_1 \times 0.088}{V_2}$$

式中,V_1 为滴定时所消耗 0.001 mol/L 碘酸钾标准液的体积(mL),V_2 为滴定时所取维生素 C 的体积(mL),0.088 为 1 mL 0.001 mol/L 碘酸钾标准液相当于维生素 C 的量(mg)。

注 意 事 项

(1) 某些水果、蔬菜(如橘子、西红柿)浆状物泡沫太多,可加数滴丁醇或辛醇消泡。

(2) 整个操作过程要迅速,防止还原型维生素 C 被氧化。滴定过程一般不超过 2 min。滴定所用的染料不应小于 1 mL 或多于 4 mL,如果样品含维生素 C 太高或太低时,可酌情增减样液用量或改变提取液稀释度,或调整染料溶液浓度。

(3) 本实验必须在酸性条件下进行。在此条件下,空气中氧的氧化作用和干扰物质反应进行很慢。

(4) 2%草酸有抑制维生素 C 氧化酶的作用,而 1%草酸无此作用,所以用 2%草酸提取。

(5) 干扰滴定的因素有:

● 若提取液中色素很多时,滴定不易看出颜色变化,可用白陶土脱色,或加 1 mL 氯仿,到达终点时,氯仿层呈现淡红色。

● Fe^{2+} 可还原二氯酚靛酚。对含大量 Fe^{2+} 的样品可用 8%乙酸溶液代替草酸溶液提取,此时 Fe^{2+} 不会很快与染料起作用。

● 样品中可能有其他杂质还原二氯酚靛酚,但反应速度均较维生素 C 慢,因而滴定开始时,染料要迅速加入,而后尽可能一滴一滴地加入,并要不断地摇动三角瓶直至呈粉红色,于 15 s 内不消退为终点。

(6) 提取的浆状物如不易过滤,亦可离心,留取上清液进行滴定。

思 考 题

1. 为了测得准确的维生素 C 含量,实验过程中都应注意哪些操作步骤? 为什么?
2. 试简述维生素 C 的生理意义。

参 考 资 料

[1] 北京大学生物学系生物化学教研室编. 生物化学实验指导. 北京:人民教育出版社,1979,194～197
[2] 黄伟坤等编著. 食品检验与分析. 北京:轻工业出版社,1989,96～98
[3] Plummer D T. An Introduction to Practical Biochemistry. London:McGraw-Hill Book Co Ltd, 1978,318～319
[4] Strong F M and Koch G H. Biochemistry,Laboratory Manual. USA,Iowa:WM C Brown Co, 1974, 183～186
[5] Boyer R F. Mordern Experimental Biochemistry, 3rd ed. New York:Addion Wesley Longman, 2000, 375～385

实验 8　氨基酸定量测定——茚三酮显色法

目　的　要　求

学习茚三酮显色法定量测定氨基酸的原理和方法。

原　　理

各种氨基酸和多肽与茚三酮（ninhydrin）试剂在弱酸性溶液中加热，发生氨基酸氧化、脱氨和脱羧反应，然后茚三酮与反应产物——氨和还原型茚三酮发生作用，最终生成蓝紫色化合物，在 570 nm 有最大吸收。颜色的深浅与氨基酸的含量在一定范围内呈线性关系。

水合茚三酮　　　　氨基酸　　　　还原型茚三酮　　　　　　　醛类

还原型茚三酮　　　　　水合茚三酮　　　　　蓝紫色化合物

但有两种亚氨基酸——脯氨酸和羟脯氨酸与茚三酮反应并不释放 NH_3，而直接生成黄色化合物。除各种氨基酸和多肽能进行茚三酮反应外，氨、β-丙氨酸和许多一级胺都呈正反应，脲、马尿酸、三酮吡嗪和肽键上的亚氨基呈负反应。

茚三酮反应灵敏度非常高，可以检测微量氨基酸（0.5～50 μg），操作简便，广泛应用于氨基酸定性、定量测定。

试　剂　和　器　材

一、待测样品

适当稀释至氨基酸的物质的量浓度约为 0.5 μmol/mL。

二、试剂

(1) 1 mol/L 乙酸锂-二甲基亚砜溶液(pH 5.2)：4 mol/L 乙酸锂用乙酸调 pH 至 5.2，取 1 份加入 3 份 70% 二甲基亚砜溶液。

(2) 1% 茚三酮溶液：称取 1 g 水合茚三酮(99% 纯度)，溶于 100 mL 1 mol/L 乙酸锂-二甲基亚砜溶液，置棕色瓶保存。

(3) 标准氨基酸溶液(1 μmol/L)：例如标准赖氨酸溶液配制。精确称量赖氨酸[Lys，AR，M_r(Lys)＝146.19]7.309 mg 定容于 50 mL 重蒸水。

三、器材

试管，容量瓶(25 mL)，吸量管(1 mL)，水浴锅，可见分光光度计，玻璃泡(大小根据试管粗细制作)。

操 作 方 法

一、标准曲线的制作

取 12 支试管分成两组，分别加入 0,0.2,0.4,0.6,0.8,1.0 mL 标准氨基酸溶液，相当于氨基酸含量 0,200,400,600,800,1000 nmol。各管加入 1% 茚三酮溶液 0.5 mL，充分混匀，用玻璃泡将试管口盖住，在 100 ℃ 沸水浴中加热 15 min，冷却后用重蒸水稀释至 25 mL。充分混匀后，于 570 nm 处比色。以氨基酸含量(μmol)为横坐标，吸光值为纵坐标，绘制标准曲线。

二、样品测定

取 1 mL 含有约 0.5 μmol 的氨基酸样品溶液，加入 1% 茚三酮溶液 0.5 mL，其余按上述方法操作进行比色测定。根据标准曲线查出样品的氨基酸含量(μmol)，乘以该种氨基酸相对分子质量则为 1 mL 样品液中氨基酸含量(μg)。

附注：茚三酮重结晶方法

称取 5 g 茚三酮溶于 15～25 mL 热去离子水中，加入 0.25 g 活性炭，轻轻搅拌，加热 30 min 后趁热过滤(漏斗最好先预热)，滤液置冰箱过夜。次日抽滤，再用 1 mL 冷水洗涤黄白色结晶，干燥器中干燥，置棕色瓶保存。

注 意 事 项

(1) 本实验须在无氨环境中进行，所用试剂要密封保存，以免被空气中的氨气污染。

(2) 茚三酮的纯度要求不能低于 99%，质量不好或包装保存不当常带微红色，配成溶液后也带红色，影响比色测定。故需经重结晶后方可使用。

(3) 稀释定容至 25 mL 后，必须充分摇匀再比色，以免影响结果的准确性和平行性。

(4) 若测定的是样品中多种氨基酸总量，应以氨基酸平均相对分子质量 141 计算。

思　考　题

1. 茚三酮反应是否适宜用于蛋白质的定性和定量分析？
2. 试分析茚三酮试剂中为什么要加入乙酸锂？有哪些化学物质可以替代它？

参 考 资 料

［1］ 张龙翔,张庭芳,李令媛主编.生化实验方法和技术,第二版.北京：高等教育出版社,1997,163~164
［2］ 陈毓荃主编.生物化学实验方法和技术.北京：科学出版社,2002,186~188
［3］ Yemm E W, Cocking E C. The Determination of Amino Acids with Ninhydrin. The Analyst, 1955, 80：209

实验 9　氨基酸的分离与鉴定——滤纸层析法

目 的 要 求

（1）学习滤纸层析法分离鉴定氨基酸的原理。

（2）掌握滤纸层析法分离氨基酸及定性、定量分析的操作方法。

原 理

滤纸层析是以滤纸作为惰性支持物的分配层析（它也并存着吸附和离子交换作用）。滤纸纤维上羟基具有亲水性，因此吸附一层水作为固定相，而通常把有机溶剂作为流动相。有机溶剂自上而下流动称为下行层析，自下而上流动称为上行层析。流动相流经支持物时，与固定相之间连续抽提，使物质在两相间不断分配而得到分离。有关滤纸层析的一般原理和方法参看本书上篇第五章。

溶质在滤纸上的移动速率用 R_f 表示：

$$R_f = \frac{\text{原点到层析斑点中心的距离}}{\text{原点到溶剂前沿的距离}}$$

溶质结构、溶剂系统物质组成与比例、pH、选用滤纸质地和温度等因素都会影响 R_f。此外，样品中的盐分、其他杂质以及点样过多皆会影响样品的有效分离。

无色物质的纸层析图谱可用光谱法（紫外线照射）或显色法鉴定。氨基酸纸层析图谱常用的显色剂为茚三酮或吲哚醌，本实验采用茚三酮为显色剂。

本实验用单向上行层析法作标准氨基酸的标准曲线，用双向上行纸层析法作几种已知氨基酸的层析图谱。然后对其中的谷氨酸和天冬氨酸加以定量测定。

试 剂 和 器 材

一、试剂

（1）8×10^{-3} mol/L 谷氨酸和 8×10^{-3} mol/L 天冬氨酸混合液。

（2）谷氨酸、天冬氨酸、谷氨酰胺、γ-氨基丁酸和丙氨酸混合液（已知氨基酸混合液）：将以上氨基酸分别配制成 8×10^{-3} mol/L 的浓度，然后混合之。

（3）茚三酮重结晶方法：见实验 8。

（4）0.1% 硫酸铜（$CuSO_4 \cdot 5H_2O$）：75% 乙醇＝2∶38。硫酸铜难溶于乙醇，将硫酸铜直接用 75% 乙醇溶解不能得到澄清溶液，如将硫酸铜溶液和乙醇混合后，放置过久则会有沉淀析出，因此，必须在临用前按比例混合。

正丁醇（需重蒸），95％乙醇，88％甲酸，12％氨水（因氨易挥发，稀释前需测比重），0.5％茚三酮丙酮溶液。

二、器材

新华中速薄层层析滤纸，钟罩（高约 430 mm，直径约 290 mm，具有磨口塞），鼓风恒温箱，可见分光光度计，水浴锅，喷雾器，电吹风机，点样架，点样管，加溶剂的漏斗，针、线和尺子，橡皮（或线）手套，培养皿。

操 作 方 法

一、滤纸的剪裁

选用国产新华 1 号滤纸，剪裁成 28 cm×28 cm，在滤纸上距相邻的两边各 2.0 cm 处用铅笔轻轻划两条线，在线的交点上点样（图 9.1）。

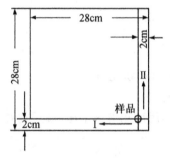

图 9.1　滤纸的剪裁

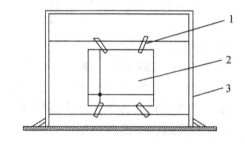

图 9.2　点样架
1. 夹子；2. 滤纸；3. 点样架

二、点样

已知氨基酸混合液点样量以 30～40 μL 为宜。将准备好的滤纸悬挂在点样架上（图 9.2），滤纸垂直桌面。用定量点样毛细管准确吸取样品到某一刻度，与滤纸垂直方向轻轻碰点样处，点子的扩散直径控制在 0.5 cm 以内。点样过程中必须待第一点样品干后再点第二滴。为使样品加速干燥，可用电吹风机吹干，注意温度不宜过高，避免破坏氨基酸，影响定量结果。

将点好样品的滤纸两侧边缘比齐，用线缝好，揉成筒状（图 9.3）。注意缝线处纸的两边不能接触，以免由于毛细管现象使溶剂沿两边移动特别快而造成溶剂前沿不齐，影响 R_f。

三、展层

将圆筒状的滤纸放入培养皿，注意滤纸不要与皿壁接触，皿周围放 3 个小烧杯，内盛平衡溶剂，盖好钟罩（图 9.3），平衡 1 h 后打开钟罩上端的塞子，将加溶剂漏斗（图 9.4）插入罩内，使漏斗长管下端进到培养皿底部，通过漏斗加入层析溶剂（展层剂），取出漏斗时勿使它碰纸。当溶剂展层至距离纸的上沿约 1 cm 时取出滤纸，立即用铅笔标出溶剂前沿位置，再挂在绳上晾干。进行双向层析时,先用一种溶剂展层后,晾干,将纸转 90°角,再用另一溶剂展层。经第Ⅰ相展层后,上端未经溶剂走过的滤纸(距纸边约 1 cm)与已被溶剂走过的部分形成一条分界线,进行第Ⅱ相层析时,在分界线上影响斑点形状,因此在第Ⅱ相层析时,先将第Ⅰ相上端截去约 2 cm 除去液边。在截去边缘以前,需将原点至溶剂前沿的距离量好,并记录下来。

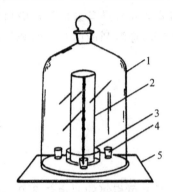

图 9.3　上行双向层析装置

1. 层析钟罩；2. 层析滤纸(缝合成筒状)；
3. 培养皿；4. 小烧杯；5. 玻璃板

图 9.4　加溶剂漏斗

双向层析溶剂系统:

第Ⅰ相,正丁醇:12% 氨水:95% 乙醇 = 13:3:3(体积比);

第Ⅱ相,正丁醇:80% 甲酸:水 = 15:3:2(体积比)。

第Ⅰ相展层用 12% 氨水作平衡溶剂,第Ⅱ相展层时,用该相溶剂平衡。展层剂要新鲜配制并摇匀,每相用量 18 ~ 20 mL。

四、定性鉴定

把已经除去溶剂的层析滤纸用 25 mL 0.5% 茚三酮丙酮溶液在纸的一面均匀喷雾,待自然晾干后,置于 65℃烘箱内,准确地烘 30 min(鼓风,保持温度均匀)后取出,用铅笔轻轻描出显色斑点的形状。用一直尺量度每一显色斑点中心与原点之间的距离和原点到溶剂前沿的距离,求其比值,即得该氨基酸的 R_f。

应该注意的是,使用茚三酮显色法,在整个层析操作中,避免用手接触层析纸,因手上常有少量含氨物质,在显色时也得出紫色斑点,污染层析结果,因此,在操作过程中应戴手套或指套。同时也要防止空气中氨的污染。

通常也可用一种特制的橡皮尺(图 9.5)直接读出 R_f 来。尺的制作方法如下:

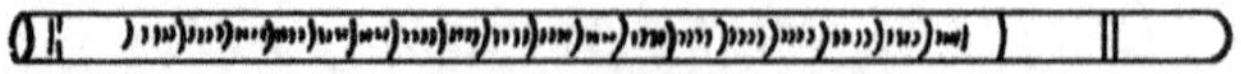

图 9.5　用于计量 R_f 的橡皮小尺

取细橡皮管一段画上刻度,每大格为 1 cm,每小格为 1 mm(见图 9.5),测量时将原点与刻度"0"比齐,再拉长橡皮小尺,使溶剂前沿与"10"比齐,读出斑点所在的刻度即得 R_f。

一种氨基酸在同样条件下,其 R_f 是一个常数,因此,将各显色斑点的 R_f 与标准氨基酸的 R_f 比较,即可鉴别该斑点是哪一种氨基酸。

对于双相层析 R_f 由两个数值组成,即要在第 I 相计量一次和在第 II 相计量一次,分别与标准氨基酸的 R_f 对比,即可初步肯定其为何种氨基酸。

参考表 9.1 的数据和图 9.6 中的氨基酸斑点位置,对所得的层析结果加以辨认,定性鉴定图谱中 1,2,3,4,5 号斑点为何种氨基酸。

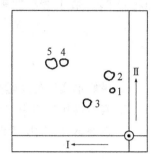

图 9.6 几种已知氨基酸的
双向层析图谱

表 9.1 几种已知氨基酸的 R_f

编 号	氨基酸名称	第 I 相 R_f	第 II 相 R_f
1	天冬氨酸	0.02	0.19
2	谷氨酸	0.02	0.29
3	谷氨酰胺	0.08	0.18
4	γ-氨基丁酸	0.13	0.45
5	丙氨酸	0.20	0.46

五、定量测定

剪下图谱上天冬氨酸和谷氨酸斑点,其面积剪得大小相仿,在同一张纸上剪下一块大小相同的空白纸作为比色对照用。把剪下的纸片再剪成梳状细条,分别装入干燥试管内,加入 5 mL 0.1％硫酸铜(CuSO$_4$·5H$_2$O):75％乙醇＝2:38 的溶液洗脱。间歇摇荡。洗脱液呈粉红色,10 min 后在 520 nm 波长处进行比色测定。据所得比色读数可在标准曲线上查出其含量。

标准曲线的绘制:配制已知浓度的谷氨酸和天冬氨酸混合液适量(见试剂和仪器部分),采用单相层析方法,在滤纸上距底边 2.5 cm 处分别点 5,10,15 和 20 μL 的氨基酸混合液,每点间隔 2.5 cm,留一个空白点的位置作对照。用正丁醇:80％甲酸:水＝15:3:2 溶剂系统进行层析,同以上方法显色、洗脱和比色。以氨基酸含量为横坐标,吸光值为纵坐标作图,其结果应为一直线。不同氨基酸其斜率不同。各种氨基酸的回收率应在 100％±5％ 的范围内。

注 意 事 项

(1) 选用合适、洁净的层析滤纸。如滤纸不干净,可将滤纸浸于 0.4 mol/L HCl 中 20 h,去离子水洗至中性,再依次用 95％乙醇、无水乙醇及无水乙醚各浸洗一次。吹风机吹去乙醚,40℃烘干。

(2) 点样斑点不能太大(其直径应小于 0.5 cm),防止氨基酸斑点不必要的重叠。吹风温度不宜过高,否则斑点变黄。

(3) 根据一定目的、要求,选择合适溶剂系统。溶剂中,正丁醇需要重新蒸馏,甲酸和乙醇等均需 AR。第 I 相溶剂系统临用前配制,以免酯化,影响结果。

思 考 题

1. 做好本实验的关键是什么?
2. 实验操作过程中,为何不能用手直接接触滤纸?
3. 影响 R_f 的因素有哪些?

参 考 资 料

[1] 潘家秀等.蛋白质化学研究技术.北京:科学出版社,1962,35～62
[2] Martin A J P, Synge R L M. A New Form of Chromatogram Employing Two Liquid Phasis. Biochem J, 1941,35:1358
[3] Stenesh J. Experimental Biochemistry. US, Boston:Allyn and Bacon, Inc,1984,117～120

实验 10 蛋白质定量测定(1)——微量凯氏定氮法

目 的 要 求

(1) 学习微量凯氏定氮法的原理。
(2) 掌握微量凯氏定氮法的操作技术。

原 理

天然有机物(如蛋白质和氨基酸等化合物)的含氮总量通常用微量凯氏定氮法(micro-Kjeldahl method)来测定。

用浓硫酸消化时,天然的含氮有机化合物分解出氨,氨与硫酸化合生成硫酸铵。分解反应进行很慢,可借硫酸铜和硫酸钾(或硫酸钠)来促进,其中硫酸铜作催化剂,硫酸钾或硫酸钠可提高消化液的沸点。加入过氧化氢也能加速反应。消化后,在凯氏定氮仪中,加入强碱碱化消化液使硫酸铵分解,放出氨。用水蒸气蒸馏法将氨蒸入过量标准无机酸溶液中,然后用标准碱溶液进行滴定,准确测定氨量,从而计算出含氮量。

以甘氨酸为例,该过程的化学反应如下:

消化:$CH_2—COOH + 3H_2SO_4 \longrightarrow 2CO_2 + 3SO_2 + 4H_2O + NH_3 \uparrow$
　　　　$|$
　　　NH_2

　　　$2NH_3 + H_2SO_4 \longrightarrow (NH_4)_2SO_4$

蒸馏:$(NH_4)_2SO_4 + 2NaOH \longrightarrow 2H_2O + Na_2SO_4 + 2NH_3 \uparrow$

吸收:$NH_3 + 4H_3BO_3 \longrightarrow NH_4HB_4O_7 + 5H_2O$

滴定:$NH_4HB_4O_7 + HCl + 5H_2O \longrightarrow NH_4Cl + 4H_3BO_3$

收集氨的酸性溶液也可用硼酸溶液,氨与溶液中氢离子结合生成铵离子,使溶液中原来氢离子浓度降低,然后再用标准无机酸滴定,直至恢复溶液中原来氢离子浓度为止。所用无机酸的量(mol)即相当于被测样品中氨的量(mol)。本法适用范围约为 0.2~1.0 mg/mL 氮。

已知蛋白质的平均含氮量为 16%,由凯氏定氮法测出含氮量,再乘以系数 6.25 即为蛋白质含量。

若样品中除有蛋白质外,尚有其他含氮物质,则样品蛋白质含量的测定要复杂一些。首先,需向样品中加入三氯乙酸,使其最终浓度为 5%,然后测定未加三氯乙酸的样品及加入三氯乙酸后样品的离心上清液中的含氮量,得出非蛋白氮量及总氮量,从而计算出蛋白氮量,再进一步折算出蛋白质含量。

蛋白氮量=总氮量－非蛋白氮量

蛋白质含量=蛋白氮量×6.25

试 剂 和 器 材

一、测试样品

牛血清清蛋白。

二、试剂

（1）混合指示剂贮备液：取 50 mL 0.1％甲烯蓝-无水乙醇溶液与 200 mL 0.1％甲基红-无水乙醇溶液混合，贮于棕色瓶中，备用。本指示剂在 pH 5.2 时为紫红色，在 pH 5.4 时为暗蓝色（或灰色），在 pH 5.6 时为绿色，变色点 pI 为 5.4，所以本指示剂的变色范围很窄，极其灵敏。

（2）硼酸指示剂混合液：取 100 mL 2％硼酸溶液，滴加混合指示剂贮备液，摇匀后，溶液呈紫红色即可（约加 1 mL 混合剂贮备液）。

浓硫酸（化学纯），30％氢氧化钠溶液，2％硼酸溶液，0.0100 mol/L 标准盐酸溶液，粉末硫酸钾-硫酸铜混合物（K_2SO_4：$CuSO_4 \cdot 5H_2O = 5:1$），标准硫酸铵溶液（0.3 mg/mL 氮）。

三、器材

50 mL 凯氏烧瓶 4 个，50 mL 锥形瓶，5 mL 微量滴定管，1 mL 或 2 mL 吸量管，10 mL 量筒，表面皿，远红外消煮炉，改良式凯氏蒸馏仪。

操 作 方 法

一、样品的准备

称取牛血清清蛋白 50 mg 2 份，加入第 1，2 号凯氏烧瓶中，注意将样品加到烧瓶底部，勿沾于瓶颈。第 3，4 号凯氏烧瓶为空白对照，不加样品。分别在每个烧瓶中加入约 500 mg 硫酸钾-硫酸铜混合物，再加 5 mL 浓硫酸。

二、消化

将以上 4 个烧瓶放到红外消煮炉上进行消化。先调到低功率档进行加热煮沸，首先看到烧瓶内物质碳化变黑，并产生大量泡沫，此时要特别注意，不能让黑色物质上升到烧瓶颈部，否则将严重地影响样品的测定结果。当混合物停止冒泡，蒸气与二氧化硫也均匀地放出时，将功率挡调节到使瓶内液体微微沸腾。假如在瓶颈上发现有黑色颗粒，应小心地将烧瓶倾斜振摇，用消化液将它冲洗下来。在消化中要时常转动烧瓶，使全部样品都浸泡在硫酸内，以便在微沸的硫酸中不断消化，消化液在轻度回流的状况下大约维持 2～3 h。待消化液变成褐色后，为了加速完成消化，可将烧瓶取下，稍冷，将 30％过氧化氢溶液 1～2 滴加到瓶底消化液中，再继续消化，直到消化液由淡黄色变成清晰的淡蓝绿色，消化即告完成。为了保证反应的彻底完成，再继续消化 1 h。消化完毕，使烧瓶冷却至室温。

三、蒸馏

1. 改良式凯氏蒸馏仪的洗涤

取出 5 个 50 mL 的锥形瓶,各加 50 mL 2％硼酸指示剂混合液,应呈紫红色,用表面皿覆盖备用。

打开改良式凯氏蒸馏仪(图 10.1)的夹子 7,使冷水流入蒸气发生器内球体 2/3 量后关闭夹子 7。将煤气灯放到蒸气发生器 2 下面加热,此时夹子 3 和 8 处于关闭状态。蒸气通过反应室 1 到冷凝器 4 外腔,凝成水滴洒落于盛混合液的三角瓶 9 中。如此用蒸气洗涤反应室约 10 min 后,移去三角瓶,放上另一个盛混合液的三角瓶,将瓶倾斜,以保证冷凝管末端连接的小玻璃管口完全浸于液体内,继续蒸馏1~2 min。观察三角瓶内溶液是否变色,如不变成鲜绿色,而是变成灰色或暗色,则表明反应室内部已清洗干净。移动三角瓶使混合液离开管口约 1 cm,继续通气 1 min,最后用水冲洗管外口,移开煤气灯,准备下一步把消化液加入反应室内。

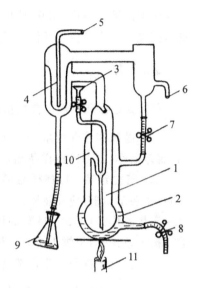

2. 消化样品及空白的蒸馏

将冷却后的消化液加水稀释到刻度(50.0 mL),摇匀备用。

图 10.1 改良式凯氏蒸馏仪

1. 反应室；2. 蒸气发生器；3. 加样口(小漏斗)并附夹子；4. 冷凝器；5. 冷凝水入口；6. 冷凝水出口；7. 夹子；8. 夹子(废液排出口)；9. 锥形瓶；10. 出样口；11. 煤气灯

打开夹子 8,放掉蒸气发生器中的热水,然后关闭夹子 8,打开夹子 7,使冷水流入蒸气发生器内球体 2/3 量后关闭夹子 7。这一步操作对加样时避免样品经出样口 10 抽出反应室是很关键的。先取一个盛混合液的三角瓶斜接于冷凝管下端。打开夹子 3,取 2 mL 稀释消化液自加样口 3 加入反应室 1,关闭夹子 3。取 30％NaOH 溶液约 10 mL,放入加样口的小漏斗中,微开夹子 3,使 NaOH 溶液慢慢流入反应室,当未完全流尽时,关闭夹子 3,再向小漏斗加入约 5 mL 去离子水,再微开夹子 3,使一半去离子水流入反应室,关闭夹子 3。另一半去离子水留在小漏斗中作水封。将煤气灯放回蒸气发生器下面,继续加热蒸馏,三角瓶中溶液由紫红色变成鲜绿色,自变色起开始记时,蒸馏 5 min,然后移动三角瓶使液面离开冷凝管口约 1 cm,并用少量去离子水洗涤冷凝管口外周,继续蒸馏1 min。用表面皿覆盖三角瓶,待其余样品蒸馏完毕后,一同滴定。

3. 蒸馏后蒸馏仪的洗涤

样品蒸馏完毕后,挪开锥形瓶及煤气灯,随即自加样口较快地倒入一些冷去离子水,反应室外的空气骤然冷缩,反应室内的废液迅速地从出样口 10 抽出,打开夹子 8,排出蒸气发生器内的废液,关闭夹子 8。再自加样口加入一些冷去离子水,打开夹子 3,冷水再流入反应室；关闭夹子 3,打开夹子 7,使冷水尽量多地流入蒸气发生器内,但不要超过出样口 10；关闭夹子 7,打开夹子 8,使冷水排出。此时,由于蒸气发生器内的空气压力降低较多,反应室中冷水又自动抽出。如此反复几次,即可排尽反应废液及洗涤废液。

4. 标准样品的练习

在蒸馏样品及空白前,为了练习蒸馏、滴定操作,可用标准硫酸铵溶液试做实验 2~3 次。标准硫酸铵的含氮量为 0.3 mg/mL,每次试验取 2.0 mL。

四、滴定

全部蒸馏完毕后,用 0.0100 mol/L 标准盐酸溶液滴定各锥形瓶中收集的氨量,直至硼酸-指示剂混合液由绿色变回淡紫色,即为滴定终点。

五、计算

(1) 测定标准硫酸铵含氮量

$$测定标准硫酸铵含氮量(mg/mL)=\frac{(A-B)\times0.0100\times14}{2}$$

与标准硫酸铵含氮量(0.3 mg/mL)比较,计算相对误差小于±3%,则表明已较好掌握蒸馏、滴定操作,方可进行样品测定。

(2) 若测定某一固体样品的含氮量,都是按 100 g 该物质的干重中所含的氮克数来表示(%),则在定氮前,应先将固体中的水分除掉。操作时先将样品磨细,在已称重的称量瓶中称入一定量的样品,再置 105 ℃ 的烘箱内烘烤 1 h。再将称量瓶放入干燥器内,待降至室温后称重。按上述操作,每烘干 1 h 后重复称量一次,直至两次称量数值不变,即达到恒重为止。

本实验待测样品为牛血清清蛋白。

$$样品的总氮质量分数=\frac{(A-B)\times0.0100\times14\times N}{m}\times100\%$$

若测定的样品含氮部分只是蛋白质(如牛血清清蛋白),则

$$样品中蛋白质的质量分数=\frac{(A-B)\times0.0100\times14\times6.25\times N}{m}\times100\%$$

其中,m 为称量样品的质量(mg)。

(3) 若测定的是液体样品,并且含氮部分只是蛋白质(如血清),则

$$样品氮的质量浓度(mg/mL)=\frac{(A-B)\times0.0100\times14\times N}{V}$$

$$样品中蛋白质的质量浓度(mg/mL)=\frac{(A-B)\times0.0100\times14\times6.25\times N}{V}$$

上述公式中,A 为滴定样品用去的盐酸平均体积(mL),B 为滴定空白用去的盐酸平均体积(mL),V 为样品的体积(mL),0.0100 为盐酸的物质的量浓度(mol/L),14 为氮的相对原子质量(1 mL 0.01 mol/L 盐酸相当于 0.14 mg 氮),6.25 为系数,N 为样品的稀释倍数。

注 意 事 项

(1) 小心将样品加入凯氏烧瓶底部,切勿使样品沾于凯氏烧瓶口部、颈部。

(2) 若使用消化架消化时,须斜放凯氏烧瓶(45°左右)。火力先小后大,避免黑色消化物溅到瓶口、瓶颈壁上,以致影响测定结果。

(3) 必须仔细检查凯氏蒸馏仪的各个连接处,保证不漏气。所用橡皮管、塞须浸在 10% NaOH 溶液中约煮 10 min,水洗、水煮,再水洗数次,保证洁净。

　　(4) 凯氏蒸馏仪必须事先反复清洗,保证洁净,才能蒸馏样品。每次蒸馏后应及时清洗干净蒸馏仪。

　　(5) 蒸馏时,小心、准确地加入消化液。加样时最好将煤火拧小或撤离。蒸馏时,切忌火力不稳,否则将发生倒吸现象。

　　(6) 滴定前,仔细检查滴定管是否洁净、是否漏液。

　　(7) 标准盐液应用标准 0.1000 mol/L NaOH 标定,用前稀释 10 倍(NaOH 标准液用标准草酸标定)。按实际盐酸物质的量浓度进行计算。

思　考　题

1. 写出以下各步的化学反应式:

(1) 蛋白质的消化;(2) 氨的蒸馏;(3) 氨的吸收;(4) 氨的滴定。

2. 测定标准硫酸铵和空白的目的是什么?

3. 消化时加硫酸钾-硫酸铜混合物的作用是什么?

4. 总结本人实验的经验、教训。

参　考　资　料

[1]　北京大学生物学系生物化学教研室编. 生物化学实验指导. 北京:人民教育出版社,1979,87~92

[2]　Chibnall A C, Rees M W, Williams E F. The Total Nitrogen Content of Egg Albumin and Other Proteins. Biochem J, 1943,37:354

[3]　Ballentine R. Determination of Total Nitrogen and Ammonia, Methods in Enzymology, Ⅲ. New York: Academic Press, 1957,984

[4]　Holme D J and Peck H. Analytical Biochemistry. London:Longman Group Limited, 1983,391~392

实验 11　蛋白质定量测定(2)——双缩脲法

目 的 要 求

(1) 学习双缩脲法测定蛋白质含量的原理和方法。
(2) 掌握从牛乳中制备酪蛋白的操作方法。

原　　理

两分子尿素在高温(180 ℃)下,释放一分子氨,缩合形成双缩脲(biuret),然后在碱性溶液中与 Cu^{2+} 结合生成复杂的紫红色化合物。蛋白质或二肽以上的多肽分子中含有多个与双缩脲结构相似的肽键,因此也有双缩脲反应。

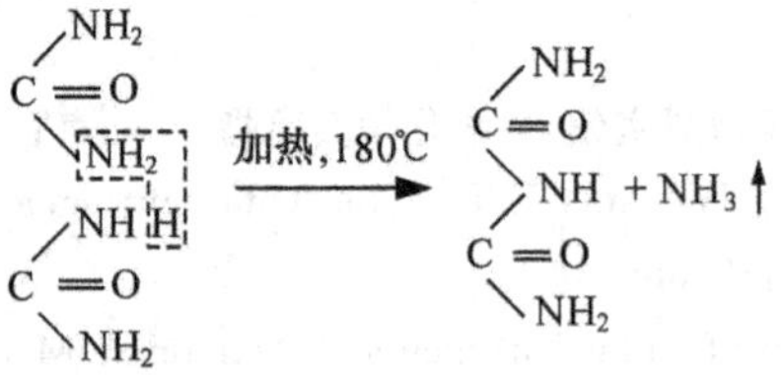

$$
\begin{array}{c}
NH_2 \\
C=O \\
\boxed{NH_2} \\
\boxed{NH} \\
C=O \\
NH_2
\end{array}
\xrightarrow{\text{加热},180℃}
\begin{array}{c}
NH_2 \\
C=O \\
NH \\
C=O \\
NH_2
\end{array}
+ NH_3 \uparrow
$$

紫红色铜双缩脲复合物的分子结构为

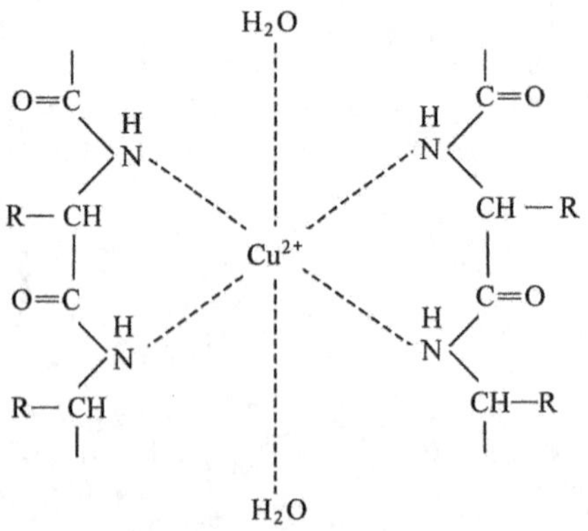

$$
\begin{array}{c}
H_2O \\
\\
O=C\!-\!\!\!\underset{H}{N}\cdots\cdots\underset{H}{N}\!-\!\!\!C=O \\
R\!-\!CH \qquad\qquad CH\!-\!R \\
O=C\!-\!\!\!\underset{H}{N}\cdots Cu^{2+}\cdots\underset{H}{N}\!-\!\!\!C=O \\
R\!-\!CH \qquad\qquad CH\!-\!R \\
\\
H_2O
\end{array}
$$

双缩脲反应仅与蛋白质的肽键结构有关,与蛋白质的氨基酸组成无关,因此不受蛋白质氨基酸组成差异的影响。紫红色化合物的颜色深浅与蛋白质浓度成正比。它在紫外区、可见光区都有灵敏度不同的光吸收。铜离子蛋白质复合物在 $260\sim280$ nm 有最大吸收峰,但在此光区域干扰因素及空白的吸收都很大,实际测定中常根据实验需要和待测蛋白质溶液浓度高低,选用其他不同波长进行比色测定。

常量法：测定蛋白质浓度范围为 $1\sim10$ mg/mL，选用 540 nm 比色测定。含有一个
—CS—NH_2、　—CH_2—NH_2、　—CRH—NH_2、　—CH_2—NH—$CHNH_2$—CH_2OH、
—CHOH—CH_2NH_2 等基团的物质，含有氨基酸、多肽的缓冲液以及 Tris、蔗糖、甘油等干
扰此反应。双缩脲测定法试剂简单，操作方便，适用于蛋白质浓度的快速测定。硫酸铵不干扰
此显色反应，使其有利于蛋白质纯化早期步骤的测定。

微量法：选在 $310\sim330$ nm 处检测，干扰因素较在 $260\sim280$ nm 区域少，灵敏度比 540 nm
检测高 10 倍。选用 310 nm 比色测定，蛋白质的浓度范围为 $0.1\sim1.0$ mg/mL。或选用 330 nm
测定，蛋白质浓度范围为 $0.2\sim2.0$ mg/mL。干扰此测定的物质包括组氨酸、苏氨酸、丝氨酸、
Tris、乙醇胺、葡萄糖、多肽、硫酸铵、尿素、去垢剂等。

酪蛋白(casein)是牛乳中的主要蛋白质，约占牛乳中总蛋白量的 80%，它是由 α_{s_1}，α_{s_2}，β 和
K-酪蛋白组成的复合物，其平均等电点为 4.6。酪蛋白在其等电点时溶解度很低，利用这一性
质，将牛乳调 pH 4.6 或加凝乳酶，酪蛋白即从牛乳中沉淀分离出来。再利用酪蛋白不溶于乙
醇及乙醚的特性可以从酪蛋白粗制品中除去脂类等杂质。本实验选用双缩脲法测定牛乳中酪
蛋白浓度。

试 剂 和 器 材

一、测试样品

新鲜牛乳。

二、试剂

(1) 标准蛋白质溶液：10 mg/mL 牛血清清蛋白溶液或酪蛋白溶液(不易溶解的蛋白质需
用 0.05 mol/L NaOH 配制)。作为标准用的蛋白质要预先经微量凯氏定氮法测定其准确含
量，根据其纯度准确称量、配制成标准溶液。

(2) 双缩脲试剂：

● 常量法：称取 1.5 g 硫酸铜($CuSO_4 \cdot 5H_2O$)和 6 g 酒石酸钾钠($NaKC_4H_4O_6 \cdot$
$4H_2O$)，依次溶解于 500 mL 去离子水中，搅拌下加入 300 mL 10%氢氧化钠溶液，用去离子水
稀释到 1 L。通常可加入 1.0 g 碘化钾以防止铜离子自动还原形成氧化亚铜。装入棕色瓶，避
光保存。如有暗红色沉淀出现，则不能使用。应用煮沸(去掉 CO_2)冷却后的去离子水配制。

● 微量法：称取 173 g 柠檬酸三钠($Na_3C_6H_5O_7 \cdot 2H_2O$)、100 g 无水碳酸钠($Na_2CO_3$)溶
于温水中。称取 17.3 g 硫酸铜($CuSO_4 \cdot 5H_2O$)溶于 100 mL 水中，合并上述两种溶液，用水稀
释至 1 L。装入棕色瓶，避光长期保存。出现黑色沉淀需重配。

6% NaOH 溶液，0.2 mol/L pH 4.6 的 HAc-NaAc 缓冲液，乙醚-乙醇混合液(体积比为
1∶1)，0.05 mol/L NaOH 溶液。

三、器材

试管，吸量管(1.0,5.0,10.0 mL)，恒温水浴锅，离心机，可见分光光度计。

操 作 方 法

一、酪蛋白的制备

准确吸取 10 mL 牛乳,加入等体积 0.2 mol/L pH 4.6 的 HAc-NaAc 缓冲液,混匀后以 3000～4000 r/min 离心 10 min,弃去上清液,收集酪蛋白沉淀。

沉淀用 10 mL 乙醚-乙醇混合液洗涤,除去混有的脂肪,同上条件离心,收集沉淀,摊开在表面皿上,风干或冷冻干燥制成酪蛋白干粉。

二、常量法测定蛋白质浓度

1. 标准曲线的绘制

取 12 支干试管分成两组,按表 11.1 平行操作。

表 11.1　常量法制作标准曲线加样表

试管编号	0	1	2	3	4	5
10 mg/mL 标准蛋白溶液/mL	—	0.2	0.4	0.6	0.8	1.0
蛋白质含量/mg	—	2.0	4.0	6.0	8.0	10.0
去离子水/mL	1.0	0.8	0.6	0.4	0.2	—
双缩脲试剂/mL	4.0	4.0	4.0	4.0	4.0	4.0
充分混匀后,室温(20～25 ℃)下放置 30 min						
$\overline{A}_{540\,nm}$						

取两组测定的 $A_{540\,nm}$ 的平均值,即 $\overline{A}_{540\,nm}$ 为纵坐标,蛋白质含量为横坐标,绘制标准曲线。

2. 样品测定

准确称取酪蛋白沉淀或干粉,用 0.05 mol/L NaOH 溶解,配成约 5 mg/mL 的待测样品液。取 1 mL 待测液两份各加入 4.0 mL 双缩脲试剂,同标准曲线绘制的方法操作,测出 $A_{540\,nm}$。取两组光吸收平均值计算。

$$酪蛋白制品蛋白质质量分数 = \frac{m/V}{C} \times 100\%$$

式中,m 为标准曲线查得蛋白质的质量(mg),V 为测定所用的样品体积(mL),C 为待测样品液的质量浓度(mg/mL)。

三、微量法测定蛋白质浓度

1. 标准曲线绘制

标准蛋白溶液(1 mg/mL):用 10 mg/mL 标准蛋白溶液稀释 10 倍。取 12 支试管分成两组,按表 11.2 平行操作。

表 11.2 微量法制作标准曲线加样表

试管编号	0	1	2	3	4	5
1 mg/mL 标准蛋白溶液/mL	—	0.2	0.4	0.6	0.8	1.0
去离子水/mL	1.5	1.3	1.1	0.9	0.7	0.5
6% NaOH 溶液/mL	1.5	1.5	1.5	1.5	1.5	1.5
双缩脲试剂/mL	0.15	0.15	0.15	0.15	0.15	0.15
充分混匀后,室温(20～25 ℃)下放置 30 min						
$\overline{A}_{310\,nm}$						

取两组测定的 $A_{310\,nm}$ 的平均值,即 $\overline{A}_{310\,nm}$ 为纵坐标,蛋白质含量为横坐标,绘制标准曲线。

2. 样品测定

准确称取酪蛋白沉淀或干粉,用 0.05 mol/L NaOH 溶解,配制成约 0.5 mg/mL 的待测样品液。取 1 mL 待测液两份各加入 6% NaOH 1.5 mL 和 0.15 mL 双缩脲试剂,同标准曲线绘制的方法操作,测出 $A_{310\,nm}$ 取两组平均值计算,公式同常量法。

注 意 事 项

(1) 须于显色后 30 min 内完成比色测定。若样品中脂类等含量过高,则 30 min 后会有雾状沉淀发生。各管由显色到比色的时间应尽可能一致。

(2) 含有大量脂肪性物质的样品液,会产生混浊的反应混合物,这时可用乙醇或乙醚使溶液澄清后离心,取清液再测定。

(3) 也可以在 330 nm 比色测定。1.0 mg/mL 牛血清清蛋白的 $A_{310\,nm}$ 约为 1.04,$A_{330\,nm}$ 约为 0.67。

思 考 题

1. 干扰双缩脲反应的因素有哪些?

2. 贮存时间过长的鲜牛乳会出现白色絮状沉淀,如何解释此现象?

参 考 资 料

[1] 鲁子贤主编. 蛋白质和酶学研究方法. 北京:科学出版社,1989,2～3

[2] 李元宗,常文保编著. 生化分析. 北京:高等教育出版社,2003,61～62

[3] Levin R, Brauer R W. The Biuret Reaction for the Determination of Protein—An Improved Reagent and its Application. J Lab Clin Med, 1951,38:474

[4] Stroev E A, Makarova V G. Laboratory Manual in Biochemistry. Moscow Mir Publishers, 1989, 51～55

实验 12　蛋白质定量测定(3)——Folin-酚法(Lowry 法)

目 的 要 求

(1) 学习 Folin-酚法测定蛋白质含量的原理和方法。

(2) 制备标准曲线,测定未知样品中蛋白质含量。

原 理

目前蛋白质含量测定有两类方法,一类是利用蛋白质的物理化学性质,如折射率、密度、紫外线吸收等方法测定;另一类是利用化学方法,如微量凯氏定氮法、双缩脲法、Folin-酚法(Lowry 法)、考马斯亮蓝法等。这两类方法各有优缺点,可以根据实验要求及实验室条件选择适当的测定方法。

Folin-酚法(Lowry 法)是当前生化实验室常用的蛋白质定量测定方法之一。其测定原理分两步:首先是蛋白质发生双缩脲反应,然后是酚试剂的反应。Folin-酚试剂由甲试剂和乙试剂组成。甲试剂由碳酸钠、氢氧化钠、硫酸铜及酒石酸钾钠组成,蛋白质中的肽键在碱性条件下与酒石酸钾钠-铜盐溶液作用,生成铜-蛋白质络合物;乙试剂由磷钼酸、磷钨酸、硫酸、溴等组成,在碱性条件下易被蛋白质中酪氨酸的酚基还原呈蓝色,其颜色深浅与蛋白质含量成正比。此方法也适用于测定酪氨酸、色氨酸含量。本方法的测定范围是 $25\sim250\ \mu g/mL$ 蛋白质。

目前使用的方法是 Lowry 等人对酚试剂法进行了改进,引入了双缩脲反应,使反应灵敏度比单独使用酚试剂时提高了 3～5 倍。由于酚试剂依赖于酪氨酸、色氨酸等特定的氨基酸残基,所以蛋白质氨基酸组成不同会引起显色偏差,双缩脲反应的加入使这种偏差相对减少,因为双缩脲反应仅与蛋白质中的肽键结构有关,它不受蛋白质氨基酸组成差异的影响。两种试剂的配合使用,使其优势互补,达到更佳效果。Lowry 法测定蛋白质含量的优点是操作简便、迅速,不需要特殊的仪器设备,灵敏度较高(较紫外吸收法灵敏 10～20 倍,较双缩脲法灵敏 100 倍),反应 15 min 后有最大显色,并至少可稳定几小时。其不足之处是此反应受多种因素干扰,在测定之前应排除干扰因素或做空白实验消除。

由于 Folin-酚法包含双缩脲反应,所以凡干扰双缩脲反应的基团,如—CO—NH₂、—CH₂—NH₂、—CS—NH₂ 以及在性质上是氨基酸或肽的缓冲剂,如 Tris 缓冲剂以及蔗糖、硫酸铵、巯基化物均可干扰 Folin-酚反应。此外,所测的蛋白质样品中,若含有酚类及柠檬酸,均对此反应有干扰作用。而含量较低的尿素(约 0.5%左右)、胍(0.5%左右)、硫酸钠(1%)、硝酸钠(1%)、三氯乙酸(0.5%)、乙醇(5%)、乙醚(5%)、丙酮(0.5%)对显色无影响;这些物质在所测样品中含量较高时,则需作校正曲线。若所测的样品中含硫酸铵,则需增加碳酸钠-氢氧化钠浓度即可显色测定。若样品酸度较高,也需提高碳酸钠-氢氧化钠的浓度 1～2 倍,这样即可纠正显色后色浅的弊病。

试 剂 和 器 材

一、测试样品

待测蛋白质溶液,使用前用去离子水或缓冲液适当稀释。

二、试剂

1. 标准蛋白溶液(150 μg/mL)

结晶牛血清清蛋白或酪蛋白,预先经微量凯氏定氮法测定其含氮量,从而计算蛋白质的纯度。根据其纯度配制成 150 μg/mL 蛋白质溶液。

2. Folin-酚试剂

甲试剂:

(1) 4‰碳酸钠(Na_2CO_3)溶液;

(2) 0.2 mol/L 氢氧化钠溶液;

(3) 1‰硫酸铜溶液;

(4) 2‰酒石酸钾钠溶液。

临用前将(1)与(2)等体积配制碳酸钠-氢氧化钠溶液。(3)与(4)等体积配制硫酸铜-酒石酸钾钠溶液。然后这两种试剂按 50:1 的比例配合,即成 Folin-酚甲试剂。此试剂临用前配制,一天内有效。

乙试剂:

称钨酸钠($Na_2WO_4 \cdot 2H_2O$)100 g、钼酸钠($Na_2MoO_4 \cdot 2H_2O$)25 g,置 2000 mL 磨口回流装置内,加去离子水 700 mL、85%磷酸 50 mL 和浓盐酸 100 mL,充分混匀,使其溶解。小火加热,回流 10 h(烧瓶内加小玻璃珠数颗,以防溶液溢出),再加入硫酸锂(Li_2SO_4)150 g、去离子水 50 mL 及液溴数滴。在通风橱中开口煮沸 15 min,以除去多余的溴。冷却后定容至 1000 L,过滤即成 Folin-酚贮存液(乙试剂),此液应为鲜黄色,不带任何绿色。置棕色瓶中,可在冰箱长期保存。若此贮存液放置过久,颜色由黄变绿,可加几滴液溴,煮沸数分钟,恢复原色仍可继续使用。

乙试剂贮存液在使用前应确定其酸度。以其滴定标准氢氧化钠溶液(1 mol/L 左右),以酚酞为指示剂,当溶液颜色由红→紫红→紫灰→墨绿时即为滴定终点。该试剂的酸度应为 2 mol/L 左右,将其稀释至相当于 1 mol/L 酸度后使用。

三、器材

试管及试管架,吸量管(0.5,1,5 mL),722 型可见分光光度计。

操 作 方 法

一、制作标准曲线和测定未知蛋白质溶液浓度

取 14 支试管,分两组按表 12.1 平行操作。

表 12.1　制作标准曲线和测定未知蛋白溶液浓度加样表

试剂处理　　　试管编号	标准曲线						待测样品
	1	2	3	4	5	6	7
标准蛋白质溶液/mL	—	0.1	0.2	0.3	0.4	0.5	—
待测蛋白质溶液/mL	—	—	—	—	—	—	x
去离子水/mL	0.5	0.4	0.3	0.2	0.1	—	$0.5-x$
甲试剂/mL	2.5	2.5	2.5	2.5	2.5	2.5	2.5
混匀,于室温(18~20 ℃)放置 10 min*							
乙试剂/mL	0.25	0.25	0.25	0.25	0.25	0.25	0.25
迅速混匀,室温(18~20 ℃)放置 30 min 后,以去离子水为空白,在 640 nm** 处比色							
$A_{640\,nm}(1)$							
$A_{640\,nm}(2)$							
$\overline{A}_{640\,nm}$							

* 由于本实验测定范围很低（0~150 μg）,甲试剂反应生成产物的颜色极浅,肉眼几乎分辨不出来。

** 由于这种呈色化合物组成尚未确立,它在可见光红光区呈现较宽吸收峰区。不同书籍选用不同的波长,有选用 500 或 540 nm,有选用 660,700 或 750 nm。选用较高波长,样品呈现较大的光吸收。本实验选用波长 640 nm。

二、数据处理

（1）绘制标准曲线：计算出每个标准蛋白质浓度 $A_{640\,nm}$ 的平均值,扣除空白管的光吸收值,以其为纵坐标,每管标准蛋白质含量（μg）为横坐标,在坐标纸上绘制标准曲线。

（2）计算待测蛋白质溶液的浓度：用待测蛋白质的 $\overline{A}_{640\,nm}$ 在标准曲线上查出其对应的蛋白质含量,根据实验中所加入待测蛋白质溶液的体积计算出其质量浓度（μg/mL 或 mg/mL）。

注　意　事　项

（1）Folin-酚乙试剂在酸性条件下较稳定,而 Folin-酚甲试剂是在碱性条件下与蛋白质作用生成碱性的铜-蛋白质溶液。当 Folin-酚乙试剂加入后,应迅速摇匀（加一管摇一管）,使还原反应产生在磷钼酸-磷钨酸试剂被破坏之前。

（2）测定中所取待测蛋白质溶液体积 x 应使测定值在标准曲线范围内。如果样品蛋白质浓度很大,可以适当进行稀释,例如血清在测定之前需要稀释 100 倍；如果不能确定样品蛋白质的浓度范围,可以取几个不同体积的溶液进行测定,用去离子水补齐到 0.5 mL,根据在标准曲线直线范围内的点进行计算。

（3）根据标准曲线的意义,直线应过原点。

思　考　题

1. Folin-酚法定量测定蛋白质的原理是什么？

2. 有哪些因素可干扰 Folin-酚法测定蛋白质含量？

3. 作为标准蛋白的牛血清清蛋白或酪蛋白在应用时有何要求？

参 考 资 料

[1] 北京大学生物学系生物化学教研室编. 生物化学实验指导. 北京：人民教育出版社,1979,73～75

[2] 张旭译. 蛋白质的定量法. 北京：农业出版社,1981,108～151

[3] 潘家秀等编著. 蛋白质化学研究技术. 北京：科学出版社,1962,12～13,28～29

[4] Lowry O H, et al. Protein Measurement with the Folin Phenol Reagent. J Biol Chem, 1951,193：265～275

[5] Holme D J and Peck H. Analytical Biochemistry. London：Longman Group Limited, 1983,394～395

[6] Cooper T G. The Tools of Biochemistry. New York：John Wiley & Sons, Inc,1977,53～55

[7] Plummer D T. An Introduction to Practical Biochemistry, 2nd ed. London：McGraw-Hill Book Co, Limited, 1978,145～146

实验 13　蛋白质定量测定(4)——考马斯亮蓝染色法

目　的　要　求

学习考马斯亮蓝(Coomassie brilliant blue)法测定蛋白质浓度的原理和方法。

原　　理

考马斯亮蓝法测定蛋白质浓度,是利用蛋白质-染料结合的原理,定量地测定微量蛋白质浓度的快速、灵敏的方法。

考马斯亮蓝 G-250 存在着两种不同的颜色形式,红色和蓝色。它和蛋白质通过范德华力结合,在一定蛋白质浓度范围内,蛋白质和染料结合符合比耳定律(Beer's law)。此染料与蛋白质结合后颜色由红色转变成蓝色,最大光吸收波长由 465 nm 变成 595 nm,通过测定 595 nm 处光吸收的增加量可知与其结合蛋白质的量。

蛋白质和染料结合是一个很快的过程,约 2 min 即可反应完全,呈现最大光吸收,并可稳定 1 h,之后,蛋白质-染料复合物发生聚合并沉淀出来。蛋白质-染料复合物具有很高的消光系数,使得在测定蛋白质浓度时灵敏度很高,在测定溶液中含蛋白质 5 μg/mL 时就有 0.275 吸光值的变化,比 Lowry 法灵敏 4 倍,测定范围为 10~100 μg/mL 蛋白质,微量测定法测定范围是 1~10 μg/mL 蛋白质。此反应重复性好,精确度高,线性关系好。标准曲线在蛋白质浓度较大时稍有弯曲,这是由于染料本身的两种颜色形式的光谱有重叠,试剂背景值随更多染料与蛋白质结合而不断降低,但直线弯曲程度很轻,不影响测定。

此方法干扰物少,研究表明:NaCl、KCl、$MgCl_2$、乙醇、$(NH_4)_2SO_4$ 均无干扰。强碱缓冲剂在测定中有一些颜色干扰,但可以用适当的缓冲液对照扣除其影响。Tris、乙酸、2-巯基乙醇、蔗糖、甘油、EDTA 及微量的去污剂(如 Trition X-100、SDS、玻璃去污剂)有少量颜色干扰,用适当的缓冲液对照很容易扣除掉。但是,大量去污剂的存在对颜色影响太大而不易消除。

试　剂　和　器　材

一、测试样品

未知蛋白质溶液。

二、试剂

(1) 考马斯亮蓝试剂:考马斯亮蓝 G-250 100 mg 溶于 50 mL 95%乙醇中,加入 100 mL 85%磷酸,用去离子水稀释至 1000 mL,滤纸过滤。最终试剂中含 0.01%(m/V)考马斯亮蓝 G-250、4.7%(m/V)乙醇、8.5%(m/V)磷酸。

（2）标准蛋白质溶液：结晶牛血清清蛋白，预先经微量凯氏定氮法测定蛋白氮含量，根据其纯度用 0.15 mol/L NaCl 配制成 1 mg/mL，0.1 mg/mL 蛋白溶液。

三、器材

试管及试管架，吸量管(0.1,5.0 mL)，722 型可见分光光度计。

操 作 方 法

一、标准法制作标准曲线

取 14 支试管，分两组按表 13.1 平行操作。

表 13.1　标准法制作标准曲线加样表

试管编号	0	1	2	3	4	5	6
1 mg/mL 标准蛋白溶液/mL	—	0.01	0.02	0.03	0.04	0.05	0.06
0.15 mol/L NaCl/mL	0.10	0.09	0.08	0.07	0.06	0.05	0.04
考马斯亮蓝试剂/mL	5.00	5.00	5.00	5.00	5.00	5.00	5.00
混匀，1 h 内以 0 号试管为空白对照，在 595 nm 处比色							
$\overline{A}_{595\,nm}$							

绘制标准曲线：以 $\overline{A}_{595\,nm}$ 为纵坐标，标准蛋白含量为横坐标，在坐标纸上绘制标准曲线。

二、微量法制作标准曲线

取 12 支试管，分两组按表 13.2 平行操作。

表 13.2　微量法制作标准曲线加样表

试管编号	0	1	2	3	4	5
0.1 mg/mL 标准蛋白溶液/mL	—	0.01	0.03	0.05	0.07	0.09
0.15 mol/L NaCl/mL	0.10	0.09	0.07	0.05	0.03	0.01
考马斯亮蓝试剂/mL	1.00	1.00	1.00	1.00	1.00	1.00
混匀，1 h 内以 0 号试管为空白对照，在 595 nm 处比色						
$\overline{A}_{595\,nm}$						

绘制标准曲线：以 $\overline{A}_{595\,nm}$ 为纵坐标，标准蛋白含量为横坐标，在坐标纸上绘制标准曲线。

三、测定未知样品蛋白质浓度

测定方法同上，取合适的未知样品体积，使其测定值在标准曲线的直线范围内。根据所测定的 $A_{595\,nm}$，在标准曲线上查出其相当于标准蛋白的量，从而计算出未知样品中的蛋白质质量浓度(mg/mL)。

注 意 事 项

（1）如果测定要求很严格，可以在试剂加入后的 5～20 min 内测定吸光值，因为在这段时间内颜色最稳定。

（2）测定中,蛋白-染料复合物会有少部分吸附于比色杯壁上,实验证明此复合物的吸附量是可以忽略的。测定完后可用乙醇将蓝色的比色杯洗干净。

思 考 题

根据下列所给的条件和要求,选择一种或几种常用蛋白质定量方法测定蛋白质浓度:

（1）样品不易溶解,但要求结果较准确;

（2）要求在半天内测定 60 个样品;

（3）要求很迅速地测定一系列试管(30 支)中溶液的蛋白质浓度。

参 考 资 料

［1］ 朱俭,曹凯鸣等编著.生物化学实验.上海:上海科学技术出版社,1981,66～68

［2］ 李元宗,常文保编著.生化分析.北京:高等教育出版社,2003,63～65

［3］ Bradford M M. A Rapid Sensitive Method for the Quantitation of Microgram Quantities of Protein Utilizing the Principle of Protein-dye Binding. Anal Biochem, 1976,72:248～254

［4］ Alexander R R, Griffiths J M, Wilkinson M L. Basic Biochemical Methods. New York: John Wiley & Sons, Inc,1985,18～19

实验 14　蛋白质定量测定(5)——BCA 法

目 的 要 求

(1) 学习 BCA 法测定蛋白质的原理和方法。
(2) 制作标准曲线,测定未知蛋白浓度。

原　理

1985 年 Smith 等报道了用 BCA[4,4′-二羧基-2,2′-二喹啉,bicinchoninic acid,双辛丹宁(金鸡宁)]测定蛋白质的方法。BCA 是对一价铜离子(Cu^+)敏感、稳定和高特异性的试剂。

在碱性溶液中,蛋白质将分子中的肽键能与 Cu^{2+} 生成络合物,同时将 Cu^{2+} 还原成 Cu^+,测定试剂中的 BCA 可敏感、特异地与 Cu^+ 结合生成一个在 562 nm 处具有最大光吸收的紫色复合物。复合物的光吸收强度与蛋白质浓度成正比。此法测定范围为 $10 \sim 1200\,\mu g/mL$ 蛋白质。微量 BCA 法可检测到 $0.5\,\mu g/mL$ 的微量蛋白。

BCA 法操作简单,灵敏度虽与 Folin-酚法相似,但它的试剂十分稳定,因此对时间控制不需那么严格。抗试剂干扰的能力强,如去污剂、SDS、Triton X-100、4 mol/L 盐酸胍、3 mol/L 尿素均无影响。对不同种类蛋白质变异系数甚小。

BCA - Cu^+复合体（紫色）

试 剂 和 器 材

一、测试样品

血清,使用前稀释约 100 倍。其他样品酌情稀释,使其蛋白质含量在标准曲线范围内。

二、试剂

1. 标准蛋白质溶液

结晶酪蛋白或牛血清清蛋白,预先经微量凯氏定氮法测定蛋白质含量,根据其纯度配制成 $1000\,\mu g/mL$ 蛋白溶液。

2. BCA 试剂

试剂 A：含 1% BCA 二钠盐、2% 碳酸钠（$Na_2CO_3 \cdot H_2O$）。0.16% 酒石酸二钠、0.4% 氢氧化钠（NaOH）和 0.95% 的碳酸氢钠（$NaHCO_3$）混合后，用 50% NaOH 或粉末 $NaHCO_3$ 调 pH 至 11.25。

试剂 B：4% 硫酸铜（$CuSO_4 \cdot 5H_2O$）。

工作液：临用前将试剂 A 与试剂 B 按 100∶2 比例混匀，呈苹果绿色。室温下可稳定 24 h。

三、器材

试管及试管架，吸量管（0.5，1.0，5.0 mL），恒温水浴锅，可见分光光度计。

操 作 方 法

一、制作 BCA 标准曲线

取 12 支试管，分两组，按表 14.1 平行操作。

表 14.1　制作 BCA 法蛋白标准曲线加样表

管 号 试 剂	0	1	2	3	4	5
标准蛋白质溶液/mL	—	0.02	0.04	0.06	0.08	0.10
去离子水/mL	0.10	0.08	0.06	0.04	0.02	—
BCA 工作液/mL	2.50	2.50	2.50	2.50	2.50	2.50
混匀，37 ℃保温 30 min，冷至室温后在 562 nm 处比色测定						
$\overline{A}_{562\,nm}$						

绘制标准曲线：以 $\overline{A}_{562\,nm}$ 为纵坐标，标准蛋白质含量为横坐标，在坐标纸上绘制标准曲线。

二、未知样品蛋白质浓度的测定

取 4 支试管，分两组，按表 14.2 平行操作。

表 14.2　样品测定加样表

管 号 试 剂	空白管×2	样品管×2
标品溶液/mL	—	0.10
去离子水/mL	0.10	—
BCA 工作液/mL	2.50	2.50
混匀，37 ℃保温 30 min，冷至室温后在 562 nm 处比色测定		
$\overline{A}_{562\,nm}$		

根据待测样品测定 562 nm 的吸光值，从标准曲线上查出蛋白质含量。

三、数据处理

$$蛋白质质量浓度(mg/mL)=\frac{\overline{A}_{562\,nm}值对应标准曲线蛋白质含量(\mu g)\times10^{-3}}{测定时所用稀释样品体积(mL)}\times样品稀释倍数$$

附注：微量 BAC 法

试剂 A：8％碳酸钠($Na_2CO_3 \cdot H_2O$)，1.6％ NaOH，1.6％酒石酸二钠，适量 $NaHCO_3$ 调溶液 pH 为 11.25。

试剂 B：4％BCA 二钠盐。

试剂 C：4％硫酸铜($CuSO_4 \cdot 5H_2O$)。

试剂 D：临用前，混合 100 倍体积 B 试剂和 4 倍体积 C 试剂。

工作液：混合等体积的试剂 A 和试剂 D(临用前配)。

测定：适量样品或标准蛋白液与等体积的工作液混合，在 60℃保温 1h，冷却到室温，测定 562 nm 的吸光值。测定范围为 0.5～10 $\mu g/mL$ 蛋白质。

注 意 事 项

(1) 文献报导的方法要求 1 倍体积样品液与 20 倍体积的工作液反应(如 100 μL 样品液用 2 mL 工作液)，但也可根据实际情况适当改变，如本实验采用的条件或为 50 μL 样品加 1 mL 工作液。既要保证足够试剂与样品反应，又要注意标准物和样品的浓度及测定液体积，使其吸光值控制在 1.0 以下。

(2) 文献报导的反应条件除为 37℃，30 min 外，还可以是 60℃，30 min 或室温，2 h。实验结果表明，产物吸光值随时间延长会增加，尤其是室温和 37℃反应时变化较大，因此保温反应结束后应迅速冷至室温(或置冷水中)，并及时测定。每次实验的条件应保持一致，才能有比较价值。

思 考 题

1. BCA 法同 Folin-酚法(Lowry 法)有何异同，BCA 法的特点是什么？
2. 比较双缩脲法、Lowry 法、BCA 法测定蛋白质含量的优缺点。

参 考 资 料

[1] 吴士良,王武康,王尉平主编.生物化学与分子生物学实验教程.苏州：苏州大学出版社,2001,35～37
[2] Smith P K,et al. Measurement of Protein Using Bicinchoninic Acid. Anal Biochem, 1985,150：76～85
[3] Brown R E, Jarvis K L, Hyland K J. Protein Measurement Using Bicinchoninic Acid：Elimination of Interfering Substances. Anal Biochem,1989,180：136～139

实验 15　蛋白质定量测定(6)——紫外(UV)吸收法

目 的 要 求

(1) 了解紫外吸收法测定蛋白质含量的原理。

(2) 了解紫外分光光度计的构造原理,掌握它的使用方法。

原　　理

紫外吸收法测定蛋白质浓度具体有三种方法:

一、280 nm 光吸收法

由于蛋白质分子中酪氨酸、色氨酸和苯丙氨酸的芳香环结构中含有共轭双键,因此蛋白质具有吸收紫外线的性质,吸收高峰在 280 nm 波长处。在此波长范围内,蛋白质溶液的吸光值($A_{280\,nm}$)与其含量成正比关系,可用做定量测定,测定范围 $0.1 \sim 1.0$ mg/mL。

利用紫外吸收法测定蛋白质含量的优点是迅速、简便,不消耗样品,低浓度盐类不干扰测定。因此,在蛋白质和酶的生化制备中,特别是在柱层析分离中广泛应用。此法的缺点是:① 对于测定那些与标准蛋白质中酪氨酸和色氨酸含量差异较大的蛋白质,有一定的误差。宜用同种类型蛋白质作标准物对照。② 若样品中含有嘌呤、嘧啶等吸收紫外线的物质(如核苷酸、核酸),会出现较大干扰,可用下述方法二进行校正。

如果已知某一蛋白质在 280 nm 处的摩尔消光系数(ε)或百分消光系数(用 $E_{1\,cm}^{1\%}$ 表示),测定蛋白质溶液 280 nm 吸光值后,根据公式:$c = \dfrac{A}{\varepsilon}$,$\varepsilon = \dfrac{M_r}{10} \cdot E_{1\,cm}^{1\%}$,可直接计算出蛋白质浓度。

二、280 nm 和 260 nm 的吸收差法

部分纯化的蛋白质常含有核酸,核酸在紫外区 280 nm 和 260 nm 也有强烈吸收,对 280 nm 紫外吸收法测定蛋白质浓度会有较大干扰。由于核酸在 260 nm 有最大吸收值,可利用蛋白质 280 nm 及 260 nm 的吸收差,由下面经验公式计算出蛋白质浓度:

$$\text{蛋白质质量浓度(mg/mL)} = 1.45 A_{280\,nm} - 0.74 A_{260\,nm}$$

式中,$A_{280\,nm}$ 和 $A_{260\,nm}$ 分别是蛋白质溶液在 280 nm 和 260 nm 波长下测得的吸光值。

此外,也可先计算出 $A_{280\,nm}/A_{260\,nm}$ 的比值后,从表 15.1 中查出校正因子"F"值,同时可查出样品中混杂的核酸的含量,将 F 值代入,再由下述经验公式直接计算出该溶液的蛋白质浓度。

表 15.1　紫外吸收法测定蛋白质含量的校正因子

$A_{280\,nm}/A_{260\,nm}$	核酸/%	因子 F	$A_{280\,nm}/A_{260\,nm}$	核酸/%	因子 F
1.75	0.00	1.116	0.846	5.50	0.656
1.63	0.25	1.081	0.822	6.00	0.632
1.52	0.50	1.054	0.804	6.50	0.607
1.40	0.75	1.023	0.784	7.00	0.585
1.36	1.00	0.994	0.767	7.50	0.565
1.30	1.25	0.970	0.753	8.00	0.545
1.25	1.50	0.944	0.730	9.00	0.508
1.16	2.00	0.899	0.705	10.00	0.478
1.09	2.50	0.852	0.671	12.00	0.422
1.03	3.00	0.814	0.644	14.00	0.377
0.979	3.50	0.776	0.615	17.00	0.322
0.939	4.00	0.743	0.595	20.00	0.278
0.874	5.00	0.682			

注：一般纯蛋白质的光吸收比值($A_{280\,nm}/A_{260\,nm}$)约为 1.8，而纯核酸的比值约为 0.5。

$$蛋白质质量浓度(mg/mL) = F \times \frac{1}{d} \times A_{280\,nm} \times N$$

式中，$A_{280\,nm}$ 为该溶液在 280 nm 下测得的吸光值，d 为石英比色杯的厚度(cm)，N 为溶液的稀释倍数。

三、215 nm 和 225 nm 的吸收差法

蛋白质的肽键在 $200\sim250$ nm 有强吸收，其吸收强弱在一定范围内与其浓度成正比，且波长愈短光吸收愈强。常选用 215 nm 和 225 nm 的吸收差来测定稀蛋白质溶液浓度。从吸收差(ΔA)与标准蛋白质 ΔA 的标准曲线对照即可求出蛋白质浓度。

$$吸收差 \Delta A = A_{215\,nm} - A_{225\,nm}$$

式中的 $A_{215\,nm}$ 和 $A_{225\,nm}$ 分别是蛋白质溶液在 215 nm 和 225 nm 波长下测得的吸光值。

此法在 $20\sim100\ \mu g/mL$ 蛋白质浓度范围内，服从比耳定律。氯化钠、硫酸铵以及 0.1 mol/L 磷酸、硼酸和三羟甲基氨基甲烷等缓冲液都无显著干扰作用。但是 0.1 mol/L 乙酸、琥珀酸、邻苯二甲酸以及巴比妥等缓冲液在 215 nm 波长下的吸收较大，不能应用，必须降至 5 mmol/L 才无显著影响。

试 剂 和 器 材

一、标准和待测蛋白溶液

(1) 标准蛋白溶液：准确称取经微量凯氏定氮法校正的标准蛋白质，分别配制成质量浓度为 1 mg/mL 和 400 $\mu g/mL$ 的溶液。

(2) 待测蛋白溶液：分别配制成质量浓度约为 1 mg/mL 和 400 $\mu g/mL$ 的溶液。

二、器材

紫外分光光度计,试管和试管架,吸量管。

操 作 方 法

一、280 nm 光吸收法

(1)标准曲线的绘制:按表 15.2 分别向每支试管加入各种试剂,摇匀。选用光程为 1 cm 的石英比色杯,在 280 nm 波长处分别测定各管溶液的 A_{280nm}。以 A_{280nm} 为纵坐标,蛋白质浓度为横坐标,绘制标准曲线。

表 15.2　制作标准曲线加样表

	1	2	3	4	5	6	7	8
标准蛋白质溶液/mL	—	0.5	1.0	1.5	2.0	2.5	3.0	4.0
去离子水/mL	4.0	3.5	3.0	2.5	2.0	1.5	1.0	—
蛋白质浓度/(mg·mL^{-1})	—	0.125	0.250	0.375	0.500	0.625	0.750	1.000
A_{280nm}								

(2)样品测定:取待测蛋白质溶液 1 mL,加入去离子水 3 mL,摇匀后按上述方法在 280 nm 波长处测定吸光值,并从标准曲线上查出待测蛋白质的浓度。

二、280 nm 和 260 nm 的吸收差法

将待测蛋白质溶液适当稀释,在波长 260 nm 和 280 nm 处分别测出吸光值,然后利用 280 nm 及 260 nm 下的吸收差求出蛋白质的浓度。

三、215 nm 和 225 nm 的吸收差法

(1)标准曲线的绘制:分别吸取 400 μg/mL 标准蛋白质溶液 0.2,0.4,0.6,0.8,1.0 mL 和 3.8,3.6,3.4,3.2,3.0 mL 去离子水,摇匀后选用光程为 1 cm 的石英比色杯,测定各浓度下的 A_{215nm} 和 A_{225nm},计算 $\Delta A = A_{215nm} - A_{225nm}$。以 ΔA 为纵坐标,蛋白质浓度(20,40,60,80 和 100 μg/mL)为横坐标,绘制标准曲线。

(2)样品测定:取待测样品液 0.5 mL,加去离子水 3.5 mL,摇匀,测出 A_{215nm} 和 A_{225nm},计算 ΔA,并从标准曲线上查出待测蛋白质含量。也可以用下列经验公式直接计算蛋白质浓度:

$$蛋白质质量浓度(mg/mL) = 0.144(A_{215nm} - A_{225nm})$$

注 意 事 项

(1)紫外吸收法由于受到吸收紫外线物质的干扰,测定蛋白质含量准确度较差。虽然通过 280 nm 和 260 nm 吸光差法可以适当校正核酸对测定蛋白质含量的干扰作用。但是不同的蛋白质和核酸的紫外吸收是不相同的,即使经过校正,测定结果也还存在一定的误差。此法更

适宜对纯蛋白质的定量测定。

（2）由于蛋白质的紫外吸收高峰常因 pH 的改变而有变化，故应用紫外吸收法时要注意溶液的 pH，最好与标准曲线制定时的 pH 一致。

思　考　题

1. 本法与其他测定蛋白质含量方法相比，有哪些优缺点？
2. 若样品中含有干扰测定的杂质，应如何校正实验结果？

参　考　资　料

[1]　陶慰孙,李惟,姜涌明主编. 蛋白质分子基础,第二版. 北京:高等教育出版社,1995,68~69

[2]　潘家秀等编著. 蛋白质化学研究技术. 北京:科学出版社,1962,13~14

[3]　李元宗,常文保编著. 生化分析. 北京:高等教育出版社,2003,57~59

[4]　Murphy J B, Kies M W. Note on Spectrophotometric Determination of Proteins in Dilute Solutions. Biochem Biophys Acta,1960,45:382

[5]　Wetlaufer D B. Ultraviolet Spectra of Protein and Amino Acids. Adv Prot Chem, 1962, 17:303~309

[6]　Whitaker J R, Granum P E. An Absolute Method for Protein Determination Based on Difference in Absorbance at 235 and 280 nm. Anal Biochem, 1980, 109:156~159

实验 16　蛋白质相对分子质量测定(1)——凝胶过滤层析法

目 的 要 求

(1) 掌握利用凝胶层析法测定蛋白质相对分子质量的原理。

(2) 学习用标准蛋白质混合液制作 V_e, K_{av} 对 $\lg M_r$ 的"选择曲线"以及测定未知蛋白质样品相对分子质量的方法。

(3) 掌握凝胶过滤层析法的原理和基本操作方法。

原 理

有关凝胶层析理论参阅上篇第八章。

凝胶过滤层析法操作方便,设备简单,周期短,重复性能好,而且条件温和,一般不引起生物活性物质的变化,已广泛应用于生化物质的分离提纯、脱盐、浓缩高分子物质的溶液、去除热源物质以及测定高分子物质的相对分子质量。本实验是利用葡聚糖凝胶层析法测定蛋白质相对分子质量(M_r)。

根据凝胶层析的原理,同一类型化合物的洗脱特征与组分的相对分子质量有关。流过凝胶柱时,按分子大小顺序流出,分子大的走在前面。洗脱体积 V_e 是该物质相对分子质量对数的线性函数,可用下式表示:

$$V_e = K_1 - K_2 \lg M_r$$

式中,K_1 与 K_2 为常数,M_r 为相对分子质量,V_e 也可用 $V_e - V_o$(分离体积)、V_e/V_o(相对保留体积)、V_e/V_t(简化的洗脱体积,它受柱的填充情况的影响较小)或 K_{av} 代替,与相对分子质量的关系同上式,只是常数不同,通常多以 K_{av} 对 $\lg M_r$ 作图得一曲线,称为"选择曲线",如图16.1所示。曲线的斜率说明凝胶性质的一个很重要的特征。在允许的工作范围内,曲线愈陡,则分级愈好,而工作范围愈窄。凝胶层析主要决定于溶质分子的大小,每一类型的化合物如球蛋白类、右旋糖酐类等都有它自己特殊的选择曲线,可用以测定未知物的相对分子质量,测定时以使用曲线的直线部分为宜。

为了测定 M_r 就必须要知道一根特定柱的 V_t, V_o 和 V_i,从而计算出 K_d, K_{av}, V_e/V_o、V_e/V_t, $V_e - V_o$。

一、V_o 的测定

V_o 称为外水容积,它指柱床颗粒间的自由空间内所含水或缓冲液的体积。因此,可用不被凝胶滞留的大分子物质的溶液(如血红蛋白、印度黑墨水、相对分子质量约200万的蓝色葡聚糖-2000等有颜色的溶液,便于观察),通过实际测量求出。即测定它的洗脱曲线,加样开始至大分子物质洗脱峰峰顶洗出的体积(即 V_o)就是该柱的 V_o 值。这时蛋白质的检测一般用紫

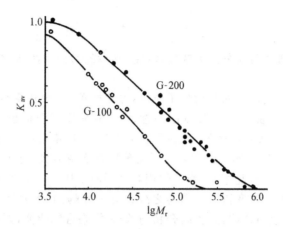

图 16.1　球蛋白相对分子质量"选择曲线"

外吸收法,也可用显色方法等。

　　蓝色葡聚糖-2000 通常被选为测定外水体积的物质。由于该物质相对分子质量大,呈蓝色,在各种型号的葡聚糖凝胶中均被完全排阻,并可借助本身的颜色,采用肉眼观察方法或用分光光度计在 210,260,280 或 620 nm 检测其洗脱峰,从而测知 V_o。但是,由于它对激酶有吸附作用,在测定激酶等蛋白质的 M_r 时不宜采用,可改用巨球蛋白等。

　　在凝胶颗粒相当均匀时,V_o 大体上是柱床体积(V_t)的 30%,这一参数可用来检查测出的 V_o 值是否合理。

二、V_i 的测定

　　V_i 为内水容积,它指凝胶颗粒内部孔隙所含水相的体积。选一种相对分子质量小于凝胶工作范围下限的化合物,测出其洗脱体积,减去 V_o 就是 V_i。常用硫酸铵来测定,可简单地用乙酸钡检出洗脱峰,也可用 D_2O、铬酸钾(黄色)或有 UV 吸收的物质如 N-乙酰酪氨酸乙酯、丙酮来测定 V_i。

　　V_i 也可以用计算法求出:

$$V_i = m W_R$$

式中,m 为干凝胶重(g),W_R 为凝胶的"吸水量"(以 mL/g 干胶表示)。V_i 一般都用实测,上述计算方法只用来核对 V_i 数据的可靠性。

　　在测定 V_o 与 V_i 的时候,由于是从洗脱峰的顶点来决定洗脱体积的,因此实验条件的选择关键是要得到尖而窄的洗脱峰。这就要求上柱样品体积要小,为了适应检测灵敏度的需要,上柱时样品的浓度应相应提高。

三、V_t 的测定

　　V_t 为凝胶柱床总容积,可根据凝胶柱的几何尺寸计算:

$$V_t = \pi \left(\frac{D}{2}\right)^2 \cdot h$$

式中,π 为常数 3.14,D 为柱直径,h 为凝胶床的高度。

　　也可用水实际测量一定高度凝胶床的容积,即为 V_t,此法更为准确。

四、V_e 的测定

从加样起到某一蛋白质组分最大浓度(洗脱吸收峰尖)出现时所收集的全部洗脱液的体积即为 V_e。

用凝胶层析法测定蛋白质的相对分子质量,方法简单,技术易掌握,样品用量少,而且有时不需要纯物质,用一粗制品即可。凝胶层析法测定相对分子质量也有一定的局限性。它在 pH 6~8 的范围内,线性关系比较好,但在极端 pH 时,一般蛋白质有可能因变性而引起偏离。糖蛋白在含糖量大于 5% 时,测得的相对分子质量比真实值偏大,这可能是糖在溶液中有较大的水含值所致。铁蛋白则与此相反,测出的相对分子质量比真实值要小,推测这可能是由于铁的存在使蛋白质外壳的结构变得更为紧凑之故。有一些酶,它的底物是糖,如淀粉酶、溶菌酶等,会与交联葡聚糖形成络合物,这种络合物与酶-底物络合物相似,因此在葡聚糖凝胶上层析时,表现异常。用凝胶层析法所测得的相对分子质量的结果,要与其他方法的测定结果相对照,才能做出比较可靠的结论。

上述的线性函数关系不适用于纤维状蛋白质,因此不能用于其相对分子质量测定。

试 剂 和 器 材

一、测试样品

蛋白质液体样品应根据其浓度,用洗脱液加以稀释或浓缩。固体样品用洗脱液配制成 2~3 mg/mL。

二、试剂

(1) 标准蛋白质混合液(各 2~3 mg/mL,用洗脱液配制):含牛血清清蛋白($M_r=67\,000$)、鸡卵清蛋白($M_r=43\,000$)、胰凝乳蛋白酶原 A($M_r=25\,000$)、结晶牛胰岛素(pH 2 时为二聚体,$M_r=12\,000$)或溶菌酶($M_r=14\,000$),均为层析纯。

(2) 洗脱液:0.025 mol/L 氯化钾-0.2 mol/L 乙酸溶液。称取 3.8 g 氯化钾并量取 24 mL 冰乙酸,定容至 2000 mL。

蓝色葡聚糖-2000(1 mg/mL)和丙酮(4 μL/mL)或硫酸铵(1 mg/mL)混合液,Sephadex G-75,5% Ba(Ac)$_2$。

三、器材

层析柱(直径 1.0~1.3 cm,管长 90~100 cm),核酸-蛋白质检测仪或紫外分光光度计,自动部分收集器,恒压瓶。

操 作 方 法

一、一般操作方法

1. 凝胶的选择和处理

凝胶颗粒最好大小比较均匀,这样,流速稳定,分离效果较好。如果颗粒大小不匀,用倾泻法倾去不易沉下的较细颗粒。

根据层析柱的容积和凝胶膨胀后的体积计算所需凝胶干粉的质量。将称好的干粉倾入过量洗脱液(一般为水、盐溶液或缓冲液)中,室温下放置 24 h,使之充分溶胀。注意不要过分搅拌,以防颗粒破碎。溶胀时间因凝胶交联度不同而异。为了缩短溶胀时间,可在沸水浴内加热将近 100 ℃,这样大大缩短溶胀时间至几小时,而且还可杀死细菌和霉菌,并排除凝胶内气泡。各类凝胶溶胀时间和膨胀体积请查阅附录 Ⅷ 之五。

使用过的凝胶也必须用真空干燥器抽尽凝胶中的空气或用上述沸水浴加热方法除去气泡,才能重新使用。

2. 装柱

装柱方法与一般柱层析法相似。层析柱可以自制或外购,目前已有各种规格层析柱商品出售(图 16.2)。

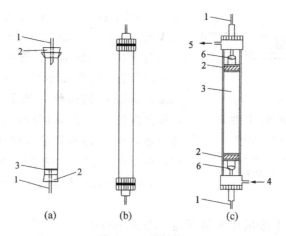

图 16.2　层析柱

(a) 自制简易层析柱(1. 玻璃管；2. 橡皮塞；3. 尼龙网)；(b) 普通商品柱；
(c) 双底板层析柱(1. 洗脱液进出口；2. 多孔底板；3. 柱床；4. 恒温水进口；
5. 恒温水出口；6. 可调节的塞子)

先将层析柱垂直安装在铁架台上,打开上口,小心放入大漏斗(注意与柱管直径配套、不漏液),抬起胶管出水口至柱中央位置(约 50 cm)。

装柱前须将凝胶上面过多的溶液吸出,使凝胶上面的溶液与凝胶的体积之比为 2∶1。关闭层析柱出水口,并向柱管内加入 1/3 柱容积的洗脱液,然后在搅拌下,将浓浆状的凝胶均匀连续地倾入大漏斗中,使之自然沉降至柱内,并不时轻轻搅动漏斗内的胶液,待凝胶沉降约 2～3 cm 后,打开柱的出口,调节合适的流速(5～6 s/滴),使凝胶继续沉积,待沉积的胶面上升到离柱的顶端约 2～3 cm 处时停止装柱,关闭出水口。

3. 平衡

按图 16.3 摆放和连接层析检测系统。层析柱出口连接核酸-蛋白质检测仪比色池的进液口,将其出液口连接自动部分收集器,并将收集器调整到起始零号管位置。层析柱上口与恒压洗脱瓶相连,仔细检查所有连接处的密闭性,不得有泄漏,否则会因为漏液使层析柱干裂。

打开层析柱下口,调节合适速度(5～6 s/滴),用 2～3 倍柱床容积的洗脱液流经层析柱,使柱床稳定。新装柱必须经过此平衡过程才能使用。每次层析实验后也需要用至少 1 倍体积的洗脱液平衡柱子,除去残留在凝胶内的杂质。

新装好的柱要检验其均一性,可用带色的高分子物质如蓝色葡聚糖-2000(又称蓝色右旋糖,商品名为 Blue dextran-2000)、红色葡聚糖或细胞色素 c 等配成 2 mg/mL 的溶液过柱,看色带是否均匀下降;或将柱管向光照方向用眼睛观察,看是否均匀,有无"纹路"或气泡。若层析柱床不均一,必须重新装柱。

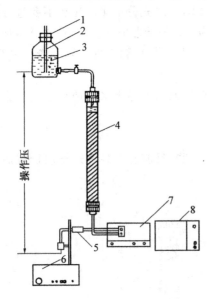

图 16.3　层析系统连接示意图
1. 密封橡皮塞;2. 恒压管;3. 恒压瓶;4. 层析柱;5. 可调螺旋夹;6. 自动收集器;7. 核酸-蛋白质检测仪;8. 记录仪

4. 加样

加样量要照顾到浓度与粘度两个方面。分析用量:1～2 mL/100 mL 柱床容积(1%～2%);制备用量:20～30 mL/100 mL 柱床容积。

加样方法与一般柱层析相同。夹紧上、下进出水口夹子,为防止操作压改变,可将塑料管下口抬高至离柱上端约 50 cm 处(Sephadex G-75,选用 50 cm 液柱操作压),打开柱上端的塞子或螺丝帽,放掉或吸出层析柱中多余液体直至与胶面相切。沿管壁将样品溶液小心加到凝胶床面上,应避免将床面凝胶冲起,打开下口夹子,使样品溶液流入柱内,同时打开收集器,自动定时收集流出液,当样品溶液流至与胶面相切时,夹紧下口夹子。按加样操作,用 1 mL 洗脱液冲洗管壁 2 次。最后加入 3～4 mL 洗脱液于凝胶上,旋紧上口螺丝帽。

5. 洗脱

洗脱液应与凝胶溶胀所用液体相同。洗脱用的液体有水(多用于分离不带电荷的中性物质)及电解质溶液(用于分离带电基团的样品),如酸、碱、盐的溶液及缓冲液等。对于吸附较强的组分,也有使用水与有机溶剂的混合液,如水-甲醇、水-乙醇、水-丙酮等为洗脱剂,可以减少吸附,将组分洗下。本实验洗脱用 0.025 mol/L 氯化钾-0.2 mol/L 乙酸溶液。

洗脱时,打开上、下进出口夹子,用 0.025 mol/L 氯化钾-0.2 mol/L 乙酸溶液,以每管 2.5～3.0 mL/10 min 流速洗脱,用自动部分收集器收集流出液。

洗脱流速影响分离效果,在其他条件相同的情况下,流速慢较流速快能获得更好分离效果,因此应注意控制洗脱流速。影响洗脱液流速的因素有:

(1)洗脱液加在凝胶床上的压力——操作压(由液面差引起)。一般来说,流速与柱压力差成正比,但对某些种类凝胶加压不能超过一个极限值,否则加大压力和流速,不仅不能增加流速,反而使流速急剧下降,特别是在使用交联度小($W_R > 7.5$)的葡聚糖凝胶时要特别注意。为保持层析过程中恒定的压力和流速,可使用恒压瓶或蠕动泵,避免层析柱内凝胶因压力过大被压得过紧而严重影响流速。

(2)凝胶交联度:交联度大的凝胶(G-10 至 G-50 型)的流速与柱的压力差成正比,与柱长成反比,与柱直径无关。交联度小的凝胶(G-75 至 G-200 型)的流速与柱的直径有关,并在一定操作压下有最大的流速值,操作压见图 16.4。

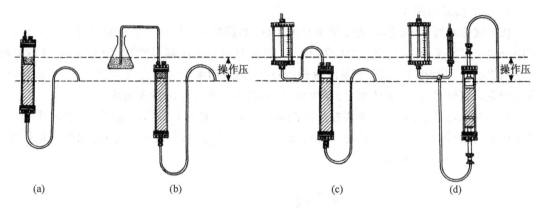

图 16.4 各种层析柱装置的操作压(或静水压)

(a),(b)操作压等于柱或贮液器内液面和出水接管末端的高度差;(c),(d)压力的大小是由恒压瓶内
空气入口管的底部至出口接管末端的高度计算。向下(c)或向上(d)移动出水管无关紧要

(3) 凝胶颗粒大小:颗粒大时,流速较大,但流速大时洗脱峰形常较宽。颗粒小时,流速较慢,分离情况较好。要求在不影响分离效果情况下,尽可能使流速不致太慢,以免用时过长。

6. 重装

一般地说,一次装柱后,可反复使用,无特殊的"再生"处理,只需在每次层析后用 3~4 倍柱床体积的洗脱液过柱。由于使用过程中,颗粒可能逐步沉积压紧,流速逐渐会减低,使得一次分析用时过多,这时需要将凝胶倒出,重新填装;或用反冲方法,使凝胶松动冲起,再行沉降。有时流速改变是由于凝胶顶部有杂质集聚,则需将混有脏物的凝胶取出,必要时可将上部凝胶搅松后补充部分新胶,经沉积、平衡后即可使用。

7. 凝胶的保存方法

凝胶用完后,可用以下方法保存。

(1) 膨胀状态:即在水相中保存。先用大量去离子水洗净凝胶,再按下文注意事项(10)加入防腐剂或加热灭菌后于低温保存。

(2) 半收缩状态:用完后用水洗净,然后再用 60%~70%乙醇洗,则凝胶体积缩小,于低温保存。

(3) 干燥状态:用水洗净后,加入含乙醇的水洗,并逐渐加大含醇量,最后用 95%乙醇洗,则凝胶脱水收缩,再用乙醚洗去乙醇,抽滤至干,于 60~80 ℃干燥后保存。这三种方法中,以干燥状态保存效果最好。

二、蛋白质相对分子质量测定

根据待测蛋白质的 M_r 范围选用 Sephadex G-75 凝胶,其颗粒大小在40~120 μm,柱管选用直径 1.0~1.3 cm,柱长 90~100 cm,本实验选用 1.1 cm×100 cm 商品层析柱。

1. 测定 V_o 和 V_i

按加样方法将 0.5 mL 蓝色葡聚糖-2000 和丙酮(或硫酸铵)混合液上柱,洗脱液洗脱,分别测出二者 V_e。蓝色葡聚糖的 V_e 即为该柱的 V_o,丙酮或硫酸铵洗脱体积 V_e 减去 V_o 即为柱的 V_i。蓝色葡聚糖的洗脱峰可根据颜色判断或 280 nm 检测,丙酮的洗脱峰用 280 nm 检测,硫酸铵洗脱峰用 Ba(Ac)$_2$ 生成沉淀判断。

2. 标准曲线的制作

按上述方法将 1 mL 标准蛋白质混合液上柱，然后用 0.025 mol/L 氯化钾-0.2 mol/L 乙酸溶液洗脱。调节流速 2.5～3.0 mL/10 min。用自动部分收集器分管收集（10 min/管），核酸-蛋白质检测仪 280 nm 处检测，记录洗脱曲线，或收集后用紫外分光光度计于 280 nm 处测定每管吸光值。以管号（或洗脱体积）为横坐标，吸光值为纵坐标作出洗脱曲线。

根据洗脱峰位置，量出每种蛋白质的洗脱体积(V_e），然后，以 V_e 为横坐标，蛋白质相对分子质量的对数($\lg M_r$）为纵坐标，作出标准曲线（图 16.5）。为了结果可靠，应以同样条件重复 1～2 次，取 V_e 的平均值作图。

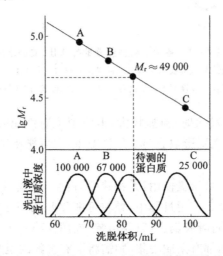

图 16.5　洗脱体积与相对分子质量(M_r)的关系

同时根据已测出的 V_o 和 V_i 以及通过测量柱的直径和凝胶柱床高度计算出的 V_t，分别求出 K_d 和 K_{av}。

$$K_d = \frac{V_e - V_o}{V_i}$$

$$K_{av} = \frac{V_e - V_o}{V_t - V_o}$$

也可以 K_d 或 V_{av} 为横坐标，$\lg M_r$ 为纵坐标作出选择曲线。

3. 未知样品相对分子质量的测定

完全按照标准曲线的条件操作。根据紫外检测的洗脱峰位置，量出洗脱体积，重复测定1～2次，取其平均值。也可以计算出 K_{av}，分别由标准曲线或选择曲线查得样品的相对分子质量。

测定未知样品时可加入蓝色葡聚糖和丙酮或硫酸铵，同时测出 V_o 和 V_i。蓝色葡聚糖和丙酮在 280 nm 均有光吸收。

附注：BS-100 自动部分收集器使用方法

1. 准备工作

（1）先将电源线、试管、竖杆、安全阀、收集盘等按实物安装图（图 16.6）连接好，电源线接后面板的电源插座（220 V 交流电源），安全阀引出线接后面板安全阀插座。向上拨动电源开关，这时绿灯亮。

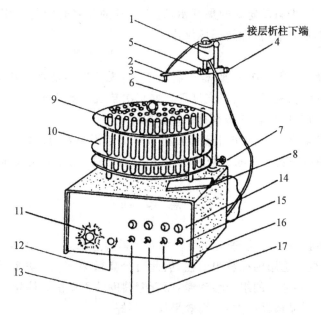

图 16.6　BS-100 自动部分收集器安装图

1. 反全阀；2. 换管臂；3. 滴管；4,5. 换管臂固定螺丝；6. 竖杆；7. 竖杆固定螺丝；8. 报警板；9. 试管；10. 收集盘；11. 时间选择旋钮；12. 时间选择固定螺钉；13. 自动开关；14. 指示灯；15. 电源开关；16. 换向开关(逆、顺)；17. 手动开关

（2）后面板的计滴器插座、记录仪插座、恒流泵插座分别与相应配套计滴器、记录仪、恒流泵相接，不使用这些配件时，这些插座留空。

（3）定位。在面板上旋松时间选择固定螺钉(注意不要过分放松，防止螺钉脱落)，使时间选择指在"0"刻度，换向开关拨向逆或顺时，收集盘就会作逆时或顺时针方向连续转动，换管臂也相应向内或外移动，待到收集盘停止转动，报警指示灯亮，同时发出报警信号"嘟嘟"声，表示已到内或外终端。然后使时间选择旋钮旋离开"0"位，换向开关拨向顺或逆，收集盘即向顺或逆时针方向转换一管，此位置即是收集的最后或第一管，检查滴管头是否对准内、外终端管中心，如未对准，可松开换管臂固定螺丝，调节换管臂使其滴管对准试管中心。定好位以后，千万不要再改变换管臂的位置以保证收集盘和换管臂同步旋转，平时不要把时间旋钮放在"0"位。

（4）将自动开关拨在关位置，按手动开关，按一下放开一次，指示灯亮一次，收集器应相应转换一支试管，检查滴管头是否对准试管中心，如未对准可将换管臂略作调整。连续按手动开关，收集盘连续换管至终端管不动时，报警指示灯亮。

（5）将报警板插头插入警控插座内，滴几滴溶液在报警板上，随即发出"嘟嘟"声(报警红灯亮)，说明报警器正常，此时安全阀关闭，恒流泵停止工作。然后擦干报警板，把它置于滴管口所对准的试管下面。

2. 操作步骤

首先按上述方法使收集盘回到外终端第一管，换向开关拨向"逆"。

（1）手动收集：按动手动开关，人工控制收集时间和换管，按一下放开一次，指示灯亮一次，收集盘即转换一支试管。

（2）自动定时收集：将时间选择旋钮选定在所需要的刻度上，旋紧固定螺钉；开启自动开

257

关,这时自动指示灯亮,即自动定时收集开始,这样每管的收集时间基本相同。注意自动收集期间不要旋动时间选择旋钮,否则要损坏仪器。

3. 注意事项

(1) 使用前应参照准备工作一项,检查各个旋钮,观察仪器是否运转正常。尤其是换管、定位是否正常、准确,每次是否转换一支试管。如每次转换多支试管,一般情况下,可通过重新定位加以纠正,如无效时应检查仪器本身是否出故障。

(2) 要保持收集盘的干燥,防止报警板滴上液体引起不必要的报警。

(3) 事先要仔细检查收集用的试管大小,高矮是否合适,底部有无破损。

注 意 事 项

(1) 层析柱粗细必须均匀,柱管大小可根据实际需要选择。一般来说,细长的柱分离效果较好。若样品量多,最好选用内径较粗的柱,但此时分离效果稍差。柱管内径太小时,会发生"管壁效应",即柱管中心部分的组分移动慢,而管壁周围的移动快。柱越长,分离效果越好,但柱过长,实验时间长,样品稀释度大,分离效果反而不好。

用于脱盐的柱一般都是短而粗,柱长(L)/直径(D)<10;对分级分离用的柱,L/D 值可以比较大,对很难分离的组分可以达到 $L/D=100$,一般选用内径为 1 cm,柱长 100 cm 就够了。

(2) 检测仪摆放在邻近层析柱的位置,使两者之间连接管道(死体积)尽量短,以便及时检测、记录层析洗脱峰出现的情况。收集器与检测仪之间的连接管道也应尽量短,便于准确测定 V_e 和收集每个洗脱峰的组分。

(3) 各接头不能漏气,连接用的小乳胶管不要有破损,否则造成漏气、漏液。注意恒压瓶内的排气管应无液体,并随着柱下口溶液的流出不断有气泡产生,则表示恒压瓶不漏气。操作过程中,层析柱内液面不断下降,则表示整个系统有漏气之处,应仔细检查并加以纠正。

(4) 装柱是层析的最关键操作,要求柱内的凝胶要装得非常均匀,不过松也不过紧,最好也在要求的操作压下装柱,流速不宜过快,避免因此而压紧凝胶。但也不宜过慢,使柱装得太松,导致层析过程中,凝胶床高度下降。

(5) 待灌柱的凝胶液浓度较高,装柱时间短,但不易装均匀。要获得好的装柱效果,宜用较稀的凝胶液,虽然耗时长些但能获得均匀的凝胶床,从而有好的分离效果。

(6) 始终保持柱内液面高于凝胶表面,否则水分挥发,凝胶变干。也要防止液体流干,使凝胶混入大量气泡,影响液体在柱内的流动,导致分离效果变坏,不得不重新装柱。

(7) 样品溶液的浓度和粘度要合适。浓度大,自然粘度增加。一个粘度很大的样品上柱后,样品分子因运动受限制,影响进出凝胶孔隙,洗脱峰形显得宽而矮,有些可以分离的组分也因此重叠。

(8) 凝胶溶胀所用液体应与洗脱用的液体相同,否则,由于更换溶剂引起凝胶容积变化,从而影响分离效果。

(9) 对于 G 值大于 75 的葡聚糖凝胶,操作压过高会影响流速变慢,此外还可以导致凝胶胶面下降,柱床容积的改变,相应测出的 V_t,V_o,V_e 等也改变,造成实验结果的误差,应控制操作压在规定范围。

（10）由于葡聚糖凝胶为糖类化合物，并且一定要在液相中操作，所以有必要注意防止微生物滋长。一般可用 0.02% 的叠氮钠（NaN_3）溶液保存凝胶，它极易溶于水，不与蛋白质和糖反应，也不改变它们的层析效果，也可用 0.002% 的洗必泰（hibitane）溶液。在弱酸性溶液中，可用 0.05%（或 $0.01\%\sim0.02\%$）三氯丁醇溶液，但它在强碱性溶液或加热到 $60\ ℃$ 以上时就要分解。在弱碱性溶液中也可用 0.01% 乙酸汞溶液防腐消毒。一般不用氯仿、丁醇、甲苯等为防腐剂。因为它们能引起凝胶颗粒的收缩，同时还能进入层析仪器的塑料部件，使塑料变软，造成不良后果。

（11）使用自动部分收集器时，将其转盘调节到最外圈，从第一管开始，否则会造成转换臂的转动与转盘不同心，以致洗脱液流到管外。

（12）在某种洗脱液的条件下，有的蛋白质可能会形成二聚体，在考虑洗脱体积与其 M_r 对应关系时，应注意这种特殊情况（如本实验中的胰岛素）。

凝胶层析中常遇到的故障、原因与排除方法总结于表 16.1 中。

表 16.1　凝胶层析中常遇到的故障、原因与排除方法

故　障	产生的原因	排除的方法
恒压瓶不能恒压	(1) 恒压瓶上口或下口橡胶塞未塞紧或橡胶塞插玻璃管处漏气	(1) 找出漏气原因，塞紧橡胶塞
层析柱连接后，进水口无液体滴出	(2) 层析柱进水口或出水口的止水夹未打开 (3) 进水口塑料管中有气泡	(2) 打开止水夹 (3) 排除塑料管中的气泡
层析柱出水口无液体流出	(4) 出水口的止水夹未打开 (5) 层析柱下口螺丝未旋紧，因漏气而造成出水塑料管中有气泡 (6) 出水口塑料管被凝胶阻塞	(4) 打开出水口止水夹并调节流速 (5) 找出产生气泡的原因，排除气泡 (6) 将层析柱中的凝胶倒出，冲洗尼龙网，排除塑料管中的凝胶，重新装柱
层析过程中流速逐渐减慢	(7) 样品中或洗脱缓冲液中含有不溶颗粒将胶床表面阻塞 (8) 操作压过高，凝胶胶床被压紧 (9) 样品中盐浓度或测定内水时硫酸铵浓度太大；凝胶脱水使胶床压紧 (10) 加样时未注意恒压，加样后胶床面下降 (11) 长期使用，微生物生长 (12) 装柱时凝胶未完全溶胀，平衡时流速即逐渐减慢 (13) 凝胶颗粒过细，或由于用强力搅动凝胶使凝胶颗粒打碎	(7) 采用离心或过滤法除去不溶颗粒，用滴管移去柱床表面被污染的凝胶 (8) 重新装柱，采用适当的操作压 (9) 将凝胶取出用缓冲液反复洗涤，溶胀重新装柱。适当降低样品盐或硫酸铵浓度 (10) 加样时应根据操作压，将塑料管出水口抬高至相应操作压的高度 (11) 层析柱不用时，在平衡缓冲液中加入 0.02% 叠氮钠或 0.002% 洗必泰，并使其充满柱床体积，以抑制细菌生长。暂时不用的柱应定期用缓冲液过柱冲洗，也可以防止微生物生长 (12) 将凝胶取出，待其完全溶胀后重新装柱 (13) 取出层析柱中的凝胶，用漂浮法除去过细的颗粒，重新装柱。搅拌凝胶时动作要轻

续表

故　　障	产 生 的 原 因	排 除 的 方 法
层析柱胶床中出现气泡	(14) 装柱时,凝胶未充分抽气或煮沸,在凝胶中仍混有空气 (15) 加样不当使空气进入凝胶胶床 (16) 从冰箱中取出凝胶或凝胶缓冲液立即装柱,或装柱后太阳暴晒	(14) 在凝胶柱上层的气泡可用细头长滴管或细塑料管将气泡取出或赶走,并重新平衡,稳定胶床后再使用。若气泡太多则应取出凝胶抽气或煮沸后自然冷却重新装柱 (15) 小心加样防止带进气泡 (16) 凝胶或缓冲液应放置到室温后才能装柱,避免太阳直射
层析柱胶床干裂	(17) 连接管道漏液,使层析柱部分流干 (18) 进水口流速慢,出水口流速快	(17) 找出漏液处,重新装柱 (18) 找出进出水口流速不一致的原因,重新装柱
样品进入凝胶后条带扭曲	(19) 样品或缓冲液中有颗粒或不溶物 (20) 凝胶表面不平,或胶床不均匀	(19) 按方法(7)处理样品或缓冲液 (20) 将凝胶柱置于垂直位,轻轻搅动胶床表面 1~2 mm 处的凝胶,使其自然沉降,或重新装柱
凝胶层析分辨率不高	(21) 凝胶层析柱装得不均匀 (22) 凝胶 G 型选择不当 (23) 加样量太大 (24) 柱床太短 (25) 样品浓度高,粘度大而形成拖尾 (26) 洗脱时流速太快 (27) 分部收集时每管体积过大	(21) 取出凝胶重新装柱 (22) 根据欲分离物质的分离情况,改用更合适的凝胶 G 型与粒度 (23) 为提高分辨率,分析时加样量一般为柱床容积的 1%~2%,最多不能超过 5% (24) 将柱床高度适当增加 (25) 根据紫外测定的吸光值将样品适当稀释 (26) 减慢洗脱的流速(本实验为 2.5~3.0 mL/10 min) (27) 控制每管收集量,为便于紫外测定,每管收集量以 2.5~3 mL 为宜
分部收集时,收集盘转动一次,间隔数支试管或滴管口偏离相应的试管	(28) 使用前未经定位或开始收集后随便移动转换臂,从而使收集盘与转换臂转动不同步	(28) 将自动收集器换向开关拨向"顺",连续按手动开关,使收集盘与转换臂同时以"顺"时针方向转至外圈零位。将换向开关拨至"逆",使转换臂的滴管口对准第一个试管中心。打开自动开关即可进行同步收集

思　考　题

1. 试述葡聚糖凝胶层析技术的应用,如何根据被分离组分的性质和实验目的,选用葡聚糖凝胶的 G 型?

2. 你知道还有哪些测定蛋白质相对分子质量的方法? 各自的原理是什么?

3. 根据实验中遇到的各种问题,总结做好本实验的经验与教训。

参 考 资 料

[1] 张龙翔,张庭芳,李令媛主编. 生物化学实验方法和技术,第二版. 北京:高等教育出版社,1997,116~124

[2]　杨安钢,毛积芳,药立波主编.生物化学与分子生物学实验技术.北京：高等教育出版社,2001,14~20

[3]　何忠效主编.生物化学实验技术.北京：化学工业出版社,2004,129~137

[4]　Andrews P. The Gel-filtration Behavior of Protein Related to their Molecular Weights over a Wide Range. Biochem J, 1965, 96: 595~606

[5]　Alexander R R, Griffiths J M and Wilkinson M L. Basic Biochemical Methods. New York: John Wiley & Sons, Inc, 1985, 73~74

[6]　Stenesh J. Experimental Biochemistry. US, Boston: Allyn and Bacon Inc, 1984,99~107

[7]　Work T S and Burdon R H. Laboratory Techniques in Biochemistry and Molecular Biology, 2nd Fully Revised Edition. Elsevier/North-Holl and Biomedical Press, 1980,62~80

实验 17 蛋白质相对分子质量测定(2)
——SDS-聚丙烯酰胺凝胶电泳法

§17.1 考马斯亮蓝染色法

目 的 要 求

(1) 学习 SDS-PAGE 测定蛋白质相对分子质量的原理。

(2) 掌握 SDS-PAGE 测定蛋白质相对分子质量的操作和考马斯亮蓝染色方法。

原 理

SDS-PAGE 是 PAGE 的一种特殊形式,有关理论见本书上篇第十一章第五节。

SDS 是带负电荷的阴离子去污剂。用 SDS-PAGE 测定蛋白质相对分子质量(M_r)时,蛋白质需要经过样品溶解液处理。在样品溶解液中含有巯基乙醇(或二硫苏糖醇)及 SDS,蛋白质样品在巯基乙醇的作用下,被还原成单链,再进一步与 SDS 结合成带大量负电荷的 SDS-蛋白质复合物,它们在水溶液中的形状近似于雪茄烟形的长椭圆棒,在聚丙烯酰胺凝胶电泳中的迁移率不再受蛋白质原有电荷和形状的影响,而只由椭圆棒的长度,即蛋白质相对分子质量决定。

SDS-PAGE 有连续系统和不连续系统两种,这两种系统有不同的样品溶解液及缓冲液,不连续系统需要分别制备分离胶和浓缩胶,操作方法与连续系统完全相同。由于 SDS-不连续系统对样品具有较强的浓缩效应,因而它的分辨率比 SDS-连续系统要高得多,虽然制胶操作较麻烦,但是它具有连续系统不可比拟的优越性,尤其是在分离比较复杂和特殊的样品时,人们更喜欢采用不连续系统。SDS-PAGE 广泛用于蛋白质亚基相对分子质量及纯度的测定。

在测定蛋白质相对分子质量时,通常选用已知相对分子质量的标准蛋白质作为标记物,与待测蛋白质在同一块凝胶上进行 SDS-PAGE。对于 SDS-PAGE 的结果可以采用以下几种方法处理:

(1) 将未知蛋白质与标准蛋白质的相对位置进行比较,得到未知蛋白质的近似相对分子质量。

(2) 利用相对迁移率的计算,得到未知蛋白质的相对分子质量。方法是电泳后在凝胶上测量出标准蛋白质和前沿指示剂的迁移距离,计算出标准蛋白质的相对迁移率(m_R),以标准蛋白质的相对迁移率对标准蛋白质相对分子质量的对数作图,可获得一条 m_R-lg M_r 标准曲线,根据未知蛋白质的相对迁移率即可在标准曲线上查得其相对分子质量。

(3) 用凝胶扫描仪,将凝胶图谱扫描输入计算机中并进行处理,得到未知蛋白质的相对分子质量。

本实验介绍不连续系统 SDS-PAGE 测定蛋白质相对分子质量的方法。

试 剂 和 器 材

一、试剂

1. 标准蛋白质

根据待测蛋白质相对分子质量的大小,选择合适范围的已知相对分子质量蛋白质纯品为标准蛋白质,标准蛋白质有多种不同相对分子质量范围可供选择,一般实验室最常用的是低相对分子质量标准蛋白质。本实验使用低相对分子质量标准蛋白质(试剂盒购自上海丽珠东风生物技术有限公司),见表 17.1。

表 17.1　低相对分子质量标准蛋白的组成

标准蛋白质	M_r
兔磷酸化酶 B(rabbit phosphorylase B)	97 400
牛血清清蛋白(bovine serum albumin)	66 200
兔肌动蛋白(rabbit actin)	43 000
牛碳酸酐酶(bovine carbonic anhydrase)	31 000
胰蛋白酶抑制剂(trypsin inhibitor)	20 100
鸡蛋清溶菌酶(hen egg white lysozyme)	14 400

2. SDS-PAGE 试剂

(1) 10%(m/V)SDS 贮液,室温保存。必须选用高纯度的 SDS(电泳级),否则会影响电泳条带的分辨效果。

(2) 1× 电极缓冲液:含 25 mmol/L Tris,192 mmol/L Gly,0.1% SDS,pH 8.3,可配成 5× 贮液备用。

(3) 样品溶解液:在 50 mmol/L pH 6.8 的 Tris-HCl 缓冲液中含有 1%SDS,1%巯基乙醇(或 100 mmol/L DTT),10%甘油,0.02%的溴酚蓝。还原剂如用 DTT,需临用之前加在样品溶解液中。

(4) 分离胶缓冲液:1.5 mol/L Tris-HCl 缓冲液,pH 8.9,4℃保存。

(5) 浓缩胶缓冲液:1.0 mol/L Tris-HCl 缓冲液,pH 6.8,4℃保存。

30%凝胶贮液、10% AP 水溶液与实验 27 相同。

3. 考马斯亮蓝 R-250 染色试剂

(1) 固定液:含 50%乙醇和 10%冰乙酸的水溶液。

(2) 0.25%考马斯亮蓝 R-250 染色液:称考马斯亮蓝 R-250 0.25 g,用 100 mL 固定液溶解,必要时过滤。

(3) 脱色液:含 20%乙醇和 7%冰乙酸的水溶液。也可用 0.5 mol/L NaCl 水溶液。

二、器材

夹心式垂直板电泳槽(北京六一仪器厂 DYY-Ⅲ 28A),沸水浴锅,其余同实验 27。

操 作 方 法

一、样品制备

1. 标准蛋白质样品的处理

称取标准蛋白质样品各 1 mg 左右，置于塑料小离心管中，加入样品溶解液，使各种蛋白样品的终浓度达到 1.0～1.5 mg/mL；如果是使用标准蛋白试剂盒，则根据使用说明书加入一定体积的样品溶解液，本试剂盒开封后溶于 200 μL 重蒸水。待样品充分溶解后，按照每次电泳用量，分装于小离心管中，−20 ℃保存。使用前取出一管，与样品一起沸水浴处理。

2. 待测蛋白质样品的处理

若待测蛋白质样品是固体，则与标准蛋白质样品处理方法相同；若待测样品是溶液，可用较高浓度样品溶解液（2 倍或 4 倍），按照比例与待测样品混合（蛋白质的终浓度一般为 0.05～1 mg/mL），此溶液置于小离心管中，轻轻盖上盖（不要盖紧，以免加热时迸开进水），置于 100 ℃的沸水浴内加热 3～5 min，取出冷却至室温，即可加样。

处理好的样品溶液可在冰箱保存较长时间，使用前在 100 ℃水浴中重新加热 1～2 min，以去除可能出现的亚稳态聚合物。

二、安装夹心式垂直板电泳槽

见实验 27 附注 1。

三、制胶

1. 制备分离胶

表 17.2 列出了不同浓度分离胶的配方。根据待分离样品的分子大小，选用浓度为 12% 的分离胶，在小烧杯中按所使用的凝胶浓度配制 20 mL 凝胶混合液。

表 17.2　SDS 不连续系统分离胶的配方

溶液成分	10 mL 凝胶液中各成分所需体积（$C=2.6\%$）				
	$T=6\%$	$T=7.5\%$	$T=10\%$	$T=12\%$	$T=15\%$
去离子水/mL	5.3	4.8	4.0	3.3	2.3
30% 凝胶贮液/mL	2.0	2.5	3.3	4.0	5.0
分离胶缓冲液/mL	2.5	2.5	2.5	2.5	2.5
溶液真空抽气 15 min					
10% SDS/mL	0.1	0.1	0.1	0.1	0.1
10% 过硫酸铵/μL*	50	50	50	50	50
TEMED/μL	5	5	5	5	5

* 过硫酸铵和 TEMED 的量可根据室温和聚合情况予以适当调整，使凝胶溶液在 40～60 min 内聚合完全。

灌注凝胶溶液的操作同实验 27,所不同的是应留出灌注浓缩胶所需的空间(样品槽模板的梳齿长再加 1 cm),用滴管小心地沿玻璃板内壁缓缓注入一层去离子水(或异丁醇,高度约 3～4 mm)做水封,室温垂直放置,使凝胶液聚合。

待分离胶完全聚合,倾出分离胶上的覆盖层液体,用滤纸条吸干残留水分。

2. 制备浓缩胶

根据所测定蛋白质相对分子质量的范围,选择相应的浓缩凝胶浓度,相对分子质量高的样品选择低浓度,相对分子质量低的样品选择略高一点的浓度。本实验选用 5％的浓缩胶,按表17.3 制备浓缩胶 5 mL。

表 17.3　SDS 不连续系统浓缩胶的配方

溶液成分	5 mL 凝胶液中各成分所需体积($C=2.6\%$)
	$T=5\%$
去离子水/mL	3.4
30％凝胶贮液/mL	0.83
浓缩胶缓冲液/mL	0.63
溶液真空抽气 15 min	
10％SDS/μL	50
10％过硫酸铵/μL	25
TEMED/μL	5

在分离胶上灌注浓缩胶溶液,当浓缩胶溶液距短玻璃板上缘约 0.3 cm 时,插入样品槽模板,室温垂直放置,使凝胶溶液聚合并老化。

凝胶聚合后,向上、下缓冲液槽中加入 pH 8.3 电极缓冲液(1×)使液面分别超过短玻板和下槽电极丝,小心拔出样品槽模板。

四、加样

根据凝胶厚度及样品浓度加入适量样品液的体积,一般加样体积为 5～20 μL(即5～20 μg蛋白)。如样品较稀,加样体积可适当增加,但不能超过加样槽总容积,以免溢出。加样时,微量加样器的针头通过电极缓冲液小心伸入加样槽内,尽量接近底部。但不要碰破槽胶面,样品溶液密度较大,会自动沉降在凝胶表面形成样品层。

五、电泳

按正、负极与电泳仪相连接,注意短玻板一侧电极槽溶液接负极(千万不要接错!)。打开电泳,将电流调至恒流 10 mA,待样品进入分离胶后,将电流调至 20～25 mA,待染料前沿迁移至距橡胶框底边 1 cm 处,停止电泳,一般需要 2～3 h。

六、染色、脱色

实验室中一般用考马斯亮蓝 R-250 染色法,如果是微量样品,可以用银染法。

电泳结束后小心撬开玻板,如果需要作标准曲线,则在溴酚蓝区带中心插入金属丝作好标记,在凝胶下部切去一小角以标注凝胶的方位(注意:凝胶如果用于 Western 印迹反应,则要保持凝胶完好),然后将凝胶剥离到装有固定液的培养皿中,轻轻摇匀,固定 2 h 或过夜。倾去固定液后加入考马斯亮蓝 R-250 染色液染色 2～5 h,固定和染色也可一步进行。染色完毕,倾出染色液,加入脱色液,几小时更换一次脱色液,直到凝胶的蓝色背景完全褪去,蛋白质的电泳条带清晰为止。

七、数据处理

1. 相对迁移率 m_R 的计算

通常以相对迁移率 m_R 来表示迁移率,相对迁移率的计算方法如下:用游标卡尺或普通直尺分别量出蛋白质样品区带中心及溴酚蓝指示剂区带中心(染色前细金属丝标记的位置)距凝胶加样端的距离,如图 17.1 所示。

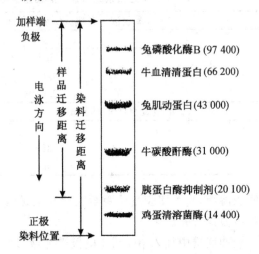

图 17.1　标准蛋白在 SDS-凝胶上的分离示意图

按下面公式计算出每一种标准蛋白质的 m_R 值:

$$相对迁移率\ m_R = \frac{蛋白质样品的迁移距离(cm)}{指示剂的迁移距离(cm)}$$

2. 蛋白质标准曲线的绘制

以标准蛋白质的相对迁移率为横坐标,标准蛋白质相对分子质量的对数为纵坐标,在坐标纸上绘制标准曲线。

3. 未知蛋白质相对分子质量的计算

根据待测蛋白质与标准蛋白质在同一电泳条件下迁移的距离,计算出其相对迁移率 m_R,然后从蛋白质标准曲线上查得该蛋白质的相对分子质量。

对于垂直板电泳,可直接以标准蛋白的迁移距离对标准蛋白质相对分子质量的对数作图,根据待测蛋白质样品的迁移距离同样可求得其相对分子质量。

注　意　事　项

(1) SDS 与蛋白的结合量:当 SDS 单体浓度在 1 mmol/L 时,1 g 蛋白质可与 1.4 g SDS 结合才能生成 SDS-蛋白复合物。巯基乙醇可使蛋白质间的二硫键还原,使 SDS 易与蛋白质结合。样品溶解液中,SDS 的浓度至少比蛋白质的量高 3 倍,低于这个比例,可能影响样品的迁移率,因此,SDS 用量约为样品量 10 倍以上。此外,样品溶解液应采用低离子强度,最高不超过 0.26,以保证在样品溶解液中有较多的 SDS 单体。在处理蛋白质样品时,每次都应在沸水浴中保温 3~5 min,以免有亚稳聚合物存在。

(2)凝胶浓度的选择:应根据未知样品相对分子质量的估计值,选择合适的凝胶浓度,对于未知样品,可以用不同浓度的凝胶分别试验,使其相对迁移率 $m_R=0.5$ 左右。在选择凝胶浓度的同时,还要考虑所选择的标准蛋白质相对分子质量范围和性质尽量与待测样品相近,标准蛋白质的相对迁移率最好在 0.2~0.8 之间均匀分布。

(3)对样品的要求:应采用低离子强度的样品。如样品中离子强度高,则应透析或经凝胶过滤法除盐。加样时,应保持凹形加样槽胶面平直。加样量以 10~15 μL 为宜,如样品系较稀的液体状,为保证区带清晰,加样量可增加,同时应将样品溶解液浓度提高两倍或更高。

(4)标准曲线的制作:在 SDS 凝胶电泳中,影响迁移率的因素很多。在制胶和电泳过程中,很难将每次的各项条件控制得完全一致,因此,用 SDS-聚丙烯酰胺凝胶电泳法测定蛋白质相对分子质量时,必须同时作标准曲线。不能利用某一次凝胶电泳的标准曲线作为每一次电泳的标准曲线。

(5)实验结果的分析:SDS 凝胶电泳测定的只是单个亚基或肽链的相对分子质量,而不是完整分子的相对分子质量,为准确地测得相对分子质量范围,应该用其他测定蛋白质相对分子质量的方法加以校正。此方法对球蛋白及纤维状蛋白的相对分子质量测定较好,对糖蛋白、胶原蛋白等的相对分子质量测定差异较大。

思　考　题

1. 样品溶解液中的 SDS、甘油、巯基乙醇、溴酚蓝成分,各自有何用途?
2. 简述 SDS-PAGE 测定蛋白质相对分子质量的原理。
3. 为什么不连续系统 PAGE 比连续系统 PAGE 的分辨率高?
4. 做好本实验的关键是什么?

参　考　资　料

[1] 张龙翔,张庭芳,李令媛主编. 生化实验方法和技术,第二版. 北京:人民教育出版社,1997,100~106

[2] 莽克强等. 聚丙烯酰胺凝胶电泳. 北京:科学出版社,1975,33,88~103

[3] 何忠效,张树政主编. 电泳,第二版. 北京:科学出版社,1999,127~139

[4] Weber K and Osborn M. The Proteins. New York, Academic, 1975, Vol I(3rd):180~206

[5] Pharmacia Fine Chemicals. Polyacrylamide Gel Electrophoresis-laboratory Techniques. Printed in Sweden by Rahmsi Lund, 1984,25~28

[6] Alexander R R, Griffilhs J M and Wilkinson M A. Basic Biochemical Methods. New York:John Wiley & Sons, Inc,1985,75~76,202~203

[7] Weber K and Osborn M. The Reliability of Molecular Weight Determinations by Dodecyl Sulfate-polyacrylamide Gel Electrophoresis. J Biol Chem, 1969,244:4406~4413

§17.2 银 染 法

目 的 要 求

(1) 通过实验了解蛋白质凝胶电泳银染色法的原理。

(2) 进一步熟悉 SDS-PAGE 操作,掌握银染色法的实验技术。

原 理

自 1979 年,Switzer 等人提出银染色法后,又经许多学者不断改进,实验表明银染色法较考马斯亮蓝 R-250 灵敏 100 倍,但染色原理尚不十分清楚,可能与摄影过程中 Ag^+ 的还原相似。由于它对蛋白质分子中的氨基酸具有较高的亲和力,首先与蛋白质结合(碱性条件下),再通过柠檬酸或乙酸的酸化作用,利用光能或化学能(还原剂,如甲醛存在下)把 Ag^+ 还原成 Ag,从而使蛋白质染成黑色谱带。

试 剂 与 器 材

一、待测样品

新鲜人(动物)血清,用等量 $2\times$ SDS-PAGE 样品溶液稀释 1 倍备用。

二、试剂

(1) 低相对分子质量标准蛋白:见本实验 §17.1。

(2) 0.25% 考马斯亮蓝 R-250 染色液:内含 20% 磺基水杨酸。

(3) 固定液:20% 三氯乙酸及 1% 戊二醛各 200 mL。

(4) 氨银染色液:此液应临用前配制,取 0.1 mol/L NaOH 20 mL,浓氨水 1.4 mL 混合摇匀得混合液。取 4 mL 19.4% 硝酸银(GR)溶液慢慢滴入混合液中,边滴加边摇动器皿,全部滴完后用重蒸水定容至 200 mL。

(5) 显色液:此液应临用前配制,取 40% 甲醛 50 μL 和 1% 柠檬酸 0.5 mL,混匀后加重蒸水定容至 250 mL。

(6) 脱色液:

● 称 NaCl 37 g,$CuSO_4 \cdot 5H_2O$ 37 g,加重蒸水 850 mL,滴加浓氨水至溶液呈澄清的深蓝色,定容至 1000 mL。

● 称硫代硫酸钠 21.8 g,加重蒸水至 100 mL,4 ℃ 贮存。

使用前将两者等量混合后稀释 30 倍。

三、器材

夹心式垂直板电泳槽[北京六一仪器厂 DYY-Ⅲ 28A,凝胶模(135 mm × 100 mm ×

1.0 mm)],直流稳压电泳仪(300~600 V,50~100 mA),微量注射器,大培养皿(直径 18 cm)。

操 作 方 法

一、仪器安装和凝胶板制备

(1) 仪器装配:见实验 27 附注 1。

(2) 制胶:制备 10%分离胶及 5%浓缩胶,操作见本实验§17.1。

二、加样

样品处理加样方法同本实验§17.1。按下列顺序加入:血清样品 2,4,6,8 μL;标准蛋白 10,10 μL;血清样品 8,6,4,2 μL。

三、电泳

同本实验§17.1。电泳结束后,取出凝胶板,从中间切开成两块胶,分别进行考马斯亮蓝 R-250 染色及银染色。

四、染色

(1) 考马斯亮蓝染色方法:见本实验§17.1。

(2) 银染色法:

● 固定与浸泡:电泳后的凝胶板置于大培养皿中,加入 20%三氯乙酸浸没胶片,浸泡 8 h 以上。使蛋白固定在凝胶中,防止其扩散,同时去除干扰染色的物质如去污剂、还原剂、SDS 和缓冲液中的甘氨酸等。

● 戊二醛处理:吸去三氯乙酸溶液(回收可重复使用数次),用 150 mL 去离子水冲洗凝胶 板,弃去洗涤液,再加 150 mL 去离子水并充分摇动 20 min,弃去洗涤液。重复上述漂洗步骤 3 次,加入 1%戊二醛 150 mL,摇动 4 h 以上(增加戊二醛浓度可缩短处理时间)。

(3) 染色:弃去戊二醛溶液,用去离子水冲洗凝胶表面,再加去离子水荡洗 3 次,每次 10 min.弃去荡洗液后,加入氨银染色液 100 mL(染一块胶板),摇动 0.5 h。

(4) 显色:弃去氨银染色液,加去离子水 150 mL 荡洗凝胶表面 3~5 min,弃去荡洗液,加 入显色液100 mL,不断摇动,密切观察显色情况,至显色条带清晰约需 5~10 min,迅速将凝胶 片转移至另一培养皿中,用去离子水充分洗涤两次以终止显色。

(5) 脱色:如显色过深,可用脱色液适当褪色。将终止显色的凝胶片放入含脱色液的培 养皿中,不断摇动,直至底色脱去,蛋白染色条带清晰。再用去离子水冲洗数次,以终止脱色。

(6) 结果:仔细观察考马斯亮蓝 R-250 及氨银染色的电泳图谱。通过染色条带深浅和清 晰度,比较这两种染色法的灵敏度。

注 意 事 项

(1) 银染色法极其灵敏,着色的快慢及染色深浅与各步骤中所用溶液的浓度及显色时间有关。而各步骤所需的时间又受温度、凝胶浓度及其厚度的影响。本法适用 1 mm 厚的 10% PAA 凝胶板的染色,在室温(25~30℃)条件下操作。

(2) 银染色法受多种因素干扰,造成底色过深或假象,因此,各种试剂及去离子水应确保纯净,最好用重蒸水。所用的器皿要绝对洗净,用于制备凝胶板的玻璃板应在含铬酸的洗液中浸泡 4 h 以上,再用自来水反复冲洗数次,最后用去离子水冲洗数次,自然晾干后使用。

(3) 染色过程中,应避免用手接触凝胶板。转移凝胶板时,应用塑料板或带乳胶手套操作。

(4) 用三氯乙酸、戊二醛固定处理凝胶板的时间不应少于 4 h。然而,延长这两步的时间,对染色效果无不良影响,也不需延长洗涤时间或增加洗涤次数。

(5) 用氨银染色液处理后,洗涤时间不宜过长,一般 5 min 足够,时间过长会降低染色灵敏度。

(6) 甲醛和戊二醛必须是新鲜试剂,无聚合,其余试剂也应用分析纯。

思　考　题

(1) 氨基黑 10B、考马斯亮蓝 R-250 和银染法对蛋白质染色的原理有何不同?
(2) 银染法的主要优点是什么?

参　考　资　料

[1] 莽克强等. 聚丙烯酰胺凝胶电泳. 北京:科学出版社,1975,54~57,98~102
[2] 蔡晓丹等. 一种改良的蛋白质双向电泳银染色法. 生物化学与生物物理进展,1986,3:66~68
[3] 朱昌亮等. 一种蛋白质等电聚焦银染色法. 生物化学与生物物理进展,1988,4:313
[4] 王淳本主编. 实用生物化学与分子生物学实验技术. 武汉:湖北科学技术出版社,2003,66~68
[5] 何忠效主编. 生物化学实验技术. 北京:化学工业出版社,2003,175~181
[6] Switzer R C, et al. A Highly Sensitive Silver Stain for Detecting Proteins and Peptides in Polyacrylamide Gels. Anal Biochem, 1979,98:231

实验 18　聚丙烯酰胺等电聚焦电泳测定蛋白质等电点

目 的 要 求

（1）学习等电聚焦电泳原理。

（2）掌握水平超薄型聚丙烯酰胺等电聚焦电泳操作技术，测定未知蛋白质样品等电点。

原 理

根据蛋白质等电点（pI）差异，在一个稳定、连续、线性的 pH 梯度凝胶中进行电泳分离的方法称等电聚焦电泳。聚丙烯酰胺是等电聚焦电泳分析中最广泛采用的一种支持介质，它有抗对流、稳定 pH 梯度的作用，这种电泳称聚丙烯酰胺等电聚焦电泳（isoelectric focusing polyacrylamide gel electrophoresis，IEF-PAGE）。用于蛋白质分离及等电点测定。

在支持介质聚丙烯酰胺凝胶中，加入最终浓度为 1%～3% 两性电解质载体，分别以强酸、强碱为电极液。电场作用下，由于两性电解质的泳动和扩散，在两极间的凝胶内便自然形成了一个从负极到正极的均匀而又连续的线性 pH 梯度。由不同数量和种类氨基酸组成的蛋白质具有不同等电点，在 pH 小于其 pI 的环境中，蛋白质分子带正电荷，电场作用下向负极泳动；在 pH 大于其 pI 环境，带负电荷，则向正极泳动；在某一 pH 环境中，当 pH＝pI，蛋白质分子净电荷为零而停止泳动。因此在上述方法形成的连续 pH 梯度凝胶中进行蛋白质电泳时，带有不同电荷的蛋白质分子都会向其等电点的 pH 方向泳动，直至所带净电荷为零时停止泳动，最后聚集在与各自等电点相应的 pH 梯度位置上形成分离的区带。测定区带所在位置的 pH，即可确定该蛋白质组分的 pI。

IEF-PAGE 的分辨率高，可分离 pI 相差 0.01～0.02 pH 单位的蛋白质，测定 pI 的精确度可达 0.01 pH 单位。同时还具有重复性好、操作简便、迅速等优点，在生物化学、分子生物学、分类学及临床医学等研究中得到广泛应用。

等电聚焦电泳的方式有多种，如垂直管式、水平板式、水平超薄型及毛细管式等。本实验采用的超薄型（0.5 mm）水平式 IEF-PAGE 还具有分析样品多、消耗样品和试剂少、易冷却和固定、便于分析比较等优点。

试 剂 与 器 材

一、待测样品

（1）蛋白质制品（经脱盐处理）：用去离子水配制成 0.5～1.0 mg/mL。

（2）组织提取液：称 0.5 g 组织加 5 mL 去离子水，用组织匀浆器制成匀浆，12 000 r/min 离心 10 min，取上清液作为测试样品。

二、试剂

(1) 29.1％ Acr-0.9％ Bis 凝胶液：称丙烯酰胺（Acr，重结晶）29.1 g，甲叉双丙烯酰胺（Bis，AR）0.9 g，加重蒸水使其溶解，最后定容至 100 mL，过滤后置棕色瓶，4 ℃冰箱贮存。

(2) 10％过硫酸铵（AP）：称 0.1 g AP，加重蒸水至 1 mL，当天配制。

(3) 等电点标准蛋白（pH 3.50～9.30）：

● 瑞典 Pharmacia 公司出品，内含 11 种蛋白质（表 18.1）。临用时溶于 100～300 μL 重蒸水中。

表 18.1　标准蛋白质等电点

等电点标准蛋白	等电点(pI)
淀粉转葡萄糖苷酶(amyloglucosidase)	3.50
大豆胰蛋白酶抑制剂(soybean trysin inhibitor)	4.55
β-乳球蛋白 A(β-lactoglobulin A)	5.20
小牛碳酸酐酶 B(bovine carbonic anhydrase B)	5.85
人碳酸酐酶 B(human carbonic anhydrase B)	6.55
肌红蛋白酸性带(myoglobin-acidic band)	6.85
肌红蛋白碱性带(myoglobin-basic band)	7.35
刀豆外凝集素酸性带(lentil lectin-acidic band)	8.15
刀豆外凝集素中性带(lentil lectin-middle band)	8.45
刀豆外凝集素碱性带(lentil lectin-basic band)	8.65
胰蛋白酶原(trypsinogen)	9.30

● 自己配制等电点标准蛋白溶液，如买不到 pI 标准蛋白试剂盒，可根据所需 pH 范围及实验室拥有纯品蛋白质条件，参考一些常见蛋白质等电点（见附录Ⅶ之十二），从中选择五种以上蛋白质作为标准蛋白，用重蒸水配制为 0.5～1 mg/mL。

(4) 适合于 pH 3～10 范围的电极溶液：

● 负极电极溶液(1 mol/L NaOH)：称 NaOH(AR)4 g，加重蒸水少量使其溶解，冷却至室温再定容至 100 mL。

● 正极电极溶液(1 mol/L H_3PO_4)：取 H_3PO_4(85％，AR)6.7 mL，加重蒸水定容至 100 mL。

(5) 固定液(3.5％磺基水杨酸-10％三氯乙酸-35％甲醇)：称取磺基水杨酸 3.5 g，三氯乙酸 10 g，甲醇 35 mL，加去离子水至 100 mL。

(6) 染色液(0.1％考马斯亮蓝 R-250-10％乙酸-35％甲醇)：称取考马斯亮蓝 R-250 0.1 g，冰乙酸 10 mL(10 g)，甲醇 35 mL，加去离子水使其完全溶解，再定容至 100 mL，过滤后置棕色瓶保存。

(7) 脱色液(25％乙醇溶液-10％乙酸)：取无水乙醇 50 mL，冰乙酸 20 mL，加去离子水至 200 mL。

(8) 保存液(25％乙醇溶液-10％乙酸-5％甘油)：取无水乙醇 25 mL，冰乙酸 10 mL，甘油

5 mL,加去离子水至 100 mL。

N,N,N′,N′-四甲基乙二胺(TEMED),40％两性电解质载体(ampholytes,pH 3.0～10.0),颗粒型活性炭(用于回收脱色液),液体石蜡。

三、器材

稳压稳流电泳仪(100 mA,600 V),水冷式平板等电聚焦电泳槽,玻璃板(115 mm×115 mm×2 mm)3 块,塑料间隔板 1 块(0.5 mm 厚,11.5 cm×20 cm,中间有一个 9 cm×9 cm 的空心模框),大文具夹 1 个,吸量管(2,10 mL),微量注射器(10,50,100 μL),注射器(1 mL),眼科小剪刀 1 把,小镊子 2 把,加样纸一本(是以坐标纸作封面及封底,中间夹有 8 层擦镜纸订成的 4 cm×6 cm 小本),电极条(新华 1 号或 Whatman No.1 滤纸,裁剪成 1 cm×9 cm 的滤纸条),坐标纸(11.5 cm×11.5 cm)1 张,不锈钢药铲 1 个,水平仪 1 台,玻璃纸(14 cm×14 cm)2 张,玻璃板(10 cm×10 cm)1 块。

操 作 方 法

一、安装制胶模具

(1)用泡沫海绵沾少许洗涤灵,将三块玻璃板洗净,用去离子水反复冲洗数次,晾干待用。洗净后还可以在将接触凝胶的一面涂上一薄层硅胶油,去离子水冲洗后晾干备用。

(2)接好水平电泳槽进水与出水口的橡皮管,进水口与自来水龙头连接。将水平仪放在电泳槽冷却板上,转动电泳槽底部水平调节旋钮,调节仪器水平。在冷却板上放一张滤纸(11.5 cm×20 cm),将两块玻璃板平放在滤纸上,再将塑料间隔板放在玻璃板上(一端与玻璃板对齐),用大文具夹将玻璃板与间隔板固定在电泳槽冷却板的一端,最后将另一块玻璃板平压在空心的模框上约 1/4 处留出大部分空框。其装置如图 18.1 所示。

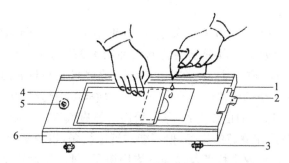

图 18.1　等电聚焦电泳槽及灌胶装置示意图
1. 塑料间隔板；2. 文具夹；3. 水平调节螺旋；4. 玻璃盖板；5. 水平气泡；6. 冷却板

二、配制凝胶

聚丙烯酰胺终浓度 $T=7.5\%$,交联度 $C=3\%$,两性电解质载体选择 pH 3.0～10.0 范围,胶板厚度 0.5 mm。在 25 mL 烧杯中按表 18.2 顺序配制凝胶,混匀后立即灌胶。

表 18.2　凝胶配制

试　剂	凝胶面积 9 cm×9 cm	凝胶面积 9 cm×12cm
29.1%Acr-0.9%Bis 胶液/mL	2.0	2.6
两性电解质载体/mL	0.5	0.7
重蒸水/mL	5.5	7.7
混匀后置真空干燥器中抽气 10 min		
TEMED/μL	8	11
10%AP/μL	50	60

三、灌胶

将混匀的胶液倒在间隔板空心模框内,边倒边推动压在间隔板上的玻璃板,使两块玻璃板间的空心模框内充满胶液,不能有气泡,如有气泡则轻轻将压在间隔板上的玻璃板往回移动,使气泡释放后再往前推,直至压在上面的玻璃板全部覆盖住间隔板的空心模框,在玻璃板上压一重物(如小试剂瓶),室温放置 1 h,当间隔模板的空心模框四周,观察到有不同折光线时表明凝胶已聚合。

四、加样

待凝胶聚合 0.5 h 后,将不锈钢药铲插到上层玻璃板与间隔板之间,轻轻撬动玻璃板,使其与间隔板分开,移去压在间隔板上的玻璃板,小心取下间隔板。在下层玻璃板上制成了一块方形(9 cm×9 cm)的凝胶板,清除凝胶板周围的残胶,并取下玻璃板。在电泳槽冷却板上倒少许液体石蜡,盖上一张方形坐标纸(11.5 cm×11.5 cm),使其浸透石蜡,用塑料板将坐标纸下的气泡除去,使坐标纸与冷却板紧紧相贴。再加约 2 mL 液体石蜡于坐标纸上,将载有凝胶的玻璃板由坐标纸的一端推向另一端,直至凝胶玻璃板与坐标纸相吻合,使玻璃板与坐标纸间无气泡,以保证散热均匀。

将电极条(由三层 1 cm×9 cm 滤纸条组成)分别用 1 mol/L NaOH,1 mol/L H_3PO_4 浸透并各用滤纸吸去过多的液体,使其分别平直紧贴在胶面两边上,两电极条间相距 7 cm。将加样纸剪成 0.5 cm×0.5 cm 或 0.5 cm×0.7 cm 大小,除去封底和封面的坐标纸,放入样品液中浸透,取出用滤纸吸去多余的液体(0.5 cm×0.5 cm,加样纸中约有 10 μL 样品液),以凝胶板下面的坐标纸为标记放在适当的位置上,并紧贴胶面不能有气泡。一般 pI 偏碱的样品放在偏酸的位置,pI 偏酸的样品放在偏碱的位置,但不能靠近电极条,以免引起蛋白质样品变性。各样品之间至少相隔 3 mm。拿取电极条及加样纸均用镊子,每次用后应洗净擦干后再用,以免造成污染而影响实验结果。通过改变加样纸的大小和层数获得不同的加样量。

五、电泳

将电极板上的铂金丝压在电极条中间,并将电极板两端固定在冷却板上。将电极板正极(电极条浸有 H_3PO_4 的一侧)与负极(电极条浸有 NaOH 的一侧)分别与电泳仪正、负极连接。盖上安全罩。接通冷却水(尽量大些),室温下电泳,电泳条件应根据凝胶板厚度及面积选择合适的电流、电压或功率。本实验先恒压 60 V,15 min,再恒流 8 mA,当电压上升到 550 V,关闭电源。取下电泳槽安全罩及电极板，用镊子取出加样纸，按原来位置安放电极板及安全罩，调节恒压档 580 V，继续电泳约 120 min 直至电流下降接近零时，结束电泳。

六、测定 pH 梯度及已知蛋白的 pI

确定 pH 梯度有三种方法。

（1）浸泡法：电泳后，顺电场方向切下一条 9 cm×1 cm 的胶条，两端各除去 1 cm（压电极条处）后，按 0.5 cm 的间隔切成 0.5 cm×1 cm 的小块，依次放在具塞小试管中，各加 0.5 mL 重蒸水浸泡 10 min，然后用精密 pH 试纸测定各管 pH。以 pH 为纵坐标，距离（cm）为横坐标绘制 pH 梯度曲线。但此法受环境中 CO_2 的干扰，从而影响了碱性端 pH 梯度的测定。

（2）表面微电极测定法：电泳后立即用表面微电极直接放在凝胶表面，每隔 0.5 cm 距离测定胶板 pH，绘制 pH 梯度曲线。

（3）已知等电点标准蛋白质测定法：电泳后将凝胶板固定，染色及脱色，测定已知 pI 标准蛋白质距负极（除去放电极条的 1 cm）的距离（cm），以 pH 为纵坐标，距负极的距离为横坐标，绘制 pH 梯度曲线。从而可确定未知蛋白质的 pI。此法操作方便，灵敏度高，已成为生化实验室测定蛋白质 pI 最常用的方法。

七、固定，染色，脱色及制干板

小心取下凝胶板放入培养皿中，按表 18.3 步骤操作。

表 18.3　IEF-PAGE 固定，染色，脱色及保存法

步　骤	溶　液	溶液浓度	处理时间
（1）固定	固定液	3.5％磺基水杨酸、35％甲醇和 10％三氯乙酸	4 h 或过夜
（2）清洗	脱色液	25％乙醇、10％乙酸	每次约 20 min，更换脱色液 2 次
（3）染色	染色液	0.1％考马斯亮蓝 R-250、35％甲醇（或乙醇）和 10％乙酸	室温 30 min
（4）脱色	脱色液	25％乙醇、10％乙酸	更换数次或 60 ℃加热脱色，至背景无色
（5）保存	保存液	25％乙醇溶液、5％甘油、10％乙酸	10 min

凝胶干板的制作：将两张玻璃纸用保存液浸透，取其中一张玻璃纸铺平于玻璃板（10 cm×10 cm）上，小心将凝胶板平放在上面，再用另一张玻璃纸将胶板覆盖起来，注意排除玻璃纸与胶板之间的气泡和展平玻璃纸，四周多余的玻璃纸折向玻板背面，置室温下自然干燥 1～2 天。干燥后，取下凝胶干板，剪去四周多余的玻璃纸。此薄板可直接扫描或照相，并可长期保存。

注 意 事 项

（1）选用高纯度的试剂：Acr 及 Bis 中如有丙烯酸，则引起聚焦后 pH 梯度漂移，需进一步纯化。一般用重结晶法，但要注意对 Acr 及 Bis 的防护。Pharmacia 公司推荐用 Amberlite MB-6 除去丙烯酸，在 100 mL 29.1％ Acr-0.9％ Bis 凝胶贮液中，加入 3 g Amberlite MB-6，混合搅拌 1 h，置棕色瓶 4 ℃贮存可稳定 1～3 周。

（2）两性电解质载体的选择：根据被测定物大概的 pH 范围，选择所需要的两性电解质载体。如难于估计，则先用 pH 3～10 的两性电解质载体，再用较窄 pH 范围的两性电解质载体及标准 pI 蛋白质试剂盒，就可精确测定未知样品的 pI。两性电解质载体在凝胶中的终浓度一般为 2%～3%。

两性电解质是等电聚焦电泳的关键试剂，它直接影响凝胶 pH 梯度形成，因此对其质量和浓度都有严格要求。贮存时间过长会分解变质，不能使用。

（3）样品的预处理：盐类干扰 pH 梯度的形成，造成区带扭曲，因此含盐样品应预先透析或用 Sephadex G-25 等脱盐。样品要充分溶解，如有颗粒物存在应离心除去，否则可引起拖尾。在水或低盐浓度中不易溶解的蛋白质可溶于 1% 甘氨酸或 2% 两性电解质载体中。也可在凝胶溶液和样品中加入同样浓度的尿素、无离子去污剂或两性离子去污剂，如 Triton X-100 和 Nonidet P40。一般尿素的终浓度为 6～8 mol/L，含有尿素的样品溶液和凝胶板只能当天使用，以免由于氰酸盐引起蛋白质的氨基甲酰化。

加样量取决于样品中蛋白质的种类和数目以及检测方法的灵敏度，如银染法加样量可减少到 1 μg 左右。一般样品浓度以 0.5～1 mg/mL 蛋白质溶液为宜，最适加样体积约 10～30 μL，如样品较浓，也可将 2～5 μL 样品直接加在凝胶表面。样品可加在凝胶板任何位置，但离开电极条至少 1 cm，以防酸、碱引起样品变性。对某些易失活的样品，应在加样前先进行预电泳，使胶板形成自然 pH 梯度后再加样，缩短电泳时间。

（4）电泳时电流、电压或功率，取决于胶板的面积与厚度。功率不宜过大，并应及时通冷却水，以免热效应高而烧焦超薄凝胶板。电泳时间不要太长，本法以 2 h 左右为宜。

（5）用浸泡法及表面微电极测定凝胶 pH 梯度时，电泳以后不能进行固定，应尽快剪成小块浸泡或用表面微电极及时测定，防止大气中 CO_2 对碱性 pH 的影响，测定凝胶表面 pH 时，两个电极的探针应尽量靠近，以减少由于凝胶导电性不同而造成的误差，同时还应注意温度对 pH 测定的影响。

（6）染色可分为两种类型，一种为特异性染色，如乳酸脱氢酶、磷酸葡萄糖变位酶等可进行底物染色，电泳后凝胶板不能固定，而应直接放在底物染色液中染色；另一种为一般染色法，如对一般蛋白质样品则最好先固定，以除去凝胶中的两性电解质载体，再染色，以防凝胶底色较深而影响分辨率。对某些小肽最好用更敏感的染色法及时观察，以防小肽溶于脱色液中。

（7）使用不同 pH 范围的两性电解质，应选用相应的电极缓冲液。

思　考　题

1. 概述 IEF-PAGE 测定蛋白质 pI 的原理。
2. 总结做好 IEF-PAGE 实验的关键环节。
3. 计算本实验中采用的凝胶浓度、交联度和两性电解质浓度。

参　考　资　料

[1]　张龙翔，吴国利主编.高级生物化学实验选编.北京：高等教育出版社，1989，23～29
[2]　何忠效等.电泳.北京：科学出版社，1990，75～142

［3］　何忠效主编. 生物化学实验技术. 北京：化学工业出版社，2003，185～192

［4］　Andrews A T. Electrophoresis：Theory, Techniques and Biochemical and Clinical Applications，2nd ed. Oxford University Press，1981，182～205

［5］　Pharmacia Fine Chemicals AB. Isoelectric Focusing Principles and Methods. EF Printed in Sweden by Ljunforetagen AB Orebro Sep，1982，1：5～64

［6］　Righetti P G，et al. Isoelectric Focusing, Electrokinetic Separation Methods. New York，Amsterdam，Oxford：Elsevier/North-Holland Biomedical Press，1979，389～433

实验 19　蛋白质及多肽 N-末端氨基酸残基测定
——DNS-Cl 法

目 的 要 求

(1) 掌握 DNS-氨基酸的制备原理和方法。

(2) 学习用 DNS-氨基酸聚酰胺薄膜层析法分离、鉴定蛋白质多肽链 N-末端氨基酸残基。

原　　　理

　　测定多肽链的末端氨基酸残基,可以提供有关蛋白质的纯度、所含多肽链的数目、分子的最低相对分子质量以及分支情况等方面有价值的资料。蛋白质的 N-末端残基测定可通过生成对酸稳定的共价键化合物而引入一个标记基团(通常是有色、有荧光或有紫外吸收的基团)到 N-末端残基的功能基上,然后水解多肽,分离鉴定所释放的 N-末端氨基酸衍生物。目前测定 N-末端残基的方法有三种,见表 19.1。

表 19.1　三种 N-末端分析方法的对比

试　　剂		反 应 产 物	备　　注
名　　称	结 构 式		
氟-2,4-二硝基苯(FDNB) fluoro-2,4-dinitrobenzene	O_2N—〈苯环,NO_2,F〉	黄色二硝基苯的衍生物	N-末端如系亚氨基酸,不宜使用此法
丹磺酰氯(DNS-Cl) (dansyl chloride) 1-dimethylaminonaphthalene- 5-sulfonyl chloride	〈H_3C,CH_3,N,萘环,SO_2Cl〉	强荧光磺酰胺衍生物,灵敏度可达 $0.01\,\mu g$	比上法灵敏 100 倍
异硫氰酸苯酯(PITC) phenylisothiocyanate	〈苯环〉—$N{=}C{=}S$	苯硫氨甲酰基衍生物	简称 PTH(Edman)法,能避免以上两法的缺点,酸水解 N-末端标记产物时,并不破坏其他肽键,可重复应用若干轮。广泛应用于多肽序列分析

本实验选用第二种方法。

荧光试剂二甲氨基萘磺酰氯简称丹磺酰氯(DNS-Cl),在碱性条件下,专一地与氨基酸氨基及多肽、蛋白质肽链 N-末端游离氨基反应,形成 DNS-氨基酸、NDS-肽、DNS-蛋白质。在 6 mol/L HCl,110 ℃水解 16～20 h,它们的肽键被打断。由于 DNS 基团与氨基之间结合牢固,绝大部分 DNS 氨基酸都抗水解,例外的有:DNS-Trp 全部被破坏,DNS-Pro(77%)、DNS-Ser(35%)、DNS-Gly(18%)、DNS-Ala(7%)部分被破坏。所有的 DNS-氨基酸在 UV(365 nm)照射下都有强烈的荧光,可利用这种性质鉴定它们。

检测灵敏度可达 10^{-9}～10^{-10} mol。反应过程如下:

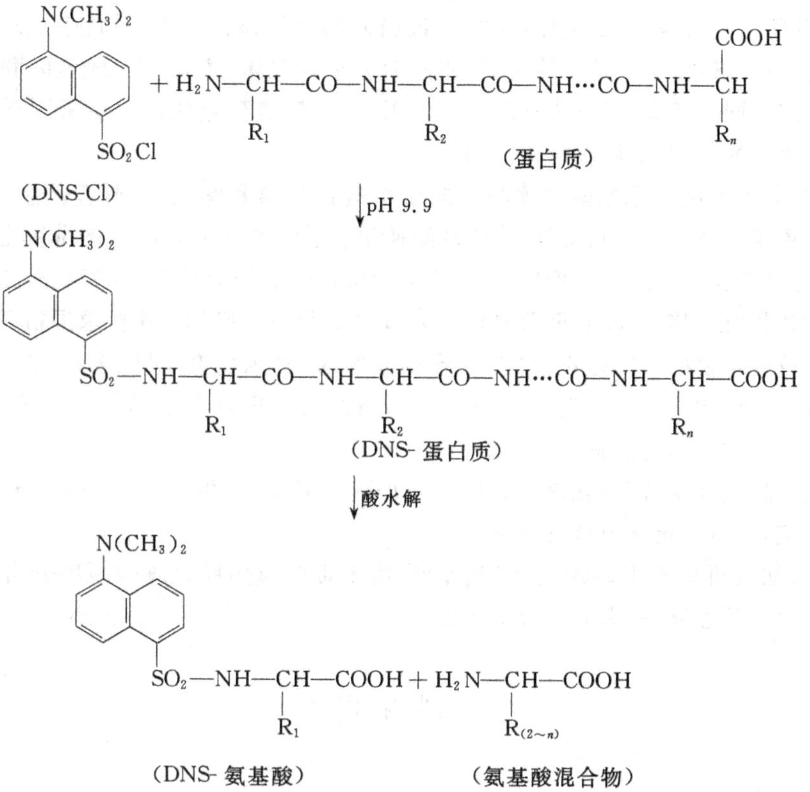

在 pH 10 左右的碱性条件下,各种氨基酸都可与 DNS-Cl 反应,形成各种 DNS-氨基酸。在有过量 DNS-Cl 存在下,有副产物 DNS-NH₂ 形成。

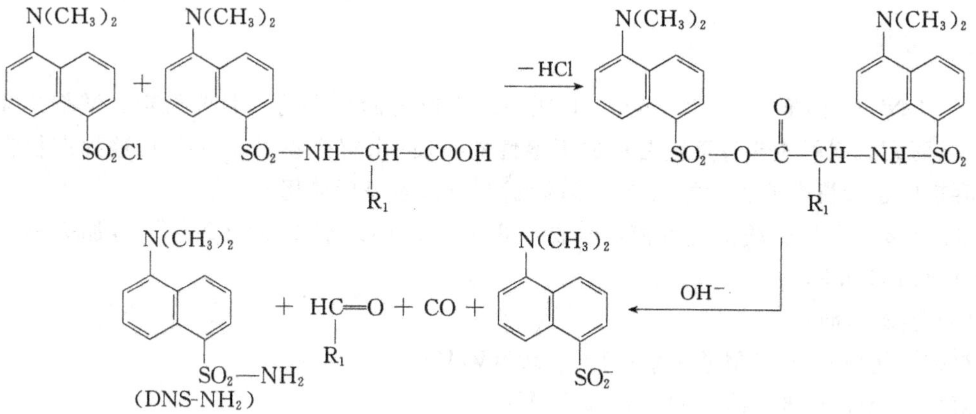

在 pH 过高的情况下,DNS-Cl 水解,出现副产物 DNS-OH:

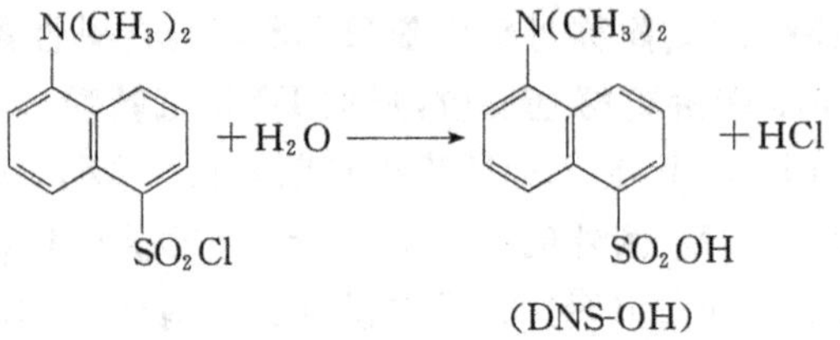

DNS-氨基酸呈现黄绿色荧光,而 DNS-NH$_2$ 和 DNS-OH 在 UV 照射下分别产生黄色和蓝色荧光,可彼此区别开。

DNS-Cl 除了与 α-氨基反应外,还能与蛋白质的侧链基团巯基、咪唑基、ε-氨基和酚基反应。但前两者在酸碱条件下均不稳定,酸水解时完全被破坏,而 DNS-ε-赖氨酸和 DNS-O-酪氨酸则比较稳定。同时还有 DNS-双-赖氨酸和 DNS-双-酪氨酸生成。在层析图谱的位点上,它们都可以与普通的 DNS-α-氨基酸相区别。

各种 DNS-氨基酸可用聚酰胺薄膜双向层析进行分离和鉴定(聚酰胺薄膜层析的原理参阅上篇第六章第一节)。0.01 μg DNS-氨基酸便很容易地在 5 cm×5 cm 的薄膜上被检测出来。DNS-氨基酸的鉴定方法:一是可将 DNS-氨基酸层析图谱与标准 DNS-氨基酸图谱进行比较,有时还需计算相对迁移率(R_f),即可鉴定出氨基酸的种类。但此方法要求层析条件完全一致,才能使图谱符合得很好。二是在鉴定 DNS-氨基酸时,加入已知 DNS-氨基酸一起层析,将层析图谱与未加入已知 DNS-氨基酸的图谱比较,根据荧光斑点颜色的加强和是否出现新的斑点,鉴定出未知氨基酸,此法称为内标法。

若将蛋白质经酸水解后,在碱性条件下与丹磺酰氯反应,生成各种 DNS-氨基酸。用上述方法加以鉴定,即可确定其氨基酸组成。

DNS-Cl 法也可以与 Edman 法结合起来,用于蛋白质多肽氨基酸顺序分析,提高 Edman 法的灵敏度及分析速率,称 Edman-DNS 法。

试 剂 和 器 材

一、测试样品

胰岛素溶液(2 mmol/L):以 0.2 mol/L 碳酸钠缓冲液作溶剂。

二、试剂

(1) DNS-Cl 丙酮溶液:2.5 mg/mL 在 -20 ℃暗处封口保持数月皆稳定。试剂是完全可溶的,但商品试剂可能含有某些白色的不溶性的物质(水解产物 DNS-OH),这种产物在试剂的贮存期间也会慢慢形成。如果有较多的沉淀,可以过滤后使用。

(2) 0.2 mol/L 碳酸钠缓冲液:称取 0.84 g NaHCO$_3$ 和 2.84 g Na$_2$CO$_3$,加去离子水至 100 mL 调 pH 9.9。

(3) 展层溶剂:

溶剂系统(1):88%甲酸:水=1.5:100(V/V);

溶剂系统(2):苯:冰乙酸=9:1(V/V);

溶剂系统(3)：乙酸乙酯：甲醇：冰乙酸＝20：1：1(V/V/V)；

溶剂系统(4)：0.05 mol/L 磷酸三钠：乙醇＝3：1(V/V)。

(4) 氨基酸标准液(2 mmol/L)：

● 甘氨酸标准液(0.15 mg/mL)、苯丙氨酸标准液(0.33 mg/mL)、酪氨酸标准液(0.36 mg/mL)分别用 0.2 mol/L 碳酸钠缓冲液配制。

● 19 种标准氨基酸混合溶液(约 2 mmol/L)：取各种氨基酸约 0.5 mg 溶于 0.2 mol/L 碳酸钠缓冲液 1 mL。

6 mol/L HCl,88％甲酸,冰乙酸,苯等(均为分析纯)。

三、器材

聚酰胺薄膜(浙江黄岩化学实验厂产品)、小干燥器或小钟罩,真空泵,毛细管,水解管(硬质玻璃),烘箱,紫外分析仪(360 nm 或 280 nm),微量注射器,具塞磨口小试管(1 mL 以下),小培养皿(直径 5 cm),小烧杯(5～10 mL)。

操 作 方 法

一、胰岛素 N-末端的 DNS 化

取 30 μL 胰岛素溶液置水解管中,加入 30 μL DNS-Cl 丙酮溶液,用塑料布封口,37 ℃保温 1 h。反应完毕后,真空泵抽去丙酮后加入 100 μL 6 mol/L HCl,使 HCl 的终浓度为 6 mol/L。水解管在抽真空情况下,用煤气灯封口,置 110 ℃恒温箱保温 16～18 h。水解完成后,开管,将水解管置于沸水浴上用真空泵抽去 HCl,直至 HCl 完全挥发干净。再加2～3 滴去离子水溶解,水浴蒸干,重复 2～3 次,以除尽 HCl。最后加 1～2 滴丙酮,溶解样品。

按下面所述的层析方法,得到相应的多肽或蛋白质的 N-末端氨基酸 DNS 化产物的层析图谱,由此鉴定出它们的 N-末端氨基酸。

二、标准氨基酸 DNS 化

取 30 μL 标准氨基酸溶液置具塞磨口小试管中,加入 30 μL DNS-Cl 丙酮溶液,塞紧摇匀,置 37 ℃保温 1 h。反应要求的终浓度是：氨基酸 1 mmol/L,DNS-Cl 5 mmol/L,50％丙酮,pH 9.9。反应完成后,放暗处保存。按下面所述的层析方法层析。

三、DNS-氨基酸的聚酰胺薄膜层析

1. 聚酰胺薄膜的选择
DNS-氨基酸的双向层析鉴定,选用 7 cm×7cm 的薄膜比较合适。薄膜应选用质地均匀的。

2. 点样
用一端平齐的毛细管取样点在左下角距两边各为 1 cm 处,点子直径不超过 2mm,若需多次点样,应在第一次样品吹干后再点第二次。用炭画铅笔或软铅笔在薄膜的水平方向作展层第 Ⅰ 相的记号 Ⅰ ,再在垂直方向作展层第 Ⅱ 相的记号 Ⅱ 。

3. 展层
准备两个小干燥器(小钟罩),再准备两个小培养皿和两个小烧杯(5～10 mL),分别放入

两个干燥器内(分别做 I 、II 相层析),调水平。向每个小烧杯中倒入约 6 mL 的展层溶剂,将容器密闭,使溶剂蒸气在容器内达到饱和。将点好样品的聚酰胺薄膜 I 方向朝上(即样品原点在右下角),光面朝外,套入废胶卷(须洗去药膜)做成的圆筒内(图19.1)或用橡皮筋扎成筒状。打开密闭容器,向培养皿中倒入约 6 mL 展层溶剂使其厚度不超过 3 mm,将薄膜垂直放入盛溶剂系统(1)的小培养皿内,溶剂即沿薄膜向上移动,盖上容器盖子,使其进行层析。待溶剂前沿距顶端约 0.5 cm 时,即停止层析。取出薄膜,用吹风机使薄膜充分吹干,约需 10 min 左右,将薄膜顺时针转 90°改换成 II 的方向向上(即样品原点转到左下角),在溶剂系统(2)中继续进行第 II 相层析。如果在溶剂系统(3)和(4)中进行层析,方法同上。

本实验每组可以做四张聚酰胺薄膜的双相层析。

第 1 张:19 种标准氨基酸 DNS 样品。

第 2 张:三种标准氨基酸(Gly,Phe,Tyr)DNS 化样品(见图 19.2)。

第 3 张:胰岛素 DNS 化样品。

第 4 张:胰岛素 DNS 化样品加上标准 Phe 和 Gly 的 DNS 化样品。即在胰岛素 DNS 化样品点样后,吹干,在此位置上,重叠点上 Phe 和 Gly 的 DNS 化样品。

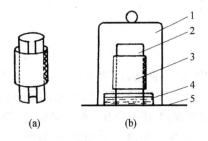

图 19.1 聚酰胺薄膜层析装置

(a) 聚酰胺薄膜和胶片圆筒;(b)层析装置

1. 钟罩;2. 聚酰胺薄膜;3. 胶片圆筒;

4. 培养皿;5. 水平玻璃

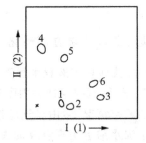

图 19.2 三种标准氨基酸 DNS 化
产物的层析图谱

1. DNS-α-Tyr;2. DNS-OH;3. DNS-O-Tyr;

4. DNS-bis-Tyr;5. DNS-Phe;6. DNS-Gly

四、层析图谱的观察和绘制

将吹干后的薄膜在紫外灯下观察,用铅笔圈出 DNS 化氨基酸所显示出的荧光斑点,对上面四张图谱进行对比确定出胰岛素的 N-末端氨基酸。

附注:

(1) 为了有效地标记氨基酸,需要用 DNS-Cl 试剂的浓度为 5 mmol/L。当样品量很少时,反应混合物的体积应相应地减少,以保持样品浓度大约 1 mmol/L。反应结束时,混合物中会含有较多的 DNS-OH。最好是将这种副产物除去后,再水解 DNS-肽(DNS-氨基酸在 pH 2~3 酸性条件下,用乙酸乙酯抽提,DNS-OH 留在水相,乙酸乙酯抽提液用于 DNS-氨基酸鉴定)。接着通过纸层析、薄层层析或纸电泳等方法鉴定水解物中的 DNS-氨基酸。但当 DNS 化反应在 nmol 水平下进行时,就没有必要将它除去了。DNS-Cl 试剂一般都是丙酮溶液,保存在棕色瓶中置避光处以防止分解。反应液要求丙酮浓度 50%,pH 9.9,以保证游离氨基等功能基团非质子化。

（2）DNS 分析法也可以用来测定多肽或蛋白质的氨基酸组成，但是作定量测定还有一定困难。在作蛋白质的氨基酸组成测定时，需先用酸将它们水解成单个的游离氨基酸，然后在合适的条件下进行 DNS 化反应，最后再对它们进行分析鉴定。如胰岛素氨基酸组成分析见图19.3。

（3）经溶剂系统（1）和（2）双向层析后，绝大多数 DNS-氨基酸都可以分离，见图 19.4（a）。但 DNS-Asp 与 DNS-Glu，DNS-Ser 与 DNS-Thr，DNS-Arg 与 DSN-His 及 DSN-α，ε-Lys 的分离可能是不完全的，DSN-Ala 与 DNS-NH₂ 有时也会重叠在一起，为使这些 DNS-氨基酸进一步分离，可在第 Ⅱ 相展层后，用溶剂系统（3）以同一方向再展层一次，只走 1/2 距离，见图19.4（b）。通过 3 次展层，有时 α-His 与 α,ε-Lys、Arg 还可能分离得不完全，还需要用溶剂系统（4）在第 Ⅱ 相方向上再展层一次，见图 19.5。

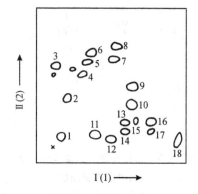

图 19.3　DNS 法测定猪胰岛素氨基酸组成的双向层析图谱

1. DNS-bis-Cys；2. DNS-bis-Lys ；3. DNS-bis-Tyr；4. DNS- Phe；5. DNS-Leu；6. DNS-Ile；7. DNS-Val；8. DNS-Pro；9. DNS-Ala；10. DNS-Gly；11. DNS-α-Tyr；12. DNS-OH；13. DNS-Glu；14. DNS-Asp；15. DNS-O-Tyr；16. DNS-Thr ；17. DNS-Ser；18. DNS-His,Arg,Lys

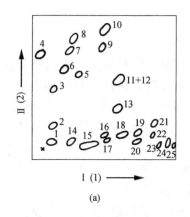

(a)

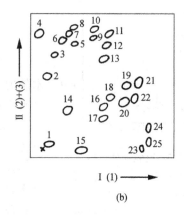

(b)

图 19.4　DNS-混合标准氨基酸层析图谱

（a）溶剂系统（1）和（2）；（b）溶剂系统（1）和（2）＋（3）

1. DNS-bis-Cys；2. DNS-Trp；3. DNS-bis-Lys；4. DNS-bis-Tyr；5. DNS-Met；6. DNS-Phe；

7. DNS-Leu；8. DNS-Ile；9. DNS-Val；10. DNS-Pro；11. DNS-NH₂；12. DNS-Ala；13. DNS-Gly；

14. DNS-α-Tyr；15. DNS-OH；16. DNS-Glu；17. DNS-Asp；18. DNS-O-Tyr；19. DNS-Thr；

20. DNS-Ser；21. DNS-Gln；22. DNS-Asn；23. DNS-Arg；24. DNS-His；25. DNS-α,ε-Lys

（4）从胰岛素 N-末端 DNS 化层析图谱（图 19.6）可以看出胰岛素有两种 N-末端氨基酸，即 Gly 和 Phe，同时至少还含有两种非 N-末端氨基酸，即 Tyr 和 Lys。

（5）酪氨酸在 DNS 化时，一般都可以得到三种 DNS 化产物。DNS-α-Tyr 通常为黄绿色，与一般 DNS-氨基酸的荧光颜色差不多，而 DNS-O-Tyr 和 DNS-bis-Tyr 皆带有亮黄色荧光，并且这三种 DNS 化产物在层析图谱中分离得比较开，见图 19.7。

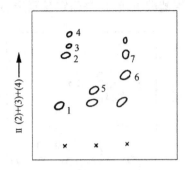

图 19.5 三种碱性氨基酸 DNS 化产物
的单向层析图谱

1. DNS-OH；2. DNS-α-His；

3. DNS-ε-His；4. DNS-bis-His；

5. DNS-Arg；6. DNS-α, ε-Lys；

7. DNS-bis-Lys

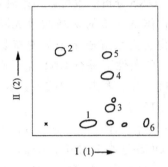

图 19.6 DNS 法测定猪胰岛素 N-末端
氨基酸的双向层析图谱

1. DNS-OH；2. DNS-Phe；

3. DNS-O-Tyr；4. DNS-Gly；

5. DNS-NH$_2$；6. DNS-ε-Lys

(6)聚酰胺薄膜可以反复使用。层析后的薄膜可用丙酮和浓氨水(25％～28％)配成 9：1 (V/V)混合液,或丙酮和 90％甲酸(9：1,V/V)混合液浸泡 6 h,把污物洗去,再用甲醇洗净,晾干后可重复使用。

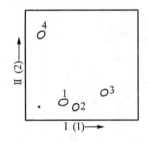

图 19.7 酪氨酸的三种
DNS 化产物层析图谱

1. DNS-α-Tyr；2. DNS-OH；

3. DNS-O-Tyr；4. DNS-bis-Tyr

注意事项

(1) HCl 水解前一定要抽真空或充氮封管,防止高温水解时氧化破坏氨基酸。样品水解必须完全。水解后,样品管中的 HCl 必须尽可能除尽,否则将影响点样及层析。

(2) 点样用毛细管,管口要用砂纸或砂轮磨平,以避免点样时损坏薄膜。点样斑点直径以 1～2 mm 为宜,点样后用冷风吹干,再继续点样,直至点样量满足要求。即在 UV 灯下,可见明显黄色荧光斑点。

(3) 溶剂系统(2)层析前,务必将薄膜充分吹干,否则在 Ⅱ 相层析时溶剂走不动,分离效果不好。

(4)层析所用器材必须干燥,溶剂系统配制要正确。每次展层的温度、时间、展层剂的浓度要保持一致。

(5)第 Ⅰ 相层析后,可在 UV 灯下检查分离效果,但动作要快,避免生成 DNS-磺酸型副产物,后者可导致层析斑点在溶剂系统(2)和(3)中推不动。

思 考 题

1. 简要对比三种蛋白质 N-末端测定法的优、缺点。

2. 测定蛋白质的 N-末端与测定蛋白质的氨基酸组成成分的操作步骤有何不同？为

什么?

　　3. 结合本人实验体会,总结做好本实验的关键环节。

参 考 资 料

[1]　张龙翔,张庭芳,李令媛主编. 生物化学实验方法和技术,第二版. 北京:高等教育出版社,1997,60~66

[2]　陈远聪等. 聚酰胺薄膜层析及其用于蛋白质化学分析. 生物化学与生物物理进展,1975,1:38~40

[3]　徐秀璋. 蛋白质顺序分析技术. 北京:科学出版社,1988,95~97

[4]　陶慰孙,李惟,姜涌明主编. 蛋白质分子基础,第二版. 北京:高等教育出版社,1995,92~96

[5]　Stenesh J. Experimental Biochemistry. US, Boston：Allyn & Bacon Inc, 1984,110~120

[6]　Holme D J and Peck H. Analytical Biochemistry. UK, London：Longman Group Limited, 1983,363~366

[7]　Boyer R F. Modern Experimental Biochemistry, 3rd ed. Boston, New York：Addison Wesley Longman, 2000,238~239

实验 20　蛋白质印迹法

§20.1　转移硝酸纤维素膜(NC 膜)方法

目 的 要 求

(1) 学习有关蛋白质印迹法的原理。
(2) 掌握蛋白质印迹法的操作方法。

原　　理

有关蛋白质印迹法(Western blotting)的原理见本书上篇第十一章第四节。

蛋白质印迹法将高分辨率的电泳技术与灵敏、专一的免疫探测技术结合起来,用针对蛋白质特定氨基酸序列的特异性试剂作为探针进行检测,用于对复杂的混合样品中某些特定蛋白质的鉴别和定量。当蛋白质转移到固定化膜上后,蛋白质分子比在凝胶中容易接近探针且接触机会相同,在探测过程中蛋白质条带不会扩散,操作简便,试剂用量少,便于对蛋白质进行各种分析,中等大小蛋白质的最小检测量为 $1 \sim 5\,ng$。

蛋白质印迹实验一般包括以下几个步骤:

(1) 蛋白质凝胶电泳:蛋白质样品通过凝胶电泳将各组分分离。蛋白质电泳一般采用 SDS-聚丙烯酰胺凝胶电泳,也有用尿素-聚丙烯酰胺凝胶电泳和常规聚丙烯酰胺凝胶电泳。

(2) 蛋白质转移:实验室广泛使用 Towbin H. 的电泳印迹方法,即选择合适的转移缓冲液,使蛋白质有最大的可溶性和转移速度,在直流电场中将凝胶中带负电荷的蛋白质分子转移到固相纸膜上,又称电泳转移,保持了凝胶电泳的分辨率。

(3) 封闭:电泳转移后,用非特异性、非反应活性分子封闭固定基质上未吸附蛋白质的区域,以保证在检测过程中特异性探针只与固相纸膜上的蛋白质反应,以减少免疫探针的非特异性结合,降低检测时的非特异性结合产生的背景。

(4) 免疫检测:对于蛋白质,通常使用的探针是抗体,它与附着于固相纸膜上的靶蛋白发生特异性反应,这种用抗体制作探针的印迹方法称为免疫印迹,是高灵敏度和特异性的免疫检测手段,一般采用间接检测法,用探针特异性地检出固相纸膜上的靶蛋白,然后用标记在探针上的报告基团检测靶蛋白。常用的检测系统有放射性同位素、酶、荧光素等,通过放射自显影或显色反应检测抗原-抗体复合物,从而达到对蛋白质进行特异性检测和鉴别的目的。

试 剂 和 器 材

一、试剂

1. 兔抗鸡卵清清蛋白血清的实验材料和试剂

鸡卵清清蛋白、家兔,其他有关试剂参阅实验 §44.1。

2. SDS-聚丙烯酰胺凝胶电泳的试剂

同实验 §17.1。

3. 蛋白质印迹的试剂

(1) 转移缓冲液:25 mmol/L Tris,192 mmol/L Gly,20%甲醇,pH 8.3。

(2) TBS:20 mmol/L Tris-HCl,150 mmol/L NaCl,pH 7.5。

(3) TTBS:含 0.05%Tween-20 的 TBS。

(4)封闭液:含 1%牛血清清蛋白的 TTBS。

(5) 10%抗体溶液:兔抗鸡卵清清蛋白血清用封闭液 10 倍稀释。

(6) 10%兔血清溶液:兔血清用封闭液 10 倍稀释。

(7)酶标抗体溶液:辣根过氧化物酶标记的羊抗兔 IgG(IgG-HRP),使用前用封闭液 1:500 稀释。

(8) 辣根过氧化物酶底物溶液:

溶液 Ⅰ:10 mmol/L Tris-HCl (pH 7.6)。

溶液 Ⅱ:0.3% $NiCl_2$。

底物溶液临用前需新鲜配制,取 9 mL 溶液 Ⅰ,溶解 6 mg 3,3'-二氨基联苯胺盐酸盐(DAB),再加入 1 mL 溶液 Ⅱ,滤纸过滤后加入 10 μL 30% H_2O_2,混匀后立即使用。

二、器材

垂直电转移槽(Pharmacia 公司),硝酸纤维素膜(NC 膜,Amersham 公司),普通滤纸,玻璃平皿(直径 9 cm),剪刀,镊子,手套。制备抗血清和 SDS-聚丙烯酰胺凝胶电泳的器材同实验 §44.1 和实验 §17.1。

操 作 方 法

一、制备兔抗鸡卵清清蛋白抗血清

用鸡卵清清蛋白免疫家兔,制备抗血清。具体操作参阅实验 §44.1。

二、SDS-聚丙烯酰胺凝胶电泳

采用不连续 SDS-聚丙烯酰胺凝胶电泳系统,12%分离胶,5%浓缩胶,操作见实验 §17.1。加样时将标准蛋白质加在凝胶靠边一侧,其他加样槽均加入鸡卵清清蛋白。电泳后将凝胶上标准蛋白质的泳道切下,用考马斯亮蓝进行染色,另一半凝胶进行转膜,最后可用铅笔将标准蛋白质的位置标记在膜上,或者在相同的实验条件下同时走两块凝胶,一块用于转膜,另一块用于考马斯亮蓝染色(包含标准蛋白质),与转移结果相对照。

三、蛋白质转移

(1)制作转移单元的准备:剪一张硝酸纤维素膜,大小与分离胶尺寸相同,用软铅笔在膜一角作好标记,将其放在转移缓冲液中 15 min,使其润湿直至没有气泡。剪四张滤纸,大小与分离胶尺寸相同,将其在转移缓冲液中充分润湿。两块多孔垫料在转移缓冲液中充分润湿。取出电泳后的凝胶,切去浓缩胶,分离胶用转移缓冲液很快地洗涤。

(2)制作转移单元:打开有孔转移框架,从下向上按照以下顺序依次放入多孔垫料(fiber pad)、两张滤纸、凝胶、硝酸纤维素膜、两张滤纸、多孔垫料,将凝胶的左下角置于膜的标记角上,注意滤纸、凝胶和膜各层精确对齐且各层之间不留气泡,小心地合上有孔转移框架,见图20.1(a)。

(3)电泳转移:将夹心式转移单元垂直固定在装有转移缓冲液的垂直转移槽中,凝胶一侧朝向负极,硝酸纤维素膜一侧朝向正极,见图 20.1(b)。倒入缓冲液并浸没转移单元,见图20.1(c)。插上电极,电泳仪调至 50 mA,转移过夜,见图 20.1(d)。转移结束后,可以将凝胶进行考马斯亮蓝染色,以便检查蛋白质转移是否完全。

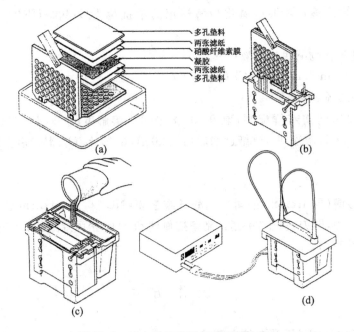

多孔垫料
两张滤纸
硝酸纤维素膜
凝胶
两张滤纸
多孔垫料

(a)　　　　(b)

(c)　　　　(d)

图 20.1 蛋白质转移装置及设置方法

(本图由 Bio-Rad 公司提供)

四、电泳印迹膜的处理

(1)封闭硝酸纤维素膜上的自由结合位点:转移结束后,打开转移框架,取出硝酸纤维素膜,放在小平皿中,注意结合蛋白质的膜面朝上,用 TBS 缓冲液洗膜 5 min,弃去 TBS,加入 10 mL 封闭液,在平缓摇动的摇床上于室温温育 1 h。

（2）第一抗体的免疫结合反应：将膜剪成两部分（均有鸡卵清清蛋白样品），分别放在两个小平皿中，一个平皿加入 10 mL 10％抗体溶液，另一个加入 10 mL 10％兔血清溶液，作为阴性对照，在平缓摇动的摇床上于室温温育 1～2 h。弃去第一抗体溶液，用 TTBS 洗膜 4 次，每次 5 min，置摇床上轻轻摇动。

（3）第二抗体的免疫结合反应：将膜放入 10 mL 酶标抗体溶液中，在平缓摇动的摇床上于室温温育 1～2 h。弃去第二抗体溶液，用 TTBS 洗膜 4 次，每次 5 min，置摇床上轻轻摇动，最后用 TBS 淋洗以除去 Tween-20。

（4）显色：将膜放入 10 mL 底物溶液中，室温下轻轻摇动，仔细观察显色过程，待特异性蛋白质条带颜色清晰可见时，立即用去离子水漂洗膜，以终止反应。膜晾干后在室温下避光保存。

注 意 事 项

（1）制作转移单元时各步操作均需戴手套，不能用手直接接触凝胶、硝酸纤维素膜和滤纸，以防止手上的油脂和分泌物阻止蛋白质的转移。

（2）硝酸纤维素膜和滤纸的大小应与凝胶大小完全相同，不可切去凝胶一角作标记。如果膜和滤纸大于凝胶或凝胶破损，则会造成电流短路，而使蛋白质不能从凝胶向膜转移。转移单元每层之间要避免气泡，确保电流均匀通过凝胶。

（3）电泳转移前转移缓冲液应预冷，转移过程中转移槽通冷却水或放在冷环境中。

（4）电转移采用低电压高电流直流电源，一般选择转移电流为 $0.8 \, mA/cm^2$，转移 3 h 或过夜，对于相对分子质量大的蛋白质（大于 100 000）必须延长转移时间并且增大电场强度。

（5）膜在底物溶液中显色时间过长，背景颜色会加深，所以一观察到特异的蛋白质条带，应立即用去离子水漂洗以终止反应。

思 考 题

1. 除免疫学检测法外，NC 膜上的蛋白质还可能有哪些检测方法？免疫学检测法有何优点？
2. 试根据蛋白质印迹法原理和操作，设计 DNA 印迹法的简要操作步骤。

参 考 资 料

[1] 萨姆布鲁克 J，弗里奇 E F，曼尼阿蒂斯 T 著；金冬雁，黎孟枫等译. 分子克隆实验指南，第二版. 北京：科学出版社，1998，888～898

[2] 郝福英，朱玉贤，朱圣庚，李云兰，周先碗，李茹编著. 分子生物学实验技术. 北京：北京大学出版社，1998，110～113

[3] Bers G, Garfin D. Protein and Nucleic Acid Blotting and Immunobiochemical Detection. Biotechniques, 1985,3:276～288

[4] Gershoui J M, Plalade G M. Protein Blotting: Principles and Applications. Anal Biochem, 1983,131:1～15

§20.2　转移聚偏二氟乙烯膜(PVDF膜)方法

目 的 要 求

(1) 通过实验了解 PVDF 膜在电印迹法中的应用。

(2) 进一步熟悉 SDS-PAGE 及电转移方法。

原　　理

遗传工程是依据生物化学理论发展起来的一门新型学科。在基因表达工作中,后续的工作十分重要,如果是一个已知蛋白,表达后首先要鉴定所表达的蛋白质。鉴定蛋白质的方法很多,常用的是蛋白质印迹法(Western blotting),它是将电泳后的蛋白条带转移到硝酸纤维素薄膜(NC膜)上,用免疫反应及显色系统分析,方法本身虽然简单,但预先必须制备特定的抗体。

这里介绍的蛋白质印迹法是用聚偏二氟乙烯膜(polyvinylidene difluoride,PVDF),电泳后的蛋白质条带直接电转移到该膜上,然后从膜上取下所需蛋白质条带直接用于总氨基酸组成及 N-末端氨基酸序列分析,用以鉴定所表达的蛋白质。

利用此方法,蛋白质无需纯化到电泳纯,因此为蛋白质的鉴定带来更简便、快速、准确可靠的实验依据。这里重点叙述电转移方法,关于蛋白质的 SDS-聚丙烯酰胺凝胶电泳原理和方法请参阅下篇实验17。

试 剂 和 器 材

一、试剂

(1) 10×环己胺丙烷磺酸缓冲液(cyclohexylamine propane-sulfonic acid,CAPS):溶解 22.13 g 的 CAPS 在 900 mL 去离子水中,用 2 mol/L 的 NaOH 调 pH 至 11(大约加 20 mL),最后加去离子水至 1 L,贮存于 4 ℃备用。

(2) 电印迹缓冲液(electroblotting buffer):200 mL 10×CAPS 缓冲液,加 200 mL 甲醇溶液,再加 1600 mL 去离子水。

(3) 染色液:0.1%考马斯亮蓝 R-250-40%甲醇-1%乙酸溶液。

(4) 脱色液:10%乙酸-50%甲醇溶液。

二、器材

PVDF 薄膜(Bio-Rad 公司),Whatman 3 mm 滤纸,蛋白质电转移槽一套,电泳仪。

操 作 方 法

一、PVDF 膜和 SDS-聚丙烯酰胺凝胶的准备

（1）裁剪一块与电泳胶同样大小的 PVDF 膜,浸没在 100％甲醇液中 2～3 min,取出后浸没在水中 2～3 min,再转移到电印迹缓冲液中浸没 15 min。

（2）同样将电泳后的 SDS-聚丙烯酰胺凝胶膜(电泳方法同本实验§20.1,但不染色)转移到电印迹缓冲液中浸没 5 min。

二、电转移夹心饼的准备

打开转移槽的胶板依次放入:

（1）电印迹缓冲液浸湿后的海绵。

（2）电印迹缓冲液浸湿后的 Whatman 3 mm 滤纸。

（3）电泳后的凝胶膜。

（4）PVDF 膜。

（5）电印迹缓冲液浸湿后的 Whatman 3 mm 滤纸。

（6）电印迹缓冲液浸湿后的海绵。

即做成转移印迹夹心饼(transblotting sandwich),注意在做每一层时都要用玻璃棒抹去所有的气泡。

小心合上转移槽的胶板,并立即放入转移槽中,向槽内倒入电印迹缓冲液,浸没过转移胶板。

三、电转移

电印迹在恒压 50 V 进行,室温下约 1 h,注意凝胶的一侧接负极,PVDF 膜一侧接正极。

四、印迹后 PVDF 膜的处理

（1）转移结束后,取出 PVDF 膜在水中漂洗 2～3 次,然后浸没在 100％甲醇溶液中几秒钟。

（2）染色,用考马斯亮蓝染色液染色 1 min。

（3）脱色,用脱色液反复脱色。

（4）用水漂洗膜,然后用冷风吹干。

（5）切下所需测定的蛋白质条带,作 N-末端氨基酸序列分析或总氨基酸组成分析。

注 意 事 项

（1）实验的关键在于蛋白质 SDS-聚丙烯酰胺电泳的结果,要求电泳所得到的蛋白质条带清晰,尤其是所测的条带要清楚,与邻近条带要分开。电印迹中凝胶膜不染色,为了确定电泳结果的好坏,可以同时做两块凝胶膜,一块用于电转移,另一块电泳后直接染色,这样便于发现实验中的问题。

（2）电转移的时间一定要控制在正好绝大部分条带从凝胶转移到 PVDF 膜上。

（3）从 PVDF 膜上切割所需蛋白质条带时，注意不要掺入邻近的杂蛋白条带，否则将会影响后面的分析结果。

思 考 题

1. 本实验的实际应用是什么？
2. 做好本实验的关键在哪里？

参 考 资 料

[1] Wong S W, Syvaoja J, Tan C K, Downey K M, So A G, Linn S, Wang T S F. DNA Polymerase α and δ are Immunologically and Structurally Distinct. The Journal of Biological Chemistry, 1989, 264(10): 5924~5928

[2] Ochiai S K, Katagiri Y U, Ochiai H. Analysis of N-linked Oligosaccharide Chains of Glycoproteins on Nitrocellulose Sheets Using Lectin-peroxidase Reagents. Analytical Biochemistry, 1985, 147: 222~229

实验 21 血红蛋白脱辅基和重组

目 的 要 求

(1) 通过血红蛋白脱辅基及重组的实验,了解结合蛋白的变性与变性条件下的行为,从而对结合蛋白中辅基的作用有更深的认识。

(2) 学习一种无机生化研究中常用的为金属酶和蛋白质脱辅基和重组的方法。

(3) 学会使用分光光度计进行快速波长扫描的操作。

原 理

血红蛋白(hemoglobin,简写 Hb)存在于人和脊椎动物的红细胞中,是 O_2 和 CO_2 的运载工具。它是由二价铁[Fe(Ⅱ)]血红素作为辅基与多肽链结合组成的一种结合蛋白,该蛋白是由四个亚基组成的四聚体,相对分子质量大约为 65 000。四个亚基中,两个亚基具有相同的氨基酸序列,称为 α-亚基,每条链含 141 个氨基酸;另外两个氨基酸序列相同的亚基,称为 β-亚基,各含 146 个氨基酸。两种亚基有其各自的二级、三级空间结构,亚基之间以非共价键结合在一起。每个亚基中均含有一个血红素辅基,血红素即铁原卟啉 Ⅸ,分子内它处于一个疏水环境,此疏水环境对血红蛋白的可逆载氧功能起着非常重要的作用。Fe(Ⅱ)在血红蛋白中始终是以 +2 价还原态存在的,若被氧化成 Fe(Ⅲ),则称为高铁血红蛋白(ferrihemoglobin),也就失去了可逆载氧功能。

血红素辅基与蛋白质均以非共价键相连,其中包括 Fe(Ⅱ)与近侧组氨酸 F8His(α 链中第 87 位或 β 链中第 92 位)ε-N 上的配位键、卟啉环侧链丙酸阴离子与蛋白氨基酸侧链之间的盐桥,以及卟啉环中乙烯基与蛋白的疏水相互作用。在酸性条件下,由于蛋白的变性而使这些作用变得很弱,以至于高铁血红素可以从血红蛋白的疏水区中游离出来。利用高铁血红素(ferriheme)在丁酮中的溶解度大大高于它在水溶液中的溶解度的性质,用多次丁酮萃取的方法将血红素与蛋白分离。分离得到的脱辅基血红蛋白(ApoHb)可以用金属卟啉化合物(例如高铁血红素、钴卟啉、铜卟啉等)进行重组,生成各种不同金属卟啉的血红蛋白。

由于高铁血红蛋白的紫外可见吸收光谱中,在 405 nm 处有很强的特征吸收峰,而脱辅基血红蛋白只在 280 nm 处有蛋白的特征吸收峰。当将高铁血红素加入 ApoHb 溶液中后,重组成功的高铁血红蛋白又会在 405 nm 处出现它的特征吸收峰,因而血红蛋白的脱辅基与重组试验均可用紫外-可见分光光度计进行检测。

试 剂 与 器 材

一、试剂

(1) 0.1 mol/L 磷酸缓冲液(pH 7.0):称 $K_2HPO_4 \cdot 3H_2O$ 11.4 g 和 KH_2PO_4 6.8 g,加去

离子水至 1000 mL。

(2) 10 mmol/L 磷酸缓冲液(pH 7.0)：用 0.1 mol/L 磷酸缓冲液稀释。

(3) 5 mg/mL 氯高铁血红素(hemin，$C_{34}H_{32}FeN_4O_4Cl$，$M_r = 651.5$)：用 0.1 mol/L NaOH 溶液配制，避光保存，新配制。

10 mmol/L $NaHCO_3$($M_r=84$)溶液，10 mg/mL $K_3Fe(CN)_6$($M_r=329.26$)溶液，1 mol/L HCl，0.1 mol/L HCl，1 mol/L NaOH，0.1 mol/L NaOH，丁酮，Sephadex G-25，0.9% NaCl 溶液，9% NaCl 溶液，甲苯，2.5%柠檬酸三钠或草酸钾。

二、器材

透析袋，具塞试管(10 mL)，5，10 mL 烧杯各一个，小离心管 2 支，层析柱(1.8 cm×22 cm)，紫外-可见分光光度计，冰浴锅，精密 pH 试纸，高速冷冻离心机，微量注射器(100 μL)。

操 作 方 法

一、氧合血红蛋白的制备

取未溶血的动物(兔)的血 200 mL，迅速加入抗凝剂 2.5%草酸钾或柠檬酸三钠 20 mL，用高速冷冻离心机 4000 r/min 离心 10 min。取下层血球加 4 倍体积的 0.9% NaCl 洗血球，再用 4000 r/min 离心 10 min，如此重复 2～3 次，取下层血球，按 1∶1(V/V)体积比加甲苯，振荡 2 min 以上，使血球破膜，8000 r/min 离心 20 min，弃去上层甲苯和中层脂肪，取下层沉淀。加 1/10 沉淀体积的 9% NaCl，激烈振荡混合，4000 r/min 离心 10 min，弃沉淀，取上层红黑色血红蛋白溶液，再用 8000 r/min 离心 10 min，取下层血红蛋白溶液用滤纸过滤，因过滤很慢，可放 4℃冰箱内过滤过夜。然后装透析袋，4℃下对 H_2O 透析以除去 NaCl 和甲苯，换 2～3 次预冷的 H_2O。从透析袋内取出血红蛋白溶液置入一锥形瓶，取样分析血红蛋(Hb)的浓度：取 5 μL Hb，加 3.0 mL H_2O(稀释 601 倍)，用分光光度计作 250～700 nm 的扫描，并检测 Hb 在 415，541 和 576 nm 处的三个特征峰值：$A_{415 nm}$，$A_{541 nm}$ 和 $A_{576 nm}$，已知这三个特征峰的吸光系数值为：$\varepsilon_{415 nm} = 125$ L/(mmol · cm)，$\varepsilon_{541 nm} = 13.5$ L/(mmol · cm)，$\varepsilon_{576 nm} = 14.6$ L/(mmol · cm)。由公式：浓度 $c = (A \times 稀释倍数)/\varepsilon$，即可分别计算三个浓度，取其平均值为制备的氧合血红蛋白(Hb)的浓度 c_{Hb}(对血红素)。根据计算结果，调节其浓度约 3～6 mmol/L，分装小管内，-20℃保存。最好将蛋白溶液滴入液氮中保存，防止其氧化。

二、氧合血红蛋白氧化成高铁血红蛋白

(1) 取已知浓度(约 3～6 mmol/L)的氧合血红蛋白 1 mL，置于 5 mL 小烧杯或 10 mL 试管内放入冰浴，用下式计算需加入过量 1.3 倍的 $K_3Fe(CN)_6$(10 mg/mL，$M_r=329.26$)的量：

$$V(mL) = \frac{c_{Hb} \times 1 \times 329.26}{10 \times 10^3} \times 1.3$$

用移液管吸取所需加入的 $K_3Fe(CN)_6$ 体积数，缓慢搅拌下滴入 Hb 内，直到血红蛋白的颜色从鲜红色变成棕黑色。

(2) 利用 Sephadex G-25 凝胶脱盐柱(1.8 cm×20 cm)除去亚铁氰化钾。10 mmol/L

pH 7.0 的磷酸盐缓冲液平衡柱后,将制成的高铁血红蛋白溶液全部上柱,4 ℃ H_2O 洗脱,量筒收集棕黑色高铁血红蛋白,再用 H_2O 将其稀释至 $1.0\sim1.5$ mmol/L(因为过浓不利于脱辅基,太稀又会脱不完全),记录总体积 V_1。

(3) 取样稀释 $100\sim200$ 倍,作 $250\sim700$ nm 的扫描,得重组前高铁血红蛋白的紫外-可见吸收光谱图,检测峰值 $A_{405\,nm}$。

三、脱辅基

以下步骤均在冰浴或 4 ℃下进行:

(1) 高铁血红蛋白用 1.0 mol/L HCl 粗调,再用 0.1 mol/L HCl 细调溶液 pH $3.0\sim3.5$(这一步是关键步骤,pH 太高,脱辅基不完全;pH 过低,蛋白会变性),将溶液置入具塞试管内。

(2) 加入等体积预冷丁酮,手摇振荡萃取,静止分层,弃上层丁酮,取下层溶液,如此反复萃取几次,直至上层丁酮无色为止。

(3) 取下层浅绿色脱辅基后蛋白溶液装透析袋,4 ℃下对 1 L 5 mmol/L $NaHCO_3$ 透析 $0.5\sim1$ h,以除 HCl。再对 H_2O(4 ℃)透析两次,以除丁酮。再对预冷 200 mL 0.1 mol/L pH 7.0 磷酸盐缓冲液透析 1 h,中间取出透析袋倒置两次(此时会出现少量白色变性蛋白沉淀)。取出袋内溶液,用 8000 r/min 离心 10 min(4 ℃),取上层清液,测量体积 V_2(脱辅基血红蛋白 ApoHb),立即存于冰浴。

(4) 取样稀释 $10\sim20$ 倍,作 $250\sim700$ nm 扫描,并检测 $A_{278\,nm}$ 蛋白吸收峰值(以 0.1 mol/L pH 7.0 磷酸盐缓冲液作参比)。

(5) 计算脱辅基血红蛋白[ApoHb,其 $\varepsilon_{278\,nm}=13.1$ L/(mmol·cm)]的浓度:

$$c_{ApoHb}(mmol/L) = \frac{A_{278\,nm} \times 稀释倍数}{13.1}$$

$$脱辅基的产率 = \frac{c_{ApoHb} \times V_2}{c_{Hb} \times V_{Hb}} \times 100\%$$

四、重组高铁血红蛋白

(1) 取 3.0 mL ApoHb 进行重组,按下式计算所需高铁血红素(5 mg/mL)的体积(过量 1.2 倍):

$$V(mL) = \frac{c_{ApoHb} \times 3 \times 651.5}{5 \times 10^3} \times 1.2$$

(2) 缓慢搅拌下,用 $10\sim15$ min 滴加所需体积的血红素到 3.0 mL ApoHb 中,用 1 mol/L NaOH 粗调和 0.1 mol/L NaOH 细调溶液 pH 至 $9\sim10$,溶液颜色变为棕红色,并在冰浴中再放置 1 h。

(3) 再用 Sephadex G-25 脱盐柱脱去过量的血红素等,脱盐柱用 0.1 mol/L pH 7.0 磷酸盐缓冲液平衡和洗脱,用量筒收集重组后的高铁血红蛋白,测量总体积 V_3。

(4) 取样稀释 $30\sim50$ 倍后作 $250\sim700$ nm 扫描,测峰值 $A_{405\,nm}$,最后计算重组率:

$$重组率 = \frac{重组后 A_{405\,nm} \times 重组后稀释倍数 \times V_3 \times B}{重组前 A_{405\,nm} \times 重组前稀释倍数 \times V_1}$$

$$B = \frac{\text{脱辅基后所得 ApoHb 的总体积}(V_2)}{\text{重组所用 ApoHb 的总体积}}$$

五、结果分析

观察比较 3 次扫描所得的紫外-可见吸收光谱图,可清楚地看到血红蛋白脱辅基前后和重组后的效果。

注 意 事 项

(1) pH 较低的条件下蛋白质易变性,因此调节高铁血红蛋白的 pH 要迅速,并且应该边加边搅拌,防止局部过酸引起蛋白变性。

(2) 丁酮萃取血红素时应尽快完成,在有机溶剂存在下蛋白质也容易变性,一般萃取 3~4 次即可,只要有机相澄清透明则可认为萃取完全。另外,萃取次数过多,容易由于部分水相混溶于有机相内,使部分蛋白也被带进丁酮相,造成蛋白的损失。

(3) 脱辅基血红蛋白在较高温度和剧烈摇动下易变性沉淀,脱辅基操作应在 4 ℃以下进行,萃取时不宜剧烈振荡。

(4) G-25 脱盐柱洗脱重组高铁血红蛋白后,可能吸附有过量的血红素使颜色变深,可以用 1 mol/L 乙酸过柱洗净。

思 考 题

1. 高铁血红蛋白脱辅基和重组时要求的 pH 条件是什么?试说明其原因。
2. 血红蛋白脱辅基后需分别对不同溶液进行透析,其作用是什么?
3. 根据本实验原理,如何制备含不同金属卟啉的血红蛋白?

参 考 资 料

[1] 周广业,陈坚刚,周玉祥.脱辅基血红蛋白的制备和重组.化学通报,1998,8:53~55
[2] 王镜岩,朱圣庚,徐长法主编.生物化学,第三版.北京:高等教育出版社,2002,252~261
[3] Antonini E, Rossi-Bernardi L, Chiancone E. Methods in Enzymology. New York:Academic Press,1981,76:68~75
[4] Minch M J. Experiments in Biochemistry:Projects and Procedures. New Jersey:Prentice-Hall Inc,1989,140~159

实验 22　细胞色素 c 的制备和测定

本实验包括细胞色素 c 的制备和含量测定、细胞色素 c 含铁量的测定(即纯度鉴定)和细胞色素 c 酶活力测定三个既独立又互相联系的实验。

§22.1　细胞色素 c 的制备和含量测定

目　的　要　求

(1) 通过细胞色素 c 的制备,了解制备蛋白质制品的一般原理和步骤。

(2) 掌握制备细胞色素 c 的操作技术及含量测定方法。

原　　理

细胞色素是包括多种能够传递电子的含铁蛋白质总称。它广泛存在于各种动、植物组织和微生物中。细胞色素是呼吸链中极重要的电子传递体,细胞色素 c(cytochrome c, CytC)只是细胞色素的一种。它在呼吸链上位于细胞色素还原酶和细胞色素氧化酶之间。线粒体中的细胞色素绝大部分与内膜紧密结合,仅有细胞色素 c 结合较松,较易被分离纯化。

细胞色素 c 为含铁卟啉的结合蛋白,每个细胞色素 c 分子含有一个血红素分子和一条多肽链。蛋白质部分由 104 个左右的氨基酸残基组成,其中赖氨酸含量较高,等电点 $10.2 \sim 10.8$,含铁量 $0.37\% \sim 0.43\%$,相对分子质量(M_r)约为 13 000。细胞色素 c 中的辅基通过卟啉环上乙烯基的 α-碳与其蛋白质中半胱氨酸的—SH 以硫醚键相连接,见图 22.1。

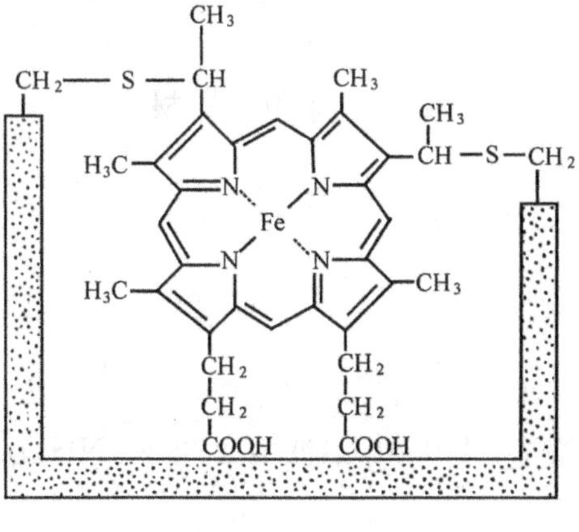

图 22.1　细胞色素 c 的结构示意图

细胞色素 c 易溶于水,在酸性溶液中溶解度更大,故可用酸水溶液提取。细胞色素 c 的传递电子作用是由于细胞色素 c 中的铁原子可以进行可逆的氧化和还原反应:

$$R{-}Fe^{3+} \rightleftharpoons R{-}Fe^{2+}$$
氧化型 CytC　　　还原型 CytC

式中 R 代表细胞色素 c 分子中铁原子以外的卟啉和蛋白部分。细胞色素 c 有氧化型和还原型。前者的水溶液呈深红色,最大吸收峰为 408 和 530 nm,在 550 nm 的摩尔消光系数 ($E_{1\,cm}^{1\,mol/L}$) 为 0.9×10^4 L/(mol·cm)。后者的水溶液呈桃红色,最大吸收峰为 415,520 和 550 nm,在 550 nm 的摩尔消光系数为 2.77×10^4 L/(mol·cm)。细胞色素 c 对热、酸和碱都比较稳定,在 pH 7.2~10.2,100 ℃加热 3 min,其氧化型和还原型的变性程度约为 18%~28%。增加加热时间,氧化型的不可逆变性程度比还原型高。可抵抗 0.3 mol/L 盐酸和 0.1 mol/L 氢氧化钾溶液的长时间处理,但三氯乙酸和乙酸可使之变性,引起某些失活。还原型细胞色素 c 较氧化型稳定,一般都将细胞色素 c 制成还原型,利于保存。

细胞色素 c 是一种细胞呼吸激活剂。在临床上可以纠正由于细胞呼吸障碍引起的一系列缺氧症状,使其物质代谢、细胞呼吸恢复正常,病情得到缓解或痊愈。临床上它虽然不能作为特效药,但可作为缺氧急救、解毒及其辅助治疗,如治疗脑血管障碍、脑出血、脑动脉硬化症、脑外伤、肺心痛、心绞痛、心肌梗塞、肺气肿、一氧化碳中毒等,因此细胞色素 c 是治疗组织缺氧及由缺氧所引起的一系列症状的重要生化药品之一。

自然界中,细胞色素 c 存在于一切生物细胞里,其含量与组织的活动强度成正比。以哺乳动物的心肌(如猪心含 250 mg/kg)、鸟类的胸肌和昆虫的翼肌含量最多,肝、肾次之,皮肤和肺中最少。

本实验以新鲜猪心为材料,经酸性溶液提取、等电点沉淀杂蛋白,获得粗提取液。然后利用人造沸石容易吸附细胞色素 c 的性质和离子交换作用,用人造沸石柱吸附,然后经硫酸铵溶液洗脱,以及硫酸铵盐析洗脱液,再次除杂蛋白,得到初步纯化的细胞色素 c 溶液。进一步经过三氯乙酸可逆沉淀细胞色素 c 和透析去盐分的纯化步骤,制备得到细胞色素 c 粗品。但作为医用原料药还要经过其他方法如弱酸型阳离子交换树脂层析纯化,方能得到精制品。

本实验制备的粗品液为氧化型和还原型混合物,加入少量联二亚硫酸钠,使混合物中的氧化型转变为还原型,利用还原型细胞色素 c 水溶液在波长 520 nm 有最大吸收值的特征,用分光光度法测定其质量浓度(mg/mL),并计算出粗制品的总量(mg)。

试 剂 和 器 材

一、实验材料

新鲜(冰冻)猪心。

二、试剂

(1) 25%$(NH_4)_2SO_4$ 溶液:100 mL 溶液中含 25 g $(NH_4)_2SO_4$,约为 25 ℃时 40%的饱和度。

(2) 12%$BaCl_2$ 试剂:称 $BaCl_2$ 12 g 溶于 100 mL 去离子水中,或用 10%乙酸钡。

(3) 人造沸石($Na_2O \cdot Al_2O_3 \cdot xSiO_2 \cdot yH_2O$):白色颗粒,不溶于水,溶于酸。选用 60~80 目。

(4) 0.06 mol/L 磷酸氢二钠-0.4 mol/L 氯化钠溶液:称取 21.5 g 磷酸氢二钠($Na_2HPO_4 \cdot$

$12H_2O$),24.3 g 氯化钠,加水溶解,定容至 1L。

1 mol/L H_2SO_4 溶液,1 mol/L NH_4OH(氨水)溶液,0.2‰NaCl 溶液,20‰三氯乙酸(TCA)溶液,细胞色素 c 标准液(3 mg/mL),1‰硝酸银,联二亚硫酸钠(dithionite,$Na_2S_2O_4 \cdot 2H_2O$)。

三、器材

绞肉机,电磁搅拌器,电动搅拌器,离心机,分光光度计,玻璃柱(2.5 cm×20 cm),500 mL 下口瓶,烧杯(2000,1000,500,400,200 mL 各一个),量筒,吸量管,玻璃小漏斗,玻璃棒,透析袋(截留量小于 8000),纱布,pH 试纸(pH 1~14,3~5.4,6.4~8.0)。

操 作 方 法

一、材料处理

新鲜或冰冻猪心,除尽脂肪、血管和韧带,洗尽积血,切成小块,放入绞肉机中绞碎(两遍)。

二、细胞色素 c 粗品制备

1. 提取

称取心肌碎肉 150 g,放入 1000 mL 烧杯中,加 300 mL 酸化水(即先加入 1 mol/L H_2SO_4 7~8 mL,pH 4.0),用电动搅拌器搅拌,再用 1 mol/L H_2SO_4 调 pH 稳定至 3.5~4.0(此时溶液呈暗紫色),在室温下搅拌提取 2 h。

用 1 mol/L NH_4OH 调 pH 至 6.0,停止搅拌。用四层纱布压挤过滤,收集滤液。滤渣加入 300 mL 去离子水,按上述条件重复提取 1 h,合并两次提取液(为减少学时,可只提取一次)。

2. 中和

向上述提取液滴加 1 mol/L NH_4OH,并不时搅拌,调 pH 至 7.2~7.5,利用等电点沉淀杂蛋白,静置 30 min,虹吸法吸取上层清液,滤纸过滤。底部沉淀浊液 3000 r/min 离心 10 min,合并两者得到的红色清液,测量体积。

以上操作一组(两位同学)完成,以下操作由每位同学完成,各取 1/2 红色清液上吸附柱。

3. 吸附

人造沸石容易吸附细胞色素 c,吸附后能被 25‰硫酸铵溶液洗脱下来,利用此特性将细胞色素 c 与其他杂蛋白分开。具体操作如下:

称取人造沸石 5 g,放入烧杯中,加水后搅动,用倾泻法除去 12 s 内不下沉的细颗粒。

剪裁大小合适的一块圆形泡沫塑料,放入干净的玻璃柱底部(或选用类似规格层析柱),将层析柱垂直安装到铁架台上,柱下端连接乳胶管,用夹子夹住,向柱内加去离子水至 1/2 体积,然后一边搅拌一边连续、均匀地将预处理好的人造沸石(内有 1 倍体积的水溶液)装填入柱,避免柱内出现气泡。装柱完毕,打开柱下端夹子,使柱内沸石面上剩下一薄层水。将中和好的澄清滤液小心加到沸石上面,勿冲动沸石,使之流入柱内,进行吸附,控制流出液的速度不超过 5 mL/min。随着细胞色素 c 被吸附,人造沸石逐渐由白色变为红色,流出液应为淡黄色或微红色。

4. 洗脱

由于人造沸石吸附特异性不很高,在吸附细胞色素 c 的同时,一些杂蛋白也会被吸附,因此在洗脱细胞色素 c 之前,通过水和稀盐溶液洗柱,将部分水溶、盐溶杂质清洗去掉,达到又一次纯化的目的。

吸附完毕,可以在柱内洗涤:先用自来水,后用去离子水洗涤至水清,再用 30 mL 0.2% NaCl 溶液洗涤沸石,再用去离子水洗去盐溶液至水清。也可以将红色人造沸石自柱内取出,在烧杯内按同样方法洗涤,重新装柱。然后用 25% 硫酸铵(相当 40% 的饱和度)溶液洗脱,流速控制在 1 mL/min 以下。收集红色洗脱液(洗脱液一旦变白,立即停止收集),测量体积。洗脱完毕,人造沸石回收,可再生使用。

5. 盐析

为了进一步提纯细胞色素 c,向洗脱液中缓慢加入固体硫酸铵,边加边搅拌(避免局部浓度过高,造成细胞色素 c 被盐析),使硫酸铵溶液浓度为 45%(约相当于 67% 的饱和度,即 100 mL 洗脱液加 17 g 硫酸铵),放置 30 min 以上(最好过夜),杂蛋白沉淀析出,过滤,收集红色透亮的细胞色素 c 滤液,测量体积。

6. 三氯乙酸沉淀

按每 100 mL 细胞色素 c 滤液加入 5.0 mL 20% 三氯乙酸的比例,边搅拌边滴加三氯乙酸,此时细胞色素 c 带正电荷,与其结合生成可逆沉淀析出,立即以 3000 r/min 的转速离心 15 min,倾去上清液(如上清液带红色,应再加入适量三氯乙酸至出现混浊,重复离心),收集沉淀的细胞色素 c,逐次加入少量去离子水,用玻璃棒搅动,直至沉淀完全溶解,体积控制在 5～10 mL。

7. 透析

将上述溶解后的细胞色素 c 红色溶液装入透析袋,放进 1000 mL 烧杯中(用电磁搅拌器搅拌),对去离子水透析,30 min 换水一次,换水 3～4 次后,检查 SO_4^{2-} 是否已被除净。检查的方法是:从水中将透析袋取出,用试管收集流下来的透析外液约 1 mL,滴加 1～2 滴 $BaCl_2$ 或 $BaAc_2$ 试剂至试管中。摇匀后若出现白色沉淀,表示 SO_4^{2-} 未除净;如果无沉淀出现,表示透析完全。将透析液过滤,即得清亮的细胞色素 c 粗品溶液,测量粗品液体积。

三、细胞色素 c 粗品液质量浓度测定

1. 标准曲线法

取 3 mg/mL 标准细胞色素 c 溶液 0,0.2,0.4,0.6,0.8,1.0 mL 分别加入 12 支试管(做平行管),每管补加去离子水至 4 mL,加入少许联二亚硫酸钠,摇匀后溶液迅速从深红色转变为桃红色,立即以去离子水为对照在 520 nm 波长分别测出吸光值(注意每一管加入还原剂后应立即比色,即一管一管做,而不是全部加完还原剂后再比色)。以标准液质量浓度(mg/mL)为横坐标,吸光值(A)为纵坐标作出标准曲线。取适当稀释的粗品液 1 mL,加去离子水至 4 mL,同上方法测出 A(使其在标准曲线 A 范围内),通过标准曲线计算出粗品液质量浓度。或者从标准曲线斜率计算粗品液质量浓度:

$$细胞色素 c 粗品液质量浓度(mg/mL) = \frac{A_{520\,nm} \times 稀释倍数}{斜率}$$

2. 标准管法

取 5 支试管按表 22.1 加入试剂,同标准曲线法比色测定。

表 22.1 标准管法浓度测定加样表

	1	2	3	4	5
CytC 标准液/mL	—	1.0	1.0	—	—
粗品液/mL	—	—	—	1.0	1.0
H₂O/mL	4	3.0	3.0	3.0	3.0
每管加少许联二亚硫酸钠摇匀后立即比色					
$A_{520\,nm}$					

表中加入细胞色素 c 粗品液量应根据制品实际浓度高低而定,使其 A 值接近标准管的 A 值,以增加准确性。标准液质量浓度配制成为约 1 mg/mL。

$$细胞色素\ c\ 粗品液质量浓度(mg/mL)=\frac{粗品\ A_{520\,nm}\times C_{标准}\times V_{标准}}{标准液\ A_{520\,nm}\times V_{粗品}}$$

式中,$C_{标准}$ 为标准细胞色素 c 溶液质量浓度(mg/mL),$V_{标准}$ 为标准细胞色素 c 溶液加入体积(mL),$V_{粗品}$ 为粗品液加入体积(mL)。

$$细胞色素\ c\ 粗品总量(mg)=C_{粗品}\times V$$

式中,$C_{粗品}$ 为粗品液质量浓度(mg/mL),V 为粗品液总体积(mL)。

四、细胞色素 c 的精制

利用弱酸性阳离子交换树脂(Amberlite IRC-50-NH₄⁺)的离子交换作用选择性地吸附带正电荷的细胞色素 c,用磷酸氢二钠-氯化钠溶液洗脱,再经透析脱盐,便可制得高纯度细胞色素 c 精品。

(1)树脂吸附:将预处理好的 Amberlite IRC-50-NH₄⁺ 树脂适量装入层析柱(规格视处理粗品量而定),粗品液通过下口瓶缓慢地加入柱内进行吸附,控制流速 1 mL/min,层析柱逐渐变成酱红色,吸附完毕后,将树脂上部含较多杂蛋白部分的浅色层取出单独处理。其余树脂倾出,用水搅拌洗涤多次(大量制备时所用的树脂量很大,可戴上乳胶手套用手反复干搓、水洗树脂),以除去吸附的杂质,去离子水洗涤多次直至水变清为止。

(2)洗脱:将以上洗涤干净的树脂重新装入柱内,用无热源去离子水冲洗 15 min,除去可能污染的热源。再用 0.06 mol/L 磷酸氢二钠-0.4 mol/L 氯化钠混合液洗脱,控制流速为 1 mL/min。流出液变红时开始分段收集:颜色较浅的为前段;深红色为中段;快结束时颜色变浅的为后段。前段和后段含杂质较多,需透析后重新吸附精制。浅色层树脂的洗脱液也可回收再吸附。

(3)透析:将中段洗脱液装入透析袋对去离子水透析,1 h 换水 1 次,经常轻轻摇动透析袋,直至透析外液无氯离子(即用 1% 硝酸银检查,无白色沉淀产生)。过滤透析内液,即为细胞色素 c 精品液。

附注:

1. 人造沸石的处理及再生

(1)新沸石的处理:如果沸石大小不均匀,可将其放在乳钵中轻轻研磨,然后过筛(约 100～120 目),放入 2000 mL 烧杯中,加去离子水搅拌,10 min 后收集沉降的颗粒,上层液倾去。如此反复多次,直到上层液澄清为止。将其放入瓷盘内,150 ℃烘干,保存备用。

用时把适量沸石放在烧杯中,加水搅动,用倾泻法除去 12 s 内不下沉的颗粒,即可用于吸附。

(2) 旧沸石的再生:先用自来水洗去硫酸铵,再用密度为 $1.042\,g/cm^3$(约 2 mol/L)的氯化钠溶液洗,用量为沸石体积的 3.5 倍,洗至柱下端流出液的密度为 $1.04\,g/cm^3$ 即可重新使用。

如沸石使用多次,颜色已变深,这时可用 $0.2\sim0.3$ mol/L 氢氧化钠-1 mol/L 氯化钠混合液清洗,即可变白。

人造沸石是人工合成的一种无机阳离子交换剂,其分子式为 $Na_2Al_2O_4 \cdot xSiO_2 \cdot yH_2O$,人造沸石在溶液中 $Na_2Al_2O_4 \Longrightarrow 2Na^+ + Al_2O_4^{2-}$,而偏铝酸根与 $xSiO_2 \cdot yH_2O$ 紧密结合成为不溶于水的骨架。以 Na_2Z 代表沸石,M^+ 表示溶液中阳离子,则 $Na_2Z + 2M^+ \Longrightarrow M_2Z + 2Na^+$。在 pH 7.5 时,细胞色素 c 带正电,可与沸石分子上的钠离子发生交换,从而被沸石吸附。25% 硫酸铵溶液洗脱时,降低了两者之间的吸附作用,细胞色素 c 被洗脱出来。

2. Amberlite IRC-50 的预处理及再生

使用前先将树脂转变成 NH_4^+ 型。取 100 g 树脂,用水浸泡,洗涤至澄清。倾去上清液,加入 300 mL 2 mol/L 盐酸,加热到 60 ℃,搅拌约 1 h,倾去盐酸溶液,用去离子水洗涤至中性。再加 200 mL 2 mol/L 氢氧化铵,加热到 60 ℃,搅拌处理,倾去氨液,用水洗至中性。如此重复 3 次。再用酸重复处理 3 次,水洗后,再用氢氧化铵处理 3 次。最后在 2 mol/L 氢氧化铵存在下,分批在瓷研钵中轻轻研磨。倾去 15 s 内不沉降的颗粒,再选 15 s~15 min 沉降的颗粒除去过细颗粒,最终颗粒大小应为 100~150 目。再反复用去离子水洗至上清液完全澄清,在瓷盘上室温风干,备用。如立即使用时,酸、碱处理后去离子水洗至中性,即可装柱使用。

树脂的再生:用过的树脂,先用去离子水洗去盐分,再用 2 mol/L 氢氧化铵洗至无色,水洗,再加 2 mol/L 盐酸在 50~60 ℃搅拌 20 min,倾去上层液,水洗至中性。再用 2 mol/L 氢氧化铵浸泡处理,再用去离子水洗至 pH 9.0~9.5,在瓷盘上室温风干,备用。

注 意 事 项

(1) 选用新鲜或冷冻猪心,否则会影响制品的质量和产率。力争除尽猪心上的非心肌组织,如脂肪、血管、韧带和积血。

(2) 酸水提取时,由于组织液的释出使 pH 上升,需要不断调节 pH 直至稳定在 pH 3.5~4.0。

(3) 为使细胞色素 c 充分被沸石柱吸附,吸附时流速应该慢些。洗脱时同样控制流速慢些,使细胞色素 c 在比较少体积内被充分洗脱出来。

(4) 盐析时需加入粉末状硫酸铵,并且要边加边搅拌,切忌一下子都倒进去,造成局部浓度过大使细胞色素 c 被盐析。

(5) 三氯乙酸是一种蛋白质变性剂,可使蛋白质变性沉淀。本实验通过控制三氯乙酸的浓度和作用时间,使其产生的是可逆沉淀,达到进一步纯化作用。因此必须要逐滴加入三氯乙酸,搅匀后尽快离心,避免局部酸浓度过大和接触时间过长,产生细胞色素 c 不可逆变性沉淀而造成损失。

(6) 透析脱盐是利用细胞色素 c 分子较大,不能通过一定截留值的半透膜,而其中的盐分由于分子很小,浓度很高,容易透过半透膜从高浓度向低浓度的水相移动,达到去除效果。透析前应仔细检查透析袋有无渗漏。

(7) 本实验希望获得有一定纯度、浓度较高和数量较多的粗品,因此要求每个实验过程要细心操作,尽量减少损失,例如过滤用的纱布、滤纸事前都要用少量水润湿。

(8) 加入过多联二亚硫酸钠会使测定溶液迅速变混浊而无法比色,因此加入量应严格控制(约 3 mg),并迅速比色。必须是加一管后立即比色,不可以各管全加完后再比色。发现 A 值有不断升高趋势表明溶液出现混浊,此读数是虚假的,不能使用。也可以加入 1 mL 3 mg/mL 的联二亚硫酸钠水溶液(H_2O 减少为 2.0 mL),但该溶液不稳定,见光易变混浊而失去作用。

思　考　题

1. 做好本实验应注意哪些关键环节?为什么?
2. 试以细胞色素 c 的制备为例,总结出蛋白质制备的主要步骤和方法。
3. 本实验应用了哪些基本的生化分离纯化的方法?
4. 有哪些方法可以进行蛋白质脱盐处理?

§22.2　细胞色素 c 含铁量的测定(纯度的鉴定)

目　的　要　求

(1) 通过细胞色素 c 含铁量的测定,了解含铁蛋白质纯度鉴定的原理和步骤。
(2) 掌握鉴定细胞色素 c 纯度的操作技术和方法。

原　　理

细胞色素 c 是含一个 Fe 原子的蛋白质,一般认为它的相对分子质量为 13 000,而 Fe 的相对原子质量为 55.85,因此每一个细胞色素 c 分子中,Fe 原子的含量相当于 0.43%。如果测得细胞色素 c 铁含量为 0.43%,表示它是纯的;相反,若小于 0.43%,则说明含有杂质,这个数值越小,含杂质越多。这是检定细胞色素 c 质量好坏的一个标志。

按本实验 §22.1 方法所制备的细胞色素 c 是水溶液,所以在测定含铁量时,要首先测定样品干重。

细胞色素 c 经与过氧化氢(H_2O_2)和酸混合消化后,分子中的 Fe^{3+} 便游离出来,以亚硫酸钠为还原剂,使 Fe^{3+} 变成 Fe^{2+},再与 α, α'-联吡啶(α, α'-dipyridyl)反应生成红色络合物,此络合物在 522 nm 波长处吸光值 A 最大。根据这一特性,用 722 型分光光度计,选择硫酸铁铵作为含铁量标准品,用同样方法测得标准硫酸铁铵和样品的吸光值 A,即可计算出样品含铁量。

试剂和器材

一、试剂

1. 0.2% pH 3.6 α,α′-联吡啶溶液

称取 0.2 g α,α′-联吡啶和 1 g 乙酸钠,先加少量水,再加 5.5 mL 冰乙酸使其溶解,最后稀释至 100 mL。

2. 亚硫酸钠溶液

称取无水亚硫酸钠(Na_2SO_3)10 g,加水溶解至 30 mL,临用前新配制。

3. 硫酸铁铵溶液

称取硫酸铁铵[$FeNH_4(SO_4)_2 \cdot 12H_2O$, AR]50 g,加去离子水 300 mL 与浓硫酸 6 mL 的混合液,溶解后加去离子水稀释至 1000 mL,摇匀,待标定。

4. 0.1 mol/L 标准硫代硫酸钠溶液

配制:称取 25 g 硫代硫酸钠($Na_2S_2O_3 \cdot 5H_2O$, AR, $M_r = 248.19$)溶解在新煮沸后(除去 CO_2)冷却的去离子水中,添加无水碳酸钠 0.2 g(因 $Na_2S_2O_3$ 在 pH 9~10 最稳定),稀释至 1000 mL,摇匀,放置两周后过滤。用标准 0.1 mol/L 重铬酸钾标定其准确浓度。

标定:

(1) 精确称取 120 ℃干燥至恒重的基准物重铬酸钾($K_2Cr_2O_7$, $M_r = 294.2$)1.2258 g 于小烧杯中,加去离子水溶解,定量转移至 250 mL 容量瓶中,并加水至刻度线,混匀备用。

(2) 精确量取 25.00 mL $K_2Cr_2O_7$ 溶液于碘瓶中,加 KI 2 g,去离子水 15 mL, 4 mol/L HCl 溶液 5 mL,密封,摇匀,封水,置暗处 10 min。

(3) 加去离子水 50 mL 稀释,用待测硫代硫钠溶液滴定至近终点(溶液为绿里带浅棕色),加 1% 淀粉指示液 2 mL,继续滴定至蓝色消失而显亮绿色,即达终点。记录硫代硫酸钠消耗体积。并用去离子水代替 $K_2Cr_2O_7$ 溶液作空白试验校正。

(4) 重复标定 3 次,相对偏差不能超过 0.2%。按下式计算硫代硫酸钠准确浓度(mol/L):

$$c_{Na_2S_2O_3} = \frac{6 \times c_{K_2Cr_2O_7} \times V_{K_2Cr_2O_7}}{V_{Na_2S_2O_3}} = \frac{6 \times 0.1000 \times 25.00}{V_{Na_2S_2O_3}}$$

5. 碘化钾溶液

称取碘化钾 16.5 g,加去离子水使溶解至 100 mL。临用前配制。

6. 淀粉指示剂

称可溶淀粉 0.5 g 加水 5 mL 搅匀后,缓缓倾入 100 mL 煮沸去离子水中边加边搅匀,继续煮沸 2 min,放冷,使用时轻取上层清液。临用前配制。

7. 稀硫酸溶液

取浓硫酸 57 mL,加去离子水稀释至 1000 mL,硫酸含量为 9.5%~10.5%。

二、器材

磁坩埚(10 mL),普通电炉,高温电炉,恒温箱,分析天平,可见分光光度计,碘瓶,恒温水浴锅,碱式滴定管(25 mL),容量瓶(25 mL)。

操 作 方 法

一、样品干重测定

一般制备的细胞色素 c 都是水溶液，所以在测定含铁量时，要首先测定样品的干重。精密量取适量溶液（约相当于细胞色素 c 150 mg）配制成 10 mg/mL 水溶液作为测试样品。

精密量取样品溶液 5 mL 两份（做平行实验），置已炽灼至恒重的坩埚中，蒸干，在 105 ℃ 干燥至恒重，精密称定质量 m_1。电炉上再缓缓炽灼至完全碳化后，置高温电炉中继续在 500～600 ℃ 炽灼使其完全碳化并恒重，精密称定质量 m_2。两平行样品误差不超过 0.3 mg，$m_1 - m_2$ 即为样品干重（mg）。

二、含铁量的测定

1. 标准硫酸铁铵溶液含铁量标定

精密量取 25 mL 硫酸铁铵溶液置碘瓶中，加浓盐酸 5 mL 混匀，加碘化钾溶液 12 mL，密封，静置 10 min，用标准硫代硫酸钠（0.1 mol/L）滴定游离的碘，至近终点时，加淀粉指示液 1 mL，继续滴定至蓝色消失。

根据硫代硫酸钠的消耗量（mL）计算出每 1 mL 标准硫酸铁铵溶液中含铁量（mg）。每 1 mL 0.1 mol/L 硫代硫酸钠滴定液相当于 5.585 mg 铁。然后精密量取适量标准硫酸铁铵溶液，加硫酸稀释液（取稀硫酸 2 mL，加水稀释至 500 mL），使每 1 mL 标准硫酸铁铵溶液含铁 23 μg。

2. 样品含铁量的测定

精密量取标准铁溶液 2 mL 和样品溶液 1 mL，分别放入 25 mL 容量瓶内，按表 22.2 顺序加入试剂和操作（做平行试验）：

表 22.2　样品含铁量测定加样表

	标准铁溶液	样品溶液
30% H_2O_2/mL	0.7	
稀硫酸/mL	0.5	
95～100℃水浴消化 30 min		
冷　　却		
0.2%联吡啶/mL	2.0（准确）	
亚硫酸钠溶液/mL	冷水浴中加 5.0，边加边摇	
60～75℃水浴 30 min		
冷却至室温，加水稀释至 25 mL，摇匀		
$\overline{A}_{522\,nm}$	$\overline{A}_2$	$\overline{A}_1$

分别取标准铁溶液和样品液平均测定值 $\overline{A}_2$ 和 $\overline{A}_1$，按下式计算样品液含铁量的质量分数。样品液含铁量应为 0.40%～0.46%。

$$含铁量（\%）= \frac{\overline{A}_1 \times 23}{\overline{A}_2(m_1 - m_2)} \times 100\% \quad （本公式为换算后的简式）$$

注　意　事　项

(1) 本实验制备的细胞色素 c 粗品纯度达不到含铁 0.38% 以上。

(2) 为更准确测定含铁量,需要测定样品中的灰分,并从质量中扣除。

思　考　题

1. 为什么说细胞色素 c 含铁量的测定就是纯度的鉴定?

2. 根据分析化学知识,标定硫代硫酸钠溶液应注意哪些地方?

§22.3　细胞色素 c 酶活力测定

目　的　要　求

(1) 加深了解细胞色素 c 的生物学功能。

(2) 学习和掌握酶可还原率方法测定细胞色素 c 酶活性的原理和方法。

原　理

细胞色素 c 在呼吸链中,起着传递电子的作用,这种传递电子的能力称为细胞色素 c 的酶活力,传递电子能力的大小是细胞色素 c 酶活力高低的标志。一些化学物质,如氰化钾、叠氮化钠、三氯乙酸、乙酸,和温度等因素会影响细胞色素 c 的酶活力。

利用琥珀酸作为底物,在琥珀酸脱氢酶作用下,脱下来的一分子氢与空气中的氧形成水,同时生成延胡索酸。此过程必须有细胞色素 c 存在才能进行。反应过程如下:

$$
\begin{array}{c}
\underset{\text{琥珀酸}}{\begin{matrix} CH_2\text{—COOH} \\ | \\ CH_2\text{—COOH} \end{matrix}} \xrightarrow{\text{琥珀酸脱氢酶}} \underset{\text{延胡索酸}}{\begin{matrix} HC\text{—COOH} \\ \| \\ HOOC\text{—CH} \end{matrix}} +2H
\end{array}
$$

$$2CytC\text{-}Fe^{3+} + 2H \longrightarrow 2CytC\text{-}Fe^{2+} + 2H^+$$

氧化型细胞色素 c　　　　　　　　还原型细胞色素 c

$$2CytC\text{-}Fe^{2+} + \frac{1}{2}O_2 \xrightarrow{\text{细胞色素 c 氧化酶}} 2CytC\text{-}Fe^{3+} + O^{2-}$$

$$2H^+ + O^{2-} \longrightarrow H_2O$$

由上列反应过程可见,氢和氧在细胞色素氧化酶存在下,因细胞色素 c 传递电子,不断氧化还原而被激活,最后形成水。

测定细胞色素 c 酶活力的传统方法称瓦氏检压法。该法利用肾制剂(内含琥珀酸脱氢酶和细胞色素氧化酶)作为酶制剂,加入一定量琥珀酸,在细胞色素 c 存在下,以测定系统空气中氧的消耗量来表示细胞色素 c 的酶活力,耗氧量越多,酶活性越高。氧的消耗通过瓦氏呼吸计检测,即在一密闭、恒温、固定体积的系统中进行气体变化的测定。当气体被吸收时,气体分子减少,压力下降。相反,当产生气体时,则压力上升。此压力的变化,可以在压力计上呈现出来。由此,可计算产生气体或吸收气体的体积。瓦氏呼吸计操作复杂,不易掌握,易产生误差,目前已逐渐被酶可还原率测定法代替。

酶可还原率测定法以去细胞色素 c 的心肌悬浮液代替肾制剂,它同样含有琥珀酸脱氢酶和细胞色素氧化酶。加入一定量底物琥珀酸和氧化型细胞色素 c,同时还加入氰化钾作为细胞色素氧化酶的抑制剂,使电子传递反应进行到将氧化型细胞色素 c 转化为还原型细胞色素 c 时即终止,此时利用分光光度法在 550 nm 处测定还原型细胞色素 c 的吸光值,即为细胞色素 c 的酶可还原吸光度。细胞色素 c 的酶活力越高,转为还原型细胞色素 c 就愈多,吸光度就愈大。已失活的细胞色素 c 在酶反应中不被还原,但仍可被联二亚硫酸钠还原,此时在 550 nm 处测得的吸光值称为化学可还原吸光度。细胞色素 c 的酶可还原吸光度与化学可还原吸光度之比即为细胞色素 c 酶的可还原率(酶活力)。

试 剂 和 器 材

一、实验材料

猪心。

二、试剂

(1) 0.4 mol/L pH 7.3 琥珀酸钾溶液:称取琥珀酸 4.72 g、氢氧化钾 4.48 g 溶于去离子水中,用 10% KOH 溶液调 pH 至 7.3,定容至 100 mL。

(2) 0.2 mol/L pH 7.3 磷酸盐缓冲液:称取 71.64 g 磷酸氢二钠($Na_2HPO_4 \cdot 12H_2O$)溶解于 1000 mL 去离子水中为甲液;称取 27.6 磷酸二氢钠($NaH_2PO_4 \cdot H_2O$)溶解于 1000 mL 去离子水中为乙液。按甲液 77 mL、乙液 23 mL 的比例配制。

(3) 0.1 mol/L,0.02 mol/L pH 7.3 磷酸盐缓冲液:均用 0.2 mol/L pH 7.3 磷酸盐缓冲液稀释。

(4) 0.1 mol/L 氰化钾(KCN)溶液:称取 0.65 g KCN 溶于 100 mL 去离子水中,用稀硫酸调 pH 至 7.3。剧毒,专人保管。

(5) 0.01 mol/L 铁氰化钾[$Fe_3(CN)_6$]溶液:称取 $Fe_3(CN)_6$ 3.29 g,溶于 100 mL 去离子水。临用前稀释 10 倍。

10% KOH 溶液,1 mol/L 乙酸溶液。

三、器材

绞肉机,组织捣碎机,离心机,具塞试管(25 mL),可见分光光度计,玻璃匀浆器。

操　作　方　法

一、去细胞色素c的心肌悬浮液制备

取新鲜猪心2只,除净脂肪和结缔组织,切成小块,用绞肉机绞碎,置纱布袋中用自来水冲洗约2h(经常搅动挤出血水),挤干。再用水洗、挤干数次,浸泡于0.1mol/L pH 7.3的磷酸盐缓冲液约1h,挤干,重复浸泡1次,再用去离子水洗数次,挤干。加入0.02mol/L pH 7.3磷酸盐缓冲液适量恰使肉糜浸没,在组织捣碎机内捣成匀浆,3000 r/min离心10 min,取上层悬浮液,加入少量冰块,迅速用1mol/L乙酸调pH至5.5,立即以3000 r/min离心15min。取沉淀物加等体积的0.1mol/L pH 7.3磷酸盐缓冲液,用玻璃匀浆器磨匀,贮存于冰箱中备用。临用时用0.1mol/L磷酸盐缓冲液稀释10倍使用。

二、细胞色素c活性测定

(1)稀释心肌悬浮液:取1.0 mL心肌悬浮液,加0.1mol/L磷酸盐缓冲液稀释成10mL。

(2)待测样品液制备:称取自制细胞色素c,加去离子水配制成每1mL中含细胞色素c约3mg的溶液。

(3)活力测定:取0.2mol/L磷酸盐缓冲液5mL,0.4mol/L琥珀酸盐溶液1.0mL与样品液0.5mL(如系还原型制品,应先加入0.01mol/L铁氰化钾溶液0.05mL将其转化为氧化型)置具塞试管中,加入去细胞色素c心肌悬浮稀释液0.5mL与0.1mol/L氰化钾溶液1.0mL,加水稀释至10mL,摇匀。以同样的试剂作空白,在550 nm处附近,间隔0.5 nm找出最大吸收波长,并测定吸光值,直至吸光值不再增大为止,此吸收值为酶可还原吸光度。然后各加入联二亚硫酸钠粉末约5mg,摇匀后静置10min,在上述同一波长处测光吸收,直至此值不再增高为止,作为化学可还原吸光度。

按下列公式计算出细胞色素c酶可还原率:

$$\text{细胞色素c酶活力(\%)} = \frac{\text{酶可还原吸光度}}{\text{化学可还原吸光度}} \times 100\%$$

注　意　事　项

(1)氰化钾(KCN)系一剧毒化合物,务必妥善保管,小心使用。它为无色立方晶体,比重1.52(16℃),熔点634.5℃。溶于水、乙醇和甘油。干燥状态下无气味。吸收空气中的水分和二氧化碳,分解而发出苦杏仁气味。

(2)测化学可还原吸光度时溶液不能变浑浊,否则此值不是真实的吸光值。

(3)测定还原型细胞色素c时,应先用铁氰化钾将其转化为氧化型。外源性细胞色素c与心肌悬浮液结合成内源性细胞色素c后便不再受CN^-抑制结合。所以在测定细胞色素c的酶可还原率时要先加心肌悬乳液,后加氰化钾。

思　考　题

1. 利用酶可还原率测定细胞色素c酶活力的原理是什么? 与传统的瓦氏检压法比较有

何优缺点？

    2. 细胞色素 c 酶活力的含义是什么？

参 考 资 料

[1]　邹承鲁等. 细胞色素 c 的简易制备方法及其若干性质. 生理学报,1955,19：3～4,361

[2]　国家药典委员会编. 中华人民共和国药典,二部. 北京：化学工业出版社,2000,附录 Ⅷ B：103

[3]　陈来同. 生物化学产品制备技术(1). 北京：科学技术文献出版社,2003,274～286

[4]　Keilin D, Hartree E F. Purification and Properties of Cytochrome c. Biochem J, 1945,39：289

[5]　Margoliash E. The Use of Ion-exchangers in the Preparation and Purification of Cytochrome c. Biochem J, 1954,56：529

实验 23 凝胶层析法分离纯化含锌金属硫蛋白

目 的 要 求

(1) 了解凝胶层析法的基本原理。

(2) 初步掌握凝胶层析法分离纯化蛋白质的操作技术。

原　　理

凝胶层析是利用具有多孔网状结构的凝胶珠,把物质按分子大小不同进行分离的一种方法。当不同大小分子的蛋白质流经凝胶层析柱时,比凝胶孔径大的分子不能进入珠内网状结构,而被排阻在凝胶珠之外随溶剂在凝胶珠之间的孔隙向下移动,最先流出柱外;比网孔小的分子能不同程度地自由出入凝胶珠的内外。这样,由于不同大小的分子所经历的路径不同而得到分离,即大分子蛋白质先被洗脱出来,小分子蛋白质后被洗脱出来(请参阅本书上篇第八章)。

含锌金属硫蛋白是一类低相对分子质量($M_r = 6500$)、富含半胱氨酸的金属结合蛋白,由锌诱导而合成。该蛋白对热稳定,具有特征的 254 nm 吸收峰,等电点接近 pH 4。它的主要生理功能是参与微量元素的贮存、运输、代谢以及对重金属的解毒作用,因此,在生物学研究和临床医学上具有诱人的应用前景。

试 剂 和 器 材

一、实验材料

青紫蓝家兔,体重 2.5 kg 以上。

二、试剂

(1) pH 7.2 磷酸盐缓冲液(PBS):NaCl 8.00 g, KCl 0.20 g, Na$_2$HPO$_4$ · 12H$_2$O 3.58 g, KH$_2$PO$_4$ 0.20 g,溶于适量去离子水,用 NaOH 调至 pH 7.2,最后用去离子水定容至 1000 mL。

(2) 巯基试剂:EDTA 0.0744 g,DTNB(5,5′-二巯基对硝基苯甲酸)0.0159 g,用 PBS 定容至 200 mL。

(3) 100 mmol/L L-Cys HCl 盐(定量检测标准)溶液:称取 0.8782 g L-Cys HCl 盐溶于 pH 7.2 的 PBS,并定容至 50 mL。

ZnSO$_4$ 生理盐溶液,0.01 mol/L Tris-HCl(pH 8.6),无水乙醇,氯仿,Sephadex G-50, 0.01 mol/L NH$_4$HCO$_3$。

三、器材

层析柱($2.5\,cm\times80\,cm$)，紫外检测仪，自动部分收集器，紫外分光光度计，高速离心机，冷冻真空干燥机，试管，Eppendorf 管，自动取样器，组织匀浆器等。

操 作 方 法

一、动物处理

给青紫蓝家兔皮下注射 $ZnSO_4$ 生理盐溶液 4 次，第一天注射 $15.0\,mg\,Zn/kg$ 兔体重，第二，第四天注射 $22.5\,mg\,Zn/kg$ 兔体重，第七天注射 $30\,mg\,Zn/kg$ 兔体重，第八天处死动物取肝脏。这样的处理方法，能诱导兔子在肝脏大量合成含锌金属硫蛋白。

二、含锌金属硫蛋白的分离纯化

1. 提取

称取经上述诱导过的新鲜兔肝 $100\,g$，剪成小块，加等体积($100\,mL$)经 4℃预冷过的 $0.01\,mol/L$ Tris-HCl(pH 8.6)、无水乙醇、氯仿混合液($1.00:1.03:0.08$)进行匀浆，之后再加 3 倍体积($300\,mL$)上述混合液，4℃下 $6500\,r/min$ 离心 $20\,min$。取上清(约 $220\,mL$)，加入 3 倍体积($660\,mL$)$-20℃$预冷的无水乙醇，放置于 20℃下过夜，在 4℃下 $9000\,r/min$ 离心 $15\,min$，弃上清，沉淀溶于少量(约 $30\,mL$)$0.01\,mol/L$ Tris-HCl(pH 8.6)缓冲液中(悬浮状)，在上述条件下再离心 $10\,min$，取上清直接上 Sephadex G-50 柱($2.5\,cm\times80cm$)进行分离。

2. Sephadex G-50 凝胶柱层析

凝胶溶胀、装柱、平衡、加样、洗脱，用后凝胶的处理及保存等项操作技术请参阅上篇第八章和下篇实验 16 的有关内容。用 $0.01\,mol/L$ NH_4HCO_3 处理凝胶、平衡和洗脱。

$100\,g$ 新鲜兔肝样品 Sephadex G-50 凝胶层析洗脱曲线见图 23.1。层析柱规格：$2.5\,cm\times80\,cm$；洗脱流速：$2\,mL/min$；检测仪波长：$254\,nm$；记录仪纸速：$2\,cm/h$；洗脱液：$0.01\,mol/L$ NH_4HCO_3；每管收集 $10\,mL$。根据层析图谱收集含锌金属硫蛋白的峰 Ⅱ。

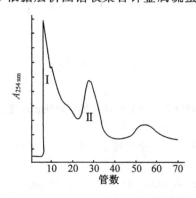

图23.1　Sephadex G-50 凝胶层析分离兔肝含锌金属硫蛋白层析图谱

3. 冷冻真空干燥

将收集的含锌金属硫蛋白溶液装入大小适宜的冻干瓶内，一般待冻干液体不能超过冻干瓶 1/3 体积。把冻干瓶倾斜放入低温酒精中，缓慢旋转瓶子，液体沿瓶壁冻成薄冰层，待冰层产生裂纹后，迅速将瓶子装上冷冻真空干燥机，冻干完毕，最后获得微黄色膨松产品。

三、含锌金属硫蛋白含量的测定

测定含锌金属硫蛋白的方法不止一种，本实验采用巯基法。该方法计算的理论依据是 1 mol/L 含锌金属硫蛋白含有 20 mol/L 巯基。具体操作如下：

(1) 将制备的含锌金属硫蛋白溶于 PBS，配成 1 mg/mL 的溶液。

(2) 取 L-Cys HCl 盐标准液（配制方法见试剂部分）10,20,30,40 和 50 μL，分装于 5 个 Eppendorf 管，每管用 PBS 定容至 1 mL，这样 5 管溶液的巯基浓度分别为 1,2,3,4,5 mmol/L。

(3) 取 10 μL PBS 作空白对照，从上列各个标准管取 10 μL 原液，另取 10 μL 样品液，依次分别置于 7 个 Eppendorf 管，每管加入 1990 μL 巯基试剂，混匀，静置 20 min 后测 412 nm 波长吸光值。空白对照，标准液和样品液均设平行管。

(4) 根据上一步测得的吸光值绘制标准曲线，从标准曲线求出待测样品的巯基含量。

(5) 计算：设待测样品中含锌金属硫蛋白质量浓度为 x(mg/mL)，则

$$x=\frac{\text{样品巯基含量}}{20}\times 6500\times 100$$

$$\text{待测样品的质量分数}(\%)=\frac{x}{\text{待测样品浓度}}\times 100\%$$

一般情况下，1 g 湿重肝可获得 2.5 mg 含锌金属硫蛋白，含量约为 70%。上列计算式中，6500 为含锌金属硫蛋白的相对分子质量。

思　考　题

1. 含锌金属硫蛋白有何生理功能？

2. 青紫蓝家兔能诱导产生含锌金属硫蛋白，家养白兔则不能，为什么？

3. 采用 Sephadex G-50 进行凝胶层析分离含锌金属硫蛋白时，可用 pH 8.6 的 0.01 mol/L Tris-HCl 或 0.01 mol/L NH₄HCO₃ 作洗脱剂，本实验选用后者，其主要优点是什么？

参　考　资　料

[1] 潘爱华,茹炳根,李令媛等.锌诱导家兔肝脏金属硫蛋白的纯化及鉴定.生物化学与生物物理学报,1992, 24(6):509~515

[2] 茹炳根,潘爱华,王正新等.小鼠肝脏金属硫蛋白的分离、纯化和鉴定.生物化学杂志,1991,7(3): 284~289

[3] Ellmam G L. Tissue Sulfhydryl Groups. Arch Biochem Biophys, 1959,82:70

[4] Cherian M G, Lau J C, Apostolova M D. In Metallothionein, 1998, Ⅳ:291~294

实验 24　固定化金属离子亲和层析

目 的 要 求

(1) 了解固定化金属离子亲和层析的基本原理和应用。

(2) 学习固定化金属离子亲和层析的实验方法。

原　　理

天然存在的蛋白质是多种多样的,它的性质也各不相同,因此给蛋白质分离纯化带来了困难。这里介绍一种强有效的分离纯化蛋白质的方法,只经过一步固定化金属亲和层析(immobilized metal-ion affinity chromatography, IMAC)使蛋白质纯度达到 $80\% \sim 85\%$ 以上,方法简单、快速、有效。

此方法主要是依据某些蛋白质对金属离子具有特殊的亲和力,这种亲和力主要依赖于组氨酸的侧链,它可以很强地结合到金属离子上,例如 Cu^{2+}、Fe^{3+} 等,这样使连接上金属离子的载体凝胶选择性地吸附含咪唑基的蛋白质,然后用含咪唑的缓冲液选择性地将吸附的蛋白质洗脱下来达到纯化的目的。

从纯化的基本原理不难看出,纯化的效果自然取决于被纯化的蛋白质分子中含有组氨酸残基的多少,尤其是暴露在蛋白质分子表面组氨酸残基的数目。兔肌肉糖原磷酸化酶(glycogen phosphorylase, GP)就是一个非常典型的例子,它含有 842 个氨基酸残基,其中有 44 个组氨酸残基,暴露和部分暴露在分子表面的组氨酸残基是 22 个,利用这一方法达到了非常好的分离效果。目前为了便于基因表达产物蛋白质的分离纯化,在蛋白质基因构建时,在蛋白质基因的 $5'$-末端或 $3'$-末端连接上 n 个组氨酸残基的密码子,表达后的蛋白质可以直接采用固定化金属亲和层析分离获得理想的纯度。

本实验用的是固定化亚氨二醋酸铜(immobilized copper iminodiacetate, Cu-IDA)金属亲和层析柱。固定化金属亲和层析中所用的金属除了 Cu^{2+} 外可以用 Ni^{2+}、Zn^{2+}、Co^{2+}、Fe^{2+}、Fe^{3+},但纯化效果有很大的差异,Cu^{2+} 和 Ni^{2+} 的分离效果最佳,其他几种分离效果都很差,当然对不同蛋白质可能也不完全一样。

试 剂 和 器 材

一、试剂

(1) IMAC 缓冲液 A:溶解 β-磷酸甘油(β-glycerophosphate)5.4 g 在 900 mL 去离子水中,加入 62.5 mL 4 mol/L NaCl,调 pH 至 7.0,最后加去离子水至 1 L。

(2) IMAC 缓冲液 B:溶解 0.04767 g 咪唑(imidazole)在 700 mL IMAC 缓冲液 A 中。

(3) IMAC 缓冲液 C:溶解 2.043 g 咪唑在 300 mL IMAC 缓冲液 A 中。

（4）IMAC 缓冲液 D：溶解 0.54 g β-磷酸甘油在 80 mL 去离子水中，加入 60 μL 150 mmol/L EDTA 和 6.25 mL 4 mol/L NaCl，调 pH 至 7.0，最后加去离子水至 100 mL。

（5）IDA 葡聚糖凝胶：购自 Pharmacia-LKB Biotechnology 公司。

100 mmol/L NaCl，50 mmol/L CuCl$_2$，50 mmol/L EDTA（pH 7.0），100 mmol/L NaOH。

二、器材

层析柱（1 cm×5 cm），自动部分收集器，紫外检测仪，梯度混合仪。

操　作　方　法

一、样品的制备

对基因表达的蛋白质，首先进行细胞培养、诱导和表达，然后离心收集细胞，并悬浮在缓冲液 D 中，其中包含有 0.3 mmol/L β-巯基乙醇（β-mercaptoethanol），0.5 μg/mL 亮抑蛋白酶肽（leupeptin），0.7 μg/mL 胃蛋白酶抑制剂（亦称抑胃酶肽 A），1 μg/mL 抑蛋白酶肽（aprotinin），0.01% 氨甲咪盐酸（benzamidine HCl），0.2 mmol/L PMSF（phenyl methyl sulfonyl fluoride）。最后破碎细胞后以 16 000 g 离心 45 min，收集上清液。

二、亲和层析

（1）Cu-IDA 亲和吸附柱制备：用 IDA 葡聚糖凝胶装一支 1 cm×5 cm 柱，先用 3 倍柱体积 100 mmol/L NaCl 洗柱，然后依次用 3 倍柱体积 50 mmol/L CuCl$_2$、100 mmol/L NaCl、IMAC 缓冲液 C 和 B 洗柱，最后用 IMAC 缓冲液 B 平衡柱子。

（2）亲和吸附：将离心后的细胞上清液直接提供到平衡后的 Cu-IDA 层析柱上，流速 2.5～3 mL/3 min。上样结束后用 IMAC 缓冲液 B 以同样流速洗涤亲和柱直至洗出液 $A_{280 nm}$ ≤ 0.02，以除去非特异性吸附的杂蛋白。

（3）亲和洗脱：结合到柱上的蛋白质用 IMAC 缓冲液 B 和 C 形成的 1～100 mmol/L 咪唑线性梯度洗脱。从柱上洗脱下来的蛋白用 280 nm 吸收作检测。

（4）亲和柱的再生：亲和柱使用结束后，先用 3 倍柱体积 IMAC 缓冲液 C 洗涤，然后依次用 3 倍柱体积 100 mmol/L NaCl、50 mmol/L EDTA（pH 7.0）、100 mmol/L NaOH 和 IMAC 缓冲液 C 洗涤，亲和柱可以获得再生。接下来按亲和吸附中的步骤洗涤和平衡柱子。如果是做同一种蛋白质的纯化，每次纯化之间亲和柱不必去除金属离子，通常在 5～10 次纯化后再行去除金属离子进行柱的再生。

（5）亲和柱的贮存：一般将柱子贮存在 20% 乙醇中，放置在 4～8℃。为了更长时间的贮存，亲和柱应该去除金属离子。

三、活性测定

对不同蛋白质有不同的活性测定方法，将有活性部分的洗脱液合并。

注　意　事　项

（1）上样体积，如果被分离蛋白和柱结合比较紧密，那么上样体积不是很重要。如果结合比较弱，上样体积应该越小越好，避免被分离蛋白与非特异性吸附物的共洗脱。

（2）为了增加被分离蛋白的纯度，平衡缓冲液中包含 5～50 mmol/L 咪唑是很有效的。如果被分离蛋白和柱结合不紧密，那么咪唑的浓度应该保持在低浓度，避免被分离蛋白过早被洗脱。

（3）本实验是在恒定的 pH(7.0)条件下采用咪唑浓度升高的线性梯度洗脱，这样可以将被分离蛋白混合物中有类似结合强度的蛋白分开，达到有效的分离。如果被分离蛋白是一个简单混合物，也可以通过同一咪唑浓度洗脱。

思　考　题

1. 金属亲和层析的原理是什么？
2. 哪些因素会影响实验结果？

参　考　资　料

[1]　Luong C B H, Browner M F and Fletterick R J. Purification of Glycogen Phosphorylase Isozymes by Metal-affinity Chromatography. J Chromatogr, 1992, 584：77～84

[2]　Carney I T, Beynon R J, Kay J. A Semicontinuous Assay for Glycogen Phosphorylase. Analytical Biochemistry, 1978, 85：321～324

实验 25　疏水层析分离金属结合蛋白

目 的 要 求

学习疏水层析的基本原理,掌握疏水层析分离生物大分子的基本方法。

原　　理

凡是以疏水层析介质为固定相,水溶液或亲水性溶剂为流动相,借助于被分离物质分子结构中疏水基团的差异,通过层析的方式对物质进行分离的方法均称为疏水层析(hydrophobic chromatography)。

由于生物大分子结构中含有不同数目的疏水基团,有些疏水基团被包裹在分子内部,有些暴露在表面,不同的生物分子暴露在表面的疏水基团的数量有一定的差异,表现出疏水性的强弱也不一样。因此,可利用暴露在分子表面的疏水基团之间的差异对物质进行分离。在分离过程中,当溶液中的疏水分子经过疏水层析介质时,就会与层析介质上疏水基团发生亲和作用,分离物质被吸附在疏水介质上,吸附结合的强弱与被分离物质在溶液中的疏水性大小有关。疏水性大的物质吸附力强,疏水性小的物质吸附力弱。在洗脱时改变溶液的极性,吸附在疏水介质上的不同极性物质,根据其疏水性的差异先后被解吸下来,最终达到分离的目的。

疏水层析介质的一个显著特征是载体表面偶联有疏水性配基,其疏水性质相对于反相层析的介质弱一些,配基密度比反相层析的介质低 10～100 倍。疏水介质和反相介质的配基都是用不同长度的烷烃类、芳香族类或烷烃和芳香族的衍生物等化合物偶联而成的。以烷烃类作为配基,碳链最短的为甲基,最长的是十八烷基。以芳香族类作为配基,最常用的是苯基和苯基的衍生物等。分离蛋白质所用的疏水介质通常采用疏水性比较弱的配基,一般碳链长度为 4～8 个碳原子之间,以芳香族类作为配基一般是苯基。分离肽类化合物采用疏水性比较强的配基,一般碳链长度为 8～18 个碳原子之间,以芳香族类作为配基一般是联苯化合物。

睾丸金属结合蛋白是一类能与二价金属离子结合的蛋白质,在哺乳动物的脏器中广泛存在,尤其是在生殖器官中含量十分丰富。哺乳动物在极限运动后可以诱导产生大量睾丸金属结合蛋白,这些金属结合蛋白含有较多的疏水性氨基酸,因此具有较强的疏水性,用疏水层析法可以得到有效分离。样品先用 $CdCl_2$ 处理,使其结合上 Cd^{2+} 后再进行疏水层析,有利于分离后用原子吸收光谱鉴别金属结合蛋白。实验表明,睾丸中含有多种金属结合蛋白,经 SDS-PAGE 可分别测定相对分子质量,其中主要成分的 M_r 大约为 6000。

试 剂 和 器 材

一、实验材料

大鼠睾丸或肝脏。

二、试剂

(1) 0.3 mol/L NaOH-60％正丙醇混合液 100 mL：称取 1.2 g NaOH，溶于 40 mL 去离子水中，加入 60 mL 正丙醇。

(2) 1％异丙醇-0.1％三氟乙酸(TFA)混合液 100 mL：取 1 mL 异丙醇，加入 99 mL 去离子水和 0.1 mL TFA。

(3) 5％异丙醇-0.1％TFA 混合液 50 mL：取 2.5 mL 异丙醇，加入 47.5 mL 去离子水和 0.05 mL TFA。

(4) 40％异丙醇-0.1％TFA 混合液 50 mL：取 2.0 mL 异丙醇，加入 30 mL 去离子水和 0.05 mL TFA。

(5) 25％乙醇 100 mL：取 25 mL 无水乙醇，加入 75 mL 去离子水。

$CaCl_2$。

三、器材

紫外检测仪及记录仪(北京新技术所)，层析柱(1 cm×10 cm)，梯度混合器，疏水层析介质(Source 30 RC，Pharmacia)，玻璃匀浆器，原子吸收光谱仪。

操 作 方 法

(1) 装柱：取 5 mL 疏水层析介质(Source 30 RC)，搅匀装柱，自然沉降至柱床体积稳定。

(2) 再生：用 50 mL 0.3 mol/L NaOH-60％正丙醇洗柱，然后用去离子水洗去残留的正丙醇，再用 1％异丙醇-0.1％TFA 平衡至记录仪绘制的基线稳定，备用。

(3) 样品的准备：取 5 g 大鼠睾丸加入 10 mL 去离子水，匀浆，离心(100 000 g，1 h，4 ℃)，取上清液，加入 10 mg $CdCl_2$ 固体溶解，静置 2 h，用去离子水透析除去残余的 $CdCl_2$。10 mL 提取液中加入 100 μL 异丙醇和 10 μL TFA。

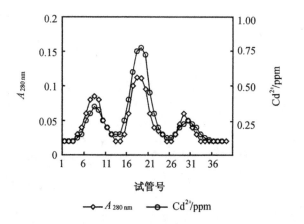

图 25.1　疏水层析分离大鼠睾丸中金属结合蛋白示意图

平衡液：1％异丙醇-0.1％TFA

洗脱液：A 液，5％异丙醇-0.1％TFA；B 液，40％异丙醇-0.1％TFA

(4) 上样：将上述大鼠睾丸金属结合蛋白提取液上柱吸附，吸附完毕，用 1% 异丙醇-0.1%TFA 平衡至记录仪基线稳定。

(5) 梯度洗脱：A 液（50 mL），5% 异丙醇-0.1% TFA；B 液（50 mL），40% 异丙醇-0.1%TFA。在磁力搅拌下进行线性梯度洗脱，分部收集洗脱液，紫外检测记录 $A_{280\,nm}$ 吸收峰，另分管测定原子吸收光谱，结果见图 25.1。

(6) 分析鉴定：用 SDS-聚丙烯酰胺凝胶电泳测定分离各组分蛋白质的相对分子质量，方法参阅实验 17。

注 意 事 项

(1) 应选用高质量的试剂，配制比例要准确，最好在临用前配制。

(2) 疏水介质要再生好，否则会影响介质的吸附量。

思 考 题

1. 疏水层析是根据什么原理进行分离的？

2. 疏水层析是否可以用不同浓度的盐溶液进行洗脱，为什么？

参 考 资 料

[1] 师治贤，王俊德编著. 生物大分子的液相色谱分离和制备，第二版. 北京：科学出版社，1999，202~228

[2] 周先碗，胡晓倩编. 生物化学仪器分析与实验技术. 北京：化学工业出版社，2003，128~138

[3] Arakawa T, Narhi L O. Solvent Modulation in Hydrophobic Interaction Chromatography. Biotechnol Appl Biochem, 1991, 13：151~172

[4] Er-el Z, Zaidenaig Y, and Shaltiel S. Hydrocarbon-coated Sepharoses Use in the Purification of Glycogen Phosphorylase. Biochem Biophys Res Commun, 1972, 49：383~390

实验 26 脂蛋白的分离——琼脂糖、聚丙烯酰胺凝胶电泳法

目 的 要 求

(1) 复习脂蛋白在体内运输的方式。

(2) 掌握琼脂糖及聚丙烯酰胺凝胶电泳分离血浆脂蛋白的方法。

原 理

以琼脂糖及聚丙烯酰胺为支持物的电泳有关理论见上篇第十一章第四、五节。

血浆中的脂类都是以各种脂蛋白(lipoprotein)的形式存在,统称为血浆脂蛋白,它是由甘油三酯、胆固醇及其酯、磷脂和载脂蛋白(apoprotein)结合而运输的。各种血浆脂蛋白都含有这四种成分,但在组成比例上不完全相同。由于载脂蛋白不同,相对分子质量大小、表面电荷不同,在电场中各种血浆脂蛋白迁移率不同,因此利用醋酸纤维素薄膜、琼脂糖、聚丙烯酰胺凝胶电泳都可将血浆脂蛋白分为四个区带:

(1) α-脂蛋白:走得最快,相当于血清蛋白电泳 $α_1$-球蛋白的位置,靠近正极。

(2) 前 β-脂蛋白:位于 α-脂蛋白的后面,相当于 $α_2$-球蛋白的位置,但在 PAGE 中,由于分子筛作用,此区带在 β-脂蛋白的后面。

(3) β-脂蛋白:相当于 β-球蛋白的位置。

(4) 乳糜微粒:颗粒最大,电荷最小,因此停留在点样处。

某些疾病还可出现前 $α$,前 $β_1$,$β_2$,$β_3$ 等区带,更有利于心血管疾病的诊断。

除上述四种脂蛋白外,血浆中还有来自脂肪组织动员出来的非酯化脂肪酸(自由脂肪酸),则与血浆中的清蛋白结合而运输。

脂蛋白常用的染色法有亚硫酸品红(Schiff 试剂)法、油红 O 法及苏丹黑预染法。为学习油红 O 及苏丹黑预染色法,脂蛋白琼脂糖电泳用油红 O 染色法,再以氨基黑染色确认分离区带是脂蛋白。PAGE 分离脂蛋白,则用苏丹黑预染法。

试 剂 与 器 材

一、实验材料

新鲜血浆或血清:空腹抽取正常人和高血脂等病人的血,室温放置 1 h 左右,3000 r/min 离心 10 min,取出血浆(清),应注意不要溶血。如需血浆则应加抗凝剂。

二、试剂

1. 琼脂糖凝胶电泳有关试剂

(1) pH 8.6 巴比妥缓冲液(离子强度 0.05):称 1.84 g 巴比妥,10.3 g 巴比妥钠用去离子

水溶解后定容到 1000 mL。

(2) 0.5%琼脂糖：用 pH 8.6 巴比妥缓冲液配制。

(3) 17%清蛋白溶液：称 17 g 牛血清清蛋白,加巴比妥缓冲液溶解后定容至 100 mL。

(4) 固定液：75%乙醇内含 5%乙酸。

(5) 染色液：

● 油红 O(Oil red O)染色液：用以染脂类。称 95 mg 油红 O,溶于 100 mL 异丙醇内,置棕色瓶中,此液为贮备液。用时取贮备液 6 mL 加到 80 mL 乙醇-水(5∶3)中,即得应用液。

● 0.1%氨基黑 10 B(amidoschwarz 10 B)染色液：用以染蛋白质。称 0.1 g 氨基黑 10 B,溶于 100 mL 甲醇-冰乙酸-水(7∶1∶2)的混合液中。

(6) 脱色液：乙醇-水(5∶3)。

2. 聚丙烯酰胺凝胶垂直板电泳有关试剂

凝胶贮液、电极缓冲液及保存液的配制方法见下篇实验 27。

3. 脂蛋白预染试剂——饱和乙酰苏丹黑乙醇溶液

(1) 乙酰苏丹黑的制备：称 2 g 苏丹黑 B,加 60 mL 吡啶和 40 mL 醋酸酐,混合,放置过夜。再加 3000 mL 去离子水,乙酰苏丹黑即析出,置布氏漏斗中抽滤,再将滤出结晶物溶于丙酮,将丙酮蒸发,则得到乙酰苏丹黑粉状结晶。

(2) 饱和乙酰苏丹黑乙醇溶液：将乙酰苏丹黑溶于无水乙醇中,使其成为饱和溶液。

40%蔗糖溶液。

三、器材

电泳仪(300~600 V,50~100 mA),水平式电泳槽(北京六一仪器厂 DYY-Ⅲ31B 型),夹心式垂直板电泳槽(北京六一仪器厂 DYY-Ⅲ28A),滤纸,培养皿(直径 12 cm),玻璃板(6 cm×8 cm,13 cm×13 cm),文具夹,玻璃纸。

操 作 方 法

一、琼脂糖电泳分离脂蛋白

(1) 铺琼脂板及制作加样槽：将 0.5%琼脂糖(用缓冲液配)置沸水浴中加热溶解,冷却到 45~50℃,按每 50 mL 琼脂糖加 1 mL 17%清蛋白的比例,加入一定量 17%清蛋白。取 10 mL 含清蛋白的琼脂糖倒入水平电泳槽托盘内(预先用橡皮膏封住短边缺口),厚度 3 mm,小心将样品槽插入未凝固的琼脂糖内,并使梳齿下沿距离玻璃板 0.5 mm 左右,不能触及玻璃板,室温放置 1 h,小心取出样品槽模板,在凝胶面上即形成加样槽(参阅下篇实验 39)。

(2) 电泳槽的准备：在电极槽中倒入 pH 8.6 巴比妥电极缓冲液,调节电泳槽的水平。

(3) 加样：用微量注射器取 10 μL 血浆(清)小心地加到样品槽中,如血脂太高则需将样品用生理盐水稀释后再加样。

(4) 电泳：将加样后的凝胶板平放在电泳槽支架上,在凝胶板两端各放一块用缓冲液浸湿的几层滤纸(或用几层纱布)"搭桥",使缓冲液液面距离凝胶板不超过 1 cm。样品端为负极,与电泳仪负极连接,另一端与正极连接,待样品扩散进入凝胶 15 min 后,打开电源开关,调节到所需的电压(凝胶板两端电压按 6 V/cm 计算),约电泳 1 h 左右。关闭电源。

(5) 固定、染色及干燥:取出凝胶板,放在含有固定液的培养皿浸泡 30 min,用去离子水冲洗数次,然后将水尽量倒干净,并用滤纸吸去残留水分,再用吹风机热风吹干。将胶片放在油红 O 染色液中染色过夜,取出后在乙醇-水(5∶3)中浸洗 5 min,用去离子水冲洗以除去底色。最后将凝胶板置一块玻璃板上室温风干。必要时,再以氨基黑 10B 染色,以证实是脂蛋白区带,也可用混合染色液显色。

(6) 测定:可用洗脱法或光吸收扫描仪进行定量测定。

● 洗脱法:切下染色区带的凝胶,捣碎,加入 4 mL 乙醇-水(5∶3)进行洗脱。30 min 后,于 550 nm(油红 O 染色)或 580 nm(氨基黑 10B 染色)比色测定各溶液的光吸收。空白对照是在同一凝胶板上切下一块与染色带同样大小的凝胶,以上述方法同样处理即可。求出各种脂蛋白的含量。

● 光吸收扫描:将凝胶板进行光吸收扫描,即可求出各自的含量。

二、聚丙烯酰胺凝胶垂直板电泳分离脂蛋白

(1) 仪器安装、配胶及灌胶:详见下篇实验 27。本实验采用 5% 分离胶,2.5% 浓缩液。凝胶聚合后"老化"30 min 后,取出样品槽模板,用滤纸条吸出槽内多余液体。倒入 Tris-甘氨酸缓冲液。

(2) 血浆(清)预处理与加样:

● 血清预染:取 0.18 mL 血清,加入饱和乙酰苏丹黑 0.02 mL,置 37 ℃ 水浴中 30 min,冷至室温,3000 r/min 离心 10 min,除去沉淀。

● 加样:取预染乙酰苏丹黑血清 30 μL,加 40% 蔗糖 30 μL 混合后,取 20~30 μL 加至样品凹槽中。

(3) 电泳:上槽接负极,下槽接正极。打开电源,开始电流为 10 mA,样品进入分离胶后改为 20~30 mA,约 2~3 h 电泳结束,即可看到染成蓝色的脂蛋白区带,并可制干板。

(4) 定量:采用光吸收扫描法较简单快速,直接可计算出各区带百分比。

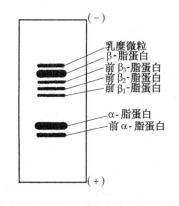

图 26.1　琼脂糖凝胶电泳对人血清脂蛋白的分辨率示意图

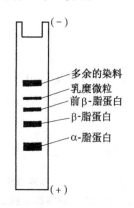

图 26.2　聚丙烯酰胺凝胶脂蛋白电泳示意图

三、结果分析

用琼脂糖及 PAGE 两种电泳方法分离血浆脂蛋白,正常人能分离出 2～3 条区带,主要是 α- 和 β-脂蛋白以及前 β-脂蛋白。高 β-脂蛋白血症、心肌梗塞、动脉粥样硬化等患者血清中可分出较多的区带(5～7 条)。图 26.1 为琼脂糖凝胶血清脂蛋白电泳图谱示意图。图 26.2 为 PAGE 血清脂蛋白电泳示意图。值得指出的是 7 条区带在同一标本中出现是极少见的,前 $β_3$-脂蛋白更少见。在 PAGE 中,由于分子筛作用,β-脂蛋白迁移速度快,走在前 β-脂蛋白的前面。

注 意 事 项

(1) 血清标本应新鲜、不溶血,空腹取血,否则乳糜微粒增加而影响实验结果。

(2) 琼脂糖凝胶电泳:

● 用本法制胶板容易,重复性好,但乳糜微粒不太清楚。

● 琼脂糖浓度:实验表明琼脂糖浓度大于 1% 时,α-脂蛋白条带紧密清晰,但 β-、前 β-脂蛋白分离不好;0.5% 琼脂糖时,条带分离较满意;低于 0.5% 琼脂糖时,凝胶不易凝固,脂蛋白区带不清晰,所以一般 0.5% 琼脂糖浓度最适宜。

● 用琼脂糖铺板时应均匀,样品槽大小适宜,边缘整齐光滑,以免造成区带扭曲。

● 血清上样量不宜太多,一般不超过 $10\,\mu\text{L}$,如血脂太高则应适当稀释。

(3) 聚丙烯酰胺凝胶电泳:

● PAA 浓度:7%PAA 对脂蛋白分离效果差;5%～6%PAA 时,α-脂蛋白清楚,但 β-脂蛋白分离较差;3%PAA 以下凝胶聚合不好。一般分离胶浓度以 4%～5%PAA 为宜。

● 凝胶缓冲 pH:在 pH>7 时,α-和 β-脂蛋白分不开,乳糜微粒和前 β-脂蛋白部分模糊不清;pH 8 时,乳糜微粒和前 β-脂蛋白可以分离,而 α-和 β-脂蛋白部分很分散;pH 8.5～9.5 之间各条区带均清楚;pH 10 以上时,分离效果又差些,因此常用 pH 为 8.5～9.5 之间。本实验分离胶为 pH 8.9。

● 血清上样量不宜过多,以免条带分辨不清或拖尾。

思 考 题

1. 为什么琼脂糖凝胶电泳及 PAGE 时脂蛋白谱带分布不完全一致?

2. 比较脂蛋白的染色方法,总结做好本实验的关键。

参 考 资 料

[1] 陈毓荃主编. 生物化学实验方法和技术. 北京:科学技术出版社,2002,239

[2] 中国人民解放军北京军医后勤部. 临床生化检验(内部资料). 1975,275～282

[3] 徐晓利,马涧泉主编. 医学生物化学. 北京:人民卫生出版社,1998,312～313

[4] Noble R P, et al. Comparison of Lipoprotein Analysis by Agarose Gel and Paper Electrophoresis with Analytical Ultracentrifugation. Lipids, 1969,4:55

实验 27　聚丙烯酰胺凝胶电泳分离乳酸脱氢酶同工酶
（活性染色鉴定法）

目 的 要 求

（1）学习聚丙烯酰胺凝胶电泳的原理和有关同工酶的知识。

（2）掌握连续垂直板聚丙烯酰胺凝胶电泳分离乳酸脱氢酶同工酶及底物染色的操作技术。

原 理

有关聚丙烯酰胺凝胶聚合及电泳原理见本书上篇第十一章第一、五、六、七节。

尽管聚丙烯酰胺凝胶电泳（PAGE）有圆盘（disc）和垂直板（vertical slab）型之分，但两者的原理完全相同。由于板状电泳的最大优点是包括标准相对分子质量蛋白在内的多个样品可在同一块凝胶上在相同的条件下进行电泳，便于利用各种方法对不同样品进行比较和鉴定，可保证结果的准确可靠；另外垂直板型凝胶具有板薄，易冷却，分辨率高，操作简单，凝胶便于扫描、照相等优点，而为大多数实验室采用。本实验着重介绍 PAGE 垂直板型的有关操作，其灌胶方式也适用于圆盘电泳。两者均可进行连续与不连续电泳。由于不连续电泳系统由两种以上的缓冲液、pH 及不同浓度的浓缩胶与分离胶组成，因此制备凝胶时，需分别制备分离胶和浓缩胶；而连续电泳系统只有均一孔径、同一浓度的凝胶，因此只需要制备分离胶，虽然没有浓缩效应，但是省时，更易操作，也具有较好的分离效果，因而常为大家采纳。

1959 年 Markert 等用电泳的方法将从牛心肌提纯的乳酸脱氢酶（LDH）结晶分离出五条区带，由正极到负极依次命名为 LDH_1、LDH_2、LDH_3、LDH_4、LDH_5，它们均具有 LDH 催化活性，从而首先提出了同工酶（isoenzyme）的概念。目前已知 LDH 同工酶是由 H 和 M 两种亚基按不同比例组成的四聚体，它们是 H_4（LDH_1）、H_3M（LDH_2）、H_2M_2（LDH_3）、HM_3（LDH_4）及 M_4（LDH_5）五种（图 27.1）。LDH 同工酶广泛分布于动、植物及微生物中，动物各组织中 LDH 同工酶各组分含量不同，如心肌中 LDH_1、LDH_2 含量丰富，骨骼肌则以 LDH_5 为主。图 27.2 是正常人心肌、肝组织提取液和血清中的 LDH 同工酶电泳条带示意图。

$H_4(LDH_1)$　　$H_3M(LDH_2)$　　$H_2M_2(LDH_3)$　　$HM_3(LDH_4)$　　$M_4(LDH_5)$

图 27.1　LDH 同工酶亚基的聚合

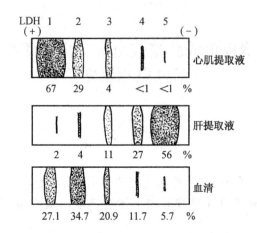

图 27.2　正常人心肌、肝提取液和血清经醋酸纤维素薄膜电泳所得 LDH 同工酶底物染色示意图

图下数值是 LDH 同工酶相对含量

LDH 同工酶底物染色显色反应如下：

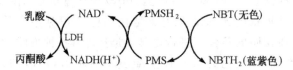

反应式中 PMS 为甲硫吩嗪（phenazine methosulfate），NBT 为氯化硝基四氮唑蓝（nitroblue tetrazolium chloride）的缩写，它们都是接受电子的染料。LDH 与底物在 37℃温浴中反应，脱下的氢经 PMS 最后传递给 NBT 生成蓝紫色的 $NBTH_2$，称为甲䐵，此物不溶于水，有利于显色后区带的保存，但可溶于氯仿-95％乙醇（9∶1）的混合液。因此，电泳后的显色区带可通过浸泡法浸出，于 560 nm 比色；也可用光吸收扫描仪扫描得出 LDH 同工酶的相对含量。

目前，LDH 及其同工酶检测已广泛用于临床，作为某些疾病鉴别诊断的依据，常用醋酸纤维素薄膜电泳、琼脂糖电泳及聚丙烯酰胺电泳分离 LDH 及其同工酶，这三种不同支持物电泳及染色原理完全相同，但灵敏度不同，因而正常值不完全相同。本实验用连续 PAGE 法分离 LDH 同工酶。

试 剂 和 器 材

一、试剂

1. PAGE 试剂

（1）30％凝胶贮液：含有 29.2％Acr 和 0.8％Bis(m/V)水溶液（$T=30\%,C=2.6\%$），过滤后置于棕色瓶中，4℃保存。

（2）Tris-甘氨酸（Gly）缓冲液贮液（pH 8.9）：30.04 g 甘氨酸，用约 1 L 去离子水溶解，用 Tris 调节至 pH 8.9，再用去离子水稀释至 2.5 L。

（3）10％（m/V）过硫酸铵（AP）贮液：用去离子水小量配制，4℃保存一周。

（4）TEMED：4℃保存。

（5）电极缓冲液：Tris-Gly 缓冲液贮液用去离子水稀释 1 倍使用。

2. 样品溶液

（1）样品处理液：40％的蔗糖（含少许溴酚蓝）。

（2）组织匀浆缓冲液：Tris-Gly 缓冲液贮液用去离子水稀释 10 倍使用。

3. LDH 同工酶染色贮存液

贮液 I：含有 5 mg/mL 氧化型辅酶 I（NAD^+）的水溶液，置于棕色瓶中 4℃ 保存两周。

贮液 II：含有 0.5 mol/L pH 7.5 磷酸钾盐缓冲液 5 mL，氯化钠 14.6 mg，60％ 的乳酸钠 0.46 mL，PMS 1.0 mg，NBT 10 mg，用去离子水定容至 21 mL，此溶液为黄色。由于 PMS 和 NBT 遇光不稳定，应置棕色瓶中 4℃ 保存。如果溶液变成绿色，则不能使用，需重新配制。

使用当天，贮液 I 和贮液 II 按照 4：21 比例混合，置于棕色瓶中备用。

4. 脱色液及保存液

（1）脱色液：7％（V/V）的乙酸溶液。

（2）保存液：含 25％乙醇，10％乙酸，5％～10％甘油的水溶液。

二、器材

夹心式垂直板电泳槽，电泳仪（与电泳槽型号配套），可调移液器（200 μL，1，5，10 mL），烧杯（50，100，500 mL），细长玻璃滴管，微量进样器（10 μL 或 50 μL），水泵或油泵，真空干燥器，培养皿（120 mm），玻璃板（比凝胶略大），玻璃纸 2 张（四周比玻璃板大 2 cm）。

操 作 方 法

一、样品制备

断脊椎处死小鼠，取适量小鼠骨骼肌、肝脏、心肌和脑组织，加入 5 倍组织重的匀浆缓冲液，用玻璃匀浆器匀浆，将匀浆液置离心管中离心（10 000 r/min，15 min），吸出上清液，加入等体积 40％的蔗糖（含少许溴酚蓝）混匀，放置 4℃冰箱中备用。

二、安装夹心式垂直板电泳槽

1. 夹心式垂直板电泳槽的组成

此电泳装置（以 Pharmacia 公司 SE250 小型垂直板电泳槽为例）分为制胶装置和电泳槽两个部分。电泳实验时需先在制胶装置上将凝胶板制好，然后将凝胶板移到电泳槽中进行电泳。凝胶模由一块玻璃板、一块凹形氧化铝板和两条间隔条组成[图 27.3(a)]。制胶装置由凝胶模底座、凸轮、凝胶模固定架、凝胶模等部件组成[图 27.3(b)]。电泳槽由下液槽、电泳槽本体（含上液槽、电极等）、弹簧夹、安全盖（连接导线）等部件组成（图 27.4）。

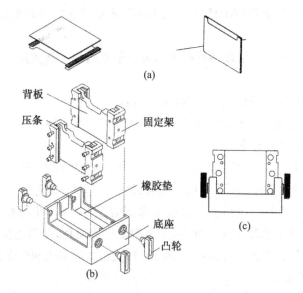

图 27.3　Pharmacia 公司 SE250 小型垂直板制胶装置的组装

（a）凝胶模的组装；（b）制胶装置各部件的组装；（c）装胶装置

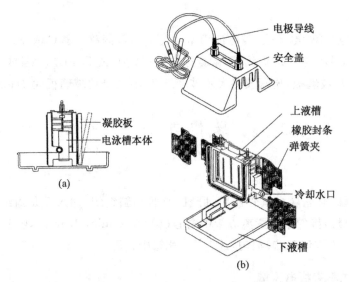

图 27.4　Pharmacia 公司 SE250 小型垂直板电泳槽的组装

（a）将凝胶模安装在电泳槽本体上；（b）电泳槽各部件

2. 制胶装置各部件的组装顺序

（1）凝胶模的组装：将玻璃板、间隔条、凹形氧化铝板按照图示组装，四周对齐［图 27.3（a）］，注意勿用手接触玻璃和氧化铝板的灌胶面。

（2）将凝胶模安装在固定架上：将凝胶模插入固定架，使凹形氧化铝板紧贴固定架的背板，将固定架放在一个水平玻璃板上，使凝胶模各部件与固定架下沿对齐，以对角线方式轻轻拧紧螺丝，使压条紧压凝胶模。

(3) 将固定架安装在底座上：将固定架置于凝胶模底座上,螺丝朝外,固定架两侧插入凸轮,凸轮旋转 180°使凝胶模的下沿在固定架的橡胶垫上压紧,这样就形成了一个两侧和底部均密闭的夹心式凝胶模[图 27.3(c)]。

三、制胶

表 27.1 列出了不同浓度凝胶的配方。根据乳酸脱氢酶的分子大小,选用浓度为 6％的凝胶,也可以使用 7.5％的标准胶。在小烧杯中按所使用的凝胶浓度配制凝胶混合液。

表 27.1　制备连续聚丙烯酰胺凝胶电泳不同浓度凝胶的配方

溶液成分	10 mL* 凝胶液中各成分的体积($C=2.6\%$)				
	$T=6\%$	$T=7.5\%$	$T=10\%$	$T=12\%$	$T=15\%$
30％凝胶贮液/mL	2.0	2.5	3.3	4.0	5.0
缓冲液贮液(pH 8.9)/mL	5.0	5.0	5.0	5.0	5.0
去离子水/mL	2.95	2.45	1.65	0.95	—
溶液真空抽气 15 min					
10％过硫酸铵/μL**	50	50	50	50	50
TEMED/μL	5	5	5	5	5

＊ Pharmacia 公司 SE250 小型垂直板电泳槽凝胶板需配制凝胶溶液 5 mL/凝胶板(厚度为 0.7 mm)。

＊＊ 过硫酸铵和 TEMED 的量可根据室温和聚合情况予以适当调整,使凝胶溶液在 30～60 min 内聚合完全。

加入 AP 和 TEMED 后,立即混匀,迅速在玻璃板和氧化铝板的间隙中灌注凝胶溶液,灌注时可用烧杯沿着玻璃板内侧缓缓倒入或用细长滴管加入。当凝胶溶液距凹形氧化铝板上沿约 0.3 cm 时,立即轻轻将样品槽模板插入凝胶溶液中,目的是使凝胶溶液聚合后,在凝胶顶部形成数个加样槽。制胶装置室温垂直放置,30～60 min 聚合反应完成,此时可以看见在样品槽模板与凝胶界面间有折射率不同的透明带,样品槽之间的凝胶溶液聚合成凝胶。最好再放置 20～30 min 待凝胶老化,使样品槽平整。

四、预电泳

由于本实验要对同工酶进行活性染色,凝胶聚合后残留的物质如 AP 等可能会引起酶的钝化,所以凝胶聚合完成后,在加样前应进行预电泳 15～20 min,除去这些残留物,然后再加样。具体操作为：

(1) 将凝胶板安装在电泳槽本体上：将凝胶板从制胶装置上取下,安装到电泳槽本体上,使凹形氧化铝板紧贴在本体的密封橡胶封条上,用弹簧夹夹紧[图 27.4(a)],在凝胶板和本体之间形成一个封闭的上液槽。

(2) 预电泳：在上、下缓冲液槽中均加入电极缓冲液,注意上槽液面要高过凹形板,凝胶板与下槽液的缝隙处无气泡。将印有样品槽模板形状的塑料片贴在玻璃板上,使其与样品槽重合(加样后正式电泳前将塑料片取下),小心拔出样品槽模板,盖上电泳槽安全盖,接上电源,注意正负电极的连接(电极颜色一致),恒压 100 V,进行预电泳 15 min。此步骤也可省略不做,直接加样,进行电泳。

五、加样

关闭电源,打开安全盖,按照表 27.2 用微量进样器吸取一定体积的样品溶液,小心地将样品加在样品槽底部,因样品密度大,即平铺在胶面上,形成一薄层。注意每加完一个样品后用去离子水或电极缓冲液洗涤进样器,或者每种样品使用同一支进样器,以免样品相互污染。

表 27.2　电泳样品的加样量

样　品	骨骼肌	心　肌	肝　脏	脑
加样体积/μL	5	5	3	10

六、电泳

加样后,将电泳仪调至恒压 80 V,待指示剂全部进入凝胶后,电压提高到 100~120 V,继续电泳,直到溴酚蓝前沿到达距凝胶下端约 0.5 cm 时,关闭电源,停止电泳。如果是用 7.5% 的凝胶,可以在溴酚蓝走出凝胶下沿后继续电泳 30~60 min,使各同工酶条带分离效果较好。

七、染色、脱色

电泳结束后,将凝胶板取下,用薄尺子轻轻将玻璃板和氧化铝板撬开,在凝胶下部切去一角以标注凝胶的方位,然后将带有凝胶的一块板反扣过来,胶面朝下,用尺子小心地将凝胶的一角剥离,直到凝胶完全掉入接在下面的装有活性染色液的培养皿中。轻轻摇动培养皿,使凝胶完全都浸泡在染色液中,放入 37℃恒温水浴中保温,注意避光,待大多数条带显现蓝紫色时除去染色液,显色时间一般为 15~30 min。加入脱色液终止酶促反应,并使凝胶底色脱去直至背景清亮(图 27.5)。

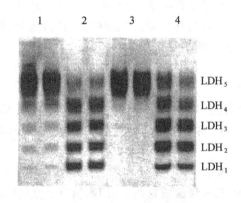

图 27.5　PAGE 分离小鼠 LDH 同工酶活性染色结果
1. 骨骼肌;2. 心肌;3. 肝脏;4. 脑

八、制干胶

用两张玻璃纸将凝胶制成夹心式干胶。具体做法是将凝胶和两张玻璃纸(比玻璃板四周宽约 2 cm)在保存液中浸泡 5~10 min,先把一张玻璃纸平铺在一块比凝胶略大的玻璃板上,用尺子赶走玻璃纸与玻璃板之间的气泡,然后将凝胶平铺在玻璃纸上,切去加样槽部分,将另一张玻璃纸覆盖在凝胶上,注意玻璃纸与玻璃板之间、玻璃纸与凝胶之间不能有气泡,将两层玻璃纸多出玻璃板的部分紧贴在玻璃板背面,放在通风处自然干燥。待凝胶干透后,取下玻璃板即可得到平整透明的电泳干胶图谱。此片可长期保存,并便于扫描、数据处理。

九、结果分析、处理

(1) 对各组织 LDH 同工酶谱进行定性分析和比较。

(2) 干胶板经扫描处理,即可得各组织五种 LDH 同工酶的相对含量,再作定量分析。

附注1:北京六一仪器厂 DYY-Ⅲ28A 垂直板电泳槽

1. 夹心式垂直板电泳槽的组成

电泳槽装置两侧为有机玻璃制成的电极槽,分为上液槽和下液槽,电极槽上装有白金电极和冷凝管,两个电极槽中间夹有一个凝胶模,两个电极槽与凝胶模靠四个长螺丝固定[图 27.6 (a)]。凝胶模由一个凹形的橡胶框、两块长短不等的玻璃板和一个样品槽模板组成[图 27.6 (b)]。

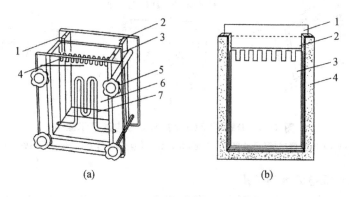

(a)　　　　　　　　　(b)

图 27.6　DYY-Ⅲ28A 垂直板电泳槽示意图

(a) 垂直板电泳槽(1. 导线接头;2. 下液槽;3. 凹形橡胶框;4. 样品槽模板;5. 固定螺丝;6. 上液槽;7. 冷凝系统);(b) 夹心式凝胶模示意图(1. 样品槽模板;2. 长玻璃板;3. 短玻璃板;4. 凹形橡胶框)

2. 夹心式垂直板电泳槽的使用

(1) 凝胶模的组装:将长短两块玻璃镶嵌在橡胶框的凹槽内,玻璃板之间形成一层1mm厚的夹心空隙,长玻璃板下沿与橡胶框有 2～3 mm 的缝隙。

(2) 电泳槽的组装:将凝胶模放在上、下电极槽之间,短玻璃板面对上槽,长玻璃板在下槽一侧,对齐,用四个长螺丝固定上下槽,双手以对角线方式旋紧螺丝。

(3) 琼脂封底:将电泳槽竖直放置,用细长滴管吸取少量用电极缓冲液配制的1%琼脂(加热融化),从长玻璃板外侧,将琼脂均匀地加在凝胶模底部长玻璃板与橡胶框之间的缝隙处,其液面高度约 0.5～1.0 cm。待琼脂凝固后,即封住长玻璃板与橡胶框下面的缝隙,电泳时作为盐桥起导电作用。

(4) 制胶:根据所需凝胶浓度配制凝胶混合液(1mm 厚胶板需配制 20 mL),混匀后迅速在两个玻璃板的间隙中灌注凝胶溶液(不能有气泡),当凝胶溶液距短玻璃板上沿约 0.3 cm 时,插入样品槽模板,待凝胶聚合反应完成。

（5）电泳：凝胶聚合后，在上、下缓冲液槽中均加入电极缓冲液，注意上槽液面要高过短玻璃板，下槽液高过电极丝，小心拔出样品槽模板，即可进行预电泳（20 mA，1 h）、上样和电泳（样品进胶前 10 mA，进胶后 20～25 mA，约 3 h）。

附注 2：北京六一仪器厂 DYY-Ⅲ24D 小型垂直板电泳槽

1. 夹心式垂直板电泳槽的组成

电泳槽的各部件见图 27.7。

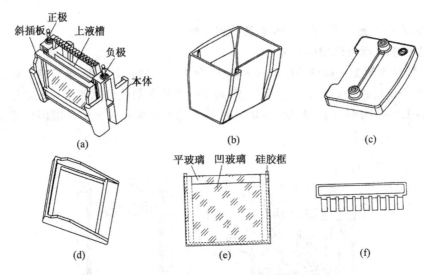

图 27.7 DYY-Ⅲ24D 小型垂直板电泳槽示意图

（a）电泳槽本体；（b）电泳槽主槽（下液槽）；（c）电泳槽上盖；（d）斜插板；（e）夹心式凝胶板；（f）样品槽模板

2. 夹心式垂直板电泳槽的使用

（1）凝胶模的组装：将密封硅胶框放在平玻璃（长板）上，围住其中三边，然后将凹形玻璃（短板）与平玻璃重合，对齐，在两块玻璃板中间形成凝胶室，如图 27.7（e）。

（2）电泳槽的组装：将凝胶模放入电泳槽本体，凹形玻璃朝向本体外侧，插入斜插板固定（其直边贴玻板），并用力压紧，即可灌胶。此电泳槽本体上可同时安装两块凝胶板，若只用一块凝胶电泳时，需用一块有机玻璃板将本体另一侧封住，插入斜插板固定，使上、下液槽分隔开。

（3）制胶：同上。1 mm 厚度胶板需配制 6 mL 胶液（7.5%）。

（4）电泳：凝胶聚合后，将凝胶板从电泳槽本体上取下，去掉硅胶框，重新将凝胶板安装在本体上，凹形玻璃置本体内侧，将本体放入主槽内。向上液槽（即两块凝胶模间形成的空槽，也称负极槽）加入电极缓冲液直至浸泡过凹形玻璃板，下液槽（正极槽）也加入缓冲液，即可预电泳、上样和电泳。盖上电泳槽上盖时注意正、负极位置，不要接反，样品进胶前 80 V，进胶后稳压 150 V，2.5 h 结束电泳。

注 意 事 项

（1）Acr 和 Bis 是制备凝胶的关键试剂，如含有丙烯酸或其他杂质，则造成凝胶聚合时间延长,聚合不均匀甚至不聚合。所以在制备凝胶时应选择高纯度的试剂,否则会影响凝胶的聚合与电泳的效果。纯 Acr 水溶液 pH 应在 $4.9 \sim 5.2$。其 pH 变化不大于 0.4 pH 单位就能使用。Acr 和 Bis 均为神经毒剂,对皮肤有刺激作用,实验表明对小鼠的半致死剂量为 170 mg/kg,操作时应避免皮肤接触和吸入粉尘,尽量避免污染台面及用具,灌胶剩余的凝胶溶液应待聚合后丢弃。在保存过程中,Acr 和 Bis 的贮液应放在棕色试剂瓶中,4 ℃ 冰箱中保存,以减缓 Acr 和 Bis 的分解,每隔几个月须重新配制。Acr 和 Bis 贮液在保存过程由于水解作用而形成丙烯酸和 NH_3 使其 pH 变化,可通过测 pH 来检查试剂是否失效。

(2) 由于与凝胶接触的玻璃板、氧化铝板和间隔条不光滑洁净,在电泳时会造成凝胶板与其剥离,产生气泡或滑胶,在电泳后剥胶时凝胶板易断裂,为防止此现象,所有器材均应严格地清洗,应注意使用海绵清洗,避免产生划痕。

(3) 制胶时,插入样品槽模板应注意模板下沿不能存有气泡,否则胶凝后样品槽底部不平,造成电泳后条带不平整;另外凝胶溶液应充满样品槽间隙,使样品槽具有一定高度,以防加样时样品溢出污染相邻样品槽。

(4) 凝胶聚合完全后,必须再放置 $20 \sim 30$ min,使其充分"老化"后,才能轻轻取出样品槽模板,切勿破坏加样槽底部的平整,以免电泳后区带扭曲。

(5) 电泳时,电泳仪与电泳槽之间正、负极不能接错,以免样品反方向泳动。电泳时应选用合适的电流、电压,过高的电流引起的热效应可导致 LDH 失活及胶板被烧糊。

(6) LDH 同工酶活性染色时间不要过长,一般以 $15 \sim 30$ min 为宜,当大多数条带显现蓝紫色时即可终止染色。使用后的染液如果仍为黄色,则可继续使用;若染液变为绿色则不能使用。染色液愈新鲜,显色愈快。

思　考　题

1. 简述 LDH 同工酶活性染色原理及其优点。
2. 总结做好本实验的关键。

参　考　资　料

[1] 洪光元,萧能庼等. 人体乳酸脱氢酶同工酶系统研究(一). 北京大学学报(自然科学版),1987,23(6):99～102

[2] 洪光元,李建武等. 人体乳酸脱氢酶同工酶系统研究(二). 北京大学学报(自然科学版),1988,24(2):195～201

[3] 方丁,房世荣. 同工酶在医学上的应用. 北京:人民卫生出版社,1982,66～94

[4] 郭尧君编著. 蛋白质电泳实验技术. 北京:科学出版社,1999,54～122

[5] Maurer H R. Disc Electrophoresis and Related Techniques of Polyacrylamide Gel Electrophoresis. New York:Walter de Gruyter Berlin, 1971, 149～157

[6] Kaplan A. Clinical Chemistry, Interpretation and Techniques. Lea & Febiger, 1979, 209～213

[7] Cooper G R. Standard Methods of Clinical Chemistry. New York:Academic Press, 1972,7:49～61

[8] Cooper T G. The Tools of Biochemistry. New York:John Wiley & Sons, Inc, 1977, 215～231

实验 28 谷胱甘肽转硫酶的制备及动力学研究

目 的 要 求

(1) 学习用亲和层析法纯化谷胱甘肽转硫酶的原理和方法。

(2) 了解米氏方程、米氏常数的意义和米氏方程的几种变换形式及作图法。

(3) 以谷胱甘肽转硫酶为例,掌握酶活力、米氏常数和最大反应速度测定的方法。

原 理

谷胱甘肽转硫酶(glutathione S-transferase,简称 GST,EC 2.5.1.18)广泛存在于动物和人体的各种组织中,以哺乳动物肝脏中含量最高,约占肝可溶性蛋白的 10%。GST 是机体内一组具有重要解毒作用的同工酶家族,均为由两个亚基组成的二聚体,相对分子质量为 45 000~49 000,各同工酶的等电点不同,多为碱性同工酶。

GST 参与芳香环氧化物、过氧化物和卤化物的解毒作用,GST 催化这些带有亲电中心的疏水化合物与还原型谷胱甘肽(GSH)的亲核基团 GS^- 反应,中和它们的亲电部位,使产物水溶性增加,经过一系列代谢过程,最后产物为巯基尿酸,被排出体外,从而达到解毒目的。另外,GST 还能共价或非共价地与非底物配基以及多种疏水化合物结合,具有结合蛋白的解毒功能。

酶学实验首先是对酶进行分离纯化,本实验采用亲和层析法分离谷胱甘肽转硫酶,有关亲和层析理论参阅上篇第九章。亲和层析法分离纯化谷胱甘肽转硫酶是利用酶与酶的底物分子之间具有亲和力能可逆结合和解离的原理将酶与杂质分离,使酶得以分离纯化。首先是亲和层析介质的制备,固相载体选用琼脂糖凝胶,制备过程一般分两步进行:首先在碱性条件下用环氧氯丙烷和二氧六环活化载体,引入活泼的环氧基团,然后活化的载体与含巯基的配基(酶的底物 GSH)通过硫醚键偶联,制成酶的专一吸附剂。亲和层析介质装在层析柱中,将含有待分离酶的粗提溶液在酶与配基易于结合的条件下通过该层析柱,酶被吸附在亲和层析介质上而其他杂蛋白通过层析柱流出,改变缓冲液组分使酶与配基分子间的亲和力降低,以致解离,从而得到纯化的酶。

在酶的分离过程中或纯化后,都要随时测定酶活性,计算酶的比活性,用以确定分离过程中各步骤的效能、决定粗酶的取舍以及酶贮存期间质量的变化,所以酶活性的测定是酶学研究中最常用的实验方法。1961 年国际生物化学协会酶学委员会提出酶活力单位统一用国际单位(international unit,简写为 IU)来表示,规定:在最适反应条件下,每分钟内催化 1 μmol 底物转化成为产物所需要的酶量为一个酶活力单位,即 1 IU=1 μmol/min。根据谷胱甘肽转硫酶的特性,用 1-氯-2,4-二硝基苯(CDNB)和还原型谷胱甘肽作为酶的底物,用紫外吸收测定法记录酶促反应生成产物 GS-DNB 引起的光吸收增加值,以此来计算 GST 的酶活力。反应式为国际酶学委员会规定酶的比活力（specific activity）为每毫克蛋白质所具有的酶活力单位，一般用酶活力单位/mg 蛋白质来表示。酶的比活力是酶学研究和生产中常用的数据，用来衡量酶的纯度，对于同一种酶来说，比活力越大，酶的纯度越高。比活力的大小可以用来比较酶制剂中单位质量蛋白质的催化能力，是表示酶的纯度高低的一个重要指标。

1913 年，Michaelis 和 Menten 运用酶反应过程中形成中间络合物的原理，首先提出了底物浓度和酶促反应速率的关系式，即著名的米氏方程：

$$v = \frac{V \cdot [\text{S}]}{K_m + [\text{S}]}$$

式中，v 为反应初速率$[\mu\text{mol}/(\text{L} \cdot \text{min})]$，$V$（或 V_{max}）为最大反应速率$[\mu\text{mol}/(\text{L} \cdot \text{min})]$，$[\text{S}]$ 为底物浓度（mol/L），K_m 为米氏常数（mol/L）。这个方程式表明，当已知 K_m 及 V 时，酶反应速率与底物浓度之间的定量关系。K_m 等于酶促反应速率达到最大反应速率一半时所对应的底物浓度，是酶的特征常数之一。不同酶的 K_m 不同，同一种酶与不同底物反应时 K_m 也不同，K_m 可近似地反映酶与底物的亲和力大小：K_m 大，表明亲和力小；反之 K_m 小，表明亲和力大。大多数纯酶的 K_m 在 $0.01 \sim 100 \, \text{mmol/L}$。在一定酶浓度下，酶对特定底物的最大反应速率 V 也是一个常数，V 与 K_m 一样，同一种酶对不同底物的 V 也不同。

将米氏方程的形式加以改变，可以得到几种方程形式，在特定条件下测得不同底物浓度 $[\text{S}]$ 时相应的初速率 v，用作图法测定 K_m 和 V。下面是几种方程形式的图解方法：

（1）v-$[\text{S}]$作图法：根据米氏方程，以 v-$[\text{S}]$作图[图 28.1(a)]，在 $v = \dfrac{V}{2}$ 时的底物浓度 $[\text{S}]$ 即为 K_m。

（2）v-p$[\text{S}]$作图法：米氏方程的对数式为

$$\text{p}[\text{S}] = \text{p}K_m + \lg \frac{V - v}{v}$$

以 v-p$[\text{S}]$作图[图 28.1(b)]，当 $v = \dfrac{V}{2}$ 时，p$[\text{S}] = \text{p}K_m$。

用方法（1）和（2）求 K_m，需要测定许多高浓度底物的反应速率以确定最大反应速率，进而求出 K_m，但即使很大的底物浓度也只能测出 V 的近似值，因此得不到准确的 K_m 和 V 值。所以通常将米氏方程转化成各种线性形式，采用直线作图法来测定 K_m 和 V。

（3）双倒数作图法（Lineweaver-Burk 法）：米氏方程的倒数式为

$$\frac{1}{v} = \frac{K_m}{V} \cdot \frac{1}{[\text{S}]} + \frac{1}{V}$$

以 $\dfrac{1}{v}$-$\dfrac{1}{[\text{S}]}$ 作图得到一条直线[图 28.1(c)]，将直线延伸至横、纵坐标轴，其横截距为 $-\dfrac{1}{K_m}$，纵截距为 $\dfrac{1}{V}$，斜率为 $\dfrac{K_m}{V}$，由此求出 K_m 和 V。双倒数作图法为实验室常用方法，但缺点是低底物浓度下测定的点误差较大，影响测定的正确性。

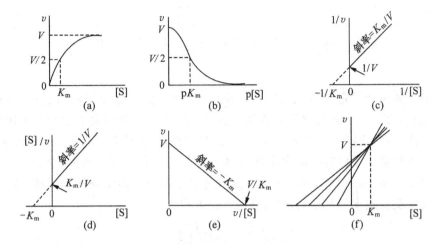

图 28.1　测定 K_m 和 V 图解法

（a）米氏方程作图法；（b）米氏方程的对数作图法；（c）双倒数作图法；（d）Hanes-Woolf 作图法；

（e）Eadie-Hofstee 作图法；（f）Eisenthal 和 Cornish-Bowden 作图法

（4）Hanes-Woolf 作图法：米氏方程的另一种形式为

$$\frac{[S]}{v} = \frac{K_m}{V} + \frac{[S]}{V}$$

以 $\frac{[S]}{v}$-[S]作图，得到一条直线[图 28.1（d）]，其横截距为－K_m，纵截距为 $\frac{K_m}{V}$，斜率为 $\frac{1}{V}$，由此求出 K_m 和 V。

（5）Eadie-Hofstee 作图法：取米氏方程的又一种形式，

$$v = V - K_m \cdot \frac{v}{[S]}$$

以 v-$\frac{v}{[S]}$作图，得到一条直线[图 28.1（e）]，其横截距为 $\frac{V}{K_m}$，纵截距为 V，斜率为－K_m，由此求出 K_m 和 V。

（6）Eisenthal 和 Cornish-Bowden 作图法：在固定酶浓度时米氏方程的另一种形式，

$$V = v + \frac{v}{[S]} \cdot K_m$$

从方程中得到，当 $K_m=0$ 时，$V=v$；当 $V=0$ 时，$K_m=-[S]$。则我们可以把[S]标在横坐标的负半轴上，实验测定得到相应的 v 标在纵坐标上，用直线连接相应的[S]和 v，这一簇直线交于一点，这一点的横坐标为 K_m，纵坐标为 V[图 28.1（f）]。由于实验误差，这些直线通常相交于一个范围内，一般取这些交点的中间值，这种作图法的优点是可以直接求出 K_m 和 V 值。

米氏方程是从单底物酶促反应推导出来的，但实际上这种反应很少。在多底物反应中，如果只有一种底物浓度发生变化，其他底物浓度保持不变，那么就可以将它看成单底物反应，利用米氏方程的几种形式测定 K_m 和 V。谷胱甘肽转硫酶催化的反应为双底物反应，对不同的底物有不同的 K_m 和 V。实验测定其中一个底物的 K_m 和 V 时，该底物的浓度发生变化，而其他底物的浓度保持不变，则可纳入准单底物反应，可利用米氏方程来处理数据。

利用米氏方程测定 K_m 和 V 可以采用绘制时间-光吸收关系曲线法或终止反应法，前者是根据每个底物浓度下的 t-$A_{340\,nm}$ 关系曲线求出相应的酶促反应初速率,利用作图法得到 K_m 和 V;后者是在酶和底物反应达到预定的时间(本实验反应时间采用 1 min 时),立即加入强酸使酶变性,终止酶促反应,在这段反应时间里产物的生成量基本呈线性增加,用这段反应时间内的平均速率代替反应初速率,利用作图法,通过横截距和纵截距就可以很方便地求出 K_m 和 V。终止反应法在实验中具有简化操作程序、便于掌握的优点。

试 剂 和 器 材

一、实验材料

Sepharose QT₄ 或 QT₆(北京大学生命科学学院研制,其性能相当于 Pharmacia 公司产品 Sepharose 4B 或 6B),新鲜(或冰冻)兔肝。

二、试剂

1. 亲和层析介质试剂

Sepharose QT₄ 或 QT₆,还原型谷胱甘肽(GSH),0.5 mol/L NaCl,2 mol/L NaOH,环氧氯丙烷,56% 二氧六环,1 mol/L 乙醇胺,0.1 mol/L 乙酸缓冲液(含 0.5 mol/L NaCl,pH 4.5)。

2. 亲和层析试剂

(1) 缓冲液 A:0.025 mol/L 磷酸盐缓冲液(见附录 Ⅱ 之五),pH 7.4,含 3 mmol/L 二硫苏糖醇(DTT),1 mmol/L EDTA,0.2 mol/L NaCl。

(2) 缓冲液 B:0.025 mol/L 磷酸盐缓冲液(见附录 Ⅱ 之五),pH 7.4,含 3 mmol/L DTT,3 mmol/L GSH。

3. 酶促动力学试剂

(1) 0.1 mol/L 磷酸盐缓冲液(见附录 Ⅱ 之五),pH 6.5。

(2) 60 mmol/L GSH:重蒸水溶解,4℃保存两周,−20℃冷冻可保存半年。

(3) 60 mmol/L CDNB:无水乙醇配制,置于棕色瓶中,室温或 4℃避光密封保存。

(4) 2 mmol/L GSH:使用当天用 0.1 mol/L 磷酸盐缓冲液(pH 6.5)将 60 mmol/L GSH 稀释 30 倍。

三、器材

锥形瓶,抽滤瓶,G3 烧结漏斗,循环水泵,水浴摇床,玻璃匀浆器或组织捣碎机,超速冷冻离心机,层析柱(1.5 cm×10 cm),核酸-蛋白质检测仪及记录仪,紫外分光光度计,微量注射器(50 μL 或 100 μL),玻璃注射器(1 mL),吸量管(1,2,5 mL)。

操 作 方 法

一、亲和层析法纯化谷胱甘肽转硫酶

(1) 亲和层析介质 GSH-Sepharose QT₄(或 QT₆)的制备:称取 10 g Sepharose QT₄(或

QT$_6$），分别用 100 mL 去离子水、0.5 mol/L NaCl、去离子水淋洗，加入 6.5 mL 2 mol/L NaOH、15 mL 56% 二氧六环和 1.5 mL 环氧氯丙烷，45℃恒温水浴摇动（160 r/min），活化 2～3 h 后，用 100 mL 去离子水少量多次洗去活化剂。0.4 g GSH 溶于 10 mL 去离子水中，用 1 mol/L NaOH 调节 pH 7.6，将其加入凝胶中，通氮气 10 min，密闭，37℃恒温水浴摇动（100 r/min），偶联 24 h 后，分别用 100 mL 去离子水、含 0.5 mol/L NaCl 的 0.1 mol/L 乙酸缓冲液（pH 4.5）、去离子水淋洗。残余的活化基团用 40 mL 1 mol/L 乙醇胺封闭过夜，用 100 mL 去离子水淋洗，得到亲和层析介质 GSH-Sepharose QT$_4$（或 QT$_6$）。

（2）亲和层析柱的准备：将亲和层析介质 GSH-Sepharose QT$_4$（或 QT$_6$）装柱，方法与一般层析柱相同（见下篇实验 16），柱床体积 5～10 mL，将层析柱与核酸-蛋白质检测仪及记录仪连接，用缓冲液 A 平衡 4～5 倍柱床体积，至记录仪基线平稳。

（3）上柱样品的制备：称取剔去结缔组织的兔肝 4 g，加入 10 倍组织质量的缓冲液 A，用玻璃匀浆器或组织捣碎机匀浆，匀浆液离心（10 000 g，10 min，4℃）。上层清液再经超速离心（100 000 g，40 min，4℃），上清液用玻璃纤维或滤纸过滤，收集滤液。两次离心的沉淀弃去。

（4）亲和层析柱分离 GST：将离心并过滤后的匀浆上清液上柱，加样方法与一般柱层析上样操作相同，控制流速 20 mL/h，流出液为红色，从记录仪上可观察到一个很大的吸收峰，此为杂蛋白，GST 被吸附在亲和层析介质上。上样完毕，用缓冲液 A 平衡亲和柱，直至柱中介质变白，记录仪回到基线，说明柱中的杂蛋白已清洗干净。换缓冲液 B 洗脱，收集洗脱峰，此峰即为 GST 吸收峰（图 28.2）。

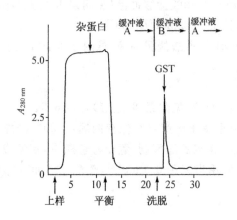

图 28.2　亲和层析法纯化谷胱甘肽转硫酶示意图

二、测定酶活力和比活力

1. 酶活力的测定

在室温条件下测定，调整好紫外分光光度计，使其处于使用状态。

取两个石英比色杯（光程为 1 cm），按照表 28.1 分别在两个比色杯中加入溶液。

表 28.1　酶活力测定加样表

	空白比色杯	测定比色杯
0.1 mol/L 磷酸盐缓冲液(pH 6.5)/mL	2.9	2.9*
60 mmol/L GSH/μL	50	50
60 mmol/L CDNB/μL	50	50
混匀,放入紫外分光光度计校零		
酶液/μL	—	x**

* 加入磷酸盐缓冲液的体积随所知酶液体积而变化,应使最终的反应体积为 3 mL。

** 加入酶液的体积应使 $\Delta A_{340\,nm}$/min 在 0.2～0.5 之间。如果 $\Delta A_{340\,nm}$/min>0.5,则酶液需要适当稀释或减量。一般收集的酶液用 0.1 mol/L 磷酸盐缓冲液稀释 5～10 倍,加样 20～50 μL。

　　酶液加入测定比色杯的反应体系中,立即混匀并同时开始计时,于 340 nm 处监测其光吸收的变化,每隔 30 s 读数一次,共 3～5 min 至底物基本反应完全。作出时间-光吸收关系曲线(图 28.3),从图中可以看到,反应速度只是在最初一段时间内保持恒定,随着反应时间的延长,酶促反应速度逐渐下降,酶促反应速度应以初速度为准。过原点作切线,在切线部分求出 $\Delta A_{340\,nm}$/min。以 1 min 内催化生成 1 μmol 产物 GS-DNB 的酶量为一个酶活力单位(IU),即 1 IU=1 μmol/min。按以下公式计算酶活力:

$$GST\ 活力单位(IU) = \frac{\Delta A_{340\,nm} \cdot V}{\varepsilon \cdot L}$$

式中,$\Delta A_{340\,nm}$ 为每分钟光吸收的变化值,V 为酶促反应体积(3 mL),ε 为产物的消光系数 [9.6 L/(mmol·cm)],L 为比色杯的光程(1 cm)。

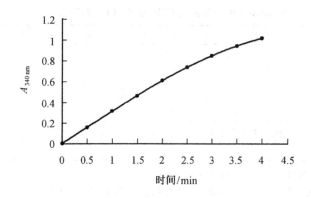

图 28.3　时间-光吸收关系曲线

2. 酶比活力的计算

　　用蛋白质浓度测定方法(如 Folin-酚、考马斯亮蓝等方法)测定酶液的蛋白质浓度,按照以下公式计算酶的比活力:

$$酶的比活力(IU/mg\ 蛋白) = \frac{酶活力单位}{测定酶活力所用蛋白质的量}$$

三、测定酶促反应的米氏常数 K_m 及最大速率 V

以测定 GSH 的 K_m 和 V 为例说明之。

1. 绘制时间-光吸收关系曲线法

取两个石英比色杯(光程为 1 cm),一个作为空白对照,另一个用来测定。两个比色杯按表 28.2 依次加入底物溶液及磷酸盐缓冲液,空白对照比色杯中的底物浓度与测定比色杯中的底物浓度相同,在测定比色杯中加入相同体积的酶液,测定每个 GSH 浓度下的 t-$A_{340\,nm}$ 关系曲线,具体操作方法同酶活力测定。

表 28.2　绘制时间-光吸收关系曲线法测定 GSH 的 K_m 和 V 加样表

	1	2	3	4	5
2 mmol/L GSH/mL	0.15	0.30	0.60	1.20	2.40
60 mmol/L CDNB/μL	50	50	50	50	50
0.1 mol/L 磷酸盐缓冲液/mL*	2.80	2.65	2.35	1.75	0.55
酶液/μL**	x	x	x	x	x

* 磷酸盐缓冲液体积随酶量而变化,最终反应体积为 3 mL。

** 酶液稀释倍数与酶活力测定一致,可根据酶活力的测定决定加酶量,使 $\Delta A_{340\,nm}$/min 在 0.05~0.5 之间。

根据每个 GSH 浓度下的 t-$A_{340\,nm}$ 关系曲线求出酶促反应的初速度 $v[\mu mol/(L \cdot min)]$,利用作图法得到 K_m 和 V。

2. 终止法

取 6 支试管,按照表 28.3 加样。

表 28.3　终止法测定 GSH 的 K_m 和 V 加样表

	0	1	2	3	4	5
2 mmol/L GSH/mL	—	0.15	0.3	0.60	1.20	2.40
60 mmol/L CDNB/μL	50	50	50	50	50	50
0.1 mol/L 磷酸盐缓冲液/mL*	2.85	2.70	2.55	2.25	1.65	0.45
酶液/μL**	x	x	x	x	x	x
反应 1 min 时立即加入 50% 的 TCA 100 μL,混匀						
$\Delta A_{340\,nm}$/min						

* 磷酸盐缓冲液体积随酶量而变化,最终反应体积为 3 mL。

** 酶液稀释倍数与酶活力测定一致,可根据酶活力的测定决定加酶量,使 $\Delta A_{340\,nm}$/min 在 0.05~0.5 之间;0 号管先加 TCA,再加酶,以保证不发生酶促反应。

根据每个 GSH 浓度下的 $\Delta A_{340\,nm}$/min,求出酶促反应的初速度 $v[\mu mol/(L \cdot min)]$,利用作图法得到 K_m 和 V。

注 意 事 项

(1) 亲和层析柱分离 GST 时,控制流速不宜过快,上样时使 GST 能充分吸附在亲和介质上,洗脱时 GST 能较集中地被洗脱下来,避免洗脱体积过大,给后面的操作带来不利。

（2）酶活力测定时使用的所有实验用具均需清洗干净，避免引进未知因素影响实验结果。

（3）本实验是一个定量测定方法，为获得准确的实验结果，应尽量减少实验操作中带来的误差，因此实验中配制底物溶液时应使用同一母液进行稀释，保证底物浓度的准确性。各种试剂的加量也应准确，并严格控制准确的酶促反应时间。

（4）实验表明，反应速度只在最初一段时间内保持恒定，随着反应时间的延长，酶促反应速度逐渐下降，最后完全停止。原因有多种，如底物浓度降低，产物浓度增加对酶产生抑制作用并加速逆反应的进行，酶在一定 pH 及温度下部分失活等，因此，研究酶的活力应以酶促反应的初速度为准。

（5）测定 GSH 的 K_m 和 V 时，底物 GSH 浓度变化而 CDNB 浓度不变，由于 GSH 的 $A_{340\,nm}$ 很小，空白对照比色杯中 GSH 的浓度对测定结果几乎没有影响，所以在测定时空白对照比色杯中的空白溶液可以只用一个；而测定 CDNB 的 K_m 和 V 时，底物 CDNB 浓度变化而 GSH 浓度不变，由于 CDNB 的 $A_{340\,nm}$ 很大，空白对照比色杯中 CDNB 的浓度对测定结果影响很大，所以在测定时空白对照比色杯中的底物浓度与测定比色杯中的底物浓度应相同，即测定每个 CDNB 浓度时都应该使用相同浓度 CDNB 的空白对照溶液。

思 考 题

1. 试述底物浓度对酶促反应速率的影响？
2. 在什么条件下，测定酶的 K_m 可以作为鉴定酶的一种手段，为什么？
3. 米氏方程中的 K_m 有何实际应用？

参 考 资 料

［1］ 党进军等.大鼠肝谷胱甘肽转硫酶的制备及其部分性质的研究.生物化学与生物物理进展,1988,15(2)：134～137
［2］ 马素永等.玉米螟谷胱甘肽转硫酶的纯化及性质研究.北京大学学报（自然科学版）,1999,35(4)：474～479
［3］ 高剑峰.酶的 K_m,V_{max} 测定实验的最优化设计及实现方法.生命的化学,1994,14(3)：42～45
［4］ Clark A G, et al. The Characterization by Affinity Chromatography of Glutathione S-transferases from Different Strains of Housefly. Pesticide Biochemistry and Physiology,1982, 17：307～314
［5］ Simos P C, et al. Purification of Glutathione S-transferases from Human Liver by Glutathione-affinity Chromatography. Anal Biochem,1977, 82：334～341
［6］ Habig W H, et al. Glutathione S-transferase, the First Enzymatic Step in Mercapturic Acid Formation. J Biol Chem,1974, 249(22)：7130～7139
［7］ Clark A G, et al. Kinetic Studies on a Glutathione S-transferases from the Larvae of Costelytra Zealandica. J Biochem,1984, 217：51～58

实验 29　溶菌酶的制备及活性测定

目　的　要　求

(1) 了解并掌握从鸡蛋清中制备溶菌酶的原理及方法。
(2) 学习用菌悬浮液测定溶菌酶活性的原理和方法。

原　　理

溶菌酶(lysozyme，EC 3.2.1.17)又名球蛋白 G、胞壁质酶、N-乙酰胞壁质聚糖水解酶。1922 年由英国科学家 Fleming(青霉素发明人)相继从鼻粘液、泪水、唾液、植物组织以及微生物中发现。

溶菌酶是一种碱性球蛋白。相对分子质量为 14 300～14 700，是由 129 个氨基酸残基组成的单肽链蛋白质，其中碱性氨基酸残基、酰胺残基以及芳香族氨基酸如色氨酸比例很高。分子内含有四对二硫键，呈一扁长椭球体，其一级结构和立体结构都已经完全研究清楚。其催化反应最适 pH 为 6～7，等电点为 10.7～11.0。

溶菌酶的化学性质非常稳定。pH 在 1.2～11.3 范围内剧烈变化时，其结构几乎无改变。遇热也很稳定，pH 在 4～7，100 ℃处理 1 min 仍然保持原酶活性；pH 5.5，50 ℃加热 4 h 后，酶变得更活泼。热变性是可逆的，变性临界温度点是 77 ℃，随溶剂的变化热变性临界点相应变化。一般来说变性剂能促进酶的热变性，但过量时，酶的热变性将变为不可逆。在碱性条件下对热稳定性差，高温处理，酶活性降低。溶菌酶对变性剂相对不敏感，但吡啶、十二烷基磺酸钠对酶有抑制作用，氧化剂能使酶钝化。

溶菌酶的生物学功能是催化某些细菌细胞壁多糖的水解，从而溶解这些细菌的细胞壁，起到杀死细菌的作用。

细胞壁多糖是 N-乙酰氨基葡萄糖(NAG)、N-乙酰氨基葡萄糖乳酸(N-乙酰胞壁酸，NAM)的共聚物，其中的 NAG 与 NAM 通过 β-(1→4)糖苷键交替排列。溶菌酶是一种葡萄糖苷酶，通过其肽链中 Glu_{35} 和 Asp_{52} 残基构成的活性部位，催化水解 NAM 的 C_1 与 NAG 的 C_4 之间的 β-糖苷键(图 29.1)。几丁质是甲壳类动物甲壳中所含的多糖，仅由 NAG 残基通过 β-(1→4)糖苷键连接而成，有类似于细胞壁多糖的结构，也是溶菌酶的底物。

溶菌酶的用途极为广泛。在医药上，能与血液中引起炎症的某些细菌或病毒结合并使之溶解，尤其对革兰氏阳性球菌作用显著。作为一种天然抗感染物质，具有抗病毒、抗菌、消炎作用；它还能分解粘多糖，降低脓液、痰液粘度，有利于排出；并能清除坏死粘膜，加速粘膜组织的修复和再生；能与血液中的抗凝固因子结合，故有止血效果。溶菌酶与抗菌素配合使用具有良好的协同、增效作用，用于治疗支气管炎、肺炎、白喉、小儿急性肾炎等疾病。临床上还应用于治疗五官科多种粘膜疾病，如慢性鼻炎、口腔溃疡、渗出性中耳炎等。在食品上，卵清溶菌酶是无毒的蛋白质，能选择性地使目标微生物溶解，所以利用它来代替有害健康的化学防腐剂(如苯甲酸及其钠盐)，以达到保存食品的目的，是一种天然防腐剂。溶菌酶添加于牛乳，可使牛乳

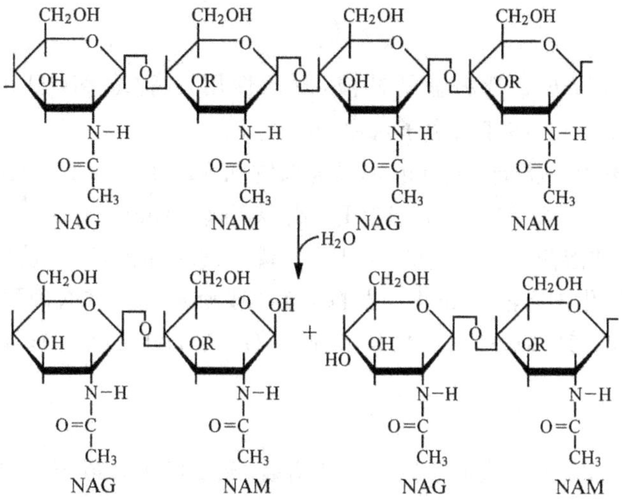

图 29.1 溶菌酶催化水解 NAM 及 NAG 间的糖苷键

$$R 为 CH_3—CH—COO^-$$

人乳化。更值得注意,目前溶菌酶已经成为基因工程及细胞工程必不可少的工具酶之一。

在自然界中,溶菌酶普遍存在于鸟类和家禽的蛋清,以及哺乳动物的泪、唾液、乳汁、血浆、尿液、淋巴液、白细胞和肺、肝、肾组织的细胞中。植物中的卷心菜、萝卜、木瓜、大麦也都存在。以蛋清中含量最丰富,鸡蛋中约含 0.3%,蛋壳膜上也存在,所以鸡蛋清是提取溶菌酶的最好原料。

用鸡蛋清或蛋壳膜提取溶菌酶的方法较多。主要有食盐结晶法、聚丙烯酸沉淀法、离子交换法、亲和层析法、超过滤法等几种。本实验采用离子交换法从鸡蛋清中制备溶菌酶。溶菌酶溶于水,不溶于丙酮、乙醚。根据溶菌酶是碱性蛋白质的性质,在溶液 pH 小于其等电点时,溶菌酶带正电荷,使用 724 型弱酸性阳离子树脂的离子交换层析,达到分离的目的,然后通过硫酸铵和氯化钠两次盐析和透析,进一步纯化,最后经丙酮洗涤、干燥,获得溶菌酶制品。

溶菌酶活性测定通常采用两种底物:一种为几丁质,但几丁质系不溶性物,不能直接用于活性测定。用环氧乙烷活化其糖环 6 位上的羟基,使其转变为水溶性几丁质,再与活性染料结合标记,制成标记乙二醇化几丁质作为底物。经溶菌酶水解底物,释放出染料标记的碎片。根据染料标记的产物多少,即溶液颜色深浅表示酶活性大小,利用 600 nm 波长直接比色法测定酶活性。另一种为溶壁微球菌(*Micrococcus lysodeikticus*),溶菌酶能迅速溶解其细胞壁,使菌悬液浊度降低,通过 $A_{450\,nm}$ 测定检测菌悬液浊度的变化,计算溶菌酶的活性。此法酶活力单位定义为:在 25 ℃,pH 6.2 时,于 450 nm 处每分钟使光吸收下降 0.001 时所需的酶量。本实验用后一种方法测定溶菌酶制品的酶活性。

试 剂 和 仪 器

一、实验材料

新鲜鸡蛋,溶壁微球菌种(*M. lysodeikticus*)。

二、试剂

(1) 0.1 mol/L pH 6.2 磷酸盐缓冲液(测活性用):称取 $Na_2HPO_4 \cdot 12H_2O$ 6.63 g, $NaH_2PO_4 \cdot 2H_2O$ 12.32 g,溶于去离子水中定容至 1 L。

(2) LB 固体培养基:胰蛋白胨 1 g,酵母提取物 0.5 g,氯化钠 1 g,琼脂 1.5 g,溶于 100 mL 去离子水中,调 pH 7.0,120 ℃(1.03×10⁵ Pa)高温灭菌 20 min。

0.5 mol/L 氯化钠溶液,0.15 mol/L pH 6.5 磷酸钠缓冲液,10% 硫酸铵,1 mol/L 氢氧化钠溶液,2 mol/L 氢氧化钠溶液,2 mol/L 盐酸,硫酸铵粉末,氯化钠,丙酮,乙醇(工业),0.9% 氯化钠溶液,30% 甘油,12% $BaCl_2$,724(Amberlite GC-50,D152 大孔)弱酸性阳离子树脂。

三、器材

层析柱(2.0 cm×20 cm),离心机,纱布,透析袋(截留值 1 万以下),可见分光光度计,砂芯漏斗,抽滤器,紫外检测仪。

操 作 方 法

一、溶菌酶的制备

(1) 鸡蛋清样品的准备:新鲜鸡蛋 4 个,破蛋壳取出蛋清,置烧杯中,用试纸检查 pH 在 8.0 左右。在搅拌的条件下加入 1.5 倍体积的 0.5 mol/L 氯化钠溶液,继续搅拌 5 min,用多层纱布过滤,除去杂物,滤液保存于冰箱(4 ℃)冷却备用。

(2) 吸附:从冰箱取出预冷过的鸡蛋清滤液放入烧杯内,在搅拌下按 14% (m/V) 比例加入已处理好的 724 树脂,使树脂全部悬浮在蛋清中,在 0~5 ℃ 低温下人工间隙搅拌吸附约 6 h,然后 0~5 ℃ 静置 20 h 以上。待分层后弃去上层清液,下层树脂用清水反复洗涤几次,至无白沫为止,以除去杂蛋白。滤干树脂留待装柱。

(3) 装柱:在上述洗净的树脂中加入 1 倍体积的 0.15 mol/L pH 6.5 磷酸钠缓冲液,边搅拌边倒入层析柱内,打开柱下口夹子,让树脂沉降。同时连接紫外检测仪。

(4) 淋洗:加入上述缓冲液充分淋洗柱内树脂,并使检测仪基线平稳,彻底除去不被吸附的杂质。

(5) 洗脱:加入 10% 硫酸铵溶液以 1 mL/min 流速进行洗脱,合并收集洗脱峰。

(6) 硫酸铵盐析:洗脱液倒入烧杯内,按其体积加入 32% (m/V) 的固体硫酸铵粉末,边加边搅拌使其完全溶解,4~10 ℃ 低温放置过夜。吸弃上清液,余下浊液 10 000 r/min 离心 10 min,保留沉淀。

(7) 透析:将沉淀全部溶于去离子水中,装入透析袋,在 10 ℃ 水中透析过夜,以除去硫酸铵,用 12% $BaCl_2$ 溶液检测硫酸根离子。收集透析内液,同上离心,沉淀用少量去离子水洗一次,再离心,合并两次清液。

(8) 氯化钠盐析:透析液置烧杯内,用 1 mol/L 氢氧化钠溶液调 pH 至 8.5~9.0,如有白色沉淀(碱性蛋白),立即离心除去。然后用 2 mol/L 盐酸调 pH 至 3.5,最后加入 5% (m/V) 的氯化钠粉末,边加边搅匀,10 ℃ 以下低温放置 24 h 左右,10 000 r/min 离心 10 min,收集沉淀。

(9) 干燥：将沉淀倒入丙酮中，不断搅拌，放置 2 h 左右，滤去丙酮(回收)，沉淀物干燥即得溶菌酶制品。

二、溶菌酶活性测定

1. 底物制备

溶壁微球菌底物可以直接购买标准菌粉，也可以按下列标准方法制备菌液或菌粉：

方法一：无菌操作下打开盛有冻干菌种的小管，用无菌吸管吸取约 2 mL LB 液体培养基放入管内，轻轻振荡，使菌粉溶解，吸取约 0.2 mL 菌体悬浮液接种于 LB 固体培养基上，均匀涂布，35 ℃恒温培养 48 h。用生理盐水(0.9% NaCl)将菌体冲洗下来，5000 r/min 离心 10 min。收集的菌体再用去离子水洗涤几次。菌体用少量去离子水悬浮，冷冻干燥制成淡黄色菌粉。

方法二：将上述经离心、洗涤后收集的菌体用少量生理盐水悬浮，加入等量 30% 甘油保护剂，分装小管，低温冰箱(−74 ℃左右或−28 ℃)保存，备用。

使用前，将冰冻保存的菌液置冰浴中解冻后，放入灭菌研钵中研磨 2 min，使固-液相分布体系均匀稳定。加入适量 0.1 mol/L pH 6.2 磷酸盐缓冲液稀释，至菌悬液 $A_{450\,nm}$ 在 1.3 左右。

外购或自制菌粉称取适量，加入少量 0.1 mol/L pH 6.2 磷酸盐缓冲液悬浮后，同上操作。

2. 酶液的配制

精确称取溶菌酶干粉用 0.1 mol/L pH 6.2 磷酸盐缓冲液配制成约 1 mg/mL 母液，适当稀释，取稀释酶液 0.5 mL 测定，使其每分钟产生的 $A_{450\,nm}$ 下降值为 0.02~0.06。如测定制备中间步骤的酶液活性，同上适当稀释后取 0.5 mL 测定。

3. 酶活性测定

用 1 cm 光程比色杯加入 2.5 mL 底物溶液和 0.5 mL 测活磷酸盐缓冲液，摇匀，以磷酸盐缓冲液为参比测 $A_{450\,nm}$，此值即为酶作用零时的吸光值。洗净比色杯后加入 2.5 mL 底物和 0.5 mL 酶液，立即计时并摇匀，每隔 15 s 记录 $A_{450\,nm}$，大约 5 min 直至每分钟光吸收的下降值恒定不变为止。

根据吸光值，作出时间和 $A_{450\,nm}$ 变化的曲线，作曲线切线，求出斜率即每分钟吸光值的降低值(ΔA)，用下式计算出每毫克酶制品中的活性单位数：

$$酶活性单位(IU/mg) = \frac{\Delta A_{450\,nm}}{0.001 \times E_w}$$

式中，$\Delta A_{450\,nm}$ 为 450 nm 处每分钟吸光值的变化，E_w 为 0.5 mL 酶稀释液中含酶的质量(mg)，0.001 为一个酶活性单位在每分钟内使光吸收下降的值。

4. 比活力测定

用 Folin-酚法或考马斯亮蓝染色法(见下篇实验 12 和 13)准确测定 0.5 mL 酶稀释液蛋白质含量(mg)，代替上式中酶的质量，即计算出酶制品比活力。

附注：724 弱酸性阳离子树脂的处理方法

(1) 先用清水浸泡并用浮选法除去细小颗粒，漂洗干净，滤干。

(2) 乙醇(工业，80%~90%)浸泡 24 h，洗去树脂内的醇溶性有机物，滤干。

(3) 热水(40~45 ℃)浸泡 2 h，洗涤数次，洗去树脂内的水溶性杂质和乙醇，滤干。

(4) 用 4 倍树脂量的 2 mol/L 盐酸溶液浸泡 2 h，不时搅拌，洗去酸溶性杂质，水洗至中性，滤干。

(5) 用 4 倍树脂量的 2 mol/L 氢氧化钠溶液,同上处理,洗去碱溶性杂质。

(6) 用 4 倍树脂量的 0.15 mol/L pH 6.5 磷酸钠缓冲液浸泡 24 h 平衡树脂,滤干的树脂即可使用。

注 意 事 项

(1) 要选取新鲜鸡蛋为原料,最好为 40 天内的新鲜鸡蛋,蛋清 pH 不应低于 8.0。新鲜鸡蛋壳和鸭蛋壳也可以作为原料,但收率要比蛋清低,鸭蛋壳的收率又比鸡蛋壳低 40%。

(2) 防止蛋清被细菌污染变质,不要混入蛋黄和其他杂质,以免影响树脂对产物的吸附力。操作过程要在低温(10 ℃以下)进行,防止原料变质和酶失活。

(3) 724 树脂使用后一定要彻底再生和转型处理,才能保持高的交换率。转型后要用 0.15 mol/L pH 6.5 磷酸盐缓冲液平衡过夜,平衡液应维持 pH 6.5,否则用氢氧化钠溶液调整。

(4) 实验表明测酶活性所用的底物溶壁微球菌无需用冻干粉,菌液加保护剂置低温冰箱冷冻保存,温度在 -74 ℃或 -28 ℃都能使酶保留相等活性,使用前解冻即可,从而令测定更为方便经济,又不失准确性。

(5) 酶液的稀释倍数要经过试验后确定。酶液太浓,活性太高,很快会超过初速度阶段,造成测定结果不准确。应控制酶浓度使其反应速度在线性变化的初速度阶段。此时,可以只读取 15 s 和 75 s 的 $A_{450\,nm}$,其差值即可作为 $\Delta A_{450\,nm}$,从而简化了读数和处理过程。

(6) 由于底物是菌液,需要在灭菌的研钵中研磨进行均质化处理,使其成为均匀的菌悬液。测活时由于酶液的加入,本身会引起菌悬液的稀释,必须用等体积的缓冲液代替酶液与 2.5 mL 底物溶液作空白(即零时值),否则吸光值的下降并不是完全由酶作用造成的,使结果不准确。如加入体积很少的浓酶液(小于 20 μL),这种影响不明显,可以忽略。即先测定底物 $A_{450\,nm}$ 为零时值,加酶摇匀后测 $A_{450\,nm}$ 变化值。

思 考 题

1. 为什么应选用新鲜鸡蛋为原料制备溶菌酶?
2. 为什么通过检测蛋清 pH 8～9,可判断鸡蛋原料的好坏?
3. 通过溶菌酶制备的例子,说明如何根据被分离物的等电点来选择吸附树脂?
4. 两种溶菌酶活性测定方法有何差异?各有什么优缺点?

参 考 资 料

[1] 高焕春,吕晓玲,李文英.鸡蛋清溶菌酶提取工艺及其应用初探.天津轻工业学院学报,1996,1: 37～40
[2] 郇延军.蛋清中溶菌酶的提取.无锡轻工业大学学报,1997,16(2): 59～62
[3] 赵玉萍,张灏,杨严俊.溶菌酶测定方法的改进.食品科学,2002,23(3): 116～119
[4] Li C E, Nakai S, Sim J. Lysozyme Separation from Egg White by Cation Exchange Column Chromatography. J Food Sci,1986, 51(4): 1032～1036

实验 30　　超氧化物歧化酶的分离纯化

目 的 要 求

(1) 通过超氧化物歧化酶的分离纯化,了解有机溶剂沉淀蛋白质以及纤维素离子交换柱层析方法的原理。

(2) 掌握测定超氧化物歧化酶活性和比活力的方法。

原　　　理

超氧化物歧化酶(superoxide dismutase,简称 SOD,EC 1. 15. 1. 1),它广泛存在于各类生物体内,按其所含金属离子的不同,可分为三种:铜锌超氧化物歧化酶(Cu・Zn-SOD)、锰超氧化物歧化酶(Mn-SOD)和铁超氧化物歧化酶(Fe-SOD)。SOD 催化如下反应:

$$O_2^- \cdot + O_2^- \cdot + 2H^+ \xrightarrow{\text{SOD}} H_2O_2 + O_2$$

在生物体内,它是一种重要的自由基清除剂,能治疗人类多种炎症、放射病、自身免疫性疾病并可抗衰老,对生物体有保护作用。

在血液里 Cu・Zn-SOD 与血红蛋白等共存于红血球,当红血球破裂溶血后,用氯仿-乙醇处理溶血液,使血红蛋白沉淀,而 Cu・Zn-SOD 则留在水-乙醇均相溶液中。磷酸氢二钾极易溶于水,在乙醇中的溶解度甚低,将磷酸氢二钾加入水-乙醇均相溶液中时,溶液明显分层,上层是具有 Cu・Zn-SOD 活性的含水乙醇相,下层是溶解大部分磷酸氢二钾的水相(比重大)。用分液漏斗处理,收集上层具有 SOD 活性的含水乙醇相,再加入有机溶剂丙酮,使 SOD 沉淀。极性有机溶剂能引起蛋白质脱去水化层,并降低介电常数而增加带电质点间的相互作用,致使蛋白质颗粒凝集而沉淀。采用这种方法沉淀蛋白质时,要求在低温下操作,并且需要尽量缩短处理时间,避免蛋白质变性。

Cu・Zn-SOD 的 pI 为 4.95。将上一步收集的 SOD 丙酮沉淀物溶于去离子水中,在 pH 7.6 的条件下,Cu・Zn-SOD 带负电,过 DE-32 纤维素阴离子交换柱可得到进一步纯化。

试 剂 和 器 材

一、实验材料

新鲜鸭血。

二、试剂

100 mmol/L pH 8.2 Tris-二甲胂酸钠缓冲液(内含 2 mmol/L 二乙基三氨基五乙酸):
200 mmol/L Tris-二甲胂酸钠溶液(内含 4 mmol/L 二乙基三氨基五乙酸)50 mL 加

200 mmol/L HCl 22.38 mL,然后用重蒸水稀释至 100 mL。

0.9% NaCl,95%乙醇,氯仿,$K_2HPO_4 \cdot 3H_2O$,丙酮,2.5 mmol/L pH 7.6 磷酸钾缓冲液,200 mmol/L pH 7.6 磷酸钾缓冲液,10 mmol/L HCl,6 mmol/L 邻苯三酚(用 10 mmol/L HCl 作溶剂配制,4 ℃下保存),2.5%草酸钾,DE-32 纤维素。

三、器材

离心机,G_3 漏斗,抽滤瓶,751-GW 型分光光度计,梯度混合器,玻璃柱(1.0 cm×10 cm),试管,自动部分收集器,紫外检测仪,吸量管,量筒,烧杯,分液漏斗。

操作方法

一、酶的制备

1. 收集红细胞、溶血

取新鲜北京鸭血 500 mL,立即加入抗凝剂 2.5%草酸钾 50 mL,充分摇匀,3000 r/min 离心 20 min 除去血浆,收集红细胞约 250 mL,加入等体积 0.9% NaCl 溶液,用玻璃棒搅起充分洗涤,3000 r/min 离心 20 min,弃去上清液(如此反复 3 次),收集洗净的红细胞放入 800 mL 烧杯中,加 250 mL 重蒸水,将烧杯置于冰浴中搅拌溶血 40 min 以上,得溶血液 500 mL。

2. 沉淀血红蛋白

向溶血液缓慢加入 4 ℃下预冷过的 95%乙醇 125 mL(0.25 倍体积),然后再缓慢加入4 ℃下预冷过的氯仿 75 mL(0.15 倍体积),搅拌 15 min,室温下 3000 r/min 离心 20 min,弃去沉淀(血红蛋白),收集上清液约 330 mL(留样 2 mL 测酶活和蛋白含量),此即酶的粗提液。

3. 富集 SOD

向酶粗提液加入 $K_2HPO_4 \cdot 3H_2O$(按 43 g $K_2HPO_4 \cdot 3H_2O$：100 mL 粗提液的比例),充分搅匀,转移到分液漏斗,振摇后静置 15 min,见分层明显。收集含 SOD 上层乙醇-氯仿相(微混浊),室温下 3500 r/min 离心 25 min,弃去沉淀,得上清液约 150 mL(留样 1.5 mL 测酶活和蛋白含量)。

4. 丙酮沉淀、透析

向上一步得到的上清液加入 0.75 倍体积 4 ℃下预冷过的丙酮,Cu·Zn-SOD 便沉淀下来。室温下 3500 r/min 离心 20 min,收集灰白色沉淀物。将此灰白色沉淀物溶于约 5 mL 重蒸水中(呈悬浮状),在 4 ℃下,对 250 mL 2.5 mmol/L pH 7.6 的磷酸钾缓冲液透析,每隔 0.5 h 换透析外液 1 次,共换 4~5 次。透析内液如出现沉淀,需在室温下 3500 r/min 离心 25~30 min,弃去沉淀,收集上清液约 7 mL(留样 0.5 mL 测酶活)。

5. DE-32 纤维素柱层析纯化

(1) DE-32 纤维素的处理：称量 DE-32 纤维素干品 5~6 g,用自来水浮选除去 1~2 min不下沉的细小颗粒,用 G_3 烧结漏斗抽干,滤饼放入烧杯中,加适量 1 mol/L NaOH 溶液,搅匀后放置 15 min,用 G_3 烧结漏斗抽滤,水洗至中性,滤饼悬浮于 1 mol/L HCl 溶液中,搅匀后放置 10 min 后用 G_3 烧结漏斗抽滤,水洗至中性,滤饼再悬浮于 1 mol/L NaOH 溶液中,抽滤,水洗至中性,最后将滤饼悬浮于层析柱平衡缓冲液中待用。

346

DE-32 纤维素使用后的回收处理与上述步骤相同,只是不用 HCl,所用 NaOH 浓度改为 0.5 mol/L。

(2) 将上一步所得离心上清液过 DE-32 纤维素柱。柱体 1.0 cm×10 cm,用2.5 mmol/L pH 7.6 磷酸钾缓冲液作层析柱平衡液,用 pH 7.6,2.5 mmol/L(100 mL)～200 mmol/L (100 mL)的磷酸钾缓冲液进行梯度洗脱。流速 30 mL/h,每管收集 3 mL,每管测酶活。合并酶峰,冷冻干燥(留样 1.5 mL 测酶活和蛋白含量)。4 L 鸭血样品的 DE-32 柱层析洗脱曲线见图 30.1。酶蛋白峰和酶活性峰重合。

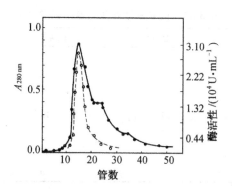

图 30.1　北京鸭红细胞 Cu·Zn-SOD 的 DE-32 柱层析图谱
柱体 1.5 cm×16 cm,用 2.5～200 mmol/L 的磷酸钾缓冲液
作梯度洗脱,流速 30 mL/h,每管收集 3 mL。—·—·—·—·—
代表光吸收曲线,—○—·—·—·—代表酶活性曲线

有关层析柱的安装、平衡、加样和梯度洗脱的具体操作方法详见下篇实验 32。

二、酶蛋白浓度的测定

采用紫外吸收法(见实验 15)。先测定不同已知浓度标准酪蛋白(经凯氏定氮法校正)在 280 nm 波长处的吸光值。绘出标准曲线作定量的依据,再测定样品在 280 nm 波长处的吸光值,从标准曲线上查出待测样品的蛋白浓度。步骤一中第 2 和第 3 步所得样品稀释 10 倍,第 4 步所得样品稀释 5 倍测定蛋白浓度。

三、酶活性的测定

超氧化物歧化酶活性的测定方法不止一种,本实验采用邻苯三酚[(HO)₃C₆H₃,1,2,3-benzenetriol]自氧化法。邻苯三酚自氧化的机理极为复杂,它在碱性条件下,能迅速自氧化,释放出 O_2^-·,生成带色的中间产物。反应开始后,反应液先变成黄棕色,几分钟后变绿,几小时后又转变成黄色,这是因为生成的中间物不断氧化的结果。这里测定的是邻苯三酚自氧化过程中的初始阶段,中间物的积累在滞留 30～45 s 后,与时间成线性关系,一般线性时间维持在 4 min 的范围内。中间物在 420 nm 波长处有强烈光吸收,当有 SOD 存在时,由于它能催化 O_2^-·与 H^+ 结合生成 O_2 和 H_2O_2,从而阻止了中间物的积累,因此,通过计算就可求出 SOD 的酶活性。

邻苯三酚自氧化速率受 pH、浓度和温度的影响,其中 pH 影响尤甚,因此,测定时要求对

pH 严格掌握。Fe^{2+}、Cu^{2+} 和 Mn^{2+} 对测定有干扰，即使微量的铁也能加速邻苯三酚自氧化作用，因此测活缓冲液内加入二乙基三氨基五乙酸作为螯合剂。

1. 邻苯三酚自氧化速率的测定

在试管中按表 30.1 加入缓冲液和重蒸水，25 ℃下保温 20 min，然后加入 25 ℃预热过的邻苯三酚（对照管用 10 mmol/L HCl 代替邻苯三酚），立即记时，迅速摇匀倾入比色杯中，在 420 nm 波长处测定 A 值，每隔 30 s 读数一次，要求自氧化速率控制在 0.06A/min（可增减邻苯三酚的加入量，使速率正好是 0.060A/min）。

表 30.1　邻苯三酚自氧化速率测定加样表

试　剂	对照管/mL	样品管/mL	最终浓度/(mmol·L^{-1})
100 mmol/L pH 8.2 Tris-二甲肼酸钠缓冲液（内含 2 mmol/L 二乙基三氨基五乙酸）	4.5	4.5	50 （pH 8.2，内含 1 mmol/L 二乙基三氨基五乙酸）
重蒸水	4.2	4.2	—
10 mmol/L HCl	0.3	—	—
6 mmol/L 邻苯三酚	—	0.3	0.2
总体积	9	9	—

2. 酶活性的测定

酶活性的测定按表 30.2 加样，操作与测定邻苯三酚自氧化速率相同。根据酶活性情况可适当增减酶样品的加入量。

表 30.2　酶活性测定加样表

试　剂	对照管/mL	样品管/mL	最终浓度/(mmol·L^{-1})
100 mmol/L pH 8.2 Tris-二甲肼酸钠缓冲液（内含 2 mmol/L 二乙基三氨基五乙酸）	4.5	4.5	50 （pH 8.2，内含 1 mmol/L 二乙基三氨基五乙酸）
酶溶液	—	0.1	—
重蒸水	4.2	4.1	—
6 mmol/L 邻苯三酚溶液	—	0.3	0.2
10 mmol/L HCl	0.3	—	—
总体积	9	9	—

酶活性单位的定义：25 ℃在 1 mL 反应液中，每分钟抑制邻苯三酚自氧化速率达 50％时的酶量定义为一个活性单位，即在 420 nm 波长处测定时，0.030 A/min 为一个活性单位。若每分钟抑制邻苯三酚自氧化速率在 35％～65％范围（$\Delta A_{420\,nm}/min=0.021\sim0.039$），通常可按比例计算，若数值不在此范围时，应增减酶样品加入量。

3. 活性和比活力的计算公式

$$每毫升酶液活性单位(U/mL)=\frac{\dfrac{0.060-酶样品管自氧化速率}{0.060}\times100\%}{50\%}$$

$$\times 反应液总体积\times\frac{酶样品液稀释倍数}{酶样品液体积}$$

$$总活性单位(U)^{①}＝每毫升酶液活性单位×酶原液总体积$$

$$比活力＝\frac{每毫升酶液活性单位(U/mL)}{每毫升蛋白浓度(mg/mL)}＝\frac{总活性单位数(U)}{总蛋白量(mg)}$$

4. 结果处理

按上述方法处理数据并列出实验结果,参考数据见表 30.3。

表 30.3　北京鸭红细胞 **Cu·Zn-SOD** 的分离纯化(500 mL 血量)

步　　骤	总活性/U	总蛋白/mg	比活力/(U·mg^{-1})	活性回收/%	纯化倍数
除血红蛋白后的粗提液	73 125	2203	33	100	1
乙醇-氯仿相	61 070	818	75	84	22
丙酮沉淀部分	53 375	7	7496	73	227
DE-32 柱层析洗出液	46 925	4	13 410	64	406

附注:超氧化物歧化酶活力测定的改进方法

1. 邻苯三酚自氧化法的改进——微量进样法

本法的实验条件为:45 mmol/L 邻苯三酚,50 mmol/L pH 8.2 Tris-HCl 缓冲液,反应总体积 4.5 mL,测定波长 325 nm,温度 25 ℃。从表 30.4 和 30.5 可知,邻苯三酚和被测样液的加入量只有 10 μL 左右,故在整个反应系统中可忽略不计,不仅大大简化了操作步骤,还可避免因多次稀释带来的误差和样品损失。在测试中,原方法要严格控制邻苯三酚的自氧化速率为 0.060 A/min 较为困难或较费时,现采用微量进样器调节邻苯三酚用量,准确快速,通常只需 1~2 min。由于加入的样品量很少,被测样品的某些物理性状如颜色、混浊度等可不予考虑,从而扩大了本法的应用范围。同一样品由不同人操作时反复测试多次,所测结果重现性均良好。

表 30.4　测定邻苯三酚自氧化速率的试剂用量表

试　　剂	加入量/mL	最终浓度/(mmol·L^{-1})
50 mmol/L pH 8.2 Tris-HCl 缓冲液	4.5	50
45 mmol/L 邻苯三酚溶液	0.01	0.10
总　　量	4.5	—

2. 操作方法

(1) 邻苯三酚自氧化速率的测定:在试管中按表 30.4 加入缓冲液,于 25 ℃保温 20 min,然后加入预热的邻苯三酚(对照管用 10 mmol/L HCl 代替),迅速摇匀倒入 1 cm 比色杯,在 325 nm 下,每隔 30 s 测吸光值一次,要求自氧化速率控制在 0.070A/min。

(2) SOD 或粗酶抽提液的活性测定:按表 30.5 加样,测定方法同上。

$$单位体积活力(U/mL)＝\frac{\dfrac{0.070-样液速率}{0.070}×100\%}{50\%}×反应液总体积×\frac{样液稀释倍数}{样液体积}$$

$$总活力(U)＝单位体积活力×原液总体积$$

---

① 活力单位定义为:将一定条件下,使每毫升反应液自氧化速率抑制 50% 的酶量定为一个单位(U)。

表 30.5 测定 SOD 及粗酶活力的试剂和酶液用量表

试 剂	加入量/mL	最终浓度/(mmol·L^{-1})
50 mmol/L pH 8.2 Tris-HCl 缓冲液	4.5	50
酶或粗酶液	0.01	—
45 mmol/L 邻苯三酚溶液	0.01	0.10
总 量	4.5	—

思 考 题

1. 超氧化物歧化酶对人体有何生物学意义？
2. 有机溶剂能沉淀超氧化物歧化酶所根据的原理是什么？
3. 本实验为什么选用磷酸钾缓冲系统而不选择磷酸钠缓冲系统？

参 考 资 料

[1] 余瑞元等.北京鸭红细胞超氧化物歧化酶——分离纯化和性质.北京大学学报（自然科学版）,1990,26 (4):475~481

[2] 张彩莹,袁勤生.羊红细胞铜锌超氧化物歧化酶的纯化及部分性质研究.中国生化药物杂志,2003, 24(1):4~7

[3] 林秀坤等.猪肝铜锌超氧化物歧化酶的研究.山东医科大学学报,1986,1:24

[4] 谢卫华等.邻苯三酚自氧化法测定超氧化物歧化酶活性的改进.医药工业,1988,5:19

[5] McCord J M, Fridovich I. Superoxide Dismutase. J Biol Chem, 1969, 244:6049~6056

[6] Weselake R J, et al. Purification of Human Copper Zinc Superoxide Dismutase by Copper Chelate Affinity Chromatography. Anal Biochem, 1986,155:193~197

实验 31　超氧化物歧化酶活性染色鉴定法

目 的 要 求

(1) 了解超氧化物歧化酶活性染色原理。

(2) 进一步熟悉聚丙烯酰胺凝胶电泳,掌握超氧化物歧化酶活性染色技术。

原　　理

超氧化物歧化酶(superoxide dismutase,SOD)是一种新型的抗炎酶制剂,在防辐射、防衰老和抗肿瘤等方面起着重要作用。

超氧化物阴离子自由基 O_2^-·能对氯化硝基四氮唑蓝(简称 NBT)进行光化还原,生成蓝紫色的甲腊(formazan)。由于 SOD 能催化下列反应:

$$O_2^- \cdot + O_2^- \cdot + 2H^+ \xrightarrow{\text{SOD}} H_2O_2 + O_2$$

所以当反应系统中存在 SOD 时,便促使超氧化物阴离子自由基 O_2^-·形成过氧化氢,从而抑制 NBT 的光化还原,也就是抑制了蓝紫色甲腊的生成。

当用 PAGE 分离 SOD 后,将凝胶板浸泡在 NBT 溶液中,先进行暗反应,再经光照,经此步处理后,除含 SOD 的部位之外,其余凝胶板背景则变成蓝紫色,也就是在一片蓝紫色背景的凝胶中出现缺色的含 SOD 的明亮区带。此过程称为 SOD 的活性染色。这一技术对鉴定 SOD 活性的存在具有重要的实践意义。

试 剂 和 器 材

一、试剂

(1) 牛血 Cu·Zn-SOD:称少许牛血 Cu·Zn-SOD(电泳纯)按 1 mg/1 mL 的比例,将其溶解在去离子水中。

(2) 2.45×10^{-3} mol/L NBT 溶液:称 200 mg NBT 使其溶于去离子水中并定容至 100 mL,置棕色试剂瓶中,避光 4℃贮存。由于 NBT 溶液用量较多,且 NBT 价格贵,每次用后妥善保存,可反复使用多次。当黄色 NBT 溶液变浅或变绿并出现沉淀时则不能继续应用,应重新配制。

(3) 3.60×10^{-2} mol/L pH 7.8 磷酸钠缓冲液:内含 2.8×10^{-2} mol/L TEMED 和 2.8×10^{-5} mol/L 核黄素,在 100 mL 3.60×10^{-2} mol/L pH 7.8 磷酸钠缓冲液(配制方法见附录Ⅱ之五)中含 0.42 mL TEMED 及 1.32 mg 核黄素。置棕色瓶中,4℃贮存。

（4）5×10^{-2} mol/L pH 7.8 磷酸钠缓冲液 100 mL：配制方法见附录 Ⅱ 之五。

（5）有关 PAGE 试剂：分离胶液、浓缩胶液、染色液、洗脱液的配制见下篇实验 17，保存液配制见实验 27。

二、器材

夹心式垂直板电泳槽（北京六一仪器厂 DYY-Ⅲ 28A 型，凝胶模 135 mm×100 mm×1.0 mm），电泳仪（300～600 V，50～100 mA），吸量管（2，5，10 mL），烧杯（25，50，100 mL），细长头滴管，微量注射器（10 μL 或 50 μL），培养皿（直径 12 cm），4×8 W 日光灯，玻璃板（13 cm×13 cm），玻璃纸。

操 作 方 法

安装垂直板电泳槽：用 1% 琼脂糖封底，具体操作见实验 27 附注。

一、配胶及灌胶

制备 10%PAA 分离胶及 3.75%PAA 浓缩胶（操作见实验 17）。待浓缩胶完全聚合后，老化 30 min，小心取出样品槽模板，用窄滤纸条吸去多余溶液，加 pH 8.3 Tris-HCl 电极缓冲液。

二、加样

取 20 μL 牛血 Cu·Zn-SOD 溶液加入等体积 40% 蔗糖（内含少量 0.1% 溴酚蓝）。每孔加入上述混合液 4，8 及 10 μL，以对称的方式加样，以便一分为二，分别进行蛋白及酶活性染色。

三、电泳

连接电源，上槽接负极，下槽接正极（牛血 Cu·Zn-SOD 的 pI 约为 5.0，在 pH 8.3 的电极液中带负电），接通冷却水及电源开关，调节电流至 15 mA，待样品由浓缩胶进入分离胶时，再将电流调至 20～30 mA，当染料前沿距离硅橡胶框 1～2 cm 时，关闭电源及冷却水，电泳结束取出胶片，一分为二。

四、染色、脱色与制干板

1. 蛋白质染色与脱色
一半凝胶板用考马斯亮蓝 R-250 染色法进行蛋白质染色。染色、脱色方法见实验 17。

2. SOD 活性染色
取另一半凝胶板，按下列顺序浸泡于培养皿中染色。

（1）2.45×10^{-3} mol/L NBT 溶液，在黑暗条件下浸泡 20 min。

（2）3.60×10^{-2} mol/L pH 7.8 磷酸钠缓冲液（内含 2.80×10^{-2} mol/L TEMED 和 2.80×10^{-5} mol/L 核黄素）中，在黑暗条件下浸泡 15 min。

（3）5×10^{-2} mol/L pH 7.8 磷酸钠缓冲液。凝胶板移入此液浸泡，在 4×8 W 日光灯下光照 20～30 min。

经上述染色和光照后的凝胶板，在蓝色背景上出现清晰透明的 SOD 活性染色带（见图

31.1),图中(a)为 SOD 活性染色,透明区带是 SOD 抑制 NBT 光还原的结果,周围无 SOD 活性的区域在光照后,NBT 被还原成蓝紫色的甲膳。染色后的 10%PAA 胶板用水漂洗数次后,再用保存液浸泡 10 min,否则制干板时会产生龟裂现象。(b)为蛋白染色。

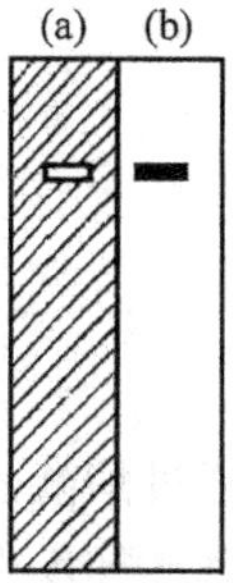

3. 制干板

将两种染色后的凝胶板放在两层玻璃纸中间,赶走气泡、置玻璃板上自然干燥,可长期保存,方法见实验 27。

图 31.1 SOD 活性与考马斯亮蓝染色谱带
(a)活性染色;(b)蛋白染色

注 意 事 项

(1) NBT 溶液应置暗处,4℃贮存,以免氧化变质,染色时也置于暗处,如凝胶板厚,则可延长浸泡时间。

(2) 光照应均匀,使无 SOD 区的 NBT 充分还原成蓝紫色的甲膳。

思 考 题

1. 在制备浓缩胶时,核黄素溶液为什么不能和其他成分混在一起抽气?
2. SOD 活性染色原理是什么?

参 考 资 料

[1] 莽克强等. 聚丙烯酰胺凝胶电泳. 北京:科学出版社,1975,29~31,43~48
[2] 罗广华,王爱国. 植物 SOD 的凝胶电泳及活性的显示. 植物生理学通讯,1983,6:44
[3] Beauchamp C, Fridovich I. Superoxide Dismutase: Improved Assay and an Assay Applicable to Acrylamide Gel. Anal Biochem, 1971,44:276

实验 32　　酯酶的分离、纯化与活性测定

目 的 要 求

（1）通过酯酶的分离和纯化，了解离子交换层析法的原理。
（2）掌握梯度洗脱的方法和技术。

原　　理

酯酶是 A-酯酶、B-酯酶和胆碱酯酶的总称，它与人体有机磷药物中毒机制有关。

本实验利用离子交换层析法分离和纯化酯酶，常用的阳离子交换剂有弱酸性的羧甲基纤维素（CM-纤维素），阴离子交换剂有弱碱性的二乙氨基乙基纤维素（DEAE-纤维素）：

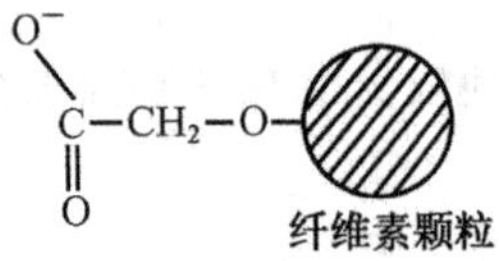

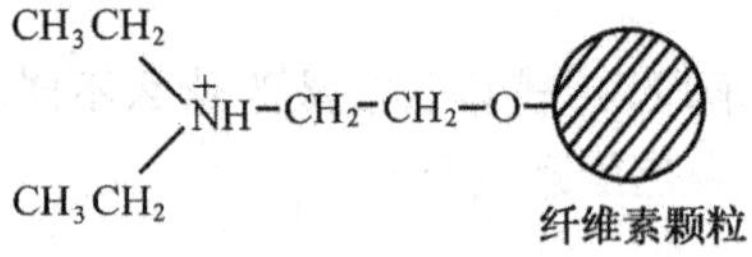

蛋白质的混合物与纤维素离子交换剂的酸性基团或碱性基因相结合，结合力的大小取决于彼此间相反电荷基团的静电引力，这又与溶液的 pH 有关，因为 pH 决定离子交换剂和蛋白质的解离程度。盐类的存在可以降低离子交换剂的解离基团与蛋白质的相反电荷基团之间的静电引力。因此，被吸附的蛋白质的洗脱通过改变 pH 或离子强度（或两者同时改变）来实现。与离子交换剂结合力小的蛋白质首先从层析柱中被洗脱下来。本实验采用 CM-纤维素离子交换剂，通过柱层析，经梯度洗脱从鼠肾丙酮粉抽提液中分离、纯化酯酶。

梯度洗脱法是在洗脱过程中，使洗脱液的 pH 或盐浓度（或两者同时）发生连续的梯度变化，从而使吸附在柱上的各组分在不同的梯度下洗脱下来。本实验采用的是盐离子浓度梯度洗脱法，其装置由两个彼此相连的容器组成，在与层析柱相连接的一个容器（混合瓶）中，放入梯度洗脱开始时所需浓度的盐溶液（低浓度），并配有搅拌装置，另一容器（贮液瓶）中放入高浓度的盐溶液，其浓度即梯度洗脱最后所需的浓度。两个容器的底部必须保持水平，液面的高度也应该相同。这样，当两容器之间的通道打开，并使混合瓶溶液流进层析柱时，梯度即开始形成。由于这两个容器是连通的，当混合瓶的溶液开始流入层析柱，它的液面高度就逐渐下降，为了维持两容器的液面高度的一致，高浓度的盐溶液即从导管流入混合瓶，结果混合瓶中溶液的盐浓度呈梯度上升。

试 剂 和 器 材

一、试剂

丙酮，$1×10^{-2}$ mol/L pH 6.0 磷酸缓冲液，$5×10^{-2}$ mol/L pH 8.0 磷酸缓冲液，$3.75×10^{-3}$ mol/L 乙酰-2,6-二氯酚靛酚丙酮溶液，0.5 mol/L NaOH-0.5 mol/L NaCl 溶液，1 mol/L HCl 溶液，$5×10^{-3}$ mol/L pH 6.0 磷酸缓冲液，0.1 mol/L pH 6.0 磷酸缓冲液，CM-纤维素（0.069 mmol/g 干粉）。

二、器材

Waring 捣碎器，布氏漏斗，抽滤瓶，表面皿，离心机，可见分光光度计，梯度混合器，玻璃柱（1.5 cm×40 cm），试管，紫外检测仪，自动部分收集器，吸量管，量筒，烧杯，玻璃漏斗。

操 作 方 法

一、粗酶制剂的制备

杀死大白鼠，迅速剖腹取肾，置于冰浴中剔除脂肪和结缔组织。新鲜肾组织和 -15℃丙酮，按 10 g 重量和 100 mL 容积的比例，一同置入 Waring 捣碎器中捣碎，为避免温度升高，捣碎 0.5 min 后，把匀浆倒入烧杯中，置于冰盐浴冷至 -15℃，再捣碎 0.5 min，反复 3 次。然后把匀浆倾入布氏漏斗抽滤，用 -15℃丙酮洗涤 3 次，按上述方法再捣碎滤饼，抽滤和洗涤一次。将最后得到的滤饼散置于表面皿，放入真空干燥器干燥数天，即得丙酮粉干品，每 10 g 新鲜肾组织可制得丙酮粉 3～4 g。

按 100 mg 丙酮粉加入 5 mL $1×10^{-2}$ mol/L pH 6.0 磷酸缓冲液的比例，将两者放入烧杯中，置于冰箱内抽提 30 min，不时搅拌。抽提液在 3000 r/min 下离心 10 min，上清液即为粗酶制剂（保存于冰箱待用）。测定此粗酶制剂的蛋白含量（按 Folin-酚法，见实验 12）和酶活性。

二、CM-纤维素离子交换剂的处理

称 10 g CM-纤维素干品置于烧杯中，加入 100 mL 0.5 mol/L NaOH-0.5 mol/L NaCl 溶液，混匀，静置 15 min 后，在布氏漏斗中抽滤，水洗滤饼至中性。此滤饼再悬浮于 100 mL 1 mol/L HCl 溶液中，混匀，静置 10 min 后放入布氏漏斗抽滤，水洗滤饼至中性。再将滤饼悬浮于 100 mL 0.5 mol/L NaOH-0.5 mol/L NaCl 溶液中，混匀，静置 15 min 后放入布氏漏斗抽滤，水洗滤饼至中性。最后将滤饼悬浮于所选择的起始洗脱缓冲液中。使用后的回收处理和上述步骤相同，只是省略了将滤饼悬浮于 1 mol/L HCl 溶液这一步。

三、层析柱的安装和平衡

洗净一支 1.5 cm×40 cm 的玻璃柱（也可选用规格合适的商品层析柱），准备两个橡皮塞，将其中一个的中央插入一根玻璃细管，上面覆盖一圆形尼龙网片或一块绢布。玻璃细管上连接一根细胶管,将这个橡皮塞安入层析柱的下端,另一橡皮塞中央也插入一根玻璃细管,并接上一根胶管与洗脱液混合瓶下口相连。此橡皮塞塞入层析柱的上端。两端胶管上各备一个螺旋夹。将层析柱架至垂直,夹紧下端胶管,向层析柱内加入去离子水(约 2/3 柱高),然后将预处理好的离子交换纤维素装入柱内,使其自由沉降至柱的底部,放松柱下端螺旋夹,让柱内液体慢慢流出。待树脂沉降至所需高度(约 30 cm)后,置一圆形滤纸或尼龙片于胶面,待胶面只剩下一薄层水时,夹紧下端夹子,并与自动部分收集器连接。向柱内加入数毫升洗脱起始缓冲液,松开下端夹子,用起始缓冲液渗洗平衡,先是较小压力,后增至洗脱时的压力(平衡 10 h 左右为宜)。若平衡压力过大,柱内树脂被压迫太紧,影响流速。平衡好的柱面应存留一薄层缓冲液,旋紧下端螺旋夹。

四、加样和梯度洗脱

用滴管将 4 mL 粗酶制剂溶液(总蛋白含量 15 mg)沿柱内壁徐徐地加到纤维素柱面,然后

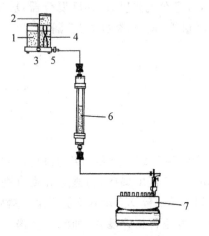

图 32.1　梯度洗脱装置图
1. 贮液瓶;2. 混合瓶;
3. 1,2 二瓶连通管的活塞;4. 搅拌器;
5. 通嘴活塞;6. 层析柱;7. 自动部分收集器

慢慢放松下端螺旋夹,使样品液面降至纤维素柱表面,再加入少许洗脱起始缓冲液洗涤柱壁,如上操作,反复进行 2 次。

梯度洗脱采用图 32.1 的装置。其中 1 为贮液瓶,2 为混合瓶,两者容量相等,且置于同一水平面。3 为 1,2 二瓶连通管的活塞,4 为搅拌器,5 为混合瓶的通嘴活塞。1 瓶盛高浓度洗脱缓冲液,2 瓶盛等体积起始洗脱缓冲液。洗脱前先开动搅拌器,后开启活塞 3 和 5,2 瓶洗脱液浓度呈线性递增。

关紧活塞 3 和 5,在 1 瓶中加入 1×10^{-2} mol/L pH 6.0 磷酸缓冲液 150 mL,在 2 瓶中加入 5×10^{-2} mol/L pH 8.0 磷酸缓冲液 150 mL,将混合瓶 2 上的胶管与层析柱连接上之后,开动搅拌器,打开 1,2 两瓶之间连通管的活塞 3,再打开 2 瓶的通嘴活塞 5,控制流速在 2 mL/20 min。开动自动部分收集器,分管收集流出液,每管收集 2 mL。实验在 0~10 ℃ 的温度范围内进行。测定各管流出液的酶活性,同时用 Folin-酚法测定每管流出液的蛋白含量(见实验 12)。

若离子交换层析柱与紫外检测仪相连,可用 280 nm 光吸收检测酶洗脱峰。

五、酯酶活性的测定

底物乙酰-2,6-二氯酚靛酚被酯酶水解后生成的 2,6-二氯酚靛酚在 pH 8.0 的条件下显蓝色,底物浓度恒定时,酶促反应速度取决于酶的活性。测定时,取 4 mL 5×10^{-2} mol/L pH 8.0 的磷酸缓冲液,加 0.2 mL 底物(最终浓度为 1.25×10^{-4} mol/L),再加适量酶溶液(0.5 mL 含 200 μg 蛋白质)和水,使反应系统的最终体积为 6 mL,在 30 ℃ 下反应 5 min 后立即在 600 nm 波长处测定吸光值。本实验是各管取 0.5 mL 梯度洗脱液测定酶活性。若吸光值越大,表示酶活性越高。

六、结果处理

（1）以梯度洗脱流出液的管数为横坐标，以相应流出液的蛋白含量为纵坐标，作出洗脱曲线图，峰 I′和 II′为两个主要酶蛋白峰（图 32.2）。蛋白含量以 1 mL 梯度洗脱液在 500 nm 波长处比色的吸光值表示（Folin-酚法测定）。

（2）以梯度洗脱流出液的管数为横坐标，以相应流出液酶活性（取 0.5 mL 测定在 600 nm 波长处的吸光值）为纵坐标，绘制出酶活性曲线图，得到两个主要酶活性峰 I 和 II（图 32.2）。

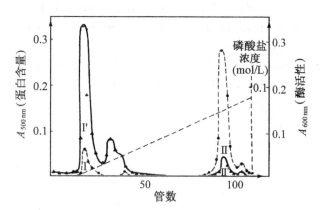

图 32.2 酯酶蛋白含量、酶活性和梯度洗脱液浓度曲线

— ▲ — ▲ —代表蛋白含量曲线；—— ● —— ● ——

表示酶活性曲线；ーーーーー表示洗脱液浓度曲线

（3）以梯度洗脱流出液的管数为横坐标，梯度洗脱液浓度为纵坐标，绘制出梯度洗脱液浓度曲线图（图 32.2）。

（4）分别合并峰 I 和峰 II 两个组分，测定它们的蛋白含量和酶活性，并计算比活力。比活力的计算方法如下：

$$酯酶比活力 = \frac{酶作用底物后的 A_{600\,nm}}{蛋白量（mg）}$$

最后列出鼠肾粗酶制剂（丙酮粉原抽提液）和层析洗脱液酯酶比活力的比较以及蛋白回收率（见表 32.1）。

表 32.1 粗酶制剂和层析洗脱液酯酶比活性的比较

	蛋白量/mg	蛋白回收率/%	比活力（A/mg 蛋白）		比活力提高倍数
粗酶制剂（丙酮粉抽提液）4 mL	15	100		0.73	1.0
CM-纤维素离子交换剂层析后	10.5	70	峰 I	0.21	0.3
梯度洗脱液			峰 II	7.4	10.0

由表中列出的数据可看出，酯酶集中在峰 II。

思 考 题

1. 离子交换纤维素有何特点？为什么人们常用它来分离纯化酶及其他生物活性大分子

物质？

2. 何为梯度洗脱法？它有何特点？

参 考 资 料

[1]　Aldridge W N. Some Esterases of the Rat. Biochem J, 1954,57: 629

[2]　Petersor E A, Sober H A, Colowich S P and Kaplan N O. Column Chromatography of Protein, Substituted Celluloses. Methods in Enzymology. New York, London: Academic Press, 1962, Ⅴ:3~26

[3]　Kremzner L T and Wilson I B. A Chromatographic Procedure for the Purification of Acetylcholinesterase. J Biol Chem, 1963,238:1714

[4]　Haff L A, Fägerstam L G, Barry A R. Use of Electrophoretic Titration Curves for Predicting Optimal Chromatographic Condition for Fast Ion Exchange Chromatography of Proteins. J Chromatogr, 1983, 266:409~425

实验 33　亲和层析及离子交换层析法分离纯化乳酸脱氢酶及其同工酶

目 的 要 求

(1) 学习亲和层析及离子交换层析原理。

(2) 制备 5′-AMP-8(6-氨基己基)氨基-Sepharose 4B(或 QT₄)亲和吸附剂。

(3) 用亲和层析法分离猪骨骼肌或猪心乳酸脱氢酶。

(4) 用离子交换法纯化乳酸脱氢酶同工酶。

(5) 测定乳酸脱氢酶活力及比活力。

原　　　理

乳酸脱氢酶(lactate dehydrogenase,简称 LDH,EC 1.1.1.27,L-乳酸:NAD⁺ 氧化还原酶)广泛存在于动物、植物及微生物细胞内,是糖酵解途径的关键酶之一,可催化下列可逆反应:

$$\underset{\substack{\text{乳酸}}}{\overset{\substack{\text{COOH}\\|}}{\text{HO—CH}}\overset{}{\underset{\substack{|\\ \text{CH}_3}}{}}} + NAD^+ \xrightarrow[\text{pH 8.8～9.8}]{\overset{\text{LDH}}{\text{pH 7.4～7.8}}} \underset{\substack{\text{丙酮酸}}}{\overset{\substack{\text{COOH}\\|}}{\text{C=O}}\overset{}{\underset{\substack{|\\ \text{CH}_3}}{}}} + NADH + H^+$$

乳酸　氧化型辅酶Ⅰ　　丙酮酸　还原型辅酶Ⅰ

LDH 相对分子质量(M_r)约 140 000,有五种同工酶,是由两种不同结构基因编码的肌肉型 M(A)亚基及心肌型 H(B)亚基($M_r = 35\,000$)组成的四聚体。各种 LDH 同工酶的一级结构、理化性质及生物学特性不同。在 pH>pI 的条件下电泳,各种同工酶泳动的速度不同,从负极向正极排列依次为 LDH₅(M₄)、LDH₄(M₃H₁)、LDH₃(M₂H₂)、LDH₂(M₁H₃)、LDH₁(H₄),表明各种同工酶具有不同的等电点,从而为进一步纯化 LDH 同工酶提供了依据。

LDH 同工酶有组织特异性,LDH₁ 在心、肾和红细胞中相对含量高,LDH₅ 在肝、肌肉及某些癌组织中相对含量较高。因此,LDH 同工酶相对含量的改变在一定程度上反映了某些脏器的功能状况。临床医学常利用这些同工酶在血清中相对含量的改变作为某脏器病变鉴别诊断的参考。此外,在动物睾丸及精子中还发现了另一种基因编码的 x(C)ₓ亚基组成了 LDHₓ。这一发现有助于计划生育的研究。

LDH 可溶于水及稀盐溶液,因而组织经匀浆、浸泡、离心,其上清液即为含 LDH 的组织提取液。分离 LDH 的方法很多,20 世纪 70 年代以前常用硫酸铵及有机溶剂分级沉淀,离子交换层析等方法分离纯化 LDH 及其同工酶。这些方法虽较简单,但分离周期长,酶活性损失大。目前,利用亲和层析技术分离纯化各种蛋白质和酶,已成为不可缺少的手段,它具有操作简单、快速、纯化效率高等优点。分离以 NAD⁺ 为辅酶的各种脱氢酶,如乳酸脱氢酶(LDH)、

359

醇脱氢酶（ADH）、苹果酸脱氢酶（MDH）等可利用辅酶及衍生物、抑制剂或激活剂作为配基。通过"间隔臂"与活化的琼脂糖凝胶载体偶联成亲和吸附剂。本实验选用 5′-AMP 作为配基，1,6-己二胺为"间隔臂"，先合成出 5′-AMP-8(6-氨基己基)胺，然后将其与活化的 Sepharose 4B 偶联成亲和吸附剂 5′-AMP-8（6-氨基己基）氨基-Sepharose 4B，简称 5′-AMP-Sepharose 4B。由于 Sepharose 4B 需从国外进口，价格较贵。本实验用北京大学生命科学学院研制的珠状琼脂糖凝胶 4B（简称 QT₄），代替进口产品作为基本层析介质，其性能相当于 Sepharose 4B。5′-AMP-QT₄ 合成反应过程如下：

5′-AMP　　　　　　　　　　溴化 5′-AMP

5′-AMP – 8(6-氨基己基)胺

5′-AMP – 8(6-氨基己基)氨基-QT₄

将 5′-AMP-8(6-氨基己基)氨基-QT₄（简称 5′-AMP-QT₄）装柱。平衡后即可用于分离纯化 LDH 或其他以 NAD^+ 为辅酶的各种脱氢酶类，如苹果酸脱氢酶（MDH）、醇脱氢酶（ADH）等。当含上述酶的组织提取液，以一定流速通过 5′-AMP-QT₄ 亲和柱时，LDH、MDH 等有关脱氢酶被吸附在亲和柱上，杂蛋白等非特异性物质则被排除柱外。被亲和吸附的各种脱氢酶可选用不同的底物制成亲和洗脱剂（或称为加成物洗脱液），竞争性地将有关酶分别洗脱。丙酮酸是 LDH 的底物，它与 NAD^+ 在碱性条件下生成一种双环化合物——还原型 NAD^+-丙酮酸加成物，它是 LDH 强效抑制剂，从而可将 LDH 竞争性地从亲和柱上洗脱下来，收集洗脱液测定 LDH 总活力、总蛋白，计算比活力、纯化倍数及 LDH 回收率。经过上述各步即可获得高纯度的 LDH。为了进行 LDH 五种同工酶结构与功能的研究或制备有关单克隆抗体，可利用五种同工酶等电点的差异，采用各种离子交换层析法将其分开。本实验用 DEAE-Sepharose CL-6B 阴离子交换层析及盐离子浓度梯度洗脱，获得高纯度的 LDH₅、LDH₁ 等同工酶，其纯度可用 PAGE、SDS-PAGE 或 IEF-PAGE 鉴定。

酶分离纯化各步均需测定酶活力。组织中 LDH 含量测定方法很多，其中紫外分光光度法更为简单、快速。鉴于 NADH、NAD^+ 在 340 nm 及 260 nm 处有各自的最大吸收峰，因此以

NAD^+ 为辅酶的各种脱氢酶类都可通过 340 nm 吸光值的改变,定量测定酶的含量。本实验测定 LDH 活力,基质液中含丙酮酸及 NADH,在一定条件下,加入一定量酶液,观察 NADH 在反应过程中 340 nm 处光吸收减少值,减少越多,则 LDH 活力越高。其活力单位定义是:在 25℃,pH 7.5 条件下 $\Delta A_{340\,nm}/min$ 下降为 1.0 的酶量为一个单位(U)。可定量测定每克湿重组织中 LDH 活力单位,定量测定蛋白质含量即可计算比活力(U/mg)。

利用上述原理,改变不同底物则可测定相应脱氢酶反应过程中 $A_{340\,nm}$ 的改变,定量测定酶活力,如苹果酸脱氢酶、醇脱氢酶、醛脱氢酶、甘油-3-磷酸脱氢酶等,适用范围很广。

试 剂 和 器 材

一、实验材料

新鲜猪骨骼肌或猪心,如暂时不用可贮存于 -20 ℃冰箱中冻存。

二、试剂

1. 制备亲和吸附剂的有关试剂

(1) 5′-AMP-8(6-氨基己基)胺及 QT_4:均为北京大学生命科学学院生物化学与分子生物学系产品。

(2) 0.5 mol/L pH 11 碳酸钠-碳酸氢钠缓冲液:

A 液:0.5 mol/L Na_2CO_3。称无水 Na_2CO_3 10.6 g,加去离子水溶解后定容至 200 mL。

B 液:0.5 mol/L $NaHCO_3$。称 $NaHCO_3$ 2.1 g,加去离子水溶解后定容至 50 mL。

取 A 液 180 mL,B 液 20 mL 混合后测 pH,并调节至 pH 11。

乙腈(AR),溴化氰,2 mol/L 及 0.5 mol/L NaCl 各 200 mL,4 mol/L 及 1 mol/L NaOH 各 100 mL,pH 9.5~10 的去离子水 200 mL(用 1 mol/L NaOH 调节),50%甘油,6 mol/L 尿素及硫酸铵。

2. 亲和层析有关试剂

(1) 0.05 mol/L pH 6.5 磷酸氢二钾-磷酸二氢钾缓冲液(PB):

A 液:0.05 mol/L K_2HPO_4。称 K_2HPO_4 1.74 g 加去离子水溶解后定容至 200 mL。

B 液:0.05 mol/L KH_2PO_4。称 KH_2PO_4 3.40 g 加去离子水溶解后定容至 500 mL。

取溶液 A 31.5 mL,溶液 B 68.5 mL,调节 pH 至 6.5。置 4℃备用。

0.01 mol/L pH 6.5 磷酸氢二钾-磷酸二氢钾缓冲液 500 mL:用 0.05 mol/L pH 6.5 PB 溶液稀释即可。最好随用随配,以免长菌。用此试剂制备组织匀浆。

(2) NAD^+-丙酮酸钠加成物亲和洗脱液:分别称取 100 mg NAD^+、丙酮酸钠置 5 mL 烧杯中,加入 2 mL 去离子水使其溶解,滴加少许 1 mol/L 氢氧化钠溶液,调 pH 至 11.5,室温反应 20 min,当液体呈黄绿色时用 0.01 mol/L pH 6.5 磷酸氢二钾-磷酸二氢钾缓冲液稀释至 $A_{340\,nm}$ 为 2.0。此溶液应在临用前配制。

3. 离子交换层析有关试剂

(1) DEAE-Sepharose CL-6B。

(2) 0.02 mol/L 及 0.01 mol/L pH 8.0 Tris-HCl 缓冲液:配制方法见附录Ⅱ之五。

（3）0.01 mol/L pH 8.0 Tris-HCl：内含 0.3 mol/L NaCl 溶液。

（4）5％乙酸钡溶液。

（5）DEAE-Sepharose 再生试剂：1 mol/L pH 3.0 乙酸钠（用 HCl 调节）及 0.5 mol/L NaOH 溶液。

4. 测 LDH 活力试剂

（1）0.1 mol/L pH 7.5 磷酸盐缓冲液（PB）100 mL：配制方法见附录Ⅱ之五。

（2）NADH 溶液：NADH（纯度 95％以上）用时应换算成 100％，称 3.5 mg 纯 NADH 置试管中，加 0.1 mol/L pH 7.5 PB 1 mL 摇匀。

（3）丙酮酸溶液：称 2.5 mg 丙酮酸钠，加 0.1 mol/L pH 7.5 PB 29 mL，使其完全溶解。
试剂（2），（3）最好在临用前配制。

5. Folin-酚法测定蛋白质含量试剂

见实验 12。

三、器材

50 mL 具塞锥形瓶，3#玻璃烧结漏斗（直径 4 cm），500 mL 抽滤瓶，烧杯（5，50 mL），结晶皿（直径 10 cm），量筒（10，50 mL），pH 计，电磁搅拌器，紫外分光光度计，DS200 型高速组织捣碎机，冷冻离心机（4℃），层析柱（1.5 cm×10 cm，1 cm×15 cm），恒温水浴锅，吸量管（0.1，5 mL），微量注射器（1，10 μL），自动部分收集器，紫外检测仪，梯度混合器。

操 作 方 法

一、亲和吸附剂的制备

（1）配基溶液的配制：称 200 mg 5′-AMP-8（6-氨基己基）胺，溶解在 10 mL pH 9.5～10 的去离子水中。取 3 μL 用 pH 9.5～10 的去离子水定容至 3 mL，测 $A_{278\,nm}$，计算配基总 $A_{278\,nm}$。其余溶液置 50 mL 具塞三角瓶中，4℃预冷。

（2）QT$_4$ 的预处理：取沉降后体积为 10 mL 的 QT$_4$（或 Sepharoes 4B），转移至 3#玻璃烧结漏斗中，抽滤成干饼状，用 10 倍于凝胶体积的 0.5 mol/L NaCl 溶液分数次加至干饼中混匀并淋洗，再用 10 倍于凝胶体积的去离子水反复洗涤，抽滤成干饼状，以彻底除去凝胶中的保护剂。

（3）QT$_4$ 的活化：溴化氰为剧毒物，极易挥发、分解、放出 HCN 及 Br$_2$ 气体，因此活化 QT$_4$ 应在通风橱中进行。将上述干饼状物移至 50 mL 烧杯中，加入 10 mL 0.5 mol/L pH 11 Na$_2$CO$_3$-NaHCO$_3$ 缓冲液。将烧杯安放在盛有碎冰块的结晶皿中，放在电磁搅拌器上并在烧杯中加入较细的搅棒，插入 pH 电极，打开电磁搅拌器轻轻搅动 QT$_4$。称 2 g 溴化氰，加入 4 mL 乙腈使其完全溶解，用滴管取溴化氰溶液，将其逐滴在 1 min 左右加至 QT$_4$ 混悬液中（计时并轻轻搅动），当 pH 下降时，随时滴加 4 mol/L NaOH 溶液，使 pH 稳定在 11.0±0.2，加 CNBr 后约 10 min，在反应后的悬浮液中加入少许冰块，立即转移至 3#烧结漏斗中抽滤，抽滤瓶中应盛有固体亚硫酸铁，其目的是使多余的 CNBr 变成无毒的亚铁氰化物，最后用预冷的去离子水淋洗 2 min 直至抽滤液呈中性后抽干成饼状物。

（4）偶联：立即将活化的 QT_4 饼状物转移至含有 $5'$-AMP-8（6-氨基己基）胺的具塞三角瓶中，在 4℃ 轻轻搅拌或振荡 12～24 h。反应完成后将凝胶转移至 $3^{#}$ 烧结漏斗中抽滤，收集滤液，测量体积（滤液经冷冻后可继续应用）。从中取出 3 μL，用 pH 9.5～10 去离子水加至 3 mL 测 $A_{278\,nm}$。然后干饼状物依次用 100 mL 2 mol/L NaCl 及 100 mL 去离子水分数次洗涤，收集各部分洗涤液，量体积，测定各自的 $A_{278\,nm}$。根据偶联前后 $A_{278\,nm}$ 的改变可计算出 $5'$-AMP-8（6-氨基己基）胺的偶联量（μmol/mL QT_4）。此外，还可直接用 $5'$-AMP-8（6-氨基己基）氨基-QT_4 进行 $A_{260\sim360\,nm}$ 扫描，计算偶联量。取约 1 g 干饼状的 $5'$-AMP-QT_4 放在 $3^{#}$ 烧结漏斗中用大量去离子水洗涤并抽干，取出平铺于滤纸上，以便吸去凝胶表面的水分。称取 100 mg $5'$-AMP-QT_4，将其悬浮在 3 mL 50% 甘油中，以同样处理的未偶联的 QT_4 作为空白对照，进行 $A_{260\sim360\,nm}$ 紫外扫描，记录 $A_{278\,nm}$，按公式计算偶联浓度。

二、亲和层析分离 LDH

1. 制备组织提取液

称取 20 g 猪骨骼肌（除去筋膜及脂肪），按照 $m/V = 1/4$ 的比例加入 4℃ 预冷的 80 mL 0.01 mol/L pH 6.5 K_2HPO_4-KH_2PO_4 缓冲液，用高速组织捣碎机捣碎（10 s/次），稍停后，再次捣碎，如此反复 3 次。将其移至 150 mL 烧杯中，置 4℃ 冰箱中提取 4 h 以上或过夜，过滤或离心（10 000 g，30 min），量红色上清液体积，留样少许测 LDH 活力及蛋白质含量。其余用于亲和层析。

制备猪心提取液方法同上，由于提取上清液中血红蛋白等物质较多，直接上柱效果较差。因此，上清液需经 40%～65% 饱和度的 $(NH_4)_2SO_4$ 分级沉淀，4℃ 放置 2 h 以上，8000 r/min 离心 30 min。弃去上清液，沉淀加少许去离子水溶解，转移至透析袋中对去离子水透析，直至透析外液用 5% 乙酸钡溶液检测无 $BaSO_4$ 沉淀生成。取出透析袋内的液体，加等体积 0.02 mol/L pH 6.5 K_2HPO_4-KH_2PO_4 缓冲液，如有不溶物则需过滤或离心除去，上清液用于亲和层析。

2. 亲和吸附

将 $5'$-AMF-QT_4 装柱（1.5 cm × 10 cm）置 4℃ 冰柜中，预先用 0.01 mol/L pH 6.5 K_2HPO_4-KH_2PO_4 缓冲液平衡亲和柱，红色上清液在 4℃ 上柱，流速 3 mL/min，上样结束后，用平衡缓冲液以同样流速洗涤亲和柱，直至流出液 $A_{280\,nm} \leqslant 0.02$，以除去非特异吸附的杂蛋白。分别收集上样液及平衡液并测酶活。

3. 亲和洗脱

用约 100 mL NAD^+-丙酮酸加成液，以流速 3 mL/min 洗涤亲和柱，每管收集 3 mL，每隔 2～3 管测 LDH 活力，合并有 LDH 活力的各管，量体积，留样测定 LDH 总活力、总蛋白质含量，并进行 PAGE 鉴定（见实验 27）。其余液体加入硫酸铵粉末至 70% 饱和度，置 4℃ 冰箱可长期保存。

4. 亲和柱的再生与保存

亲和柱使用后，立即用 2～3 个柱体积的 0.5 mol/L NaCl 洗涤，流速 20～30 mL/h，再用 1/2 柱体积的 6 mol/L 尿素、一个柱体积的 2 mol/L NaCl 洗涤，最后用平衡缓冲液洗涤至 $A_{280\,nm} \leqslant 0.02$，可继续使用。如暂时不用，可将 $5'$-AMP-QT_4 转移至 $3^{#}$ 玻璃烧结漏斗中，用 50% 甘油洗涤数次，抽干后悬浮在 50% 甘油中，贮存于 −20℃ 冰箱中备用。

三、LDH 活性测定

实验时预先将丙酮酸溶液及 NADH 溶液放在 25℃ 水浴中预热。取两只光径为 1 cm 的石英比色池,一只比色池作空白对照,加入 3 mL 0.1 mol/L pH 7.5 磷酸盐缓冲液,放于紫外分光光度计中,调节 A_{340nm} 为零;另一只比色池用于测定 LDH 活力,依次加入 2.9 mL 丙酮酸钠溶液,0.1 mL NADH 溶液,加盖摇匀,测定并记录 A_{340nm}。取出比色池加入适当稀释的酶液(1~10 μL),立即摇匀并记时,每隔 0.5 min 测 A_{340nm},连续测定 3 min。以 A_{340nm} 对时间作图,取反应的线性部分,计算 $\Delta A_{340nm}/min$ 下降值。操作时应注意酶的稀释度或加入量,控制 $\Delta A_{340nm}/min$ 下降值在 0.1~0.2 之间,尽量减少测定误差。

四、蛋白质含量测定

将组织提取液适当稀释(约 1:20),取 0.1 mL 按实验 12 的方法测定蛋白质含量。

五、DEAE-Sepharose CL-6B 分离 LDH 同工酶

(1) LDH 70%$(NH_4)_2SO_4$ 沉淀的处理:将操作方法二之 3 制得的含 LDH 沉淀液置离心管中,4℃,8000 r/min 离心 30 min,弃去上清液,用滴管取少许去离子水加至离心管中使沉淀溶解并移至透析袋中,对去离子水透析,直至透析外液用乙酸钡溶液检测无 $BaSO_4$ 沉淀。取出透析液,加等体积 0.02 mol/L pH 8.0 Tris-HCl 缓冲液,如有沉淀则需过滤或离心,上清液备用。留样少许测 LDH 酶活力及蛋白含量。

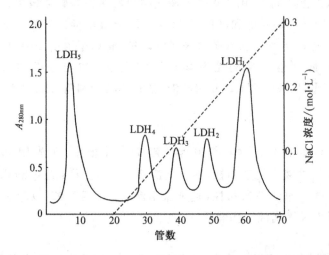

图 33.1　DEAE-Sepharodse CL-6B 分离 LDH 同工酶梯度洗脱示意图

柱体积 10 mL(1 cm×15 cm),样品为经 5′-AMP-QT₄ 分离的肌肉或心肌 LDH 同工酶。平衡液为 0.01 mol/L pH 8.0 Tris-HCl 缓冲液。梯度洗脱液为 100 mL 0.01 mol/L pH 8.0 Tris-HCl~100 mL 0.01 mol/L pH 8.0 Tris-HCl(内含 0.3 mol/L 氯化钠)。上样及梯度洗脱流速均为每管 4 mL/10 min。实线代表 A_{280nm} 洗脱峰,从左至右分别为 LDH₅、LDH₄、LDH₃、LDH₂、LDH₁;虚线代表氯化钠浓度梯度

(2) 离子交换法分离各种 LDH 同工酶:取约 10 mL DEAE-Sepharose CL-6B 沉淀置小烧杯中,加入 0.01 mol/L pH 8.0 Tris-HCl 缓冲液洗涤 3 次,除去漂浮的小颗粒,抽气后装柱

（1 cm×15 cm），待其自然沉降（柱体积约 10 mL）后，置 4℃冰柜中，连接紫外检测仪及自动部分收集器，用上述缓冲液平衡洗涤离子交换柱至基线（$A_{280\,nm} \leqslant 0.02$）。取上清液上柱，每管流速 4 mL/10 min，上样结束后，用平衡液洗涤离子交换柱至基线。改用线性梯度洗脱，混合瓶中为 100 mL 0.01 mol/L pH 8.0 Tris-HCl 缓冲液，贮液瓶中为 100 mL 含 0.3 mol/L NaCl 的 0.01 mol/L pH 8.0 Tris-HCl 缓冲液。流速同上，梯度洗脱如图 33.1 所示。合并各峰管，留样少许测 LDH 酶活力、蛋白质含量，并用 PAGE 鉴定纯度。其余溶液分别测量体积，加入 (NH₄)₂SO₄ 粉末至 70% 饱和度，4℃冰箱贮存。

（3）DEAE-Sepharose CL-6B 的再生：离子交换柱用后分别用 1 个柱体积的 1 mol/L pH 3.0 乙酸钠（用盐酸调节）、1.5 个柱体积的 0.5 mol/L NaOH（最好放置过夜），及 1.5 个柱体积的 1 mol/L pH 3.0 乙酸钠洗柱，最后用 0.01 mol/L pH 8.0 Tris-HCl 缓冲液平衡，直至流出液 $A_{280\,nm} < 0.02$，即可重复使用。

六、垂直板型 PAGE 鉴定 LDH 及其同工酶纯度

有关凝胶配方、电极缓冲液配方及电泳操作等见实验 27。电泳结束后取出胶片，用刀片从凝胶中部一分为二，分别进行 LDH 活性及蛋白质染色（方法见实验 27 和 17）。对照比较亲和层析与离子交换层析前后条带染色状况。

七、结果处理

1. 计算每毫升 5′-AMP-QT₄ 配基偶联量

其计算方法分为间接法与直接法两种。

（1）间接法：测定 5′-AMP-8（6-氨基己基）胺（$M_r = 461.2$）与 QT₄ 偶联前、后溶液 $A_{278\,nm}$ 的改变，计算偶联率及偶联量（μmol/mL QT₄），公式如下：

$$偶联率 = \frac{偶联前配基总 A_{278\,nm} - (偶联后抽滤液 A_{278\,nm} + 洗涤液 A_{278\,nm})}{偶联前配基总 A_{278\,nm}} \times 100\%$$

$$配基偶联量（\mu mol/mL\ QT_4） = \frac{配基量（\mu g）\times 偶联率}{配基 M_r（461.2）\times QT_4 体积（mL）}$$

（2）直接法：将 0.1 g QT₄ 及 5′-AMP-QT₄ 悬浮于 50% 甘油中直接比色，已知抽干的饼状 QT₄ 1 g 溶胀后相当 1.5 mL，5′-AMP-8（6-氨基己基）胺摩尔消光系数 $\varepsilon_{278\,nm}$ 为 17.7 L/(mol·cm)，计算公式如下：

$$配基偶联量（\mu mol/mL\ QT_4） = \frac{\Delta A_{278\,nm} \times 10 \times 3}{1.5 \times 17.7}$$

式中，10 为 0.1 g 凝胶换算成 1 g，3 为比色池体积（mL）。直接比色法计算偶联率较为准确。

2. 亲和层析及离子交换层析分离纯化 LDH 有关数据的计算

根据上柱前、后酶液比活力的改变计算纯化倍数及酶活性回收率，计算公式如下：

$$比活力（U/mg） = \frac{LDH\ 总活力（U）}{总蛋白含量（mg）}$$

$$纯化倍数 = \frac{亲和（离子交换）柱洗脱液比活力}{上亲和（离子交换）柱前酶液比活力}$$

$$酶回收率 = \frac{亲和（离子交换）柱洗脱液 LDH 总活力（U）}{上亲和（离子交换）柱前酶液 LDH 总活力（U）} \times 100\%$$

3. LDH 活力计算

$$LDH\ 活力单位(U/mL\ 酶液)=\frac{\Delta A_{340\,nm}\times 稀释倍数}{酶液加入量(\mu L)\times 10^{-3}}$$

$$酶液中\ LDH\ 总活力单位(U)=LDH\ 活力(U/mL)\times 总体积(mL)$$

注 意 事 项

（1）溴化氰为剧毒物，极易挥发，分解并放出 HCN 及 Br_2 气，因此活化 QT_4 应在通风橱内进行，操作者应戴防毒口罩及乳胶手套。凡接触过溴化氰的器具如药匙、抽滤瓶等用后应立即放在 $Na_2S_2O_3$、$FeSO_4$ 或 $NaNO_2$ 溶液中浸泡、清洗，以便除去有毒物。

（2）QT_4 系用国产原材料研制的珠状琼脂糖凝胶，其性能与进口 Sepharose 4B 相同，具有较好的亲水性，物理和化学性能稳定，可耐受 1mol/L HCl、0.1mol/L NaOH、6mol/L 尿素等处理，故 QT_4 完全可代替进口同类产品 Sepharose 4B。使用时应用 0.5mol/L NaCl 及去离子水彻底洗涤，以除去凝胶表面的防腐剂。

（3）QT_4 与 Sepharose 4B 一样质地较软，为防止珠球破坏，在操作及活化时，最好用摇床振荡。如用电磁搅拌，最好自制搅棒（在内径为 2mm 左右、长为 4cm 左右的塑料套管中放入相应长度的铁丝，用电烙铁将塑料套管两头封闭），搅拌速度不要太快。

（4）用 CNBr 活化 QT_4 时应控制两者的比例，一般 1mL QT_4 用 50～300mg CNBr。活化应在冰浴中进行，其最适 pH 为 10～11。加入 CNBr 溶液立即计时，pH 下降时应及时用 4mol/L NaOH 维持 pH 在 11±0.2，整个反应应在 8～12min 内完成，以免碱液影响 QT_4 的活化能力。活化完成后应在 2min 内用 4℃ 预冷去离子水洗涤多余的 CNBr，抽滤成干饼状立即转移至含配基的三角烧瓶中进行偶联。

（5）配基与活化的 QT_4 在 4℃ 振荡 2～3h，偶联反应基本完成，振荡 12～24h 是使凝胶活化基团完全消失。

（6）亲和吸附时所用缓冲液的离子强度、pH 应与平衡亲和柱的缓冲体系一致，一般采用低离子强度，接近中性的 pH 条件，使亲和双方最易形成络合物，控制上样流速不能太快。为防止生物大分子失活，亲和吸附一般在 4℃ 较为有利。

（7）当亲和吸附流出液的酶活力与上样时的酶活力近似时，则表示亲和吸附已饱和，应停止上样。洗杂蛋白应彻底，当 $A_{280\,nm}\leqslant 0.02$ 时才能进行亲和洗脱。

（8）实验材料应尽量新鲜，如购买后不立即用，则应贮存在 -20℃ 低温冰箱中。

（9）酶液的稀释度及加入量应控制 $\Delta A_{340\,nm}/min$ 下降值在 0.1～0.2 之间，以减少实验误差。加入酶液后应立即计时，准确记录每隔 0.5min 的 $A_{340\,nm}$ 下降值。

（10）NADH 溶液应在临用前配制，如其纯度为 75%，则应折合到 100%，增加试剂的称量。加酶液前 NADH 的 $A_{340\,nm}$ 控制在 0.8 左右。

（11）离子交换层析前经饱和度为 70%$(NH_4)_2SO_4$ 沉淀的 LDH 应反复对去离子水透析，直至透析外液用乙酸钡溶液检测无 $BaSO_4$ 沉淀后才能稀释上样。

（12）离子交换柱上样及梯度洗脱应控制流速，不宜过快，以免影响离子交换与梯度洗脱效果。操作应在 4℃ 进行。

（13）为防止亲和洗脱液中的 LDH 与离子交换梯度洗脱液中的各种 LDH 同工酶失活，

在操作过程中应及时合并各峰管,量体积后加(NH$_4$)$_2$SO$_4$ 粉末至 70％饱和度。4℃冰箱存放可保存数年。

思　考　题

1. 简述亲和层析与离子交换层析原理。

2. 总结用亲和层析及离子交换层析法分离纯化 LDH 及其同工酶操作过程中,哪些是关键步骤?

3. 简述用紫外分光光度法测定以 NAD$^+$ 为辅酶的各种脱氢酶活性的原理。

参　考　资　料

[1]　梁宋平,肖能㦝等.8-(6-氨基己基)氨基-5′-磷酸腺苷 Sepharose 4B 亲和吸附剂的制备与应用.北京大学学报(自然科学版),1985,21(1):65～71

[2]　洪光元,李建武等.人体乳酸脱氢酶(LDH)同工酶系统研究(二),结、直肠癌患者组织 LDH 同工酶研究.北京大学学报(自然科学版),1988,24(2):195～201

[3]　张龙翔,张庭芳,李令媛主编.生物化学实验方法和技术.北京:高等教育出版社,1997,180～188

[4]　Kenney A, Fowell S. Some Alternative Coupling Chemistries for Affinity Chromatography: Practical Protein Chromatography. Meth Mol Biol, 1992(b), 11: 173～196

[5]　Cooper T G. The Tools of Biochemistry. New York: John Wiley & Sons, Inc, 1977,194～255

[6]　Everse J, Kaplan N O. Lactate Dehydrogenase: Structure and Function. Advance in Enzymology, Meister A ed. New York, London, Sydney, Toronto: John Wiley & Sons, Inc, 1973, 37: 61～133

[7]　Lee C Y, et al. Lactate Dehydrogenase Isozyme from Mouse. Methods in Enzymology, Willis A W ed. New York, London: Academic Press,1982, 89: 351～358

实验 34　核酸定量测定（1）——定磷法

目 的 要 求

掌握核酸定磷测定法测定核酸含量的原理和方法。

原 理

在酸性环境中,定磷试剂中的钼酸铵以钼酸形式与样品中无机磷酸生成磷钼酸,当有还原剂[抗坏血酸(Vit·C)以及 $SnCl_2$ 最灵敏]存在时,磷钼酸立即被还原生成蓝色的还原产物——钼蓝,其最大吸收在 660 nm 波长处。当无机磷含量在 $1\sim25\ \mu g/mL$ 范围内时,光吸收与含磷量成正比。

测定样品核酸的总磷量,需先将它用硫酸或高氯酸消化成无机磷再行测定。总磷量减去未消化样品中测得的无机磷量,即得核酸含磷量,由此可计算出核酸含量。

化学反应式为

$$(NH_4)_2MoO_4 + H_2SO_4 \longrightarrow H_2MoO_4 + (NH_4)_2SO_4$$

$$H_3PO_4 + 12H_2MoO_4 \longrightarrow H_3P(Mo_3O_{10})_4 + 12H_2O$$

$$H_3P(Mo_3O_{10})_4 \xrightarrow{\text{Vit·C}} \underset{\text{钼蓝}}{Mo_2O_3 \cdot MoO_3}$$

试 剂 和 器 材

一、待测样品

酵母 RNA 样品溶液:精确称取已恒重的 RNA 200 mg 左右,以 $0.05\sim0.5$ mol/L NaOH 溶液湿透,用玻璃棒研磨至似浆糊状的浊液后,用重蒸水定容至 100 mL,配得溶液含 RNA 约为 $2000\ \mu g/mL$。

二、试剂

(1) 标准磷原液(含磷量为 1 mg/mL):将磷酸二氢钾(KH_2PO_4,AR)预先置于 105℃烘箱烘至恒重,然后放在干燥器内使温度降至室温。精确称取已恒重的磷酸二氢钾 0.2195 g(含磷 50 mg),用重蒸水溶解,定容至 50 mL 作为原液,冰箱贮存、备用。

(2) 标准磷溶液(含磷量为 $10\ \mu g/mL$):测定时取标准磷原液 1 mL 定容至100 mL。

(3) 定磷试剂:3 mol/L 硫酸:水:2.5％钼酸铵:10％ Vit·C=1:2:1:1(体积比)。定磷试剂均为分析纯,水需重蒸或为二次离子交换水。Vit·C 可以在冰箱中放置 1 个月。配制时按上述顺序加入,定磷试剂当天配制当天使用。正常颜色呈浅黄色,如果呈棕黄色或深绿色,则不能使用。

(4) 沉淀剂:称取 1 g 钼酸铵(AR),溶于 14 mL 高氯酸中,加 386 mL 去离子水。

5 mol/L H_2SO_4,30% H_2O_2。

三、器材

分析天平,722 型分光光度计,恒温水浴锅,200℃ 恒温烘箱,远红外消煮炉,吸量管(1 mL×1,5 mL×2),消化管(50 mL)5 支,烧杯(50 mL × 3,500 mL × 1),容量瓶(50 mL×1,100 mL×2),培养皿,称量瓶(直径 2 cm×4 cm),干燥器,试管(20 mL)20 支,离心管 4 个。

操　作　方　法

一、RNA 样品的消化

取 3 支消化管,按表 34.1 操作。

表 34.1　RNA 样品消化

编　号　　　　试剂处理	7	8	9
RNA/mL	—	1	—
标准磷原液/mL	—	—	1
H_2O/mL	1	—	—
5 mol/L H_2SO_4/mL	2	2	2
加小漏斗,300℃加热沸腾 30 min,250℃左右继续消化 3~4 h 至溶液透明,冷却			
H_2O/mL	1	1	1
沸水浴中加热 10 min(分解焦磷酸),冷却			
用水定容/mL	50	50	50

注意:8 号管为 RNA 消化样品管,9 号管为标准磷原液消化管,用以测定回收率。条件允许时应做平行管,本实验所用 H_2O 应为重蒸水或高质量去离子水。

二、定磷标准曲线的制定,总磷量和回收率测定

取 18 支洗净烘干的硬质玻璃试管,按表 34.2 中 1~6 号加入标准磷溶液和水以及定磷试剂,7~9 号加入消化定容液和水以及定磷试制,平行做两份,将试管内溶液摇匀,于 45℃ 恒温水浴保温 25 min。取出冷至室温,722 型分光光度计在波长 660 nm 处测定吸光值 A。

表 34.2 定磷标准曲线、总磷量和回收率测定

编 号 试 剂	1	2	3	4	5	6	7	8	9
							消化定容液/mL		
标准磷溶液/mL	—	0.1	0.2	0.3	0.4	0.5	1.5	1.5*	0.15
H_2O/mL	1.5	1.4	1.3	1.2	1.1	1.0	—	—	1.35
磷量/μg	—	1	2	3	4	5			
定磷试剂/mL	1.5	1.5	1.5	1.5	1.5	1.5	1.5	1.5	1.5
45℃恒温水浴保温 25 min									
$A_{660\,nm}(1)$									
$A_{660\,nm}(2)$									
$\overline{A}_{660\,nm}$									
$\overline{A}_{660\,nm} - \overline{A}_{660\,nm}$（空白）									

* RNA 样品纯度较高时,此量可酌情减少,并用 H_2O 补齐至 1.5 mL,使其吸光值位于标准曲线中段。

注意:数据处理时,2~6 号管 $\overline{A}_{660\,nm}$ 减空白 1 号管 $\overline{A}_{660\,nm}$,8,9 号管 $\overline{A}_{660\,nm}$ 减空白 7 号管 $\overline{A}_{660\,nm}$。

以各管的含磷量(μg)为横坐标,660 nm 处的吸光值 A 为纵坐标,绘制定磷标准曲线。

三、无机磷的测定

取 4 支离心试管编号,按表 34.3 操作。

表 34.3 无机磷的测定

编 号 试剂处理	1	2	3	4
RNA/mL	—	—	2	2
H_2O/mL	2	2	—	—
沉淀剂/mL	4	4	4	4
以 3500 r/min 离心 10 min				
取上清液/mL	3	3	3	3
定磷试剂/mL	3	3	3	3
45℃恒温水浴保温 25 min,冷至室温,测 $A_{660\,nm}$				
$A_{660\,nm}$				
$\overline{A}_{660\,nm}$				
$\overline{A}_{660\,nm} - \overline{A}_{660\,nm}$（空白）				

由标准曲线查出无机磷的量(μg),再乘以稀释倍数,即得样品的无机磷量。

四、数据处理

(1) 回收率计算：根据吸光值从标准曲线查出消化后标准磷原液(即 9 号管)中含磷量(μg),按下列公式计算回收率。

$$回收率 = \frac{标准磷原液消化管(9 号)查出的磷量(\mu g) \times 50/0.15(mL)}{标准磷原液含磷量(1000 \mu g/mL)} \times 100\%$$

(2) RNA 样品液总磷量计算：按测得样品的吸光值(即 8 号管)从标准曲线上查出含磷量(μg),再乘以稀释倍数(50)即得样品的总磷量(以每毫升溶液中磷的 μg 数计算较为方便),见下公式：

$$RNA 样品液总磷量(\mu g/mL) = \frac{样品管(8 号)查出的磷量(\mu g) \times 50/1.5(mL)}{回收率}$$

(3) RNA 含量计算：RNA 的含磷量为 9.5%,即 1 μg RNA 磷(有机磷)相当于10.5 μg RNA,由此可根据 RNA 的含磷量计算出 RNA 含量。由于定磷法测得的磷为样品的总无机磷量,即包括无机磷和消化的有机磷(RNA、DNA 中磷量),因此计算 RNA 的磷含量应减去无机磷和 DNA 中的磷量(平均为 9.9%),然后才能计算 RNA 含量。若样品中两者含量极微,可忽略不算。

$$RNA 质量浓度(\mu g/mL) = (总磷量-无机磷量-DNA 含量 \times 9.9\%) \times 10.5$$

(4) 样品液 RNA 的质量分数计算：

$$样品液 RNA 的质量分数 = \frac{测得的 RNA 质量浓度(\mu g/mL)}{配制样品液的 RNA 质量浓度(2000 \mu g/mL)} \times 100\%$$

注 意 事 项

(1) 室温下,钼蓝颜色至少稳定 30 min。

(2) RNA 的用量应严格控制,使 $A_{660 nm}$ 在 0.1~0.7 范围内。

(3) 控制适当酸度(0.4~1.0 mol/L)。钼酸铵和磷酸在酸性条件下才能生成磷钼酸,但过酸的环境,钼蓝反应难于进行,显色浅,显色慢,甚至不显色。

(4) 钼蓝反应极为灵敏,所用器皿试剂中微量杂质的磷、硅酸盐、铁离子等都会影响实验结果,因此实验所用器皿需要特别清洁(所用器皿除用去离子水洗 3 遍外,最后要用重蒸水洗一次,烘干)。所有试剂均用重蒸水或高质量去离子水配制。

(5) 采用 LNK-801A 型远红外消煮炉(四平市电子技术研究所生产)消化有机磷时,先用 800 W 煮沸后,降至 500 W 恒温 250~300℃,3~3.5 h 可消化完全,无需加 H_2O_2。消化时注意调节温度,维持消化液微微沸腾,防止爆沸和溅出内容物,消化管口加小漏斗,可减少消化液的蒸发。消化过程消化液从无色→浅黄色→黄褐色→浅黄色→无色。消化液呈无色透明表示消化完全。

(6) 本实验用的 RNA 样品中无机磷和 DNA 量很少,可以忽略,测出的总磷量全部为 RNA 的含磷量。

思 考 题

1. 测定磷的回收率有何意义?
2. 为什么所用水的质量、钼酸铵的质量和显色时酸的浓度对测定结果影响较大?

参 考 资 料

[1] 张龙翔,张庭芳,李令媛主编. 生物化学实验方法和技术,第二版. 北京:高等教育出版社,1997,235～237

[2] Alexander R R, Griffiths J M and Wilkinson M L. Basic Biochemical Methods. New York:John Wiley & Sons, Inc, 1985,118,182

[3] Plummer D T. An Introduction to Practical Biochemistry. London:McGraw-Hill Book Co Ltd, 1978, 109～111

[4] Strong F M and Koch G H. Biochemistry Laboratory Manual. Iowa:WM C Brown Co Publishers, 1974,50～156

实验 35　核酸定量测定(2)——紫外(UV)吸收法

目 的 要 求

(1) 了解紫外(UV)吸收法测定核酸浓度的原理。

(2) 进一步熟悉紫外分光光度计的使用方法。

原　　理

核酸及其衍生物、核苷酸、核苷、嘌呤和嘧啶具有共轭双键系统,使其在 240～290 nm 的紫外区具有强烈吸收峰,其吸收高峰在 260 nm 波长处。

核酸的摩尔消光系数(或称吸收系数)用 $\varepsilon(P)$ 来表示。$\varepsilon(P)$ 定义为每升溶液中含有 1 mol 核酸磷原子的吸光值。

$$\varepsilon(P) = \frac{A}{C \cdot L} = \frac{30.98\,A}{mL}$$

式中,A 为吸光值,C 为核酸磷原子浓度(mol/L),L 为比色池内径的厚度,m 为每升中磷的质量(g),30.98 为磷的相对原子质量。

从表 35.1 可知 RNA 的 $\varepsilon(P)$(pH 7)为 7700～7800,小牛胸腺 DNA 钠盐的 $\varepsilon(P)$(pH 7)为 6600,已知 RNA 的含磷量为 9.5%,小牛胸腺 DNA 钠盐的含磷量为 9.2%,由上式可推算出每 1 mL 溶液含 1 μg RNA 和 1 μg 小牛胸腺 DNA 钠盐的吸光值分别为 0.022～0.024 和 0.020。此值称为比消光系数。测得未知浓度核酸溶液的 $A_{260\,nm}$,即可利用 $\varepsilon(P)$ 或比消光系数(更常用)计算出其中 RNA 或 DNA 的含量。

表 35.1　核酸摩尔消光系数及相关数值

	$\varepsilon(P)$(pH 7, 260 nm)	含磷量/%	$A_{260\,nm}$
RNA	7700～7800	9.5	0.022～0.024
DNA 钠盐(小牛胸腺)	6600	9.2	0.020

双链 DNA 分子在过酸、过碱或加热条件下发生变性,双螺旋结构破坏,使碱基充分暴露导致紫外吸收值增高,此现象称为增色效应(hyperchromic effect)。当变性 DNA 复性后紫外吸收值降低称为减色效应(hypochromic effect),因此核酸的 $\varepsilon(P)$ 较所含核苷酸单体的 $\varepsilon(P)$ 要低 20%～60%。在等量核苷酸情况下,$\varepsilon(P)_{260\,nm}$ 有以下关系:单核苷酸＞单链 DNA＞双链 DNA。考虑到不同形式的 DNA 分子紫外吸收的差异,通常也简单地以 A 值为 1 相当于 50 μg/mL 双螺旋 DNA 或 37 μg/mL 单链 DNA(或 40 μg/mL 单链 RNA)或 33 μg/mL 单链寡核苷酸计算。

蛋白质和核苷酸等也能吸收紫外线。通常蛋白质的吸收高峰在 280 nm 波长处,在 260 nm 处的吸收值仅为核酸的 1/10 或更低,因此对于含有微量蛋白质的核酸样品,测定误差较小。RNA

的 260 nm 与 280 nm 吸收的比值在 2.0 以上,DNA 的 260 nm 与 280 nm 吸收的比值则在 1.9 左右,当样品中蛋白质含量较高时,比值均下降。故从 $A_{260\,nm}/A_{280\,nm}$ 比值可判断核酸样品的纯度。

紫外吸收法具有操作简便、快速、灵敏度高、对被测样品无损、用量少等优点,非常适合于核酸分离纯化过程的检测。该法对纯品核酸准确度高,但由于有紫外吸收的物质对测定有干扰,对不纯核酸样品误差较大。若样品内混杂大量的蛋白质和核苷酸等吸收紫外线的物质,应设法事先除去。

试 剂 和 器 材

一、试剂

(1) 钼酸铵-过氯酸沉淀剂:取 3.6 mL 70% 过氯酸和 0.25 g 钼酸铵溶于 96.4 mL 去离子水中,即成 0.25% 钼酸铵-2.5% 过氯酸溶液。

(2) 5%～6% 氨水:用 25%～30% 氨水稀释 5 倍。

(3) 测试样品母液(1 mg/mL):RNA 或 DNA 制品,本实验用小牛胸腺 DNA。准确称取小牛胸腺 DNA 约 10 mg,逐次加少量 0.01 mol/L NaOH 调成糊状,充分溶解后,用 pH 7.0 去离子水定容至 10 mL。

二、器材

分析天平,离心机,离心管(10 mL),紫外分光光度计,烧杯,冰浴锅,容量瓶(10 ,25 mL),吸量管,试管及试管架。

操 作 方 法

一、DNA 光吸收曲线的绘制

准确吸取 DNA 母液(约 1 mg/mL)0.5 mL,用去离子水(预先用 5%～6% 氨水调至 pH 7.0)定容至 25 mL。取 3 mL 在紫外分光光度计上测定不同波长(220～300 nm)下的光吸收(间隔 5 nm 测一次)。以波长值为横坐标,吸光值为纵坐标,绘出不同波长下的光吸收曲线。如紫外分光光度计有波长扫描功能,可直接进行 220～350 nm 扫描,记录光吸收曲线。

二、DNA 含量和纯度测定

(1) 核酸样品一般配制成 5～50 μg/mL 溶液,本次实验用上述稀释液(约 20 μg/mL),在紫外分光光度计上测定波长 260 nm 和 280 nm 吸光值。按下列公式计算核酸质量浓度和两者的光吸收比值($A_{260\,nm}/A_{280\,nm}$),判断 DNA 制品纯度。

$$RNA\ 质量浓度(\mu g/mL) = \frac{A_{260\,nm}}{0.024 \times L} \times N$$

$$DNA\ 质量浓度(\mu g/mL) = \frac{A_{260\,nm}}{0.020 \times L} \times N$$

式中,$A_{260\,nm}$ 为 260 nm 波长处光吸收读数;L 为比色杯的厚度,本实验为 1 cm;N 为稀释倍数;0.024 为每毫升溶液内含 1 μg RNA 的 A 值;0.020 为每毫升溶液内含 1 μg DNA 钠盐的 A 值。

(2) 如果待测的核酸样品中含有酸溶性核苷酸或可透析的低聚多核苷酸,则在测定时需加钼酸铵-过氯酸沉淀剂,沉淀除去大分子核酸,测定上清液 260 nm 波长处 A 值作为对照。

取两支离心管,甲管加入 DNA 母液 1 mL 和 1 mL 去离子水,乙管加入 DNA 母液 1 mL 和 1 mL 沉淀剂。混匀,在冰浴上放置 30 min,3000 r/min 离心 10 min。从甲、乙两管中分别吸取 1 mL(可先将清液转移到另 2 支试管),用 pH 7.0 去离子水定容至 25 mL。选择厚度为 1 cm 的石英比色杯,在 260 nm 波长处测定 A 值。按下式计算 DNA 的质量浓度:

$$RNA(或\ DNA)质量浓度(\mu g/mL)=\frac{\Delta A_{260\,nm}}{0.024(或\ 0.020)\times L}\times N$$

式中,$\Delta A_{260\,nm}$ 为甲管稀释液在 260 nm 波长处 A 值减去乙管稀释液在 260 nm 波长处 A 值。

$$核酸质量分数=\frac{1\ mL\ 待测液中测得的核酸质量(\mu g)}{1\ mL\ 待测液中制品的质量(\mu g)}\times 100\%$$

附注:啤酒酵母 RNA 含量测定

(1) 高氯酸裂解破壁法:称取一定量的酵母泥,用 5% 高氯酸在 100℃ 条件下裂解破壁 15 min,3600 r/min 离心 15 min,取其上清液,5%～6% 氨水调 pH 7.0,再用 pH 7.0 去离子水稀释至 RNA 含量为 5～50 μg/mL,用紫外吸收法测定其含量和纯度。

(2) 研磨破碎法:称取一定量的酵母泥,加入适量石英砂置研钵中,用力研磨 10 min,3600 r/min 离心 15 min,取其上清液,同上操作,测定其含量和纯度。

注 意 事 项

(1) 核酸溶解较困难,尤其 DNA,需用少量 0.01 mol/L NaOH 浸润湿透,再逐渐少量加稀碱液使其逐步溶解形成均匀的胶状溶液,否则会形成不均匀的混浊液,影响测定结果。

(2) 由于核酸碱基的紫外吸收性质受 pH 影响较大,应配制 pH 7.0 的核酸溶液,并以 pH 7.0 去离子水作空白对照进行测定。

思 考 题

1. 干扰紫外吸收法测定核酸的物质有哪些?
2. 设计排除这些干扰物的实验。

参 考 资 料

[1] 张龙翔,张庭芳,李令媛主编. 生物化学实验方法和技术,第二版. 北京:高等教育出版社,1997,232

[2] 郭尧君. 分光光度技术及其在生物化学中的应用. 北京:科学出版社,1987,253～257

[3] Plummer D T. An Introduction to Practical Biochemistry, 2nd ed. London:McGraw-Hill Book Co Limited,1978,238～240

实验 36　　猪脾脏DNA 制备与二苯胺测定法

目 的 要 求

(1) 学习并掌握浓盐法提取制备 DNA 的原理和操作。
(2) 学习二苯胺显色法测定 DNA 含量的原理和方法。

原　　　　理

　　DNA 主要集中在细胞核内,因此,通常选用细胞核含量比例大的生物组织作为提取制备 DNA 的材料。小牛胸腺组织中细胞核比例较大,因而 DNA 含量丰富,同时其脱氧核糖核酸酶(DNase)活性较低,制备过程中,DNA 被降解的可能性相对较低,所以是制备 DNA 的良好材料。但其来源较困难,而脾脏或肝脏较易获得,也是实验室制备 DNA 常用的材料。本实验选用猪脾脏作为材料,用浓盐法制备 DNA。

　　在细胞内的核酸通常是与蛋白质形成复合物而存在——核糖核蛋白(RNP)和脱氧核糖核蛋白(DNP),这两种复合物在不同电解质溶液中的溶解度有较大差异。在低浓度的 NaCl 溶液中,DNP 的溶解度随 NaCl 浓度的增加而逐渐降低,当 NaCl 浓度达到 0.14 mol/L 时,DNP 溶解度约为纯水中溶解度的 1%,但当 NaCl 浓度继续升高时,DNP 的溶解度又逐渐增大,当 NaCl 浓度增至 0.5 mol/L 时,DNP 的溶解度约等于在纯水中的溶解度,当 NaCl 浓度继续增至 1.0 mol/L 时,DNP 的溶解度约等于其在纯水中溶解度的两倍。但 RNP 则不一样,在 0.14 mol/L NaCl 溶液中,DNP 溶解度很低,而 RNP 的溶解度仍相当大,因此在制备 DNA 时,利用 0.14 mol/L 稀盐溶液使 DNP 与 RNP 分开。由于 DNP 在浓盐溶液中的溶解度比稀盐溶液大得多,所以,首先采用浓盐溶液(如 1~2 mol/L)尽量抽提 DNP。分离得到 DNP 后再进一步将蛋白质等杂质除去。

　　常用去除蛋白质的方法有:① 氯仿法。用含有异戊醇的氯仿溶液振荡核蛋白溶液,使其乳化,然后离心,此时蛋白质凝胶停留在水相和有机相之间,DNA 则溶于上层水相。② 苯酚法。用苯酚处理后,离心分层,DNA 溶于上层水相中或存在于中间残留物中,蛋白质变性后存留在酚层中,苯酚由于能迅速使蛋白质变性,因而也抑制了核酸酶的活性,有利于获得大分子核酸。此外,十二烷基硫酸钠(SDS)等去污剂也能使蛋白质变性,有利于除去蛋白质。去除蛋白质后的核酸盐溶液,再利用其不溶于有机溶剂的性质,应用适当浓度的有机溶剂(如两倍体积乙醇或 0.5 倍体积的异丙醇)使 DNA 呈絮状沉淀析出。

　　大部分多糖在用乙醇或异丙醇分级沉淀时即可除去。

　　DNA 在酸性条件下加热降解释出脱氧核糖,脱氧核糖在酸性环境脱水生成 ω-羟基-γ-酮基戊醛,它与二苯胺试剂作用生成蓝色化合物($\lambda_{max}=595\ nm$),DNA 在 $40\sim400\ \mu g$ 范围内,光吸收与 DNA 浓度成正比,可用比色法测定。除 DNA 外,脱氧木糖、阿拉伯糖也有同样反应,

其他多数糖类(包括核糖在内)则一般无此反应。反应过程可表示为

试 剂 和 器 材

一、实验材料

新鲜(冰冻)猪脾脏。

二、试剂

(1) 0.1 mol/L NaCl-0.05 mol/L 柠檬酸钠混合液(含 1 mmol/L EDTA)：称取 0.58 g NaCl,1.47 g 柠檬酸三钠,0.041 g EDTA-Na_2・$2H_2O$(M_r = 416.2),用去离子水溶解后稀释至 100 mL。

(2) DNA 标准溶液：称取适量小牛胸腺 DNA 钠盐(经定磷法确定其纯度),以 0.01 mol/L NaOH 溶液溶解配成 200 μg/mL 溶液(为便于溶解 DNA,可先用少量稀碱液溶解后再稀释至要求的浓度)。

(3) DNA 制品溶液：估计制备的 DNA 样品纯度,称取适量 DNA 钠盐制品以 0.01 mol/L NaOH 溶液配成含 DNA 浓度为 100~300 μg/mL(若测定 RNA 制品中的 DNA 含量时,要求 RNA 制品液中 DNA 含量至少为 40 μg/mL)。

(4) 二苯胺试剂:称取 1.0 g 重结晶二苯胺,溶于 100 mL 冰乙酸(AR)中,再加入 10 mL 过氯酸(60% 以上),混匀备用。临用前加入 1.0 mL 1.6% 乙醛溶液,配成的试剂为无色溶液。

10%(1.71 mol/L)NaCl 溶液,氯仿-异戊醇溶液(24∶1,V/V),80% 乙醇,95% 乙醇,2% 曲利本蓝(trypan blue)染色液,20%SDS。

三、器材

离心机,高速组织捣碎机,恒温水浴锅,试管,吸量管(2,5 mL),722 型可见分光光度计,大表面皿。

操 作 方 法

一、DNA 的提取

(1) 称取新鲜(冰冻)猪脾脏 20 g,剔去结缔组织,用 0.1 mol/L NaCl-0.05 mol/L 柠檬酸钠混合液冲洗除去血水,在冰浴上剪成碎末。

（2）加入 2 倍组织重的 0.1 mol/L NaCl-0.05 mol/L 柠檬酸钠混合液（40 mL），置高速组织捣碎机内破碎细胞膜（慢档，每次 5 s，间隔 30 s，共绞 3 次），获得组织浆液。

（3）组织浆液于 3000 r/min 离心 15 min，弃去上层液，收集沉淀（包括细胞核）。

（4）用 50 mL 上述混合液洗涤沉淀 2 次，每次用捣碎机迅速打碎沉淀（慢档，1 s），同上离心。

（5）逐次少量向细胞核沉淀中加入 6 倍组织重的 10%（1.71 mol/L）NaCl 溶液 120 mL，使沉淀充分分散于溶液中，置冰箱内过夜，充分提取 DNP。

（6）次日将所得到的半透明粘稠状液体连续注入预冷的 11 倍体积（1320 mL）去离子水中（NaCl 终浓度为 0.14 mol/L），轻轻摇匀，DNP 即呈絮状沉淀析出，置冰箱内放置数小时。

（7）上层清液利用虹吸法吸出，剩下含有沉淀的少量溶液经离心（3000 r/min，10 min）后，收集 DNP 沉淀。

（8）将 DNP 沉淀再溶于原组织重约 4 倍体积（80 mL）的 10% NaCl 溶液中，轻轻搅拌加速溶解。

（9）加入 1/2 体积的氯仿-异戊醇溶液（24∶1，V/V）40 mL 和 20% SDS 0.3 mL，上下剧烈振荡 10 min，使组蛋白分离，于 3000 r/min 离心 10 min，吸出上面含有 DNA 和 DNP 的水层，弃去两层间的变性蛋白凝胶，回收下层有机相。

（10）上层水相再次加入 1/2 体积氯仿-异戊醇混合液，继续抽提去除蛋白，多次重复此操作直到两相之间无明显变性蛋白质凝胶生成。

（11）最后吸出上清液并将它连续注入 2 倍体积已预冷至 4℃的 95% 乙醇中，同时用玻棒搅匀溶液。

（12）用玻棒小心捞出纤维状 DNA 钠盐沉淀，沥干乙醇溶液后，依次用 80% 和 95% 乙醇洗涤，最后用少量无水乙醇洗涤（不要压挤沉淀），置真空干燥器内干燥，即得白色纤维状 DNA 钠盐。

二、DNA 含量的测定

（1）标准曲线的制定：取 14 支试管，分成 7 组按表 36.1 平行操作。

表 36.1　DNA 标准曲线加样表

	1	2	3	4	5	6	7
DNA 含量/μg	—	40	80	160	240	320	400
DNA 标准溶液/mL	—	0.2	0.4	0.8	1.2	1.6	2.0
去离子水/mL	2.0	1.8	1.6	1.2	0.8	0.4	—
二苯胺试剂/mL	4.0	4.0	4.0	4.0	4.0	4.0	4.0
混匀，60℃恒温水浴保温 1 h，冷却后 595 nm 处比色							
$\overline{A}_{595\,nm}$							

每组取两管光吸收平均值，以 DNA 浓度为横坐标，吸光值为纵坐标，绘制标准曲线。

（2）样品的测定：取 2 支试管各加入 0.5 mL 待测液（估计 DNA 含量应在标准曲线的可测范围之内），1.5 mL 去离子水和 4 mL 二苯胺试剂，其余操作同标准曲线的制作。

（3）DNA 含量的计算：根据测得的吸光值从标准曲线上查出相当的 DNA 含量，并计算 DNA 的质量浓度（μg/mL）。按下式计算制品中 DNA 的质量分数：

$$DNA\ 质量分数 = \frac{待测液中测得的\ DNA\ 质量浓度(\mu g/mL)}{待测液中制品的质量浓度(\mu g/mL)} \times 100\%$$

注 意 事 项

（1）为了防止大分子核酸在提取过程中被降解，使其分子断裂，因而不能获得天然的大分子核酸。提取中需要加入柠檬酸钠、EDTA、8-羟基喹啉等抑制核酸酶的活力，并在低温下进行操作，此外提取过程中应避免加热、强酸、强碱和剧烈振荡等。本实验第一步进行组织匀浆时，不宜过于剧烈，时间不能太长，避免部分细胞核被破坏，导致 DNA 释放而被断裂，这将关系到最后是否能获得纤维状 DNA。为此匀浆后应检查一下细胞核的完整性，方法如下：取绞碎后的浆液一滴滴在载玻片上，以曲利本蓝（trypan blue）染色，显微镜下（约 200 倍）观察，视野内应有大量完整的被染成蓝色的细胞核。

（2）除去蛋白质时，若振荡剧烈可使部分 DNA 断裂，乙醇沉淀后，除能缠绕粘附在玻棒上的纤维状 DNA 外，溶液中还会有絮状沉淀，即为断裂的 DNA。但若振荡不够，蛋白质不能很好除去，则影响 DNA 制品的质量。本实验加入少量 SDS，使蛋白质比较容易除去。

（3）细胞核沉淀加入浓盐溶液，冰箱放置过夜后，有时可能形成块状凝胶，为了更好地在水中分散，应置捣碎机内慢速、5 s 打碎凝胶块，但此时 DNA 已从核内溶解出来，不宜剧烈打碎。

（4）二苯胺试剂仅能与嘌呤核苷酸中的脱氧核糖反应，因此测定的可靠性受到不同来源的 DNA 中嘌呤与嘧啶核苷酸比例变化的限制。为提高测定准确度，应使用经纯化的且含磷量已知的小牛胸腺 DNA 作为标准样品进行校正。加入乙醛能显著提高二苯胺测定的灵敏度。

（5）制备过程中，可能由于色素等杂质去除得不够完全，使 DNA 制品呈黄色纤维状，甚至黄色片状，但对测定含量影响不是很大。

思 考 题

1. 结合本人实验操作的体会，试述在提取过程中应如何避免大分子 DNA 的降解和断裂。
2. DNA 制品都可以用哪几种方法测定其含量？试从它们的原理、准确性等方面加以比较。

参 考 资 料

[1]　苏拔贤主编. 生物化学制备技术. 北京：科学出版社，1986，37～44

[2]　张龙翔，吴国利主编. 高级生物化学实验选编. 北京：高等教育出版社，1989，98～107

[3]　Davidson J N. The Biochemistry of Nucleic Acids, 8th ed(中译本). 北京：科学出版社，1983，52～77

[4]　Alexander R R, Griffiths J M and Wilkinson M L. Basic Biochemical Methods. New York：John Wiley & Sons, Inc, 1985，87～88

[5]　Burton K A. Study of the Condition and Mechanism of the Diphenylamine Reaction for the Colormetric Estimation of Deoxyribonucleic Acid. Biochem J, 1956，62：315

实验 37　酵母RNA 提取与地衣酚测定法

目　的　要　求

(1) 学习并掌握稀碱法和氨法提取 RNA 的原理和方法。

(2) 学习地衣酚显色法测定 RNA 含量的原理和具体方法。

原　　理

由于 RNA 的来源和种类很多,因而提取制备方法也各异。一般有苯酚法、去污剂法和盐酸胍法,其中苯酚法又是实验室最常用的。组织匀浆用苯酚处理并离心后,RNA 即溶于上层被酚饱和的水相中,DNA 和蛋白质则留在酚层中,向水层加入乙醇后,RNA 即以白色絮状沉淀析出,此法能较好地除去 DNA 和蛋白质。上述方法提取的 RNA 具有生物活性。工业上常用稀碱法、浓盐法、氨法和自溶法等,这几种方法所提取的核酸均为变性的 RNA,主要用做制备核苷酸的原料,其工艺比较简单,成本较低,适于大规模操作。

浓盐法是用 10％左右氯化钠溶液,90℃提取 3～4 h,通过改变细胞壁的通透性,使 RNA 从细胞中释放出来。迅速冷却,提取液经离心后,上清液用乙醇沉淀 RNA。

稀碱法使用稀碱(本实验用 0.2％NaOH 溶液)使酵母细胞裂解,然后用酸中和,除去蛋白质和菌体后的上清液用乙醇沉淀 RNA 或调 pH 2.5 利用等电点沉淀 RNA。

氨法利用氨水(1.0％用量),在加热条件下使酵母细胞裂解,离心弃去菌体后的清液,通过等电点沉淀除去杂蛋白,再利用等电点(pH 2.5)沉淀 RNA。此法简便、氨的用量少、温度低、耗时少、效率高、制备 RNA 纯度高,很适合于工业生产。该工艺用于从菌龄较老、淘汰的啤酒酵母提取 RNA,同样能获得高纯度的优质 RNA 制品。

酵母和白地霉中核酸大部分是 RNA,而 DNA 的量很少。如酵母含 RNA 达 2.67％～10.0％,而 DNA 含量仅为 0.03％～0.516％,因此分离提取都很容易,产率也很高,是制备 RNA 的好材料。本实验选用酵母为原料,以稀碱法和氨法的工艺制备 RNA。

RNA 含量测定,除可用紫外吸收法及定磷法外,常用地衣酚法测定。其反应原理是:当 RNA 与浓盐酸共热时,即发生降解,形成的核糖继而转变成糠醛,后者与 3,5-二羟基甲苯(地衣酚,orcinol)反应,在 Fe^{3+} 或 Cu^{2+} 催化下,生成蓝绿色复合物:

$$\text{RNA} + \text{浓硫酸} + \quad \xrightarrow[100℃]{FeCl_3} \text{蓝绿色复合物}$$

反应产物在 670 nm 处有最大吸收。RNA 浓度在 20～250 $\mu g/mL$ 范围内,光吸收与 RNA 浓度成正比。地衣酚法特异性差,凡戊糖均有此反应,DNA 和其他杂质也能与地衣酚反应产生类似颜色。因此,准确测定 RNA 时应先测得 DNA 含量,再计算 RNA 含量。

试 剂 和 器 材

一、实验材料

干酵母粉,啤酒酵母泥(可以是啤酒厂淘汰的菌龄老的酵母)。

二、试剂

(1) 标准 RNA 母液(需经定磷法测定其纯度):准确称取 RNA 10.0 mg,用少量 0.05 mol/L NaOH 湿透,用玻棒研磨至糊状的混浊液,加入少量去离子水,混匀,调 pH 7.0,再用去离子水定容至 10 mL,此溶液每毫升含 RNA 1 mg。

(2) 标准 RNA 溶液:取母液 1.0 mL 置 10 mL 容量瓶中,用去离子水稀释至刻度。此溶液为 100 μg/mL RNA。

(3) 样品溶液:控制 RNA 浓度在 10~100 μg/mL 范围内。本实验称量自制干燥 RNA 制品 10 mg(估计其纯度约为 50%),按标准 RNA 溶液方法配制至 100 mL。

(4) 地衣酚试剂:先配制 0.1%三氯化铁的浓盐酸(AR)溶液,实验前用此溶液配成0.1% 地衣酚溶液。

0.2% NaOH 溶液,0.05 mol/L NaOH 溶液,乙酸,95%乙醇,无水乙醚,氨水,6 mol/L 盐酸,三氯化铁。

三、器材

试管,容量瓶(10 mL),吸量管(2,5 mL),量筒(10,50 mL),沸水浴锅,离心机,布氏漏斗,抽滤瓶,石蕊试纸,722 型分光光度计,恒温水浴锅,真空低温浓缩罐,干燥箱,电动搅拌器。

操 作 方 法

一、从干酵母粉中提取 RNA(稀碱法)

(1) 酵母 RNA 提取:称 4 g 干酵母粉置于 100 mL 烧杯中,加入 40 mL 0.2%NaOH 溶液,沸水浴上加热 30 min,经常搅拌。然后加入数滴乙酸溶液使提取液呈酸性(石蕊试纸检查),4000 r/min 离心 10~15 min。

(2) 乙醇沉淀:取上清液,加入 30 mL 95%乙醇,边加边搅动。加毕,静置,待 RNA 沉淀完后,布氏滤斗抽滤。滤渣先用 95%乙醇洗两次,每次用 10 mL。再用无水乙醚洗两次,每次 10 mL,洗涤时可用细玻棒小心搅动沉淀。最后用布氏漏斗抽滤,沉淀在空气中干燥。称量所得 RNA 粗品的质量,并计算:

$$干酵母粉 RNA 质量分数 = \frac{RNA 质量(g)}{干酵母粉质量(g)} \times 100\%$$

二、从啤酒酵母泥中提取 RNA(氨法)

(1) 原料处理:将啤酒酵母离心(3600 r/min)10 min,弃去上清液,用冷水(4℃)洗涤酵母菌体 3～4 遍,同上法离心,收集沉淀酵母菌体。

(2)破壁与提取:称取一定量的酵母泥放入烧杯内,加 1～2 倍体积水将酵母泥调成菌悬液,再加入氨水使氨水的最终浓度为 1.0％,加热保温至 60℃,电动搅拌破壁提取 25 min,然后离心(3600 r/min)10 min,弃去沉淀,收集上清液即为核酸抽提液。

(3)沉淀杂蛋白:将核酸抽提液真空浓缩(真空度 0.015 MPa,65℃)至约 1/2 体积,冷却后用 6 mol/L HCl 调 pH 4.2,利用等电点沉淀去除杂蛋白。3600 r/min 离心 10 min,弃去沉淀。

(4)等电点沉淀 RNA:取上清液用 6 mol/L HCl 调 pH 2.5,同上离心,收集 RNA 沉淀。

(5)脱水、干燥:用 2 倍体积的 95％乙醇洗涤 RNA 沉淀 2 遍,置于 60℃ 烘干至恒重。称量 RNA 制品的质量。

$$RNA\ 提取率 = \frac{RNA\ 干重(g)}{酵母湿重(g)} \times 100\%$$

三、RNA 地衣酚显色测定

(1)标准曲线的制作:取 12 支干净烘干试管,按表 37.1 编号及加入试剂。平行做两份。加毕置沸水浴加热 25 min,取出冷却,以 0 号管作对照,于 670 nm 波长处测定吸光值。取两管平均值,以 RNA 浓度为横坐标,吸光值为纵坐标作图,绘制标准曲线。

表 37.1　RNA 标准曲线加样表

试 剂 \ 编 号	0	1	2	3	4	5
标准 RNA 溶液/mL	—	0.4	0.8	1.2	1.6	2.0
去离子水/mL	2.0	1.6	1.2	0.8	0.4	—
地衣酚试剂/mL	2.0	2.0	2.0	2.0	2.0	2.0

(2)样品的测定:取两支试管,各加入 2.0 mL 样品液,再加 2.0 mL 地衣酚试剂。同上方法进行测定。

(3)RNA 含量的计算:根据测得的吸光值,从标准曲线上查出相当该光吸收的 RNA 含量。按下式计算出制品中 RNA 的质量分数:

$$RNA\ 质量分数 = \frac{待测液中测得的 RNA\ 质量浓度(\mu g/mL)}{待测液中制品的质量浓度(\mu g/mL)} \times 100\%$$

注 意 事 项

(1)样品中蛋白质含量较高时,应先用 5％三氯乙酸溶液沉淀蛋白质后再测定。

(2)地衣酚法特异性较差,凡属戊糖均有反应。微量 DNA 无影响,较多 DNA 存在时,亦有干扰作用。如在试剂中加入适量 $CuCl_2 \cdot 2H_2O$ 可减少 DNA 的干扰。甚至某些己糖在持续加热后生成的羟甲基糠醛也能与地衣酚反应,产生显色复合物。此外,利用 RNA 和 DNA 显色复合物的最大光吸收不同,且在不同时间显示最大色度加以区分。反应 2 min 后,DNA 在 600 nm 呈现最大光吸收,而 RNA 则在反应 15 min 后,在 670 nm 下呈现最大光吸收。

思 考 题

1. 用你所学过的化学知识,分析三种催化剂:$FeCl_3 \cdot 6H_2O$、$CuCl_2 \cdot H_2O$ 和 CuO,哪种催化剂的催化效果更好?

2. 地衣酚反应中,干扰 RNA 测定的因素有哪些? 如何能减少它们的影响?

参 考 资 料

[1] 南京大学. 生物化学实验. 北京:人民教育出版社,1979,78~80

[2] 洪智勇,毛宁等. 氨法提取啤酒酵母 RNA 的工艺研究. 北京:中国商办工业,1999,11(10):40~41

[3] 黄明智. 优质核糖核酸生产工艺. 应用微生物,1993,23(3):32

[4] Stenesh J. Experimental Biochemistry. Boston:Allyn and Bacon, Inc, 1984, 359~362

[5] Plummer D T. A Introduction to Practical Biochemistry. London:McGraw-Hill Book Co Ltd, 1978, 231~232,241~242

[6] Schjeide O A. Microestimation of RNA by the Cupric Ion Catalyzed Orcinol Reaction. Anal Biochem, 1969,27(3):476

实验 38　质粒 DNA 的微量制备（碱裂解法、煮沸裂解法）

目　的　要　求

(1) 了解质粒的特性及其在分子生物学研究中的作用。

(2) 掌握质粒 DNA 分离、纯化的原理。

(3) 学习碱裂解法和煮沸裂解法分离质粒 DNA 的方法。

原　　　理

　　质粒(plasmid)是一种染色体外能够稳定遗传的因子，具有双链共价闭环结构的 DNA 分子。大小在 $1\sim200\,\mathrm{kb}$ 之间。质粒具有复制和控制机制，能够在细胞溶胶中独立自主地进行复制，使子代细胞保持它们恒定的拷贝数。从细胞生存来看，没有质粒存在，基本上不妨碍细胞的存活，因此质粒是寄生性的自主复制子。它可以独立游离在细胞溶质内，也可以整合到细菌染色体中，但离开了宿主细胞则不能存活。

　　目前发现不仅原核生物，而且真核生物如酵母、天蓝色链霉菌等也存在着质粒。在细菌细胞中，质粒 DNA 通常为染色体 DNA 的 2% 左右，但是细菌质粒 DNA 的含量与其复制类型有关。质粒在细胞内的复制，一般分为两种类型：严密控制(stringent control)复制型和松弛控制(relaxed control)复制型。严密控制复制型的质粒只在细胞周期的一定阶段进行复制，染色体 DNA 不复制时，质粒也不复制。每个细胞内只含一个或几个质粒分子（即有一个或几个拷贝）。通常大的质粒如 F 因子等拷贝数少，复制受到严格控制。松弛控制复制型的质粒在整个细胞周期中随时可以复制，即使染色体复制已经停止，它仍然能够继续复制。该质粒在一个细胞内有许多拷贝，一般在 20 个以上，例如 *Col*E1 质粒（含有产生大肠杆菌素 E1 基因）及其衍生质粒，在每个细胞内约有 20 多个拷贝。在使用蛋白质合成抑制剂（如氯霉素）阻止了染色体 DNA 合成而使细胞内没有蛋白质合成的情况下，由于有关 DNA 复制所需要的蛋白质的缺少，染色体与严密型质粒的复制都随之停止，但松弛型质粒不受细菌这些复制蛋白的影响，如 *Col*E1 质粒或它的衍生质粒仍然继续复制 $12\sim16\,\mathrm{h}$，直至它在细胞中的拷贝数积累到 $1000\sim3000$ 个为止。此时质粒 DNA 含量可增至细胞 DNA 总量的 $40\%\sim50\%$。

　　根据质粒的这些特性，在基因工程中它已被广泛地用做 DNA 分子无性繁殖的运载体。通常采用 DNA 体外重组技术和微生物转化等基因工程的方法将某种基因（如干扰素基因）重组到质粒中并带进受体细胞（如具有一定特性的大肠杆菌细胞等）内表达它的遗传性质，产生新的物质（如干扰素），或改变、修饰寄主细胞原有的代谢产物。同时质粒也是研究 DNA 结构与功能的较好模型。对于带有抗药基因（即 R-基因或 R-因子）的质粒如 *Col*E1 衍生质粒，不但能够大量制备，又便于检出，所以这种质粒被广泛地使用。

　　*Col*E1 的衍生质粒 pBR322，是一种松弛型复制的质粒，拷贝数多。它带有抗氨苄青霉素

和抗四环素基因，在转化大肠杆菌后从含有上述两种抗菌素的琼脂糖培养基中即可筛选出具有表型为抗药性（Amp^r，Tet^r）的大肠杆菌菌落。以 pBR322 为基础人工构建的 pBR322 系列质粒以及 pUC 系列质粒等都是遗传工程中常用的基因运载体。

质粒 DNA 的提取是根据质粒 DNA 分子较染色体 DNA 为小，且具有超螺旋共价闭环状的特点将两者分离。目前国内外一些实验室采用的方法有碱裂解法、煮沸裂解法、溴乙锭-氯化铯密度梯度离心法、羟基磷灰石法等。本实验介绍两种常用、简便、快速的微量方法：碱裂解法和煮沸裂解法。

分离质粒 DNA 的方法一般都包括三个基本步骤：培养细菌使质粒扩增；收集和裂解细胞；分离和纯化质粒 DNA。

1. 碱裂解法

在 EDTA 存在下，用溶菌酶破坏细菌细胞壁，同时在碱性条件（NaOH，pH＝12）下经阴离子去污剂 SDS 处理，使细胞膜崩解，达到充分裂解菌体，并使染色体 DNA 氢键断裂、双螺旋结构解体而变性。质粒 DNA 氢键也大部分断裂，双螺旋部分解开，但共价闭环结构的两条互补链由于处于拓扑缠绕状态而不能彼此分开。当以乙酸钠（pH＝4.8）中和时，变性的质粒 DNA又恢复到原来的结构，而染色体 DNA 不能复性，缠绕附着在细胞膜碎片上，离心后它则与大分子 RNA、蛋白质-SDS 复合物等沉淀下来而被除去。质粒 DNA 则留在上清液内，其中还含有可溶性蛋白质、核糖核蛋白和少量染色体 DNA，实验中加入蛋白质水解酶和核糖核酸酶，可以使它们分解，通过碱性酚（pH 8.0）和氯仿-异戊醇混合液的抽提除去蛋白质等。异戊醇的作用是降低表面张力，减少抽提过程产生的泡沫，并能使离心后水层、变性蛋白层和有机层维持稳定。含有质粒 DNA 的上清液用乙醇或异戊醇沉淀，获得质粒 DNA。

2. 煮沸裂解法

细胞经溶菌酶破壁后，用含有 Triton X-100 的缓冲液处理，溶解细胞膜。在高温条件下，使蛋白质变性。变性蛋白带着染色体 DNA 一起沉淀下来，质粒 DNA 仍留在上清液中。离心后的上清液再用异丙醇或乙醇处理，沉淀出质粒 DNA。

以上两种制备方法的实验过程中，由于细菌裂解后受到剪切力或核酸降解酶的作用，染色体 DNA 容易被切断成为各种大小不同的碎片而与质粒 DNA 共同存在，因此，采用乙醇沉淀法得到的 DNA 除含有质粒 DNA 外，还可能有少部分染色体 DNA 和 RNA，必要时可进一步纯化。

在嵌合染料（如吖啶类和菲啶溴红）存在的条件下，进行氯化铯密度梯度离心，线状的染色体 DNA 由于插入较多的染料分子而变得比重较轻；共价闭环质粒 DNA 插入的染料分子较少，比重较大，从而可获得高纯度质粒 DNA。

在细胞内，质粒以超螺旋形式存在于细胞质内，这种 DNA 分子叫做共价闭环 DNA（covalently closed circular DNA，cccDNA）。在一些条件下，如果两条链中有一条链发生一处或多处断裂，则另一条链就能自由旋转而使分子内的扭曲消除，形成松弛型的分子叫做开环 DNA分子（open circular DNA，ocDNA）。本实验制备出的质粒为 cccDNA，但由于较长时间的贮存或操作等原因，会形成部分 ocDNA。

本实验制得的质粒 DNA 经鉴定后可直接用于限制性内切酶降解、细菌转化以及体外重组实验。

试 剂 和 器 材

一、实验材料

(1) 碱裂解法：携带 pBR322 质粒的 *E. coli* HB101 菌株。

(2) 煮沸裂解法：携带质粒的大肠杆菌(*E. coli*)菌株，如已携带质粒的 DH5α 菌株。

二、试剂

(1) LB(Luria-Bertani)液体培养基：胰蛋白胨 10 g/L，酵母浸膏 5 g/L，NaCl 10 g/L，用 NaOH 调节至 pH 7.5。120℃高温灭菌(1.03×10^5 Pa)20 min。

(2) TEG 缓冲液：pH 8.0，25 mmol/L Tris-HCl，10 mmol/L EDTA，50 mmol/L 葡萄糖，4 mg/mL 溶菌酶。称取 0.3 g Tris 加入 0.1 mol/L HCl 溶液 14.6 mL，先配制成 pH 8.0 Tris-HCl 缓冲液 100 mL，再加入 0.37 g EDTA-Na$_2$·2H$_2$O 和 0.99 g 葡萄糖，6.895×10^4 Pa 高温蒸汽灭菌 30 min。临用前加入 400 mg 溶菌酶(也可以不加)。

(3) 碱裂解液：0.2 mol/L NaOH，1%SDS。称取 0.8 g NaOH 和 1 g SDS 定容至 100 mL，临用前配制。也可以分别配成 0.4 mol/L NaOH 和 2%SDS，临用前两者等体积混合。

(4) 乙酸钾溶液：pH 4.8，3 mol/L K$^+$，5 mol/L Ac$^-$。取 60 mL 5 mol/L KAc(或称取 29.4 g KAc)，加入 11.5 mL 冰乙酸和 28.5 mL 去离子水。1.03×10^5 Pa 高温灭菌 20 min。

(5) 1 mol/L pH 8.0 Tris-HCl 缓冲液：121.4 g/L Tris，用盐酸调至 pH 8.0。

(6) 酚-氯仿(1∶1)溶液配制：

● 将商品苯酚(AR，白色结晶。若呈粉红色需要重蒸)置 65℃水浴上缓缓加热融化，取 200 mL 融化酚加入等体积 1 mol/L pH 8.0 Tris-HCl 缓冲液和 0.2 g(0.1%) 8-羟基喹啉(抗氧化剂，保护苯酚不被氧化)，于分液漏斗内剧烈振荡，避光静置使其分相。

● 弃去上层水相，再用 0.1 mol/L pH 8.0 Tris-HCl 缓冲液与有机相等体积混匀，充分振荡，静置分相，留取有机相，即为饱和酚。也可以直接购买饱和酚商品。

● 配制氯仿-异戊醇混合液[氯仿∶异戊醇＝24∶1(V/V)]：将 24 份氯仿(AR)与 1 份异戊醇(AR)混合均匀。

● 等体积的饱和酚和氯仿-异戊醇溶液混合。放置后，上层若出现水相，可吸出弃去。有机相置棕色瓶内低温保存。

(7) TE 缓冲液：10 mmol/L pH 8.0 Tris-HCl，1 mmol/L EDTA。称取 0.12 g Tris，加适量去离子水溶解，用 1 mol/L 盐酸调至 pH 8.0 并定容至 100 mL，加入 0.037 g EDTA-Na$_2$·2H$_2$O，高温灭菌处理。临用前加入核糖核酸酶 A(RNaseA)(20 μg/mL)。

(8) RNase A 溶液(10 mg/mL)：用含 10 mmol/L Tris-HCl、15 mmol/L NaCl 溶液配制。100℃加热 15 min，使制剂中混杂的 DNase 失活。冷至室温分装小管，-20℃保存。

95%乙醇，70%乙醇，异丙醇，50 mg/mL 氨苄青霉素贮存液，5 mg/mL 四环素贮存液(用 50%乙醇配制)。

煮沸法所用的试剂除上面已列出的以外，还有：

(9) STET 溶液：0.1 mol/L NaCl，10 mmol/L pH 8.0 Tris-HCl，1 mmol/L pH 8.0

EDTA，5％ Triton X-100。称取 0.121 g Tris，0.037 g EDTA-Na$_2$·2H$_2$O 溶于 80 mL 去离子水，用 1 mol/L 盐酸调 pH 8.0，并定容至 100 mL。称取 0.584 g NaCl 和 5 g Triton X-100，用上述溶液溶解后定容至 100 mL。高温灭菌处理。

（10）溶菌酶溶液(10 mg/mL)：用 10 mmol/L Tris-HCl 缓冲液(pH 8.0)配制。

（11）5 mol/L 乙酸钠溶液(pH 5.2)：称取 68 g NaAc·3H$_2$O 溶于 80 mL 去离子水中，用 HAc 调至 pH 5.2 并定容至 100 mL。

三、器材

试管(带棉塞或盖子)，Eppendorf 小离心管(1.5 mL)，自动加样器(20,200,1000 μL)，微孔滤膜细菌滤器，电热恒温水浴锅，电热恒温培养箱，恒温振荡器，高速台式离心机，沸水浴锅，冰块，接种环，旋涡混合器。

操 作 方 法

一、碱裂解法

1. 培养细菌扩增质粒

（1）根据质粒的抗性于 4 mL 灭过菌的 LB 液体培养基内加入适当的抗菌素(如 pBR322 质粒加入 50 μg/mL 氨苄青霉素培养基，12.5 μg/mL 四环素培养基)。

（2）用接种环挑取 1 个单菌落或吸取少量菌液于含上述 3 mL 双抗 LB 液体培养基的试管中，37℃，振荡培养 12 h 左右。

2. 收集菌体和裂解细菌

（1）取 1.5 mL 培养液置 Eppendorf 小离心管内，5000 r/min 离心 5 min，弃去上清，保留菌体沉淀。如菌量不足可再加入培养液，重复离心，收集菌体。也可用 3～5 根牙签挑取平板培养基上的菌落。

（2）将菌体沉淀悬浮于 100 μL TEG 缓冲液内，旋转混匀，室温放置 10 min。

（3）加入 200 μL 新鲜配制的碱裂解液，加盖，颠倒数次，轻轻混匀，冰上放置 5 min。

3. 分离纯化质粒 DNA

（1）加入 150 μL 冰冷却的乙酸钾溶液，加盖后颠倒数次混匀，冰浴放置 15 min，使沉淀完全。

（2）4℃下，12 000 r/min 离心 5 min。乙酸钾能沉淀 SDS 与蛋白质的复合物，并使过量 SDS-Na$^+$ 转化为溶解度很低的 SDS-K$^+$ 一起沉淀下来。离心后，上清液若仍混浊，应混匀后再冷至 0℃，重复离心。上清液转移至另一干净的 Eppendorf 管内。

（3）加入等体积的酚-氯仿饱和溶液，反复振荡，12 000 r/min 离心 2 min，小心吸取上层水相溶液，转移到另一 Eppendorf 管内。

（4）上述溶液加入 2 倍体积的 95％ 乙醇，混合摇匀，于冰浴上放置 10 min。4℃下，12 000 r/min 离心 5 min，弃去上清液。并将 Eppendorf 管倒置在干滤纸上，控干管壁粘附的溶液。

（5）加入 70％ 冷乙醇 1 mL 洗涤沉淀物，离心，弃去上清液，尽可能除净管壁上的液珠，自然干燥或真空干燥,即得质粒 DNA 制品。

(6) 将 DNA 沉淀溶于 20 μL TE 缓冲液(含无 DNase 的 20 μg/mL RNase A),置 −20℃ 保存。

采用此方法从 1.5~2.0 mL 菌液中大约能制得 2 μg 以上的质粒 DNA,足够供给凝胶电泳以鉴定质粒 DNA。

取 10 μL DNA 溶解液加入 2 μL 合适的酶解缓冲液和适量限制性核酸内切酶,37℃保温 1~2 h 后加 2 μL 终止液,即可用于凝胶电泳分析。

二、煮沸裂解法

(1) 把带有质粒的大肠杆菌单个菌落或少量培养液接种于 4 mL LB 液体培养基,并根据质粒的抗性加入合适的抗菌素,于 37℃振荡过夜。

(2) 取 1.5 mL 培养液到 Eppendorf 管内,8000 r/min 离心 5 min,弃去上清液,倒扣 Eppendorf 管在干滤纸上,控干溶液。

(3) 将菌体重新悬浮于 350 μL STET 缓冲液,加入 25 μL 新配制的溶菌酶溶液。置旋涡混合器上旋转混匀 3 s。

(4) 将 Eppendorf 管放在沸水浴中煮 40 s(准确)。

(5) 室温下立即以 12 000 r/min 离心 10 min。将上清液吸到另一个无菌的 Eppendorf 管内(或用消毒过的牙签挑出菌体碎片团)。

(6) 于上清液中加入 40 μL 5 mol/L 乙酸钠溶液和 420 μL(1 倍体积)异丙醇溶液(或加入 2 倍体积的 95%乙醇),旋涡混合器上混匀后室温放置 5 min。

(7) 在 4℃下 12 000 r/min 离心 5 min。

(8) 弃去上清液,DNA 沉淀用 1 mL 70%冷乙醇洗涤,同(7)离心,吸弃上清液,倒扣离心管于干滤纸上,尽量控干管内液体,室温干燥或真空干燥。

(9) 将 DNA 沉淀溶解在 20 μL TE 缓冲液中(含无 DNase 的 20 μg/mL RNase A,以除去样品中可能存在的 RNA)。37℃保温 10 min 后,−20℃保存。

注　意　事　项

(1) 实验菌种生长的好坏直接影响质粒 DNA 的提取,因此对存放时间较长的菌种需要事先加以活化。有关细菌培养、保存的方法请查阅微生物有关书籍。

(2) 细菌培养过程要求无菌操作。抗菌素等不能高温灭菌,应使用细菌滤器过滤后使用。细菌培养液、配试剂用的去离子水、试管和 Eppendorf 离心管等有关用具和相关试剂须经高温灭菌处理。接触过细菌的器具用后应消毒灭菌再洗净。

(3) 制备质粒过程中,所有操作必须缓和,不要剧烈振荡,以避免机械剪切力对 DNA 的断裂作用。同时也应防止 DNase 引起 DNA 的降解。

(4) 加入乙酸钾溶液后,可用牙签轻轻搅开团状沉淀物,防止质粒 DNA 可能被包埋在沉淀物内,不易释放出来。

(5) 用酚-氯仿混合液除蛋白的效果比单独使用酚或氯仿更好。为充分除去残余的蛋白质,可以进行多次抽提,直至两相间无絮状蛋白沉淀。

（6）提取的各步操作尽量在低温条件下进行(冰浴上)。

（7）为进一步除去残留蛋白质,可将 DNA 沉淀溶于适量 TE 缓冲液后,加入等体积酚-氯仿进行多次抽提,离心,吸取水相,再用乙醇沉淀 DNA。

（8）沉淀 DNA 也可用一倍体积异戊醇,沉淀快而完全,但常把盐沉淀出来,故更多的是用乙醇沉淀。

（9）有文献报道,煮沸法不适用于表达核酸内切酶 A 的 $E. coli$ 菌种(end A$^+$ 菌株,如 HB101),因为煮沸法不能使核酸内切酶 A 完全失活,限制性内切酶酶解保温时,在 Mg^{2+} 存在下,质粒 DNA 可被降解。为避免这一点,在乙醇沉淀后,用少量 TE 缓冲液溶解 DNA,加入等体积酚-氯仿(1：1)抽提,取水相再用乙醇沉淀 DNA。

（10）提取用的菌体不宜太多,因菌体多杂酶也相应增加,给提取、纯化带来困难。电泳后得到的 DNA 条带不整齐。

（11）溶菌酶在碱性条件下不稳定,必须临用前配制。EDTA 能去除细胞壁上的 Ca^{2+},使溶菌酶易与细胞壁起作用。

思　考　题

1. 碱法提取质粒过程中,EDTA、溶菌酶、NaOH、SDS、乙酸钾、酚-氯仿等试剂的作用是什么?

2. 煮沸裂解法有什么优缺点?

3. 质粒提取过程中,应注意哪些操作,为什么?

4. 本实验使用的两种分离纯化质粒 DNA 方法中,根据什么原理将它与染色体 DNA 分开?

参　考　资　料

[1] 蔡良琬主编.核酸研究技术(下册).北京:科学出版社,1990,125～127

[2] 姚志建等译.分子生物学实验技术.北京:科学出版社,1990,59～63,205～207

[3] 黄翠芬主编.遗传工程理论和方法.北京:科学出版社,1987,174

[4] 颜子颖,王海林译.精编分子生物学实验指南.北京:科学出版社,1998,17～20

[5] 萨姆布鲁克 J,拉塞尔 D W 著;黄培堂等译.分子克隆实验指南,第三版.北京:科学出版社,2002,26～29,37～39

[6] Gonzalls J M and Garlton B C. Plasmid, 1980,3:92

[7] Zasloff M, Ginder G D. Felsenfeld G. A New Method for the Purification and Identification of Covalently Closed Circular DNA Molecules. Nucleic Acids Res,1978,5:1139

[8] Robert F S and Pieter C W. Practical Methods in Molecular Biology . Springer-Verlag, 1981, 151～152

[9] Holmes D, Quigley M. A Rapid Boiling Method for the Preparation of Bacterial Plasmids. Anal Biochem, 1981,114:193～197

实验 39　质粒 DNA 限制性内切酶酶切及琼脂糖凝胶电泳

目 的 要 求

(1) 了解限制性内切酶作用的原理、特点和酶切质粒 DNA 的实验方法。

(2) 掌握琼脂糖凝胶电泳分离质粒 DNA 的原理和方法。

(3) 学习利用琼脂糖凝胶电泳方法测定 DNA 片段大小。

原 　 理

DNA 分子在碱性环境(pH 8.3 缓冲液)中带负电荷,外加电场作用下,向正极泳动。不同的 DNA 片段由于其电荷、相对分子质量大小及构型的不同,在电泳时的泳动速率就不同,从而可以区分出不同的区带,电泳后经溴乙锭(菲啶溴红)染色,在波长 254 nm 紫外线照射下,DNA 显橙红色荧光。

琼脂糖凝胶电泳所需 DNA 样品量仅为 $0.5\sim1\,\mu g$,超薄型平板琼脂糖凝胶电泳所需 DNA 可低于 $0.5\,\mu g$。溴乙锭检测 DNA,灵敏度很高,$10\,ng(10^{-9}\,g)$ 或更少的 DNA 即可检出。

DNA 在凝胶中的迁移距离(迁移率)与其分子大小(碱基对,bp)的对数成反比。将未知 DNA 的迁移距离与已知分子大小的 DNA 标准物的电泳迁移距离进行比较,即可计算出未知 DNA 片段的大小。

质粒 DNA 相对分子质量一般在 $10^6\sim10^7$ 范围内,如质粒 pBR322 的相对分子质量为 2.8×10^6。质粒 DNA 在细胞内存在可以有三种立体异构体:共价闭环 DNA(cccDNA)、线状 DNA 和开环的双链环状 DNA(ocDNA)。一般电泳条件下,三者之间迁移率为:共价闭环 DNA>线状 DNA>开环的双链环状 DNA,因此,提取制备的质粒 DNA 在凝胶板上显示出三条迁移位置不同的荧光条带。不过更多的时候可能只显示出超螺旋和开环 DNA 两条荧光条带(见图 39.1)。

限制性核酸内切酶(restriction endonuclease)是一类能识别和切割双链 DNA 分子内特异核苷酸序列的核酸水解酶,它以内切方式水解核苷酸链中的磷酸二酯键。目前已经从 350 多种不同微生物中发现了数百种限制性内切酶。细菌细胞内由于在限制性内切酶识别序列上的若干碱基被甲基化,因而避免了限制性内切酶对自身 DNA 切割破坏。外源感染的噬菌体 DNA 因无甲基化而被切割破坏,因此限制性内切酶的生物学功能是构成细菌抵抗外源入侵 DNA 的防御机制,犹似高等动物的免疫系统。它可分为三种类型,常用的限制性核酸内切酶即是 Ⅱ 型酶。Ⅱ 型酶识别的 DNA 序列一般含有 $4\sim6$ 个核苷酸。有的在识别顺序的对称轴上,对双链 DNA 同时切割产生平末端;有的在识别顺序的双侧末端切割 DNA 双链,产生 $5'$ 端突出或 $3'$ 端突出的粘性末端。常用限制性内切酶酶切位点参见附录 Ⅸ。Ⅱ 型限制性内切酶需要 Mg^{2+} 激活,大部分 Ⅱ 型酶所识别的序列具有反向对称的结构,或称为回文结构。如 *Eco*R I

和 *Hind*Ⅲ 的识别序列和酶切焦点分别为 $\begin{smallmatrix}&\downarrow\\ G&AATT\ C\\ C&TTAA_{\downarrow}G\end{smallmatrix}$ 和 $\begin{smallmatrix}&\downarrow\\ A&AGCT\ T\\ T&TCGA_{\downarrow}A\end{smallmatrix}$。

质粒 DNA 通常都具有一个或多个限制性内切酶酶切识别序列，可被相应限制性内切酶切出相应数量的切口，从而产生相应数量的酶切片段。鉴定酶切后在凝胶电泳图谱上显示的区带数，就可以推断切口的数目。根据 DNA 片段的迁移距离（迁移率）与其分子大小（bp）的常用对数成反比的关系，作出 DNA 片段的迁移距离与其分子大小（bp）的对数的标准曲线，即可判断酶切片段的大小。

本实验采用限制性内切酶 *Eco*RⅠ 和 *Hind*Ⅲ 分别酶解 pBR322 和 λDNA 产生的片段为标准物，根据它们的电泳迁移率，绘制测定 DNA 分子大小的标准曲线。质粒 pBR322 具有多个限制性内切酶的单一切点（如 *Eco*RⅠ 或 *Hind*Ⅲ），酶解后成为一条完整线状 DNA，通过琼脂糖凝胶电泳，测量酶解后线状 DNA 迁移距离，可以直接在分子大小标准曲线上得出其分子大小。同时通过与标准 pBR322 *Eco*RⅠ 酶切图谱的比较分析，对提取质粒 DNA 进行鉴定。

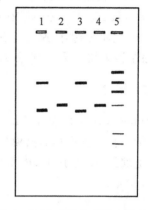

图 39.1　DNA 琼脂糖凝胶电泳示意图
1. 提取质粒 pBR322 DNA；2. 提取质粒 pBR322 DNA 经 *Eco*RⅠ 酶解；3. 标准质粒 pBR322 DNA；4. 标准质粒 pBR322 DNA 经 *Eco*RⅠ 酶解；5. 标准 λDNA 经 *Hind*Ⅲ 酶解。电泳条件：1.2% 琼脂糖，Tris-硼酸电极缓冲液（45 mmol/L Tris，45 mmol/L 硼酸，1 mmol/L EDTA，pH 8.3），电压降 5 V/cm，电流强度 40 mA，室温

除单酶解外，还可以进行双酶解和多酶解，通过对这些限制性内切酶的琼脂糖凝胶电泳图谱的分析，对 DNA 主要酶解片段大小的数据进行逻辑推理，便可得出该 DNA 分子内各主要片段的排列顺序，因此，DNA 限制性内切酶酶解图谱的构建，对于 DNA 序列分析，基因组的功能图谱、DNA 的无性繁殖、基因文库建立等都是必不可少的环节。限制性内切酶酶解图谱也已应用于某些遗传疾病的诊断。

试 剂 和 器 材

一、试剂

（1）*Hind*Ⅲ、*Eco*RⅠ 酶解缓冲液：与商品酶一起由厂家提供或按以下配方配制成 10 倍浓缩液（10×）。100 mmol/L pH 7.5 Tris-HCl，100 mmol/L MgCl$_2$，10 mmol/L DTT（二硫苏糖醇）和 0.5 mol/L NaCl。称取 1.21 g Tris，0.95 g MgCl$_2$，0.15 g DTT，2.92 g NaCl，重蒸水溶解后，定容至 100 mL。*Eco*RⅠ 酶解缓冲液中改为 1.0 mol/L NaCl，500 mmol/L pH 7.5 Tris-HCl，其余同 *Hind*Ⅲ 缓冲液。

其他限制性内切酶相应缓冲液参阅附录 Ⅸ。

（2）酶反应终止液（10×）：0.1 mol/L EDTA，20% Ficoll，0.25% 溴酚蓝或橙 G。称取 3.72 g EDTA-Na$_2$·2H$_2$O，20 g Ficoll，0.25 g 溴酚蓝，溶解后定容至 100 mL。

（3）电极缓冲液（5×TBE）：0.45 mol/L Tris，0.45 mol/L 硼酸，0.01 mol/L EDTA，pH 8.3。称取 10.88 g Tris，5.52 g 硼酸，0.74 g EDTA-Na$_2$·2H$_2$O，溶解后用去离子水定容至 200 mL。使用时，用去离子水稀释 10 倍称为 TBE 稀释缓冲液（0.5×TBE）。

（4）溴乙锭（EB）染色贮存液（0.5 mg/mL）：将 25 mg 溴乙锭溶于去离子水或电极缓冲液 50 mL，棕色瓶内封好，避光保存。临用前稀释 1000 倍（0.5 μg/mL）。

限制性内切酶 HindⅢ 和 EcoRⅠ，标准质粒 pBR322，标准 λDNA，琼脂糖。

二、器材

Eppendorf 离心管（1.5 mL，经消毒），电泳仪，水平电泳槽（北京六一仪器厂 DYY-Ⅲ31B 型，包括凝胶托盘和样品槽模板），锥形瓶（100 mL），小烧杯（50,100,250 mL），橡皮膏，电热恒温箱，玻璃纸，微波炉，照相、放大设备或凝胶成像仪，自动加样器（20,200,1000 μL），微量注射器（10,50 μL）。

操 作 方 法

一、质粒 DNA 的限制性内切酶酶解

一般质粒 DNA 的用量在 0.5～1.0 μg 内即可获得条带清晰的电泳图谱。使用碱裂解法制备的质粒 DNA 20 μL（1～2 μg）可以作两条电泳泳道分析。取 10 μL 进行酶解，其余 10 μL 作不酶解对照。标准 λDNA 和 pBR322 需根据购进商品的浓度加入 0.5～1.0 μg。

为了酶解反应进行完全，需要加入过量的酶液，酶量往往是 DNA 量的 2～3 倍或更多，并需同时加入各种限制性内切酶相应的缓冲液，最后用重蒸水补足至 20 μL。

取 7 支清洁、干燥、无菌的 Eppendorf 离心管，编号，按照表 39.1 用微量注射器或自动加样器加入各种试剂。此步操作必须非常仔细，反复核对，保证准确无误。加样后，小心混匀，37℃保温 1～2 h，然后各小管内加入 2 μL 的酶反应终止液，混匀，终止酶促反应，冰箱内保存备用。

表 39.1　质粒 DNA 酶解加样表

管　　号		1	2	3	4	5	6	7
自提质粒 DNA/μL		10	10				10	10
λDNA（0.55 μg/μL）/μL						1		
pBR322（0.44 μg/μL）/μL				1	1			
限制性内切酶/μL	EcoRⅠ（12 U/μL）		0.6		0.6		0.6	
	HindⅢ（10 U/μL）					0.5		
酶解缓冲液/μL	EcoRⅠ		2.0		2.0		2.0	
	HindⅢ					2.0		
重蒸水补足至 20 μL								

注：1,7 号和 2,6 号分别为两组的自提 DNA 和酶切样品。

二、1.0%琼脂糖凝胶板的制备

（1）称取 0.5 g 琼脂糖置于小锥形瓶中，加入 50 mL TBE 稀释缓冲液，沸水浴（或高压消毒锅、微波炉）中加热（注意胶液勿溢出瓶外），直至琼脂糖完全融化在缓冲液中，取出轻轻摇匀，避免产生泡沫。

（2）用橡皮膏将凝胶塑料托盘短边缺口封住，置水平玻板或工作台面上（需调水平）。

（3）待琼脂糖冷至 65℃左右，取 25 mL 小心地倒入托盘内，使凝胶缓慢地展开直至在托盘表面展成一层约 3 mm 厚均匀胶层，将样品槽模板（梳子）插进托盘长边上的凹槽内（距一端约 1.5 cm），梳齿底边与托盘表面保持 0.5～1 mm 的间隙，胶内不要存有气泡，室温下静置 0.5～1 h。见图 39.2 和 39.3。

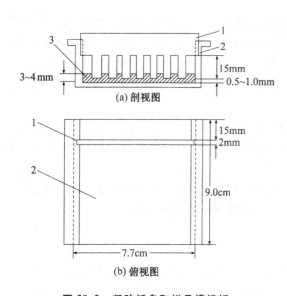

图 39.2　凝胶托盘和样品槽模板
1. 样品槽模板（梳子）；2. 凝胶托盘；3. 凝胶

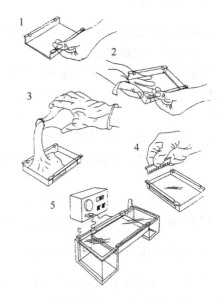

图 39.3　灌制水平琼脂糖凝胶

（4）待胶完全凝固后，用小滴管在梳齿附近加入少量 TBE 稀释液润湿凝胶，双手均匀用力轻轻拔出样品槽模板（注意勿使样品槽破裂），则在胶板上形成相互隔开的样品槽。也可以在倒入缓冲液后小心拔出样品槽模板。

（5）取下封边的橡皮膏，将凝胶连同托盘放入电泳槽平台上，用 TBE 稀释液先填满加样槽，防止槽内窝存气泡，接着再倒入大量 TBE 稀释缓冲液直至浸没过凝胶面 2～3 mm。

三、加样

用微量注射器（或自动加样器）将 1～7 号酶解后的样品液分别加入到胶板的样品槽内，每个槽（5 mm×2 mm×2.5 mm）容积约为 25 μL，但加样量不宜超过 20 μL，避免因样品过多而溢出，污染邻近样品。加样时，注射器针头穿过缓冲液小心插入加样槽底部，但不要损坏样品槽，然后缓慢地将样品推进槽内，让其集中沉于槽底部。加完一个样品后的微量注射器应反复洗净后才能用以加下一个样品。

四、电泳

加样完毕,将靠近样品槽一端连接负极,另一端连接正极(千万不要搞错),接通电源,开始电泳。在样品进胶前可用略高电压,防止样品扩散,样品进胶后,应控制电压降不高于 6 V/cm [电压值(V)/电泳槽两极之间距离(cm)]。当染料条带移动到距离凝胶前沿约 1 cm 时,停止电泳。

五、染色

将电泳后的胶板小心推至 0.5 μg/mL 溴乙锭染色液中,室温下浸泡染色 30 min。

六、观察和拍照

小心地取出凝胶置托盘上,并用水轻轻冲洗胶表面的溴乙锭溶液,然后再将胶板推至预先浸湿并铺在紫外灯观察台上的玻璃纸内,在波长 254 nm 紫外灯下进行观察。DNA 存在的位置呈现橘红色荧光,肉眼可观察到清晰的条带,荧光在 4～6 h 后减弱,因此初步观察后,应立即拍照记录下电泳图谱。观察时应戴上防护眼镜或有机玻璃防护面罩,避免紫外线对眼睛的伤害。

拍照电泳图谱时,采用透射紫外线。照相机安装上近摄镜片和红色滤光镜头,用全色胶卷,5.6 光圈,曝光时间根据条带荧光的强弱进行选择(10～60 s)。将电泳图谱底片适当放大为照片。

使用凝胶成像仪可直接在计算机屏幕上观察和贮存 DNA 电泳结果,并打印出电泳图谱,省去照相、放大、洗印相片等繁杂过程,可非常方便、快速地获得实验结果。

七、制作测定 DNA 分子大小的标准曲线

在放大的电泳照片上用卡尺测量出 λDNA-Hind Ⅲ 酶解各片段的迁移距离(cm)。以 DNA 酶解各片段分子大小(bp)为纵坐标,它们的迁移距离为横坐标,在半对数坐标纸上连接各点划出曲线,即为 DNA 分子大小的标准曲线。测量自提 DNA 酶切片段的迁移距离,求得其分子大小。

λDNA-Hind Ⅲ 酶解和 λDNA-EcoR Ⅰ 酶解各片段大小见表 39.2 和 39.3。

表 39.2　λDNA-Hind Ⅲ 酶解片段

片　段	碱基对数目/kb	$M_r/(\times 10^6)$	片　段	碱基对数目/kb	$M_r/(\times 10^6)$
1	23.130	15.0	5	2.322	1.51
2	9.419	6.12	6	2.028	1.32
3	6.557	4.26	7	0.564	0.37
4	4.371	2.84	8	0.125	0.08

表 39.3　λDNA-EcoR Ⅰ 酶解片段

片　段	碱基对数目/kb	$M_r/(\times 10^6)$	片　段	碱基对数目/kb	$M_r/(\times 10^6)$
1	21.226	13.7	4	5.643	3.48
2	7.421	4.74	5	4.878	3.02
3	5.804	3.73	6	3.530	2.13

八、质粒 DNA 大小的测定

将自提质粒 DNA *Eco*R I 酶解和非酶解电泳图谱与标准 pBR322 DNA-*Eco*R I 酶解和非酶解电泳图谱进行比较。同时测量出酶解后自提和标准质粒线状 DNA 条带迁移距离,在上述标准曲线上,查出相应的分子大小,两者加以比较。根据以上这些实验结果,对自提质粒 DNA 进行分析鉴定。

附注:

(1) 制胶时,若没有现成的凝胶托盘,也可直接在合适大小的玻璃板上制胶。用橡皮膏将玻板四周围起来,形成一个框,将玻板置于水平板上,取两个文具夹分别夹住样品槽模板两端,并以夹子为支架将之垂直立于玻板距一端 2 cm 处(图 39.4),上下调节样品槽模板的位置,使样品槽模板各齿的下端应该与玻板表面保持 0.5～1 mm 的间隙,也可在样品槽模板下压两层普通滤纸以保持一定的间隙,一般能允许两层滤纸通过的间隙即较合适。

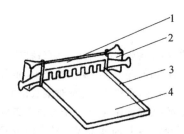

图 39.4　水平凝胶板制胶装置
1. 样品槽模板;2. 文具夹;3. 橡皮膏框;4. 玻璃板

(2) EB 染色液亦可在灌胶前加入凝胶内,浓度为 0.5 μg/mL,电泳后电极缓冲液即含有 EB。

注 意 事 项

(1) 溴乙锭(EB)是诱变剂,配制和使用 EB 染色液时,应戴乳胶手套,并且不要将该溶液洒在桌面或地面上。凡是玷污过溴乙锭的器皿或物品,必须经专门处理后,才能进行清洗或弃去。

(2) 为了使 DNA 完全酶解,需要加入适量、足够的酶液。太少反应不完全,太多则浪费。由于每次购进的酶浓度不可能相同,购进的 λDNA 和 pBR322 浓度也不一样,因此,酶和 DNA 加入的体积不能固定,加样表中的量只能作为一个参考,合适的酶量应该通过预试验来确定。

(3) DNA 酶解过程中,使用的器具都应干净,并经高温消毒。配制试剂需用灭菌的重蒸水或经灭菌处理,还要防止限制性内切酶被污染。

(4) 加样量的多少决定于样品槽最大容积。可以采用大小不同的样品槽模板以形成容积不同的样品槽,加入样品的体积应略少于样品槽容积,为此,对于较稀的样品液应设法调整其浓度或加以浓缩。加样时勿损坏样品槽,避免因此造成样品泄漏或电泳后区带不整齐。

(5) λDNA 经 *Hind* Ⅲ 酶切后应有 8 条带,但实际上只能看见 6 条带,相对分子质量小的两条带由于其荧光很弱,往往看不见。

(6) 应根据质粒 DNA 和酶切后片段分子大小,选用合适浓度的琼脂糖凝胶。分离大的质粒也可以用 0.7% 琼脂糖凝胶,分离包括有小片段的酶切产物可以选用 1%～1.2% 琼脂糖凝胶。分离更小片段 DNA(小于 1 kb),选用 7% 聚丙烯酰胺凝胶电泳效果更好。

（7）酶解加样时要集中精神，严格操作，准确加入各种试剂，防止错加或漏加，并注意不要污染公用试剂。此项操作环节关系到整个实验的成败，应充分重视。

思 考 题

1. 总结本实验操作的关键环节。
2. DNA（RNA）溴乙锭（菲啶溴红）染色法具有什么优点？操作中应注意什么？
3. 说明 DNA 限制性内切酶图谱的构建在核酸研究和遗传工程等方面的应用价值。

参 考 资 料

[1] 何忠效，张树政主编. 电泳. 北京：科学出版社，1990，242～251

[2] 姚志建等译. 分子生物学实验技术. 北京：科学出版社，1990，30～37，65～67

[3] 卢圣栋主编. 现代分子生物学实验技术. 北京：高等教育出版社，1993，61～66，80～84

[4] 颜子颖，王海林译. 精编分子生物学实验指南. 北京：科学出版社，1998，41～42，73～77

[5] Sambrook J, Russell D W. Molecular Cloning, A Laboratory Manual, 3rd ed. New York：Cold Spring Harbor Laboratory Press，2001，5.1～5.15

实验 40　大肠杆菌感受态细胞的制备及转化

目　的　要　求

(1) 了解转化的概念及其在分子生物学研究中的意义。

(2) 学习氯化钙法制备大肠杆菌感受态细胞的方法。

(3) 学习将外源质粒 DNA 转入受体菌细胞并筛选转化体的方法。

原　　理

转化(transformation)是将异源 DNA 分子引入另一细胞品系,使受体细胞获得新的遗传性状的一种手段,它是微生物遗传、分子遗传、基因工程等研究领域的基本实验技术之一。

转化过程所用的受体细胞一般是限制-修饰系统缺陷的变异株,即不含限制性内切酶和甲基化酶的突变株,常用 R$^-$ M$^-$ 符号表示。受体细胞经过一些特殊方法(如:电击法,CaCl$_2$、RuCl 等化学试剂法)的处理后,细胞膜的通透性发生变化,成为能容许外源 DNA 分子通过的感受态细胞(competence cell)。在一定条件下,将外源 DNA 分子与感受态细胞混合保温,使外源 DNA 分子进入受体细胞。进入细胞的 DNA 分子通过复制、表达实现遗传信息的转移,使受体细胞出现新的遗传性状。将经过转化后的细胞在选择性培养基中培养即可筛选出转化体(即带有异源 DNA 分子的受体细胞,transformant)。

本实验以 E. coli DH5α 菌株为受体细胞,用 CaCl$_2$ 处理受体菌使其处于感受态,然后在一定条件下与 pBR322 质粒共保温,实现转化。pBR322 质粒携带有抗氨苄青霉素和抗四环素的基因,因而使接受了该质粒的受体菌也具有抗氨苄青霉素和抗四环素的特性,常用 Amp^r,Tet^r 符号表示。将经过转化后的全部受体细胞经过适当稀释后,在含氨苄青霉素和四环素的平板培养基上培养,只有转化体才能存活,而未受转化的受体细胞则因无抵抗氨苄青霉素和四环素的能力都被杀死,所以带有抗药基因的质粒 DNA 能使受体菌从对抗菌素敏感(Amp^s,Tet^s)转变为具有抗药性(Amp^r,Tet^r),即表明了该质粒具有生物活性。这种转化活性是检查质粒 DNA 生物活性的重要指标。

转化体经过进一步纯化扩增后,再将转入的质粒 DNA 分离提取出来,可进行重复转化、电泳、电镜观察及做限制性内切酶酶解图谱、分子杂交、DNA 测序等实验鉴定。

为提高转化率,实验中要注意以下几个重要因素:

(1) 细胞生长状态和密度:不要用已经过多次转接及贮存在 4℃ 或室温的培养菌液;细胞生长密度以每毫升培养液中的细胞数在 5×10^7 个左右为最佳(可通过测定培养液的 $A_{600\,nm}$ 控制),密度不足或过高均会使转化率下降。

(2) 转化的质粒 DNA 的质量和浓度:用于转化的质粒 DNA 应主要是共价闭环 DNA(即 cccDNA,又称超螺旋 DNA),转化率与外源 DNA 的浓度在一定范围内成正比,但当加入的外源 DNA 的量过多或体积过大时则会使转化率下降。

（3）试剂的质量：所用的试剂，如 $CaCl_2$ 等，应是高质量的，且最好分装保存于干燥的暗处。

（4）防止杂菌和其他外源 DNA 的污染：所用器皿，如离心管、分装用的 Eppendorf 管等，一定要干净，最好是新的。整个实验过程中要注意无菌操作，少量其他试剂（如痕量的去污剂等化学物质）或 DNA 的污染都会影响转化率，或是转化了其他 DNA。

氯化钙转化法由 Cohen 等（1972）首创。其转化率一般能达到每 $1\,\mu g$ 超螺旋质粒 DNA 产生 $5 \times 10^6 \sim 2 \times 10^7$ 个转化体，足以满足常规基因克隆试验的需要。该法具有简单、快速、稳定、重复性好、菌株适用范围广等优点而被广泛采用。

试 剂 和 器 材

一、实验材料

（1）$E.\ coli$ DH5α 受体菌：$R^- M^-$，Amp^s，Tet^s。

（2）pBR322 质粒 DNA：购买商品或实验室分离提纯所得样品。

二、试剂

（1）含抗菌素的 LB 平板培养基：将配好的 LB 固体培养基高温（120℃，1.03×10^5 Pa）灭菌 20 min 后，冷却至 60℃左右，加入氨苄青霉素和四环素贮存液，使终浓度分别为 $50\,\mu g/mL$ 和 $12.5\,\mu g/mL$，摇匀后铺板。

（2）$0.1\,mol/L$ $CaCl_2$ 溶液：每 100 mL 溶液含 $CaCl_2$（无水，AR）$1.10\,g$，用无菌重蒸水配制，灭菌处理。

LB 液体培养基、氨苄青霉素、四环素贮存液配制见实验 38。

三、器材

恒温摇床，电热恒温培养箱，无菌操作超净台，电热恒温水浴箱，分光光度计，台式离心机，带盖离心管，吸量管或自动加样器，Eppendorf 管等。

操 作 方 法

一、感受态细胞的制备

（1）从新活化的 $E.\ coli$ DH5α 菌平板上挑取一单菌落，接种于 3 mL LB 液体培养基中，37℃振荡培养 12 h 左右至对数生长期。将该菌悬液以 1∶100 接种量转接于 100 mL LB 液体培养基中，37℃振荡扩大培养，当培养液开始出现混浊后，每隔 20～30 min 测一次 $A_{600\,nm}$，至 $A_{600\,nm} \leqslant 0.7$ 停止培养。

（2）培养液转入离心管中，在冰上冷却片刻后，于 0～4℃，4000 r/min 离心 10 min。倒出上清培养液，并将离心管倒置在滤纸片上 1 min，使残留的培养液流尽。用 10 mL 冰冷的

0.1 mol/L CaCl₂ 溶液轻轻悬浮细胞,冰上放置 15～30 min。0～4℃,4000 r/min 离心 10 min。弃去上清液,加入 2 mL 冰冷的 0.1 mol/L CaCl₂ 溶液,小心悬浮细胞,冰上放置片刻后即制成了感受态细胞悬液。

(3) 以上制备好的感受态细胞悬液可在冰上放置,24 h 内直接用于转化实验,也可加入等体积 30% 灭菌甘油,混匀后,分装于 0.5 mL Eppendorf 管中,每管含 100～200 μL 感受态细胞悬液,置于 −70℃ 条件下保存半年至一年。

二、转化

(1) 取 100 μL 摇匀后的感受态细胞悬液(如是冷冻保存液,则需化冻后马上进行下面的操作),加入 pBR322 质粒 DNA 溶液 2 μL(含量不超过 50 ng,体积不超过 10 μL),此管为转化实验组。

同时,做两个对照管。

- 受体菌对照组:100 μL 感受态细胞悬液 +2 μL[①] 无菌重蒸水。
- 质粒 DNA 对照组:100 μL 0.1 mol/L CaCl₂ 溶液 +2 μL[①] pBR322 质粒溶液。

(2) 将以上各样品轻轻摇匀,冰上放置 30 min 后,于 42℃ 水浴中保温 1.5 min,然后迅速在冰上冷却 3～5 min。

(3) 上述各管中分别加入 100 μL LB 液体培养基,则总体积为 0.2 mL,该溶液称为转化反应原液。混匀,于 37℃ 水浴中温浴 45 min(欲获得更高的转化率,此步也可温和摇动培养),使受体菌恢复正常生长状态,并使转化体产生抗药性(Amp^r,Tet^r)。

三、稀释和平板培养

(1) 将上述经培养的转化反应原液摇匀后,进行梯度稀释,方法见表 40.1。

表 40.1　转化反应原液梯度稀释表

试管号	1	2	3	4	5	6	7	8	9	10
转化反应原液/mL	原液 0.1	稀释液 1 0.1	稀释液 2 0.1	稀释液 3 0.1	稀释液 4 0.1	稀释液 5 0.1	稀释液 6 0.1	稀释液 7 0.1	稀释液 8 0.1	稀释液 9 0.1
稀释液 (LB 液体培养基)/mL	0.9	0.9	0.9	0.9	0.9	0.9	0.9	0.9	0.9	0.9
稀释浓度	10^{-1}	10^{-2}	10^{-3}	10^{-4}	10^{-5}	10^{-6}	10^{-7}	10^{-8}	10^{-9}	10^{-10}
稀释倍数	10^1	10^2	10^3	10^4	10^5	10^6	10^7	10^8	10^9	10^{10}

(2) 分别取适当稀释度的各样品培养液 0.1 mL,接种于两种(含抗菌素和不含抗菌素的)LB 平板培养基上,涂匀。

以上各步操作均需在无菌超净台上进行。

(3) 待菌液完全被培养基吸收后,倒置培养皿,于 37℃ 恒温培养箱内培养 24 h,待菌落生

---

① 此处体积应与转化实验组中加入的 pBR322 质粒溶液的体积相同。

长良好而又未相互重叠时停止培养,每组平行做两份。

四、检出转化体和计算转化率

统计每个培养皿中的菌落数,各实验组平皿内菌落生长情况应如表 40.2 所示。

表 40.2 各实验组在培养皿内生长状况及结论

	不含抗菌素培养基	含抗菌素培养基	结果说明
受体菌对照组	有大量菌落长出	无菌落长出	本实验中未产生抗药性突变株
质粒 DNA 对照组	无菌落长出	无菌落长出	pBR322 质粒 DNA 溶液不含杂菌
转化实验组	有大量菌落长出	有菌落长出	pBR322 质粒进入受体细胞使其产生抗药性

所以,转化实验组在含抗菌素培养基平皿中长出的菌落即为转化体,根据此皿中菌落数则可计算出转化体总数和转化率,计算公式如下:

$$转化体总数 = 菌落数 \times 稀释倍数 \times \frac{转化反应原液总体积}{接种菌液体积}$$

$$转化率 = \frac{转化体总数}{加入质粒\ DNA\ 质量(\mu g)} \times 100\%$$

再根据受体菌对照组不含抗菌素平皿中检出的菌落数,则可求出转化反应液内受体菌总数,进一步可计算出本实验条件下,由多少个受体菌可获得一个转化体。

注 意 事 项

(1) 实验中凡涉及溶液的移取、分装等需敞开实验器皿的操作,均应在无菌超净台中进行,以防污染。

(2) 衡量受体菌生长情况的 $A_{600\ nm}$ 和细胞数之间的关系随菌株的不同而不同,因此,不同菌株的合适 $A_{600\ nm}$ 是不同的。对于未明菌株应预先测定其生长曲线,选择处于对数生长期或对数生长前期的菌液(细胞浓度达到 5×10^7 个细胞/mL)作为受体菌。

(3) 本实验方法也适用于其他 E. coli 受体菌株和不同质粒 DNA 的转化,但它们的转化率是不一样的,有的重组质粒转化率很低,筛选转化体时不用稀释,甚至需将加入的转化反应培养基(本实验为 LB 液体培养基)的体积减小,以增加转化体浓度,便于筛选和准确计算转化率。

(4) 新制备的感受态细胞应用已知质粒 DNA 做转化试验,检查其质量。感受态细胞贮存时间过长将导致转化率下降。

(5) 转化菌不宜培养时间过长,使其菌落过多而重叠,妨碍计数和单菌落的挑选。对于携带 lacZ 基因的重组质粒,还可能由于转化菌分泌 β-内酰胺酶,迅速灭活菌落周围区域中的抗菌素,使氨苄青霉素敏感的细菌生长形成卫星菌落,妨碍阳性转化体的挑选。

思 考 题

1. 如果一次实验的转化率偏低,应从哪些方面去分析原因? 并请你设计出实验以找出真正的原因。

2. 制备感受态细胞的基本原理是什么？由此你可设计出哪些制备感受态细胞的方法？

3. 如果在对照组不该长出菌落的平皿中长出了一些菌落（可能很多，也可能只有很少的几个），你该怎样分析你的实验结果，并进行下面的实验？

4. 有时，参加转化反应的质粒 DNA 可能不止一种（如可以是连接反应的各种质粒：含原质粒和各种连接重组质粒），你将如何进行筛选、分离提纯出你所需要的质粒 DNA 的转化体？

5. 写出计算由多少个受体菌可获得一个转化体的公式。

参 考 资 料

[1]　张龙翔,张庭芳,李令媛主编.生物化学实验方法和技术,第二版.北京：高等教育出版社,1997,286～288

[2]　北京大学生物学系遗传教研室编.遗传学实验方法和技术.北京：高等教育出版社,1983,35～37

[3]　王尔中编.分子遗传学.北京：科学出版社,1982,206～208

[4]　卢圣栋主编.现代分子生物学实验技术.北京：高等教育出版社,1993,287～292

[5]　Sambrook J, Russell D W. Molecular Cloning, A Laboratory Manual, 3rd ed. New York：Cold Spring Harbor Laboratory Press, 2001,1.116～1.119

实验 41　聚合酶链式反应(PCR)

目　的　要　求

(1) 学习聚合酶链式反应的基本原理。

(2) 掌握聚合酶链式反应的操作技术。

原　　理

聚合酶链式反应(polymerase chain reaction,PCR)是近年来发展起来的一种体外快速扩增特异 DNA 序列的技术。此技术于 1985 年由 Mullis K. 研究成功,1988 年 Saiki 用耐热的 Taq DNA 聚合酶取代 Klenow 酶(DNA 聚合酶大片段),使每次加热变性后无需添加酶,令该技术使用更加方便、有效。

PCR 的原理类似于 DNA 的天然复制过程。即在模板 DNA、寡核苷酸引物、四种脱氧核糖核苷酸(dNTP)底物和 Mg^{2+} 存在的条件下,由耐热的 Taq DNA 聚合酶催化 DNA 的复制,合成靶 DNA。PCR 包括三个基本过程:

(1) 变性。加热模板使其解离成单链。

(2) 退火。降低温度使人工合成的寡核苷酸引物与模板 DNA 中所要扩增的靶序列的两侧按碱基配对原则相结合。

(3) 延伸。在适宜条件下,Taq DNA 聚合酶利用 dNTP 使引物 $3'$ 端向前延伸,合成与模板碱基完全互补的 DNA 链。这样变性、退火和延伸构成一个循环,每一次循环的产物可作为下一次循环的模板,经过 30～35 个循环后,界于两个引物之间的靶序列得到大量复制,拷贝数约增加 $10^6 \sim 10^7$ 倍,见图 41.1。

利用 PCR 技术可在很短时间内(2～3 h)大量扩增目的片段或基因,从而免除了基因重组和分子克隆等一系列繁琐操作。由于这种方法操作简单,实用性强,灵敏度高,可自动化操作,并已发展出多种类型的 PCR,因而在分子生物学,基因工程研究以及对遗传病、传染病和恶性肿瘤等的基因诊断和研究中得到广泛应用。

理想的 PCR 扩增应该是特异、高效和忠实地复制目的序列。为了保证理想的扩增效果,必须注意以下几个 PCR 的影响因素:

(1) 寡核苷酸引物。引物设计是整个 PCR 扩增反应成功的关键因素,它决定了所扩增产物的特异性和大小。$5'$ 引物应与靶序列正链 $5'$ 端序列相同(与负链 $3'$ 端互补),$3'$ 端引物与正链 $3'$ 端序列互补。设计的总原则就是要提高扩增的特异性和效率。一般要求:① 引物长度以 15～30 bp 为宜,过长、过短都会降低扩增特异性。② 引物中的 4 种碱基尽可能分布均匀,避免嘌呤或嘧啶的堆积。(G+C)含量宜在 45％～55％左右,减少寡核苷酸在聚合反应温度(72℃)下形成稳定杂合体的可能。③引物内部不应形成发夹结构,即不含 4 个碱基对以上的

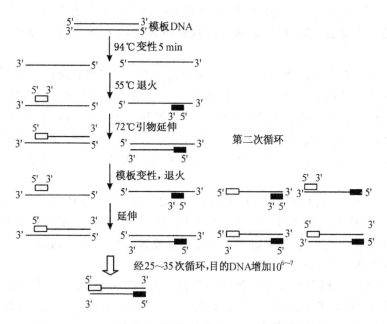

图 41.1　PCR 扩增 DNA 示意图

回文结构。④ 两引物之间不应有大于 4 个碱基对的同源序列,同时引物的碱基顺序不应与非扩增区域有同源性。⑤ 引物 3′末端碱基要求一定要与模板 DNA 配对,不能进行任何修饰,也不能有形成二级结构的可能,而引物 5′末端并没有严格的限制,只要与模板 DNA 结合的引物长度足够,其 5′末端碱基允许不与模板 DNA 配对而呈游离状态,这样在引物设计时可以在此添加限制性内切酶位点的序列;可以加入 ATG 启动密码子或加错配碱基造成突变。⑥ 两条引物浓度一般各为 $0.1\sim0.5\ \mu mol/L$。浓度太高易引起错配及非特异性扩增,引物之间形成二聚体可能性增加;太低则影响产率。目前已有商品化或免费的计算机引物设计软件程序,必要时使用能帮助实验者迅速、高质量地进行引物设计。

(2) 反应温度和时间。PCR 涉及变性、退火和延伸三个不同温度和时间,一般为

	温度	时间
变性	94℃	$45\sim60\ s$
退火	55℃	1 min
延伸	72℃	$1\sim2\ min$

变性温度过高或持续时间过长会降低 Taq DNA 聚合酶活性和破坏 dNTP 分子。退火温度的选择可根据引物的长度及其(G+C)含量确定,一般可选择比变性温度(T_m)低 $2\sim3$℃。变性温度可通过公式 $T_m=4(G+C)+2(A+T)$ 计算。在 T_m 允许范围内,选择较高的退火温度可大大减少引物与模板间的非特异性结合,提高 PCR 的特异性。延伸温度和时间与待扩增片段的长度有关,一般 1 kb 以内的片段,1 min 的延伸时间已足够,如扩增片段更长可适当加长延伸时间。

(3) PCR 的循环次数。PCR 初期,目的 DNA 片段的增加呈指数形式,随着目的 DNA 产物的逐渐积累,主要催化反应趋于饱和,此时扩增 DNA 片段的增加减慢而进入相对稳定状态,即出现"平台期"。一般在此之前,目的基因片段的合成数量已经能满足实验需要。

由于 Taq DNA 聚合酶的高效和高特异性,PCR 的循环合适次数为 25～35 次,此时 DNA 片段扩增的数量已达到最高值,再增加循环次数也不再增加 PCR 产物。循环次数减少,产物数量减少。

(4) Taq DNA 聚合酶浓度。Taq DNA 聚合酶具有 $5'\rightarrow 3'$ 聚合酶活性和 $5'\rightarrow 3'$ 外切酶活性,但缺乏 $3'\rightarrow 5'$ 外切酶活性,因此在 PCR 反应中如出现了某些单核苷酸的错配,它是没有校正功能的。PCR 具有一定碱基错配的概率,约为每循环 2.1×10^{-4},对于一个 30 次循环的扩增反应则可导致 0.25% 总错误率。在 100 μL 反应体系中,Taq DNA 聚合酶的用量为 1～2.5 单位。酶量偏少,PCR 产物相应减少;酶量过多则可能导致非特异性序列产物随之增加,并造成浪费。

(5) Mg^{2+} 浓度。Taq DNA 聚合酶是 Mg^{2+} 依赖性酶,其活性对 Mg^{2+} 浓度非常敏感。此外 Mg^{2+} 浓度对引物与模板的结合、产物特异性、错误率、引物二聚体形成也有较大影响。Mg^{2+} 过高增加非特异性扩增并影响产率,一般用量控制在 0.5～2.5 mmol/L 范围,标准 PCR 体系 $MgCl_2$ 浓度为 1.5 mmol/L。

(6) dNTP 浓度。PCR 体系中每种 dNTP 浓度为 200 μmol/L。dNTP 浓度过高,增加了反应速度的同时也增加了错误率;反之,低浓度 dNTP 降低反应速度,提高实验精确度。由于 dNTP 溶液呈较强酸性,配制时用 1 mol/L NaOH 将其调至 pH 7.0,并分装于小管内,-20℃ 存放,避免反复冻融使 dNTP 降解失效。

试 剂 和 器 材

一、试剂

DNA 扩增系统试剂盒(外购):包括模板 DNA,$5'$ 端和 $3'$ 端一对引物,4 种 dNTP 混合物和 10× 扩增缓冲液。

或者自己制备的待扩增的 DNA 模板,针对待扩增 DNA 片段设计一对引物,外购 Taq DNA 聚合酶,4 种 dNTP 混合物。并配制 10× 扩增缓冲液:500 mmol/L KCl,100 mmol/L Tris-HCl(pH 8.3),15 mmol/L $MgCl_2$,0.1% 明胶或牛血清清蛋白(BSA)。

琼脂糖凝胶电泳所用试剂参见实验 39。

二、器材

台式离心机,PCR 扩增仪,琼脂糖凝胶电冰槽,电泳仪,紫外检测仪或凝胶成像仪,Eppendorf 离心管(0.5 mL),自动加样器。

操 作 方 法

一、PCR 扩增

以 50 μL 体系进行实验。

(1) 在一个灭菌的 0.5 mL Eppendorf 离心管内按下表顺序加入各种试剂。

反应物	体积/μL	终浓度
10×扩增缓冲液	5	1×
dNTP(10 mmol/L)	1	各 200 μmol/L
3′端引物(10 pmol/μL)	2.5	25 pmol/50 μL
5′端引物(10 pmol/μL)	2.5	25 pmol/50 μL
模板 DNA(10 ng/μL)	1	10 ng/50 μL
无菌水	37.5	
离心混匀后,94℃水浴保温 10 min,取出后瞬时离心使冷凝水流下去		
Taq 聚合酶(3U/μL)	0.5	1.5U/50 μL
混匀并离心		
石蜡油*	50	
离心分层后置 72℃反应 2 min		

* 使用有保温盖子的自动变温 PCR 扩增仪可不加石蜡油。

(2) PCR 循环反应：在 PCR 扩增仪上设定下列条件,开始 35 次循环反应。

变性反应	94℃	1 min
退火反应	55℃	1 min
延伸反应	72℃	1.5 min

最后一个循环 72℃延伸增加 5 min,使其充分合成产物。迅速冷冻。

二、琼脂糖凝胶电泳鉴定 PCR 扩增产物

小心吸弃反应液上层石蜡油,取 5 μL 产物进行 1‰琼脂糖凝胶电泳鉴定,同时用合适的 DNA 标准物(如λ DNA *Eco*R I 酶解片段)作对照,鉴定 PCR 产物纯度和大小是否正确。方法见实验 39。

注 意 事 项

(1) PCR 非常灵敏,能使很微量的 DNA 分子得以扩增,所以应当注意防止反应体系被痕量模板 DNA 污染。实验用的小离心管、移液用的吸头和缓冲液等都应在使用前经灭菌处理。必要时设置阳性对照,即用少量已知的靶序列在同样条件进行 PCR,和阴性对照,即不含模板 DNA 的 PCR。

(2) 单链、双链 DNA 以及通过反转录得到的 cDNA 均可作为 PCR 扩增的模板。模板的用量依据 DNA 的性质而定：质粒 DNA 一般宜用 ng 级；染色体 DNA 用 μg 水平；或 $10^2 \sim 10^5$ 拷贝的待扩增片段。DNA 模板要求不能混有蛋白酶、核酸酶、Taq DNA 聚合酶抑制剂等有害于 PCR 的物质。

思 考 题

1. 影响 PCR 扩增的因素有哪些?

2. 当电泳检查发现没有任何扩增产物或产生许多非特异性产物时，应如何分析和解决？

参 考 资 料

[1]　卢圣栋主编. 现代分子生物学实验技术. 北京：高等教育出版社，1993，408～433

[2]　杨安钢，毛积芳，药立波主编. 生物化学与分子生物学实验技术. 北京：高等教育出版社，2001，179～183

[3]　静国忠编. 基因工程及其分子生物学基础. 北京：北京大学出版社，1999，194～201

[4]　萨姆布鲁克 J，拉塞尔 D W 著；黄培堂等译. 分子克隆实验指南，第三版. 北京：科学出版社，2002，597～618

[5]　Saiki R K，et al. Primer-directed Enzymatic Amplification of DNA with a Thermostable DNA Polymerase. Science，1988，239：487～491

实验 42　核酸原位杂交

目 的 要 求

（1）了解核酸原位杂交的基本原理。
（2）初步掌握核酸原位杂交的操作技术。

原　　理

核酸杂交是指两条原先并无关联的单链核酸分子，以互补碱基之间的氢键相结合形成核酸双链结构的反应过程。在合适条件下，DNA 与 DNA 之间、RNA 与 RNA 之间以及 DNA 与 RNA 之间均可形成双链结构，即 DNA-DNA、RNA-RNA、DNA-RNA。这样的核酸双链结构称为杂交链。原位杂交（in situ hybridization）即是利用核酸分子间这种互补结合的性质，选择特定的标记物标记一种核酸分子作为探针，在一定的时间、温度和溶液盐浓度下，使标记探针孵育组织切片，与切片内某些靶核酸分子杂交形成双链结构。根据标记物的性质，使用合适显色方法，呈现标记探针在组织切片上的分布状况，从而确定靶基因或其转录物 mRNA 的组织定位。

本实验采用地高辛（digoxigenin，DIG）为标记物，标记对神经再生起重要作用的生长相关蛋白 GAP-43(growth associated protein-43) 的 cDNA，以此作探针，与正常大鼠脑切片内的 GAP-43 mRNA 杂交。脑切片内海马组织 GAP-43 mRNA 丰度较高，杂交结果显示海马结构齿状回的位置。实际上，这是 DNA 与组织细胞内的 mRNA 的原位杂交。这项技术是 20 世纪 60 年代末发展起来的，目前，在神经科学和医学分子生物学等领域已得到广泛应用。

试 剂 和 器 材

一、实验材料

（1）Wistar 健康大鼠一只，体重约 200 g。
（2）携带 GAP-43 cDNA 的质粒载体 pGB°，其克隆位点是 $EcoR$ I。
（3）地高辛标记的原位杂交试剂盒。
（4）酶类：蛋白酶 K，RNase A，溶菌酶，限制性内切酶 $EcoR$ I，Klenow 酶。

二、试剂

（1）磷酸盐缓冲溶液（PBS）：在 800 mL 去离子水中溶解 8 g NaCl，0.2 g KCl，1.44 g Na_2HPO_4 和 0.24 g KH_2PO_4，用 HCl 调至 pH 7.4，加水定容至 1 L。在 1.034×10^5 Pa 高温蒸汽灭菌 20 min，保存于室温。

（2）4%多聚甲醛溶液：称 4 g 多聚甲醛，溶于 100 mL 用 DEPC（焦碳酸二乙酯）处理[①]过的 PBS 溶液中，加热至 60℃，以数粒 NaOH 促溶，冷却至室温后用 10 mol/L HCl 调至 pH 7.4。24 h 内使用。

（3）Denhardt 试剂：5 g 聚蔗糖，5 g 聚乙烯吡咯烷酮，5 g 牛血清清蛋白，溶于去离子水，终体积 500 mL，过滤后保存于 -20℃。

（4）TBS：50 mmol/L Tris，150 mmol/L NaCl，用 HCl 调至 pH 7.5，DEPC 处理并灭菌。

（5）20×SSC：在 800 mL 去离子水中溶解 175.3 g NaCl 和 88.2 g 柠檬酸钠，以数滴 10 mol/L NaOH 调至 pH 7.0，再加去离子水定容至 1 L，分装后高压灭菌。

（6）乙酸酐溶液：100 mmol/L Tris，用 HCl 调至 pH 8.0，DEPC 处理并灭菌，使用前加入乙酸酐，配制成 0.5% 溶液。

（7）蛋白酶 K 溶液：按 50 μg/mL 溶于含 2 mmol/L CaCl$_2$ 的 TBS 中。

（8）2×SSC：含 10% 硫酸葡聚糖，0.02% SDS，50% 甲酰胺，-20℃ 保存。使用前按 0.5 g/mL 的比例加入新变性并断裂成碎片的鲑精 DNA。

（9）缓冲液 1：0.1 mol/L 马来酸，0.15 mol/L NaCl，用 NaOH 调至 pH 7.5。

（10）缓冲液 2：从 Boehringer 公司购得的封阻剂，以 1% 的浓度溶解于缓冲液 1，小份分装后灭菌，4℃ 保存。

（11）缓冲液 3：0.1 mol/L Tirs-HCl，0.1 mol/L NaCl，50 mmol/L MgCl$_2$，用 NaOH 调至 pH 9.5。

（12）显色液：向 10 mL 缓冲液 3 中加入 45 μL 75 mg/mL NBT（氮蓝四唑）和 35 μL 50 mg/mL BCIP（5-溴-4-氯-3-吲哚磷酸），现用现配。

质粒 DNA 的提取和 DNA 琼脂糖凝胶电泳所用试剂见实验 38 和 39。

三、器材

冰冻切片机，电热恒温烘箱，灭菌锅，十二孔细胞培养板，硝酸纤维素（NC）膜，直径 18 mm 的圆形盖玻片，沸水浴锅，冰浴锅，高速台式离心机，自动取样器，Eppendorf 管等。

操 作 方 法

一、脑切片制作

将大鼠断头取脑，投入液氮速冻 15 s，取出，置于 -20℃ 的 Bright 冰冻切片机机箱中，平衡 15～20 min，切成 20 μm 厚的脑切片，附于涂有 1 mg/mL 多聚赖氨酸的圆形盖玻片上，放入十二孔板的板孔中，自然晾干，再用 PBS 漂洗 5 min，重复两次，加 70% 乙醇脱水，-20℃ 保存备用。

二、探针标记

（1）pGB°质粒的提取：取含 pGB° 的 JM109 菌种制平板（LB 固体培养基），37℃ 培养

---

① DEPC 处理溶液的方法：将 DEPC 按 0.5% 的体积比加入待处理溶液中，摇匀，放置过夜，灭菌待用。

8 h 后,挑取单菌落移入盛有 2 mL LB 液体培养基的试管中培养,5 h 后将菌液倒入 200 mL 锥形瓶(含 50 mL LB 液体培养基)培养。5 h 后收获菌体,用碱裂解法提取质粒(参阅实验 38)。

(2) GAP-43 cDNA 片段的获取:用 *Eco*R I 酶酶切携带 GAP-43 cDNA 的质粒载体 pGB°,琼脂糖凝胶电泳分离(方法参阅实验 39),切下 1.15 kb DNA 条带,置 Eppendorf 管中,捣碎胶条,加入 1/2 体积 pH 8.0 TE(配制方法见实验 38)和等体积的酚,混匀,液氮冻 1 min,取出融化,重复冻融 1~2 次。室温下 12 000 r/min 离心 3 min,取上清,依次用酚-氯仿-异戊醇(25:24:1)和氯仿-异戊醇(24:1)抽提两次。上层水相加 1/10 体积 3 mol/L pH 5.2 乙酸钠,混匀。再加 2 倍体积-20℃预冷的无水乙醇,混匀后-70℃放置 30 min 以上,之后 4℃下 12 000 r/min 离心 15 min,去上清,用经 4℃预冷的 70%乙醇洗涤沉淀,真空干燥后即得产品(1.15 kb 的 GAP-43 cDNA 片段)。

(3) 标记探针:将上述的回收 DNA 片段溶于 pH 8.0 TE 中,浓度为 0.1 μg/μL。取 15 μL 含回收 DNA 片段的 TE 溶液,沸水浴煮 5 min 后置冰浴剧冷 5 min。依次加入六聚寡核苷酸随机引物 2 μL,DIG 标记的 dNTP 底物 2 μL,Klenow 酶(10 U/μL)1 μL,混匀后 37℃温育 24 h。加 2 μL 0.2 mol/L pH 8.0 的 EDTA 溶液终止反应。

(4) 回收标记完毕的探针:向反应管内加入 2.5 μL 4 mol/L LiCl,混匀,再加入 75 μL 无水乙醇(-20℃预冷),混匀,-70℃下放置 30 min 以上,4℃下 12 000 r/min 离心 15 min,去上清,用 4℃ 70%乙醇洗涤沉淀,真空干燥后溶于 100 μL DEPC 处理过的重蒸水中,-20℃保存待用。如短期不用,真空干燥后的标记探针不用溶解,直接保存于-20℃。

(5) 标记探针含量的检测:取少许 DIG 标记的标准品准确配制一定浓度(如 5.2 mg/L),同理也将待标记探针配制成一定浓度,再用重蒸水依次进行 1/20,1/40,1/80,1/160,1/320 和 1/640 倍的稀释,取以上不同稀释度的标准品与标记探针各 1 μL,分别在硝酸纤维素膜上点样,80℃烘烤 1~2 h。在适当器皿中,用 20 mL 缓冲液 1 浸泡 1 min,20 mL 缓冲液 2 封闭 15 min。将抗 DIG-AP(地高辛碱性磷酸酶)复合物以 1:4000 的比例稀释于缓冲液 2 中,取 10 mL 稀释液置小塑料袋中,放入硝酸纤维素膜,室温下温育 1 h,不时轻摇。之后用缓冲液 1 洗涤 15 min,重复两次,缓冲液 3 平衡 5 min,膜移入 10 mL 显色液中,避光静置反应,30 min 后可见显色斑点,颜色适度时去除显色液,约 10 h 显色完全。用重蒸水洗膜两遍后于 pH 8.0 TE 中浸泡 10 min 以上,肉眼观察比较标准品和探针显色点的颜色后,依据稀释倍数折算出标记探针的含量。例如:检测标记探针含量的结果如图 42.1 所示,A,B 两行是标准品,其含量为 5.2 mg/L,C,D 两行是标记探针。由肉眼观察比较,B 行 1 和 D 行 3 的点子显色深浅程度一致,由此经过折算知,标记探针含量是标准品含量的 4 倍,约为 20 mg/L。

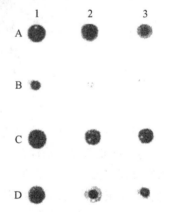

图 42.1 标记探针含量的检测
A,B:标准品;C,D:标记探针。A,C
(1~3):1/20,1/40,1/80 稀释;B,D
(1~3):1/160,1/320,1/640 稀释

三、杂交

将制作好的附着于载玻片上的脑切片置于适当器皿中,然后按下列程序处理:TBS 浸泡 5 min,0.2 mol/L HCl 浸泡 10 min,TBS 浸泡 3 min,乙酸酐溶液浸泡 20 min,TBS 浸泡 3 min(以上

每次浸泡试剂用量均约 20 mL），取出脑切片，仰置，加适量蛋白酶 K 溶液，覆盖过切片为宜，37℃温育30 min后移置湿盒（一套放有被 2×SSC 浸湿的棉花或滤纸于底部的大号培养皿）中。以 0.5 ng/μL 的比例向杂交缓冲液加入新变性的探针，取此杂交液约 50 μL，取代切片上的蛋白酶 K 溶液，加盖 Parafilm（石蜡封口膜），37℃温育过夜。取出脑切片，2×SSC 洗15 min，重复两次，1×SSC 洗15 min，重复两次，0.5×SSC 洗 15 min，重复两次。缓冲液 1 平衡 5 min，缓冲液 2 室温下封闭30 min，不时轻摇。抗 DIG-AP 复合物以 1 : 4000 的比例稀释在缓冲液 2 中，以此溶液在室温下温育 1 h，不时轻摇。之后用缓冲液 1 洗 15 min，重复两次，缓冲液 3 平衡 5 min。最后，切片置于10 mL 左右的显色液中，避光放置，一般 6～10 h 之内显色反应完毕，待颜色深浅适宜时去除显色液，以重蒸水洗切片两遍，再用 TE 浸泡 10 min 以上，晾干，树胶封片，照相。

以上是杂交时阳性实验的操作，此外，还要做阴性实验作对照。具体操作是：将脑切片置于 200 μg/mL RNase A（溶于 0.5 mol/L NaCl，10 mmol/L Tris-HCl，pH 8.0）溶液中，37℃消化 30 min。用不含 RNase A 的上述溶液于 37℃下洗 30 min，再用 0.1×SSC 50℃下洗 10 min，还用 0.1×SSC 室温下洗 10 min，经 70% 和 95% 乙醇两度脱水 5 min 后，空气晾干。然后按照阳性实验的程序处理。图 42.2 为正常大鼠海马切片原位杂交显色结果。（a）是阳性实验结果，海马齿状回清晰可见；（b）是 RNase A 处理后的阴性实验结果，由于 RNase A 消化了切片内的 mRNA，所以不显齿状回。

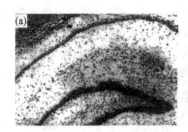

图 42.2 正常大鼠海马切片原位杂交显色结果

（a）阳性实验结果；（b）RNaseA 处理后的阴性实验结果

附注：

（1）湿盒的功能：原位杂交所用的杂交液成分复杂，量少，而杂交湿度变化的幅度又较大，为了防止蒸发后造成杂交液浓缩，甚至干燥，导致探针的非特异性吸附增加，本底升高，所以杂交反应必须在密闭的湿盒（一个大号培养皿或相应的容器）中进行，湿盒底部存放的液体必须与杂交液中盐的浓度相同。

（2）蛋白酶 K 的作用：组织细胞中的核酸与蛋白质结合，以核蛋白复合物的形式存在于细胞浆或细胞核中，组织切片固定液的作用使胞浆或胞核内的各种生物大分子形成网络结构，影响探针的穿透力，妨碍杂交体的形成。本实验采用蛋白酶 K 对组织细胞进行有限消化，以便除去核酸表面的蛋白质，使探针在细胞基质中增加穿透力，易于与靶核酸进行杂交。蛋白酶 K 必须选择纯品，不能含有任何核酸酶，否则，会因核酸酶破坏靶标而导致实验失败。

（3）探针的选择：在原位杂交中所用的探针可以是双链 DNA 或单链 DNA 和 RNA，其长度为 50～300 bp 最好，但是，有时为了使探针交联成网络而达到增强杂交信号的目的，可应用长达 1.5 kb 的探针。本实验的靶标分子是 GAP-43 mRNA，丰度较高，所以选择 1.15 kb 的双链 DNA 作探针，并用随机引物（所谓随机引物是含有各种可能排列顺序的寡核苷酸片段的混合物,它可以与任意核酸序列杂交,起到聚合酶反应的引物作用)进行标记。这种方法是以 cDNA 为模板,随机六聚核苷酸作引物,加地高辛标记的 dNTP 作底物,用 Klenow 酶延伸合成,所得到的探针是一组长短不一的互补双链 DNA。

(4) 硫酸葡聚糖的作用:硫酸葡聚糖呈微粒状,其表面可吸附探针分子,从而使探针 DNA 接触面积扩大,有利于杂交反应的进行。

(5) 鲑精 DNA 的作用:鲑精 DNA 可封闭探针 DNA 非特异位点,Benhardt 溶液中的内含物主要用来封闭组织切片上的非特异位点,两者共同作用的效果是降低本底。

(6) 乙酸酐的作用:乙酸酐可将组织切片内存留的蛋白质的氨基酸残基乙酰化,这样,蛋白质的等电点向酸性方向转变,借以抑制非特异性吸附,降低本底。

(7) 碱性磷酸酶(alkaline phosphatase,AP)的作用:本实验采用碱性磷酸酶的显色反应检测杂交信号。这种酶,可使它的作用底物 BCIP 脱磷酸基并聚合,在此过程中释放出的 H^+ 使 NBT 还原生成紫色化合物,具体反应见图 42.3。

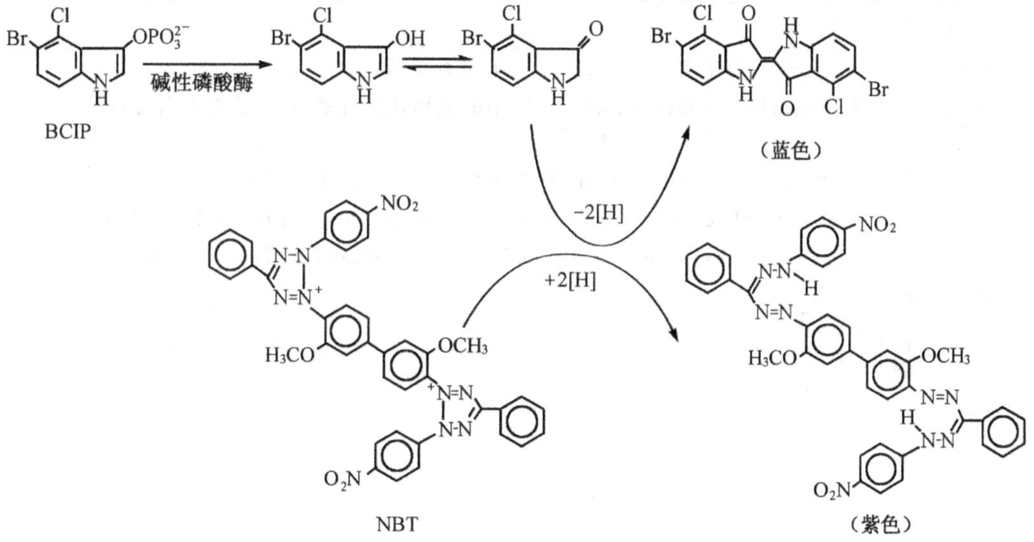

图 42.3　碱性磷酸酶显色反应示意图

注 意 事 项

(1) 原位杂交都在载片上进行,因此,载片的清洗至关重要。具体操作是:载片置洗衣粉溶液中浸泡过夜,水冲洗净,酸泡 4~8 h,水冲洗净,烘烤干燥。用前经 $1.034×10^5$ Pa 高温灭菌 20 min。

(2) 为防止组织切片从载片上脱落,选用多聚赖氨酸作粘附剂,将多聚赖氨酸溶于经消毒的去离子水中,配制成 1 mg/mL 的浓度,涂于载片上,备用。一定要用新鲜配制的,因为放置时间过久,多聚赖氨酸会解聚失效。

(3) 4% 多聚甲醛是应用广泛的固定液,它能较好地保存组织细胞内的 RNA,在 10~15 min 的固定时间内 RNA 含量比较恒定,若固定时间太长,会引起细胞浆内生物大分子的过度交联,影响探针的穿透力,从而降低杂交率。

(4) 切片在进入固定液之前,必须在空气中干燥至表面没有水分,否则容易脱落。

(5) 所有操作过程必须戴手套,尽可能使用镊子,避免手上 RNase 的污染。

思　考　题

1. 原位杂交技术有何应用?

2. 有哪些措施可以防止组织切片在显色时本底过高?

3. 本实验采取何种方法检测杂交信号? 其原理如何?

参　考　资　料

[1] 余瑞元等. 原位杂交检测大鼠前庭代偿中 GAP-43 mRNA 水平. 生物化学与生物物理进展,1999,26(6):559~563

[2] 卢圣栋主编. 现代分子生物学实验技术. 北京:高等教育出版社,1993,225~238

[3] 张建华. 原位杂交组织化学技术在神经科学研究中的应用及其进展. 神经解剖学杂志,1991,7(1):133~144

[4] 李继硕译. 原位杂交组织化学技术. 神经解剖学杂志,1992,8(1):135~147

[5] Vaudano E, et al. The Effects of a Lesion or a Peripheral Nerve Graft on GAP-43 Upregulation in the Adult Rat Brain: an in situ Hybridization and Immunocytochemical Study. J Neuroscience, 1995, 15(5):3594~3611

实验 43　免疫球蛋白的分离纯化

§43.1　硫酸铵沉淀-离子交换层析法

目 的 要 求

(1) 学习硫酸铵沉淀-离子交换层析法纯化免疫球蛋白(IgG)的原理和方法。

(2) 掌握利用单向免疫扩散法测定 IgG 含量的方法。

原　　理

免疫球蛋白(immunoglobulin, Ig)是人体接受抗原刺激后,由浆细胞所产生的一类具有免疫功能的球状蛋白质,是直接参与免疫反应的抗体蛋白的总称。各种免疫球蛋白能特异地与相应的抗原结合形成抗原-抗体复合物(免疫复合物),从而阻断抗原对人体的有害作用,对细菌等抗原的杀伤最后由补体去完成。

电泳时 Ig 主要出现在 γ-球蛋白部分,γ-球蛋白几乎全是 Ig。过去曾将 γ-球蛋白用做 Ig 的同义语,其实有小部分 Ig 也出现在 β-球蛋白部分。国内称 γ-球蛋白为丙种球蛋白,相对分子质量约为 15 万~16 万,沉降系数约为 7S。γ-球蛋白是一组在结构和功能上有密切关系的蛋白质。根据 Ig 的免疫化学特性,可分成五大类:IgG、IgA、IgM、IgD、IgE,其分子的基本结构,不论是哪一类,都由四链单位组成,每一四链单位都由两条相同的长多肽链称 H 链(又称重链)及两条相同的短多肽链称 L 链(又称轻链)组成。通常 H 链(约由 450 个氨基酸残基组成)的长链约为 L 链(由 210~230 个氨基酸残基组成)的 2 倍,所不同的是有的 Ig 分子只由一个四链单位组成,有的则由多个四链单位组成。由于 Ig 分子中含有糖基(如己糖、乙酰氨基己糖和唾液酸等),故属糖蛋白,IgG 含糖量可达 2.9%。机体的大部分免疫能力都依赖于 IgG 类免疫球蛋白,它约占免疫球蛋白总量的 70%~90%。

γ-球蛋白几乎都是具有抗体性质的免疫球蛋白,其制剂在临床医学应用广泛。在兽医领域应用 γ-球蛋白制剂防治畜禽疾病的工作也在推广。例如它可用于提高马、新生犊牛、新生羔羊、新生仔猪和家禽的抵抗力,有效地防止了多种传染病的发生。此外对新生犊牛消化紊乱、新生羔羊腹泻、低 γ-球蛋白血症等疾病均有良好的防治效果。

IgG 是人和动物血浆蛋白的重要组分之一,制备 γ-球蛋白的原料通常用动物血液,其次还有动物胎盘和初乳乳清。制备方法有低温乙醇法、利凡诺法、盐析法、离子交换法等。

本实验首先通过硫酸铵盐析法制备 IgG 粗品。盐析法是利用抗体与杂质对盐浓度敏感程序的差异性进行抗体(免疫球蛋白)纯化的一种常用简便方法。选择一定浓度的盐溶液(如 0~25%饱和度的硫酸铵溶液)使部分杂质(如血纤维蛋白)呈"盐析"(沉淀)状态,而抗体成分呈"盐溶"(溶解)状态,离心除去盐析沉淀的杂蛋白。得到的上清液再选择一定浓度范围的盐溶液(如 25％～50％饱和度的硫酸铵溶液)使抗体呈盐析状态,而其他杂蛋白如清蛋白呈盐溶状态,离心获得的沉淀即为抗体组分。此时抗体中还可能含有少量杂质,故称为粗制品。盐析常用的盐类有硫酸铵、氯化钠、聚乙二醇等。硫酸铵由于其溶解度很大、相对而言对温度不敏感、价格低廉、处理样品量大、分级效果好,并有稳定蛋白质结构的作用,是最常用于盐析的盐类。

硫酸铵盐析操作有固体加入法和溶液加入法。固体加入法是通过加入一定量固体硫酸铵使溶液达到一定饱和度。配制 1 L 不同饱和度的硫酸铵溶液需要加入固体硫酸铵的量可从硫酸铵饱和度计算表中查出(见附录Ⅶ之十三)。在搅拌下将所需硫酸铵固体粉末少量多次缓慢加入,蛋白质就被盐析沉淀出来。此法不过多增加样品液体积,更适用于大体积的液体粗制品。饱和溶液法是向样品溶液中逐步加入一定量预先调好 pH 的饱和硫酸铵溶液使其达到一定的饱和度。根据下列公式计算出配制不同饱和度所需加入的饱和硫酸铵量。

$$V=V_0 \frac{S_2-S_1}{S_3-S_2}$$

式中,V 为需要加入硫酸铵溶液的体积(mL),V_0 为原来溶液的体积(mL),S_1 为原来溶液的百分饱和度,S_2 为要求达到的百分饱和度,S_3 为需加入硫酸铵溶液的饱和度(一般用 100％饱和度)。此法较固体加入法温和,不易造成局部饱和度过大。但由于硫酸铵溶液的加入,将增加样品液体积,对大体积样品液不适用。

IgG 粗品液再采用 DEAE-纤维素离子交换柱层析法进一步纯化。DEAE-纤维素为阴离子交换剂,在弱碱性环境中带负电荷,可与带负电荷的血清蛋白质进行交换吸附,吸附顺序为:清蛋白(pI 4.2～4.5)＞α-球蛋白＞β-球蛋白(pI 5.3)＞γ-球蛋白(pI 6.8～7.5),IgG 属于 γ-球蛋白,所带负电荷最少,故用一定离子强度及 pH 的缓冲溶液洗脱时可首先被洗脱出来,达到分离提纯的目的。IgG 的相对分子质量约为 150 000,每 100 mL 正常血清中 IgG 含量约为 800～1700 mg。

试剂和器材

一、实验材料

动物血液。

二、试剂

(1) 饱和硫酸铵溶液:取(NH₄)₂SO₄ 800 g,加去离子水 1000 mL,不断搅拌下加热至50～60℃,保持 30 min,趁热过滤,滤液在室温中过夜,有结晶析出,即达到 100％饱和度,取饱和溶液用浓氨水调 pH 至 7.0。

(2) DEAE-纤维素(DEAE-C)的处理:一般离子交换剂在使用前都要用酸碱处理以除去杂质。若离子交换剂是干的,先用水浸泡使之吸水膨胀后再进行处理。阴离子交换树脂的处理主要有以下几步:

● 用水浸泡,使其充分膨胀并除去细小颗粒(倾泻或浮选法)。
● 用 0.5～1 mol/L 的 NaOH 溶液浸泡 20 min 后,用水洗去碱液至中性。

- 用 1 mol/L 的 HCl 溶液浸泡 20 min 后,洗去酸液至中性。
- 用 0.5～1 mol/L 的 NaOH 溶液浸泡 20 min 后,用水洗去碱液至中性。
- 转型,即用适当试剂处理,使其成为所要的形式。本实验用 0.01 mol/L pH 7.4 的磷酸盐缓冲溶液浸泡 1 h。

(3) 透析袋预处理:将透析袋剪成适当长度,置于含 1 mmol/L EDTA 的 2% NaHCO₃ 溶液中,煮沸 10 min。用去离子水彻底清洗后,再用 1 mmol/L EDTA 溶液煮沸 10 min。冷却后,于 4℃保存备用。透析袋必须浸没于溶液中。使用前,用去离子水清洗透析袋内外,操作时必须戴手套。第二次 EDTA 溶液煮沸也可用流水冲洗的方法代替。

0.01 mol/L pH 7.4 的磷酸盐缓冲溶液(洗脱液),10% 硫酸铝钾溶液,1% 氯化钡(或 10% 乙酸钡)溶液,0.9% NaCl,2 mol/L NaOH,柠檬酸三钠。

三、器材

层析柱(1.5 cm×50 cm),离心机,核酸-蛋白质检测仪,自动部分收集器,紫外分光光度计,透析袋。

操 作 方 法

一、IgG 粗品制备

(1) 分离血浆:取动物血液,按 100 g 动物血液加 0.38 g 抗凝剂的比例加入柠檬酸三钠粉末,搅拌均匀,装入离心管中,以 3000 r/min 的速度离心 15 min,分出血球(可供制备血红素),收集上层液血浆。

(2) 盐析除纤维蛋白:将 10 mL 血浆置玻璃烧杯中,加入 20 mL 0.9% 的 NaCl 溶液,搅拌均匀,然后加入 0.25 倍量体积的饱和硫酸铵溶液,使其硫酸铵饱和度达 20%,静置 1 h 后,离心(3000 r/min)收集上清液,弃去沉淀物。

(3) 盐析分离球蛋白:将以上离心清液置于玻璃烧杯中,按每 10 mL 离心清液加 1.89 g 固体硫酸铵,使其饱和度达 50%。搅拌均匀静置 1 h,使球蛋白沉淀析出。然后离心(3000 r/min)收集沉淀(硫酸铵母液可供制备清蛋白使用)。

(4) 沉淀杂蛋白和色素:将上述沉淀置于玻璃烧杯中,按 1:20 的比例加入去离子水,不断搅拌,使其充分溶解。准确测量溶液的总体积,按每 100 mL 溶液加入 10% 硫酸铝钾溶液 10 mL,边加边搅,充分搅匀。此时生成大量灰褐色沉淀,然后调 pH 至 4.2～4.4,放置 1 h 以上,3000 r/min 离心 10 min,弃去沉淀,收集清液。

(5) 除杂质:取上述清液置玻璃烧杯中,在搅拌下用 2 mol/L 氢氧化钠调 pH 至 7.8±0.1,然后搅拌 15 min,静置 1.5 h 左右。3000 r/min 离心 10 min,弃去沉淀,收集清液。

(6) 二次盐析沉淀 IgG:将清液置烧杯中,按 38%(m/V)加入固体硫酸铵,充分搅拌,使其全溶。调 pH 至 6.8～7.2,放置 1 h 以上。离心(3000 r/min),弃去清液,收集沉淀,即为 IgG 粗制品。

(7) IgG 粗制品蛋白质含量测定:取上述 IgG 粗制品适量溶于去离子水,在紫外分光光度计上测 $A_{280\,nm}$,以百分消光系数 $E_{1cm}^{1\%}=13$ [100 mL/(g·cm)],计算 IgG 的含量。

(8) 脱盐：将上述 IgG 粗制品溶于少量生理盐水后装入透析袋，悬于装有 0.01 mol/L pH 7.4 的磷酸盐缓冲溶液的大烧杯内，下置电磁搅拌器，于 4℃ 透析约 24 h，换液 3～4 次，至 1‰ 氯化钡溶液检查透析外液中无 SO_4^{2-} 为止。

二、DEAE-C 柱层析纯化 IgG

(1) 装柱：取 1.5 cm×50 cm 层析柱一根，打开层析柱顶部，关闭出口，将 0.01 mol/L pH 7.4 的磷酸盐缓冲溶液加至层析柱的 1/4 高度，仔细驱除气泡，把预先处理并用 0.01 mol/L pH 7.4 的磷酸盐缓冲溶液平衡好的 DEAE-C 沿管壁徐徐倒入柱内，待纤维素沉积约 3 cm 高度时，打开出水口，继续加入 DEAE-C，直至沉积物达 40 cm 高度，装上层析柱顶橡皮塞，并接通洗脱液，调节流速在 1～2 mL/min 之间，平衡 1 h，并同时开启核酸-蛋白质检测仪，调节稳定仪器，使记录仪基线平直。

(2) 加样洗脱：打开层析柱顶橡皮塞，让洗脱液流出，至液面与纤维素面一致，立即用滴管将透析袋中的样品沿管壁小心加入，待样品液完全进入 DEAE-C 后，以少量洗脱液冲洗层析柱内壁，然后加洗脱液至 3 cm 高度，装回柱顶橡皮塞，开始洗脱，收集第一峰（以自动部分收集器收集，可设置 2 min/管，合并第一峰相对应的管内洗脱液；如人工收集，须仔细观察记录仪，当开始出峰时立即收集，至第一峰出完为止）即为精制 IgG。用上述操作一(7)测 $A_{280\,nm}$ 并计算精制 IgG 总量。

(3) 保存：将上述制得的 IgG 精制品，分装冻干，于 -20℃ 保存，5 年内活性降低甚微。

三、IgG 含量和蛋白质含量测定

(1) IgG 含量测定：为了准确测定 IgG 纯品的含量，采用单向免疫扩散法。外购高纯度 IgG 为标准品绘制标准曲线。琼脂糖凝胶液内加入适量抗 IgG 血清（每 10 mL 胶液加 0.2 mL），凝胶孔内分别加入系列稀释的标准 IgG 和 IgG 纯品，进行单向免疫扩散实验。根据样品沉淀环的直径，从标准曲线测出 IgG 含量。具体操作方法参见实验 44。

(2) 蛋白质含量的测定：比较准确地测定蛋白质的含量，一般采用 Folin-酚法。具体操作参见实验 12。

注 意 事 项

(1) 盐析沉淀蛋白质时，加入固体或饱和 $(NH_4)_2SO_4$ 溶液时，一定要慢慢加入，并且不停搅拌，防止局部盐浓度过大，而造成不必要的蛋白沉淀。另外，为防止蛋白质变性，有时此过程也在低温下进行。

(2) 离子交换层析中，DEAE-C 的处理十分关键，最后一定要使体系处于 0.01 mol/L pH 7.4 的磷酸缓冲溶液平衡状态，否则得不到 IgG 纯品。

(3) 用紫外吸收法测定蛋白质浓度，简便、易行，且样品可回收。但受核酸等具有紫外吸收的物质干扰，准确性较差。需用其他蛋白质含量测定方法准确测定其浓度。

(4) 单向免疫扩散实验中，选用的标准物 IgG 应与实验用血液材料的动物来源一致，两者才能与相应的抗 IgG 血清发生沉淀反应。

(5) 用过的树脂必须经过再生处理后方能保存。阴离子交换树脂 Cl⁻ 型较 OH⁻ 型稳定，

故用盐酸处理后水洗至中性。阳离子交换树脂 Na$^+$ 型较稳定,故用 NaOH 处理后水洗至中性。湿润状态密封保存,防止干燥、长菌。短期存放,阴、阳离子树脂分别保存在 1 mol/L 盐酸和 1 mol/L NaOH 溶液中。

思　考　题

1. 血清和血浆有何区别?
2. IgG 的主要功能是什么?
3. 分级盐析法分离纤维蛋白、球蛋白和清蛋白的依据是什么?
4. 离子交换法纯化 IgG 的理论基础是什么? 为了提高 IgG 制品活性,在分离纯化过程中应注意控制哪些条件?

参　考　资　料

[1]　陈来同.生物化学产品制备技术(1). 北京:科学技术文献出版社,2003,173~183
[2]　张天明等.动物生化制药学. 北京:人民卫生出版社,1981,106~110
[3]　朱立平,陈学清主编.免疫学常用实验方法.北京:人民军医出版社,2000,51~60

§ 43.2　辛酸-硫酸铵沉淀法

目　的　要　求

(1) 了解蛋白质分离纯化的基本技术。
(2) 学习辛酸-硫酸铵法纯化抗体的方法。

原　　理

根据免疫球蛋白的性质利用生物化学各种纯化方法进行抗体的纯化,主要有常规生物化学分离纯化和特异性亲和层析两类方法。常用的方法有硫酸铵沉淀、辛酸-硫酸铵沉淀、DEAE-Sepharose 4B 阴离子交换层析、抗原亲和层析、Protein A 亲和层析等。其中亲和层析法是利用抗体与抗原或某种蛋白质配基结合的特异性,将抗体进行纯化,纯化效果好,但亲和层析介质成本高,使用受到一定的限制。硫酸铵沉淀法操作简单,但纯化的抗体纯度低,且活性降低约 50%。阴离子交换层析纯化的抗体虽然纯度高,但回收率低。用辛酸-硫酸铵沉淀法从动物血清、抗血清中纯化 IgG 或从杂交瘤诱生的小鼠腹水中纯化单克隆抗体,纯度和回收率均较高,如从兔血清中分离得到 IgG 的回收率达到 80% 以上,纯度与阴离子交换层析相近,可以达到 SDS-PAGE 电泳纯,且抗体活性不被破坏。由于此方法操作简便、周期短、成本低、不需要复杂的仪器设备,不仅适用于小量抗体的纯化,也适合大批量抗体的制备。

辛酸-硫酸铵法分两步进行:第一步是在室温条件下用辛酸沉淀杂蛋白,辛酸为短链脂肪酸,在酸性条件下可沉淀血清或腹水中的清蛋白和其他非 IgG 蛋白。第二步根据球蛋白溶解度的性质在 4℃时利用硫酸铵盐析将抗体沉淀下来,操作步骤如图 43.1 所示。

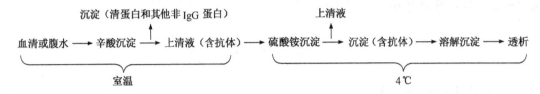

图 43.1　辛酸-硫酸铵法从血清或腹水中纯化抗体操作流程图

试 剂 和 器 材

一、实验材料

动物血清或腹水。

二、试剂

(1) 乙酸-乙酸钠缓冲液:60 mmol/L,pH 4.0。

(2) 10×磷酸盐-NaCl 缓冲液:100 mmol/L PBS,pH 7.4。称 NaCl 80 g,KCl 2 g,$Na_2HPO_4 \cdot 12H_2O$ 29 g,KH_2PO_4 2 g,加去离子水溶解,加入100 mmol/L EDTA 20 mL,用去离子水定容至 1000 mL。

(3) 透析液:10 mmol/L Na_2HPO_4-KH_2PO_4 缓冲液,含 15 mmol/L NaCl,pH 7.2。

5 mol/L NaOH,0.1 mol/L NaOH,硫酸铵,辛酸(AR)。

三、器材

电动搅拌器或电磁搅拌器,离心机,透析袋。

操 作 方 法

(1) 动物血清用 4 倍体积 60 mmol/L 乙酸-乙酸钠缓冲液(pH 4.0)稀释,0.1 mol/L NaOH 调整血清稀释液 pH 至 4.5。

(2) 室温下用电磁搅拌器或电动搅拌器边搅拌边缓慢滴加辛酸,加入量为 25 mL 辛酸∶1 L 血清稀释液,滴加完后继续搅拌 30 min。

(3) 离心(10 000 g,30 min),收集上清液,弃去沉淀。

(4) 上清液用滤纸过滤除去悬浮物,量体积。

(5) 按照 10% 体积加入 10×磷酸盐-NaCl 缓冲液,用 5 mol/L NaOH 调 pH 7.4。

(6) 上清液 4℃预冷,测量溶液总体积,在 4℃按 277 g/L 缓慢加入硫酸铵粉末(终浓度达到 45% 饱和度),边加边搅拌,加完后继续搅拌 30 min。

(7) 离心(5000 g,15 min),弃去上清液,收集沉淀。

（8）沉淀用少量透析液溶解（一般为原血清体积的 1/10），透析并更换两次透析液，或用 Sephadex G-50 层析柱脱盐。

（9）透析后的抗体溶液在 50～55℃ 水浴中加热 20 min，离心（5000 g，20 min），此上清液分装小管于 −20℃ 保存或冻干保存。

注 意 事 项

（1）动物血清或腹水需要用 3～4 倍体积的缓冲液稀释，稀释后溶液的 pH 范围需用氢氧化钠调节到 4.2～4.5 之间，使清蛋白和 α-/β-球蛋白完全沉淀。

（2）辛酸沉淀杂蛋白时，通常要求在室温（22℃ 左右）下操作，温度过高或过低均会导致杂蛋白沉淀不完全；而硫酸铵沉淀需要在 4℃ 条件下操作。

（3）每升稀释的样品溶液需加入 20～30 mL 辛酸，10 min 后杂蛋白才能完全沉淀，所以加入辛酸后需继续搅拌 30 min 以保证杂蛋白完全沉淀。

（4）冰冻保存的抗体 −20～−40℃ 保存一年，效价不会有明显下降，但应防止反复冻融。冷冻干燥后保存在普通冰箱中 4～5 年内效价无明显下降，是一种较好的保存方法。

思 考 题

辛酸-硫酸铵法纯化抗体的原理和优点是什么？

参 考 资 料

[1]　梁荣，伊岚，李健强. 小鼠 IgG 类单克隆抗体三种纯化方法的比较. 细胞与分子免疫学杂志，1996，12(1)：55～58

[2]　邓瑞春. 两种不同方法纯化抗血清 IgG 的效果比较. 免疫学杂志，1999，15(1)：64～66

[3]　Mckinney M M, Parkinson A. A Simple Non-chromatographic Procedure to Purify Immunoglobulins from Serum and Ascites Fluid. J Immunol Methods, 1987, 96：271～278

实验 44　免疫学检测法

本实验包括动物的常规免疫及抗血清制备、单向免疫扩散、双向免疫扩散和单向定量免疫电泳(火箭电泳)四部分内容。

目 的 要 求

(1) 了解免疫应答的基本原理,抗体的基本结构及抗原、抗体沉淀反应的条件和特点。

(2) 学习免疫动物和制备抗血清的方法。

(3) 了解单向免疫扩散、双向免疫扩散、单向定量免疫电泳的基本原理。初步掌握它们的实验方法。

试 剂 和 器 材

一、实验材料

健壮的青紫蓝种实验用兔或家兔(雄性)2～3 只,年龄 6 个月以上,体重 2～3 kg。

二、试剂

(1) 福氏(Freund's adjuvant)不完全佐剂:羊毛脂∶液体石蜡＝1∶1～1∶3(m/m),混匀后 120℃高温($1.03×10^5$ Pa)灭菌 20 min。40℃冰箱保存。临用前在 60℃水浴中融化。

(2) 卡介苗(75 mg/mL):用前沸水煮 30 min 以灭活。

(3) 1.5％离子琼脂(糖):称取 1.5 g 纯净的琼脂(或琼脂糖),用离子强度为 0.03 pH 8.6 巴比妥缓冲液配制。可先加入适量溶液加热融化后补水至 100 mL,再加热充分溶解、混匀。

(4) 离子强度 0.06 pH 8.6 巴比妥缓冲液:称取 10.3 g 巴比妥钠,1.84 g 巴比妥酸溶于水稀释至 1000 mL。配制离子琼脂时可将其稀释 1 倍使成为 $\mu=0.03$。

(5) 0.05％氨基黑 10B 染色液:称取 0.5 g 氨基黑 10B,溶于 500 mL 1 mol/L 乙酸及 500 mL 0.1 mol/L 乙酸钠溶液中。

正常人混合血清(A、B、O 型血清等体积混合)或鸡血清(0.9％氯化钠),自制兔抗人 A、B、O 混合血清抗体(或兔抗鸡血清抗体),生理盐溶液(0.9％氯化钠),5％乙酸,10％甘油。

三、器材

注射器和注射器针头($4^{\#}$,$9^{\#}$),研钵,解剖用具(剪毛剪,剪刀,眼科小剪刀,止血钳,解剖刀,动脉夹,镊子,直径 1.6 mm 的塑料管,丝线),兔板,玻璃板(7.5 cm×2.5 cm,7.0 cm×7.0 cm),量筒(10 mL),卡尺,3 mm 打孔器,离心管,试管,试管架,小滴管,电泳仪,免疫电泳槽,厚滤纸,大表面皿,恒温水浴锅,灭菌锅。

§44.1　动物的常规免疫

原　理

细菌、红细胞、蛋白质、结合蛋白质和多糖等外源异体物质(称抗原,antigen)进入动物机体后,可以激活机体免疫系统产生对外源物质的排除(破坏、分解)作用,从而保护机体免受外源物质的侵害。机体这一特异性免疫应答功能是由于淋巴细胞受到抗原物质的刺激后,即进行分化、增殖最后产生两类性质不同的免疫应答:由免疫球蛋白介导的体液免疫和由免疫效应 T 细胞介导的细胞免疫。由抗原刺激产生的具有免疫功能的球蛋白(immunoglobulin,Ig)也称抗体(antibody),包括 IgG、IgA、IgM、IgE 和 IgD 五大类。它不仅存在于血清中,而且也存在于其他体液、组织及一些分泌物中。它可以出现在血清蛋白的 γ-球蛋白区,也可出现在 α 或 β 区,见图 44.1。含有某种特异抗体的动物血清称为抗血清。

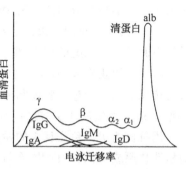

图 44.1　血清电泳扫描示意图

动物机体这种免疫反应除依赖抗原物质所特有的化学结构外还依赖于自身的免疫应答能力(称抗原免疫原性),而后者又受遗传因素的控制,以及机体的生理状况、抗原物质进入机体的途径和佐剂的使用等因素的影响。不同种动物、同种不同品系动物,甚至不同个体由于它们的遗传性不同,对同一种抗原产生免疫反应的敏感性强弱都不同,因此必须选择对该种抗原敏感的动物进行免疫。常用做免疫实验的动物有兔、绵羊、豚鼠、鼠、鸡、马等。动物个体内的不同组织部位对抗原刺激的敏感性也不同,足掌、淋巴结、皮下、脾脏等是反应敏感部位,常为免疫注射部位。

动物产生有效抗体的过程(免疫应答反应)有一定的时间规律。当抗原初次进入具有免疫应答能力的动物体内后,抗体的产生需要经过一段较长的潜伏期(7~10 天),然后约在14~21天内出现一个高峰期,以后抗体的产生逐渐下降直至消失,这种现象称机体对抗原的"初次应答"。此时先产生的 IgM 为主要成分,后出现 IgG,抗体总量比较低。当抗体下降恢复到正常时,再次接触同一种抗原,则特异抗体产生的潜伏期明显缩短,总量大幅度上升,且维持时间长久,其主要成分为 IgG,这种现象称"再次应答"(图 44.2)。鉴于这种规律,在设计免疫方案时应合理安排免疫的次数和间隔时

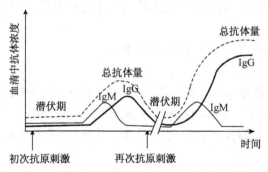

图 44.2　初次和再次免疫应答示意图

间。通常首次免疫(基础免疫)后 4 周进行加强免疫,每次间隔 1~2 周,加强免疫至少 2 次,必要时需 3~5 次,以期获得更强更持久的免疫力或较高效价的抗血清。

佐剂是一种非特异性免疫增强剂,预先或与抗原同时注射到机体,能增强机体对该抗原的免疫应答或改变免疫应答的类型。佐剂有吸附和包埋抗原的"贮藏所"的作用,延长了抗原在体内的存留时间,有利于抗原不间断地、长时间地刺激机体产生免疫应答,使"初次应答"和"再次应答"结合在一起,其免疫效果更为理想。常用的矿物油乳剂,即福氏佐剂是由液体石蜡和无水羊毛脂加热混溶而成。使用时加等量液体抗原充分混匀,形成较稳定的油包水乳剂,称不完全福氏佐剂,若再加入灭活分枝杆菌(如卡介苗)则称完全佐剂。分枝杆菌、细菌内毒素等物质具有激活巨噬细胞的作用,增强其对抗原的处理和递呈等生理功能,提高抗原的免疫原性。

本实验用正常人 A、B、O 混合血清作抗原免疫实验用兔。初次免疫时用福氏完全佐剂将血清抗原研制成油包水胶体制剂,加强免疫通常用不完全福氏佐剂。每隔 7~10 天加强免疫1 次,一般加强免疫 3 次,最后从兔颈动脉采血制备抗血清。

用抗血清进行免疫反应的检测称为血清学检测。它的应用范围很广,即可定性也可定量地检测抗原或抗体。根据抗原与抗体反应的高度特异性,用已知抗原(抗体)检测未知抗体(或抗原),以发现病原微生物或机体因疾病而引起的抗体异常,辅助疾病的临床诊断。近年来由于荧光素、酶标抗体、放射性同位素的应用,血清学检测方法的应用范围更广,更灵敏、快速和简便。获得高效价和高特异性的抗血清是准确进行这些检测的前提,因此动物免疫的成功是至关重要的。

操 作 方 法

一、抗血清的制备

1. 动物的选择

选择年龄在 6 个月以上,体重 2~3 kg 雄性健壮的青紫蓝种实验用兔或家兔 2~3 只,加以编号、标记。

2. 血清(抗原)-完全佐剂的制备

用注射器取 1 mL 不完全福氏佐剂置灭菌研钵内,再用 9# 针头注射器吸取 1 mL 正常人A、B、O 混合血清(或鸡血清),逐滴加入到佐剂内,每加一滴血清立即顺一个方向研磨消失后再加第二滴,制成稳定的乳白色粘稠的油包水乳剂。血清加完后再滴加 0.1~0.2 mL 灭活的划痕卡介苗(75 mg/mL)。

抗原-不完全佐剂制备除不加卡介苗外,方法同上。

3. 免疫方法

将待免疫的兔子仰卧在兔板上并将四肢固定,剪去四足掌处的兔毛,经碘酒消毒,酒精脱碘后,在四足掌皮内分别注射 0.5 mL 抗原-完全佐剂。以后每间隔 7~10 天加强免疫 1 次,即同上法消毒后在背肩关节和髋关节部位皮下多点注射抗原-不完全佐剂(不加卡介苗),总量2 mL,一般加强免疫 3 次。

为检测免疫效果,在第三次加强免疫前,取耳缘静脉血作抗体效价测定,初步测出效价后再进行一次加强免疫,即从耳缘静脉注射 0.1~0.2 mL 1 倍稀释的血清抗原(不含任何佐剂)。

注射前务必排尽针管内的气泡,极缓慢地推入耳静脉内。一周后放血。

4. 耳缘静脉取血与颈动脉放血

如需要进行免疫效价检测,并仍拟保留免疫动物,可由耳缘静脉取血或心脏取血。前者更为简便而多采用。

耳缘静脉取血方法:先将耳缘静脉附近的毛剪去,用无菌棉球擦净皮肤,然后用二甲苯涂擦血管处,或用台灯照射加温等办法使血管扩张,识别耳静脉后(耳缘静脉位置见图44.3),用注射器针头插入静脉取。如取血量大时,于取血后由静脉缓缓注入等量5%葡萄糖溶液以补足失血量。

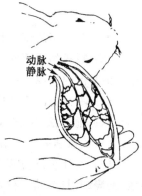

图 44.3　兔耳朵循环系统

如拟一次放血致死,可用颈动脉放血的方法。放血前应禁食24 h,以防血脂过高。具体操作如下:

(1)将兔腹部向上,四肢固定在兔板上,颈部伸直固定。

(2)用少量乙醚麻醉,剃去颈部的毛,用70%酒精消毒。

(3)纵向切开颈中部皮肤10 cm,用止血钳将皮分开夹住,再用刀柄剥离皮下结缔组织,暴露气管前的胸锁乳突肌。

(4)小心分开胸锁乳突肌,在肌束下面靠近气管两侧,即可见淡红色搏动的颈动脉(约2 mm 粗细)。

(5)仔细将颈动脉和迷走神经剥离长约5 cm,选择血管中段,将颈动脉远心端用丝线结扎成死扣,与其相距约3 cm 的近心端用动脉止血夹夹住,在截断血流的这一段颈动脉上用眼科小剪刀剪开一个朝向远心端的斜口。取直径约为1.6 mm、长约25 cm 的一段干燥塑料管(切一斜口),从已剪成的斜口顺近心端插入颈动脉中,并用丝线从血管下面穿过将管口缚紧,以防小管脱落[图44.4(a)]。

(6)塑料管另一端放入离心管内,然后松开动脉管上的止血夹,血即流入离心管内,动物流血致死[图44.4(b)]。

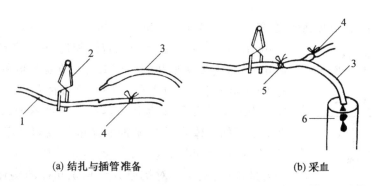

(a) 结扎与插管准备　　　　　　　　(b) 采血

图 44.4　家兔颈动脉采血

1. 颈动脉近心端;2. 动脉止血夹;3. 塑料放血小管;4,5. 丝线结扎;6. 盛血离心管

5. 抗血清的收集

待收集于三角瓶或离心管内的血液凝固后,用干净平头玻棒沿瓶壁或管壁剥离血块,置室温下2～3 h后,再放在4℃过夜,随着血液凝块的收缩,抗血清即析出,吸出血清再用离心方法

(4℃,3000 r/min,15 min)使抗血清完全析出。用滴管吸出全部抗血清,加少量万分之二叠氮钠防腐,分装小瓶,封存于低温冰箱备用。通常情况-20℃可保存2年,-4℃可保存半年。

注 意 事 项

(1) 免疫用的试剂和用具应进行高温灭菌,免疫用佐剂的配制应在无菌条件下进行。

(2) 制成的抗原乳剂是否为油包水乳剂直接影响到免疫的效果,因此必须检定其乳化效果:将制得的抗原佐剂乳剂滴于冷水表面,应保持完整而不分散,否则,须重新制备。

(3) 收集血的容器应洁净干燥,取血过程切忌摇动容器,否则会产生溶血,影响血清质量。颈动脉放血方法较复杂,宜小心操作,多练习两遍,以避免凝血、漏血和溶血。正常血清为淡黄色,发红的血清表示有溶血。

(4) 设计免疫方案时应根据免疫的目的要求、抗原性质、佐剂的种类,合理安排免疫的次数、间隔的时间、抗原的用量等。

思 考 题

1. 为什么需要进行多次加强免疫?
2. 有哪些因素可能影响动物免疫效果?
3. 试总结动物免疫过程的关键操作。

§44.2 双向免疫扩散

原 理

具有抗体活性的免疫球蛋白都是由二条重链(heavy chain,H 链)和二条氢链(light chain,L 链)组成,各链间以二硫键相连,每一条链上也有二硫键相连,构成 Y 字形状(见图 44.5)。在免疫球蛋白中,轻链只有 Kappa(κ)和 Lambda(λ)两种,但每种免疫球蛋白如 IgG、IgM、IgE、IgD 和 IgA 都分别具有一种特殊的重链(γ,μ,α,δ 及 ε)。不同抗体分子 N 端的氨基酸组成和顺序都不同,称为"可变区"(variable region, V 区),是抗体分子与抗原分子的结合部位,它决定了对抗原分子识别功能的多样性。各种抗体分子的 C 端基本恒定,称为恒定区(constant region,C 区)。

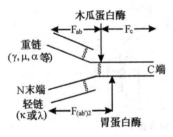

图 44.5 免疫球蛋白示意图

当抗原与抗体结合时,抗体分子即发生变构效应和聚集作用,恒定区的某些部位被暴露出来,立即产生如固定补体、促进对抗原分子(或细胞)的吞噬、溶解和清除作用等一系列免疫生理效应,因此恒定区决定了抗体分子的免疫功能。

从抗原的化学结构上看,决定机体产生免疫应答的不是抗原的整个分子,而是分子上的一些特定的化学基团或结构,称为抗原决定簇。它们既是诱导机体产生抗体,又是抗原与抗体结合的部位。通常抗原分子具有多种抗原决定簇,免疫动物后可刺激多种具有相应抗原受体的 B 细胞发生免疫应答,因而可产生多种针对不同抗原决定簇的抗体,这些由不同克隆 B 细胞产生的抗体称为多克隆抗体(polyclonal antibody,PcAb)。用抗原免疫动物后获得的免疫血清(抗血清)为多克隆抗体。

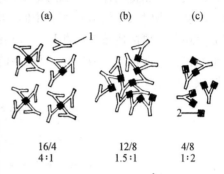

(a)	(b)	(c)
16/4 4∶1	12/8 1.5∶1	4/8 1∶2

图 44.6　抗原抗体结合的比例关系
(a) 抗体过剩,复合物小,沉淀最少;(b) 比例最合适,复合物大,沉淀明显;(c) 抗原过剩,复合物小,沉淀最少。1. 抗体分子(二价);2. 抗原分子(可与 4 个抗体分子结合)

抗原与相应的抗体具有分子表面结合的特性。两者是按一定比例结合的,只有在分子比合适,彼此的结合价被饱和,并有电解质(如 NaCl、磷酸盐、巴比妥盐)存在时,两者形成抗原-抗体复合物而出现免疫沉淀反应。由于抗原是多价的,即可结合多个抗体分子,而抗体一般是二价的,只能结合两个抗原分子,因此抗原与抗体结合有不同数量关系,图 44.6 形象地表示了抗原与抗体结合的比例关系。

当抗原与抗体呈合适分子比结合时,才能形成网状结构的抗原-抗体大块复合物,出现明显的沉淀反应称为等价带。在等价带两侧也即抗原或抗体过剩时,则有未结合的抗原或抗体游离于上清液中不能形成大块复合物,因而常不出现沉淀反应或沉淀量极少,前者称抗原过剩,后者称抗体过剩。若在等价带的反应液中加入过量的抗原或抗体时,也会造成抗原或抗体过剩而使沉淀复合物有部分溶解甚至全部溶解(图 44.7)。因此在做免疫扩散或免疫电泳实验时,必须了解抗原、抗体结合条件和特点,掌握其合适比例,才能获得满意结果。

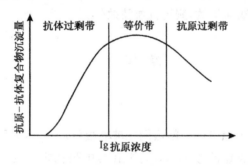

图 44.7　在一定量抗体内加入不同抗原量时沉淀量的曲线

琼脂(糖)凝胶具有多孔的网状结构,允许大分子物质自由通过,凝胶透明度高。免疫沉淀反应若在琼脂(糖)凝胶内发生,即可直接观察到抗原-抗体复合物形成的白色沉淀线、淀淀弧或沉淀峰。根据沉淀是否出现以及沉淀量的多少可定性或定量检测出样品中抗原和抗体的存在和含量。

双向免疫扩散(double immunodiffusion)是指抗原和抗体在同一凝胶内都扩散,彼此相遇后形成特异性的沉淀线。该法是将抗原和抗体分别加入同一凝胶板中相隔一定间距的小孔内,使其在凝胶中自由扩散,如抗原与抗体相对应并且浓度和比例合适时,经过一定时间后两者相遇,即在抗原与抗体孔之间出现白色沉淀线。一般而言,一对相应抗原、抗体只能形成一条沉淀线。若反应体系中存在多对抗原、抗体时,可形成多条沉淀线(图44.8),因此可根据沉淀线的数量推测待测体系中抗原或抗体有多少种。沉淀线的位置与抗原、抗体的浓度有关,当两者浓度相当时沉淀线位于两者中间,当抗体浓度大于抗原浓度时,沉淀线偏向抗原。沉淀线的形状还与抗原的成分是否相同有关(图44.9)。双向扩散法实验操作简单、灵敏度高,可用于定性检测可溶性抗原或抗体,对复杂的抗原成分或抗原、抗体的纯度进行分析鉴定,及测定抗原或抗体的效价。

(a) 单一抗原-抗体系统   (b) 多个抗原-抗体系统

图 44.8 双向琼脂扩散沉淀线形成示意

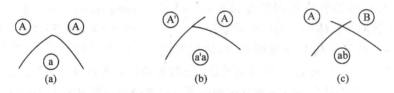

(a)   (b)   (c)

图 44.9 双向琼脂扩散沉淀线基本图形示意

A,A′,B为抗原,A与A′抗原决定簇部分相同,A与B抗原决定簇完全不同;
a,a′,b为与A,A′,B抗原相对应的抗体

本实验用正常人A、B、O混合血清为抗原,免疫动物(家兔)产生的抗血清(兔抗人A、B、O混合血清抗体)进行琼脂双向扩散,测定抗血清效价。

操 作 方 法

一、制备离子琼脂板

量取4 mL融化的离子琼脂(糖)趁热倒在玻璃板(7.5 cm×2.5 cm)上,待冷却凝固后用打孔器按图44.10打孔,孔的直径为3 mm,周围孔与中央孔之间的距离为5 mm左右。打完孔后,用注射器针头将孔内琼脂挑出,在酒精灯上烘烤背面,使琼脂与玻璃板贴紧。

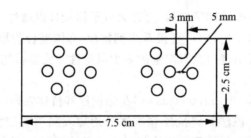

图 44.10 双向免疫扩散琼脂板

二、稀释抗原

采用 2 倍稀释法,将抗血清按 2 的等比级数,即 $2^0,2^1,2^2,2^3,\cdots$ 方式连续稀释。具体方法如下:取数支试管,分别加入 1 份生理盐水,再于第一管中加抗血清 1 份,用吹吸法混匀后取出 1 份,加入第二管中,如此依次进行至最后一管,各管的稀释度依次为 $1:2,1:4,1:8$,$1:16,1:32,1:64,\cdots$(稀释度视抗血清的效价而定)。

三、加样,温育

将稀释的抗血清依次加入外周孔内,稀释度分别为:$1:2,1:4,1:8,1:16,1:32,\cdots$(记录顺序),向中心孔加入原浓度抗原(人混合血清),抗原、抗体加入的量以平琼脂板表面为宜。加样后置大培养皿内,在 37 ℃或室温下扩散 24～48 h,至出现清晰的沉淀线。为避免琼脂干燥,可在培养皿内加入少量水或湿滤纸,保持一定湿度。

四、结果观察

观察沉淀线,并以出现沉淀线,且抗血清稀释倍数最高的一孔的稀释度为被测抗血清的效价。为提高沉淀线的可见度,最好经氨基黑 10B 或考马斯亮蓝染色液(方法同蛋白质电泳染色)染色后再确定其效价。

五、染色及保存

(1)漂洗琼脂板:将琼脂板置 0.9％生理盐水中浸泡两天,以除去未反应的抗原、抗体等。其间需更换生理盐水 3～4 次。然后再用去离子水浸泡一天,换水两次以除去盐分。

(2)干燥:取出琼脂板,覆盖滤纸,置空气中自然干燥(亦可吹干或 37 ℃烘干)。

(3)染色:将琼脂板浸入氨基黑 10B 染色液中约 30 min。

(4)脱色:染色完毕,将琼脂板放在 5％乙酸中漂洗以去掉多余的染料,至胶板的背景无色为止。

(5)保存:为保存染色后的凝胶,脱色后将胶板浸泡于 10％甘油中 3～4 h,其间不时摇动容器,凝胶很容易与玻璃板分开。浸入一块比凝胶板略大一些的玻璃纸小心将凝胶平托起来,置于另一块与玻璃纸大小相似的玻璃板上,再用另一块经水浸湿的玻璃纸覆盖在凝胶上面,使琼脂胶板夹在两张玻璃纸之间,室温下晾干,即可长期保存。也可照相保存结果。

附注:

(1)琼脂的净化:高度净化的琼脂和琼脂糖,买来即可使用。如果不纯的琼脂,则需要经过净化处理。称取 30 g 琼脂,加 970 mL 水,加热至琼脂全部融化,即成 3％的琼脂,用 3～4 层纱布过滤,滤液收集在一搪瓷盘内,凝固后切成 1 cm 见方的小块,放在大容器中,将自来水通到容器底部,流水冲洗 3 天。同时容器上面盖一层纱布,并将其捆好,以防琼脂块被水冲走。然后用去离子水浸泡 2～3 天,每天换水 2～3 次,琼脂净化后即浸没于去离子水中,加适量防腐剂,如万分之一的硫柳汞,置冰箱内保存。

使用时,取净化的 3％琼脂块,加热融化后,加入等体积的 pH 8.6,离子强度 0.06 的巴比妥缓冲液,加热混匀即为 1.5％,$\mu=0.03$,pH 8.6 的离子琼脂。

(2) 免疫双扩散加样时,也可以将抗原稀释后加至外周孔,相应抗体加入中心孔,以抗原出现沉淀线的最高稀释倍数为抗体的效价。但更多的是以抗体最高稀释倍数表示其效价。

注 意 事 项

(1) 制胶用玻璃板必须仔细洗干净,制胶板时放置水平,使制得的琼脂板厚度均匀。一般凝胶厚度 2~3 mm 为宜。

(2) 琼脂应在沸水浴中充分融化。一次配制较多琼脂液时应分装成 20~50 mL 小体积,以避免多次融化改变浓度。

(3) 琼脂(糖)的浓度可视气温略加调整:夏天浓度可加大至 1.2%~1.5%,冬天则可用 0.8%~1.2%。

(4) 琼脂凝胶与玻璃板结合不紧密,样品可能从加样孔下泄漏;在观察和漂洗时凝胶易脱落。为避免此现象,凝胶打孔后需在酒精灯上烘烤背后使两者贴紧。此外还可以先用 0.1%~0.2%琼脂在玻璃板上均匀涂布一薄层,自然干燥后再使用。

§44.3 单向免疫扩散

原 理

单向免疫扩散(single immunodiffusion)是指抗原或抗体这两种成分中只有一种成分在琼脂胶内扩散,而另一种成分则添加在凝胶中,两者相遇后形成特异沉淀环。该法目前常用于抗原的定量测定。如将抗体与琼脂糖凝胶结合,抗原加在凝胶孔中,抗原则呈辐射状扩散,遇到凝胶内的抗体形成抗原-抗体复合物沉淀环。后继的抗原在扩散中遇到抗原-抗体复合物,并使之溶解(抗原过剩现象),当继续向前扩散时,遇上新抗体,又形成抗原-抗体复合物。复合物沉淀环因此不断扩大,直至孔内抗原全部扩散出来,并达到抗原与抗体呈合适分子比结合时(等价带)即形成一个固定的沉淀环。因此沉淀环的直径与孔中抗原浓度相关,抗原量多,沉淀环大,反之亦然。同时沉淀环的大小还与凝胶中抗体的浓度有关。应用标准物浓度与沉淀环的直径绘制标准曲线,根据样品孔沉淀环直径即可从标准曲线测知样品中相同抗原的量。如将抗原混入凝胶内,抗体加入凝胶孔中则可用来检测抗体的浓度。

本实验用人 A、B、O 混合血清为抗原,免疫家兔产生抗血清为抗体进行单向免疫扩散,测定混合血清含量。

操 作 方 法

一、制备抗体琼脂糖凝胶板

将融化的 1.5%离子琼脂糖冷却到 55 ℃,并保温在 55 ℃水浴中,加入适量抗体(兔抗人 A、B、O 混合血清抗血清,每 10 mL 胶液约加 0.2 mL 抗血清)轻轻小心搅匀,不要使琼脂糖胶液产生气泡。将上述配好的抗体琼脂糖溶液迅速倒入玻璃板(7 cm×7 cm)上,厚度 2.5 mm,

冷却凝固。用打孔器在凝胶板上小心打孔（直径 3 mm），孔间距 10 mm。

二、加样、保温扩散

将系列稀释的标准抗原和待测抗原分别加到凝胶孔中，每孔 5 μL。小心将凝胶板置于大培养皿内，在 37 ℃或室温下扩散 24 h 以上，直至出现清晰沉淀环（见图 44.11）。为避免凝胶板干燥，可在培养皿内加少量水或湿滤纸，保持一定湿度。

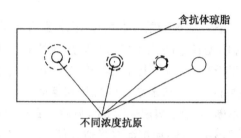

图 44.11　单向免疫扩散示意图

三、绘制标准曲线，测定样品中相应抗原含量

用卡尺测量沉淀环直径。以标准抗原浓度为横坐标，沉淀环直径为纵坐标，作出标准曲线。根据样品的沉淀环直径，从标准曲线求得样品抗原含量。

注　意　事　项

（1）向琼脂糖中加入抗体的温度不能太高，否则会引起抗体变性失去免疫活性。但温度太低，琼脂糖易凝固不能铺板，因此必须小心控制在温度 55 ℃时加入抗体并迅速铺板。

（2）单向免疫扩散所产生的沉淀环大小与抗原和抗体浓度都有关，在正式检测前应进行预实验的摸索，找出抗原和抗体的最适浓度。抗体最适浓度应使免疫扩散后能形成边缘清晰的沉淀环，且能测出血清中免疫球蛋白的正常值和最大限度的异常值。若抗体浓度过高，形成的沉淀环直径小；浓度过低，不易检测到抗原的最高限浓度。沉淀环的大小与抗原浓度成正比，抗原浓度过低时，沉淀环太小，不易测量；过高时，沉淀环太大，消耗抗血清多。

思　考　题

1. 为了提高单向免疫扩散产生沉淀环的可见度，可以如何处理扩散后的琼脂板？
2. 试比较单向免疫扩散法和双向免疫扩散法的异同。

§44.4　单向定量免疫电泳(火箭电泳)

原　　理

单向定量免疫电泳是基于一定量抗原在电场作用下,在含有适量抗体的离子琼脂糖中移动,当走在前面的抗原与琼脂糖板中的抗体相遇时则形成抗原-抗体复合物沉淀,走在后面的抗原在电场作用下继续向正极移动,当与上述沉淀相遇时,由于抗原过剩,沉淀溶解,并一同向前泳动而进入新的琼脂糖板内,再度与未结合的抗体相遇时,又产生新的抗原-抗体复合物沉淀,随着时间的推移,如此不断地沉淀-溶解-再沉淀,最后达到全部抗原与抗体结合,在电场中不再移动而形成稳定锥(峰)形沉淀线,此沉淀线形似火箭,故称之为火箭免疫电泳(rocket immuno-electrophoresis)。在一定范围内,抗原含量愈高则所形成的火箭峰愈长,面积也大。在这个电泳体系中,火箭峰的面积与抗原浓度有关,其关系为

$$抗原\text{-}抗体沉淀峰的面积 = K \times \frac{抗原的浓度}{抗体的浓度}$$

式中,K 为标准量免疫电泳中测得的系数。抗体浓度为恒定的已知数,通过在标准免疫电泳中测得未知样品的沉淀峰的面积(或高度)与已知浓度的标准抗原形成的沉淀峰面积(或高度)作比较,就可精确算出待测抗原的浓度。

为取得理想的实验数据,定量免疫电泳应具备下列基本条件:

(1) 抗原与相应抗体比例应合适,才能形成完整、清晰的沉淀峰。为提高定量精确度,应使用单价抗血清。在一定浓度范围内,形成的沉淀峰高度(面积)与所加的样品浓度成正比。并且峰高在 $5 \sim 60\,mm$ 间定量比较准确,测量精确度一般在 95% 以上。

(2) 一般说来,只有那些向正极移动速度较快的抗原能用免疫电泳进行定量。因此,在电泳时采用低离子强度、碱性(pH8.6 左右)缓冲体系,使蛋白质(抗原)颗粒带负电,在电场作用下向正极移动。在此条件下,如蛋白质颗粒净电荷为零,负电荷极少或带正电荷,在电场作用下不移动或移动极小,甚至向负极移动,均无法准确定量。为了使这种蛋白也能进行单向定量免疫电泳,可采用甲酰化、乙酰化或氨甲酰化处理,使蛋白质颗粒带更多的负电荷,在上述 pH 8.6 的条件下即向正极移动。

酰化反应常用 0.36% 甲醛将蛋白质样品稀释到所要求的浓度,室温反应 $20 \sim 30\,min$。反应式如下:

上述反应抑制了蛋白质碱性基团(氨基)的解离而形成某种酸,因此在 pH 8.6 的碱性条件下,就增加了蛋白质解离时的负电荷,加大其向正极移动的趋势。

(3) 定量免疫电泳的基本要求应该是在电泳时抗体不移动,也就是说在整个电泳过程中抗原周围的抗体分子始终是恒定不变的,因此,要达到这个目的,电泳应在碱性条件下进行,最

常用的是 pH 8.6 的缓冲体系,此条件下所有蛋白质都带负电,向正极移动。作为抗体免疫球蛋白之一的 γ 球蛋白只带较弱的负电荷,实验中采用琼脂糖凝胶介质的电渗作用足以抵消它向正极的移动能力,从而达到抗体在电场中不移动的目的。一般的琼脂不宜作为定量免疫电泳的支持介质,原因是它的电渗作用力太大,超过了抗体向正极移动的力,导致抗体移动。

一般蛋白质浓度低于 0.3 μg/mL 就很难用此法测出。若抗体用同位素标记,其灵敏度可提高 40～60 倍。

目前,单向定量免疫电泳在临床上常用于检测病人血清甲胎蛋白的含量,为肝癌诊断提供依据。

操 作 方 法

一、抗体琼脂糖板制备

(1) 将融化的 1.5% 离子琼脂糖冷却到 55 ℃ 左右,加入适量兔抗人混合血清抗体(7.0 cm× 7.0 cm 玻璃板需用约 10 mL 凝胶液铺板,抗体加入量视其效价而定),并用搅棒小心搅匀,搅拌时注意不要使琼脂糖产生泡沫。

(2) 将配好的抗体琼脂糖迅速倒入玻璃板上,制成抗体琼脂糖板,待冷却凝固后,按图 44.12 打孔,用注射器针头挑出孔内琼脂。在酒精灯上烘烤背面,使琼脂糖紧贴玻璃板。

(3) 将琼脂糖板放入电泳槽平台上,于两个电极槽内加入离子强度为 0.06,pH 8.6 的巴比妥缓冲液,并在胶板正、负极端与电极槽缓冲液之间搭好滤纸桥。检查线路,抗原孔端应接负极,接通电源,调电压在 10～20 V 范围内。

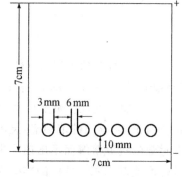

图 44.12　火箭电泳琼脂板

二、加样

按顺序在孔内加入不同稀释度的标准抗原和待测抗原(人混合血清)至与凝胶板表面相平。如作定量测定,需用微量注射器定量准确加入样品。

三、电泳

将电压增加至 100～150 V,电泳时间 2～5 h。电泳中注意观察锥形沉淀弧的形成,当沉淀峰高 2～5 cm 且峰形不变时,关闭电源,取下琼脂糖板。

四、染色及保存

同双向扩散实验。图 44.13 为火箭电泳示意图,图 44.14 为照相图谱。

如作定量测定,可将已知不同浓度的标准抗原在同样条件下做火箭电泳,根据火箭峰到孔中心的长度和抗原浓度作标准曲线。将未知抗原浓度样品的火箭峰长度与之比较,计算出抗原含量。

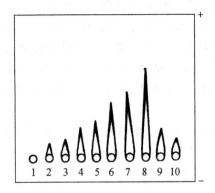

图 44.13　火箭免疫电泳示意图
1. 阴性对照;2~8. 标准抗原;9,10. 样品

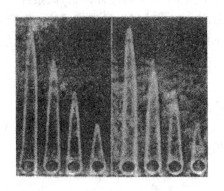

图 44.14　火箭电泳照相图谱
抗原:人血清清蛋白;抗体:兔抗人血清蛋白(加入琼脂糖凝胶内);电场强度:3 V/cm;Tris-巴比妥缓冲液(pH8.6);离子强度 0.02

注 意 事 项

(1) 在琼脂糖中加入抗体时的温度太高,会引起抗体变性,失去免疫活性,但也不宜过低,以免琼脂糖太冷不能铺板,最好用温度计测试,在 55 ℃左右时加入抗体,立即铺板。

(2) 加入的抗体量要合适,以保证抗原、抗体的合适比例,以便形成完整清晰的沉淀峰。抗体含量多,检出的范围窄,灵敏度低,沉淀峰矮而浓。抗体含量少或抗原浓度过高,沉淀峰易被过量的抗原溶解而不出现峰尖,只留有两边少量的沉淀线,即为"冲天"现象,无法准确测量其峰高或峰面积。抗体的准确用量应通过预试验来决定。即加入不同量的抗血清,用一定量的抗原进行火箭电泳,选出沉淀峰在 2~5 cm 之间的相应抗体浓度就是最适的抗体用量。

(3) 抗原孔作为样品电泳的起始位置,应保证在同一直线上,减少测量峰高的误差。

(4) 电泳时间要根据电压、胶板大小、凝胶浓度、抗原的含量等因素具体决定。

(5) 为防止抗原扩散,所以在低电压(2 V/cm)下加样,点样完毕后调至所要求的电压。

思 考 题

1. 用免疫沉淀反应测定蛋白质抗原时,若不出现抗原-抗体复合物沉淀,能否确认不存在抗原?

2. 如何从沉淀线的位置、数量和形状,分析抗原或抗体的纯度、浓度和成分的异同?

3. 总结单向、双向免疫扩散和单向定量免疫电泳在原理和操作上有何异同。

4. 总结免疫扩散和单向定量免疫电泳实验成功的关键环节。

参 考 资 料

[1]　王重庆编著.分子免疫学基础.北京:北京大学出版社,1997,216~223,226~230

［2］　朱立平,陈子清主编. 免疫学常用实验方法. 北京：人民军医出版社,2000,15～22,76～78

［3］　王世中主编. 免疫化学技术. 北京：科学出版社,1980,54～62,74～86,158～161

［4］　高天祥等编. 临床免疫学与实验技术. 济南：山东科学技术出版社,1984,86～88,428～436

［5］　Cooper T G. The Tools of Biochemistry. New York：John Wiley & Sons, Inc, 1977,264～284

［6］　Garvey J S. Methods in Immunology, 3rd ed. Benjamin W A INC, 1977, 313～345

［7］　Nils H A. Handbook of Immunoprecipitation in Gel Techniques. Oxford：Blackwell Scientific Pub, 1983，17：57～68, 71～76,87～96,103～106

实验 45　酶联免疫吸附测定法

目 的 要 求

(1) 学习酶联免疫吸附测定原理。

(2) 掌握酶联免疫吸附测定技术,定量测定抗体或抗原。

原　　理

酶联免疫吸附测定(enzyme-linked immunosorbent assay,ELISA)是在免疫酶技术(immunoenzymatic techniques)的基础上发展起来的一种新型的免疫测定技术。

20 世纪 60 年代初期,Averameas 及 Ram 等在不破坏酶的催化活性及免疫球蛋白的免疫活性或蛋白质结构的前提下,利用特殊的交联剂研制出辣根过氧化物酶-人血清清蛋白及酸性磷酸酯酶-抗体,统称为酶标记物或酶结合物,用于抗原或抗体的示踪、定位或定量测定,建立了免疫酶技术。1971 年瑞典的 Engvall 和荷兰的 Van Weeman 等人使抗体与溴化氰激活的纤维素结合或使抗体吸附于聚苯乙烯试管上制成固相免疫吸附剂(固相载体),再与免疫酶技术结合,建立了 ELISA,用于检测抗体或抗原。1974 年 Voller 等用聚苯乙烯微量反应板作为免疫吸附剂吸附抗体(抗原),再与相应的酶标记物结合,使 ELISA 操作更方便,易重复,灵敏度可高达 $ng(10^{-9}\ g)\sim pg(10^{-12}\ g)$,所需仪器设备简单,为 ELISA 的推广创造了条件。目前该技术已成为生物化学、分子生物学、单克隆抗体技术筛选阳性杂交细胞株及临床医学检验常用的手段之一。特别是各种商品试剂盒及自动或半自动检测仪器研制成功使酶联免疫测定在各级临床医院检验普遍应用。常用于患者体液检测的项目大致有以下几类:

(1) 病原体及其相应的抗体:病毒感染。如冠状病毒引起的严重急性呼吸系统综合征(severe acute respiratory syndrome,SARS,俗称非典)、乙肝病毒(HBV)引起的乙型肝炎、艾滋病病毒(HIV)引起的艾滋病、细菌感染(如结核菌、布氏杆菌等)、寄生虫(如血吸虫、钩虫、阿米巴)等。

(2) 蛋白质:各种免疫球蛋白 IgA、IgG、IgM、IgE 等,肿瘤标志物如甲胎蛋白、癌胚抗原等,激素如人生长激素、促甲状腺素、绒毛膜促性腺激素等,酶如肌酸激酶、LDH 及其同工酶等。

(3) 非肽类激素:如雌二醇、甲状腺素、皮质醇等。

(4) 药物类:如地高辛、苯巴比妥、茶碱、庆大霉素等抗生素。

上述商品 ELISA 试剂盒配备齐全,其中包括已包被好的固相板、酶标记物、底物和各种浓缩的缓冲液、稀释液、终止液等。贮存在 4~8℃ 冰箱中半年性能稳定。使用时只需按说明书用去离子水稀释,极为方便。

ELISA 过程包括固相载体吸附抗体（抗原），又称为包被，加待测抗原（抗体），再与相应的酶标记抗体（抗原）进行抗体抗原的特异免疫反应，生成抗体（抗原）-待测抗原（抗体）-酶标记抗体（抗原）的复合物，最后再与该酶的底物反应生成有色产物。待测抗原（抗体）的定量与有色产物的生成成正比。因此，可借助于吸光值计算抗原（抗体）的量。在上述过程中，酶促反应只进行一次，而抗体-抗原免疫反应可进行一次或数次。因此，实验时可根据需要自行设计进行二抗、三抗的免疫反应。为便于理解将有关原理分段叙述如下。

一、固相包被

固相包被是将抗原（抗体）固定在载体表面，亦称为包埋、致敏或涂敷等。固相包被有两种形式，一种是可溶性抗原（抗体）通过物理性被动吸附于固相载体的疏水性表面，成为不溶性抗原（抗体）。这种包被操作简单，无化学反应，目前多采用物理包被。另一种为共价交联法，先在固相载体上接上化学性质活泼的基团，然后通过戊二醛等使抗原（抗体）与固相载体共价交联，此法包被吸附量大、批号之间差异小，是固相包被标准化的最佳途径，价廉，但操作复杂。在此主要介绍物理性吸附。

1. 固相载体

固相载体的质量与 ELISA 检测效果密切相关，理想的固相载体应具备以下条件：①表面可吸附较多的抗原（抗体）；②吸附牢固，能耐受多次洗涤；③非特异性吸附作用小。可作为固相载体的物质很多，有纤维素、聚丙烯酰胺、聚苯乙烯、聚氯乙烯、聚乙烯、聚丙烯、交联葡聚糖、琼脂糖凝胶、玻璃等，可以制成试管、小珠、小圆片、微量反应板凹孔等。目前市售的微量反应板凹孔有用聚苯乙烯制成的硬板，常用的有 96 孔微孔板，也有制成 8 联或 12 联孔板供少量样品检测用，也有用聚氯乙烯制成软薄板，可剪割，使用方便，价廉，它对蛋白质的吸附力较聚苯乙烯强，但有时空白值略高。

各工厂生产的微量反应板由于原料来源不同、制作工艺的差异，产品质量也有所不同。因此实验前应用其他免疫学测定法选择典型的阳性和阴性样品，经一系列稀释后，选用不同品牌的微量反应板按同一方法作 ELISA 平行测定，对照实验结果，选择阳性与阴性区别大、对照本底最低的品牌为最适用的载体。

2. 包被物的浓度

应选择纯度高、免疫特异性强、效价高、可溶性的抗原或抗体作为包被物。其浓度一般为 $1\sim100\,\mu g/mL$，浓度过高时蛋白质分子间相互作用则大，不利于微量反应板凹孔的吸附。包被物最适浓度应预先用棋盘滴定法确定。方法是将包被物（抗原或抗体）采用一系列梯度稀释后进行包被、洗涤。将患者血清（或其他物质）按强阳性、弱阳性、阴性作 1：100 稀释，加样、保温、洗涤。加一定浓度的酶标记物，保温、洗涤。加底物显色，终止反应后比色读取 A 值，选择阳性孔 $A\geqslant1.0$，阴性孔 $A<0.1$ 的稀释倍数为包被物的最适工作浓度。

3. 包被缓冲液的离子强度和 pH

在用聚苯乙烯微量反应板时，包被液应选用低离子强度和偏碱性（pH 7～10）的缓冲液，在此条件下蛋白质或抗体带负电荷多，易吸附于凹孔的表面，当 pH<6 时则非特异性吸附增加。离子强度多选择在 0.01～0.05 之间。常用的缓冲液有：0.01～0.05 mol/L pH 9.6 碳酸盐缓冲液，0.02 mol/L pH 8.0 Tris-HCl 缓冲液，0.02 mol/L pH 7.4 磷酸盐缓冲液等。

4. 温育、洗涤与封闭

固相载体吸附蛋白质的多少与温度、时间有关。一般采用 37℃ 2～3 h 或 4℃ 过夜。此外，免疫化学反应及酶促底物反应过程均需温育，低温可提高结合率，高温可加速反应的进行。一般采用室温 3～6 h 或 37℃ 1～2 h，也可根据情况自行调整。值得指出的是 ELISA 中需多次洗涤，洗涤的目的是除去未固相化的包被物、未结合的免疫反应物、非特异性吸附物及游离酶的结合物，并终止抗原与抗体继续结合。常用的洗涤液为 0.01 mol/L pH 7.4 磷酸盐-氯化钠缓冲液（PBS），其中还应加入终浓度为 0.05% 的 Tween-20。因 Tween 是非离子型表面张力物质，作为助溶剂可减少表面非特异性吸附。

封闭是固相化后不可缺少的一步。其作用是占据固相化过程的空白点，以减少非特异性反应。常用的封闭液为 0.01 mol/L pH 7.2～7.4 PBS 中含 1%～2% 牛血清清蛋白或 0.5%～1% 白明胶。

二、酶结合物

酶结合物是指酶与抗体或抗原在交联剂作用下连接的产物，是 ELISA 的关键试剂。它不仅具有抗体与抗原的特异性反应，还具有酶促反应，因而显示出生物放大作用。酶标记抗体（抗原）可根据需要自行制备，也可用市售的各种酶结合物，如 HRP-人 IgG、HRP-羊抗兔 IgG 等，它们在室温下可保存 18 个月，HRP 活性基本不改变。应用时根据说明书稀释即可。

1. 酶的选择

用于制备酶结合物的酶，应选用性能稳定、具有高纯度及高比活力、经济易得、价廉、催化反应专一、底物无色、产物显色、便于检测等特点。常用的有碱性磷酸酶（alkaline phosphatase，AP）、辣根过氧化物酶（horseradish peroxidase，HRP）、葡萄糖氧化酶、半乳糖苷酶等，其中辣根过氧化物酶是最常用的酶。它来源广泛，普遍存在于动物、植物组织中，在辣根中含量最高，且易提纯。它是一种含 18% 糖的蛋白，不同来源 HRP 相对分子质量不完全相同，但催化活性相同。每个 HRP 分子中均含有一个氯化血红素 IX 作为辅基，酶的浓度和纯度常以辅基的相对含量表示。氯化血红素辅基的最大吸收峰在 403 nm，而酶蛋白最大吸收峰在 275 nm。因此，HRP 的纯度可用 RZ（Reinheit Zahl，德语）或 PN（purity number）表示：

$$RZ = A_{403\,nm} / A_{275\,nm}$$

如 RZ 低（0.6），则为 HRP 粗制品；RZ≥3 则为高纯度 HRP，其比活力大于 250 U/mg 是理想的酶。

2. 抗体（抗原）的选择

为减少非特异性吸附和假阳性，被标记的抗体（抗原）要求高纯度、高活性和单价，以保证酶结合物与相应的抗原（抗体）间的免疫反应是特异性的。常用的抗体有 IgG、IgG 的 Fab′ 片段、IgM 等，抗原为各种高纯度的蛋白质、酶、核酸、固醇类或药物分子等。

3. 酶结合物制备原理

酶和抗体（抗原）的交联多采用双功能试剂，如戊二醛、过碘酸钠等，它们的反应机制如下：

（1）戊二醛法：其反应机制尚未完全统一，可能是形成 Michael 加合物。

$$2OHC—(CH_2)_3—CHO$$

$$OHC—(CH_2)_3—CH = \overset{\overset{\displaystyle CHO}{|}}{C}—CH_2—CH_2—CHO$$

$+OHC—(CH_2)_3—CHO$

$$OHC—(CH_2)_3—CH = \overset{\overset{\displaystyle CHO}{|}}{C}—CH_2—\overset{\overset{\displaystyle CHO}{|}}{C} = CH—(CH_2)_3—CHO$$

$+酶-NH_2(HRP)$

$$OHC—(CH_2)_3—\underset{\underset{\displaystyle NH-酶}{|}}{CH}—\overset{\overset{\displaystyle CHO}{|}}{CH}—CH_2—\overset{\overset{\displaystyle CHO}{|}}{C} = CH—(CH_2)_3—CHO$$

$+抗体／抗原-NH_2$

$$OHC—(CH_2)_3—\underset{\underset{\displaystyle NH-酶}{|}}{CH}—\overset{\overset{\displaystyle CHO}{|}}{CH}—CH_2—\overset{\overset{\displaystyle CHO}{|}}{CH}—\underset{\underset{\displaystyle NH-抗体／抗原}{|}}{CH}—(CH_2)_3—CHO$$

Michael 加合物

此外,也可能先生成不饱和醛,再与—NH₂反应形成双 Schiff 碱蛋白衍生物。其反应过程如下:

$$OHC—(CH_2)_3—CHO$$

$+酶-NH_2$

$$OHC—(CH_2)_3—\overset{\overset{\displaystyle }{|}}{\underset{\underset{\displaystyle H}{|}}{C}} = N-酶$$

α-Schiff 碱

$+抗体／抗原-NH_2$

$$抗体／抗原-N = \underset{\underset{\displaystyle H}{|}}{C}—(CH_2)_3—\underset{\underset{\displaystyle H}{|}}{C} = N-酶$$

α,ω-双 Schiff 碱衍生物

戊二醛法由于加入抗体顺序不同,可分为一步法和二步法。一步法是将一定量的酶、抗体及戊二醛同时加在溶液中,在室温反应 2 h。用透析法除去过量的戊二醛,即可得到酶结合物,而交联反应混合物中混有聚合的抗体和酶则可用 Sephadex G-200 或 Ultrogel ACA-44 凝胶过滤等方法除去。此法不足之处是酶标抗体产量低,因市售 HRP 中只有 1～2 个赖氨酸基团可供交联,而抗体中却含有大量赖氨酸,它们在戊二醛作用下易聚合,因而影响了 HRP-抗体产率。二步法是用戊二醛激活 HRP,用透析法除去多余的戊二醛,再加入抗体,克服了抗体聚合的现象,提高了 HRP-抗体的产率。未结合的 HRP 和抗体可用 Sephadex G-200 或 Sephacryl S-200 凝胶过滤法除去。

(2) 过碘酸盐法：由于 HRP 是一种糖蛋白，其表面有 8 条碳水化合物链构成 HRP 的外壳，约占 HRP 质量的 18%，糖链不影响酶活性。因此中根等科学家提出过碘酸钠氧化法，后来 Wilson(威尔森)提出了过碘酸盐交联反应的改良法，其反应机制如下：

此法是在 pH 4～5 的条件下，直接用过碘酸钠使 HRP 糖环上的羟基氧化成醛基(HRP-CHO)，在低 pH 条件下 HRP 自身交联率较低，透析除去多余的过碘酸钠，使激活的 HRP 在 pH 9 的条件下与抗体结合成 HRP-抗体(Schiff 碱)。加硼氢化钠的目的是使 Schiff 碱还原成稳定的 HRP-抗体。未结合的 HRP 及抗体可用凝胶过滤法除去。

4. 酶结合物浓度的选择

市售酶标抗体可按使用说明书稀释，但新制备或贮存已久的酶标抗体应用棋盘滴定法确定其最适稀释度，并与参考酶标抗体进行比较。具体做法是固定抗原浓度($1\sim100\,\mu g/mL$)，酶结合物可采用倍比稀释法($1:100,1:200,1:400$ 等)稀释。与底物作用显色后进行比色，$A=1.0$ 时酶结合物的稀释倍数则为最适稀释度，此时空白对照的 A 应小于 0.1。

三、底物

不同的酶用不同的底物显色。同一种酶可作用于几种底物，其呈色反应也不同，见表 45.1，显色后可用目测法或比色法判定结果。酶促底物反应机制各不相同，如 HRP 能催化 H_2O_2 对底物的氧化，反应过程中释放的氧可将无色的底物(供氢体)氧化成有色的产物。

$$H_2O_2 \ + \ \underset{\text{供氢体}}{AH_2} \xrightarrow{\text{HRP 结合物催化氧化还原反应}} 2H_2O + \underset{\text{显色产物}}{A}$$

作为底物应选择价廉、易得、安全无毒且无色，经酶促反应后可形成有色产物，色泽稳定且为可溶性物质，并有特定的光吸收峰，便于比色测定，而且终止酶促反应后底物不再发生变性。

值得指出的是：酶结合物与底物的作用随时间延长而增强，随着酶催化时间的延长，某些底物会产生自发性变性，使最终颜色反应加深而干扰结果的判断。产物产生的多少(反应后颜色的深浅)与过氧化氢的用量有密切关系，因此配制底物溶液时，应注意控制过氧化氢的用量。由于在氧化还原反应过程中无色供氢体可被空气中的氧氧化，因此，应控制好酶促底物的反应时间不宜过长，一般掌握在 $20\sim60\,min$ 范围内，具体时间根据显色深浅而定，如很快显色则应及时终止反应。

表 45.1　免疫酶技术中常用的酶及其底物

酶	底　　物	显色反应	测定波长/nm
辣根过氧化物酶 （HRP）	邻苯二胺（OPD）	橘红色	492*,460**
	3,3′,5,5′-四甲膦联苯胺（TMB）	黄色	450
	5-氨基水杨酸（5-AS）	棕色	449
	邻联苯甲胺（OT）	蓝色	425
	2,2′-连氮基-2（3-乙基-苯并噻唑啉磺酸-6）铵盐（ABTS）	蓝绿色	642
碱性磷酸酯酶	4-硝基酚磷酸盐（PNP）	黄色	400
	萘酚-As-Mx 磷酸盐＋重氮盐	红色	500
葡萄糖氧化酶	ABTS＋HRP＋葡萄糖	黄色	405,420
	葡萄糖＋甲硫酚嗪＋噻唑蓝	深蓝色	420
β-半乳糖苷酶	4-甲基伞酮基-半乳糖苷（4-MuG）	荧光	用荧光光度计,360 和 450
	硝基酚半乳糖苷（ONPG）	黄色	420

* 终止剂为 2 mol/L H_2SO_4；** 终止剂为 2 mol/L 柠檬酸。

酶联免疫测定方法按非均相酶免疫测定法可分为 10 种类型,但常用的有 4 种。

1. 直接型

多用此法检测抗原,其操作原理如图 45.1。先将待测抗原包被在固相载体（聚苯乙烯微量反应板凹孔）表面,然后加入酶标抗体,最后加入底物产生有色产物,终止反应,测光吸收（A）或目测,计算抗原量。用此法测定时,由于各种抗原相对分子质量悬殊较大,吸附能力不同,应用时受到一定限制。

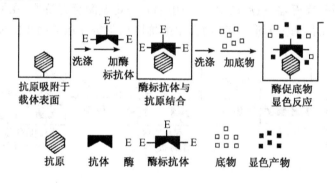

图 45.1　直接型 ELISA

2. 间接型

常用于定量测定抗体,其测定原理如图 45.2。测定时先将过量抗原包被于固相载体表面,然后加待测抗体作为第一抗体与抗原结合,再加入酶标第二抗体,最后加入底物生成有色产物,终止反应,测 A 或目测,计算第一抗体量。酶标第二抗体是将第一抗体免疫另一种动物,将抗体纯化再与酶交联而成的。此法的优点是只需制备一种酶标抗体,便可用于多种抗原-抗体系统中抗体的检测。

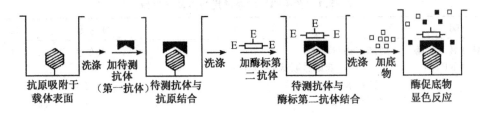

图 45.2 间接型 ELISA

3. 双抗体夹心型

此法主要用于检测抗原,其测定原理如图 45.3。先将过量抗体包被于固相载体表面,加入待测抗原,再加入酶标抗体,最后加入底物生成有色产物。终止反应测 A 或目测,计算待测抗原量。值得指出的是待测抗原必须有两个结合位点,故不能用此法检测半抗原。

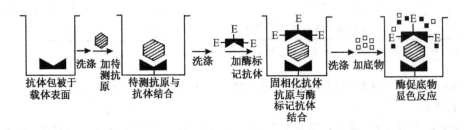

图 45.3 双抗体夹心型 ELISA

4. 固相抗体竞争型

用此法检测抗原,其操作原理如图 45.4。操作时先将过量特异性抗体包被于聚苯乙烯微量反应板的两个凹孔表面,洗涤后在凹孔(1)中加入一定量酶标记抗原,在另一凹孔(2)中加入一定量酶标记抗原及待测抗原混合液,两孔中的抗原均竞争性地与固相抗体结合,由于固相抗

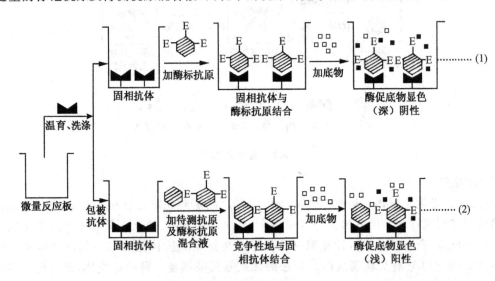

图 45.4 固相抗体竞争型 ELISA

未知抗原量＝A(1)－A(2)

体结合位点有限,因此当待测抗原多时,酶标抗原与固相抗体结合量少,酶含量低则底物显色

浅。因此,显色后用孔(1)的吸光值减去孔(2)的吸光值即可计算未知抗原的量。在实验中还可利用待测抗原含量高与底物显色浅的反比关系制作标准曲线。其做法是将未标记的一定量标准抗原进行一系列稀释,分别再与相同量的酶标记抗原混合,然后加至固相抗体中,最后加底物显色,测定吸光值(A)。以未标记标准抗原浓度为横坐标,结合的酶活性为纵坐标绘制标准曲线(图 45.5),用于待测抗原定量。

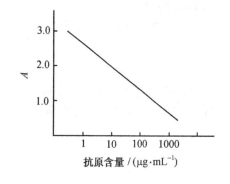

图 45.5 固相抗体竞争型 ELISA 标准曲线

本实验用聚苯乙烯微量反应板为固相载体包被抗原,用间接型 ELISA 为例,测定抗体量(效价)。

试 剂 和 器 材

一、实验材料

(1) 免疫:可采用一定量的蛋白质,如甲胎球蛋白、人血清清蛋白、甲型肝炎病毒等免疫动物制备抗血清(详见实验 §44.1)或单克隆抗体。

(2) 待测抗体:收集免疫后的血清、细胞融合组织培养液或含单克隆抗体的小鼠腹水等。阴性对照血清。

二、试剂

(1) 包被液:0.05 mol/L pH 9.6 碳酸盐缓冲液。称 Na_2CO_3 0.159 g,$NaHCO_3$ 0.294 g,加去离子水溶解后定容至 100 mL。

(2) 洗涤及稀释液:0.01 mol/L pH 7.4 磷酸盐-NaCl 缓冲液(PBS),内含 0.05% Tween-20。称 NaCl 8.0 g,KH_2PO_4 0.2 g,$Na_2HPO_4 \cdot 12H_2O$ 2.9 g,KCl 0.2 g,量取 Tween-20 0.5 mL,加去离子水溶解定容至 1000 mL。

(3) 封闭溶液:取上述稀释液配制成 1%~2% 的牛血清清蛋白(BSA)溶液。此液最好在临用前根据用量配制。因 BSA 较贵,也可用 0.5%~1% 白明胶(gelatin)代替。

(4) 酶标记抗体:应根据实验对象选择酶标记抗体或酶标记抗抗体(二抗)。市售的有 HRP-兔抗人 IgG、HRP-兔抗鼠 IgG、HRP-羊抗鼠 IgG 等,用时按说明书要求稀释即可。

(5) 底物溶液:本实验采用不致癌的'3,3′,5,5′-四甲膦联苯胺(3,3′,5,5′-tetramethyl-benzidine,TMB)配制贮液及应用液。

● 0.1 mol/L pH 6.0 磷酸盐缓冲液(PB):称 $Na_2HPO_4 \cdot 2H_2O$ 1.09 g,$NaH_2PO_4 \cdot H_2O$ 6.05 g,去离子水溶解后定容至 500 mL,4℃贮存备用。

● TMB 贮液:称 TMB 60 mg,溶于 10 mL 二甲基亚砜(dimethyl sulfoxide,DMSO),4℃贮存。

● TMB 应用液：临用前取 0.1 mol/L pH 6.0 PB 液 10 mL，TMB 贮液 100 μL，30% H_2O_2 15 μL 混匀。

（6）终止液：2 mol/L H_2SO_4。

三、器材

聚苯乙烯微量反应板（40 孔或 96 孔），可调式微量吸液器（200 μL），封口膜（Parafilm 膜），小烧杯，试管，37℃恒温箱，酶联免疫测定仪（微量分光光度计），滤纸。

操 作 方 法

（1）包被特异性抗原：固体抗原（如蛋白质）用包被液稀释至 20 μg/mL，每凹孔加 100 μL，加盖置 4℃过夜，次日倾去凹孔内液体，用滴管取洗涤液在每孔中加 3～4 滴，静置 3 min 后倾去，重复 3 次，将反应板扣放在滤纸上，以除净液体。

（2）封闭：每孔中加入 200 μL 封闭液，加盖或用封口膜封板，置 37℃恒温箱 60 min，倾去孔内液体，按上法洗涤 3 次。

（3）加待测血清（内含抗体）、阴性血清（无抗体）及稀释液（PBS-Tween）：待测血清按倍比法用稀释液稀释（1∶100，1∶200 等），阴性血清也稀释成 1∶100，取不同稀释度的待测血清、阴性血清及稀释液（PBS-Tween）各 100 μL 加至相应的凹孔中，加盖或封板，置 37℃恒温箱 1～2 h，使抗体与固相抗原进行特异性结合，反复洗涤 3 次。

（4）加酶标抗体：按说明书要求用稀释液稀释 HRP-抗体（抗抗体），每孔加 100 μL，封板后置 37℃温育 1 h，按上法至少洗涤 5 次，最后用去离子水洗涤 2 次，扣在滤纸上吸干水分。

（5）显色：每孔加入 TMB 应用液 100 μL，反应板置室温暗处 5～30 min。当显示蓝色时应及时终止反应。

（6）终止反应：每孔加入 50 μL 2 mol/L H_2SO_4，反应孔由蓝变黄，稳定 3～5 min 即可比色测定。

（7）检测：用酶联免疫测定仪，以 PBS-Tween 孔为对照，测波长为 450 nm 时各孔的吸光值（A），计算阳性血清与阴性血清 A 值之比（positive/negative，P/N），当 $P/N \geqslant 2.1$ 时为阳性，$1.5 \leqslant P/N < 2.1$ 为可疑，$P/N < 1.5$ 为阴性。用目测法则以较阴性对照深色的最高稀释度作为抗体效价。

注 意 事 项

（1）聚苯乙烯微量反应板应选择高质量、非特异性吸附小的产品。包被物应具有较高的纯度，其浓度一般在 1～100 μg/mL 之间，在偏碱性条件下易吸附于反应板的凹孔中，4℃放置过夜较理想。若暂时不用，可加入终浓度为 0.02% NaN_3，4℃贮存；也可倾去包被液，干燥后置硅胶干燥器中，室温存放 3 个月以上不影响测定效果。

（2）反应各步均应充分洗涤，以除去残留物，减少非特异性吸附。为使结果重复，应固定洗涤次数及放置时间，切忌振荡或相互污染。

（3）为使显色反应便于比较，显色后置室温暗处的时间应一致，终止反应 3～5 min 后应立即比色。必要时可设阳性对照，以固定显色及终止时间。

（4）待测抗体（体液或腹水）或抗原与酶标抗体应具有相同的免疫特异性，否则无法结合。

思 考 题

简述 ELISA 测定原理及其影响因素。

参 考 资 料

［1］ 蒋成淦著. 酶免疫测定法. 北京：人民卫生出版社，1984，1～189

［2］ 王重庆著. 分子免疫学基础. 北京：北京大学出版社，1997，231～236

［3］ 冯仁丰主编. 实用医学检验学. 上海：上海科技出版社，1999，914～921

［4］ Engvall E, et al. Enzyme-linked Immunosorbent Assay (ELISA) Ⅲ. J Immunol, 1972, 109:129～135

［5］ Vunakis H V, et al. Methods in Enzymology. Immuno-chemical Techniques, Part A, 1980, 70:419～438

［6］ Voller A, et al. Enzyme Immunoassay with Special Reference to ELISA Techniques. J Clin Pathol, 1978, 31:507～520

附　　录

附录Ⅰ　实验室安全及防护知识

一、实验室安全知识

在生化实验室工作,经常与易燃烧、具有爆炸危险、有腐蚀性甚至毒性较强的化学药品接触,使用的器皿大都是易碎的玻璃和陶瓷制品,实验中也常使用煤气(天然气)、水、高温电热设备和各种高、低压仪器,因此安全操作是一个至关重要的问题。教员应当经常对学生进行实验室安全观念的教育,并十分重视安全工作。

1. 安全用电

(1) 实验室管理人员必须经常检查电线线路,一旦发现有绝缘胶皮老化等隐患要及时更换和维修。

(2) 切忌超负荷使用电器设备,切忌用铁丝、铜丝代替易熔保险丝。

(3) 使用电学仪器时,要注意电压、电流是否符合仪器的要求,必要时尚需使用稳压设备。

(4) 严格按照电器使用规程操作,不能随意拆卸,玩弄电器。

(5) 严防触电。绝不可用湿手或在眼睛旁视时开关电闸和电器开关。检查电器设备是否漏电时,应使用试电笔,或将手背轻轻触及仪器表面。凡是漏电的仪器一律不能使用。

2. 防止火灾

(1) 实验室起火的原因有电流短路,不安全地使用电炉、煤气灯和易燃易爆药物的着火,为防患未然,实验室必须配备一定数量的消防设备器材,并按消防规定保管使用。

(2) 不安全用电引起实验室着火是最经常发生、危害性又很大的事故之一,每个实验者应时刻警惕这一点。

(3) 实验室内严禁吸烟。使用煤气灯时,应先将火柴点燃,一手执着火柴靠近灯口,一手慢慢打开煤气灯,不能先开煤气灯,后点燃火柴。火焰大小和火力强弱应根据实验的需要来调节。用火时应做到火着人在,人走火灭。严防煤气泄漏。

(4) 冰箱内严禁存放可燃液体。实验室内严禁贮存大量易燃物(如乙醚、丙酮、乙醇、苯、金属钠等)。必须存放的少量即将使用的易燃物,也应将它放在远离热源和电开关的地方,妥善保管。当使用这些试剂时,应特别小心。只有在远离火源处或将火焰熄灭后,才可大量倾倒这些液体。低沸点的有机溶剂不准在火焰上直接加热,只能利用带回流冷凝管的装置在水浴上加热或蒸馏。

(5) 如果不慎撒出了相当量的易燃液体时,则应按下法处理:

● 立即切断室内所有的火源和电加热器的电源。

● 关门,开启小窗及窗户。

● 用毛巾或抹布擦拭撒出的液体,并将液体回收到大的带塞的瓶内。

(6) 易燃和易爆炸物质的残渣(如金属钠、白磷、火柴头)不得倒入污物桶或水槽中,应收集在指定的容器内。易燃的有机溶剂废液也不能倒入下水槽,须回收在带塞的瓶内。

3. 严防中毒

(1)化学试剂有相对无毒、中度毒性和剧毒之分,在处理剧毒药物时要特别谨慎、小心。国际上常用某些标志表明不同类型的实验化学药品。生物危险品或放射性物质存放或操作的实验室也要有指定的标志(图1)。

(2)使用毒性物质和致癌物必须根据试剂瓶上标签说明严格操作,安全称量、转移和保管。操作时应戴手套,必要时戴口罩或防毒面罩,并在通风橱中进行。沾过毒性、致癌物的容器应单独清洗、处理。

(3)水银温度计、气量计等含汞金属设备破损时,必须立即采取措施回收汞,并在污染处撒上一层硫磺粉以防汞蒸气中毒。

(4)毒物应按实验室的规定办理审批手续后领取,并妥善保管。

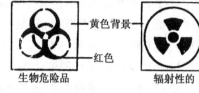

生物危险品　　　　辐射性的

(a) 显示在门上和工作地点的警告标志

有毒的　　　刺激性的和有害的　　爆炸性的
　　　　　　　　　　　　　　　　　(深黄色背景)

腐蚀性的　　　高度可燃的　　　氧化的
　　　　　　　(玫瑰红色背景)　　(黄色背景)

(b) 危险化学药品分类所用的标志

图 1　实验室门上警告标志和危险化学药品分类标志

4. 避免烧伤和创伤

(1)使用玻璃、金属器材时注意防止割伤及机械创伤。

(2)浓酸、浓碱腐蚀性很强,必须极为小心地操作。用吸量管量取这些试剂(包括有毒物)时,必须使用橡皮球,绝对不能用口吸取。

5. 预防生物危害

(1)生物材料如微生物、动物的组织、细胞培养液、血液和分泌物都可能存在细菌和病毒感染的潜伏性危险,这虽不如上述伤害明显,但也绝不能忽视,如通过血液感染的血清性肝炎(澳大利亚抗原)就是最大的生物危害之一。感染主要途径除血液外,其他体液也能传递病毒,因此处理各种生物材料必须谨慎、小心,戴上一次性手套操作,做完实验后必须用肥皂、洗涤剂或消毒液充分洗净双手。

(2)使用微生物作为实验材料时,尤其要注意安全和清洁卫生。被污染的物品必须进行高压消毒或烧成灰烬。被污染的玻璃用具应在清洗和高压灭菌之前立即浸泡在适当的消毒液中。

(3)进行遗传重组的实验室更应根据有关规定加强生物伤害的防范措施。

6. 警惕放射性伤害

同位素在生化实验中应用愈来愈普遍,放射性伤害也应引起实验者的高度警惕。同位素的使用必须要在指定的具有放射性标志的专用实验室中进行,切忌在普通实验室中操作和存放带有同位素的材料和器具。

二、实验室灭火法

实验中一旦发生了火灾,切不可惊慌失措,应保持镇静。首先立即切断室内一切火源和电源。然后根据具体情况积极正确地进行抢救和灭火。常用的方法有：

（1）在可燃液体燃着时，应立刻转移着火区域内的一切可燃物质。关闭通风器，防止扩大燃烧。若着火面积较小，可用石棉布、湿布、铁片或砂土覆盖，隔绝空气使之熄灭。但覆盖时要轻，避免碰坏或打翻盛有易燃溶剂的玻璃器皿，导致更多的溶剂流出而再着火。

（2）酒精及其他可溶于水的液体着火时，可用水灭火。

（3）汽油、乙醚、甲苯等有机溶剂着火时，应用石棉布或砂土扑灭。绝对不能用水，否则反而会扩大燃烧面积。

（4）金属钠着火时，可把砂子倒在它的上面。

（5）导线着火时不能用水及二氧化碳灭火器，应切断电源或用四氯化碳灭火器。

（6）衣服被烧着时切忌奔走，可用衣服、大衣等包裹身体或躺在地上滚动，以灭火。

（7）发生火灾时应注意保护现场。较大的着火事故应立即报警。

三、实验室急救

在实验过程中不慎发生受伤事故，应立即采取适当的急救措施。

（1）受玻璃割伤及其他机械损伤：首先必须检查伤口内有无玻璃或金属等物的碎片，然后用硼酸水洗净，再涂擦碘酒或红汞水，必要时用纱布包扎。若伤口较大或过深而大量出血，应迅速在伤口上部和下部扎紧血管止血，立即到医院诊治。

（2）烫伤：轻度烫伤一般可涂上苦味酸软膏。如果伤处红痛或红肿（一级灼伤），可擦医用橄榄油；若皮肤起泡（二级灼伤），不要弄破水泡，防止感染；若伤处皮肤呈棕色或黑色（三级灼伤），应用干燥而无菌的消毒纱布轻轻包扎好，急送医院治疗。

（3）强碱（如氢氧化钠、氢氧化钾）、钠、钾等触及皮肤而引起灼伤时，要先用大量自来水冲洗，再用5％硼酸溶液或2％乙酸溶液涂洗。

（4）强酸、溴等触及皮肤而致灼伤时，应立即用大量自来水冲洗，再以5％碳酸氢钠溶液或5％氢氧化铵溶液洗涤。

（5）如酚触及皮肤引起灼伤，可用酒精洗涤。

（6）若煤气中毒时，应到室外呼吸新鲜空气，若严重时应立即到医院诊治。

（7）水银容易由呼吸道进入人体，也可以经皮肤直接吸收而引起积累性中毒。严重中毒的症状是口中有金属味，呼出气体也有气味；流唾液，打哈欠时疼痛，牙床及嘴唇上有硫化汞的黑色；淋巴腺及唾腺肿大。若不慎中毒时，应送医院急救。急性中毒时，通常用呕吐剂彻底洗胃，或者食入蛋白（如1升牛奶加3个鸡蛋清）或蓖麻油解毒并使之呕吐。

（8）触电时可按下述方法之一切断电路：关闭电源；用干木棍使导线与被害者分开；使被害者和土地分离。急救时，急救者必须做好防止触电的安全措施，手或脚必须绝缘。

参 考 资 料

[1]　哈特里 E，布恩 V 编；李令媛、杨安峰译.生物学实验室的安全问题.北京：科学出版社,1981,1～43

[2]　北京大学生物学系生物化学教研室编.生物化学实验指导.北京：人民教育出版社,1979,245～247

附录Ⅱ　试剂及试剂配制与保存

一、一般化学试剂的分级

规　格 标准和用途	一级试剂	二级试剂	三级试剂	四级试剂	生物试剂
我国标准	保证试剂 GR 绿色标签	分析纯 AR 红色标签	化学纯 CP 蓝色标签	实验试剂 化学用 LR	BR 或 CR
国外标准	A. R. G. R. A. C. S. P. A. X. Ч.	C. P. P. U. S. S. Puriss Ч. Д. A.	L. R. E. P. Ч.	P. Pure	
用　　途	纯度最高,杂质含量最少的试剂,适用于最精确分析及研究工作	纯度较高,杂质含量较低,适用于精确的微量分析工作,为分析实验室广泛使用	质量略低于二级试剂,适用于一般的微量分析实验,包括要求不高的工业分析和快速分析	纯度较低,但高于工业用的试剂,适用于一般定性检验	根据说明使用

二、试剂配制的一般注意事项

（1）称量要精确,特别是在配制标准溶液、缓冲液时,更应注意严格称量。有特殊要求的,要按规定进行干燥、恒重、提纯等。

（2）一般溶液都应用去离子水(即离子交换水)配制,有特殊要求的除外。

（3）化学试剂根据其质量分为各种规格(品级),一般化学试剂的分级见上文。另外还有一些规格,如:纯度很高的光谱纯、层析纯,纯度较低的工业用试剂、药典纯(相当于四级)等等。配制溶液时,应根据实验要求选择不同规格的试剂。

（4）试剂应根据需要量配制,一般不宜过多,以免积压浪费,过期失效。

（5）试剂(特别是液体)一经取出,不得放回原瓶,以免因量器或药勺不清洁而玷污整瓶试剂。取固体试剂时,必须使用洁净干燥的药勺。

（6）配制试剂所用的玻璃器皿,都要清洁干净。存放试剂的试剂瓶应清洁干燥。

（7）试剂瓶上应贴标签。写明试剂名称、浓度、配制日期及配制人。

（8）试剂用后要用原瓶塞塞紧,瓶塞不得沾染其他污物或玷污桌面。

（9）有些化学试剂极易变质,变质后不能继续使用。易变质和需用特殊方法保存的常用试剂见下文。

三、易变质及需要特殊方法保存的试剂

注 意 事 项		试 剂 名 称 举 例
需要密封	易潮解吸湿	氧化钙、氢氧化钠、氢氧化钾、碘化钾、三氯乙酸
	易失水风化	结晶硫酸钠、硫酸亚铁、含水磷酸氢二钠、硫代硫酸钠
	易挥发	氨水、氯仿、醚、碘、麝香草酚、甲醇、乙醇、丙酮
	易吸收 CO_2	氢氧化钾、氢氧化钠
	易氧化	硫酸亚铁、醚、醛类、酚、抗坏血酸和一切还原剂
	易变质	丙酮酸钠、乙醚和许多生物制品(常需冷藏)
需要避光	见光变色	硝酸银(变黑)、酚(变淡红)、氯仿(产生光气)、茚三酮(变淡红)
	见光分解	过氧化氢、氯仿、漂白粉、氰氢酸
	见光氧化	乙醚、醛类、亚铁盐和一切还原剂
特殊方法保管	易爆炸	苦味酸、硝酸盐类、过氯酸、叠氮化钠
	剧毒	氰化钾(钠)、汞、砷化物、溴
	易燃	乙醚、甲醇、乙醇、丙醇、苯、甲苯、二甲苯、汽油
	腐蚀	强酸、强碱

需要密封的化学试剂,可以先加塞塞紧,然后再用蜡封口。有的平时还需要保存在干燥器内,干燥剂可以用生石灰、无水氯化钙和硅胶,一般不宜用硫酸。需要避光保存的试剂,可置于棕色的瓶内或用黑纸包装。

四、标准溶液的配制和标定

1. 标准氢氧化钠溶液的配制和标定

由于氢氧化钠常不纯和容易吸湿,不能直接配成准确浓度的溶液,因而必须先配成一个近似浓度的溶液,再用标准的酸溶液或酸性盐(如苯甲酸、酸性邻苯二甲酸氢钾盐和草酸等)来标定。如要配制 0.1 mol/L 氢氧化钠溶液,可先称取分析纯的固体氢氧化钠 4.1 g,用水溶解后转移到 1 L 的容量瓶中,冷却后稀释至刻度。溶液保存在橡皮塞的试剂瓶中,待标定。

若用酸性邻苯二甲酸氢钾($KHC_8H_4O_4$,相对分子质量 204.22)作为基准物质时,可先准确地(准确到 0.1 mg)称取分析纯的邻苯二甲酸氢钾 0.41~0.43 g 3 份,分别置于 150 mL 三角瓶中,各加入 20 mL 去离子水,使全部溶解,加酚酞指示剂 3~4 滴,用待测的氢氧化钠溶液滴定至淡红色出现为止,记下氢氧化钠的滴定体积,通过计算即可知道氢氧化钠的准确浓度:

$$c_{NaOH} = \frac{m \times 1000}{M_r V}$$

式中,m 为 $KHC_8H_4O_4$ 的称量(g),M_r 为 $KHC_8H_4O_4$ 相对分子质量,V 为 NaOH 滴定体积。

2. 标准盐酸溶液的配制和标定

标定盐酸通常采用硼砂($Na_2B_4O_7 \cdot 10H_2O$,相对分子质量 381.43)为基准物质,因硼砂易提纯、不吸水、相对分子质量大,标定时准确度高。

硼砂提纯:称取约 30 g 分析纯硼砂,溶解在 100 mL 热水中,这时溶液温度为 55 ℃以上,待溶液冷却后就析出硼砂结晶,经烧结玻璃漏斗将结晶吸滤出,再用少量水、95%乙醇、无水乙醇和无水乙醚分别依次洗涤,所用乙醇和乙醚的量大约是每 10 g 结晶用 5 mL 溶剂。然后将结晶平铺成薄层,室温下使乙醚挥发。把纯化的硼砂放在密闭的玻璃瓶中,再贮放在盛有饱和

蔗糖和氯化钠溶液的干燥器内,硼砂中的结晶水可保持不变。

如要配制 0.1 mol/L 盐酸标准液,可吸取分析纯盐酸(密度 1.19 g/cm³,约 12 mol/L)8.5 mL,用去离子水稀释至 1 L,贮于清洁的试剂瓶中待标定。

准确称取 3 份干燥的提纯的硼砂 0.381～0.383 g 分别放在 150 mL 三角瓶中,加入 20 mL 去离子水,使溶解,加入三滴甲基红指示剂,用待测的盐酸滴定至橙红色为止,记下盐酸的滴定体积,通过计算即可知道盐酸溶液的准确浓度:

$$c_{HCl} = \frac{m \times 1000}{(M_r/2) \times V}$$

式中,m 为硼砂称量(g),V 为 HCl 滴定体积,M_r 为硼砂相对分子质量。

3. 标准硫代硫酸钠溶液的配制和标定

由于硫代硫酸钠易失去结晶水,其溶液易被硫化菌分解,故对标准溶液要进行标定。硫代硫酸钠($Na_2S_2O_3 \cdot 5H_2O$,相对分子质量 248.19)标准溶液可用重铬酸钾、碘酸钾、硫酸钾等氧化剂来标定。其中常用碘酸钾(KIO_3,相对分子质量 214.01),因它不吸水,较稳定,在酸性条件下具有较强的氧化能力。

如要配制 0.1 mol/L 硫代硫酸钠标准液,可称取 25 g 分析纯的硫代硫酸钠,溶解在煮沸过的去离子水中,并稀释至 1 L,贮存在橡皮塞的试剂瓶中,待标定。

其准确浓度采用 KIO_3 来标定,准确称取 0.1420～0.1500 g 纯的碘酸钾 3 份,分别放在 150 mL 三角瓶中,加入 20 mL 去离子水,使溶解,再各加入 10% 碘化钾溶液 10 mL 和 0.5 mol/L 硫酸溶液 20 mL,混合后用待标定的硫代硫酸钠溶液滴定,当溶液由棕红色变为黄色时,加入 3 滴 1% 淀粉指示剂,继续滴定至蓝色消失为止。记下硫代硫酸钠溶液的滴定体积,并按下式计算其准确浓度:

$$5KI + KIO_3 + 3H_2SO_4 \longrightarrow 3K_2SO_4 + 3H_2O + 3I_2$$

$$2Na_2S_2O_3 + I_2 \longrightarrow Na_2S_4O_6 + 2NaI$$

$$Na_2S_2O_3 \text{ 溶液浓度} = \frac{KIO_3 \text{ 的质量} \times 1000}{Na_2S_2O_3 \text{ 滴定体积} \times 214.01/6}$$

五、缓冲溶液

由一定物质所组成的溶液,在加入一定量的酸或碱时,其氢离子浓度改变甚微或几乎不变,此种溶液称为缓冲溶液,这种作用称为缓冲作用,其溶液内所含物质称为缓冲剂。

缓冲剂的组成,多为弱酸及这种弱酸与强碱所组成的盐,或弱碱及这种弱碱与强酸所组成的盐。调节两者的比例可以配制成各种 pH 的缓冲液。

例如:某一缓冲液由弱酸(HA)及其盐(BA)所组成,它的解离方程式如下:

$$HA \rightleftharpoons H^+ + A^- \qquad BA \rightleftharpoons B^+ + A^-$$

若向缓冲液中加入碱(NaOH),则

$$HA + NaOH \longrightarrow NaA + H_2O$$
$$\text{弱酸盐}$$

若向缓冲液中加入酸(HCl),则

$$BA + HCl \longrightarrow BCl + HA$$
$$\text{弱酸}$$

由此可见,向缓冲液中加酸或加碱,主要的变化就是溶液内弱酸(HA)的增加或减少。由于弱酸(HA)的解离度很小,所以它的增加或减少对溶液内氢离子浓度改变不大,因而起到缓冲作用。

实例一:乙酸钠(以 NaAc 表示)与乙酸(以 HAc 表示)缓冲液。

加入盐酸溶液,其缓冲作用:

$$HAc + NaAc + HCl \longrightarrow 2HAc + NaCl$$

加入氢氧化钠溶液,其缓冲作用:

$$HAc + NaAc + NaOH \longrightarrow 2NaAc + H_2O$$

实例二:磷酸氢二钠与磷酸二氢钠缓冲液。

加入盐酸溶液,其缓冲作用:

$$NaH_2PO_4 + Na_2HPO_4 + HCl \longrightarrow 2NaH_2PO_4 + NaCl$$

加入氢氧化钠溶液,其缓冲作用:

$$NaH_2PO_4 + Na_2HPO_4 + NaOH \longrightarrow 2Na_2HPO_4 + H_2O$$

1. 常用缓冲溶液的配制方法

(1) 氯化钾-盐酸缓冲液(0.2 mol/L)

25 mL 0.2 mol/L KCl + x mL 0.2 mol/L HCl,再加水稀释到 100 mL

pH	x	pH	x	pH	x
1.0	67.0	1.5	20.7	2.0	6.5
1.1	52.8	1.6	16.2	2.1	5.1
1.2	42.5	1.7	13.0	2.2	3.9
1.3	33.6	1.8	10.2		
1.4	26.6	1.9	8.1		

(2) 氯化钾-氢氧化钠缓冲液

25 mL 0.2 mol/L KCl + x mL 0.2 mol/L 氢氧化钠,加水稀释到 100 mL

pH	x	pH	x	pH	x
12.0	6.0	12.4	16.2	12.8	41.2
12.1	8.0	12.5	20.4	12.9	53.0
12.2	10.2	12.6	25.6	13.0	66.0
12.3	12.8	12.7	32.2		

氯化钾 $M_r = 74.55$,0.2 mol/L 溶液为 14.91 g/L。

(3) 甘氨酸-盐酸缓冲液(0.05 mol/L)

x mL 0.2 mol/L 甘氨酸 + y mL 0.2 mol/L HCl,再加水稀释到 200 mL

pH	x	y	pH	x	y
2.2	50	44.0	3.0	50	11.4
2.4	50	32.4	3.2	50	8.2
2.6	50	24.2	3.4	50	6.4
2.8	50	16.8	3.6	50	5.0

甘氨酸 $M_r = 75.07$,0.2 mol/L 溶液为 15.01 g/L。

（4）甘氨酸-氢氧化钠缓冲液（0.05 mol/L）

x mL 0.2 mol/L 甘氨酸＋y mL 0.2 mol/L 氢氧化钠加水稀释到 200 mL

pH	x	y	pH	x	y
8.6	50	4.0	9.6	50	22.4
8.8	50	6.0	9.8	50	27.2
9.0	50	8.8	10.0	50	32.0
9.2	50	12.0	10.4	50	38.6
9.4	50	16.8	10.6	50	45.5

甘氨酸 M_r=75.07,0.2 mol/L 溶液为 15.01 g/L。

（5）磷酸氢二钠-磷酸二氢钠缓冲液（0.2 mol/L）

pH	0.2 mol/L Na$_2$HPO$_4$ /mL	0.2 mol/L NaH$_2$PO$_4$ /mL	pH	0.2 mol/L Na$_2$HPO$_4$ /mL	0.2 mol/L NaH$_2$PO$_4$ /mL
5.8	8.0	92.0	7.0	61.0	39.0
5.9	10.0	90.0	7.1	67.0	33.0
6.0	12.3	87.7	7.2	72.0	28.0
6.1	15.0	85.0	7.3	77.0	23.0
6.2	18.5	81.5	7.4	81.0	19.0
6.3	22.5	77.5	7.5	84.0	16.0
6.4	26.5	73.5	7.6	87.0	13.0
6.5	31.5	68.5	7.7	89.5	10.5
6.6	37.5	62.5	7.8	91.5	8.5
6.7	43.5	56.5	7.9	93.0	7.0
6.8	49.0	51.0	8.0	94.7	5.3
6.9	55.0	45.0			

Na$_2$HPO$_4$ • 2H$_2$O M_r=178.05,0.2 mol/L 溶液为 35.61 g/L;Na$_2$HPO$_4$ • 12H$_2$O M_r=358.22,0.2 mol/L 溶液为 71.64 g/L;NaH$_2$PO$_4$ • H$_2$O M_r=138.01,0.2 mol/L 溶液为 27.6 g/L;NaH$_2$PO$_4$ • 2H$_2$O M_r=156.03,0.2 mol/L 溶液为 31.21 g/L。

（6）磷酸氢二钠-磷酸二氢钾缓冲液（1/15 mol/L）

pH	1/15 mol/L Na$_2$HPO$_4$ /mL	1/15 mol/L KH$_2$PO$_4$ /mL	pH	1/15 mol/L Na$_2$HPO$_4$ /mL	1/15 mol/L KH$_2$PO$_4$ /mL
4.92	0.10	9.90	7.17	7.00	3.00
5.29	0.50	9.50	7.38	8.00	2.00
5.91	1.00	9.00	7.73	9.00	1.00
6.24	2.00	8.00	8.04	9.50	0.50
6.47	3.00	7.00	8.34	9.75	0.25
6.64	4.00	6.00	8.67	9.90	0.10
6.81	5.00	5.00	8.78	10.00	0
6.98	6.00	4.00			

Na$_2$HPO$_4$ • 2H$_2$O M_r=178.05,1/15 mol/L 溶液为 11.876 g/L;KH$_2$PO$_4$ M_r=136.09,1/15 mol/L 溶液为 9.078 g/L。

(7) 磷酸氢二钠-柠檬酸缓冲液

pH	0.2 mol/L Na$_2$HPO$_4$ /mL	0.1 mol/L 柠檬酸 /mL	pH	0.2 mol/L Na$_2$HPO$_4$ /mL	0.1 mol/L 柠檬酸 /mL
2.2	0.40	19.60	5.2	10.72	9.28
2.4	1.24	18.76	5.4	11.15	8.85
2.6	2.18	17.82	5.6	11.60	8.40
2.8	3.17	16.83	5.8	12.09	7.91
3.0	4.11	15.89	6.0	12.63	7.37
3.2	4.94	15.06	6.2	13.22	6.78
3.4	5.70	14.30	6.4	13.85	6.15
3.6	6.44	13.56	6.6	14.55	5.45
3.8	7.10	12.90	6.8	15.45	4.55
4.0	7.71	12.29	7.0	16.47	3.53
4.2	8.28	11.72	7.2	17.39	2.61
4.4	8.82	11.18	7.4	18.17	1.83
4.6	9.35	10.65	7.6	18.73	1.27
4.8	9.86	10.14	7.8	19.15	0.85
5.0	10.30	9.70	8.0	19.45	0.55

Na$_2$HPO$_4$ M_r=141.98,0.2 mol/L 溶液为 28.40 g/L；Na$_2$HPO$_4$ · 2H$_2$O M_r=178.05,0.2 mol/L 溶液为 35.61 g/L；C$_6$H$_8$O$_7$ · H$_2$O M_r=210.14,0.1 mol/L 溶液为 21.01 g/L。

(8) 磷酸氢二钠-氢氧化钠缓冲液

50 mL 0.05 mol/L 磷酸氢二钠＋x mL 0.1 mol/L 氢氧化钠,加水稀释到 100 mL

pH	x	pH	x	pH	x
10.9	3.3	11.3	7.6	11.7	16.2
11.0	4.1	11.4	9.1	11.8	19.4
11.1	5.1	11.5	11.1	11.9	23.0
11.2	6.3	11.6	13.5	12.0	26.9

Na$_2$HPO$_4$ · 2H$_2$O M_r=178.05,0.05 mol/L 溶液为 8.90 g/L；Na$_2$HPO$_4$ · 12H$_2$O M_r=358.22,0.05 mol/L 溶液为17.91 g/L。

(9) 磷酸二氢钾-氢氧化钠缓冲液(0.05 mol/L,20℃)

x mL 0.2 mol/L KH$_2$PO$_4$＋y mL 0.2 mol/L NaOH 加水稀释至 20 mL

pH	x	y	pH	x	y
5.8	5	0.372	7.0	5	2.963
6.0	5	0.570	7.2	5	3.500
6.2	5	0.860	7.4	5	3.950
6.4	5	1.260	7.6	5	4.280
6.6	5	1.780	7.8	5	4.520
6.8	5	2.365	8.0	5	4.680

（10）Tris-盐酸缓冲液（0.05 mol/L,25 ℃）

50 mL 0.1 mol/L Tris 溶液与 x mL 0.1 mol/L 盐酸混匀后,加水稀释到 100 mL

pH	x	pH	x
7.10	45.7	8.10	26.2
7.20	44.7	8.20	22.9
7.30	43.4	8.30	19.9
7.40	42.0	8.40	17.2
7.50	40.3	8.50	14.7
7.60	38.5	8.60	12.4
7.70	36.6	8.70	10.3
7.80	34.5	8.80	8.5
7.90	32.0	8.90	7.0
8.00	29.2	9.00	5.7

Tris[三羟甲基氨基甲烷,$(CH_2OH)_3CNH_2$] $M_r=121.14$,0.1 mol/L 溶液为 12.114 g/L。Tris 溶液可从空气中吸收二氧化碳,使用时注意将瓶盖严。

（11）巴比妥钠-盐酸缓冲液（18 ℃）

pH	0.04 mol/L 巴比妥钠溶液/mL	0.2 mol/L 盐酸/mL	pH	0.04 mol/L 巴比妥钠溶液/mL	0.2 mol/L 盐酸/mL
6.8	100	18.4	8.4	100	5.21
7.0	100	17.8	8.6	100	3.82
7.2	100	16.7	8.8	100	2.52
7.4	100	15.3	9.0	100	1.65
7.6	100	13.4	9.2	100	1.13
7.8	100	11.47	9.4	100	0.70
8.0	100	9.39	9.6	100	0.35
8.2	100	7.21			

巴比妥钠 $M_r=206.18$,0.04 mol/L 溶液为 8.25 g/L。

（12）柠檬酸-氢氧化钠-盐酸缓冲液

pH	钠离子浓度 /(mol·L⁻¹)	柠檬酸/g $C_6H_8O_7·H_2O$	氢氧化钠/g 97%NaOH	盐酸/mL HCl(浓)	最终体积/L*
2.2	0.20	210	84	160	10
3.1	0.20	210	83	116	10
3.3	0.20	210	83	106	10
4.3	0.20	210	83	45	10
5.3	0.35	245	144	68	10
5.8	0.45	285	186	105	10
6.5	0.38	266	156	126	10

* 使用时可以每升中加入 1 g 酚,若最后 pH 有变化,再用少量 50%氢氧化钠溶液或浓盐酸调节,置冰箱保存。

(13) 柠檬酸-柠檬酸钠缓冲液(0.1 mol/L)

pH	0.1 mol/L 柠檬酸 /mL	0.1 mol/L 柠檬酸钠 /mL	pH	0.1 mol/L 柠檬酸 /mL	0.1 mol/L 柠檬酸钠 /mL
3.0	18.6	1.4	5.0	8.2	11.8
3.2	17.2	2.8	5.2	7.3	12.7
3.4	16.0	4.0	5.4	6.4	13.6
3.6	14.9	5.1	5.6	5.5	14.5
3.8	14.0	6.0	5.8	4.7	15.3
4.0	13.1	6.9	6.0	3.8	16.2
4.2	12.3	7.7	6.2	2.8	17.2
4.4	11.4	8.6	6.4	2.0	18.0
4.6	10.3	9.7	6.6	1.4	18.6
4.8	9.2	10.8			

柠檬酸 $C_6H_8O_7 \cdot H_2O$, $M_r = 210.14$, 0.1 mol/L 溶液为 21.01 g/L; 柠檬酸钠 $Na_3C_6H_5O_7 \cdot 2H_2O$, $M_r = 294.12$, 0.1 mol/L 溶液为 29.41 g/L。

(14) 硼砂-盐酸缓冲液(0.05 mol/L 硼酸根)

50 mL 0.025 mol/L 硼砂 + x mL 0.1 mol/L 盐酸,加水稀释到 100 mL

pH	x	pH	x	pH	x
8.0	20.5	8.4	16.6	8.8	9.4
8.1	19.7	8.5	15.2	8.9	7.1
8.2	18.8	8.6	13.5	9.0	4.6
8.3	17.7	8.7	11.6	9.1	2.0

硼砂 $Na_2B_4O_7 \cdot 10H_2O$, $M_r = 381.43$, 0.025 mol/L 溶液为 9.53 g/L。

(15) 硼砂-氢氧化钠缓冲液(0.05 mol/L 硼酸根)

x mL 0.05 mol/L 硼砂 + y mL 0.2 mol/L 氢氧化钠加水稀释至 200 mL

pH	x	y	pH	x	y
9.3	50	6.0	9.8	50	34.0
9.4	50	11.0	10.0	50	43.0
9.6	50	23.0	10.1	50	46.0

硼砂 $Na_2B_4O_7 \cdot 10H_2O$, $M_r = 381.43$, 0.05 mol/L 溶液为 19.07 g/L。

(16) 硼砂-硼砂缓冲液(0.2 mol/L 硼酸根)

pH	0.05 mol/L 硼砂 /mL	0.2 mol/L 硼酸 /mL	pH	0.05 mol/L 硼砂 /mL	0.2 mol/L 硼酸 /mL
7.4	1.0	9.0	8.2	3.5	6.5
7.6	1.5	8.5	8.4	4.5	5.5
7.8	2.0	8.0	8.7	6.0	4.0
8.0	3.0	7.0	9.0	8.0	2.0

硼砂 $Na_2B_4O_7 \cdot 10H_2O$, $M_r = 381.43$, 0.05 mol/L 溶液(= 0.2 mol/L 硼酸根)为 19.07 g/L; 硼酸 H_3BO_3, $M_r = 61.84$, 0.2 mol/L 溶液为 12.37 g/L。硼砂易失去结晶水,必须在带塞的瓶中保存。

（17）乙酸-乙酸钠缓冲液（0.2 mol/L,18℃）

pH	0.2 mol/L NaAc /mL	0.2 mol/L HAc /mL	pH	0.2 mol/L NaAc /mL	0.2 mol/L HAc /mL
3.6	0.75	9.25	4.8	5.90	4.10
3.8	1.20	8.80	5.0	7.00	3.00
4.0	1.80	8.20	5.2	7.90	2.10
4.2	2.65	7.35	5.4	8.60	1.40
4.4	3.70	6.30	5.6	9.10	0.90
4.6	4.90	5.10	5.8	9.40	0.60

NaAc・$3H_2O$ M_r=136.09,0.2 mol/L 溶液为 27.22 g/L;0.2 mol/L HAc 为 11.55 mL/L 冰乙酸。

（18）碳酸钠-碳酸氢钠缓冲液（0.1 mol/L）

Ca^{2+}、Mg^{2+} 存在时不得使用

pH		0.1 mol/L 碳酸钠/mL	0.1 mol/L 碳酸氢钠/mL
20℃	37℃		
9.16	8.77	1	9
9.40	9.12	2	8
9.51	9.40	3	7
9.78	9.50	4	6
9.90	9.72	5	5
10.14	9.90	6	4
10.28	10.08	7	3
10.53	10.28	8	2
10.83	10.57	9	1

碳酸钠 M_r=286.2,0.1 mol/L 溶液为 28.62 g/L;碳酸氢钠 M_r=84.0,0.1 mol/L 溶液为 8.40 g/L。

（19）碳酸氢钠-氢氧化钠缓冲液（0.025 mol/L 碳酸氢钠）

50 mL 0.05 mol/L 碳酸氢钠＋x mL 0.1 mol/L 氢氧化钠,加水稀释到 100 mL

pH	x	pH	x	pH	x
9.6	5.0	10.1	12.2	10.6	19.1
9.7	6.2	10.2	13.8	10.7	20.2
9.8	7.6	10.3	15.2	10.8	21.2
9.9	9.1	10.4	16.5	10.9	22.0
10.0	10.7	10.5	17.8	11.0	22.7

碳酸氢钠 M_r=84.0,0.05 mol/L 溶液为 4.20 g/L。

(20) 邻苯二甲酸-盐酸缓冲液(0.05mol/L,20℃)

x mL 0.2 mol/L 邻苯二甲酸氢钾＋y mL 0.2 mol/L HCl,再加水稀释到 20 mL

pH	x	y	pH	x	y
2.2	5	4.670	3.2	5	1.470
2.4	5	3.960	3.4	5	0.990
2.6	5	3.295	3.6	5	0.597
2.8	5	2.642	3.8	5	0.263
3.0	5	2.032			

邻苯二甲酸氢钾 M_r=204.23,0.2 mol/L 邻苯二甲酸氢钾溶液为 40.85 g/L。

(21) 邻苯二甲酸氢钾-氢氧化钠缓冲液

50 mL 0.1 mol/L 邻苯二甲酸氢钾＋x mL 0.1 mol/L 氢氧化钠,加水稀释到 100 mL

pH	x	pH	x	pH	x
4.1	1.3	4.8	16.5	5.5	36.6
4.2	3.0	4.9	19.4	5.6	38.8
4.3	4.7	5.0	22.6	5.7	40.6
4.4	6.6	5.1	25.5	5.8	42.3
4.5	8.7	5.2	28.8	5.9	43.7
4.6	11.1	5.3	31.6		
4.7	13.6	5.4	34.1		

邻苯二甲酸氢钾 M_r=204.23,0.1 mol/L 溶液为 20.42 g/L。

2. 标准缓冲液的配制

酸度计用的标准缓冲液要求:有较大的稳定性,较小的温度依赖性,其试剂易于提纯。常用标准缓冲液(表1)的配制方法如下:

(1) pH＝4.00(10～20℃):将邻苯二甲酸氢钾在 105℃ 干燥 1 h 后,称取 5.07 g 加重蒸水溶解至 500 mL。

(2) pH＝6.88(20℃):称取在 130℃ 干燥 2 h 的 3.401 g 磷酸二氢钾(KH_2PO_4),8.95 g 磷酸氢二钠($Na_2HPO_4 \cdot 12H_2O$)或 3.549 g 无水磷酸氢二钠(Na_2HPO_4),加重蒸水溶解至 500 mL。

(3) pH＝9.18(25℃):称取 3.8144 g 四硼酸钠($Na_2B_4O_7 \cdot 10H_2O$)或 2.02 g 无水四硼酸钠($Na_2B_4O_7$),加重蒸水溶解至 100 mL。

表 1 不同温度时标准缓冲液的 pH

温度/℃	酸性酒石酸钾(25℃时饱和)	0.05 mol/L 邻苯二甲酸氢钾	0.025 mol/L 磷酸二氢钾-0.025 mol/L 磷酸氢二钠	0.0087 mol/L 磷酸二氢钾-0.0302 mol/L 磷酸氢二钠	0.01mol/L 硼砂
0	—	4.01	6.98	7.53	9.46
10	—	4.00	6.92	7.47	9.33
15	—	4.00	6.90	7.45	9.27
20	—	4.00	6.88	7.43	9.23
25	3.56	4.01	6.86	7.41	9.18

续表

温度/℃	酸性酒石酸钾 (25℃时饱和)	0.05 mol/L 邻 苯二甲酸氢钾	0.025 mol/L 磷酸二氢钾- 0.025 mol/L 磷酸氢二钠	0.0087 mol/L 磷酸二氢钾- 0.0302 mol/L 磷酸氢二钠	0.01mol/L 硼砂
30	3.55	4.02	6.85	7.40	9.14
38	3.55	4.03	6.84	7.38	9.08
40	3.55	4.04	6.84	7.38	9.07
50	3.55	4.06	6.83	7.37	9.01

六、指示剂

指示剂的种类繁多,应用广泛,常用的为酸碱指示剂(表 2)。这类指示剂都是有机弱酸(或弱碱)化合物,在溶液中或多或少会解离,解离所生成的离子和未解离的分子往往具有不同的颜色,例如:酚酞是一种非常弱的有机酸化物,若以 HIn 代表它的分子、In$^-$ 代表其离子,则在水溶液中的电离平衡如下:

$$HIn \rightleftharpoons H^+ + In^-$$

酚酞分子(无色)　　　酚酞离子(红色)

在酸性溶液中,由于过多的 H$^+$ 存在,使平衡向左移动,酚酞以无色的分子存在,则溶液不显色;在碱性溶液中,平衡向右移动,红色的酚酞离子占优势,溶液显红色。

表 2　一些常用酸碱指示剂

指示剂名称		配制方法	颜色		变色 pH
中　文	英　文	0.1 g 溶于 250 mL 下列溶剂	酸	碱	范围
甲酚红(酸范围)	cresol red(acid range)	水,含 2.62 mL 0.1 mol/L NaOH	红	黄	0.2～1.8
间苯甲酚紫(酸范围)	m-cresol purple(acid range)	水,含 2.72 mL 0.1 mol/L NaOH	红	黄	1.0～2.6
麝香草酚蓝(酸范围)	thymol blue(acid range)	水,含 2.15 mL 0.1 mol/L NaOH	红	黄	1.2～2.8
金莲橙 OO	tropeolin OO	水	红	黄	1.3～3.0
甲基黄	methyl yellow	90%乙醇	红	黄	2.9～4.0
溴酚蓝	bromophenol blue	水,含 1.49 mL 0.1 mol/L NaOH	黄	紫	3.0～4.6
四溴酚蓝	tetrabromophenol blue	水,含 1.0 mL 0.1 mol/L NaOH	黄	蓝	3.0～4.6
刚果红	Congo red	水或 80%乙醇	紫	红橙	3.0～5.0
甲基橙	methyl orange	游离酸:水	红	橙黄	3.1～4.4
		钠盐:水,含 3 mL 0.1 mol/L HCl			
溴甲酚绿(蓝)	bromocresol green(blue)	水,含 1.43 mL 0.1 mol/L NaOH	黄	蓝	3.6～5.2
甲基红	methyl red	钠盐:水	红	黄	4.2～6.3
		游离酸:60%乙醇			
氯酚红	chlorophenol red	水,含 2.36 mL 0.1 mol/L NaOH	黄	紫红	4.8～6.4
溴甲酚紫	bromocresol purple	水,含 1.85 mL 0.1 mol/L NaOH	黄	紫	5.2～6.8
石蕊精(石蕊)	azolitmin (litmus)	水	红	蓝	5.0～8.0

续表

指示剂名称		配制方法	颜色		变色pH范围
中文	英文	0.1g 溶于 250 mL 下列溶剂	酸	碱	
溴麝香草酚蓝	bromothymol blue	水,含 1.6 mL 0.1 mol/L NaOH	黄	蓝	6.0～7.6
酚红	phenol red	水,含 2.82 mL 0.1 mol/L NaOH	黄	红	6.8～8.4
中性红	neutral red	70%乙醇	红	橙棕	6.8～8.0
甲酚红(碱范围)	cresol red(basic range)	水,含 2.62 mL 0.1 mol/L NaOH	黄	红	7.2～8.8
间苯甲酚紫(碱范围)	m-cresol purple (basic range)	水,含 2.62 mL 0.1 mol/L NaOH	黄	红紫	7.6～9.2
麝香草酚蓝(碱范围)	thymol blue(basic range)	水,含 2.15 mL 0.1 mol/L NaOH	黄	蓝	8.0～9.6
酚酞	phenolphthalein	70 %～90%乙醇(60% 2-乙氧基乙醇)	无色	桃红	8.3～10.0
麝香草酚酞(百里酚酞)	thymolphthalein	90%乙醇	无色	蓝	9.3～10.5
茜黄	alizarin yellow	乙醇	黄	红	10.1～12.0
金莲橙 O	tropeolin O	水	黄	橙	11.1～12.7

指示剂通常用 0.1 mol/L NaOH 或 0.1 mol/L HCl 调节至中间色调。

七、干燥剂

1. 气体的干燥剂

干燥剂名称	适用于干燥的气体
石灰	NH_3、胺类
无水氯化钙	H_2、HCl、CO、CO_2、SO_2、N_2、O_2、CH_4、醚等
五氧化二磷	H_2、CO、CO_2、SO_2、N_2、O_2、CH_4、C_2H_4 等
浓硫酸	H_2、CO、CO_2、N_2、Cl_2、CH_4 等
氢氧化钾	NH_3、胺类

2. 液体的干燥剂

干燥剂名称	适用于干燥的液体	不适用
五氧化二磷	二硫化碳、碳氢化合物、卤烷	碱类、酮等
浓硫酸	饱和碳氢化合物、卤烷	碱类、酮、醇、酚等
无水氯化钙	醚、酯、卤烷	醇、胺、酚、脂肪酸等
氢氧化钾	碱类	醛、酮、酯、酸等
无水碳酸钾	碱类、酮、某些卤化物	脂肪酸、酯等
无水硫酸钠	很多液体均可	—
无水硫酸镁	很多液体均可	—
无水硫酸钙	很多液体均可	—
金属钠	醚、饱和碳氢化合物	醇、胺、酯等

3. 其他干燥剂

干燥器中常用的吸水剂：五氧化二磷、浓硫酸、无水氯化钙、硅胶（常放于光学仪器中，定期烘烤可反复使用）。

常用的除有机溶剂蒸气干燥剂：石蜡片。

常用的除酸性气体干燥剂：石灰、氢氧化钾、氢氧化钠等。

常用的除碱性气体干燥剂：浓硫酸、五氧化二磷等。

附录Ⅲ　一些常用单位

一、长度单位

名　称		缩　写	换　算　法						
米	（meter）	m	1	10^{-1}	10^{-2}	10^{-3}	10^{-6}	10^{-9}	10^{-12}
分米	（decimeter）	dm	10	1	10^{-1}	10^{-2}	10^{-5}	10^{-8}	10^{-11}
厘米	（centimeter）	cm	10^2	10	1	10^{-1}	10^{-4}	10^{-7}	10^{-10}
毫米	（millimeter）	mm	10^3	10^2	10	1	10^{-3}	10^{-6}	10^{-9}
微米	（micrometer）	μm	10^6	10^5	10^4	10^3	1	10^{-3}	10^{-5}
纳米	（nanometer）	nm	10^9	10^8	10^7	10^6	10^3	1	10^{-3}
皮米	（picometer）	pm	10^{12}	10^{11}	10^{10}	10^9	10^6	10^3	1

二、体积单位

名　称		缩　写	换　算　法			
升	（liter）	L	1	10^{-2}	10^{-3}	10^{-6}
厘升	（centiliter）	cL	10^2	1	10^{-1}	10^{-4}
毫升	（milliliter）	mL	10^3	10	1	10^{-3}
微升	（microliter）	μL	10^6	10^4	10^3	1

三、质量单位

名　称		缩　写	换　算　法					
千克(公斤)	（kilogram）	kg	1	10^{-3}	10^{-6}	10^{-9}	10^{-12}	10^{-15}
克	（gram）	g	10^3	1	10^{-3}	10^{-6}	10^{-9}	10^{-12}
毫克	（milligram）	mg	10^6	10^3	1	10^{-3}	10^{-6}	10^{-9}
微克	（microgram）	μg	10^9	10^6	10^3	1	10^{-3}	10^{-6}
纳克	（nanogram）	ng	10^{12}	10^9	10^6	10^3	1	10^{-3}
皮克	（picogram）	pg	10^{15}	10^{12}	10^9	10^6	10^3	1

四、物质的量与物质的量浓度单位

物质的量单位			物质的量浓度单位	
中　　文	英　　文	单位符号	单位符号	换　　算
摩[尔]	mole	mol	mol/L	1 mol/L
毫摩[尔]	millimole	mmol	mmol/L	$\times 10^{-3}$ mol/L
微摩[尔]	micromole	μmol	μmol/L	$\times 10^{-6}$ mol/L
纳摩[尔]	nanomole	nmol	nmol/L	$\times 10^{-9}$ mol/L
皮摩[尔]	picromole	pmol	pmol/L	$\times 10^{-12}$ mol/L

附录Ⅳ　单位与浓度的表示及溶液浓度的调整

一、单位表示

遵循国家计量规定,本书采用的是以米制为基础的国际系统单位制。它有基本单位(表3)和衍生单位(表4)两类。

表3　国际计量系统的基本单位

物　理　量	名　　称	符　　号
长度	米(meter)	m
质量	千克(公斤)(kilogram)	kg
时间	秒(second)	s
物质的量	摩尔(mole)	mol
热力学温度	开尔文(Kelvin)	K
电流	安培(Ampere)	A
发光强度	坎德拉	cd

表4　国际计量系统的衍生单位

物　理　量	名　　称	符　　号
能量	焦耳(Joule)	J
电荷	库仑(Coulomb)	C
电压	伏特(Volt)	V
电容	法拉(Farad)	F
摄氏温度	摄氏度	℃

体积与长度间的相互依赖关系:

升准确地等于立方分米,其中 1 分米 $=10^{-1}$ 米

$$1 千升(kL) = 1 立方米(m^3)$$

$$1 升(L) = 1 立方分米 = 10^{-3}\ m^3$$

$$1 毫升(mL) = 1 立方厘米 = 10^{-6}\ m^3$$

$$1 \text{ 微升}(\mu L) = 1 \text{ 立方毫米} = 10^{-9} \text{ m}^3$$

二、溶液浓度的表示及其配制

单位体积溶液中所存在的溶质量,称为该物质的浓度。生物化学工作中常用浓度有:

1. 质量分数(w_B,%)

即每 100 g 溶液中所含溶质的克数。

$$\text{溶质(g)} + \text{溶剂(g)} = 100 \text{ g 溶液}$$

配制质量分数(%)溶液时:

(1) 若溶质是固体:

$$\text{称取溶质的质量} = \text{需配制溶液的总质量} \times \text{需配制溶液的质量分数}$$

$$\text{需用溶剂的质量} = \text{需配制溶液的总质量} - \text{称取溶质的质量}$$

例如,配制 10% 氢氧化钠溶液 200 g:

$$200 \text{ g} \times 0.10 = 20 \text{ g（固体氢氧化钠的质量）}$$

$$200 \text{ g} - 20 \text{ g} = 180 \text{ g（溶剂的质量）}$$

称取 20 g 氢氧化钠加 180 g 水溶解即可。

(2) 若溶质是液体:

$$\text{应量取溶质的体积} = \frac{\text{需配制溶液总质量}}{\text{溶质的密度} \times \text{溶质的质量分数}} \times \text{需配制溶液的质量分数}$$

需用溶剂的质量(或体积) = 需配制溶液总质量 - (需配制溶液总质量 × 需配制溶液的质量分数)

例 1　配制 20% 硝酸溶液 500 g(浓硝酸的浓度为 90%,密度为 1.49 g/cm³)。

$$\frac{500}{1.49 \times 0.9} \times 0.2 = 74.57 \text{(mL)}$$

$$500 - (500 \times 0.2) = 400 \text{(mL)}$$

量取 400 mL 水加入 74.57 mL 浓硝酸混匀即可。

一般配制溶质为固体的稀溶液时,有时也习惯用 100 mL 溶液中所含溶质的克数表示溶液的浓度。例如,配制 1.0% 氢氧化钠溶液时,称取 1.0 g 氢氧化钠,用水溶解,稀释至 100 mL。

2. 体积分数(φ_B,%)

每 100 mL 溶液中含溶质的毫升数。一般用于配制溶质为液体的溶液,如各种浓度的酒精溶液。

3. 物质的量(mol)和物质的量浓度(mol/L)

$$1 \text{ mol} = 6.023 \times 10^{23} \text{分子（Avogardro 数）}$$

如:1 mol 葡萄糖($M_r = 180$)为 180 g,1 mol 清蛋白($M_r = 68\,000$)为 68 000 g 或 68 kg。它适用于包括原子、离子或自由基、分子及具有明确组成的其他质点。

物质的量浓度(mol/L):即在 1 升溶液中含有溶质的量。

$$\text{物质的量浓度} = \frac{\text{溶质的质量}}{\text{溶质的相对分子质量}} \quad \text{(溶解后定容至 1000 mL)}$$

$$\text{称取溶质的质量} = \text{需配制溶液的物质的量浓度} \times \text{溶质的相对分子质量} \times \frac{\text{需配制溶液的毫升数}}{1000}$$

例 2　配制 2 mol/L 碳酸钠溶液 500 mL(Na_2CO_3 的相对分子质量为 106)。

$$2 \times 106 \times \frac{500}{1000} = 106(\text{g})$$

将 106 g 无水碳酸钠溶解后,在容量瓶中稀释至 500 mL。

$$1 \, \text{mol/L} = 1 \, \text{mmol/mL} = 1 \, \mu\text{mol}/\mu\text{L}$$

类似地

$$1 \, \text{mmol/L} = 1 \, \mu\text{mol/mL}$$

此外,对尚无明确分子组成,如存在于提取物中的蛋白质或核酸,或一混合物中的生物活性化合物,如维生素 B_{12} 和血清免疫球蛋白的相对分子质量尚未被肯定的物质,其浓度以单位体积中溶质的质量(而非 mol/L)表示,如 g/L,mg/L 和 μg/L 等,称为质量浓度。

三、溶液浓度的调整

1. 浓溶液稀释法

从浓溶液稀释成稀溶液可根据浓度与体积成反比的原理进行计算:

$$c_1 \times V_1 = c_2 \times V_2$$

式中,V_1 为浓溶液体积,c_1 为浓溶液浓度,V_2 为稀溶液体积,c_2 为稀溶液浓度。

例 3 将 6 mol/L 硫酸 450 mL 稀释成 2.5 mol/L 可得多少毫升?

$$6 \times 450 = 2.5 \times V_2$$

$$V_2 = \frac{6 \times 450}{2.5} = 1080(\text{mL})$$

另外,还可以采用交叉法进行稀释,方法如下:

设溶液的浓度为 a,稀溶液的浓度为 b,要求配制的溶液浓度为 c。

$$c - b = x \qquad \text{为 } a \text{ 所需要的体积}$$
$$a - c = y \qquad \text{为 } b \text{ 所需要的体积}$$

$$
\begin{array}{ccc}
a & & x \\
& \searrow \nearrow & \\
& c & \\
& \nearrow \searrow & \\
b & & y
\end{array}
\qquad
\begin{array}{l}
(c - b = x) \\
\\
(a - c = y)
\end{array}
$$

例 4 要配 75% 乙醇,需要用 95% 乙醇和水各多少毫升?

$$
\begin{array}{ccc}
95 & & 75 \\
& \searrow \nearrow & \\
& 75 & \\
& \nearrow \searrow & \\
0 & & 20
\end{array}
\qquad
\begin{array}{l}
(75 - 0 = 75) \cdots \cdots 95\% \text{ 乙醇} \\
\\
(95 - 75 = 20) \cdots \cdots \cdots 水
\end{array}
$$

即需取 95% 乙醇 75 份,加水 20 份,混合则成。

2. 稀溶液浓度的调整

同样按照溶液的浓度与体积成反比的原理,或利用交叉法进行计算。

$$c \times (V_1 + V_2) = c_2 \times V_2 + c_1 \times V_1$$

式中,c 为所需溶液浓度,c_1 为浓溶液的浓度,V_1 为浓溶液的体积,c_2 为稀溶液的浓度,V_2 为稀溶液的体积。

例 5 现有 0.25 mol/L 氢氧化钠溶液 800 mL,需要加多少毫升的 1 mol/L 氢氧化钠溶液,才能成为 0.4 mol/L 氢氧化钠溶液?

设所需 1 mol/L 氢氧化钠溶液的毫升数为 x,代入公式:

$$0.4 \times (x + 800) = 0.25 \times 800 + 1 \times x$$
$$x = 200 (\text{mL})$$

利用交叉法进行纠正也可,方法如下:

$$
\begin{array}{lll}
1 & & 0.15 \\
& 0.4 & \\
0.25 & & 0.6
\end{array}
$$

$(0.4 - 0.25 = 0.15)$······1 mol/L 氢氧化钠溶液

$(1 - 0.4 = 0.6)$······0.25 mol/L 氢氧化钠溶液

取 1 mol/L 氢氧化钠溶液 0.15 mL,0.25 mol/L 氢氧化钠溶液 0.6 mL 混合,即成 0.4 mol/L 氢氧化钠溶液。

另外,设 x 为所需 1 mol/L 氢氧化钠溶液的毫升数,则

$$0.15 : 0.6 = x : 800$$
$$x = 200 (\text{mL})$$

3. 溶液浓度互换公式

$$\text{溶质质量分数}(\%) = \frac{\text{溶质物质的量浓度} \times \text{相对分子质量}}{\text{溶液体积} \times \text{密度}}$$

$$\text{溶质物质的量浓度}(\text{mol/L}) = \frac{\text{质量分数} \times \text{溶液体积} \times \text{密度}}{\text{相对分子质量}}$$

附录Ⅴ　实验误差与提高实验准确度的方法

一、实验误差

生化分析常需要对组成生物机体的几类主要化学物质如糖、脂肪、蛋白质、核酸、维生素、酶等进行定量测定。在进行定量分析测定的过程中,由于受分析方法、测量仪器、所用试剂和分析工作者等方面的限制,很难使测量值与客观存在的真实值完全一致,即分析过程中误差是客观存在的。作为分析工作者不仅要测定试样中待测组成的含量,还应对测定结果做出评价,判断它的准确度和可靠性程度,找出产生误差的原因,并采取有效措施减少误差,使所得的结果尽可能准确地反映试样中待测组分的真实含量。

1. 准确度和误差

准确度表示实验分析测定值与真实值相接近的程度。因测定值与真实值之间的差值为误差,所以误差愈小,测定值愈准确,即准确度愈高。误差可用绝对误差和相对误差来表示。

绝对误差为测定值与真实值之差:

$$\Delta N = N - N'$$

相对误差表示绝对误差在真实值中所占的百分率:

$$\text{相对误差}(\%) = \frac{\Delta N}{N'} \times 100\%$$

式中,ΔN 为绝对误差,N 为测定值,N' 为真实值。

例6　用分析天平称得两种蛋白质的质量各为 2.1750 g 和 0.2175 g,假定两者的真实值各为 2.1751 g 和 0.2176 g,则称量的绝对误差应分别为

$$2.1750 - 2.1751 = -0.0001 (\text{g})$$

$$0.2175 - 0.2176 = -0.0001(g)$$

它们的相对误差应分别为

$$\frac{-0.0001}{2.1751} \times 100\% = -0.005\%$$

$$\frac{-0.0001}{0.2176} \times 100\% = -0.05\%$$

由此可见,两种蛋白质称量的绝对误差虽然相等,但当用相对误差表示时,就可看出第一份称量的准确度比第二份的准确度大 10 倍。显然,当被称量物体的质量较大时,相对误差较小,称量的准确度就较高。所以,应该用相对误差来表示分析结果的准确度。但因真实值是并不知道的,因此在实际工作中无法求出分析的准确度,只得用精确度来评价分析的结果。

2. 精确度和偏差

在分析测定中,测试者常在相同条件下,对同一试样进行多次重复测定(称平行测定),所得结果不完全一致,每一测定值与真实值都有差别,但若取它们的平均值,就有可能更接近真实值,如果多次重复的测定值比较接近,表示测定结果的精确度较高。

精确度表示在相同条件下,进行多次实验的测定值相近的程度。一般用偏差来衡量分析结果的精确度。偏差也有绝对偏差和相对偏差两种表示方法。

设一组测定数据(n 次平行测定)为 $x_1, x_2, \cdots, x_n$,其算术平均值为

$$\bar{x} = \frac{x_1 + x_2 + \cdots + x_n}{n} = \frac{1}{n}\sum_{i=1}^{n} x_i$$

绝对偏差 = 测定值 - 算术平均值(不计正负号),即

$$d_i = x_i - \bar{x}$$

$$相对偏差 = \frac{绝对偏差}{算术平均值} \times 100\% = \frac{d_i}{\bar{x}} \times 100\%$$

当然,与误差的表示方法一样,用相对偏差来表示实验的精确度,比用绝对偏差更有意义。

此外,精确度也常用平均绝对偏差和平均相对偏差来表示。平均绝对偏差是个别测定值的绝对偏差的算术平均值。

例 7 分析某一蛋白制剂含氮量的百分数,共测 5 次,其结果分别为:16.1%,15.8%,16.3%,16.2%,15.6%。用来表示精确度的偏差可计算如下:

分析结果	算术平均值	个别测定值的绝对偏差(不计正负)
16.1%		0.1%
15.8%		0.2%
16.3%	16.0%	0.3%
16.2%		0.2%
15.6%		0.4%

$$平均绝对偏差 = \frac{0.1\% + 0.2\% + 0.3\% + 0.2\% + 0.4\%}{5} = 0.2\%$$

$$平均相对偏差 = \frac{0.2}{16.0} \times 100\% = 1.25\%$$

在分析实验中,有时只做 2 次平行测定,这时就应用下式表达结果的精确度:

$$\frac{2次分析结果的差值}{平均值} \times 100\%$$

应该指出,准确度和精确度、误差和偏差具有不同的含义,不能混为一谈,准确度是表示测定值与真实值相符合程度,用误差来衡量,误差越小,测定准确度愈高。精确度则表示在相同条件下多次重复测定值相符合程度,用偏差来衡量,偏差愈小,测定的精确度愈好。

误差以真实值为标准,而偏差以平均值为标准,由于物质的真实值一般是无法知道的,我们平时所说的真实值其实只是采用各种方法进行多次平行分析所得到相对正确的平均值。用这一平均值代替真实值来计算误差,得到的结果仍然只是偏差。例如,上述蛋白质制剂含氮量的测定结果可用 $16.0\% \pm 0.2\%$ 表示。

还应指出,用精确度来评价分析的结果是有一定的局限性的。分析结果的精确度很高(即平均相对误差很小),并不一定说明实验的准确度也很高。因为如果分析过程中存在系统误差,可能并不影响每次测得数值之间的重合程度,即不影响精确度,但此分析结果却必然偏离真实值,也就是分析的准确度并不一定很高。当然,如果精确度也不高,则无准确度可言。所以精确度是保证准确度的先决条件。在实际分析中,首先要求良好的精确度,测定的精确度越好,得到准确结果的可能性就越大,通常进行分析时,对同一试样,必须用同样方法,在同一条件下由同一个人操作,作几个平行测定,取其平均值,测定次数越多,平均值就越接近真实值。

二、误差来源

由于所有的测量都可能产生误差,故应了解这些误差的可能来源。一般根据误差的性质和来源,将误差分为系统误差(可测误差)和偶然误差(随机误差)两类。

1. 系统误差

它是由于测定过程中某些经常发生的原因所造成的,它对测定结果的影响比较稳定,在同一条件下重复测定中常重复出现,使测定结果不是偏高,就是偏低,而且大小有一定规律,它的大小与正负往往可以测定出来,至少从理论上来说是可以测定的,故又称可测误差。系统误差的主要来源有以下四个方面。

(1)方法误差:由于采用的分析方法本身造成的。如重量分析中沉淀物沉淀不完全或洗涤过程中少量溶解,给分析测定结果带来负误差,或由于杂质共沉淀以及称量时沉淀吸水,引起正误差。又如滴定分析中,等摩尔反应终点和滴定终点不完全符合等。

(2)仪器误差:因为仪器本身不够精密所产生的误差。如天平、砝码和量器皿体积不够准确,或没有根据实验的要求选择一定精密度的仪器等。

(3)试剂误差:来源于试剂或去离子水含有的微量杂质。

(4)个人操作误差:由于每个分析工作者掌握操作规程、控制条件与使用仪器常有出入而造成的。如不同的操作者对滴定终点颜色变化的分辨判断能力的差异,个人视差也常引起不正确读数等。

2. 偶然误差

它来源于某些难以预料的偶然因素,或是由于取样不随机,或是因为测定过程中某些不易控制的外界因素(如测定时环境、温度、湿度和气压的微小波动)的影响。尤其在生物测定中,由于影响因素是多方面的,例如动物的健康状态、饲养条件、生物材料的新鲜程度、微生物的菌种和培养基的条件等,往往造成较大的偶然误差。这种误差是由某些偶然因素造成的,它的数值有时大,有时小,有时正,有时负,所以偶然误差又称不定误差。

偶然误差产生于一些难以确定的因素,似乎没有规律性,但如果在同一条件下进行多次重复测定,就会发现测定数据的分布符合一般的统计规律。粗略地说,偶然误差是随着不同的机会(随机)而出现的,因此采用"随机误差"这个名称更为确切。

为了减少偶然误差,一般采取的措施是:

(1) 平均取样:根据实验要求并考虑生物材料的特殊性如动物的种属、年龄、性别、生长状态及饲养条件,选取动、植物某一新鲜组织制成匀浆后取样,细菌通常制成悬浮液,经玻璃珠打散摇匀后,再量取一定体积的菌体样品。固体样品应于取样前先进行粉碎,混匀。

(2) 多次取样:根据偶然误差出现的规律,进行多次平行测定,并计算平均值,可以有效地减少偶然误差。

除去以上两类误差之外,还有因分析人员工作中的粗心大意、操作不正确引起的"过失误差",如读错刻度读数,溶液溅出,加错试剂等,这时可能出现一个很大的"误差值",在计算算术平均值时,应舍去此种数值。

三、提高实验准确度的方法

提高分析结果的准确度就必须减少测定中的系统误差和偶然误差。减少系统误差常采取下列方法:

1. 标准物对照

在任何测试中,甚至在使用标定仪器和基准试剂时,都应使用待测物质的标准溶液。这种做法能对方法的准确度提供一种有用的检查,因为测量所得的数据必须落在真实值范围之内。标准溶液应与待测溶液用完全相同的方法处理,此时可以画出一条能够指示用浓度测量物质量变的标准曲线,从待测溶液得到的测定值应落在标准曲线范围之内,然后读出测定数值。或者取标准物某一确定浓度的溶液与待测液以同样的方法,在相同条件下平行测定(标准物的组成最好与待测液相似,含量也相近),得平均值 $\bar{x}_{标}$。

标准物的已知浓度常视为真实值 μ,用 t-检验法(参阅参考资料[4])检验 $\bar{x}_{标}$ 与 μ 之间是否有显著性差异,即检验所采用的测定方法是否有系统误差。如果有系统误差,需对待测液的测定值加以校正。计算方法如下:

$$\frac{\bar{x}_{标}}{\mu} = \frac{\bar{x}_{未}}{x_{未}}$$

则

$$x_{未} = \frac{\mu}{\bar{x}_{标}}\bar{x}_{未}$$

式中, $\bar{x}_{未}$ 为待测液测定值的平均值, $\mu/\bar{x}_{标}$ 作为校正系数。测定值经校正后,即可消除测定中的系统误差。

2. 设置空白试验

在任何测量实验中,都应设置空白溶液作为对照,以消除由于试剂中含有干扰杂质或溶液对器皿的侵蚀等所产生的系统误差。用等体积的去离子水代替待测液,并严格按照待测液和标准液相同的方法及条件同时进行平行测定,所得结果称为空白值,它是由所用的试剂而不是待测物所造成的。将待测物的分析结果扣除空白值,就可以得到比较准确的结果。

空白值一般不应过大,特别在微量分析测定时,如果空白值太大,应将试剂加以纯化和改用其他适当的器皿。

3. 校正仪器

仪器不准确引起的系统误差可以通过仪器校正来减小。为此,应该经常对测量仪器(如砝码、天平、容器等)进行预先的校正,以减小误差,并在计算实验结果时用校正值。

总之,在分析测定工作中,应注意合理安排实验系统,以尽量减少系统误差或使系统误差在测定中不起主要作用。

四、准确度、精确度和误差的关系

在同样条件下,对同一试样进行多次重复测定,将产生偶然误差。由于偶然误差的出现符合统计规律,因此测定次数越多,偶然误差可以互相抵消一部分,平均值就越接近真实值,但它并不能视为真实值;系统误差则在重复测定中重复出现。无限次测定值的平均值与真实值之差可认为是系统误差。

因此,精确度的大小主要决定于测定的偶然误差;准确度的大小,主要决定于测定的系统误差。通过多次重复测定,取其平均值,可以降低偶然误差。而系统误差只有找出产生误差的原因,采取措施,方能消除。

为了避免生化定量测定中的偶然误差,需要在相同条件下进行多次平行测定。许多情况下,多次实验结果比较分散,往往不容易看出它们的意义和规律性。分析工作者如何对这些测定数据进行评价,如何找出这些数据的规律性,并利用它来指导实践,数理统计法是处理数据的一种科学和实用的方法。关于数理统计学的原理和应用,本文不再加以介绍,请参阅参考资料[4]~[6]和其他有关生物统计学专著。

参 考 资 料

[1]　北京大学生物学系生物化学教研室编.生物化学实验指导.北京:人民教育出版社,1979,3~5
[2]　张龙翔,吴国利主编.高级生物化学实验选编.北京:高等教育出版社,1989,242~245
[3]　华中师范大学等编.分析化学.北京:人民教育出版社,1981,118~143
[4]　薛华编著.分析化学.北京:清华大学出版社,1986,102~133
[5]　高小霞.分析化学中的数理统计方法.分析化学丛书,第一卷,第七册.北京:科学出版社,1988,1~66
[6]　杜荣骞编.生物统计.北京:高等教育出版社,1985,1~23,76~84
[7]　Plummer D T. An Introduction to Practical Biochemistry ,2nd ed. McGraw-Hill Book Co (UK) Limited,1978,1~21
[8]　Boyer R F. Modern Experimental Biochemistry, 3rd ed. California,Redwood City: The Benjamin/Cummings Publishing Company,Inc,2000,19~25

附录Ⅵ　实验记录与实验报告

一、实验记录

记录实验结果、书写实验报告是实验课教学的重要环节之一,同样需要认真对待。

(1)实验前必须认真预习,弄清原理和操作方法,并在实验记录本上写出扼要的预习报告,内容包括实验基本原理、简要的操作步骤(可用流程图等表示)和记录数据的表格等。

（2）实验中观察到的现象、结果和测试的数据应及时、如实地记录在实验记录本上。当发现与教材描述情况、结论不一致时，尊重客观，不先入为主，记录实情，留待分析讨论原因，总结经验教训。

（3）在已设计好的记录表格上，准确记录下观测数据，如称量物的质量、分光光度计的读数等，并根据仪器的精确度准确记录有效数字。例如，吸光值为 0.050，不应写成 0.05。

（4）详细记录实验条件，如生物材料来源、形态特征、健康状况、选用的组织及其质量；主要仪器的型号和规格；化学试剂的规格、化学式、相对分子质量、准确的浓度等，以便总结实验时进行核对和作为查找成败原因的参考依据。

（5）实验记录不能用铅笔，须用钢笔或圆珠笔。记录不要擦抹及修改，写错时可以准确地划去重记。

（6）如果怀疑所记录的观测结果或实验记录遗漏、丢失，都必须重做实验，切忌拼凑实验数据、结果，自觉培养一丝不苟、严谨的科学作风。

二、实验报告

实验报告是做完每个实验后的总结。通过汇报本人的实验过程与结果，分析总结实验的经验和问题，加深对有关理论和技术的理解与掌握，同时也是学习撰写研究论文的过程。

实验报告基本格式如下：

实验名称：	姓名：	班次：	日期：

（一）目的和要求

（二）原理

（三）试剂和仪器

（四）操作方法

（五）实验结果

（六）讨论

书写实验报告应注意以下几点：

（1）书写实验报告应使用实验报告纸，为避免遗失，实验课全部结束后可装订成册以便保存。

（2）简明扼要地概括出实验的原理，涉及的化学反应最好用化学反应式表示。

（3）应列出所用的试剂和主要仪器。特殊的仪器要画出简图并有合适的图解，说明化学试剂时要避免使用未被普遍接受的商品名或俗名。

（4）实验方法步骤的描述要简洁，不要照抄实验指导书或实验讲义，但要写得明白，以便他人能够重复。

（5）应如实、详细记录实际观察到的实验现象，而不是照抄实验指导书所列应观察到的实验结果。在科学研究中，仔细观察，特别注意未预期的实验现象是十分重要的，这些观察常常引起意外的发现，而且为了重复工作也需要准确的实验报告。

（6）讨论不应是实验结果的重述，而是以结果为基础的逻辑推论，如对定性实验，在分析实验结果基础上应有一简短而中肯的结论。讨论部分还可以包括关于实验方法（或操作技术）和有关实验的一些问题，如实验异常结果的分析，对于实验设计的认识、体会和建议，对实验课的改进意见等。

三、表格和图解

1. 表格

最好用图表的形式概括实验的结果。根据所记录数据的性质,确定用图还是用表。表格设计要求紧凑、简明并有编号和标题,有时还需要紧接在标题下面有一详细的说明。在每一纵行数据结果的顶端注明所使用的单位而不要在表格的每一行中都重复地书写数据的单位。表格中的数据应有合适的位数,为此可适当调整数据的单位,例如浓度 0.0072 mol/L 最好表示为 7.2 mmol/L。表格举例如表 5 所示。

表 5　双缩脲法蛋白质测定标准曲线

	管　　号						
	0	1	2	3	4	5	6
标准液浓度/(mg · mL^{-1})	0	0.2	0.4	0.6	0.8	1.0	1.2
标准液体积/mL	—	3.0	3.0	3.0	3.0	3.0	3.0
去离子水/mL	6.0	3.0	3.0	3.0	3.0	3.0	3.0
双缩脲试剂/mL	2.0	2.0	2.0	2.0	2.0	2.0	2.0
摇匀,37℃下保温 10 min 后,测 $A_{540\,nm}$							
$A_{540\,nm}$	—						

2. 图解

常常在实验报告中,画上专用仪器的粗略草图,用图线表示层析或电泳的结果或用流程图表示纯化的步骤。绘制层析、电泳图谱时,除比例关系由实验者酌情安排外,层析斑点、电泳区带形状、位置、颜色及其深度、背景颜色等应力求与原物一致。对电泳图谱可以进行照相或扫描。

一般说来,当所观察记录的数据较多时,用图线比表格好。从图中吸取结果也比从表中来得容易。而且观察各点是否能画成一个光滑的曲线还能给出实验中偶然误差的某些概念。此外,图能清楚地指出测量的中断,而从数字表格中则不容易看出来。

3. 直线图

如 y 和 x 的关系与下列方程式类似:

$$y = mx + c$$

那么,以 y 对 x 作图就得到一条直线。直线的斜率是 m,它与 y 轴的截距为 c。

在许多情况下,y 和 x 并不是线性关系,但对数据进行某种处理,仍可得到一条直线。如 Lambert-Beer 定律和酶动力学米氏方程。

4. 怎样画图

在许多实验中,都有一个量,如浓度、pH 或温度,在系统地变化着,要测量的是此量对另一量的影响。已知量叫做自变量,未知量或待测量叫做因变量。画图时,习惯把自变量画在横轴(x 轴)上,而把因变量画在纵轴(y 轴)上。下面列举一些作图的提示:

(1) 为了清楚起见,调整标度使斜度在 45°范围内。

(2) 图应有简明的标题。清楚地标明两个轴的计量单位。

(3) 最好用简单数字标明轴上的标度(如使用 10 mmol/L 就比 0.01 mol/L 或

10 000 μmol/L 要好）。

（4）表示实验中所测定点的位置应用清楚设计的符号（○，●，□，■，△，▲）而不用×，＋或一个小点。

（5）尽可能使各点间的距离相等，不要使各点挤在一起或让它们之间的距离太大。

（6）根据不同的实验用光滑的连续的曲线或用直线连接各点。

（7）符号的大小应能指示各值的可能误差，而且，由于自变量常常知道得很准确，有时也可以把结果表示为垂直的线或棒，其长度依赖于因变量的差异。

参 考 资 料

[1] 北京大学生物学系生物化学教研室编. 生物化学实验指导. 北京：人民教育出版社，1979，9～10

[2] Plummer D T. An Introduction to Practical Biochemistry. London：McGraw-Hill Book Co Limited，1978，16～21

[3] Boyer R F. Modern Experimental Biochemitry, 3rd ed. New York：Addison Wesley Longman, 2000，8～10

附录Ⅶ　常用数据表

一、元素的相对原子质量表

（按照原子序数排列，以$^{12}C=12$ 为基准）

符号	名称	英文名	原子序	相对原子质量	符号	名称	英文名	原子序	相对原子质量
H	氢	Hydrogen	1	1.00794(7)	Sc	钪	Scandium	21	44.955910(8)
He	氦	Helium	2	4.002602(2)	Ti	钛	Titanium	22	47.867(1)
Li	锂	Lithium	3	6.941(2)	V	钒	Vanadium	23	50.9415(1)
Be	铍	Beryllium	4	9.012182(3)	Cr	铬	Chromium	24	51.9961(6)
B	硼	Boron	5	10.811(7)	Mn	锰	Manganese	25	54.938049(9)
C	碳	Carbon	6	12.0107(8)	Fe	铁	Iron	26	55.845(2)
N	氮	Nitrogen	7	14.0067(2)	Co	钴	Cobalt	27	58.933200(9)
O	氧	Oxygen	8	15.9994(3)	Ni	镍	Nickel	28	58.6934(2)
F	氟	Fluorine	9	18.9984032(5)	Cu	铜	Copper	29	63.546(3)
Ne	氖	Neon	10	20.1797(6)	Zn	锌	Zinc	30	65.409(4)
Na	钠	Sodium	11	22.989770(2)	Ga	镓	Gallium	31	69.723(1)
Mg	镁	Magnesium	12	24.3050(6)	Ge	锗	Germanium	32	72.64(1)
Al	铝	Aluminum	13	26.981538(2)	As	砷	Arsenic	33	74.92160(2)
Si	硅	Silicon	14	28.0855(3)	Se	硒	Selenium	34	78.96(3)
P	磷	Phosphorus	15	30.973761(2)	Br	溴	Bromine	35	79.904(1)
S	硫	Sulfur	16	32.065(5)	Kr	氪	Krypton	36	83.798(2)
Cl	氯	Chlorine	17	35.453(2)	Rb	铷	Rubidium	37	85.4678(3)
Ar	氩	Argon	18	39.948(1)	Sr	锶	Strontium	38	87.62(1)
K	钾	Potassium	19	39.0983(1)	Y	钇	Yttrium	39	88.90585(2)
Ca	钙	Calcium	20	40.078(4)	Zr	锆	Zirconium	40	91.224(2)

元素			原子序	相对原子质量	元素			原子序	相对原子质量
符号	名称	英文名			符号	名称	英文名		
Nb	铌	Niobium	41	92.90638(2)	Ta	钽	Tantalum	73	180.9479(1)
Mo	钼	Molybdenum	42	95.94(2)	W	钨	Tungsten	74	183.84(1)
Tc	锝	Technetium	43	97.907*	Re	铼	Rhenium	75	186.207(1)
Ru	钌	Ruthenium	44	101.07(2)	Os	锇	Osmium	76	190.23(3)
Rh	铑	Rhodium	45	102.90550(2)	Ir	铱	Iridium	77	192.217(3)
Pd	钯	Palladium	46	106.42(1)	Pt	铂	Platinum	78	195.078(2)
Ag	银	Silver	47	107.8682(2)	Au	金	Gold	79	196.96655(2)
Cd	镉	Cadmium	48	112.411(8)	Hg	汞	Mercury	80	200.59(2)
In	铟	Indium	49	114.818(3)	Tl	铊	Thallium	81	204.3833(2)
Sn	锡	Tin	50	118.710(7)	Pb	铅	Lead	82	207.2(1)
Sb	锑	Antimony	51	121.760(1)	Bi	铋	Bismuth	83	208.98038(2)
Te	碲	Tellurium	52	127.60(3)	Po	钋	Polonium	84	208.98*
I	碘	Iodine	53	126.90447(3)	At	砹	Astatine	85	209.99*
Xe	氙	Xenon	54	131.293(6)	Rn	氡	Radon	86	222.02*
Cs	铯	Cesium	55	132.90545(2)	Fr	钫	Francium	87	223.02*
Ba	钡	Barium	56	137.327(7)	Ra	镭	Radium	88	226.03*
La	镧	Lanthanum	57	138.9055(2)	Ac	锕	Actinium	89	227.03*
Ce	铈	Cerium	58	140.116(1)	Th	钍	Thorium	90	232.0381(1)
Pr	镨	Praseodymium	59	140.90765(2)	Pa	镤	Protactinium	91	231.03588(2)
Nd	钕	Neodymium	60	144.24(3)	U	铀	Uranium	92	238.02891(3)
Pm	钷	Promethium	61	144.91*	Np	镎	Neptunium	93	237.05*
Sm	钐	Samarium	62	150.36(3)	Pu	钚	Plutonium	94	244.06*
Eu	铕	Europium	63	151.964(1)	Am	镅	Americium	95	243.06*
Gd	钆	Gadolinium	64	157.25(3)	Cm	锔	Curium	96	247.07*
Tb	铽	Terbium	65	158.92534(2)	Bk	锫	Berkelium	97	247.07*
Dy	镝	Dysprosium	66	162.50(3)	Cf	锎	Californium	98	251.08*
Ho	钬	Holmium	67	164.93032(2)	Es	锿	Einsteinium	99	252.08*
Er	铒	Erbium	68	167.259(3)	Fm	镄	Fermium	100	257.10*
Tm	铥	Thulium	69	168.93421(2)	Md	钔	Mendelevium	101	258.10*
Yb	镱	Ytterbium	70	173.04(3)	No	锘	Nobelium	102	259.10*
Lu	镥	Lutetium	71	174.967(1)	Lr	铹	Lawrencium	103	260.11*
Hf	铪	Hafnium	72	178.49(2)	Rf	𬬻	Rutherfordium	104	261.11*

注:录自 2003 年国际原子量表(IUPAC Commission on Atomic Weights and Isotopic Abundances)。(　)表示相对原子质量数值最后一位的不确定性;* 表示半衰期最长同位素的相对原子质量。

二、常用市售酸碱的浓度

溶　质	分子式	M_r	物质的量浓度 /(mol·L^{-1})	质量浓度 /(g·L^{-1})	质量分数/%	密度 /(g·cm^{-3})	配制 1 mol·L^{-1} 溶液的加入量/(mL·L^{-1})
冰乙酸	CH$_3$COOH	60.05	17.4	1045	99.5	1.05	57.5
乙酸	CH$_3$COOH	60.05	6.27	376	36	1.045	159.5
甲酸	HCOOH	46.03	23.6	1086	90	1.22	42.7
盐酸	HCl	36.5	11.6	424	36	1.18	85.9
			2.9	105	10	1.05	347.6
硝酸	HNO$_3$	63.02	15.99	1008	71	1.42	62.5
			14.9	938	67	1.40	67.1
			13.3	837	61	1.37	75.2
高氯酸	HClO$_4$	100.5	11.65	1172	70	1.67	85.8
			9.2	923	60	1.54	108.7
正磷酸	H$_3$PO$_4$	98.0	14.7	1441	85	1.70	67.8
硫酸	H$_2$SO$_4$	98.07	18.3	1795	96	1.84	55.5
氨水	NH$_4$OH	35.0	14.8	251	28	0.898	67.6
氢氧化钾	KOH	56.1	13.5	757	50	1.52	74.1
			1.94	109	10	1.09	515.5
氢氧化钠	NaOH	40.0	19.1	763	50	1.53	52.4
			2.75	111	10	1.11	363.6

三、一些常用化合物的溶解度（20℃）

名　称	分子式	溶解度	名　称	分子式	溶解度
硝酸银	AgNO$_3$	218	溴化钾	KBr	65.8
硫酸铝	Al$_2$(SO$_4$)$_3$·18H$_2$O	36.4	氯化钾	KCl	34.0
氯化钡	BaCl$_2$	35.7	碘化钾	KI	144
氢氧化钡	Ba(OH)$_2$	3.84	重铬酸钾	K$_2$Cr$_2$O$_7$	13.1
氯化钙	CaCl$_2$	74.5	碘酸钾	KIO$_3$	8.13
乙酸钙	Ca(C$_2$H$_3$O$_2$)$_2$·2H$_2$O	34.7	高锰酸钾	KMnO$_4$	6.4
氢氧化钙	Ca(OH)$_2$	1.65×10^{-1}	硝酸钾	KNO$_3$	31.6
硫酸铜	CuSO$_4$	20.7	氢氧化钾	KOH·2H$_2$O	112
三氯化铁	FeCl$_3$	91.9	硫酸锂	Li$_2$SO$_4$	34.2
硫酸亚铁	FeSO$_4$·7H$_2$O	26.5	硫酸镁	MgSO$_4$·7H$_2$O	26.2
氯化汞	HgCl$_2$	6.6	草酸铵	(NH$_4$)$_2$C$_2$O$_4$	4.4
碘	I$_2$	2.9×10^{-2}	氯化铵	NH$_4$Cl	37.2

名　称	分子式	溶解度	名　称	分子式	溶解度
硫酸铵	$(NH_4)_2SO_4$	75.4	碳酸钠	$Na_2CO_3 \cdot 10H_2O$	21.5
硼砂	$Na_2B_4O_7 \cdot 10H_2O$	2.7	碳酸钠	$Na_2CO_3 \cdot H_2O$	50.5(30℃)
乙酸钠	$NaC_2H_3O_2 \cdot 3H_2O$	46.5	碳酸氢钠	$NaHCO_3$	9.6
无水乙酸钠	$NaC_2H_3O_2$	123.5	磷酸氢二钠	$Na_2HPO_4 \cdot 12H_2O$	7.7
氯化钠	$NaCl$	36.0	硫代硫酸钠	$Na_2S_2O_3$	70.0
氢氧化钠	$NaOH$	109.0			

表中数值表示每 100 g 水中所含溶质的克数。凡不是在 20℃时的溶解度,都在溶解度数据的后面注明温度。

四、一些常用做缓冲剂的化合物的酸解离常数

化 合 物	pK_a	化 合 物	pK_a	化 合 物	pK_a
二苯胺	0.85	柠檬酸,K_2	4.75	二乙基巴比妥酸	7.98
草酸,K_1	1.30	苹果酸,K_2	5.05	三羟甲基氨基甲烷(Tris)	8.08
顺丁烯二酸,K_1	1.92	吡啶,K_1	5.19	甘氨酰甘氨酸,K_2	8.13
磷酸,K_1	1.92	苯二甲酸,K_2	5.40	2,4-或 2,5-甲基咪唑	8.36
乙二胺四乙酸(EDTA),K_1	2.00	琥珀酸,K_2	5.60	焦磷酸,K_4	8.44
甘氨酸,K_1	2.45	丙二酸,K_2	5.66	2-氨基-2-甲基-1,3-丙二醇	8.67
乙二胺四乙酸(EDTA),K_2	2.67	羟胺	6.09	吡啶,K_2	8.85
哌啶,K_1	2.80	组氨酸,K_2	6.10	二乙醇胺	8.88
丙二酸,K_1	2.85	二甲胂酸	6.15	精氨酸,K_2	9.04
苯二甲酸,K_1	2.90	乙二胺四乙酸(EDTA),K_3	6.16	硼酸	9.23
酒石酸,K_1	2.96	β,β'-二甲基戊二酸,K_2	6.20	氢氧化铵	9.30
延胡索酸,K_1	3.02	顺丁烯二酸,K_2	6.22	乙醇胺	9.44
柠檬酸,K_1	3.10	碳酸,K_1	6.35	甘氨酸,K_2	9.60
甘氨酰甘氨酸,K_1	3.15	柠檬酸,K_3	6.40	三甲胺	9.87
α,β'-二甲基戊二酸,K_1	3.66	4-或 5-羟甲基咪唑	6.40	乙二胺,K_2	10.11
甲酸	3.75	焦磷酸,K_3	6.54	乙二胺四乙酸(EDTA),K_4	10.26
巴比妥酸	3.79	砷酸,K_2	6.60	碳酸,K_2	10.32
乳酸	3.89	磷酸,K_2	6.70	乙胺	10.67
琥珀酸,K_1	4.18	咪唑	6.95	甲胺	10.70
苯甲酸	4.20	2-氨基嘌呤	7.14	二甲胺	10.70
草酸,K_2	4.26	乙二胺,K_1	7.30	二乙胺	11.00
酒石酸,K_2	4.37	2,4,6-三甲吡啶	7.32	哌啶,K_2	11.12
延胡索酸,K_2	4.39	4-或 5-甲基咪唑	7.52	磷酸,K_3	12.32
乙酸	4.73	三乙醇胺	7.77	精氨酸,K_3	12.50

五、某些有机溶剂的主要物理常数

名　　称	化学式	密度 d,20/4° /(g·cm^{-3})	沸点或沸程/℃	20℃时在水中的溶解度	闪光点/℃	爆炸极限/%（体积）
苯	C_6H_6	0.897	80.1	0.08	−16	—
甲苯	$C_6H_5CH_3$	0.866	110.8	0.05	～5	1.2～7.0
二甲苯(邻,对,间混合物)	$C_6H_4(CH_3)_2$	0.86～0.87	136～145	不溶	～20	—
汽油	—	0.69～0.73	40～200	不溶	＜−25	—
甲醇	CH_3OH	0.7915	64.65	∞	～0	6.0～36.5
乙醇	C_2H_5OH	0.7893	78.4	∞	12	3.5～18.0
正丙醇	C_3H_7OH	0.8036	97.19	∞	15	2.5～8.7
异丙醇	C_3H_7OH	0.7851	82.5	∞	12	3.8～10.2
正丁醇	C_4H_9OH	0.8098	117.7	9(15/4°)	28	3.7～10.2
异丁醇	C_4H_9OH	0.806(15/4°)	107	9.5	22	2.40
异戊醇	$C_5H_{11}OH$	0.8110(25/4°)	137.8	2.6	40	—
甘油	$C_3H_5(OH)_3$	1.2613	290(分解)	∞	—	—
乙醚	$C_2H_5OC_2H_5$	0.7135	34.5	7.5	−40	1.85～36.5
乙酸乙酯	$CH_3COOC_2H_5$	0.901	77.15	8.6(35℃)	−5	—
乙酸异戊酯	$CH_3COOC_5H_{11}$	0.876	142.5	0.2	25	—
丙酮	CH_3COCH_3	0.7898	56.5	∞	−20	2.55～12.80
环己酮	$CO(CH_2)_4CH_2$	0.9478	155.7	2.4(31℃)	−44	—
硝基苯	$C_6H_5NO_2$	1.2037	210.9	0.19	−20	—
吡啶	C_5H_5N	0.978	115.56	∞	20	1.8～12.4

闪光点(或称闪点)：使物质的蒸气在移近火焰时,其表面上可与空气生成闪燃混合物的最低温度(能燃烧并不传播,很快熄灭),闪点低于45℃的物质,按一般分类属于易燃物质。

六、氨基酸的一些物理常数

中文名称	英文名称(缩写及单字母记号)	M_r	熔点/℃*	溶解度**	等电点	pK_a(25℃)
DL-丙氨酸	DL-alanine(Ala,A)	89.09	295d	16.6	6.00	(1)2.35　(2)9.69
L-丙氨酸	L-alanine(Ala,A)	89.09	297d	16.65	6.00	
D-精氨酸	DL-arginine(Arg,R)	174.20	238d		10.76	(1)2.17(COOH) (2)9.04(NH$_2$) (3)12.48(胍基)
L-精氨酸	L-arginine(Arg,R)	174.20	244d	15.0^{21}	10.76	
DL-天冬酰胺	DL-asparagine(Asp-NH$_2$) (Asn,N)	132.12	213～215d	2.16		(1) 2.02 (2)8.8
L-天冬酰胺	L-asparagine(Asp-NH$_2$) (Asn,N)	132.12	236d (水合物)	2.989		
L-天冬氨酸	L-aspartic acid(Asp,D)	133.10	269～271	0.5	2.77	(1)2.09(α-COOH) (2)3.86(β-COOH) (3)9.82(NH$_2$)
L-瓜氨酸	L-citrulline(Cit)	175.19	234～237d	易溶		

续表

中文名称	英文名称(缩写及单字母记号)	M_r	熔点/℃ *	溶解度**	等电点	pK_a(25℃)
L-半胱氨酸	L-cysteine(Cys,C)	121.15		易溶	5.07	(1)1.71 (2)8.33(NH_2) (3)10.78(SH)
DL-胱氨酸	DL-cystine(Cyss)	240.29	260	0.0049	5.05	(1)1.65　(2)2.26 (3)7.85　(4)9.85
L-胱氨酸	L-cystine(Cyss)	240.29	258~261d	0.011	5.05	
DL-谷氨酸	DL-glutamic acid(Glu,E)	147.13	225~227d	2.054	3.22	(1)2.19 (2)4.25 (3)9.67
L-谷氨酸	L-glutamic acid(Glu,E)	147.13	247~249d	0.864	3.22	
L-谷氨酰胺	L-glutamine(Glu-NH_2)(Gln,Q)	146.15	184~185	4.25		(1)2.17　(2)9.13
甘氨酸	Glycine(Gly,G)	75.07	292d	24.99	5.97	(1)2.34　(2)9.6
DL-组氨酸	DL-histidine(His,H)	155.16	285~286d	易溶		(1)1.82(COOH) (2)6.0(咪唑基) (3)9.17(NH_2)
L-组氨酸	L-histidine(His,H)	155.16	277d	4.16		
L-羟脯氨酸	L-hydroxyproline（Pro-OH）(Hyp)	131.13	270d	36.11	5.83	(1)1.92　(2)9.73
DL-异亮氨酸	DL-isoleucine(Ile,I)	131.17	292d	2.229	6.02	(1)2.36　(2)9.68
L-异亮氨酸	L-isoleucine(Ile,I)	131.17	285~286d	4.12	6.02	
DL-亮氨酸	DL-leucine(Leu,L)	131.17	332d	0.991	5.98	(1)2.36　(2)9.60
L-亮氨酸	L-leucine(Leu,L)	131.17	337d	2.19	5.98	
DL-赖氨酸	DL-lysine(Lys,K)	146.19			9.74	(1)2.18 (2)8.95(α-NH_2) (3)10.53(ϵ-NH_2)
L-赖氨酸	L-lysine(Lys,K)	146.19	224d	易溶	9.74	
DL-甲硫氨酸（蛋氨酸）	DL-methionine(Met,M)	149.21	281	3.38	5.74	(1)2.28　(2)9.21
L-甲硫氨酸	L-methionine(Met,M)	149.21	283d	易溶	5.74	
DL-苯丙氨酸	DL-phenylalanine(Phe,F)	165.19	318~320d	1.42	5.48	(1)1.83　(2)9.13
L-苯丙氨酸	L-phenylalanine(Phe,F)	165.19	283~284d	2.96	5.48	
DL-脯氨酸	DL-proline(Pro,P)	115.13	213	易溶	6.30	(1)1.99　(2)10.6
L-脯氨酸	L-proline(Pro,P)	115.13	220~222d	162.3	6.30	
DL-丝氨酸	DL-serine(Ser,S)	105.09	246d	5.02	5.68	(1)2.21　(2)9.15
L-丝氨酸	L-serine(Ser,S)	105.09	223~228d	25^{20}	5.68	
DL-苏氨酸	DL-threonine(Thr,T)	119.12	235 分解点	20.1	6.16	(1)2.63　(2)10.43
L-苏氨酸	L-threonine(Thr,T)	119.12	253 分解点	易溶	6.16	
DL-色氨酸	DL-tryptophane(Trp,W)	204.22	283~285	0.25^{30}	5.89	(1)2.38　(2)9.39
L-色氨酸	L-tryptophane(Trp,W)	204.22	281~282	1.14	5.89	

中文名称	英文名称(缩写及单字母记号)	M_r	熔点/℃ [*]	溶解度 [**]	等电点	pK$_a$(25℃)
DL-酪氨酸	DL-tyrosine(Tyr,Y)	181.19	316	0.0351	5.66	(1)2.20(COOH) (2)9.11(NH$_2$) (3)10.07(OH)
L-酪氨酸	L-tyrosine(Tyr,Y)	181.19	342.4d	0.045	5.66	
DL-缬氨酸	DL-valine(Val,V)	117.15	293d	7.04	5.96	(1)2.32 (2)9.62
L-缬氨酸	L-valine(Val,V)	117.15	315d	8.85^{20}	5.96	

* d 代表达到熔点后分解;** 在 25℃于 100 g 水中溶解的克数,特殊的温度条件则注明在右上角。

七、常见氨基酸在不同溶剂系统中的 R_f

氨 基 酸		R_f			
		(1)	(2)	(3)	(4)
Ala	丙氨酸	0.47	0.27	0.29	0.40
β-Ala	β-丙氨酸	0.33	0.27	0.30	0.29
Asp	天冬氨酸	0.55	0.21	0.06	0.06
Arg·HCl	盐酸精氨酸	0.04	0.08	0.19	0.07
	磺基丙氨酸	0.69	0.14	0.04	0.21
Cys	胱氨酸	0.39	0.16	0.12	0.22
Glu	谷氨酸	0.63	0.27	0.10	0.15
Gly	甘氨酸	0.43	0.22	0.24	0.34
His·HCl	盐酸组氨酸	0.33	0.06	0.32	0.42
	羟脯氨酸	0.44	0.20	0.38	0.31
Ile	异亮氨酸	0.60	0.46	0.49	0.58
Leu	亮氨酸	0.61	0.47	0.48	0.58
Lys·HCl	盐酸赖氨酸	0.03	0.05	0.09	0.11
Met	蛋氨酸	0.59	0.40	0.49	0.60
Phe	苯丙氨酸	0.63	0.49	0.55	0.60
Pro	脯氨酸	0.35	0.19	0.50	0.30
Ser	丝氨酸	0.48	0.22	0.20	0.31
Thr	苏氨酸	0.50	0.25	0.26	0.40
Trp	色氨酸	0.65	0.56	0.63	0.58
Tyr	酪氨酸	0.65	0.47	0.47	0.56
Val	缬氨酸	0.55	0.35	0.40	0.51

溶剂系统

(1) 95%乙醇/水(70:30,V/V)

(2) n-丁醇/冰乙酸/水(80:20:20,V/V)

(3) 酚/水(75:25,m/m),加 20 mg KCN/100 g 混合物

(4) 95%乙醇/34%氢氧化铵(70:30,V/V)

八、嘌呤、嘧啶碱基、核苷和核苷酸的相对分子质量

嘌呤、嘧啶碱基		核　苷		核 苷 酸	H-型	Na₂-型
					H-型	Na₂-型
腺嘌呤	135.11	腺苷	267.24	腺苷酸	347.22	391.22
鸟嘌呤	151.15	鸟苷	283.26	二磷酸腺苷	427.20	
黄嘌呤	152.11	黄苷	284.24	三磷酸腺苷	507.20	
次黄嘌呤	136.11	次黄苷	268.24	3′,5′-环腺苷酸	329.20	
胞嘧啶	111.10	胞苷	243.23	鸟苷酸	363.24	407.22
尿嘧啶	112.09	尿苷	244.20	肌苷酸	348.22	
胸腺嘧啶	126.11	脱氧腺苷	251.24	胞苷酸	323.21	367.31
		脱氧鸟苷	267.24	尿苷酸	324.18	368.18
		脱氧肌苷	252.24	脱氧腺苷酸	331.22	
		脱氧胞苷	227.22	脱氧鸟苷酸	347.23	
		脱氧尿苷	228.20	脱氧胞苷酸	307.20	
		脱氧胸腺苷	242.23	脱氧胸腺苷酸	332.21	

九、某些蛋白质的物理性质

下表所列蛋白质常用做 SDS 凝胶电泳、蔗糖密度梯度离心和凝胶层析的标准。

蛋　白　质　（来源）	相对分子质量	沉降系数 $S_{20,W}^0 \cdot 10^{13}$ (S)	偏微比容 $\bar{V}/$ (cm³·g⁻¹)	$A_{280\,nm}/$ (mg·mL⁻¹)	Stokes半径/nm	亚基数
细胞色素 c（牛心）(cytochrome c)	13 370	1.83	0.728	2.32*	1.74	1
溶菌酶（鸡蛋清）(lysozyme)	13 930	1.91	0.703	2.64	2.06	1
核糖核酸酶（牛胰）(ribonuclease)	13 700	2.00	0.707	0.73	1.80	1
胰蛋白酶抑制剂（大豆）(trypsin inhibitor)	22 460	2.3	0.735	1.00	2.25	1
碳酸酐酶(carbonic anhydrase)(bovineB)	30 000	2.85	0.735	1.90	2.43	1
卵清蛋白（鸡蛋）(ovalbumin)	45 000	3.55	0.746	0.736	2.76	1
血清清蛋白（牛）(serum albumin)(bovine**)	67 000	4.31	0.732	0.667	3.70	1
烯醇酶（酵母）(enolase)	90 000	5.90	0.742	0.895	3.41	2
甘油醛-3-磷酸脱氢酶（兔肌肉）(glyceraldehyde 3-phosphate dehydrogenase)	145 000	7.60	0.737	0.815	4.30	4
乙醇脱氢酶（酵母）(alcohol dehydrogenase)	141 000	7.61	0.740	1.26	4.17	4
醛缩酶（兔肌肉）(aldolase)	156 000	7.35	0.742	0.938	4.74	4
乳酸脱氢酶（牛心）(lactic dehydrogenase)	136 000	7.45	0.747	0.970	4.03	4
过氧化氢酶（牛肝）(catalase)	247 500	11.30	0.730	1.64 (276nm)	5.22	4

　　* 在 416 nm 为 9.65；** 常发现含有 5%～10%二聚体（相对分子质量为 133 000）。

十、一些常见蛋白质相对分子质量参考值

蛋 白 质	相对分子质量
细胞色素 c（cytochrome c）	12 800
糜蛋白酶（胰凝乳蛋白酶）（chymotrypsin）	11 000 或 13 000
核糖核酸酶（ribonuclease 或 RNase）	13 700
R17 外壳蛋白（R17 coat protein）	13 750
溶菌酶（lysozyme）	14 300
血红蛋白［h(a) emoglobin］	15 500
天冬氨酸氨甲酰转移酶，R 链（aspartate transcarbamylase R chain）	17 000
肌红蛋白（myoglobin）	17 200
烟草花叶病毒外壳蛋白（TWV 外壳蛋白）（TWV coat protein）	17 500
β-乳球蛋白 B（β-lactoglobulin B）	18 400
木瓜蛋白酶（羧甲基）［papain (carboxymethyl)］	23 000
胰蛋白酶（trypsin）	23 300
（大豆）胰蛋白酶抑制剂 A（soya bean trypsin inhibitor）	22 500
糜蛋白酶原 A（胰凝乳蛋白酶原 A）（chymotrypsinogen A）	25 700
γ-球蛋白，L 链（γ-globulin, L chain）	23 500
枯草杆菌蛋白酶（subtilisin）	27 600
牛碳酸酐酶（bovine carbonic anhydrase）	29 000
羧肽酶 A（carboxypeptidase A）	34 000
天冬氨酸氨甲酰转移酶，C 链（aspartate transcarbamylase，C chain）	34 000
转磷酸核糖基酶（phosphoribosyl transferase）	35 000
胃蛋白酶（pepsin）	35 000
乳酸脱氢酶（lactate dehydrogenase）	36 000
原肌球蛋白（tropomyosin）	36 000
甘油醛磷酸脱氢酶（glyceraldehyde phosphate dehydrogenase）	36 000
醇脱氢酶（酵母）［alcohol dehydrogenase (yeast)］	37 000
D-氨基酸氧化酶（D-amino acid oxidase）	37 000
胃蛋白酶原（pepsinogen）	40 000
肌酸激酶（creatine kinase）	40 000
醛缩酶（aldolase）	40 000
烯醇酶（enolase）	41 000
醇脱氢酶（肝）［alcohol dehydrogenase (liver)］	41 000
卵清蛋白（ovalbumin）	43 000
延胡索酸酶（反丁烯二酸酶）（fumarase）	49 000
γ-球蛋白，H 链（γ-globulin, H chain）	50 000

续表

蛋　白　质	相对分子质量
亮氨酸氨肽酶(leucine aminopeptidase)	53 000
谷氨酸脱氢酶(glutamate dehydrogenase)	53 000
丙酮酸激酶(pyruvate kinase)	57 000
过氧化氢酶(catalase)	60 000
L-氨基酸氧化酶(L-amino acid oxidase)	63 000
血清清蛋白(serum albumin)	68 000
磷酸化酶 a(phosphorylase a)	94 000
副肌球蛋白(paramyosin)	100 000
β-半乳糖苷酶(β-galactosidase)	130 000
甲状腺球蛋白(thyroglobulin)	165 000
肌球蛋白(myosin)	220 000

十一、常用蛋白质相对分子质量标准参照物

高相对分子质量标准参照		中相对分子质量标准参照		低相对分子质量标准参照	
蛋白质	M_r	蛋白质	M_r	蛋白质	M_r
肌球蛋白	212 000	磷酸化酶 B	97 400	碳酸酐酶	31 000
β-半乳糖苷酶	116 000	牛血清清蛋白	66 200	大豆胰蛋白酶抑制剂	21 500
磷酸化酶 B	97 400	谷氨酸脱氢酶	55 000	马心肌球蛋白	16 900
牛血清清蛋白	66 200	卵清蛋白	42 700	溶菌酶	14 400
过氧化氢酶	57 000	醛缩酶	40 000	肌球蛋白(F1)	8 100
醛缩酶	40 000	碳酸酐酶	31 000	肌球蛋白(F2)	6 200
		大豆胰蛋白酶抑制剂	21 500	肌球蛋白(F3)	2 500
		溶菌酶	14 400		

十二、常见蛋白质等电点参考值

蛋白质	等电点	蛋白质	等电点
鲑精蛋白(salmine)	12.1	γ₂-球蛋白(人)(γ₂-globulin)	8.2,7.3
鲱精蛋白(clupeine)	12.1	鲸肌红蛋白(sperm whale myoglobin)	8.2
鲟精蛋白(sturine)	11.71	糜蛋白酶(胰凝乳蛋白酶)(chymotrypsin)	8.1
溶菌酶(lysozyme)	11.0~11.2	核糖核酸酶(牛胰脏)(ribonuclease, RNase)	7.8
胸腺组蛋白(thymohistone)	10.8	珠蛋白(人)(globin)	7.5
抗生物素蛋白(avidin)	10.5	马肌红蛋白(horse myoglobin)	7.4
细胞色素 c(cytochrome c)	9.8~10.1	鸡血红蛋白(hen hemoglobin)	7.23
神经生长因子(鼠)(nerve growth factor)	9.3	人血红蛋白(human hemoglobin)	7.07
α-糜蛋白酶(α-chymotrypsin)	8.8	马血红蛋白(horse hemoglobin)	6.92

蛋白质	等电点	蛋白质	等电点
γ-球蛋白(γ-globuin)	6.85~7.3	α₂-球蛋白(α₂-globulin)	5.06
促生长素(somatotropin)	6.85	鱼胶(ichthyocolla)	4.8~5.2
胶原蛋白(collagen)	6.6~6.8	卵黄蛋白(livetin)	4.8~5.0
人碳酸酐酶(human carbonic anhydrase)	6.5	α-眼晶体蛋白(α-crystallin)	4.8
肌浆蛋白 A(myogen A)	6.3	卵清蛋白(ovalbumin)	4.71,4.59
伴清蛋白(egg white conalbumin)	6.0,6.3,6.8	白明胶(gelatin)	4.7~5.0
牛碳酸酐酶(bovine carbonic anhydrase)	6.0	牛血清清蛋白(bovine serum albumin)	4.7
β-眼晶体蛋白(β-crystallin)	6.0	藻青蛋白(phycocyanin)	4.65
铁传递蛋白(siderophilin)	5.9	血蓝蛋白(hemocyanin)	4.6~6.4
β-卵黄脂磷蛋白(β-lipovitellin)	5.9	人血清清蛋白(human serum albumin)	4.64
γ-酪蛋白(γ-casein)	5.8~6.0	甲状腺球蛋白(thyroglobulin)	4.58
人 γᵢ-球蛋白(human γᵢ-globulin)	5.8,6.6	大豆胰蛋白酶抑制剂(soya bean trypsin inhibitor)	4.55
促乳素(prolactin)	5.73	β-酪蛋白(β-casein)	4.5
干扰素(interferon)	5.7~7.0	视紫质(rhodopsin)	4.47~4.57
蚯蚓血红蛋白(hemerythrin)	5.6	小牛碱性磷酸酶(calf alkaline phosphatase)	4.4
血纤蛋白原(fibrinogen)	5.5~5.8	血绿蛋白(chlorocruorin)	4.3~4.5
卵黄类粘蛋白(vitellomucoid)	5.5	葡萄糖氧化酶(glucose oxidase)	4.15
刀豆球蛋白(canavaline A)	5.5	α-酪蛋白(α-casein)	4.0~4.1
α₁-脂蛋白(α₁-lipoprotein)	5.5	α-1-抗胰蛋白酶(α-1-antitrypsin)	4.15
β₁-脂蛋白(β₁-lipoprotein)	5.4	胸腺核组蛋白(thymonucleohistone)	4.0 左右
胰岛素(insulin)	5.35	α-卵类粘蛋白(α-ovomucoid)	3.83~4.41
牛痘病毒(vaccinia virus)	5.3	芜菁黄花病毒(turnipyellow virus)	3.75
肌球蛋白 A(myosin A)	5.2~5.5	胃蛋白酶原(猪)(pepsinogen)	3.7
组织促凝血酶原激酶,凝血因子Ⅲ(thromboplastin(factorⅢ)	5.2	肌清蛋白(myoalbumin)	3.5
β-乳球蛋白(β-lactoglobulin)	5.1~5.3	胎球蛋白(fetuin)	3.4~3.5
β-球蛋白(β-globulin)	5.12	尿促性腺激素(urinary gonadotropin)	3.2~3.3
原肌球蛋白(tropomyosin)	5.1	家蚕丝蛋白	2.0~2.4
花生球蛋白(arachin)	5.1	α-粘蛋白(α-mucoprotein)	1.8~2.7
α₁-球蛋白(α₁-globulin)	5.06	胃蛋白酶(pepsin)	1.0 左右

十三、硫酸铵饱和度的常用表

1. 调整硫酸铵溶液饱和度计算表（25℃）

硫酸铵初浓度,饱和度/%	硫酸铵终浓度,饱和度/% 每1L溶液加固体硫酸铵的克数*																
	10	20	25	30	33	35	40	45	50	55	60	65	70	75	80	90	100
0	56	114	144	176	196	209	243	277	313	351	390	430	472	516	561	662	767
10		57	86	118	137	150	183	216	251	288	326	365	406	449	494	592	694
20			29	59	78	91	123	155	189	225	262	300	340	382	424	520	619
25				30	49	61	93	125	158	193	230	267	307	348	390	485	583
30					19	30	62	94	127	162	198	235	273	314	356	449	546
33						12	43	74	107	142	177	214	252	292	333	426	522
35							31	63	94	129	164	200	238	278	319	411	506
40								31	63	97	132	168	205	245	285	375	469
45									32	65	99	134	171	210	250	339	431
50										33	66	101	137	176	214	302	392
55											33	67	103	141	179	264	353
60												34	69	105	143	227	314
65													34	70	107	190	275
70														35	72	153	237
75															36	115	198
80																77	157
90																	79

* 在25℃下,硫酸铵溶液由初浓度调到终浓度时,每升溶液所加固体硫酸铵的克数。

2. 调整硫酸铵溶液饱和度计算表（0℃）

硫酸铵初浓度,饱和度/%	在0℃硫酸铵终浓度,饱和度/% 每100mL溶液加固体硫酸铵的克数*																
	20	25	30	35	40	45	50	55	60	65	70	75	80	85	90	95	100
0	10.6	13.4	16.4	19.4	22.6	25.8	29.1	32.6	36.1	39.8	43.6	47.6	51.6	55.9	60.3	65.0	69.7
5	7.9	10.8	13.7	16.6	19.7	22.9	26.2	29.6	33.1	36.8	40.5	44.4	48.4	52.6	57.0	61.5	66.2
10	5.3	8.1	10.9	13.9	16.9	20.0	23.3	26.6	30.1	33.7	37.4	41.2	45.2	49.3	53.6	58.1	62.7
15	2.6	5.4	8.2	11.1	14.1	17.2	20.4	23.7	27.1	30.6	34.3	38.1	42.0	46.0	50.3	54.7	59.2
20	0	2.7	5.5	8.3	11.3	14.3	17.5	20.7	24.1	27.6	31.2	34.9	38.7	42.7	46.9	51.2	55.7
25		0	2.7	5.6	8.4	11.5	14.6	17.9	21.1	24.5	28.0	31.7	35.5	39.5	43.6	47.8	52.2
30			0	2.8	5.6	8.6	11.7	14.8	18.1	21.4	24.9	28.5	32.3	36.2	40.2	44.5	48.8
35				0	2.8	5.7	8.7	11.8	15.1	18.4	21.8	25.4	29.1	32.9	36.9	41.0	45.3
40					0	2.9	5.8	8.9	12.0	15.3	18.7	22.2	25.8	29.6	33.5	37.6	41.8
45						0	2.9	5.9	9.0	12.3	15.6	19.0	22.6	26.3	30.2	34.2	38.3
50							0	3.0	6.0	9.2	12.5	15.9	19.4	23.0	26.8	30.8	34.8
55								0	3.0	6.1	9.3	12.7	16.1	19.7	23.5	27.3	31.3
60									0	3.1	6.2	9.5	12.9	16.4	20.1	23.1	27.9
65										0	3.1	6.3	9.7	13.2	16.8	20.5	24.4
70											0	3.2	6.5	9.9	13.4	17.1	20.9
75												0	3.2	6.6	10.1	13.7	17.4
80													0	3.3	6.7	10.3	13.9
85														0	3.4	6.8	10.5
90															0	3.4	7.0
95																0	3.5
100																	0

* 在0℃下,硫酸铵溶液由初浓度调到终浓度时,每100mL溶液所加固体硫酸铵的克数。

3. 不同温度下的饱和硫酸铵溶液

温度 /℃	0	10	20	25	30
每 1000 g 水中含硫酸铵物质的量/mol	5.35	5.53	5.73	5.82	5.91
质量分数/%	41.42	42.22	43.09	43.47	43.85
1000 mL 水用硫酸铵饱和所需质量/g	706.8	730.5	755.8	766.8	777.5
每升饱和溶液含硫酸铵质量/g	514.8	525.2	536.5	541.2	545.9
饱和溶液物质的量浓度/(mol·L^{-1})	3.90	3.97	4.06	4.10	4.13

十四、离心机转数(r/min)与相对离心力(RCF)的换算

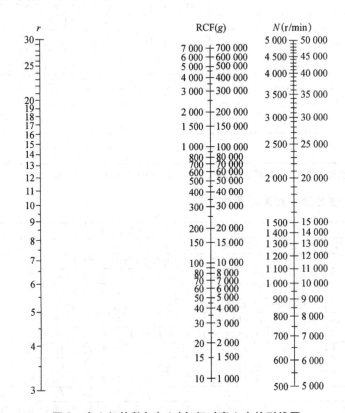

图 2　离心机转数(r/min)与相对离心力的列线图

r 为离心机头的半径(角头),或离心管中轴底部内壁到离心机转轴中心的距离

(甩平头),单位为 cm;N 为离心机每分钟的转速,单位为 r/min;

RCF 为相对离心力,以地心引力即重力加速度的倍数来表示,一般用 g(或数字×g)表示

相对离心力(图 2)是由下述公式计算而来的:
$$RCF = 1.119 \times 10^{-5} rN^2$$

将离心机转数换算为相对离心力时,首先,在 r 标尺上取已知的半径和在 N 标尺上取已知的离心机转数,然后,将这两点间划一条直线,在图中间 RCF 标尺上的交叉点即为相应的相对离心力数值。注意,若已知的转数值处于 N 标尺的右边,则应读取 RCF 标尺右边的数值;同样,转数值处于 N 标尺左边,则读取 RCF 标尺左边的数值。

十五、常用化学物质相对分子质量表

分 子 式	相对分子质量	分 子 式	相对分子质量
$AgBr$	187.78	FeO	71.85
$AgCl$	143.32	Fe_2O_3	159.69
$AgCN$	133.84	$Fe(OH)_3$	106.87
Ag_2CrO_4	331.73	$FeSO_4 \cdot 7H_2O$	278.02
AgI	234.77	$FeSO_4 \cdot (NH_4)_2SO_4 \cdot 6H_2O$	392.14
$AgNO_3$	169.87	H_3AsO_4	141.94
Al_2O_3	101.96	H_3BO_3	61.83
$Al(OH)_3$	78.00	HBr	80.91
$Al_2(SO_4)_3 \cdot 18H_2O$	666.43	$HBrO_3$	128.91
As_2O_3	197.84	$H_2C_4H_4O_6$（酒石酸）	150.09
$BaCO_3$	197.34	$H_4C_{10}H_{12}O_8N_2$（乙二胺四乙酸）	292.25
$BaCl_2$	208.24	HCN	27.03
$BaCl_2 \cdot 2H_2O$	244.26	H_2CO_3	62.03
BaO	153.33	$H_2C_2O_4$	90.04
$Ba(OH)_2$	315.47	$H_2C_2O_4 \cdot 2H_2O$	126.07
$BaSO_4$	233.39	HCl	36.46
$CaCO_3$	100.09	$HClO_4$	100.46
CaC_2O_4	128.10	HF	20.01
$CaC_2O_4 \cdot H_2O$	146.11	HI	127.91
$CaCl_2$	110.98	HNO_3	63.01
CaF_2	78.08	H_2O	18.02
CaO	56.08	H_2O_2	34.01
$Ca(OH)_2$	74.09	H_3PO_4	98.00
$CaSO_4$	136.14	H_2S	34.08
$Ca_3(PO_4)_2$	310.18	H_2SO_4	98.08
CH_3COOH	60.05	I_2	253.81
CH_3OH	32.04	$KAl(SO_4)_2 \cdot 12H_2O$	474.39
C_6H_5COOH	122.12	KBr	119.00
C_6H_5COONa	144.10	$KBrO_3$	167.00
CO_2	44.01	K_2CO_3	138.21
CuO	79.54	$K_2C_2O_4 \cdot H_2O$	184.23
$Cu(OH)_2$	97.56	KCl	74.55
Cu_2O	143.09	$KClO_4$	138.55
$CuSO_4 \cdot 5H_2O$	249.69	K_2CrO_4	194.19
$FeCl_2$	126.75	$K_2Cr_2O_7$	294.19
$FeCl_3$	162.21	$KHC_4H_4O_6$（酒石酸氢钾）	188.18

分 子 式	相对分子质量	分 子 式	相对分子质量
$KHC_8H_4O_4$(邻苯二甲酸氢钾)	204.22	$NaNO_3$	84.99
KH_2PO_4	136.09	Na_2O	61.98
K_2HPO_4	174.18	$NaOH$	40.00
$KHSO_4$	136.17	Na_2S	78.05
KI	166.00	Na_2SO_3	126.04
KIO_3	214.00	Na_2SO_4	142.04
$KMnO_4$	158.03	$Na_2SO_4 \cdot 10H_2O$	322.20
KNO_3	101.10	$Na_2S_2O_3$	158.11
KOH	56.11	$Na_2S_2O_3 \cdot 5H_2O$	248.19
K_3PO_4	212.27	NH_3	17.03
$KSCN$	97.18	NH_4Br	97.95
K_2SO_4	174.26	$(NH_4)_2CO_3$	96.09
$K(SbO)C_4H_4O_6 \cdot 2H_2O$(酒石酸锑钾)	333.93	NH_4Cl	53.49
$MgCO_3$	84.31	$(NH_4)_2C_2O_4 \cdot 2H_2O$	142.11
$MgCl_2$	95.21	NH_4F	37.04
$MgNH_4PO_4 \cdot 6H_2O$	245.41	NH_4OH	35.05
MgO	40.304	$(NH_4)_2Fe(SO_4)_3 \cdot 12H_2O$	482.20
$Mg(OH)_2$	58.32	$(NH_4)_3PO_4 \cdot 12MoO_3$	1876.35
$Mg_2P_2O_7$	222.55	NH_4SCN	76.12
$MgSO_4$	120.37	$(NH_4)_2SO_4$	132.14
$MgSO_4 \cdot 7H_2O$	246.48	NO_2	45.01
MnO	70.94	NO_3	62.00
MnO_2	86.94	P_2O_5	141.95
$Na_2B_4O_7 \cdot 10H_2O$	381.37	$PbCrO_4$	323.18
$NaBr$	102.89	PbO_2	239.19
Na_2CO_3	105.99	$PbSO_4$	303.26
$Na_2CO_3 \cdot 10H_2O$	286.14	SO_2	64.07
$Na_2C_2O_4$	134.00	SO_3	80.06
$NaCl$	58.44	SiO_2	60.09
$Na_2H_2C_{10}H_{12}O_8N_2 \cdot 2H_2O$(EDTA-$Na_2$)	372.24	$SnCl_2$	189.60
$NaHCO_3$	84.01	ZnO	81.38
$NaHC_2O_4 \cdot H_2O$	130.03	$Zn(OH)_2$	99.40
$NaH_2PO_4 \cdot 2H_2O$	156.01	$ZnSO_4$	161.46
$Na_2HPO_4 \cdot 12H_2O$	358.14	$ZnSO_4 \cdot 7H_2O$	287.56

附录Ⅷ　层析法常用数据表及层析介质性质

一、常用离子交换纤维素

离子交换剂			游 离 基 团	结　构
阴离子交换剂	强碱性	TEAE	三乙基氨基乙基	—OCH$_2$CH$_2$N(C$_2$H$_5$)$_3$
		GE	胍基乙基	—OCH$_2$CH$_2$NHC—NH$_2$ ($\overset{NH}{\parallel}$)
		QAE-Sephadex	二乙基-(2-羟丙基)季胺	—C$_2$H$_4$N$^+$(C$_2$H$_5$)$_2$ $\overset{CH_2CHCH_3}{\underset{OH}{\mid}}$
	弱碱性	DEAE	二乙基氨基乙基	—OCH$_2$CH$_2$N(C$_2$H$_5$)$_2$
		PAB	对氨基苯甲基	—OCH$_2$—⟨苯环⟩—NH$_2$
	中等碱性	AE	氨基乙基	—OCH$_2$CH$_2$NH$_2$
		ECTEOLA	三乙醇胺经甘油和多聚甘油链偶联于纤维素的混合基团（混合胺类）	
		DBD	苯甲基化的 DEAE 纤维素	
		BND	苯甲基化萘酰化的 DEAE 纤维素	
		PEL	聚乙烯亚胺吸附于纤维素或较弱磷酰化的纤维素	
阳离子交换剂	强酸性	SM	磺酸甲基	—OCH$_2$—S—OH ($\overset{O}{\underset{O}{\parallel\parallel}}$)
		SE	磺酸乙基	—OCH$_2$CH$_2$—S—OH ($\overset{O}{\underset{O}{\parallel\parallel}}$)
		SP-Sephadex	磺酸丙基	—OC$_3$H$_6$—S—OH ($\overset{O}{\underset{O}{\parallel\parallel}}$)
	弱酸性	CM	羧甲基	—OCH$_2$COOH
	中等酸性	P	磷酸	—O—P—OH ($\overset{O}{\underset{OH}{\parallel}}$)

二、常用国产离子交换树脂的某些物理化学性质表

树脂牌号	类型	功能基	粒度/mm	含水量/%	总交换容量/(mmol·g⁻¹)	最高操作温度/℃	允许pH范围	树脂母体或原料
强酸1号	强酸	—SO₃H	0.3~1.2	45~55	4.5	110	0~14	苯乙烯、二乙烯苯、硫酸
强酸1×7*(732)	强酸	—SO₃H	0.3~1.2	46~52	4.5	120	0~14	
强酸010(732)	强酸	—SO₃H	0.3~1.2	45~55	4~5	<120(Na) <100(H)	1~14	
华东强酸42号	强酸	—SO₃H	0.3~1.0	29~32	2.0~2.2	95(Na) 40(H)	1~10	酚醛树脂
多孔强酸1号	强酸	—SO₃H	0.3~0.84	44~50	4~4.5	130~150	0~14	交联聚苯乙烯
粉末强酸1×8	强酸	—SO₃H	2~4	44~50	≥4.8	120	0~14	聚苯乙烯
弱酸122号	弱酸	—COOH	0.3~0.84	40~50	3~4			水杨酸、苯酚、甲醛缩聚体
多孔弱酸122号	弱酸	—COOH	0.3~1.0	40~50	3.9			
弱酸101×1~8(724)	弱酸	—COOH	0.3~0.84	≤65	≥9		1~14	丙烯酸型
强碱201号	强碱	—N⁺(CH₃)₃X	0.3~1.0	40~50	≥2.7~3.5	70(Cl) 60(OH)	0~14	交联聚苯乙烯
强碱201×4(711)	强碱	—N⁺(CH₃)₃X	0.3~1.2	40~50	≥3.5	70(Cl) 60(OH)	0~14	交联聚苯乙烯

* 除上海树脂厂产品外,国内产品多以统一型号编号:阳离子交换树脂强酸性为1~100,弱酸性为101~200;阴离子交换树脂强碱性为201~300,弱碱性为301~400。7则表明交联度为7%。

486

续表

树脂牌号	类型	功能基	粒度/mm	含水量/%	总交换容量/(mmol·g⁻¹)	最高操作温度/℃	允许pH范围	树脂母体或原料
强碱 201×7(717)	强碱	$-N^+(CH_3)_3X$	0.3~1.2	40~50	≥3.0	70(Cl) 60(OH)	0~14	
多孔强碱 201	强碱	$-N^+(CH_3)_3X$	0.3~1.0		2.5~3.0			
多孔强碱 D-254	强碱	$-N^+(CH_3)_3X$	0.3~1.0	40~50	2.5~3.0	70(Cl)	0~14	交联聚苯乙烯
粉末 201×8	强碱	$-N^+(CH_3)_3X$	2~4	40~50	≥3.0	60(OH)	0~14	
大孔型强碱 202号 (763)	强碱	$-N \begin{matrix} CH_2-CH_2-OH \\ (CH_3)_2X \end{matrix}$	0.3~0.84	48~58	≥3.4	50(OH)	0~14	
华东弱碱 321号	弱碱	$-NH-$		37~40	4~6	50	0~7	间苯二胺多乙烯多胺甲醛缩聚体
弱碱 330(701)	弱碱	$-N=$ $-NH_2$	0.2~0.84	55~65	≥9			环氧氯丙烷缩聚体
弱碱 311×2(704)	弱碱	$=NH$ $-NH_2$	0.3~0.84	45~55	≥5			交联聚苯乙烯
弱碱 301号	弱碱	$-N(CH_3)_2$	0.3~1.0	45~55	3.0	—	—	
多孔弱碱 301号	弱碱	$-N(CH_3)_2$	0.3~1.0	45~50	1.1	—	—	
大孔弱碱 702号	弱碱	$=NH$ $-NH_2$	0.3~0.84	57~63	≥7.0	50(OH)	0~9	交联聚苯乙烯
大孔弱碱 703号	弱碱	$-N(CH_3)_2$	0.3~0.84	58~64	≥6.5	50(OH)	0~9	

三、各类常用离子交换树脂型号对照表

国内产品型号	相应国外树脂型号							树脂的类型
	英国生产(8)	英国生产(7)	美国生产(5)	美国生产(6)	德国生产(9)	日本生产	俄罗斯生产	
华东强酸阳 42	Zerolit 215	Zeo Karb 215 Zeo Karb 315	Amberlite IR Amberlite IR-100	Dowex 30	Wofatit F Wofatit P Wofatit KS			磺化酚醛型
强酸 1×1～24 或 732(1×7)	Zerolit 225	Zeo Karb 225	Amberlite IR-120	Dowex 50	Wofatit KPS 200	神胶 1号	KУ-2	磺化聚苯乙烯型
华东弱酸阳 122#	Zerolit 216	Zeo Karb 216			Wofatit C			水杨酸酚醛型
弱酸 101×1～20 或 724(101×4)	Zerolit 226	Zeo Karb 226	Amberlite IRC-50		Wofatit CP 300		KБ-4	丙烯酸酯型弱酸
强碱 201(201×7)或 717 强碱 202×1～24	Zerolit FF	De Acidite FF	Amberlite IR-400 Amberlite IR-410	Dowex 1 Dowex 2		神胶 800 神胶 801	AB-17 AB-18	苯乙烯型强碱
弱碱 311(311×2)或 704 弱碱 301	Zerolit G Zerolit H	De Acidite G De Acidite H	Amberlite IR-45	Dowex 3			AH-22 AH-18	苯乙烯型弱碱
弱碱 320	Zerolit E	De Acidite E	Amberlite IR-48 Amberlite IR-45		Wofatit M Wofatit N		AH-21	酚醛型
弱碱 330 或 701					Wofatit L 150		3A3-10π	环氧型弱碱
脱色树脂 1号 或通用 1号	Decolorite							多孔弱碱
中国生产 (1)(2)(3)(4)*								

* 生产厂名：

(1) 上海树脂厂；(2) 南开大学树脂厂；(3) 华北制药厂；(4) 大连化工厂；(5) Rehm and Haas Co(美)；(6) Dow Chemical Co(美)；(7) Permutit Co(英)；(8) Unitod Water Softeners(美)；(9) Wolfen Farben (德国)。

四、离子交换层析介质的技术数据

离子交换介质名称	最高载量	颗粒大小/μm	特性/应用	pH 稳定性工作(清洗)	耐压/MPa	最快流速/(cm·h^{-1})
SOURCE 15 Q	25 mg 蛋白	15		2~12(1~14)	4	1800
SOURCE 15 S	25 mg 蛋白	15		2~12(1~14)	4	1800
Q Sepharose H. P.	70 mg BSA	24~44		2~12(2~14)	0.3	150
SP Sepharose H. P.	55 mg 核糖核酸酶	24~44		3~12(3~14)	0.3	150
Q Sepharose F. F.	120 mg HSA	45~165		2~12(1~14)	0.2	400
SP Sepharose F. F.	75 mg BSA	45~165		4~13(3~14)	0.2	400
DEAE Sepharose F. F.	110 mg HSA	45~165		2~9(1~14)	0.2	300
CM Sepharose F. F.	55 mg 核糖核酸酶	45~165		6~13(2~14)	0.2	300
Q Sepharose Big Beads		100~300		2~12(2~14)	0.3	1200~1800
SP Sepharose Big Beads	60 mg BSA	100~300		4~12(3~14)	0.3	1200~1800
QAE Sephadex A-25	1.5mg 甲状腺球蛋白, 10 mg HSA	干粉 40~120	纯化低相对分子质量蛋白、多肽、核苷以及巨大分子($M_r>$200 000),在工业传统应用上具有重要作用	2~10(2~13)	0.11	475
QAE Sephadex A-50	1.2 mg 甲状腺球蛋白, 80 mg HSA	干粉 40~120	批量生产和预处理用,分离中等大小的生物分子($30\times10^3\sim200\times10^3$)	2~11(2~12)	0.01	45
SP Sephadex C-25	1.1mg IgG, 70 mg 牛羧合血红蛋白, 230 mg 核糖核酸酶	干粉 40~120	纯化低相对分子质量蛋白、多肽、核苷以及巨大分子($M_r>$200 000),在工业传统应用上具有重要作用	2~10(2~13)	0.13	475
SP Sephadex C-50	8 mg IgG, 110 mg 牛羧合血红蛋白	干粉 40~120	批量生产和预处理用,分离中等大小的生物分子($30\times10^3\sim200\times10^3$)	2~10(2~12)	0.01	45
DEAE Sephadex A-25	1 mg 甲状腺球蛋白, 30 mg HSA, 140 mg α-乳清蛋白	干粉 40~120	纯化低相对分子质量蛋白、多肽、核苷以及巨大分子($M_r>$200 000),在工业传统应用上具有重要作用	2~9(2~13)	0.11	475
DEAE Sephadex A-50	2 mg 甲状腺球蛋白, 110 mg HSA	干粉 40~120	批量生产和预处理用,分离中等大小的生物分子($30\times10^3\sim200\times10^3$)	2~9(2~12)	0.01	45
CM Sephadex C-25	1.6 mg IgG, 70 mg 牛羧合血红蛋白, 190 mg 核糖核酸酶	干粉 40~120	纯化低相对分子质量蛋白、多肽、核苷以及巨大分子($M_r>$200 000),在工业传统应用上具有重要作用	6~13(2~13)	0.13	475
CM Sephadex C-50	7 mg IgG, 140 mg 牛羧合血红蛋白, 120 mg 核糖核酸酶	干粉 40~120	批量生产和预处理用,分离中等大小的生物分子($30\times10^3\sim200\times10^3$)	6~10(2~12)	0.01	45

五、凝胶过滤层析介质的技术数据

凝胶过滤介质名称	分离范围（M_r）	颗粒大小 /μm	特性/应用	pH 稳定性工作（清洗）	耐压 /MPa	最快流速 /(cm·h⁻¹)
Superdex 30 prep grade	<10 000	24~44	肽类、寡糖、小蛋白等	3~12(1~14)	0.3	100
Superdex 75 prep grade	3000~70 000	24~44	重组蛋白、细胞色素	3~12(1~14)	0.3	100
Superdex 200 prep grade	10 000~600 000	24~44	单抗、大蛋白	3~12(1~14)	0.3	100
Superose 6 prep grade	5000~5×10⁶	20~40	蛋白、肽类、多糖、核酸	3~12(1~14)	0.4	30
Superose 12 prep grade	1000~300 000	20~40	蛋白、肽类、寡糖、多糖	3~12(1~14)	0.7	30
Sephacryl S-100 HR	1000~100 000	25~75	肽类、小蛋白	3~11(2~13)	0.2	20~39
Sephacryl S-200 HR	5000~250 000	25~75	蛋白，如小血清蛋白、清蛋白	3~11(2~13)	0.2	20~39
Sephacryl S-300 HR	10 000~1.5×10⁶	25~75	蛋白，如膜蛋白和血清蛋白、抗体	3~11(2~13)	0.2	20~39
Sephacryl S-400 HR	20 000~8×10⁶	25~75	多糖、具延伸结构的大分子如蛋白多糖、脂质体	3~11(2~13)	0.2	20~39
Sephacryl S-500 HR	葡聚糖 40 000~20×10⁶ DNA<1078bp	25~75	大分子如 DNA 限制片段	3~11(2~13)	0.2	20~39
Sephacryl S-1000 SF	葡聚糖 5×10⁵~100×10⁶ DNA<20 000bp	40~105	DNA、巨大多糖、蛋白多糖、小颗粒如膜结合囊或病毒	3~11(2~13)	未经测试	40
Sepharose 6 Fast Flow	10 000~4×10⁶	平均90	巨大分子	2~12(2~14)	0.1	300
Sepharose 4 Fast Flow	60 000~20×10⁶	平均90	巨大分子如重组乙型肝炎表面抗原	2~12(2~14)	0.1	250
Sepharose 2B	70 000~40×10⁶	60~200	蛋白、大分子复合物、病毒、不对称分子如核酸和多糖〔蛋白多糖〕	4~9(4~9)	0.004	10
Sepharose 4B	60 000~20×10⁶	45~165	蛋白、多糖	4~9(4~9)	0.008	11.5
Sepharose 6B	10 000~4×10⁶	45~165	蛋白、多糖	4~9(4~9)	0.02	14
Sepharose CL-2B	70 000~40×10⁶	60~200	蛋白、大分子复合物、病毒、不对称分子如核酸和多糖〔蛋白多糖〕	3~13(2~14)	0.005	15
Sepharose CL-4B	60 000~20×10⁶	45~165	蛋白、多糖	3~13(2~14)	0.012	26
Sepharose CL-6B	10 000~4×10⁶	45~165	蛋白、多糖	3~13(2~14)	0.02	30

续表

凝胶过滤 介质名称	分离范围 (M_r)	颗粒大小 /μm	特性/应用	pH 稳定 性工作 (清洗)	溶胀体 积(mL/g 干凝胶)	溶胀最 少平衡 时间/h		最快 流速 /(cm·h^{-1})
						室温	沸水浴	
Sephadex G-10	<700	干粉 40~120		2~13 (2~13)	2~3	3	1	2~5
Sephadex G-15	<1 500	干粉 40~120		2~13 (2~13)	2.5~3.5	3	1	2~5
Sephadex G-25 Coarse	1000~ 5000	干粉 100~300	工业上去盐及交换 缓冲液用	2~13 (2~13)	4~6	6	2	2~5
Sephadex G-25 Medium	1000~ 5000	干粉 50~150	工业上去盐及交换 缓冲液用	2~13 (2~13)	4~6	6	2	2~5
Sephadex G-25 Fine	1000~ 5000	干粉 20~80	工业上去盐及交换 缓冲液用	2~13 (2~13)	4~6	6	2	2~5
Sephadex G-25 Superfine	1000~ 5000	干粉 10~40	工业上去盐及交换 缓冲液用	2~13 (2~13)	4~6	6	2	2~5
Sephadex G-50 Coarse	1500~ 30 000	干粉 100~300	一般小分子蛋白质 分离	2~10 (2~13)	9~11	6	2	2~5
Sephadex G-50 Medium	1500~ 30 000	干粉 50~150	一般小分子蛋白质 分离	2~10 (2~13)	9~11	6	2	2~5
Sephadex G-50 Fine	1500~ 30 000	干粉 20~80	一般小分子蛋白质 分离	2~10 (2~13)	9~11	6	2	2~5
Sephadex G-50 Superfine	1500~ 30 000	干粉 10~40	一般小分子蛋白质 分离	2~10 (2~13)	9~11	6	2	2~5
Sephadex G-75	3000~ 80 000	干粉 40~120	中等蛋白质分离	2~10 (2~13)	12~15	24	3	72
Sephadex G-75 Superfine	3000~ 70 000	干粉 10~40	中等蛋白质分离	2~10 (2~13)	12~15	24	3	16
Sephadex G-100	4000~ 1.5×10^5	干粉 40~120	中等蛋白质分离	2~10 (2~13)	15~20	48	5	47
Sephadex G-100 Superfine	4000~ 1×10^5	干粉 10~40	中等蛋白质分离	2~10 (2~13)	15~20	48	5	11
Sephadex G-150	5000~ 3×10^5	干粉 40~120	稍大蛋白质分离	2~10 (2~13)	20~30	72	5	21
Sephadex G-150 Superfine	5000~ 1.5×10^5	干粉 10~40	稍大蛋白质分离	2~10 (2~13)	18~22	72	5	5.6
Sephadex G-200	5000~ 6×10^5	干粉 40~120	较大蛋白质分离	2~10 (2~13)	30~40	72	5	11
Sephadex G-200 Superfine	5000~ 2.5×10^5	干粉 10~40	较大蛋白质分离	2~10 (2~13)	20~25	72	5	2.8
嗜脂性 Sephadex LH 20	100~4000	干粉 25~100	特别为使用有机溶剂而设计。适合分离脂类、胆固醇、脂肪酸、激素、 维生素及其他生物小分子。此分离范围指以酒精为溶剂的分离					

六、聚丙烯酰胺凝胶的技术数据

型 号	排阻的下限 (M_r)	分级分离的范围 (M_r)	膨胀后的床体积 (mL/g 干凝胶)	膨胀所需最少时间(室温)/h
Bio-Gel P-2	1 600	200～2 000	3.8	2～4
Bio-Gel P-4	3 600	500～4 000	5.8	2～4
Bio-Gel P-6	4 600	1 000～5 000	8.8	2～4
Bio-Gel P-10	10 000	5 000～17 000	12.4	2～4
Bio-Gel P-30	30 000	20 000～50 000	14.9	10～12
Bio-Gel P-60	60 000	30 000～70 000	19.0	10～12
Bio-Gel P-100	100 000	40 000～100 000	19.0	24
Bio-Gel P-150	150 000	50 000～150 000	24.0	24
Bio-Gel P-200	200 000	80 000～300 000	34.0	48
Bio-Gel P-300	300 000	100 000～400 000	40.0	48

注：上述各种型号的凝胶都是亲水性的多孔颗粒,在水和缓冲溶液中很容易膨胀。生产厂为 Bio-Rad Laboratories, Richmond, California, U.S.A.

七、琼脂糖凝胶的技术数据

名称、型号	凝胶内琼脂糖质量分数/%	排阻的下限 (M_r)	分级分离的范围(球蛋白) (M_r)	生产厂商
Sagavac 10	10	2.5×10^5	$1\times10^4\sim2.5\times10^5$	Seravac Laboratories, Maidenhead, England
Sagavac 8	8	7×10^5	$2.5\times10^4\sim7\times10^5$	
Sagavac 6	6	2×10^6	$5\times10^4\sim2\times10^5$	
Sagavac 4	4	15×10^6	$2\times10^5\sim15\times10^6$	
Sagavac 2	2	150×10^6	$5\times10^5\sim15\times10^7$	
Bio-Gel A-0.5M	10	0.5×10^6	$<1\times10^4\sim0.5\times10^6$	Bio-Rad Laboratories, California, U.S.A.
Bio-Gel A-1.5M	8	1.5×10^6	$<1\times10^4\sim1.5\times10^6$	
Bio-Gel A-5M	6	5×10^6	$1\times10^4\sim5\times10^6$	
Bio-Gel A-15M	4	15×10^6	$4\times10^4\sim15\times10^6$	
Bio-Gel A-50M	2	50×10^6	$1\times10^5\sim50\times10^6$	
Bio-Gel A-150M	1	150×10^6	$1\times10^6\sim150\times10^6$	
Sepharose 2B	2		$7\times10^4\sim4\times10^7$	Pharmacia, Uppsala, Sweden
Sepharose 4B	4		$6\times10^4\sim2\times10^7$	
Sepharose 6B	6		$1\times10^4\sim4\times10^6$	

琼脂糖是琼脂内非离子型的组分,它在 0～4℃,pH 4～9 范围内是稳定的。

八、疏水层析介质的技术数据

1. 预处理及中度分离介质

疏水层析介质名称	每毫升配体含量	颗粒大小/μm	每毫升结合量	应　用	pH稳定性工作（清洗）	最快流速/(cm·h⁻¹)
Butyl Sepharose 4 Fast Flow	50 μmol 正丁烷基 (n-butyl)	45～165	7 mg IgG 27 mg HSA	分离和纯化含脂族（aliphatic）配体的蛋白和肽类等	3～13 (2～14)	300
Octyl Sepharose 4 Fast Flow	5 μmol 正辛烷基 (n-octyl)	45～165	7 mg IgG 26 mg HSA	各种蛋白的分离和纯化	3～13 (2～14)	300
Phenyl Sepharose 6 Fast Flow (low sub)	20 μmol 苯基 (phenyl)	45～165	10 mg IgG 24 mg HSA	分离和纯化含芳香族（aromatic）配体的蛋白和肽类等	3～13 (2～14)	300
Phenyl Sepharose 6 Fast Flow (high sub)	40 μmol 苯基 (phenyl)	45～165	30 mg IgG 36 mg HSA	分离和纯化含芳香族（aromatic）配体的蛋白和肽类等，但载量方面较高，是理想的预处理介质	3～13 (2～14)	300

2. 中度分离及最终纯化介质

疏水层析介质名称	每毫升配体含量	颗粒大小/μm	每毫升结合量	应　用	pH稳定性工作（清洗）	最快流速/(cm·h⁻¹)
Phenyl Sepharose High Performance	25 μmol 苯基 (phenyl)	24～44	30 mg IgG 24 mg HSA	高解析度，可纯化难于分离的重组蛋白的天然形式和修饰变种，在纯化单抗方面尤为有效	3～13 (2～14)	150

3. 经典疏水层析介质

疏水层析介质名称	每毫升配体含量	颗粒大小/μm	每毫升结合量	应　用	pH稳定性工作（清洗）	最快流速/(cm·h⁻¹)
Butyl Sepharose 4B	6～14 μmol 正丁烷基 (n-butyl)	45～165		分离和纯化大分子，复合分离原理包括疏水性及离子性分离		
Octyl Sepharose CL-4B	40 μmol 正辛烷基 (n-octyl)	45～165	15～20 mg HSA 3～5 mg β-乳球蛋白	分离和纯化疏水性较弱的蛋白或膜蛋白，因其经去污剂处理后仍有强疏水性	3～12 (2～14)	50
Phenyl Sepharose CL-4B	40 μmol 苯基 (phenyl)	45～165	15～20 mg HSA 3～5 mg β-乳球蛋白	疏水性较 Octyl 弱，很适合用于分离和纯化不了解疏水性的蛋白	3～12 (2～14)	50

九、部分亲和层析介质的技术数据

1. 金属螯合介质

名　　称	目标配体	颗粒大小 /μm	每毫升结合量	应　用	pH稳定性工作（清洗）	最快流速 /(cm·h^{-1})
Chelating Sepharose Fast Flow	亚氨双乙酸 (iminodi-acetic acid)	45～165	22～30 μmol Zn^{2+}	要依赖金属或直接与金属作用的蛋白、肽类、核苷酸等	3～13 (2～14)	370

2. 小配体亲和介质

名　　称	每毫升配体含量	颗粒大小 /μm	每毫升结合量	应　用	pH稳定性工作（清洗）	最快流速 /(cm·h^{-1})
Arginine Sepharose 4B	14～20 μmol 精氨酸 (arginine)	45～165	无资料	纯化丝氨酸蛋白酶,分离和纯化凝固因子、血纤维蛋白溶酶原和血纤维蛋白溶酶原激活剂	2～13 (2～13)	75
Benzamidine Sepharose 6B	7 μmol 苯甲酰胺 (benzamidine)	45～165	13 mg 胰蛋白酶 (trypsin)	去除丝氨酸蛋白酶,对胰蛋白酶和类胰蛋白酶蛋白酶有专一性亲和作用	2～13 (2～13)	75
Glutathione Sepharose 4B		45～165	无资料	纯化含谷胱甘肽 S-转移酶的羧端之重组融合蛋白,及其他依赖 S-转移酶或谷胱甘肽的蛋白		75
Calmodulin Sepharose 4B	0.9～1.3 mg 钙调蛋白 (calmodulin)	45～165	无资料	分离和纯化 ATP 酶、蛋白激酶、磷酸二酯酶、神经传递素、干扰酶、促肾上腺皮质激素、β-内啡肽	4～9 (4～9)	75
Gelatin Sepharose 4B	4.5～8 mg 明胶 (gelatin)	45～165	1 mg 血浆纤维结合素 (plasma fibronectin)	一步纯化或去除纤维结合素	2～13 (2～10)	75
Heparin Sepharose CL-6B	2 mg 肝素 (heparin)	45～165	2 mg 抗凝血酶 Ⅲ (antithrombin Ⅲ)	分离和纯化抗凝血酶 Ⅲ 和其他凝血因子、脂蛋白、脂酶、蛋白合成因子、激素、类固醇受体、核酸结合酶、限制性内切酶、干扰素	5～10 (5～10)	150
Heparin Sepharose 6 Fast Flow				同上		
Lysine Sepharose 4B	4～7 μmol 赖氨酸 (lysine)	45～165	0.6 mg血纤维蛋白溶酶原 (plas-minogen),0.6～0.7 mg核蛋白体核糖核酸 (rRNA)	分离和纯化核蛋白体核糖核酸、血纤维蛋白溶酶原和血纤维蛋白溶酶原激活剂	2～11 (2～11)	75
IgG Sepharose 6 Fast Flow		平均90	2 mg 蛋白 A	一步纯化原核生物表达系统产生的蛋白 A 融合产物		建议流速 150

3. 抗体亲和介质

名　称	每毫升配体含量	颗粒大小 /μm	每毫升结合量	pH 稳定性工作（清洗）	最快流速 /(cm·h⁻¹)
Protein A Sepharose CL-4B	2～3 mg 蛋白 A	45～165	16～25 mg 人 IgG,2 mg 小鼠 IgG	3～9 (2～10)	150
Protein A Sepharose 4 Fast Flow	6 mg 蛋白 A	45～165	35 mg 人 IgG,3～10 mg 小鼠 IgG	3～9 (2～10)	>1300
Protein G Sepharose 4 Fast Flow	2 mg 蛋白 G	45～165	24 mg 人 IgG,17 mg 天竺鼠 IgG, 19 mg 山羊 IgG,23 mg 牛 IgG, 7 mg 大鼠 IgG,10 mg 小鼠 IgG	3～9 (2～9)	>1300

十、各种凝胶所允许的最大操作压

凝　胶	建议的最大静水压/cmH₂O(Pa)*
Sephadex G-10	100(98.06Pa)
Sephadex G-15	100(98.06Pa)
Sephadex G-25	100(98.06Pa)
Sephadex G-50	100(98.06Pa)
Sephadex G-75	50(49.03Pa)
Sephadex G-100	35(34.32Pa)
Sephadex G-150	15(14.71Pa)
Sephadex G-200	10(9.806Pa)
Bio-Gel P-2	100(98.06Pa)
Bio-Gel P-4	100(98.06Pa)
Bio-Gel P-6	100(98.06Pa)
Bio-Gel P-10	100(98.06Pa)
Bio-Gel P-30	100(98.06Pa)
Bio-Gel P-60	100(98.06Pa)
Bio-Gel P-100	60(58.83Pa)
Bio-Gel P-150	30(29.42Pa)
Bio-Gel P-200	20(19.61Pa)
Bio-Gel P-300	15(14.71Pa)
Sepharose 2B	1** (0.9806Pa)
Sepharose 4B	1(0.9806Pa)
Bio-Gel A-0.5M	100(98.06Pa)
Bio-Gel A-1.5M	100(98.06Pa)
Bio-Gel A-5M	100(98.06Pa)
Bio-Gel A-15M	90(88.25Pa)
Bio-Gel A-50M	50(49.30Pa)
Bio-Gel A-150M	30(29.42Pa)

*　1 cmH₂O 柱压力＝0.9806 Pa；　**　每 1 cm 凝胶长度。

附录Ⅸ 常用限制性内切酶酶切位点

RE 名称	缓冲液盐浓度*	特异的酶切位点	RE 名称	缓冲液盐浓度*	特异的酶切位点
Ava Ⅰ	中	5′C⌄YCGR G3′ / 3′G RGCY⌃C5′	*Msp* Ⅰ	低	C⌄CG G / G GC⌃C
Ava Ⅱ	中	G⌄G(A/T)C C / C C(T/A)G⌃G	*Pst* Ⅰ	中	C TGCA⌄G / G⌃ACGT C
Bal Ⅰ	O	TGG⌄CCA / ACC⌃GGT	*Pvu* Ⅰ *Xor* Ⅱ	高	CG AT⌄CC / GC⌃TA GG
*Bam*H Ⅰ	中	G⌄GATC C / C CTAG⌃G	*Pvu* Ⅱ	中	CAG⌄CTG / GTC⌃GAC
Bgl Ⅱ	低	A⌄GATC T / T CTAG⌃A	*Sac* Ⅰ *Sst* Ⅰ	低	G AGCT⌄C / C⌃TCGA G
Cla Ⅰ	中	AT⌄CG AT / TA GC⌃TA	*Sac* Ⅱ	低	CC GC⌄G / GG⌃CG CC
*Eco*R Ⅰ	高	G⌄AATT C / C TTAA⌃G	*Sal* Ⅰ	高	G⌄TCGA C / C AGCT⌃G
Hae Ⅲ	中	GG⌄CC / CC⌃GG	*Sau* 3A	中	⌄GATC / CTAG⌃
Hinc Ⅱ	中	GTY⌄RAC / CAR⌃YTG	*Sma* Ⅰ *Xma* Ⅰ	**	CCC⌄GGG / GGG⌃CCC
Hind Ⅲ	中	A⌄AGCT T / T TCGA⌃A	*Stu* Ⅰ	高	AGG⌄CCT / TCC⌃GGA
Hinf Ⅰ	中	G⌄ANT C / C TNA⌃G	*Taq* Ⅰ	低	T⌄CG A / A GC⌃T
Hpa Ⅰ	低	GTT⌄AAC / CAA⌃TTG	*Xba* Ⅰ	高	T⌄CTAG A / A GATC⌃T
Hpa Ⅱ	低	C⌄CG G / G GC⌃C	*Xho* Ⅰ	高	C⌄TCGA G / G AGCT⌃C
Kpn Ⅰ	低	G GTAC⌄C / C⌃CATG G	*Xma* Ⅰ	低	C⌄CCGG G / G GGCC⌃C
Mbo Ⅰ *Sau* 3A	高	⌄GATC / CTAG⌃			

注：A 为腺嘌呤,C 为胞嘧啶,G 为鸟嘌呤,N 为碱基,T 为胸腺嘧啶,R 为嘌呤,Y 为嘧啶。

* 各种限制性内切酶缓冲液常配成 10 倍浓缩液。根据各酶所需的盐浓度,常配制高盐、中盐和低盐贮存液：

10× 低盐缓冲液:100 mmol/L Tris-HCl (pH 7.5),100 mmol/L 氯化镁,10 mmol/L DTT;

10× 中盐缓冲液:0.5 mol/L 氯化钠,100 mmol/L Tris-HCl (pH 7.5),100 mmol/L 氯化镁,10 mmol/L DTT;

10× 高盐缓冲液:1 mol/L 氯化钠,500 mmol/L Tris-HCl (pH 7.5),100 mmol/L 氯化镁,10 mmol/L DTT。

** *Sma* I 需要一种特别的酶切缓冲液:10×*Sma* I 缓冲液,200 mmol/L 氯化钾,100 mmol/L Tris-HCl (pH 8.0),100 mmol/L 氯化镁,10 mmol/L DTT。

参 考 资 料

[1]　张龙翔,张庭芳,李令媛主编.生化实验方法和技术,第二版.北京:高等教育出版社,1997,461～512

[2]　吴冠芸,潘华珍,吴翚主编.生物化学与分子生物学实验常用数据手册.北京:科学出版社,2002,38～70

[3]　卢圣栋主编.现代分子生物学实验技术.北京:高等教育出版社,1993,560～562